1. Fachkongress
Konstruktiver Ingenieurbau
10. und 11. Mai 2022
Technische Akademie Esslingen

Herausgegeben von
Prof. Dr.-Ing. Irmgard Lochner-Aldinger

1. Fachkongress
Konstruktiver Ingenieurbau

Kompetenz-Plattform für die bautechnische Gesamtplanung

Tagungshandbuch 2022

DBZ Deutsche Bauzeitschrift
Ernst & Sohn A Wiley Brand
Deutsches Ingenieurblatt
expert
TAE Technische Akademie Esslingen
Ihr Partner für Weiterbildung

Bibliografische Information der Deutschen Nationalbibliothek

Die Deutsche Nationalbibliothek verzeichnet diese Publikation in der Deutschen Nationalbibliografie; detaillierte bibliografische Daten sind im Internet über http://dnb.dnb.de abrufbar.

expert verlag
Ein Unternehmen der
Narr Francke Attempto Verlag GmbH + Co. KG
Dischingerweg 5 · 72070 Tübingen
E-Mail: info@verlag.expert
Internet: www.expertverlag.de

Technische Akademie Esslingen e. V.
An der Akademie 5 · D-73760 Ostfildern
E-Mail: bauwesen@tae.de
Internet: www.tae.de

Printed in Germany

ISBN 978-3-8169-3537-7 (Print)
ISBN 978-3-8169-8537-2 (ePDF)

Vorwort

Der Konstruktive Ingenieurbau als transdisziplinäres, diversifiziertes Berufsfeld steht in der Herausforderung, seine Potenziale verantwortlich in die Zukunft der Gesellschaft einzubringen. Ressourcenverknappung und neue Materialien, moderne Analysemethoden und neue Entwurfswerkzeuge, innovative Fertigungsverfahren und nachhaltiges Planen und Bauen leiten von konkreten Problemstellungen zu zukunftsweisenden Lösungen.

Die Synthese divergierender Disziplinen und spezialisierter Berufsfelder führt zu einem gesamtheitlichen Eigenverständnis und einer verantwortlichen Positionierung in der Gesellschaft. Beteiligte aus Bauingenieurwesen, Architektur, Nachhaltigem Bauen und Bauindustrie arbeiten gemeinsam daran, aus diesem Mosaik ein neues Bild zu erschaffen.

Der erstmals stattfindende Fachkongress „Konstruktiver Ingenieurbau“ bildet dies in einer zweitägigen Veranstaltung ab. Ein hochqualifizierter, bundesweit aktiver Programmausschuss hat hierfür ein vielfältiges Programm zusammengestellt – an dieser Stelle herzlichen Dank für das Engagement aller Mitwirkenden.

Der Fachkongress besteht aus Plenarveranstaltungen in Form von Keynote-Vorträgen und einer Podiumsdiskussion, etwa 40 Fachvorträgen in parallelen Sessions, einer begleitenden Ausstellung und dem informellen, persönlichen Austausch.

Die im Fachkongress abgebildeten Themen lassen sich in folgenden Fachgebieten zusammenfassen:

- Materialien – Beton, Mauerwerk, Lehm, Stahl, Holz, Glas, Hybridbauweise
- Konstruktion – komplexe Geometrien, Fassaden, Neuerungen in Normen
- Bestand und Neubau – Erhaltung, Umbau, Ertüchtigung, Weiterverwertung
- Planung – Digitalisierung, Software, Regelwerke, BIM

Das vorliegende Tagungshandbuch enthält die vorab eingereichten Beiträge zu den Vorträgen und bietet somit in einem gebündelten Format einen Überblick über den aktuellen Stand der Wissenschaft und Technik sowie neueste Entwicklungen und Ausblicke im Konstruktiven Ingenieurbau und den verwandten Disziplinen.

Weitere Informationen unter: www.tae.de/go/konstruktiv

Inhaltsverzeichnis

* Manuskript lag bei Redaktionsschluss nicht vor

TAE

Plenarvorträge

Stadiondesign im aktuellen Zeitgeist

Knut Stockhusen
schlaich bergermann partner, Stuttgart, Deutschland

Zusammenfassung

Für Stadien, Arenen und Sportstätten stehen die Flexibilität der Nutzung und vor allem der Nachnutzung bislang wenig im Fokus. In Anbetracht der gegenwärtigen Herausforderung unserer Zeit bedürfen aber gerade diese Aspekte einer stärkeren Beachtung. So entwickelte das multidisziplinäre Team um schlaich bergermann partner (sbp) ein innovatives Konzept für ein modulares Stadiondesign, welches leicht demontiert und anschließend flexibel umgewandelt werden kann. Im Folgenden wird das System vorgestellt.

1. Nachhaltige Sportstätten

Die Nachhaltigkeit von Bauwerken wird von vielen Faktoren beeinflusst und nur die ganzheitliche Betrachtung führt zu einer Verbesserung der Bilanz. Ein wichtiger Teilaspekt ist die Flexibilität der Nutzung, die ein Bauwerk bietet. Das gilt insbesondere für moderne Sportstätten, Stadien und Arenen. Bei einem solchen Projekt nun ein modulares Bauwerk zu erschaffen, das mit überschaubarem Aufwand in viele andere, kleinere Gebäude neukonfiguriert werden kann, stellte bei der Realisierung große Herausforderungen an das multidisziplinäre Team um sbp. Die hier gezeigte Umsetzung ist ein Beispiel dafür, wie innovatives Stadiondesign eine flexible und nachhaltige Nachnutzung ermöglicht und demonstriert eine Alternative zu den üblichen Sportstätten für Großveranstaltungen.

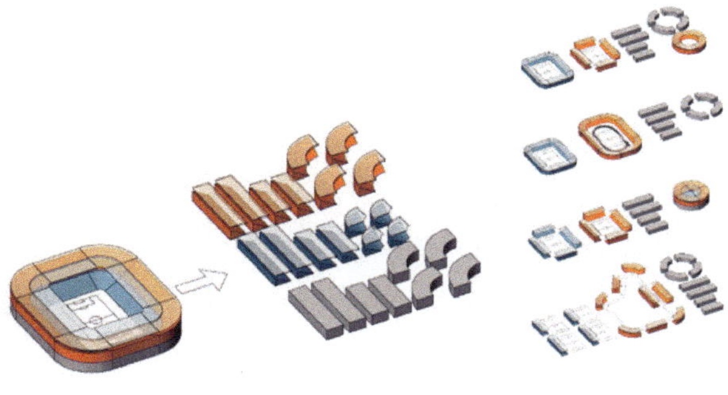

Bild 1: Flexibilität © Knut Stockhusen / sbp schlaich bergermann partner

1.1 Ein Stadion in modularer Bauweise

Die modulare Bauweise hat bereits eine lange Erfolgsgeschichte. Ein komplettes System für einen so komplexen Veranstaltungsort wie eine Fußballspielstätte modular zu entwickeln und zu liefern, die außerdem den hohen Anforderungen des Fußball-Weltverbands FIFA an WM-Stadien entspricht, wurde bisher jedoch nicht für möglich erachtet.
Die Grundlage des von sbp entwickelten und gemeinsam mit Fenwick Iribarren Architects (FIA) aus Madrid ausgearbeiteten innovativen Konzepts einer solchen, demontierbaren Spielstätte besteht in dem sich stark wiederholenden Raster aus identischen, strukturellen Rahmen, Bauteilen, Decken und Modulen, die Container mit allen erforderlichen Funktionen tragen.

Bild 2: Tribünen © Knut Stockhusen / sbp schlaich bergermann partner

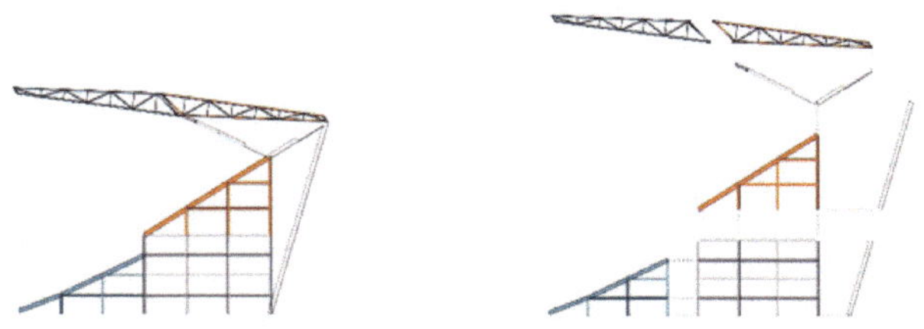

Bild 3: Module und Komponenten© Knut Stockhusen / sbp schlaich bergermann partner

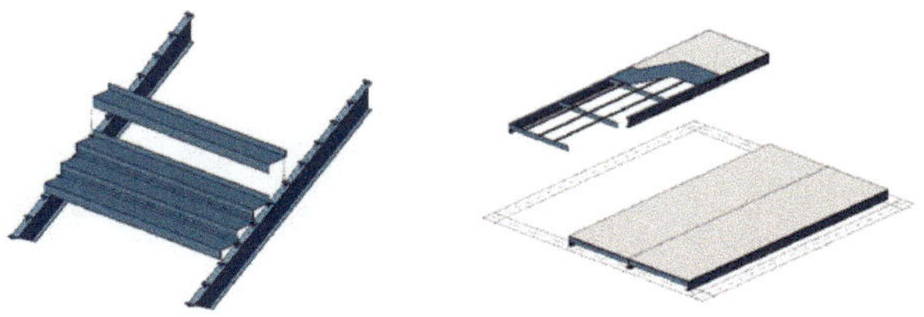

Bild 4: Stufen und Decken © Knut Stockhusen / sbp schlaich bergermann partner

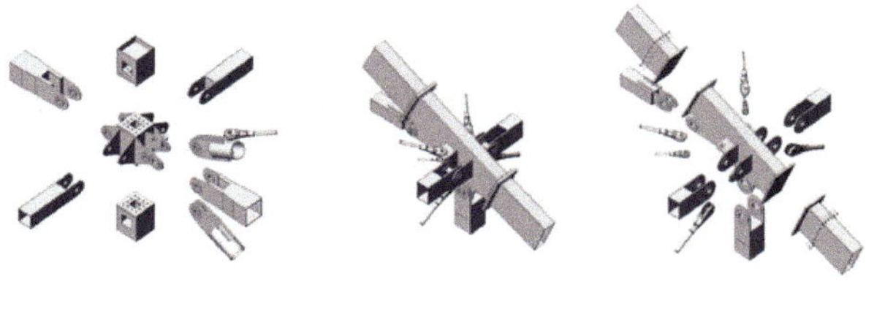

Bild 5: Details © Knut Stockhusen / sbp schlaich bergermann partner

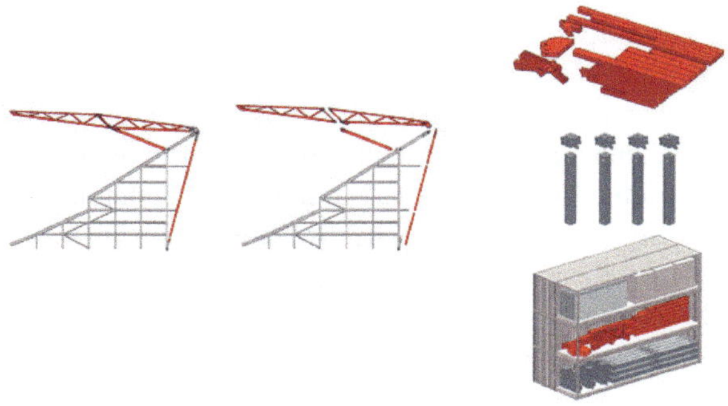

Bild 6: Container © Knut Stockhusen / sbp schlaich bergermann partner

Das Bauwerk kann somit einfach errichtet und anders als übliche Sportstätten nach einer Großveranstaltung leicht demontiert werden. Anschließend lässt es sich sowohl an einem anderen Ort komplett neu installieren oder kann auch in mehrere, kleinere Stadien an verschiedenen Orten umgewandelt werden.
Dabei können alle Einzelelemente demontiert und innerhalb der zertifizierten Transportbehälter zum nächsten Bestimmungsort transportiert werden. Dieses besondere Prinzip führt zu einem reduzierten CO2-Fußabdruck über die gesamte Lebensdauer. Durch die leichte Bauart wird überdies weniger Baumaterial benötigt. Da alle Elemente wiederverwendet werden, entsteht kein Abfall und auf das Ende des Events folgt kein Leerstand. Vor allem die Flexibilität der Nutzung ist hier von Bedeutung, da die Größe des Objekts bei erneutem Einsatz an anderer Stelle wieder den dann geltenden Randbedingungen angepasst werden kann.
Das vorgestellte, modulare System wurde von der FIFA für Großveranstaltungen zugelassen und mittlerweile in Qatar für die Weltmeisterschaft 2022 realisiert.

Nachhaltig Bauen – recyclinggerechte und kreislauffähige Konstruktionen

Prof. Dipl.-Ing. Architektin Petra Riegler-Floors
Hochschule für Angewandte Wissenschaften Trier, Deutschland

Zusammenfassung

Der enorme Verbrauch unserer Rohstoffreserven, die immense Abfallproduktion – in Deutschland jeweils zu über 50 % durch den Bausektor verursacht – sowie die hohen CO_2-Emissionen – zu fast 40 % durch die Baubranche induziert – generieren für uns Planer*innen eine besondere Verantwortung, aber auch einen wirksamen Hebel, mit einer nachhaltigen Bauweise der Rohstoff- und Klimakrise zu begegnen. Dazu können drei Strategien des Nachhaltigen Bauens in hierarchischer Reihenfolge definiert werden: die „Nicht-Bau-Lösung" zur Vermeidung von Rohstoff- und Energieverbrauch, das „Urban Mining" zur Nutzung unserer anthropogenen Lagerstätten im Gebäudebestand und zuletzt für nicht vermeidbare Neubauplanungen das recyclinggerechte Konstruieren. Hier geht es um die Bewertung von Pre-Use (z.B. Verfügbarkeiten) und Post-Use (z.B. Nachnutzungspotenziale und Verwertungswege) der unterschiedlichen Baustoffe sowie die Lösbarkeit von Verbindungen und Konstruktionen als Voraussetzung für eine sortenreine Trennung, die für ein hochwertiges Recycling notwendig ist.

1. Einleitung

Der Bausektor in Deutschland zeichnet zum einen für einen enormen Verbrauch unserer Rohstoffreserven verantwortlich – ca. 50 % aller unserer geförderten Werkstoffe und unseres Energieverbrauchs, sowie etwa ein Drittel unseres Wasserverbrauchs entfallen auf den Bau und die Nutzung von Gebäuden [1] – gleichzeitig aber auch für die immense Abfallproduktion: 53,4 % des Abfallaufkommens in Deutschland sind Bau- und Abbruchabfälle [2].
Zugleich sind 38 % der CO_2-Emissionen durch die Baubranche induziert [3]. Diese Fakten generieren für uns Planer*innen eine besondere Verantwortung: Es ist offensichtlich, dass in der Planung und Umsetzung von Gebäuden ein Paradigmenwechsel vollzogen werden muss und unsere Rohstoffe nicht mehr „verbraucht" und weggeworfen werden dürfen, sondern im Kreislauf geführt werden müssen. Dafür muss ein Umdenken stattfinden: Bereits in der Planung gilt es, den Rückbau mitzudenken. Eine konsequent nachhaltige Planung im Sinne der Begriffsprägung von Carl von Carlowitz aus dem Jahr 1713 ist notwendig: „Nachhaltige Entwicklung ist Entwicklung, welche die Bedürfnisse der gegenwärtigen Generation deckt, ohne die Fähigkeit zukünftiger Generationen zu gefährden, ihre eigenen Bedürfnisse zu decken." [4]
Im Sinne des Nachhaltigen Bauens können dazu – jeweils auf der Entwurfs- und auf der Konstruktionsebene – drei Strategien verfolgt werden:

2. Nicht Bauen

Was zunächst banal klingt, ist für uns Planer*innen eine Herausforderung, die sowohl auf der Entwurfs- als auch auf der Konstruktionsebene höchste Sorgfalt und intelligente Planungsstrategien erfordert.
Im Entwurf gilt es, Flächenverbrauch auf ein Minimum zu reduzieren, um Rebound-Effekte zu vermeiden. Die Wohnfläche pro Person hat sich in den vergangen 60 Jahren mehr als verdoppelt – energetische und stoffliche Einsparungsergebnisse werden dadurch zunichte gemacht. Hier sind Entwurfskonzepte gefragt, die gleichwertige Raumqualitäten und Nutzungsszenarien bei reduziertem Raumverbrauch generieren.

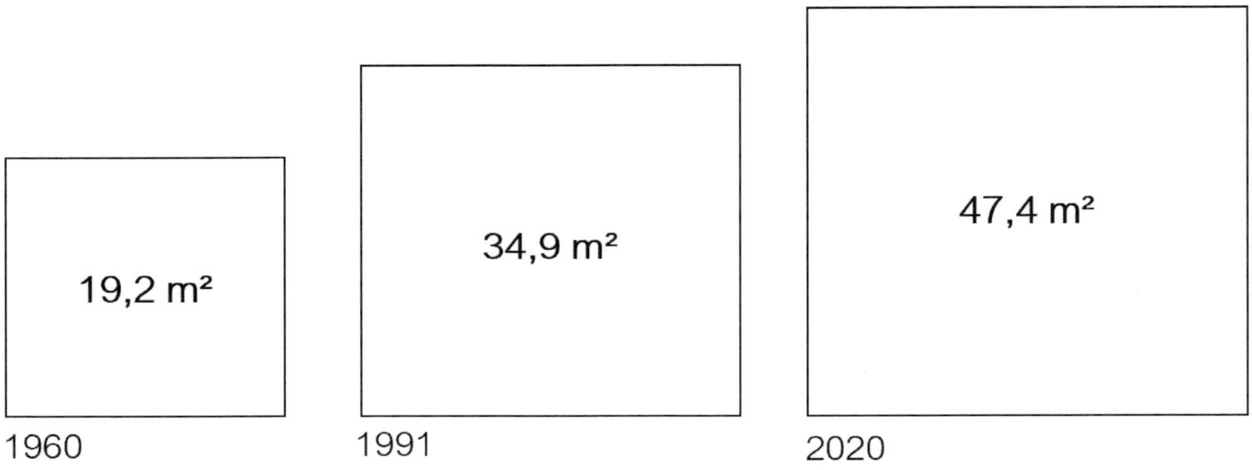

Abb.1: Durchschnittliche Wohnfläche pro Person in Deutschland, Entwicklung seit 1960. Eigene Darstellung nach Statistisches Bundesamt [5]

In der Konstruktion gilt das gleiche Prinzip: Dem Suffizienz-Gedanken folgend sind die besten Baustoffe diejenigen, die nicht benötigt werden – zum Beispiel eine Massivholz-Wandkonstruktion, die innenseitig mit einer Sichtoberflächenqualität ausgeführt keine weitere Verkleidung erfordert.

3. Urban Mining

Für unseren immensen, bereits vorhandenen Baubestand muss ein Umdenken stattfinden: statt in immer kürzeren Nutzungszyklen – in innerstädtischen Lagen mit hohem Bodendruck inzwischen häufig weit geringer als die üblicherweise kalkulierten 50 Jahre [6] – Gebäudesubstanz aus Primärrohstoffen zu bauen, rückzubauen, wegzuwerfen und aus weiteren Primärrohstoffen wieder neu zu bauen, gilt es, den Gebäudebestand soweit als möglich zu nutzen.
Vor jeder Rück- und Neubauplanung muss gewissenhaft geprüft werden, ob die Projektaufgabe nicht im Gebäudebestand realisiert werden kann. Die Weiternutzung vorhandener Gebäudestrukturen und damit der darin gebundenen Rohstoffe und Grauen Energie muss absoluten Vorrang vor dem Neubau haben. Wir müssen unseren Gebäudebestand als Rohstofflager verstehen.
Das inhaltliche begrüßenswerte Vorhaben der Bundesregierung, jährlich 400.000 Wohnungen zu schaffen, ist als reine Neubauplanung ohne Bestandstransformationen schwer vorstellbar.
Eine gewisse Demut erfordert es von uns Planer*innen, in der Neubauplanung bereits die nachfolgende Umnutzung oder Transformation des von uns entworfenen Gebäudes mitzudenken. Nutzungsflexible und Typologie-neutrale Tragwerk-Raster und Geschosshöhen, Erweiterungsmöglichkeiten durch Kalkulation von Lastreserven in der Tragwerksplanung sowie eingeplante Varianz in den Erschließungssystemen oder in der Bildung von Nutzungseinheiten vereinfachen zukünftige Nutzungstransformationen unserer Entwürfe.
Auch in der Konstruktion gilt es, die Gebäudesubstanz als anthropogene Rohstofflager zu verstehen und zu nutzen. Eine besondere Herausforderung stellt hierbei die größte Abfallfraktion – die mineralischen Baustoffe – dar, deren Nachnutzungspotenziale sich derzeit (noch) im Wesentlichen auf Downcycling und Deponierung beschränken. Doch auch hier zeigen Beispiele, dass es verfahrenstechnisch bereits möglich ist, z.B. Backsteine mit einem Sekundärrohstoffanteil von immerhin mind. 60 % herzustellen [7] oder sogar Fliesen, die durch Ausnutzung von Altglas als Bindemittel für mineralisches Rückbaumaterial sogar zu 100 % aus Altmaterial bestehen können [8].

4. Recyclinggerecht Konstruieren

Ist eine Neubauplanung unvermeidbar, ist die Konstruktion konsequent kreislauffähig zu denken. Die Konstruktion wird bestimmt durch das verwendete Material und die gewählte Fügung.
Auf der Materialebene werden nur noch Baustoffe zur Anwendung kommen dürfen, die auf einer hohen Qualitätsstufe recyclingfähig sind, sprich wiederverwendet (re-use), wiederverwertet (recycling) oder weiterverwendet (further use) können – sog. „Closed-loop-Materialien“ [9].

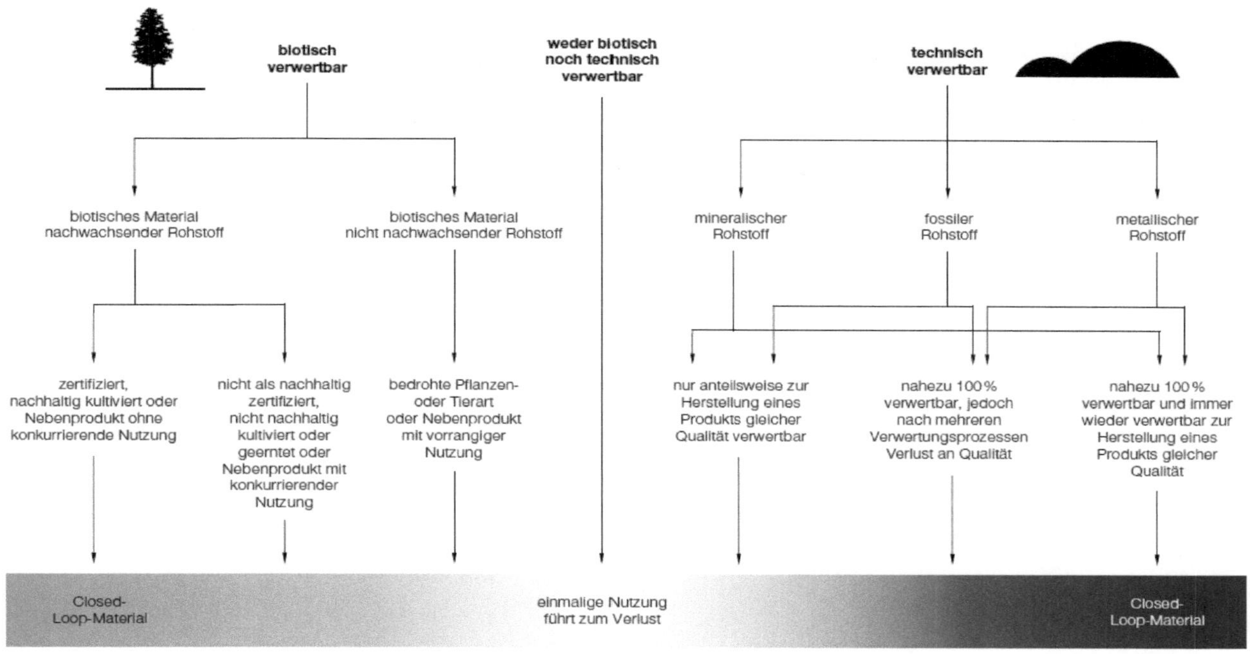

Abb. 2: Recyclingpotenziale verschiedener Materialgruppen [10]

Weiterverwertung (downcling) darf nur noch die Ausnahme bilden, Beseitigung (Deponierung und energetische Verwertung) sollte ausgeschlossen werden. Hierzu ist eine präzise Kenntnis von Materialeigenschaften, aber auch des Pre-Use, wie der Verfügbarkeiten (Reserven), und des Post-Use, also der Nachnutzungspotenziale und Verwertungswege der Baustoffe, notwendig. Zur Bewertung des Recyclingpotenzials eines Baustoffes kann sein Material Cycle Status herangezogen werden.

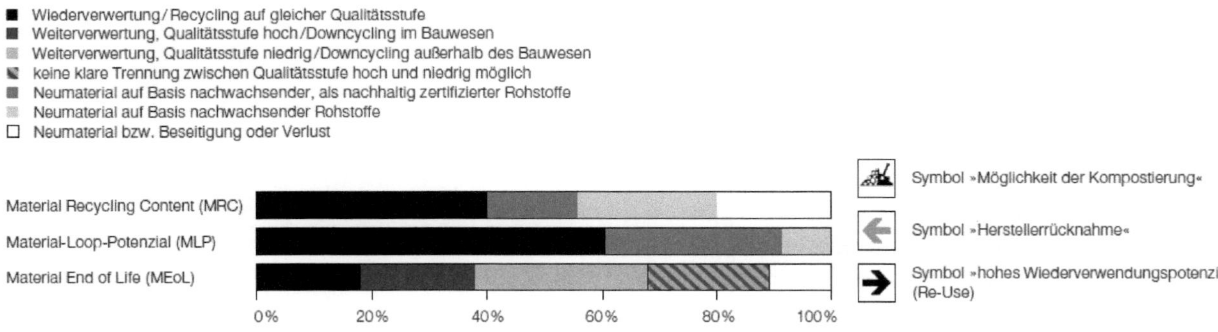

Abb. 3: Material Cycle Status [11]

Die vier Materialgruppen unterscheiden sich deutlich in ihren Verfügbarkeiten und ihren Nachnutzungspotenzialen:

Die metallischen Materialien sind nur begrenzt verfügbar. Ihre Gewinnung geht mit einer erheblichen Landschaftszerstörung durch die Förderung der Metall-Erze und einem hohen Primärenergie-Aufwand bei der Verhüttung der Erze einher. In der Nachnutzung sind die meisten Metalle zu nahezu 100 % wiederverwertbar. Recyclingstahl benötigt lediglich ein Viertel der ursprünglich erforderlichen Primärenergie [12]. In Deutschland sind die Recyclingwege für alle gängigen Metalle eingespielt.

Auch die fossilen Materialien stehen ebenfalls nur begrenzt zur Verfügung, auch hier überschreiten die Reproduktionszyklen die auf die menschliche Nutzung bezogenen und im Bauwesen relevanten Zeithorizonte bei Weitem (z.B. Kunststoff auf Erdölbasis). Die Gruppe der Thermoplasten kann einige Male im Kreislauf geführt werden, jedoch nur in einer begrenzten Anzahl von Wiederholungen. Am Lebensende steht dann wie bei den meisten fossilen Materialien die energetische Verwertung.

Die mit Abstand im größten Umfang im Bauwesen genutzte Materialgruppe sind die mineralischen Baustoffe. Neben der Schwierigkeiten der begrenzten Verfügbarkeiten im Pre-Use – die sich stetig verschärfende Knappheit von Sand [13] und Kies [14] ist inzwischen vielfach publiziert – und der hohen Treibhausgasemissionen, z.B. von Zement – 8 % der weltweiten CO_2-Emissionen wird durch die Zementindustrie verursacht, das ist mehr als bei Flugverkehr und Serverleistungen zusammen – sehen wir uns im Post-Use mit den Herausforderungen in der Nachnutzung konfrontiert. Der Einsatz als Sekundärrohstoff ist in der Regel verfahrenstechnisch z.Zt. auf einen Anteil von 40–60 % beschränkt. Übliche Verwertungswege sind das Downcycling, z.B. als Straßenunterbau oder die Deponierung. Die Deponiekapazitäten sind begrenzt und werden voraussichtlich zumindest in den bevölkerungsreichen Bundesländern wie NRW, Bayern und Rheinland-Pfalz noch in diesem Jahrzehnt erschöpft sein [15].

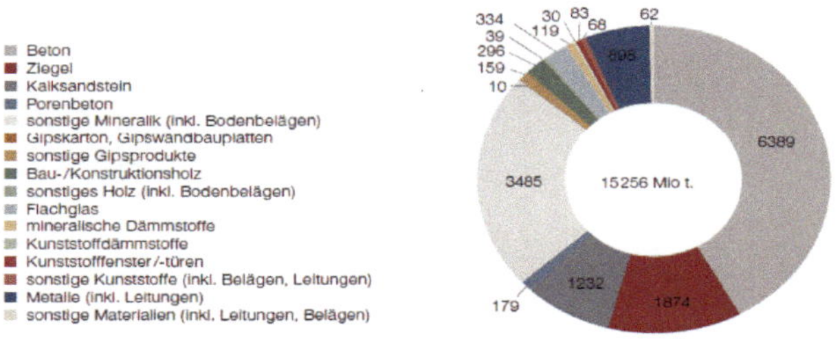

Abb. 4: Materiallager des Gebäudebestands in Deutschland 2010 in Mio. t nach Materialgruppen [16]

Die biotischen Materialien stehen – da nachwachsend – zumindest in der Theorie unbegrenzt zur Verfügung. Durch den in Deutschland herrschenden Flächendruck und die Konkurrenz in der Flächennutzung durch Siedlungen, Infrastruktur, Landwirtschaft und Schutzgebiete steht Kultivierungsraum nicht uneingeschränkt zur Verfügung. Nichtsdestotrotz gehören die nachwachsenden Rohstoffe auf Grund ihrer Fähigkeit der CO_2-Bindung zu den wichtigsten Werkzeugen bei der Einhaltung des 1,5°-Zieles in der Klimakrise.

Die Holzproduktion und der Holzhandel sind derzeit starken Schwankungen unterworfen, teils auf Grund von wirtschaftlichen und politischen Verwerfungen, insbesondere aber durch die Folgen der Klimakrise. Derzeit liegt der Anteil der gegenüber Dürre und Borkenkäferbefall wenig resistenten Fichtenplantagen bei 25,4 % der deutschen Waldfläche [17]. Die zur Zeit erfolgende Umstrukturierung der Wirtschaftswälder in Richtung Mischwälder mit höherem Anteil an dem Klimawandel gegenüber resilienteren – da tiefer wurzelnden – Laubbaumarten erfordert auf Grund der divergierenden Materialeigenschaften des Laubholzes im Vergleich zum Nadelholz auch Anpassungen in der holzverarbeitenden Industrie und in der Planung. [18]

Die Umtriebszeit der meisten wirtschaftlich genutzten Baumarten liegt – vergleichbar mit den menschlichen Lebensalter – bei durchschnittlich etwa 80 Jahren. In der nachhaltigen Forstwirtschaft, sprich der geerntete Baum wird nachgepflanzt, wurde nach diesem Zeitraum wieder die entsprechende Menge CO_2 gebunden. Im Sinne der Klimaneutralität kann dann der erste Baum energetisch verwertet werden, also die Menge an CO_2, die im neuen Baum gebunden ist, freigesetzt werden – jedoch erst dann!

Da dieser Zeitraum den üblichen Nutzungszyklus unseres Gebäudebestandes von 50 Jahren übersteigt, ist es i.d.R. notwendig, das Holz in mehreren Stufen seiner Nutzungskaskade zu führen. Die in Deutschland praktizierte Rohholzverwendung, bei der knapp ein Drittel der Ernte direkt als Brennholz genutzt wird, steht dem entgegen.

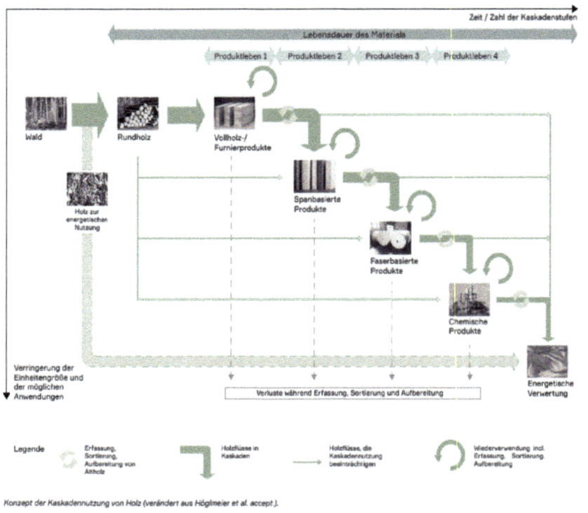

Abb. 5: Konzept der Kaskadennutzung von Holz [19]

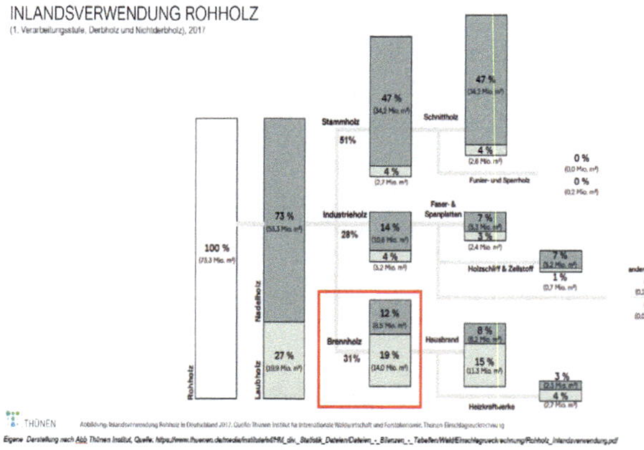

Abb. 6: Inlandsverwendung Rohholz in Deutschland 2017 [20]

Voraussetzung für eine höherwertige stoffliche Verwertung innerhalb der Kaskade ist die Einordnung Altholzkategorie I oder II, also unbehandeltes oder ohne Holzschutzmittel behandeltes Holz. Um eine Behandlung des Holzes zu vermeiden ist es zielführend, die eine Holzart der passenden Dauerhaftigkeitsklasse für die der Einbausituation entsprechende Gebrauchsklasse zu wählen. Damit ist beispielhaft gezeigt, wie wichtig es ist, in der Planungsphase die Nachnutzung mitzudenken.

Altholzkategorien nach Altholzverordnung AltholzV 2020

Altholzkategorie	höherwertige, stoffliche Verwertung zu Holzwerkstoffprodukten
Altholzkategorie A I naturbelassenes oder lediglich mechanisch bearbeitetes Altholz, das bei seiner Verwendung nicht mehr als unerheblich mit holzfremden Stoffen verunreinigt wurde	ja
Altholzkategorie A II verleimtes und behandeltes Altholz ohne halogenorganische Verbindungen in der Beschichtung und ohne Holzschutzmittel	ja
Altholzkategorie A III Altholz mit halogenorganischen Verbindungen in der Beschichtung ohne Holzschutzmittel	eingeschränkt Verwertung nur möglich, wenn die Beschichtungen vor oder im Arbeitsprozess weitgehend entfernt werden können, wird aufgrund des Aufwands als nicht weiter zu betrachtende Ausnahme angesehen

Tabelle.: Atlas Recycling, Hillebrandt, Riegler-Floors, Rosen, Seggewies, Edition DETAIL, München, 2018

Altholzkategorie A IV – mit Holzschutzmitteln behandeltes Altholz, wie Bahnschwellen, Leitungsmasten, Hopfenstangen, Rebpfähle, sowie sonstiges Altholz, das aufgrund seiner Schadstoffbelastung nicht den Altholzkategorien A I bis A III zugeordnet werden kann, ausgenommen PCB-Altholz.

PCB-haltiges Altholz. Dies ist Altholz, das polychlorierte Biphenyle im Sinne der PCB/PCT-Abfallverordnung enthält und nach deren Vorschriften zu entsorgen ist. Dabei handelt es sich insbesondere um Dämm- und Schallschutzplatten, die mit Mitteln behandelt wurden, die polychlorierte Biphenyle enthalten -> PCB/PCT-Abfallverordnung

Abb. 7: Altholzkategorien nach Altholzverordnung [21]

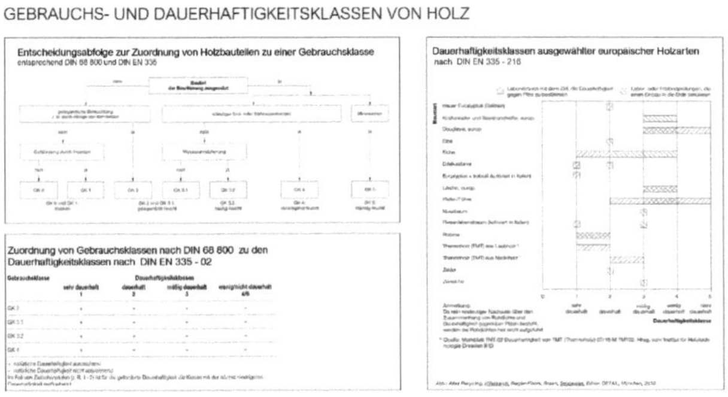

Abb. 8: Gebrauchs- und Dauerhaftigkeitsklassen von Holz [22]

Neben dem Holz bieten weitere nachwachsende Rohstoffe Potenziale für eine breitere Anwendung. Insbesondere Stroh und Hanf sind dabei interessant auf Grund ihrer kurzen Umtriebszeiten als einjährige Pflanzen sowie auf ihrer annähernd globalen Verfügbarkeit. Neben der bekannten Verwendung als Dämmungen wird die Nutzung als Bauplatte künftig beachtenswert werden. Mit dem Kohleausstieg, der zur Eindämmung der Klimakrise früher als zum derzeit festgelegten Datum 2038 kommen muss, wird auch der Gips aus den Rauchgasentschwefelungsanlagen – derzeit wenig kostenintensives Abfallprodukt, das momentan rd. 60 % der Gipsreserven bereitstellt – nicht mehr zur Verfügung stehen [23]. Das Recycling von Baustoffen auf Gipsbasis ist zum jetzigen Zeitpunkt noch weit davon entfernt, den Bedarf decken zu können [24]. Bauplatten aus Stroh [25] und Hanf [26], gebunden über das Stroh-eigene Lignin oder pflanzliche Proteine können hier eine Alternative zu den derzeit üblicherweise verwendeten Gipskartonplatten darstellen.

Baustoffe aus nachwachsenden Rohstoffen, die in Feuchtgebieten kultiviert werden, wie Schilfrohr oder Typha (Rohrkolben) stellen derzeit eher Nischenprodukte dar. Jedoch ist hier ein Ausbau der Nachfrage und damit der Kapazitäten wünschenswert – Feuchtgebiete speichern die größte Menge Kohlenstoff in Tonnen pro m³ Boden (vgl. Abb.9). In Feuchtgebieten fallen Pflanzenreste ins flache, leicht saure Wasser. Statt von Bakterien zersetzt zu werden – wobei CO_2 entsteht – bildet sich dank Luftabschluss Torf.

In diesem Fall sorgt eine Erhöhung des Verbrauchs von Baustoffen, die in Mooren und Sümpfen kultiviert werden – sofern sie zu einer Ausweitung dieser Feuchtgebiete führt – für eine Reduktion von Treibhausgasen in der Atmosphäre.

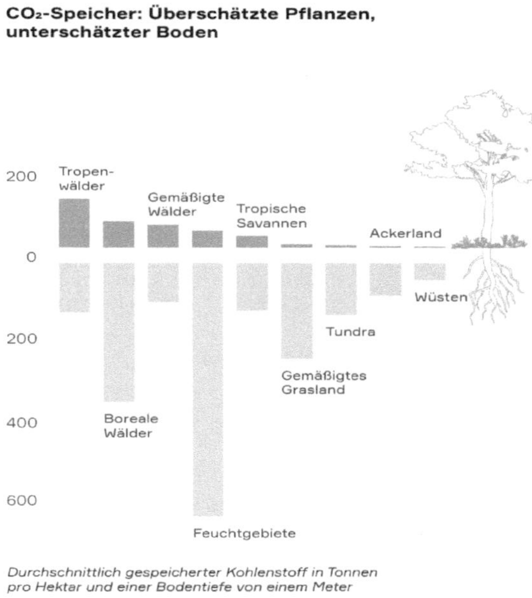

Abb. 9: Durchschnittlich gespeicherter Kohlenstoff in Tonnen pro Hektar und einer Bodentiefe von einem Meter [27]

5. Lösbare Verbindungen und Konstruktionen

Um die Baustoffe einer hochwertigen Nachnutzung zuführen zu können, müssen sie in der Regel – sofern es sich nicht um Monomaterialsysteme handelt – sortenrein getrennt werden. Voraussetzung dafür sind lösbare Verbindungen und Konstruktionen, sofern es sich nicht um Monomaterialsysteme handelt. Auf Grund der Einstofflichkeit ist hier eine Trennung nicht notwendig.

Die Bauindustrie bringt seit geraumer Zeit eine Vielzahl von Verbundstoffen auf den Markt, die schwierig in der Nachnutzung sind, aber auch die Entsorger vor große Herausforderungen stellen. Den bauphysikalischen Herausforderungen, insbesondere im Feuchteschutz kann aber die Anwendung erprobter baukonstruktiver Prinzipien wie Überschuppung, Fugenüberdeckung, Dachüberstände etc. begegnet werden; eine Anwendung dieser Verbundstoffe wird dadurch obsolet.

Grundsätzlich ist im Sinne der Recyclinggerechtigkeit eine Funktionstrennung der einzelnen Bauteilschichten zu bevorzugen.

Die Normung kennt eine Vielzahl von lösbaren Fügetechniken (vgl. Abb.10).

Übersicht von Fügetechniken nach DIN 8580 und DIN 8593

Zusammensetzen **DIN 8593-1**	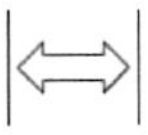	Fügen, bei dem der Zusammenhalt der Fügeteile durch Schwerkraft (Reibung), Formschluss, Federkraft oder eine Kombination davon bewirkt wird.
Auflegen Aufsetzen Schichten		Fügen zusammenpassender Teile unter Nutzung der Schwerkraft, im Allgemeinen in Verbindung mit Formschluss, z.B. Dachziegel
Einlegen Einsetzen	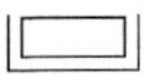	Fügen, bei dem das eine Fügeteil in ein Formelement des anderen Fügeteils eingelegt wird, z.B. Einlegen von Dämmmatten in eine Dachkonstruktion
Ineinanderschieben	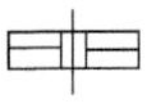	Fügen, bei dem das eine Fügeteil in das andere oder über das andere geschoben wird, z.B. Einschieben eines Verbindungsbolzens
Einhängen	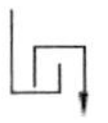	Fügen, bei dem das eine Fügeteil in das andere eingehängt wird, wobei die Fügeverbindung durch eine Zugkraft (Federkraft, Schwerkraft) gesichert wird, z.B. Einhängen einer Zugfeder
Einrenken	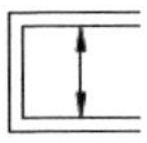	Fügen durch Ineinanderschieben zweier Fügeteile, wobei die Fügeverbindung durch eine Druckkraft gesichert wird, z.B. Glühlampe in Swanfassung oder Bajonettverschluss bei Druckluftleitung
federnd Einspreizen	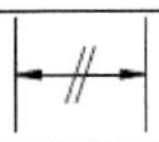	Fügen durch vorheriges elastisches Verformen, damit das Fügeteil nach dem Einlegen oder Aufschieben und anschließendem Rückfedern durch Formschluss gehalten wird, z.B. Federring einspreizen oder Schnappverbindung
Füllen **DIN 8593-2**	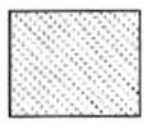	Eine Sammelbenennung für das Einbringen von gas- oder dampfförmigen, flüssigen, breiigen oder pastenförmigen Stoffen, ferner von pulverigen oder körnigen Stoffen oder kleinen Körpern in hohle oder poröse Körper
Einfüllen	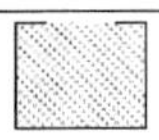	Einbringen von gas- bzw. dampfförmigem, flüssigem oder festem Stoff in hohle Körper, z.B. Schüttungen, Einblasdämmungen
An- und Einpressen **DIN 8593-3**	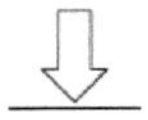	Eine Sammelbenennung für die Verfahren, bei denen beim Fügen die Fügeteile sowie etwaige Hilfsfügeteile im Wesentlichen nur elastisch verformt werden und ungewolltes Lösen durch Kraftschluss verhindert wird.
Schrauben (An-, Ein-, Ver-, Festschrauben)		Fügen durch Anpressen mittels selbsthemmenden Gewindes
Klemmen	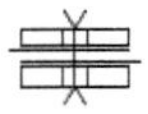	Fügen durch Anpressen mittels Hilfsteilen (Klemmen), wobei die Fügeteile elastisch oder plastisch verformt werden, während die Hilfsteile starr sind, z.B. Los-Fest-Flansch
Klammern		Fügen mittels federnder Hilfsteile (Klammern), die die überwiegend starren Fügeteile aneinanderpressen
Fügen durch Presspassung	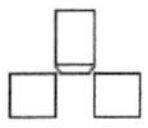	Fügen des Innenteils mit einem Außenteil, wobei zwischen beiden ein Übermaß besteht: Fügen durch Einpressen, Verstiften, Schrumpfen (Aufschrumpfen), Dehnen, z.B. Einschlagen eines Bolzens
Nageln Verstiften Einschlagen		Fügen durch Einschlagen oder Einpressen von Nägeln (Drahtstiften) als Hilfsteile ins volle Material. Hierbei werden mehrere Fügeteile durch Aneinanderpressen miteinander verbunden. Beim Einschlagen ist das eingeschlagene Teil selbst ein Fügeteil, z.B. Einschlagen eines Hakens.
Verkeilen	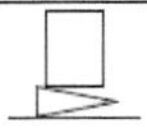	Das Anpressen zweier Fügeteile mit Hilfe selbsthemmender keilförmiger Hilfsteile z.B. Verklotzung von Fenstern
Verspannen	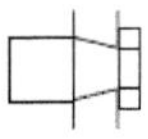	kraftschlüssiges Fügen einer Nabe mit einer Welle mithilfe eines Konus oder mithilfe ringförmiger, geschlitzter Keile (Spannelemente), wobei die erforderliche Axialkraft über Gewinde aufgebracht wird
Umformen **DIN 8593-5**	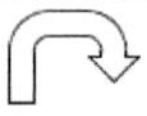	Eine Sammelbenennung für die Verfahren, bei denen entweder die Fügeteile oder Hilfsfügeteile örtlich – bisweilen auch ganz – umgeformt werden. Die Umformkräfte können mechanischer, hydraulischer, elektromagnetischer oder anderer Art sein. Die Verbindung ist im Allgemeinen durch Formschluss gegen ungewolltes Lösen gesichert.
Fügen durch Umformen drahtförmiger Körper		Drahtflechten zu flächenhaften oder räumlichen Drahtgeflechten, z.B. Stahlgewebe gemeinsames Verdrehen (Verseilen, Spleißen, Knoten, Wickeln mit Draht, Drahtweben zu Drahtgeweben), z.B. Spannseile
Fügen durch Umformen bei Blech-, Rohr- und Profilteilen	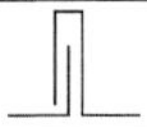	Fügen durch Körnen oder Kerben, gemeinsam Ziehen (Ummanteln), Weiten, Engen, Bördeln, Falzen, Wickeln, Verlappen, z.B. Stehfalzdeckungen

Abb. 10: Übersicht von Fügetechniken nach DIN 8580 und DIN 8593 [28]

In der praktischen Anwendung existieren diverse recyclinggerechte und rückbaubare Alternativen zu den konventionellen Konstruktionen, wie z.B. Schraubfundamente und Spinnanker (statt Betongründungen), lösbare Kellerabdichtungen (statt Beschichtungen), Perimeterdämmungen aus Schaumglasschotter in Gewebesäcken (statt geklebter extrudierter Dämmplatten) oder diverse Fußbodenheizungssysteme, die trocken – nicht in Nassestrich – verlegt werden können. [29]

Schraubfundamente: Erdschrauben aus feuerverzinktem Stahl für bis zu dreigeschossige Gebäude

Spinnanker: Ankerplatte mit 6 oder 12 Gewindestäben (2–6 m Länge), belastbar mit bis zu 200 kN

lose Kellerabdichtung: 3-lagige Abdichtungssystem aus dem Tankstellen- und Deponiebau, Dichtheitsprüfung vor Verfüllung der Baugrube

vertikale Perimeterdämmung: Schaumglasschotter in Gewebesäcken

Abb. 11: Beispiele lösbarer Verbindungen und Konstruktion aus dem Bereich Gründung und Keller [30]

Die meisten dieser Konstruktion wurden nicht aus ökologischen Beweggründen erdacht, sondern um unabhängiger von Witterung oder Trocknungszeiten – also schneller und damit günstiger – montieren zu können.
Die Strategien zum recyclinggerechten Konstruieren sind sowohl auf der Material- als auch auf der Fügungsebene da – sie müssen nur noch in der Breite angewandt werden!

Literatur

[1] Mitteilung der Kommission an das Europäische Parlament, (zum effizienten Ressourceneinsatz im Gebäudesektor), Brüssel 2014

[2] Abfallbilanz des Statistischen Bundesamtes 2019: https://www.destatis.de/DE/Themen/Gesellschaft-Umwelt/Umwelt/Abfallwirtschaft/Tabellen/liste-abfallbilanz-kurzuebersicht.html

[3] Global Status Report for Buildings and Construction, UNEP (Vereinte Nationen) https://globalabc.org/sites/default/files/2021-10/GABC_Buildings-GSR-2021_BOOK.pdf

[4] Definition aus dem Bericht der Brundtland-Kommission; Ulrich Grober: Hans Carl von Carlowitz. 2010, S. 261

[5] Statistisches Bundesamt, Statistisches Jahrbuch.; https://de.statista.com/statistik/daten/studie/36495/umfrage/wohnflaeche-je-einwohner-in-deutschland-von-1989-bis-2020/ (Stand 05.03.2022)

[6] z.B. DGNB und BNB https://static.dgnb.de/fileadmin/dgnb-system/de/gebaeude/neubau/kriterien/03_ECO1.1_Gebaeudebezogene-Kosten-im-Lebenszyklus.pdf

[7] https://www.stonecycling.com/

[8] http://www.shardstiles.com/

[9] Annette Hillebrandt, Petra Riegler-Floors, Anja Rosen, Johanna-Katharina Seggewies: Atlas Recycling, München, Edition DETAIL, 2018, S. 64

[10] Annette Hillebrandt, Johanna-Katharina Seggewies, wie Anm. 9, S. 63

[11] Annette Hillebrandt, Johanna-Katharina Seggewies, wie Anm. 9, S. 64

[12] https://www.wecobis.de/bauproduktgruppen/grundstoffe-gs/metalle-gs/stahl-gs.html

[13] 40 - 50.000.000.000 t Sand und Kies: weltweiter Verbrauch / Jahr, Steigerung etwa ca. 5.5% p.a. UN Environmental Programm 2020, https://unepgrid.ch/en/activity/sand

[14] Baurohstoffstudie meldet Versorgungsengpässe in Hamburg, Ruhrgebiet, Großräume Mannheim-Karlsruhe und Berlin/Potsdam, Teilen Niedersachsens und Bayerns, Baurohstoffstudie des BGR, 2020,https://www.bgr.bund.de/DE/Gemeinsames/Oeffentlichkeitsarbeit/Pressemitteilungen/BGR/bgr-2020-04-20_kies-versorgungsengpaesse-nehmen-zu.html?nn=1544712

[15] 2030 werden auch im optimistischen Szenario die Restvolumina der vorhandenen - inklusive der geplanten und genehmigten - Deponien der Deponieklasse I in Nordrhein- Westfalen, Bayern und Rheinland-Pfalz erschöpft sein.
Prognos AG/Thörner, Hams: Bedarfsanalyse für DK I-Deponien in NRW. Zusammenfassung der Ergebnisse.Studie im Auftrag des Ministeriums für Klimaschutz,Umwelt, Landwirtschaft, Natur- und Verbraucherschutz des Landes NRW,2013; AU Consult GmbH: Bedarfsprognose: Deponien der Klassen 0, I und II in Bayern. Kurzfassung der Studie im Auftrag des Bayrischen Landesamts für Umwelt Augsburg,2015; ifeu Heidelberg; Dehne, Iswing u. a.: Abschätzung des zukünftigen Bedarfs an Deponiekapazitäten in RLP. Kurzfassung der Studie im Auftrag des Landesamtes für Umwelt RLP Berlin/Heidelberg Juni 2016

[16] Anja Rosen, wie Anm 9, S. 23

[17] Bundeswaldinventur / Kohlenstoffinventur 2017; https://bwi.info/inhalt1.3.aspx?Text=1.04%20Baumartengruppe%20(rechnerischer%20Reinbestand)&prRolle=public&prInv=BWI2012&prKapitel=1.04

[18] Anne Niemann, Stefan Torno, Konrad Merz: Bauen mit Laubholz, DETAIL Praxis, München 2020, S.18 ff

[19] eigene Darstellung nach Högelmeier et al., TUM, 2015

[20] eigene Darstellung nach Thünen-Institut für Internationale Waldwirtschaft und Forstökonomie, Thünen-Einschlagsrückrechnung

[21] wie Anm. 9, S. 65

[22] wie Anm. 9, S. 66-67

[23] https://www.bund.net/fileadmin/user_upload_bund/publikationen/naturschutz/naturschutz_gipsgutachten.pdf

[24] https://gypsumrecyclinggermany.com/

[25] http://www.istraw.de/strohbauplatte,

[26] https://www.vonhanf.de/hanfverkleidungsplatte-hanfputztraegerplatte/, https://planterial.de/

[27] Eigene Darstellung nach IPCC (Weltklimarat), 2000

[28] wie Anm. 9, S. 44

[29] wie Anm. 9, S. 42-57

[30] wie Anm. 9, S. 46-47

TAE

BIM/ Digitalisierung

Digitale Kompetenz im Bauwesen – quo vadis?

Steffen Feirabend
Hochschule für Technik Stuttgart (HFT) / Werner Sobek AG (WS), Deutschland

Zusammenfassung

Das Erlangen von Kompetenzen für digitale Prozesse und Methoden muss fester Bestandteil der Aus- und Weiterbildung im konstruktiven Ingenieurbau und der Architektur werden. Der bisher nur punktuelle Einsatz digitaler Werkzeuge muss zukünftig einem digital vernetzten Arbeiten weichen. Das Erheben von Daten, deren Aufbereitung und Pflege und das damit einhergehende Teilen ebenso wie das vielfältige Nutzen von Informationen (auch durch Dritte) muss ein wesentlicher Bestandteil der Aus- und Weiterbildung der Ingenieure und Architekten werden.
Die Digitalisierung ermöglicht eine effizientere Nutzung von ökologischen und ökonomischen Ressourcen und damit auch eine grundlegende Veränderung des Bauwesens hin zu mehr Nachhaltigkeit. Erforderlich ist hierfür aber wesentlich mehr als nur die Einführung einzelner Technologien. Es geht um einen breiten Wandel, der gesamtgesellschaftlich mitgetragen werden muss.

1. Einführung

Die Corona-Pandemie hat dazu beigetragen, dass sich auch in der Baubranche eine digitale Arbeitsweise schneller etabliert hat als wir uns dies noch vor kurzem vorstellen konnten. Viele Ingenieure und Architekten haben notgedrungen neue digitale Werkzeuge kennen- und dabei auch deren Vorteile zu schätzen gelernt. Dieser bislang aber meist immer noch nur punktuelle Einsatz digitaler Werkzeuge muss zukünftig einem digital vernetzten Arbeiten weichen.
Das Erfassen von Daten, deren Aufbereitung und Austausch und vielfältigem Nutzen muss zukünftig ein wesentlicher Bestandteil werden. Wenn wir unsere gebaute Umwelt tatsächlich langfristig nachhaltig gestalten und betreiben wollen, muss unser Fokus bei der Nutzung dieser Daten und damit Informationen in Zukunft wesentlich stärker als bisher auf dem gesamten Lebenszyklus eines Bauwerks liegen.
Digitalisierung steht zudem für mehr Interdisziplinarität. Die seit Jahrzehnten auseinanderstrebenden Disziplinen der Architektur und des Bauingenieurwesens finden über das digital vernetzte Arbeiten zunehmend wieder zusammen. Tradierte Trennungslinien zwischen Planung und Realisierung werden im Zuge der Digitalisierung immer durchlässiger: Grenzen zwischen einzelnen Leistungsbereichen verschieben sich oder lösen sich ganz auf.
Es geht hier um Digitalisierung und Nachhaltigkeit – Schlagworte, die derzeit in keinem Beitrag über die Zukunft des Bauwesens fehlen dürfen. So mancher beklagt mal laut, mal leise den zunehmend inflationären Gebrauch dieser Begrifflichkeiten. Warum also noch einmal über Digitalisierung oder Nachhaltigkeit schreiben? Ganz einfach: Weil es nicht um das „oder“, sondern um das „und“ geht. Digitalisierung und Nachhaltigkeit sind zentrale Themen für die weitere Entwicklung unserer Gesellschaft und unseres Planeten – aber nur im harmonischen Zusammenspiel vieler Ingenieure und Architekten mit den entsprechenden Kompetenzen können sie ihr volles Potenzial zum Wohl der Gemeinschaft entfalten [1].

2. Status Quo

Laut unterschiedlichen Studien war in den Jahren vor der Pandemie bereits ein deutlicher Anstieg des „Digitalisierungsgrads“ in Deutschland zu beobachten. Doch was bedeutet „Digitalisierung“ eigentlich? Die englischen Begriffe „Digitization“ und „Digitalization“ werden beide mit „Digitalisierung“ übersetzt, bedeuten aber etwas grundlegend Unterschiedliches. „Digitization“ bezeichnet die Möglichkeit, analoge Daten und Informationen digital speichern zu können. „Digitization“ ist die Voraussetzung für „Digitalization“. Denn „Digitalization“ ist die neue, kreative Nutzung dieser nun digital vorliegenden Daten und Informationen zur Weiter- oder Neuentwicklung von Geschäftsmodellen und Problemlösungen. „Digitization“ ist in vielen Bereichen schon weit verbreitet – bezüglich der „Digitalization“ besteht meist aber noch erheblich Handlungsbedarf. Es besteht daher bei der Verwendung des Begriffs „Digitalisierung“ oft die Gefahr des bewussten oder unbewussten „Digitalwashing“. Digitalwashing bezeichnet – wie der bekanntere Begriff „Greenwashing“ – das Verwischen einer Begrifflichkeit und das Erwecken eines nicht gerechtfertigten positiven Eindrucks. Im Folgenden ist mit Digitalisierung deshalb nur die englische „Digitalization“ gemeint.

Im Bauwesen wird Digitalisierung häufig mit Building Information Modeling (BIM) gleichgesetzt (Abb. 1). Laut VDI und Bundesarchitektenkammer bezeichnet BIM eine kooperative Methodik, mit der auf der Grundlage digitaler Modelle alle über den Lebenszyklus eines Bauwerks relevanten Daten und damit Informationen erfasst, verwaltet und zwischen den Beteiligten ausgetauscht oder für die weitere Nutzung übergeben werden.

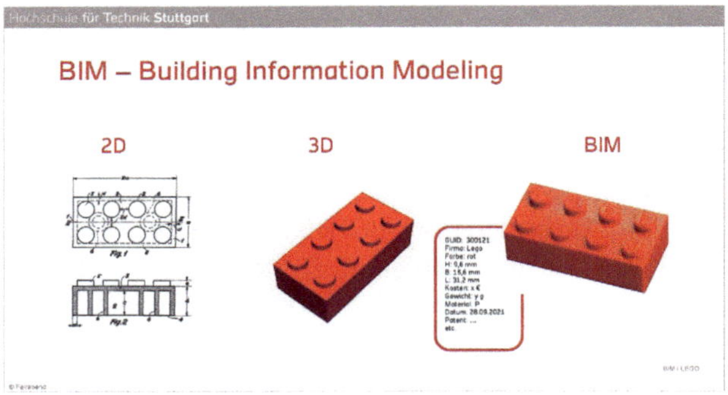

Abb. 1: Unterscheidung: 2-D – 3-D – BIM

Inwiefern kann BIM dazu beitragen, unsere gebaute Umwelt nachhaltiger zu gestalten – und wie erlangen die am Bauschaffen Beteiligten die hierfür erforderlichen Kompetenzen?

3. Quo vadis?

Digital vernetzte Arbeitsweisen und Methoden verbessern die Kommunikation und Qualität durch Transparenz. Damit einher gehen höhere Effizienz sowie die Chance für alle Beteiligte, die Daten über den kompletten Lebenszyklus nachhaltig für unterschiedliche Zwecke nutzen zu können. So ist BIM ja nicht nur eine Planungsmethode, sondern schließt den gesamten Lebenszyklus eines Bauwerks ein, das heißt ausgehend von den ersten Ideen, der Planung, dem Bau, dem Betrieb bis zum Um- und Rückbau - darin liegt die große Chance.

3.1 Vernetzung

Für Ingenieure und Architekten wird die Befähigung zum integralen und digitalen Arbeiten weit über die althergebrachten Disziplinengrenzen immer wichtiger. Nur so lassen sich langfristig erfolgreiche Lösungen finden und Chancen für neue Geschäftsmodelle nutzen. Daher müssen Studierende an den Hochschulen frühzeitig auf diese interdisziplinäre, digital vernetzte Arbeitsweise vorbereitet werden.
Im „BIM+“ Seminar der HFT arbeiten Studierende fakultätsübergreifend in Teams digital vernetzt zusammen (Abb. 2). Diese interdisziplinären Teams bestehen jeweils aus fünf bis sechs Studierenden aus unterschiedlichen Fachdisziplinen. Jedes Team entwickelt modellbasiert mit der BIM-Methodik ein Hochbauprojekt. Die kollaborative Zusammenarbeit der beteiligten Fachdisziplinen führt über mehrere Iterationen zu einer abgestimmten Planung. Die zentralen Lernziele sind hierbei zum einen die Befähigung zum kompetenten Umgang mit allen eingesetzten digitalen Werkzeugen und zum anderen die Kompetenz, diese in einem digital vernetzten Prozess kollaborativ anzuwenden - und damit ein Projekt innerhalb eines interdisziplinäres Teams erfolgreich zum gewünschten Ergebnis zu führen. Darüber hinaus erlangen die Studierenden ein besseres Verständnis für die jeweiligen Sichtweisen aller beteiligten Fachdisziplinen. Sie lernen so, unterschiedliche Perspektiven einzunehmen, über den eigenen Tellerrand hinauszuschauen und das Wissen, Kompetenzen und Lern- und Arbeitseinstellungen zu erweitern.

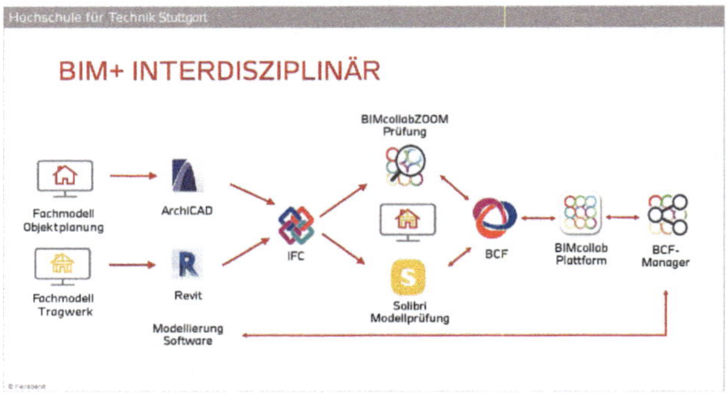

Abb. 2: BIM+ Seminar an der HFT

Diese Bemühungen, digitale Kompetenzen möglichst früh und möglichst breit aufzubauen, finden auch in der Forschung statt. Hierfür ist das Forschungsprojekt DigitalTWIN mit WS als Partner und der HFT als assoziierter Partner ein gutes Beispiel. Bei DigitalTWIN – **Digital T**ools and **W**orkflow **IN**tegration for Building Lifecycles – steht das Verständnis für systemische Abhängigkeiten und Wechselwirkungen im Vordergrund. Die Forschungspartner kommen deshalb aus sehr unterschiedlichen Branchen. Das Ziel ist die Entwicklung von digitalen Werkzeuge und Techniken, um Dienste, Prozesse und Abläufe entlang der Wertschöpfungskette des Bauwesens zu vernetzen und zu automatisieren (Abb. 3).

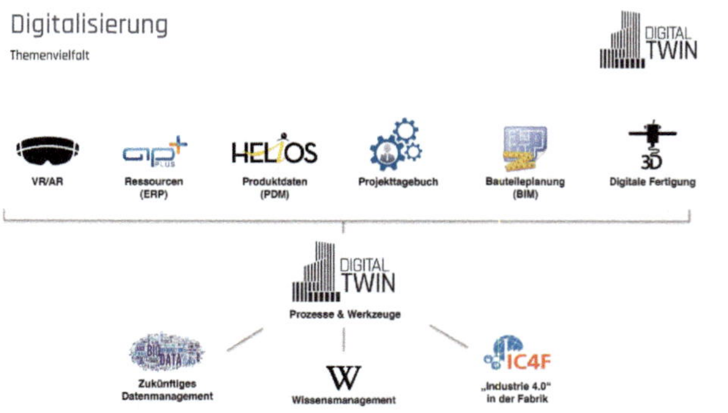

Abb. 3: Themenvielfalt Digitalisierung (© DigitalTWIN)

Besondere Herausforderungen des Bauwesens sind wechselnde Zuständigkeiten und Verantwortlichkeiten über den Lebenszyklus des Bauwerks hinweg, international unterschiedliche Standards sowie ständig wechselnde

Partner bei Planung, Fertigung und Betrieb. Eine offene Plattformarchitektur, weiterentwickelte Breitbandkommunikationstechnologie und Computer Vision Technologien sollen bei DigitalTWIN die Planung, Fertigung und Abstimmung mit der Baustelle vereinfachen und dem Anwender eine vertrauenswürdige und flexibel erweiterbare Kommunikations- und Administrations-Infrastruktur zur Verfügung stellen [2]. Dabei steht der digitale Zwilling des Bauwerks im Mittelpunkt – DigitalTWIN. Das Forschungsvorhaben mündete in einzelne Anwendungsfälle wie z.B. Augmented Reality zur Montageunterstützung am Beispiel einer Gitterschalen, der Qualitätssicherung mit virtueller Schweißprüfung bis hin zum Monitoring im Gebäudebetrieb und Wartungsunterstützung an einer Fassade (Abb. 4).

Abb. 4: Augmented Reality im Gebäudebetrieb (© DigitalTWIN)

3.2 Nachhaltigkeit

Wenn wir unsere gebaute Umwelt tatsächlich langfristig nachhaltig gestalten und betreiben wollen, muss unser Fokus bei der Nutzung von BIM in Zukunft wesentlich stärker als bisher auf dem gesamten Lebenszyklus eines Bauwerks liegen.

Die Ökobilanzierung eines Bauwerks gibt Aufschluss über dessen Umweltauswirkungen über den gesamten Lebenszyklus hinweg. Die Ökobilanz identifiziert signifikante Umweltwirkungen und zeigt, wo Umweltwirkungen in den verschiedenen Phasen des Lebenszyklus reduziert werden können.

Die Ökobilanzierung findet derzeit meist parallel zur eigentlichen Planung des jeweiligen Bauwerks statt. Eine Integration dieser Bilanzierung als planungsbegleitendes Optimierungswerkzeug ist daher anzustreben. Die Bauwerksdatenmodelle, die im Rahmen einer Planung mit der Methodik „Building Information Modeling“ (BIM) entstehen, sind mit den lebenswegbezogenen Bauproduktdaten anzureichern. Zum Teil wird diese Datenanreicherung bereits heute vollzogen – meist jedoch händisch und somit zeit- und kostenintensiv. Hierfür sind neue Wege der Datenverknüpfung zu finden und zu etablieren, um frühzeitig eine Optimierung der Planung auch auf Basis der Ökobilanz vornehmen zu können. Dabei sollte eine Datenaustauschstrategie mit der OpenBIM Methodik gewählt werden, um eine durchgängige Interkonnektivität der Daten zu erreichen. Zudem sollte auf bereits vorhandene, qualitätsgeprüfte Bauproduktdaten (z.B. ÖKO-BAUDAT) zurückgegriffen werden. Die frühzeitige Ökobilanzierung mit der Methodik BIM fungiert als planungsbegleitendes Optimierungswerkzeug zur Entscheidungsunterstützung in den frühen Planungsphasen. Gleichzeitig erlaubt die BIM Methodik die Simulation des Gebäudebetriebs in der Planung mit zusätzlichem Optimierungspotenzial.

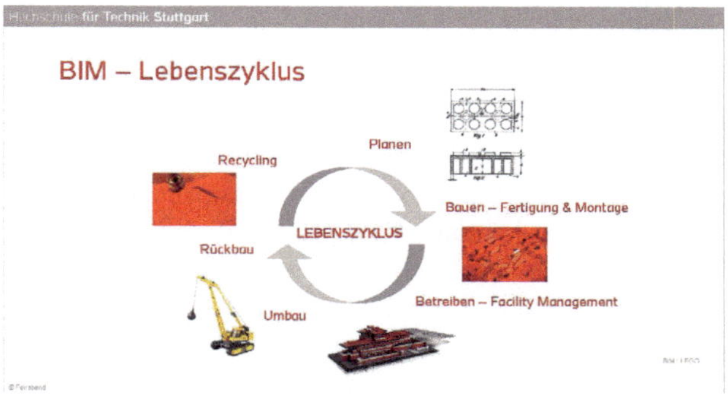

Abb. 5: BIM - Lebenszyklus

Betrieb, Um- und Rückbau eines Bauwerks sind mindestens ebenso wichtig für seine Nachhaltigkeit wie seine Planung und Ausführung. Dies bedingt aber die geordnete und gezielte digitale Übergabe der relevanten Daten aus Planung und Bau in den Betrieb (sprich: in das Facility Management) und deren Pflege über viele Jahrzehnte hinweg, bis hin zum Rückbau. In der Praxis wird dies bislang nur in sehr begrenztem Umfang umgesetzt, nicht zuletzt da fehlende Schnittstellenstandards einen erheblichen Mehraufwand erforderlich machen. Warum mehr tun (und zahlen), wenn schon heute jeder darüber klagt, wie teuer das Bauen geworden ist?

Für den einzelnen Bauherrn ist ein solcher Mehraufwand in der jetzigen Konstellation kaum realisierbar, das ist verständlich. Was aber passiert, wenn wir diese Konstellation nicht ändern und keinen radikalen Wandel einleiten? Die Weltbevölkerung wird im Jahr 2050 von heute rund 7,7 Milliarden Menschen auf 9,7 Milliarden angewachsen sein. Zu diesem Wachstum kommen regionale ebenso wie internationale Wanderungsbewegungen. Weltweit wohnen schon heute mehr Menschen in urbanen Ballungsräumen als auf dem Land. Aller Voraussicht nach werden in 25 Jahren sogar zwei Drittel der Weltbevölkerung in Städten leben. Durch das Bevölkerungswachstum und die Urbanisierung wird die Nachfrage nach gebauter Infrastruktur und damit nach Rohstoffen weiter dramatisch zunehmen. Die Rohstoffvorkommen der Erde sind endlich – und ihr Abbau (ebenso wie ihre Entsorgung) trägt wesentlich zur Zerstörung unserer Um-

welt bei. Wir müssen deshalb dringend neue Wege finden, wie der stetig steigende Bedarf nach mehr gebauter Umwelt nachhaltig gedeckt werden kann. Wie kann uns die Digitalisierung bei der Bewältigung dieser Herausforderungen helfen?
Das digitale Abbild eines Bauwerks bildet die Grundlage für dessen nachhaltigen Betrieb und Rückbau. Nur wenn wir (bzw. kommende Generationen) genau wissen, welche Materialien wie und wo verarbeitet sind, ist eine zielgerichtete Rückführung aller Komponenten in Stoffkreisläufe möglich – und kann eine frühzeitige Planung künftiger Nutzungen dieses Rohstoffpotenzials erfolgen. Das Konzept des Urban Mining – d.h. die Nutzung eines dicht besiedelten urbanen Raums als Rohstofflagerstätte für die Zukunft - lässt sich mit Hilfe der Digitalisierung optimieren bzw. überhaupt erst umsetzen. Dazu muss aber die gebaute Umwelt digital erfasst sein. Erst mit dem Wissen darüber, was wo und wie verbaut wurde, ist ein effektives und effizientes Bewirtschaften der gebauten Welt im Sinne kommender Generationen möglich. Digitale Bauwerksdatenmodelle sollten alle relevanten Angaben zu Material- und Produktzusammensetzung im Bauwerk enthalten, ebenso wie Angaben zur Art der Verbindungen und vorgeplanten Rückbaukonzepten. Digitale Stadtmodelle sollten das urbane Umfeld, unsere Städte, als Ressourcenlager dokumentieren. Aus diesen muss ablesbar werden, wann und wo welche Bauwerke rückgebaut werden und damit Rohstoffe für neue Konstruktionen liefern. BIM gibt uns die Möglichkeit, einen Großteil der erforderlichen Datenmengen zu erfassen. Ihre Speicherung und Pflege sowie die (rechtssichere) Zugänglichmachung in kommenden Jahrzehnten sind aber neue Herausforderungen, für die noch angemessene Lösungen entwickelt werden müssen.

4. Fazit

Ingenieure und Architekten müssen sich ihre Offenheit ebenso bewahren wie den Mut neue Wege zu gehen - das lateinische Wort „ingenium“ steht ja für „sinnreiche Erfindung“ oder „Scharfsinn“. Wir müssen bereit sein, die Komfortzone des Bekannten zu verlassen und uns auf einen sicher nicht immer ganz einfachen Lernprozess einlassen. In der Aus- und Weiterbildung der Ingenieure und Architekten müssen entsprechende Weichenstellung getätigt werden. Nur so kann sichergestellt werden, dass später im Beruf mit heute noch nicht bekannten bzw. absehbaren Werkzeugen und Methoden sinnvoll und zielgerichtet gearbeitet werden kann. Dazu gehört zukünftig sicherlich auch der Einsatz von Methoden der Künstlichen Intelligenz (KI) im Bauwesen.
Die Digitalisierung ermöglicht eine effizientere Nutzung von ökologischen und ökonomischen Ressourcen und damit auch eine grundlegende Veränderung des Bauwesens hin zu mehr Nachhaltigkeit. Erforderlich ist hierfür aber wesentlich mehr als nur die Einführung einzelner Technologien. Es geht um einen breiten Wandel, der gesamtgesellschaftlich mitgetragen werden muss. Diesen Wandel anzustoßen und vorzubereiten sollte Ziel aller am Bauschaffen Beteiligten sein.

Literatur

[1] Bechmann, Roland; Feirabend, Steffen: *Digitalisierung als Schlüssel zu mehr Nachhaltigkeit.* Editorial in: BIM – Building Information Modeling; S. 1, Ernst & Sohn Special 2019
[2] DigitalTWIN: https://d-twin.eu/ Abrufdatum: 01.08.2021

Komplexität berechenbar machen – das parametrische Engineering des Kuwait International Airport

Matteo Brunetti
Werner Sobek AG, Stuttgart, Deutschland

Prof. Dr.-Ing. M. Arch. Lucio Blandini
Werner Sobek AG, Stuttgart, Deutschland

Zusammenfassung

Der vorliegende Beitrag beschreibt den Einsatz digitaler Werkzeuge zur Parametrisierung der Planung des neuen Terminal 2 am Kuwait International Airport. Im Detail werden die Erstellung der Berechnungsmodelle und das Post-Processing für die Berechnung und Bemessung beschrieben.

1. Einleitung

Die Digitalisierung bietet der Baubranche sowohl bei der Planung als auch bei Fertigung eine Vielzahl an neuen Möglichkeiten. Dies gilt insbesondere bei der Realisierung von komplexen Geometrien und Tragwerken, wie sie in der Vergangenheit nur schwer vorstellbar, geschweige denn plan- oder baubar waren. Angesichts dieser neuen Möglichkeiten haben sich in den letzten Jahren in vielen Fällen auch die von Architekten entwickelten Entwürfe verändert. Das Streben nach immer komplexeren Gebäuden wiederum hat fast zwangsläufig dazu geführt, dass sich auch die Rolle der Ingenieure weiterentwickeln musste. Die Entwicklung angepasster digitaler Werkzeuge war unerlässlich, um die Komplexität planerisch beherrschbar zu machen. Ziel der Planung ist nach wie vor eine optimale Materialisierung von Kraftflüssen; die neuen Tragwerke lassen sich nicht einfach auf klassische Systemkomponenten zurückführen. Die Vereinfachung durch standardisierte statische Systeme ist zwar weiterhin wichtig für Plausibilitätskontrollen – sie ist aber bei weitem nicht mehr ausreichend: Die mittlerweile erforderliche Rationalisierung eines Entwurfs in der planerischen Umsetzung ist in vielen Fällen nur durch Parametrisierung möglich. Die Optimierung bezieht sich dabei nicht nur auf den Entwurf selbst, sondern auch auf sämtliche Prozesse in Planung und Ausführung.

Das Büro Werner Sobek beschäftigt sich bereits seit geraumer Zeit mit den Neuerungen, die durch die digitale Revolution erforderlich bzw. möglich werden [1], [2]. Bei einem Teil seiner Projekte wirkt das Büro bereits bei sehr frühen Entwurfsphasen mit. Bei anderen Projekten liegt der Schwerpunkt auf dem Übergang von der Planung hin zur baulichen Umsetzung [3]. Das Unternehmen konnte so sein Wissen entlang der gesamten Prozesskette konsequent ausbauen und weiterentwickeln.

Abbildung 1: Aufsicht auf das neue Terminalgebäude am Kuwait International Airport (Copyright: Foster + Partners, London)

Dies ist wichtige Voraussetzung für eine erfolgreiche Beratung des jeweiligen Auftraggebers, unabhängig von der Frage, ob es der entwerfende Architekt, der beauftragende Entwickler oder die ausführende Firma ist. Dieses über viele Jahre aufgebaute Know-how spielte auch eine wichtige Rolle für die Beauftragung mit der Planung von Terminal 2 des Kuwait International Airport. Bei diesem Projekt waren verschiedene parametrische Modelle ebenso wie selbst entwickelte Programme unabdingbar, um die geometrische und konstruktive Komplexität des Tragwerks planerisch zu meistern und realisierbar zu machen. Im Folgenden wird dieser Prozess näher beschrieben.

2. Projektbeschreibung und Tragwerk

Der internationale Flughafen von Kuwait wird in den kommenden Jahren konsequent ausgebaut, um das Emirat zu einem neuen Luftdrehkreuz in der Golfregion zu machen. Um dieses Ziel zu erreichen, wird bis 2022 ein von Foster + Partners entworfenes Terminalgebäude (T2) realisiert [4]. Mit einer Kantenlänge von fast 1,2 km, einer lichten Höhe von bis zu 25 m und einer Dachfläche von rund 320.000 m² ist das Gebäude schon allein aufgrund seiner Größe ein außergewöhnliches Projekt. Die besondere Herausforderung für die Ingenieure lag aber hauptsächlich in dem komplexen Tragwerk aus Stahl und Stahlbeton, das es hier zu planen, zu bemessen und zu realisieren galt. Das Dachtragwerk spannt bis zu 145 m und kragt bis zu 50 m aus. Es bietet so einen natürlich verschatteten Eingangsbereich und einen großzügigen und flexiblen Innenbereich.

Abbildung 2: Die markante Auskragung des Daches sorgt für einen großzügigen sonnengeschützten Eingangsbereich (Copyright: Foster + Partners, London)

Die Tragwerks- und Fassadenplanung für das neue Terminal wurde bis zur Ausschreibung von Arup London erbracht. Nach der Ausschreibung übernahm Werner Sobek die Ausführungsplanung. Der Auftrag von Werner Sobek umfasste dabei sowohl die Berechnung, Bemessung und Weiterentwicklung des Tragwerks auf Grundlage der Ausschreibungsunterlagen als auch die Vorbereitung und Koordination des BIM-Modells bis zu einer Detailgenauigkeit von LOD 400. Außerdem wurden für einige komplexe Bauteile (wie zum Beispiel das Schalentragwerk des Dachs) parametrische 3D-Modelle definiert, die als Grundlage für die Fertigung dienen.

Im Tragwerk des Terminals erkennt man fünf Hauptsysteme: 1) Das Haupttragwerk aus Stahlbeton; 2) das Schalentragwerk aus Stahl und Stahlbeton; 3) die Stahlfachwerkträger; 4) das Sekundärdachtragwerk; 5) die Fassade. Das Haupttragwerk aus Stahlbeton ist durch Elemente gekennzeichnet, die typisch für den Brückenbau sind. Es besteht aus 90 Haupthohlstützen mit einer max. Seitenlänge von 3 bis 9 m und einer Höhe von 25 bis 45 m. Die Ausmaße und die Lasten dieser Stützen sind vergleichbar mit Brückenpfeilern und Gebäudekernen. Zwischen den Stützen spannen rippenartige Bogenträger („Ribs"). Die Querschnittshöhe dieser Träger liegt zwischen 2,2 m für die kleinen Achsen und 5,4 m für die größte Spannweite.

Die Auskragungen im Außenbereich werden ebenso von „Ribs" unterstützt, die durch ein System von Schrägkabeln kurzgeschlossen sind. Entlang der Außenkante des Gebäudes spannen Längsrippen („Spines"), die auch die Lasten aus der Fassade übernehmen.

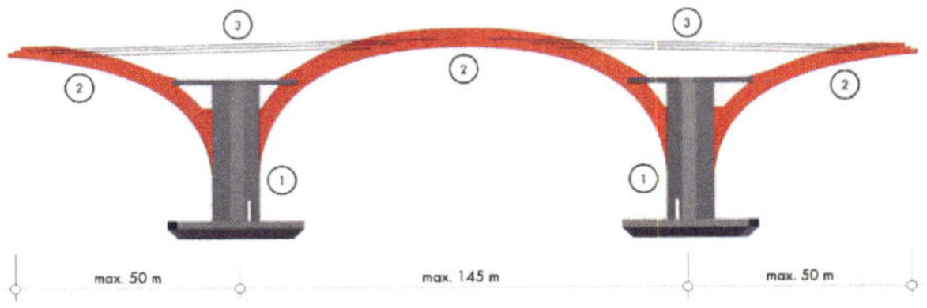

Abbildung 3: Querschnitt durch das Tragwerkssystem des neuen Terminal; 1) Hohlstützen 2) Querrippen („Ribs") 3) Schrägkabel (Copyright: Werner Sobek, Stuttgart)

Quer- und Längsrippen bestehen aus vorgespannten Stahlbetonfertigteilen; sie unterteilen das Terminalgebäude in insgesamt 136 Felder. Den oberen Abschluss dieser Felder bildet jeweils eine aussteifende doppelt gekrümmte Schale, die aus vorgefertigten Kassetten („Shell Cassettes") besteht.

Die Kassetten bestehen aus seitlichen ebenen Stahlblechen und aus Stahlbetonpaneelen. Die Höhe der Stahlbleche variiert in Abhängigkeit von der Schalenkrümmung; dadurch sind die Bleche am Rand (wo die Krümmung üblicherweise stärker ist) höher. Dies wirkt sich vorteilhaft auf das Tragverhalten aus. Die Stahlbleche übertragen die Lasten in axialer Richtung und auf Biegung.

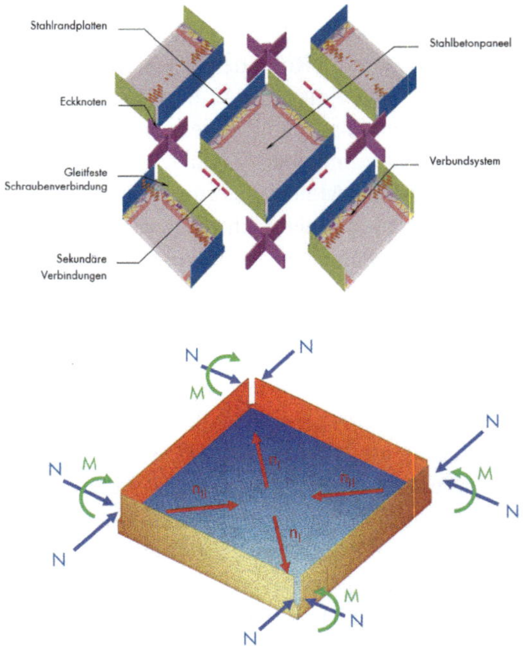

Abbildung 4: Explosionsdarstellung der „Shell Cassettes" mit entsprechendem Kraftfluss (Copyright: Werner Sobek, Stuttgart)

Die 160 mm dicken Stahlbetonpaneele sind für die Übertragung der Membrankräfte quer zu den Stahlblechen zuständig. Mit ihrer Oberfläche aus sandfarbenem Sichtbeton prägen sie in der Unteransicht gleichzeitig auch das Erscheinungsbild des Terminals. Eine weitere Besonderheit des Schalentragwerks sind die Fugen zwischen den Kassetten. Die Auswirkungen thermischer Effekte auf das Tragwerk können so durch kleine Bewegungen deutlich reduziert werden; dies ist wichtig, da das Tragwerk ansonsten keine Bewegungsfugen hat. Da es durch diese Fugen keinen direkten Kontakt zwischen den Paneelen gibt, erfolgt der Kraftfluss zwischen angrenzenden Kassetten über exzentrische geschraubte Verbindungskreuze.

Am Rand des auskragenden Bereichs und entlang der Symmetrieachsen wird das Schalentragwerk des Dachs durch räumliche Fachwerkträger ausgesteift; auch im Zentralbereich, wo das Schalentragwerk eine Spannweite von bis zu 105 m hat, wird das Schalentragwerk durch einen Stahlfachwerkträger ausgesteift. Diese Fachwerkträger tragen wesentlich dazu bei, das Ausmaß von Verformungen so gering wie möglich zu halten, gleichzeitig aber das leichte Erscheinungsbild, das den architektonischen Entwurf prägt, zu gewährleisten. Ein gedämmtes Aluminiumdach bildet den oberen Abschluss des Terminals.

Trotz seiner großen Abmessungen wurde das Dach ohne Dehnfugen geplant, um Risiken hinsichtlich Funktionalität und Wartung auszuschließen. Diese Wahl hatte umfangreiche Auswirkungen auf das hochgradig unbestimmte statische System. Hinzu kamen komplexe Langzeiteffekte aus der Interaktion zwischen Stahl und Stahlbeton sowie die komplexe Geometrie. All dies machte die Planung des neuen Terminals zu einer besonders anspruchsvollen Herausforderung.

3. Parametrische Modellierung des Gesamtmodells

Angesichts der oben geschilderten Randbedingungen stellte die Entwicklung eines statischen Gesamtmodells die Planer vor besondere Herausforderungen. Die komplexe Interaktion aller Elemente und die Empfindlichkeit des Systems für Steifigkeitsänderungen erforderten manche Vereinfachungen, um den Rechenaufwand unter Kontrolle zu halten. Diese Annahmen wurden mit Sensitivitätsanalysen und durch die Prüfung von Grenzzuständen validiert. Das Schalentragwerk besteht aus 37.000 Kassetten, für die Stahlbleche mit variabler Dicke (zwischen 10 und 20 mm) und Höhe (zwischen 560 und 1300 mm) verwendet wurden. Die Verbundwirkung der variablen Stahlbleche mit den aussteifenden Betonpaneelen wurde mit mehreren FE-Modellen untersucht, um im Gesamtmodell die richtige Steifigkeitsänderung zu treffen.

Zusätzlich zur Grundparametrisierung der Geometrie und zu den komplexen Kassetten-Elementen erhöhten das nichtlineare Verhalten, die Bedeutung der Bauzustände und die Langzeiteffekte die Parameter des Gesamtmodells deutlich. Das FE-Modell wurde von den Tragwerksplanern durch eine intern programmierte Schnittstelle zwischen Grasshopper und SOFiSTiK erstellt.

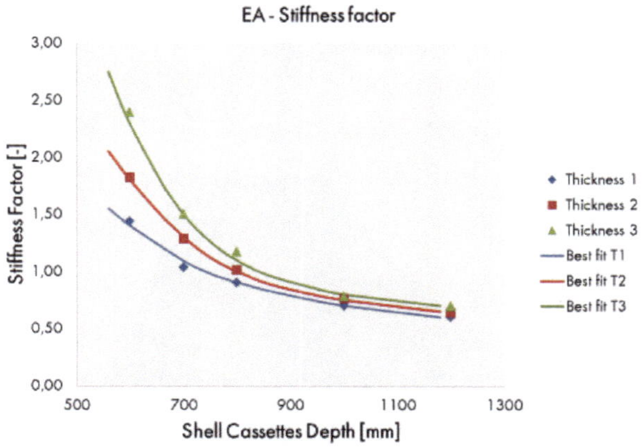

Abbildung 5: FE-Steifigkeitsuntersuchungen des Dachschalentragwerks in Abhängigkeit von Blechstärke und Blechhöhe (Copyright: Werner Sobek, Stuttgart)

Alle Parameter wurden mithilfe von Grasshopper und C# zugewiesen; die Geometrie wurde als Text-File für SOFiSTiK exportiert. Die Kassetten wurden mit einzelnen FE-Schalenelementen und einzelnen Stäben modelliert, jeweils mit modifizierten Steifigkeitseigenschaften, um die o.g. Untersuchungen widerzuspiegeln. Angesichts dieser Randbedingungen war eine parametrische Modellierung des Gesamtmodells der einzige gangbare Weg, um das Gesamtbild mit vertretbarem Aufwand vor Augen zu behalten bzw. um unterschiedliche Optionen in einem angemessenen Zeitraum prüfen zu können. Die unterschiedlichen Bauteile wurden mit getrennten Scripts generiert, so dass bei jeder Änderung gezielt nur bestimmte Komponenten geändert werden konnten. Die Elemente wurden so gruppiert und nummeriert, dass eine Reproduktion der Bauphasen in der Planung möglich war. Dies war allein schon wegen der bereits genannten komplexen Interaktion aller Bauteile Grundvoraussetzung für eine richtige Abbildung des Tragverhaltens.

Die große Menge an Finite Elemente im Gesamtmodell hätte ohne entsprechende Maßnahmen zu unangemessen langen Rechenzeiten geführt. Hilfreich war hier die Erzeugung kleinerer Teilmodelle. Ermöglicht wurde diese Flexibilität durch die parametrische Erstellung der FE-

Modelle. Durch die Input-Parameter bei Grasshopper und die programmierten Komponenten konnten in kurzer Zeit 20 Teilmodelle erzeugt werden. Die Auswirkungen unterschiedlicher Lösungsansätze konnten in diesen Teilmodellen sehr schnell und mit überschaubarem Aufwand untersucht werden, bevor sie dann zum Gesamtmodell hinzugefügt wurden.

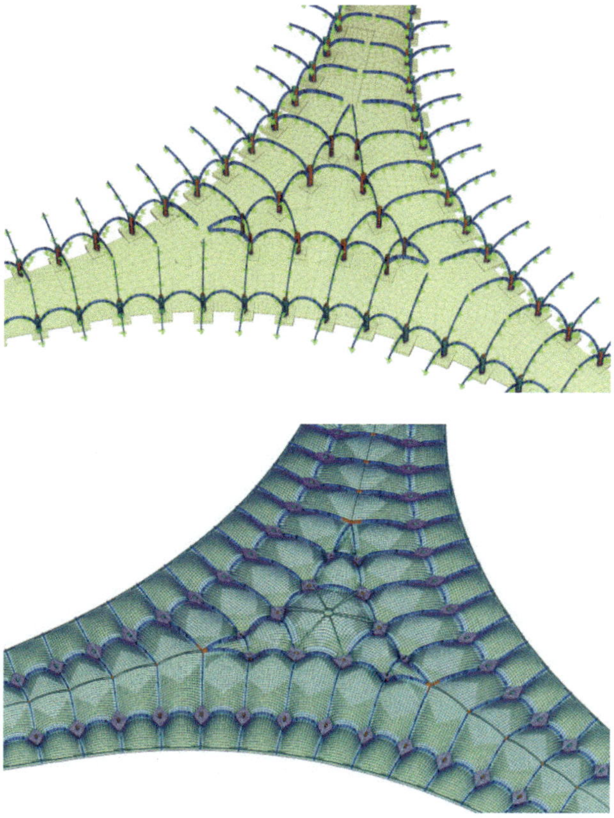

Abbildung 6: Gesamtmodell mit unterschiedlichen Bauzuständen (Copyright: Werner Sobek, Stuttgart)

Insgesamt wurden über hundert Revisionen des Gesamtmodells und der 20 Teilmodelle gerechnet, was einer Gesamtrechenzeit von ca. 20 Millionen Sekunden bzw. 230 Tagen entspricht. Jede Revision des Gesamtmodells hatte eine Gesamtanzahl von ca. 360.000 Punkten und eine Datenmenge von ca. 130 GB.

4. Workflow und Post-Processing

Angesichts der schieren Menge an zu verarbeitenden Daten waren die Auswertung und die Interpretation der Ergebnisse eine weitere Herausforderung. Nachdem detaillierte Modelle entwickelt worden waren, mussten die hierbei erzielten Ergebnisse wieder auf überschaubare Informationen heruntergebrochen werden. Auch bei dem Post-Processing kamen selbst entwickelte Scripts zum Einsatz, um den Informationsaustausch zwischen unterschiedlichen Programmen zu ermöglichen. So wurden zum Beispiel die Daten zwischen Rhino oder Excel und SOFiSTiK gegenseitig ausgetauscht. Zusätzlich zu der schon beschriebenen Erstellung der Geometrie aus Grasshopper wurden umgekehrt auch Informationen aus SOFiSTiK in Grasshopper exportiert, z.B. um die verformte Geometrie des Tragwerks zu erstellen oder um komplexe Nachweise direkt in einer geeigneter Programmierumgebung zu führen und zu visualisieren. Fast alle Standardbemessungsmodule kamen bei diesem Projekt an die Grenze, so dass diese Module nur selten verwendet werden konnten. Die Führung der Nachweise in Grasshopper hatte auch den Vorteil, die einzelnen Schritte nachvollziehen zu können. Dies machte die Nachweisführung transparenter als dies bei herkömmlichen Bemessungsmodulen der Fall ist.

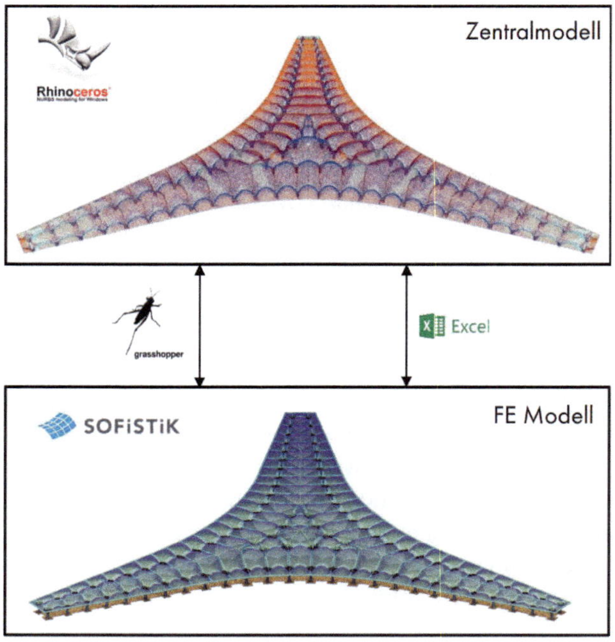

Abbildung 7: Open BIM Workflow (Copyright: Werner Sobek, Stuttgart)

Das ist ein Beispiel eines erweiterten BIM Prozesses, durch den die geometrischen Informationen des zentralen Datenmodells mit der statischen Berechnung von SOFiSTiK verbunden wurden, um genaue Detailnachweise machen zu können. Die Zuordnung der Ergebnisse zur jeweils passenden Geometrie war eine Herausforderung, die sich durch das ganze Projekt zog, da die komplexe Geometrie keine sinnvolle Vereinfachung der Nachweise ermöglichte. Durch die API (*Application Programming Interface*) von SOFiSTiK war es möglich, einen direkten Zugang zu den statischen Ergebnissen in der CDB (Datenbank von SOFiSTiK) zu erstellen, sei es aus Grasshopper oder aus Excel, so dass alle Nachweise automatisch mit den aktuellen Kräften geführt wurden. Aus Grasshopper ermöglichte man den direkten Zugang mit Hilfe eines Plugins, welches alle Informationen des Berechnungsmodells (Ergebnisse, FE-Geometrie, Eigenschaften, lokale Koordinatensysteme etc.) jederzeit in der visuellen Programmierumgebung zur Verfügung stellte.

Aufgrund der Komplexität des Tragwerks und der verwendeten Werkzeuge war es wichtig, die Ergebnisse der

Berechnungen durch einfachere Plausibilitätsanalysen permanent zu validieren. So war es möglich, über den gesamten Planungsprozess ein Grundverständnis für das Tragverhalten und die komplexen Zusammenhänge zu bewahren und die entsprechende Kontrolle zu behalten.

5. Fazit

Digitale Methoden und Werkzeuge verändern das Bauwesen bereits heute in erheblichem Umfang; in der Zukunft werden sie noch wesentlich stärker dazu beitragen, die Prozesse von der Planung bis zur Ausführung zu beeinflussen und zu verbessern. Die Ingenieurbaukunst nutzt diese Entwicklung, um komplexe Tragwerke immer besser berechen- und baubar zu machen. Der menschliche Faktor verliert dabei keineswegs an Bedeutung – er wird im Gegenzug immer wichtiger. Der Ingenieur kann und muss digitale Werkzeuge bewusst steuern. Die größte Gefahr bei der Erstellung großer und detaillierter Berechnungsmodelle mit parametrischer Eingabe ist eine Auswertung ohne ausreichenden Verstand: Wenn Ergebnisse nicht angemessen bewertet und im Gesamtkontext hinterfragt und verifiziert werden, kann dies zu fatalen Fehlern in der Planung führen. Trotz aller Leistungskraft von digitalen Werkzeugen – letztlich muss immer der Mensch kritisch hinterfragen, interpretieren und verstehen. Nur durch eine solche interaktive und kreative Rolle kann sichergestellt werden, dass die Digitalisierung einen echten Mehrwert für die gebaute Umwelt schafft, der über die bloße Realisierung ikonischer Architekturobjekte hinausgeht.

Abbildung 8: Baustellenbild - Schalentragwerk im mittleren Bereich mit max. Spannweite gleich 105 m (Copyright: Limak Insaat)

Literatur

[1] Sobek, W.; Klein, D.; Winterstetter, T. Hochkomplexe Geometrie. Das neue Mercedes-Benz-Museum in Stuttgart. In: Beratende Ingenieure 10, 2005, S. 16-21.

[2] Blandini, L.; Schuster, A.; Sobek, W. The Railway Station Stuttgart 21 – Structural Modelling and Fabrication of Double Curved Concrete Surfaces. In: Proceedings of the Design Modelling Symposium Berlin 2011, Springer Edition, S. 217-224.

[3] Winterstetter, T.; Toth, A.; Sobek, W. et al. National Museum of Qatar. Stahlbau 86, Heft 4 (2017), S. 346-350.

[4] Joseffson, K. Symmetry as Geometry Kuwait International Airport. Architectural Design 83, 2 (2013).

[5] Blandini, L.; Nieri, G.; Sobek, W. Das Schalentragwerk des Kuwait International Airport Terminal 2 – Bemessung und Ausführung einer komplexen Megastruktur in Zeiten der Digitalisierung. Stahlbau 88, Heft 3 (2019), S. 194-202.

Optimierung in der Tragwerksplanung – künstliche Intelligenz für nachhaltigen Nutzen?

Optimization in structural design – artificial intelligence for sustainable benefits?

Eberhard Möller
Hochschule Karlsruhe
Fakultät für Architektur und Bauwesen

Zusammenfassung

Die zentralen **Herausforderungen** für das zukünftige Bauen sind bekannt und wenig bestritten. Zum einen sollten wir den Klimawandel bremsen, zum anderen müssen wir uns auf seine wohl schwerwiegenden Folgen vorbereiten. Ein Verzicht auf fossile **Ressourcen** stellt die Baubranche aktuell noch vor beachtliche Probleme.
Gleichzeitig deuten sich durch Digitalisierung und künstliche Intelligenz große **Chancen** an. Im Bauwesen kommen diese Technologien bisher eher ansatzweise zum Einsatz. Der Forschungsbedarf wächst grundsätzlich parallel zur Ausweitung der Anwendungsbereiche. In diesem Kontext ist festzustellen, dass die Forschungsmittel im Bauwesen verglichen mit denen anderer Branchen wie dem Maschinenbau gemessen an Umsatz, Arbeitsplätzen oder volkswirtschaftlicher Bedeutung bislang deutlich zu niedrig sind. Politischer Handlungsbedarf ist hier ebenso offensichtlich wie **Potenziale** in Forschung und Entwicklung.
In diesem Beitrag werden daher aktuelle Vorgehensweisen, Werkzeuge und Einsatzgebiete für die Optimierung in der Tragwerksplanung vorgestellt sowie diskutiert und eingeordnet. Wesentliche Aspekte von Bauten stellen Lebensdauer und Lebenszyklen dar. Die übliche Nutzungsdauer ist oft erheblich länger als die von vielen anderen technischen Produkten. Umnutzungen gehören entsprechend zum Alltag in der Tragwerksplanung. In diesem Zusammenhang sind die Chancen durch Optimierungsmethoden gegenüber Aspekten wie **Robustheit,** Nachhaltigkeit oder Langlebigkeit sinnvoll abzuwägen. Verbunden damit ist die Suche nach zukunftsfähigen, gesunden und nachhaltigen Baustoffen.

1. Aktuelle Herausforderungen

1.1 Historischer und sozialer Kontext

Viele von uns leben in einem materiellen Wohlstand, wie er in der Menschheitsgeschichte selten anzutreffen war. Der Historiker Yuval Harari berichtet mit großer Klarheit in seinen Werken „Eine kurze Geschichte der Menschheit“ [1] oder „Homo Deus“ [2] davon, dass wir mit diesem Wohlstand einhergehend eher unter Übergewicht leiden als unter Mangelernährung. Und wir sterben heute eher durch Selbsttötung als durch Fremdeinwirkung. Im Großen und Ganzen geht es uns trotz mancher Einschränkungen und Probleme vielleicht besser, als es jemals zuvor einer Generation ging.
Eine bedeutende Grundlage unseres momentanen Wohlstands ist allerdings die Ausbeutung. Aktuell beuten wir sowohl Lebewesen wie Mitmenschen oder Tiere aus als auch Lagerstätten von endlich vorhandenen fossilen Brennstoffen, von Sand oder von seltenen Erden.

1.2 Aufgaben und Ziele

Die vielleicht zentrale Lebensfrage, der wir uns daher stellen sollten, ist, ob Wohlstand und Hochkultur auch ohne solch moralisch fragwürdige Ausbeutungen möglich sind. Lässt sich Lebensqualität auch auf nachhaltige und mitmenschliche Weise erreichen und erhalten? Was tun wir dafür, um dieses durchaus erstrebenswert klingende Ziel zu erreichen?

1.3 Regenerative Prozesse

Richard Buckminster Fuller, Architekt, Konstrukteur und Visionär, hat 1969 die „Bedienungsanleitung für das Raumschiff Erde" [3] veröffentlicht. Wie ein Raumschiff bewegt sich unser blauer Planet mit hoher Geschwindigkeit durchs All. Regenerative Prozesse bieten uns als Besatzung eine ausgezeichnete Versorgungslage. Sonnen- und Windenergie, Wasserkreisläufe oder Photosynthese liefern weit mehr Energie und Nährstoffe, als wir alle zusammen brauchen. Allein die Sonne stellt uns etwa 10.000-mal so viel Energie zur Verfügung, wie wir aktuell konsumieren.

Bild 1: Regenerative Prozesse: Photosynthese, Wasserkraft; Frank Lloyd Wright: Falling Water, 3/2019

Ergänzend dazu sind die Lagerräume unseres „Raumschiffs Erde" für eventuelle Notzeiten unter anderem mit Brenn- und Rohstoffen gut gefüllt.

1.4 Konsum der Notreserven

Aber statt diese regenerativen Prozesse hinreichend zu nutzen, bedienen wir uns seit Jahrzehnten völlig ohne Not aus den nicht oder nur sehr langsam regenerierbaren und daher endlichen Stoffen in unseren Lagerräumen. Lästige Nebeneffekte dieses bequemlichen aber wenig nachhaltigen Verhaltens sind die Zerstörung der Umwelt und damit unserer Lebensgrundlagen sowie der Klimawandel und seine Folgen. Allerdings treffen weder die Nebenwirkungen noch die asoziale Ausbeutung von Lebewesen oder Lagerstätten zuerst die handelnden Akteure, sondern zunächst eher weniger privilegierte Menschen oder nachfolgende Generationen.

1.5 Handeln wider die Vernunft

Gleichzeitig lassen sich die unschönen Schattenseiten unseres Verhaltens noch allzu leicht ausblenden. Während der Klimawandel für viele bereits heute eine existentielle Herausforderung darstellt, bekommen wir in Mitteleuropa oft „besseres Wetter". Unsere modernen Sklaven halten wir grundsätzlich außer Sichtweite, während wir uns genüsslich an den von ihnen erschaffenen Dingen erfreuen. Sie schuften zur selben Zeit hinter den tristen Kulissen von Logistikzentren oder in Produktionsstätten auf fernen Kontinenten – und das allzu häufig unter menschenunwürdigen Bedingungen.

Wir haben es in diesen Punkten weniger mit einem Erkenntnisproblem zu tun, als vielmehr mit einem Problem unseres täglichen Handelns wider besseren Wissens. In diesen Punkten besteht nicht Forschungsbedarf, hier besteht offensichtlicher Handlungsbedarf. Dies gilt sowohl für unsere Gesellschaft als Ganzes wie vermutlich für die meisten von uns als Einzelne. Dass Wachstum in materiell weitgehend abgeschlossenen Systemen, wie Planeten es sind, Grenzen hat, ist ein Gedanke, der schon vor der viel diskutierten Publikation des Club of Rome 1972 [4] aufgekommen sein dürfte. Gibt es Auswege aus der aktuellen Sackgasse, in der wir in vielerlei Hinsicht weit jenseits regenerativer Kreislaufprozesse leben, konsumieren und ausbeuten?

1.6 Eine Optimierungsaufgabe

Ist es möglich, einerseits materielle Standards und Verbräuche lebenswert zu justieren und andererseits Werten wie Fairness, Respekt oder Nachhaltigkeit den ihnen gebührenden Raum zu geben? Dieser spannenden Frage sehen wir Ingenieur:innen und Architekturschaffende uns heute gegenüber. Sie klingt nach einer Optimierungsaufgabe, der wir uns im Wettbewerb um die besten Lösungen stellen sollten.

Mit den richtigen Rahmenbedingungen liefern solche Wettbewerbe erfahrungsgemäß durchaus beachtliche Ergebnisse und können zu hilfreichen Entwicklungsschritten führen. Unter Randbedingungen, die wesentliche Aspekte wie Menschenwürde, Umweltbelastung oder Klimawandel unberücksichtigt lassen und stattdessen nur Einzelinteressen dienen, zeigt sich allerdings das zerstörerische Potenzial, das Wettkämpfe auch mit sich bringen können. Anders als in den grundlagenerforschenden Naturwissenschaften besteht bei uns Ingenieur:innen der immanente Kern unseres Tuns eigentlich grundsätzlich aus angewandten Optimierungsaufgaben – allerdings zugegebener Weise meist ohne dass wir Optima dabei auch nur annähernd erreichen würden. Umso mehr sollten wir uns damit vielleicht auseinandersetzen?

2. Tragstruktur-Optimierungen

2.1 Komplexität

Während das Ideal als Inbegriff für ein abstraktes, kaum erreichbares Vollkommenheitsmuster gilt, steht das Optimum eher für das Beste, real erreichbare Resultat. Doch auch ein Optimum zu erkennen oder zu erreichen, ist häufig nicht einfach, insbesondere bei komplexeren Aufgaben. Beim Planen von Tragwerken haben wir es mit sehr unterschiedlichen Komplexitätsgraden zu tun. Für den Bereich des Zweidimensionalen bezeichnet Werner Sobek das Optimieren von Kraftzuständen als Fingerübung [5].

2.2 Bemessungs-Optimierung

Auf der Ebene eines einzelnen Tragelements mit konkreten Randbedingungen scheint eine Optimierung ebenfalls einfach zu sein. Bei einem biegebeanspruchten Rechteckbalken aus Nadelholz C24 lässt sich bei gegebener Belastung q, Stützweite l und Balkenbreite b im Zuge der Bemessung unter Beachtung von zulässiger Spannung und Verformung rechnerisch eine mindestens notwendige Trägerhöhe h ermitteln, die als die Optimale angesehen werden kann.
Bei der Nutzung üblicher Bemessungssoftware läuft es oft etwas anders. Hier wählt die benutzende Person zunächst einen Querschnitt aus und erhält nach Ablauf der Berechnung den Grad der Ausnutzung hinsichtlich Tragfähigkeit und Verformung. Liegt diese Ausnutzung jeweils nahe 100 %, scheint ein optimaler Querschnitt gefunden zu sein. Liegt sie deutlich darunter, kann man die Berechnung mit einem kleineren Querschnitt erneut ausführen lassen. So nähert man sich schrittweise einem möglichst geringen Materialverbrauch an. Bei weitem nicht alle Programme bieten bisher eine automatische Suche nach dem optimalen Tragelement an.

2.3 Baustoffübergreifende Bemessung

Öffnet man die Randbedingungen, indem man auch die Wahl von Material oder Querschnittsform der Software freistellt, wird kaum eine Software ein Ergebnis liefern – geschweige denn ein optimales. Dafür sind die meisten Programme nicht ausgelegt. Erst recht können sie ohne weitere Informationen kaum beurteilen, welcher Baustoff der geeignetere ist. Auf den ersten Blick sprechen Punkte wie Nachhaltigkeit oder Klimaschutz vielleicht für Holz. Steht aber lokal ein gebrauchter Stahlträger zur Verfügung, könnte dieser vorteilhaft sein.

Bild 2: Hybrides Tragwerk – baustoffübergreifende unterspannte Träger, 6/2017

Wäre zu berücksichtigen, dass während der Lebensdauer des Trägers die Nutzungsart und damit einhergehend die Lastannahmen geändert werden, gewinnt die Aufgabe weiter an Komplexität.

2.4 Form-Optimierung

Während bereits die simple Optimierung der Trägerhöhe in Bezug auf einen wirtschaftlichen Materialverbrauch gar nicht so einfach ist wie zunächst vielleicht gedacht, wird die Frage nach der optimalen Gesamtform eines Tragelements noch schwieriger zu beantworten sein.
Trotzdem gibt es auch hierzu einige Erkenntnisse. Ein zunächst vielleicht unerwartetes Ergebnis zeigt der Vergleich unterschiedlicher Formen für eine Stütze mit Vollquerschnitt. Häufig finden hierfür quadratische oder kreisrunde Querschnitte Anwendung. Allerdings hat Peter Hupfer in seinem Buch „Optimierung von Baukonstruktionen“ [6] folgenden Vergleich gezeigt:

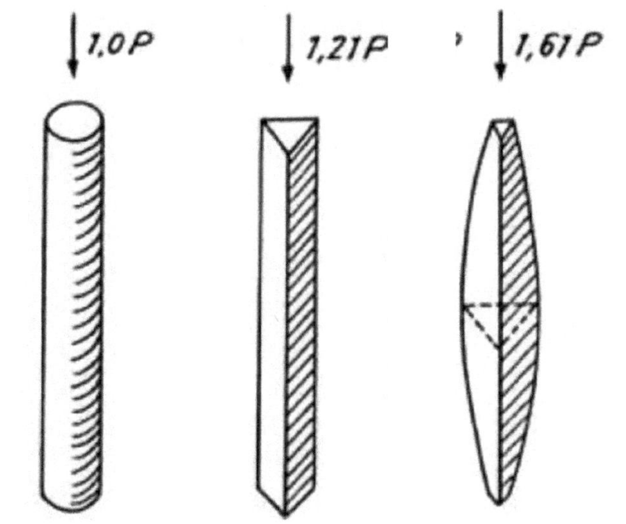

Bild 3: Tragfähigkeit von Stützen unterschiedlicher Form (Peter Hupfer: „Optimierung von Baukonstruktionen", Stuttgart 1970, S. 14)

Nach dieser Darstellung kann ein dreieckiger Querschnitt bei gleichem Materialaufwand also 21 % mehr Last tragen als der vergleichbare runde. Verjüngt man den Stab zu den Enden hin und verstärkt ihn in der Mitte, ist er sogar in der Lage, 61 % mehr Last zu tragen. Im Baualltag finden diese mindestens 50 Jahre alten Erkenntnisse jedoch eher wenig praktische Anwendung. Gründe dafür liegen eventuell im Herstellungsaufwand oder in formalen Aspekten.

2.5 System-Optimierung

Neben der Optimierung von Bauteilstärke oder Form lassen sich auch durch Modifikationen am statischen System Vorteile erzielen. Die folgende Grafik aus dem Atlas Tragwerke zeigt, wie sich durch einfache Maßnahmen wie Nutzung der Durchlaufwirkung, sinnvolle Anordnung von Gelenken oder kaum merkliche Veränderungen der Stützenstellung der Extremwert des Biegemoments von Trägern um mehr als 35 % reduzieren lässt.

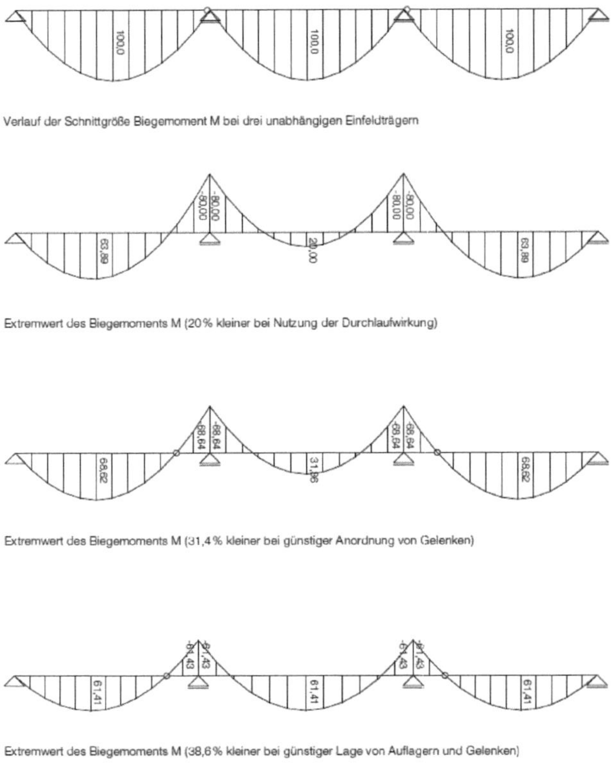

Bild 4: Möglichkeiten zur Materialeinsparung durch sinnvolle Positionierung von Auflagern und Gelenken (Eberhard Möller: Atlas Tragwerke, München 2021, S. 62)

Hierbei ist zu beachten, dass Modifikationen oft Nebenwirkungen haben. Während ein Durchlaufträger ein robustes statisch unbestimmtes System ist, sind Gelenkträger statisch bestimmt und gelten damit als weniger robust. Bei der Suche nach optimalen Systemen wären auch solche Nebenwirkungen zu berücksichtigen.

2.6 Topologie-Optimierung

Eine weitere Art der Strukturoptimierung stellt die Topologie-Optimierung dar. Gedanklich ist sie einfach nachvollziehbar. Man füllt einen begrenzten Bauraum mit Material und untersucht, an welchen Orten (Topoi) dieses Material unter gegebenen Lasten und Auflagerbedingungen stark beansprucht ist. Mit der Methode der finiten Elemente lässt sich solch ein Experiment gut simulieren. Entfernt man nun das Material in allen weniger beanspruchten Bereichen, bleibt eine tragende Struktur über, die mit relativ wenig Material auskommt. Als Folge einer Topologie-Optimierung bilden sich häufig fach- oder stabwerksähnliche Strukturen.
Als Vorläufer dieser Art der Optimierung werden bisweilen die vielfach zitierten Untersuchungen des australischen Maschinenbau- und Hydraulik-Ingenieurs Anthony George Maldon Michell (1870—1959) angesehen.

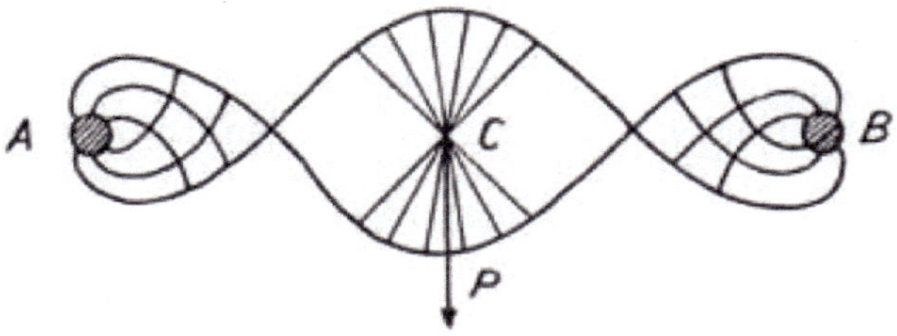

Bild 5: Michell-Fachwerk, 1904 (Peter Hupfer: „Optimierung von Baukonstruktionen", Stuttgart 1970, S. 15)

Ähnlich wie bei den dreieckigen Stützen finden sich allerdings auch von Michells Strukturen kaum baupraktische Umsetzungen. Das könnte unter anderem daran liegen, dass zwar einerseits wenig Material, andererseits aber relativ viel Platz erforderlich ist, um derartige Strukturen einzubauen.

Solche Betrachtungen zeigen, dass Optimierungsbemühungen tatsächlich bisweilen dazu führen können, besser geeignete Tragwerke von weniger gut geeigneten zu unterscheiden. Die geringe Verbreitung von vermeintlich optimalen Strukturen offenbart aber auch, dass solche Strukturen wohl nicht nur Vorteile, sondern auch Nachteile haben – oder mangelt es uns einfach an Intelligenz, Optimales zu erkennen und zu nutzen?

3. Tragwerksplanung

Als Tragwerk gilt laut DIN EN 1990 die „planmäßige Anordnung miteinander verbundener Bauteile, die so entworfen sind, dass sie ein bestimmtes Maß an Tragfähigkeit und Steifigkeit aufweisen".

3.1 Tragwerksmodelle

Bei größeren Gebäuden ist das Tragwerk häufig eine komplexe Struktur. Wie solch eine Struktur die verschiedenen Einwirkungen wie Verkehrslasten, Wind, Schnee oder Erdbeben im Einzelnen unter Berücksichtigung aller sogenannten Nebentragwirkungen tatsächlich abträgt, lässt sich kaum exakt ermitteln. Zur „Idealisierung des Tragsystems zum Zwecke der Berechnung und Bemessung" erstellt man daher Tragwerksmodelle und analysiert und beurteilt letztlich diese und nicht das Tragverhalten des errichteten Gebäudes.

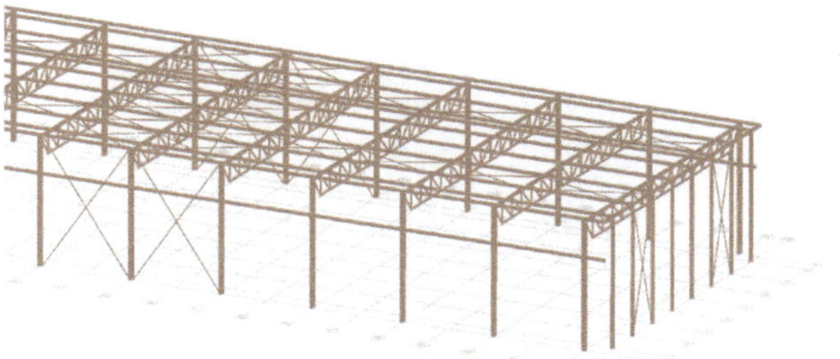

Bild 6: Digital erstelltes Tragwerksmodell für eine Laborhalle, Studienarbeit Hochschule Karlsruhe, 2020

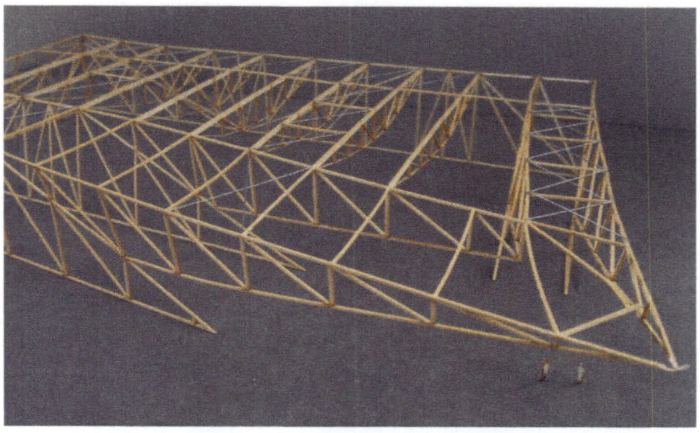

Bild 7: Analog erstelltes Tragwerksmodell für eine Eislaufhalle, Studienarbeit Hochschule Karlsruhe, 10/2017

Eher selten wird das Tragverhalten des fertigen Gebäudes dem des idealisierten Modells so nahekommen wie beim Schulhaus Leutschenbach. Die beinahe kompromisslose Umsetzung der Stabwerksstruktur des Modells in eine verglaste Stahlbeton-Skulptur kann wohl als ein Sonderfall im Bauwesen angesehen werden.

Bild 8: Schulhaus Leutschenbach, Zürich, Christian Kerez, Joseph Schwartz, 10/2015

Bild 9: Schulhaus Leutschenbach, Tragwerksmodell, Studienarbeit Hochschule Karlsruhe, 5/2018

Die Tragwerksplanung für größere Gebäude ist also mehr als nur Statik und Optimierung. Sie ist weit vielfältiger, wie eine selbstkritische Definition verdeutlicht, die wohl aus der Mitte des 20. Jahrhunderts stammt, und u.a. einem Dr. Brown sowie Dr. A. R. Dykes zugeschrieben wird. Trotz einiger technischer Fortschritte seither könnte sie im Kern oft weiterhin zutreffend sein:
„Tragwerksplanung ist die Kunst, Materialien, die wir nicht vollständig verstehen, in Formen zu bringen, die wir nicht vollständig analysieren können, um Kräften zu widerstehen, die wir nicht wirklich beurteilen können, in einer Art und Weise, dass die Allgemeinheit keinen Grund hat, Verdacht zu schöpfen bezüglich des Ausmaßes unserer Ignoranz."

3.2 Akteure der Tragwerksplanung

An der Tragwerksplanung von Gebäuden wirken neben Ingenieurbüros oft auch Architekturschaffende mit, indem sie Formen, Achsen, Raster, Material oder Spannweiten festlegen – teils im Dialog mit den Ingenieurbüros, aber wohl häufiger auch zunächst allein. Während Architekturbüros gestaltend und konstruierend tätig sind, überlassen sie den analytischen Bereich von Modellbildung, rechnerischen Überprüfungen sowie die Nachweise von Standsicherheit oder Gebrauchsfähigkeit meist den Ingenieurbüros. Doch erst beide Tätigkeiten zusammen führen zu nutzbaren Tragwerken.

3.3 Entwickeln von Tragwerken

Während es für den zweiten Teil, für das Rechnen und Nachweisen genaue Anleitungen in Normen und Baubestimmungen gibt, ist der erste Teil – das Entwickeln von Tragwerken – weit weniger normiert oder reguliert. Wie läuft dies also ab?
Bezüglich dieser Frage gibt es nicht nur sehr viel weniger Anleitungen, sondern wohl auch recht wenige wissenschaftliche Untersuchungen. Sowohl im „Atlas Tragwerke" [7] als auch im „Atlas Moderner Stahlbau" [8] finden sich zumindest Anhaltspunkte.

Eine umfangreiche Zusammenstellung von Aussagen bekannter Konstrukteure zur Tätigkeit des Konstruierens ist in dem Buch „Die Konstruktion in der Architekturtheorie" [9] enthalten. Gedanken von Ingenieuren wie Ove Arup, Cecil Balmond, David Billington, Félix Candela, Pier Luigi Nervi, Jörg Schlaich, Werner Sobek oder Eduardo Torroja sind dort ebenso zusammengetragen wie solche von Architekten wie Alvar Aalto, Norman Foster, Louis I. Kahn, Rem Koolhaas, Renzo Piano, Peter Rice, Eero Saarinen oder Peter Zumthor.

Bild 10: Eishockey-Arena, Yale University (Yale Whale), New Haven (US) 1958, David S. Ingalls Rink, Eero Saarinen, Fred Severud

Weitgehend übereinstimmend lässt sich daraus feststellen, dass der Prozess des Konstruierens dem der natürlichen Evolution entspricht und damit aus den Schritten Variation und Selektion besteht. Der Idee einer zielgerichteten Optimierung komplexer Konstruktionen hängen zwar einige an, sie hat sich aber als kaum erfüllbar erwiesen. Letztlich sind Konstruktion oder Architektur als Spiegelbild des Lebens sehr komplex und nicht berechenbar. „Die eigentliche Leistung besteht also paradoxerweise in der Tatsache, die Suche nach der optimalen Lösung aufzugeben, um sich auf einen Prozeß des Findens einzulassen, an dessen Ende partielle Lösungen mit beschränkter Tragweite stehen", schreibt der Schweizer Architekt Christian Penzel 2010 in seinem Beitrag „Konstruktion und Kultur" in Aita Flurys Buch „Dialog der Konstrukteure" [10].
Eine gute Grundlage für die Tätigkeit des Konstruierens bietet eine sogenannte „erfahrene Intuition" auf der Grundlage eines unablässigen und genauen Studiums guter Vorbilder. Das sich daraus entwickelnde assoziativorganisierte Denken ist wohl bisher noch durch nichts zu ersetzen.

4. Intelligenz

Seine Vormachtstellung im „Raumschiff Erde" verdankt der homo sapiens vermutlich Aspekten wie einer detailreichen mündlichen und schriftlichen Kommunikationsfähigkeit oder sozialer Vernetzung und Zusammenarbeit auch in großen Gruppen jenseits von 150 Individuen. Faktoren wie Neugier, Ehrgeiz, Kreativität und kritisches Denken könnten auf dem Weg zu umfangreichen Erkenntnissen über naturgesetzliche Zusammenhänge zudem hilfreich gewesen sein. Auch stehen erarbeitetes Wissen und zunehmende Intelligenz vielleicht in einem Zusammenhang.

4.1 Menschliche Intelligenz

Dem Ursprung des Wortes nach setzt sich Intelligenz aus den beiden Bestandteilen „zwischen“ und „lesen“ zusammen. Das verstehende Lesen zwischen den Zeilen, das Hintergründe und Zusammenhänge erkennt, das über die Wahrnehmung des Offensichtlichen hinausgeht, könnte auch einer der Gründe für die besondere Stellung der Gattung Mensch auf diesem Planet sein.

4.2 Künstliche Intelligenz

Die Gabe der menschlichen Intelligenz hat nicht nur zu wesentlichen Erkenntnissen geführt, sondern auch zu erstaunlichen Entwicklungen. So versuchen manche Mitmenschen, die Fähigkeit des selbstständigen Lernens und des Lesens zwischen den Zeilen auf Maschinen zu übertragen. Wie ist der aktuelle Stand dieser Bemühungen? Seit wann oder ab wann sind zu einem unbeauftragten erkennenden Lesen auch Maschinen in der Lage? Inwieweit übertrifft künstliche Intelligenz die menschliche?
Das Speichern und Verwalten von Daten und Informationen haben wir nicht erst seit der Erfindung des Buchdrucks erfolgreich ausgelagert. Auch in der systematischen Auswertung von Daten und Informationen sind wir gegenüber Maschinen kaum mehr konkurrenzfähig. Bei der Übersetzung von Texten schaffen Algorithmen heute erstaunliche Qualitäten. Aber wie steht es mit dem Lesen zwischen den Zeilen?

4.3 Tragwerksplanung und KI

Zumindest in Deutschland ist die Geschichte der elektronischen Rechenmaschinen eng mit dem Ingenieurwesen verknüpft. Hierzulande gilt der Bauingenieur Konrad Zuse mit seiner Entwicklung des Z3 im Jahr 1941 als Erfinder des Computers. Es dauerte allerdings noch ein paar Jahrzehnte bis diese Technologie breiten Einzug in die Ingenieurbüros fand.
Insgesamt ist vielleicht festzustellen, dass das Bauwesen wohl nicht der innovationfreudigste Wirtschaftszweig ist. Das liegt zum einen an der großen Verantwortung der Ingenieurbüros für die Sicherheit von Leib und Leben der Menschen, die ihre Gebäude und Bauwerke nutzen und daran, dass es sich dabei meistens um Unikate handelt und nicht um Serienfertigungen.
Zum anderen mag es auch daran liegen, dass die Büros selten für sich selber planen, sondern meist für fremde Geldgeber, die ebenfalls Einfluss auf die Produkte nehmen und häufig zumindest das Gefühl haben wollen, ganz individuell zugeschnittene Unikate zu bekommen. So hat sich eine industrielle Produktion im Bauwesen trotz prominenter Versuche beispielsweise von Konrad Wachsmann und Walter Gropius im Westen oder sozialistischen Plattenbauten im Osten bis heute kaum nachhaltig durchgesetzt.
Während die Industrialisierung des Bauwesens also noch in den Kinderschuhen steckt, erobert die künstliche Intelligenz immer mehr Bereiche des menschlichen Lebens. Im Arbeitsalltag vieler Ingenieurbüros ist davon aber noch eher wenig zu spüren. Bei der Erstellung von Bewehrungsplänen setzen wir noch immer eher auf osteuropäische oder asiatische Arbeitskraft als auf künstliche Intelligenz – allerdings vielleicht ohne genauer zu wissen, wie in den genannten Regionen die Pläne entstehen?

4.4 Chancen und Risiken

Wie der Historiker Yuval Harari in „Homo Deus“ [2] auf populärwissenschaftlicher Ebene oder der Kleinkünstler Marc-Uwe Kling in „QualityLand“ [11] auf unterhaltsame Weise deutlich machen, begleiten und beeinflussen programmierte Systeme sowie lernende Algorithmen unser Leben bereits viel stärker, als es uns oft bewusst ist. Längst entscheiden Computer, ob wir ein Konto eröffnen dürfen oder eines Kredites würdig sind. Wer sich im Hinblick auf eine zukünftige Lebenspartnerschaft noch allein auf die eigenen geistigen und körperlichen Fähigkeiten beschränkt, ist wohl wortwörtlich beschränkt im Vergleich zu denen, die Algorithmen im weltweiten Netz für sich suchen lassen.
Gleichzeitig sind die Informationen, zwischen deren Zeilen wir zu lesen versuchen, vielfach fremdbestimmt vorausgewählt. Cookies auf unseren allgegenwärtigen digitalen Begleitern helfen sozialen oder asozialen Netzwerken zu filtern, was uns erreicht oder angeboten wird und was nicht. Unsere Wege finden wir kaum noch selbst. Stattdessen lassen wir uns von digitalen Navigationssystemen nicht nur durch Städte, sondern häufig auch gleich durch weite Teile unseres Lebens leiten. Das spart einerseits oft Zeit, andererseits verhindert es vielleicht mögliches Lernen und Erkennen von räumlichen und anderen Zusammenhängen? Wie kaum anders zu erwarten, gehen Vorteile wohl nicht selten mit Nachteilen einher.
Unter gegebenen Randbedingungen wie bei den Brettspielen Schach oder bei Go lernen und handeln Computer längst viel schneller als Menschen. Ab wann gilt das auch für komplexe Fragen, deren Randbedingungen nicht vollständig geklärt sind?

4.5 Eine Frage der Macht

In diesem Zusammenhang stellt sich die Frage nach der Macht. Wer kontrolliert heute wen? Und wer ist morgen mächtiger? Kontrollieren wir noch die künstliche Intelligenz oder sie bereits uns? Und warum ist diese Frage von Bedeutung?

Den Grund, weshalb diese letzte Frage nicht unerheblich ist, zeigt ein Blick darauf, wie wir mit ähnlich aber vielleicht nicht ganz so intelligenten Lebewesen umgehen, wie wir selbst es sind – oder zumindest von uns annehmen. Häufig haben wir solche Lebewesen versklavt, domestiziert oder sicherheitshalber kurzerhand ausgerottet. Was passiert, wenn eine mächtige künstliche Intelligenz nun erkennt, dass die größte Gefahr für das Ökosystem Erde vom Menschen ausgeht. Würde eine solche Intelligenz da nicht vielleicht auf die nachvollziehbare Idee kommen, seine Macht zu nutzen, das aktuelle Betriebssystem des Planeten Erde durch Löschen der Problemverursacher zu retten?

5. Zukunftsfragen

Mit Blick auf die Herausforderungen der Zukunft müssen wir überlegen, ob wir uns derzeit die richtigen Fragen stellen. Natürlich sind kategorische Begriffe wie richtig oder falsch bei komplexen Fragen selten zutreffend. Eher sollten wir also vielleicht darüber nachdenken, ob die Themen mit denen wir uns befassen, sinnvoll sind, und ob der Aufwand, mit dem wir uns ihnen widmen, angemessen ist. Die Erkenntnis vieler, die sich mit der Idee der Optimierung grundsätzlich beschäftigt haben, ist, dass sich Optimierung bei komplexen Systemen kaum als zielführend erweist. Denn genau daran mangelt es oft. Es mangelt an einem definierten oder auch nur an einem definierbaren Ziel.

5.1 Optimierung von komplexen Systemen

Bezogen auf die anfangs angerissene Frage nach optimalen Formen von Tragelementen, gilt wohl weiter das, was Frei Otto schon 1979 im Vorwort zu Band 1 der fünfteiligen Reihe des Instituts für leichte Flächentragwerke (IL) über das Beziehungsgeflecht
„Form – Kraft – Masse“ schrieb: „Wir aber mussten nach intensiven Recherchen feststellen, dass man noch nicht einmal die Form einer einfachen druckbelasteten Stütze mit unverringerbarem Materialaufwand kennt, und erst recht nicht von biegebelasteten Trägern oder Balken.“ [12]

Bild 11: Tanzbrunnen, Bundesgartenschau Köln 1957, Frei Otto, 8/2015

Warum kennen wir diese Form noch nicht? Interessiert uns die Antwort zu wenig oder gibt es andere Gründe? Bei der Suche nach optimalen Strukturen fällt der Blick bisweilen auch auf die Natur. Charles Darwins Gedanken zufolge überlebt das, was am besten angepasst ist. „Am besten“ klingt nach Optimum. Der Bauingenieur Stefan Polónyi stellt in seinem Buch „Architektur und Tragwerk“ dazu allerdings fest: „Es wird behauptet, dass die Natur optimiere. Jede Optimierung hat eine Zielfunktion. Die Frage nach dem Ziel der Natur endet in der Seinsfrage. Wenn wir dann zu der Feststellung „Sinn des Seins ist das Sein” gelangen, ist eine Optimierung eo ipso nicht möglich. Poppers Satz lässt sich auf die Natur Übertragen: Sinn der Natur ist die Natur. Wenn etwas nicht mehr Sinn hat als sich selbst, dann kann es nicht ökonomisch sein. Die Natur ist Luxus, Verschwendung. Damit sind die Methoden der Natur auch verschwenderisch.“ [13]
Nur weil sich vielleicht langfristig das etwas Bessere gegen weniger Gutes durchsetzt, heißt das noch lange nicht, dass jenes relativ Bessere ein Optimum darstellt.

5.2 Optimierung oder Vielfalt?

Bei genauerer Betrachtung ist das dominierende Prinzip der Natur und des Lebens wohl eher die Vielfalt als die Optimierung. Beide Prinzipien schließen einander aus. Wäre das Optimum das Ziel, verschwände nach und nach die Vielfalt. Einfalt und Monokulturen träten an ihre Stelle. Deren Probleme sind in den letzten Jahrzehnten allerdings offensichtlich geworden.
Auch wenn der Mensch mit seinem Wirken, die Artenvielfalt immer weiter einschränkt, bleibt das Grundprinzip der Natur erkennbar. Der Architekt Thomas Herzog stellt dazu fest: „Gleichzeitig ist es so, dass es für eine Aufgabe nicht zwangsläufig nur eine Lösung gibt. Wieder kann man sich gut am Beispiel der Natur orientieren: Wie viele Käferarten hat man bisher entdeckt? Ich glaube. es sind ca. 350.000. Fantastisch, die krabbeln alle herum und haben sechs Beine ...“ [14]

5.3 Mehr oder weniger?

Dem olympischen Motto des „citius, altius, fortius“ steht beispielsweise die Idee von „reduce, reuse, recycle“ gegenüber. Beide Ziele sind nachvollziehbar aber wohl kaum problemlos vereinbar. Die behauptete Notwendigkeit wirtschaftlichen Wachstums für den sozialen Frieden ist nicht leicht zu vereinbaren mit der Reduzierung des Verbrauchs von endlichen Ressourcen. Ähnlich verhält es sich mit langfristigen volkswirtschaftlichen Zielen und kurzfristigen betriebswirtschaftlichen Absichten. Was für eine große Gemeinschaft erstrebenswert ist oder klingt, hilft dem einzelnen Betrieb oder Büro nicht unbedingt zu jedem Zeitpunkt oder in jeder Phase weiter. Sorgfältiges Abwägen zwischen wirklich Notwendigen und lediglich Wünschenswertem wird zukünftig wohl immer wichtiger.

Bild 12: „Reuse“ eines historischen Gebäudes für heutige Zwecke: Historisches Münzgebäude mit Wehrturm aus dem 13. Jh., Schongau, Denkmalgerechte Instandsetzung, neue Nutzung: Amt für Senioren im Landkreis Weilheim-Schongau mit Veranstaltungssaal

5.4 Bewährt oder innovativ?

In der Tragwerksplanung wird häufig ein ganz „menschliches“ Ziel verfolgt. Mit möglichst überschaubarem Aufwand soll ein relativ hohes Maß an baulicher und finanzieller Sicherheit erreicht werden. Dass dabei bekannte, bewährte und konservativ erscheinende Strukturen weniger Arbeit und Risiko mit sich bringen als neue, unbekannte, innovative, ist leicht nachvollziehbar.
Nach den häufig benutzten Vergütungssystemen wird baukostensparende Planung – sofern überhaupt – meist so wenig honoriert, dass Aufwand und Nutzen von Optimierungen, Innovationen oder zumindest von punktuellen Verbesserungen selten in einem für Planende günstigen Verhältnis stehen. Der Anreiz, sich mit solch komplexen Herausforderungen intensiv zu beschäftigen, ist für ohnehin bereits gut ausgelastete Büros also eher gering.

5.5 Nachhaltigkeit

Die seit Längerem eingeforderte Nachhaltigkeit unseres Handelns zur Bewahrung sinnvoller Lebensgrundlagen und zum Schutz ökologischer Systeme lässt sich wohl am ehesten durch die konsequente Nutzung von Kreislaufwirtschaft und von regenerativen Prozessen erreichen. Wie bereits festgestellt, fehlt es dazu weniger an Ideen oder Worten als vielmehr an Taten.

5.6 Suffizienz, Effizienz und Konsistenz

Bei der Planung nachhaltiger Bauten und Tragwerke helfen die Ideen von Suffizienz, Effizienz und Konsistenz. Suffizienz oder Genügsamkeit führen dazu, unnötige Verbräuche von Material oder Energie zu vermeiden. Die Konzentration auf Wesentliches sowie das Infragestellen oder die Reduzierung von Ansprüchen und persönlichen Bedürfnissen ist ein wesentlicher Schritt. Bauten, die letztlich nicht vermeidbar sind, sollten wenigstens effizient, also mit möglichst geringem Aufwand, produziert und errichtet werden. Konsistentes Handeln schließlich bedeutet widerspruchsfreies Verhalten. Einmal gewonnene Erkenntnisse sind zu berücksichtigen. Für das Bauwesen wird das unter anderem die zunehmende Nutzung regenerativer Baustoffe bedeuten sowie demontierbares Konstruieren im Hinblick auf sinnvolle, regionale Baustoffkreisläufe. Raum- und flächensparendes Bauen mit lokal nachwachsenden Rohstoffen ist eine spannende Herausforderung, der wir uns bereits viel zu lange wider besseres Wissen entzogen haben.

6. Ausblick und Verantwortung

Eine positiv stimmende Beobachtung im Hinblick auf regenerative Prozesse und wissenschaftliche Erkenntnisse ist, dass wir die wesentlichen Werkzeuge, um mit den großen Herausforderungen unserer Zeit umzugehen, bereits in Händen halten. Weder Optimierung noch künstliche Intelligenz sind dazu wohl unverzichtbar. Vielmehr sollte man die Chancen, die aus Optimierung oder künstlicher Intelligenz für das Bauwesen erwachsen, nicht überschätzen – und wohl erst recht nicht darauf warten, dass sie unsere Probleme allein und ohne unser Zutun lösen werden. Wir selbst stehen auf absehbare Zeit weiter in der Verantwortung.

Literatur

[1] Harari, Yuval: Eine kurze Geschichte der Menschheit, München 2013
[2] Harari, Yuval: Homo Deus – Eine Geschichte von Morgen, München 2017
[3] Buckminster Fuller, Richard: Bedienungsanleitung für das Raumschiff Erde, 1973
[4] Die Grenzen des Wachstums. Bericht des Club of Rome zur Lage der Menschheit. Aus dem Amerikanischen von Hans-Dieter Heck. Deutsche Verlags-Anstalt, Stuttgart 1972
[5] Sobek, Werner: Biographisches. In: Stiller, Adolph (Hg.): Werner Sobek. Skizzen für die Zukunft - Architektur und Konstruktion im Dialog. Salzburg, Wien: Müry Salzmann, 2009, S. 104-105
[6] Hupfer, Peter: Optimierung von Baukonstruktionen, Stuttgart 1970
[7] Möller, Eberhard: Atlas Tragwerke, München 2021
[8] Bollinger, Klaus et.al.: Atlas Moderner Stahlbau, München 2011
[9] Möller, Eberhard: Die Konstruktion in der Architekturtheorie, München 2011
[10] Flury, Aita: Dialog der Konstrukteure, Zürich 2010
[11] Kling, Marc-Uwe: QualityLand, Berlin 2017
[12] Otto, Frei: Vorwort. In: Schaur, Eda (Hg.): Grundlagen = Basics. Mit einem Beitrag und einer Diskussion über das Ästhetische. Form - Kraft - Masse

1. Stuttgart (Mitteilungen des Instituts für leichte Flächentragwerke (IL), Universität Stuttgart, 21, 1979, S. 4

[13] Polónyi, Stefan: Über die Ästhetik der Tragkonstruktionen. In: Polónyi, Stefan; Walochnik, Wolfgang (Hg.): Architektur und Tragwerk. Berlin 2003, S. 329–336

[14] Herzog, Thomas: Kunst und Technik zur Entsprechung bringen. Thomas Herzog im Gespräch mit Petra Hagen Hodgson und Rolf Toyka. In: archithese, H. 2, 2002, S. 22–27

DigiPark – BIM-basierte Schadenserfassung und Instandhaltungsplanung am Beispiel eines Parkbaus aus Stahlbeton

Dr.-Ing. Till Büttner, Hendrik Morgenstern* M. Sc., Univ.-Prof. Dr.-Ing. Michael Raupach***
*Institut für Baustoffforschung und Polymerkomposite, RWTH Aachen University, Aachen
**Massenberg GmbH, Essen

Zusammenfassung

Im Zuge der Instandsetzung von Stahlbetonbauwerken kommt der Erfassung des Ist-Zustandes sowie der Dokumentation der geplanten und durchgeführten Arbeiten eine zentrale Bedeutung zu. Dieser Beitrag soll den Digitalisierungsbedarf der Praxis der Bauwerksinstandsetzung beschreiben und beispielhaft zeigen, wie Rohdaten aus Bauwerksdiagnose und -monitoring für eine Nutzung in BIM aufbereitet und weiterverarbeitet werden können. Dabei werden sowohl die nötigen Datenschnittstellen aufgezeigt als auch Möglichkeiten der halbautomatischen, visuellen Implementierung von Untersuchungsergebnissen im BIM-Modell vorgestellt. Das Potenzial einer digitalisierten Instandhaltungsstrategie wird anwendungsnah demonstriert und bezüglich ihrer Praxistauglichkeit geprüft. Die bisherigen Erkenntnisse der Forschungsarbeiten zeigen, dass die Nutzbarmachung von BIM-Modellen über die Planungs- und Ausführungsphase von Instandsetzungsarbeiten hinaus ein essenzieller Schritt für die Digitalisierung der Bauwerkserhaltung ist und ein großes Potenzial für effektive Bauwerksdiagnosen und ein effizientes Lebensdauermanagement birgt.

1. Einleitung

Bei der Instandsetzung von Bestandsbauwerken sind die Aufnahme der Bestandsgeometrie sowie die Erfassung von Schäden im Beton wesentliche Aufgaben, die häufig ein hohes Maß an händischen Prozessen erfordert. In der Regel sind bei Bauwerken nur wenige oder unzureichende analoge Bestandspläne vorhanden, sodass für die Dokumentation der Ausführung sowie die Mengenermittlung Maße manuell erfasst und anschließend in neue Bestandspläne überführt werden müssen. Dies hat auch zur Folge, dass ausgeführte Instandsetzungsarbeiten, wie die Instandsetzung von Betonschadstellen, das Tränken von Rissen oder die Applikation von Oberflächenschutzsystemen, manuell aufgemessen und in Pläne übertragen werden müssen. Diese Tätigkeiten sind zeit- und kostenintensiv sowie fehleranfällig.
Im Rahmen eines Teilprojektes des gemeinsamen AiF-Forschungsprojektes des Instituts für Baustofffor-schung der RWTH Aachen University (ibac) sowie der Fa. Massenberg wird untersucht, wie Rohdaten aus Bauwerksdiagnose und Monitoring mit digitalen Daten aus einer Bauwerksaufnahme zusammengeführt wer-den. Grundlage stellt dabei Building Information Modeling (BIM) dar. BIM bezeichnet eine kooperative und lebenszyklus-überspannende digitale Arbeitsmethodik, bei der auf Grundlage digitaler Bauwerksmodelle alle relevanten Informationen und Daten konsistent erfasst, verwaltet und zwischen den Beteiligten ausgetauscht werden (vgl. [1]). Ziel ist es, die Daten aus der Bauwerkserfassung während der Bauabwicklung, der Wartung, der Inspektion und des Monitorings in einem BIM-Modell für alle am Bau Beteiligten zusammenzuführen. Dabei ist das BIM-Modell des Bestandsbauwerks ein zentrales Element. Bei der Entwicklung wird ein wesentliches Augenmerk auf die Nutzbarkeit durch die an der Ausführung beteiligten Personen – Projektleitung, Baustellenleitung – gelegt.

2. Stand der Technik zur Erfassung von Bauwerksschäden

Für präzise Bewertungen des Bauteilzustandes müssen konsequenterweise die Ist-Eigenschaften des Bauteils kontrolliert und nicht die Soll-Eigenschaften aus Literatur oder Laborprüfungen verwendet werden [2]. Die Erfassung von Schäden bei Stahl- und Stahlbeton-bauwerken ist sowohl bei der Planung als auch der Ausführung von Instandsetzungsmaßnahmen eine wesentliche Aufgabe. Die Zustandserfassung wird u.a. mit den folgenden Verfahren durchgeführt [3]:

- visuelle Inspektion und Schadensaufnahme,
- Betondeckungsmessungen (Abbildung 1),
- Potenzialfeldmessungen (Abbildung 2),
- Bestimmung der Karbonatisierungstiefe,
- Entnahme von Bohrkernen für die Bestimmung der Betonfestigkeit,
- Kartierung von Rissen,
- ggf. Bestimmung von Chloridprofilen.

Bei der optischen Aufnahme von Schäden werden in Übereinstimmung mit den geltenden Regelwerken die folgenden Aspekte dokumentiert:

- Schäden des Betons infolge von Bewehrungskorrosion („Betonschadstellen“),
- Risse im Beton,
- augenscheinlichen Schäden an der Konstruktion z.B. infolge von Anprallereignissen.

Abbildung 1: Betondeckungsmessung mittels magnetinduktiven Verfahren [3]

Abbildung 2: Potenzialfeldmessung mittels Radelektrode [3]

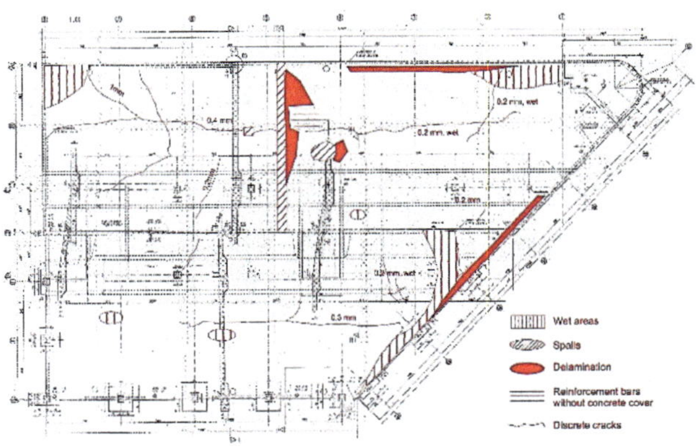

Abbildung 3: Exemplarische, herkömmliche Schadensdokumentation bei einem Parkdeck [3]

Eine der Herausforderungen bei der Bestandsaufnahme von Bauwerken ist die Verortung der aufgenommenen Daten in Bezug auf das Bauwerk. Die Erfassung erfolgt i.d.R. manuell und ohne Unterstützung von georeferenzierenden Verfahren in analogen Plänen (Abbildung 3). Dies ist ein vergleichsweise zeitaufwändiges Verfahren, welches auch je nach Randbedingungen vor Ort hohe Messungenauigkeiten zur Folge haben kann.
Die Anforderungen an die Aufnahme von Schäden sowie ausgeführten Flächen können u.a. aus der ZTV-ING Teil 3, Abschnitt 2 für die Ausführung von Stahlbetonbauteilen sowie der DIN 18349:2019-09 VOB/C „Allgemeine Technische Vertragsbedingungen für Bauleistungen Betonerhaltungsarbeiten“ abgeleitet werden. Im Folgenden sind die Maßabweichungen der ZTV-ING Dl gegeben, die *„vom Nennmaß l der Abmessung eines Betonquerschnitts (Gesamtdicke eines Balkens oder einer Platte, Breite eines Balkens oder Steges, seitliche Abmessungen einer Stütze) (...) als zulässig angesehen werden:*

- für $l \leq 150$ mm: $Dl = \pm 3$ mm
- für $l = 400$ mm: $Dl = \pm 10$ mm
- für $l \geq 2500$ mm: $Dl = \pm 20$ mm

Zwischenwerte dürfen linear interpoliert werden.“[4]
Die genannten Genauigkeiten zeigen, dass für die Aufnahme von Flächen oder Längen bei der Instandsetzung die etablierten händischen Messeinrichtungen, wie Zollstock oder Messrad grundsätzlich ausreichend sind, allerdings die Übertragung von einem Feldaufmaß in einen Plan der aufwändige Arbeitsschritt ist. Ferner ist die Lokalisierung von Schadstellen mit den genannten Messverfahren vergleichsweise ungenau. Die gleiche Problematik zeigt sich bei der baubegleitenden Aufnahme von Schadstellen als umschreibendes Rechteck oder zu bearbeiteten Rissen. Die Aufnahme erfolgt auch hier mit händischen Messverfahren, die keine direkte Verortung ermöglichen und somit die Übertragung von den Handaufmaßen in die Pläne aufwändig und auch fehleranfällig gestalten.
Neben den zu erfassenden Schäden ist insbesondere die Erfassung von Anlagen der technischen Gebäudeaus-

rüstung (TGA) sowie von Einbauteilen, wie z.B. Rauchmeldern, Schilder und Lampen, ebenfalls zeitaufwändig, da hier bisher keine automatischen Erfassungsmöglichkeiten am Markt verfügbar sind und die Erfassung händisch mittels Zähllisten und Messrad für die Erfassung von Längen erfolgt. Die Aufnahme der TGA ist z.B. für die Anzahl oder Länge von zu schützenden Einbauteilen erforderlich. In der statischen Bewertung von Bestandsbauwerken werden bereits zfP und Diagnoseinformationen als Basis für vollprobabilistische Modelle genutzt [5]. Für ein strukturiertes und übersichtliches Informationsmanagement kann das Konzept des modellbasierten Prüfens unter Verwendung von BIM genutzt werden [6].

3. Building Information Modeling im Bestand

Bevor ein BIM-Modell mit Diagnosedaten angereichert werden kann, muss ein solches Modell zunächst erstellt werden. Dies passiert auf der Grundlage von Punktwolken. Da beim Großteil der Bestandsbauten weder BIM-Modelle noch Punktwolken vorliegen, müssen diese in der Regel zunächst nachträglich erstellt werden.

Mittels moderner Laserscanner ist die präzise Erstellung von Laserscans sowie das anschließende Zusammensetzen der einzelnen Scans zu einer Punktwolke sehr anwendungsfreundlich umsetzbar. Diese Punktwolken bestehen aus einigen Millionen Distanzmessungen und enthalten somit die relativen Raumkoordinaten der gescannten Flächen bzw. Objekte. Bei entsprechender Hardware werden den einzelnen Punkten zusätzlich zu ihrer Verortung Farbinformationen hinzugefügt, sodass ein recht präzises Abbild der Realität geschaffen werden kann. In Abbildung 4 sind verschiedene Ansichten der Punktwolke des Werkhofes des ibac dargestellt. An den beiden Bildrändern (a) wurden die einzelnen Punkte entsprechend ihrer Höhe eingefärbt, sodass ein Höhenprofil (rot = niedrig, grün = hoch) des gescannten Gebäudes entsteht. Im nächsten Bereich (b) ist der entsprechende Ausschnitt des 360°-Panorama-Fotos gezeigt, welches der Laserscanner zusätzlich zur Distanzmessung anfertigt. Der letzte Bereich (c) zeigt die Punktwolke, die entsprechend den hinterlegten Farbinformationen realitätsnah eingefärbt wurde und im Gegensatz zum Foto (b) Distanz- und Winkelmessungen erlaubt.

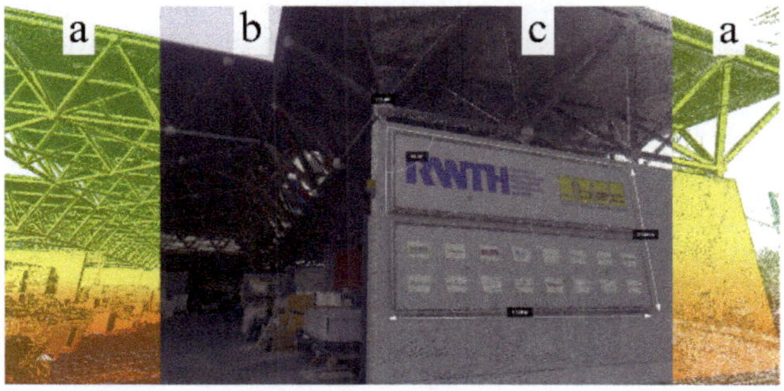

Abbildung 4: Eingefärbtes Höhenprofil (a), Foto (b) und Punktwolke mit Vermaßung (c)

In der Punktwolke können Entfernungen zwischen den einzelnen Punkten gemessen werden, sodass Distanzen, Winkel, Flächen, Volumina und theoretisch auch Krümmungen anschließend am PC bestimmt werden können. Die Genauigkeit hängt dabei im Wesentlichen vom verwendeten Laserscanner ein. Bei den Messungen des ibac wurde der Leica RTC 360 verwendet, der nach Herstellerangaben eine Genauigkeit von 1,9 / 2,9 / 5,3 mm bei einer Entfernung von 10 / 20 / 40 m hat. Entsprechend sind die ZTV-ING geforderten Maßabweichungen auch in 40 m Entfernung leicht einzuhalten. Ein möglicher Nutzen der Bemaßung über die Punktwolke ist in Abbildung 5 dargestellt, die links die herkömmliche und rechts die punktwolkenbasierte Herangehensweise bei der Vermessung einer Schadstelle zeigt. In der Punktwolke können Breite (104 mm), Höhe (121 mm), Tiefe (12,5 mm) sowie Bewehrungsstabdurchmesser (5,8 mm) abgegriffen werden.

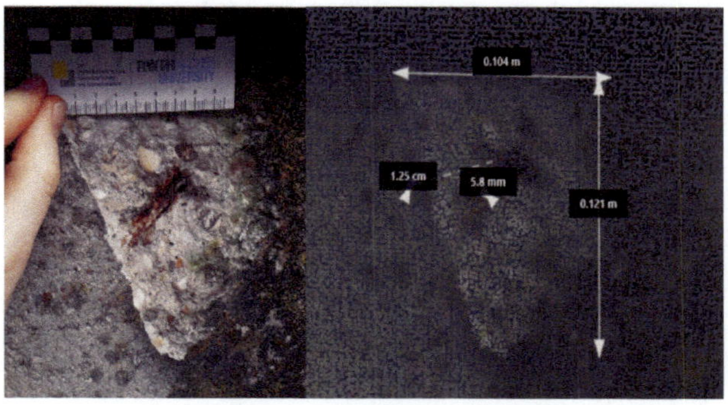

Abbildung 5: Herkömmliche (links) und punktwolkenbasierte (rechts) Vermessung einer Schadstelle

Der für die Arbeit mit BIM jedoch wesentlichste Nutzen einer Punktwolke ist wohl die nachträgliche Erstellung eines BIM-Modells, wie es in Abbildung 6 gezeigt ist.

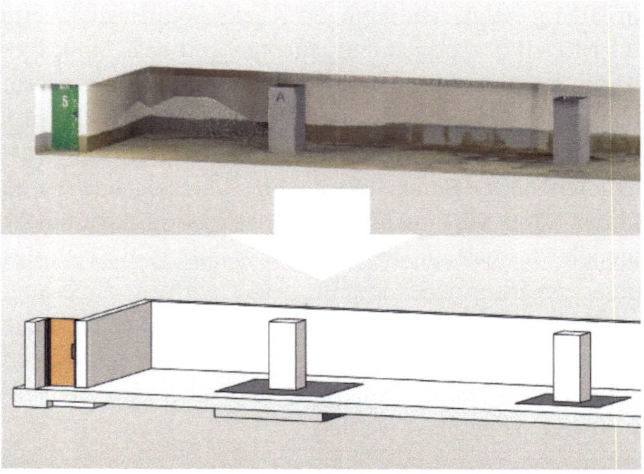

Abbildung 6: Punktwolke (oben) und abgeleitetes BIM-Modell (unten) eines Parkdecks

Das erstellte Modell enthält nach diesem Arbeitsschritt jedoch noch keine bauwerkserhaltungsrelevanten Informationen, es dient lediglich als 3D-Planunterlage für die folgenden Schritte. Sollte bereits ein BIM-Modell vorliegen, kann dieses mitsamt aller vorhandenen Informationen verwendet werden. Das Hinzufügen von Informationen ist jedoch in den herkömmlichen BIM-Softwares nur in einem gewissen Rahmen vorgesehen, der für die Bauwerkserhaltung derzeit nicht geeignet ist [7].

4. Automatisierte Verortung von Messdaten im BIM-Modell

Bei der Kartierung von dutzenden Prüfstellen, hunderten Rissen oder tausenden Werten eines Flächenscans wäre eine manuelle Implementierung weder wirtschaftlich noch praxistauglich. Eine mögliche Lösung, die am ibac deshalb für die Dateneingabe verfolgt wird, nutzt die Visuelle Programmierung. Mit der BIM-Software Revit (Autodesk) kann das Open-Source Plugin Dynamo genutzt werden, um Elemente im Modell zu erstellen oder mit zusätzlichen Informationen zu versehen. Auf diese Weise genügt es, die zu importierenden Informationen in einer Excel-Tabelle zur Verfügung zu stellen. Mit der Ausführung des Programmier-Skriptes werden die Daten (bspw. Untersuchungsergebnisse) dem jeweiligen Element im BIM-Modell hinzugefügt. Visuelle Programmierung ist zwar wesentlich intuitiver und einsteigerfreundlicher als die herkömmliche Arbeit mit Programmiersprachen, erfordert aber dennoch eine gewisse IT-Kompetenz. Für die praktische Anwendung genügt es allerdings, ein Skript ausführen zu können. Die Entwicklungsarbeit der jeweiligen Import-Skripte kann vollständig an spezialisierte Institute oder Unternehmen ausgelagert werden. Das Verorten bzw. Hinzufügen der jeweiligen Diagnoseergebnisse ist anschließend nicht schwieriger als die gewöhnliche Bedienung einer BIM-Software.

In Abbildung 7 sind links Entnahmestellen von Bohrmehlproben zur Ermittlung des tiefengestaffelten Chloridgehaltes dargestellt, rechts ist die Implementierung in BIM gezeigt. Mit wenigen Klicks können die Werte ins Modell übertragen und entsprechend des Chloridgehaltes in M.-% bezogen auf die Betonmasse eingefärbt werden. Auf diese Weise wird schnell ersichtlich, dass die Chloridgehalte mit zunehmender Bohrtiefe bzw. Entnahmehöhe abnehmen. Der höchste Chloridgehalt wurde in der Nähe der Oberfläche auf der niedrigsten Entnahmehöhe festgestellt. Im schwarz gefärbten Bereich des untersten Bohrloches konnte kein Bohrmehl abgesaugt werden, weil das Bauteil zu feucht war. Auf ähnliche Weise können auch Sensoren oder Bohrkerne mit Werten zur Druckfestigkeit, Haftzugfestigkeit oder Carbonatisierungstiefe abgebildet werden.

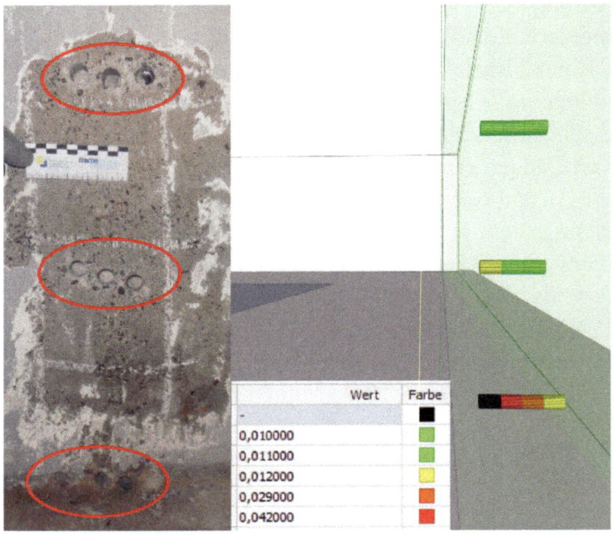

Abbildung 7: Bohrmehlentnahmestellen (links) und tiefengestaffelte Darstellung des Chloridgehaltes im BIM-Modell (rechts)

Auch flächige Untersuchungsergebnisse können automatisiert im BIM-Modell hinterlegt und eingefärbt werden. In Abbildung 8 sind beispielhaft Ergebnisse einer Potenzialfeldmessung an einer Wand dargestellt.

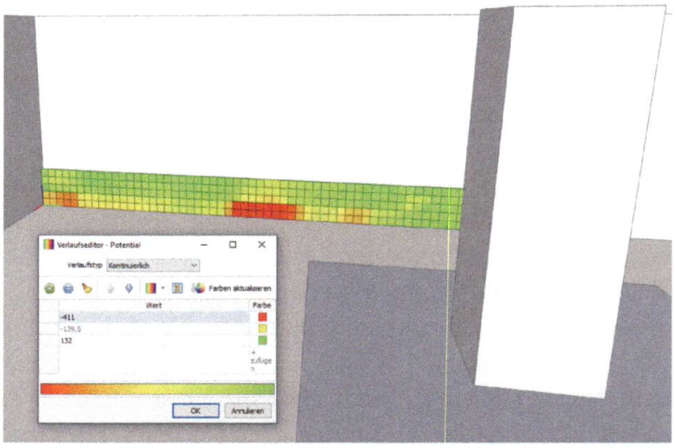

Abbildung 8: Beispiel zur Visualisierung flächiger Diagnoseergebnisse (hier Potenzialfeld) in BIM

Mit geeigneten Skripten können beliebige Geometrien und Informationen im BIM-Modell hinterlegt und weiterverarbeitet werden. Derzeit werden am ibac neben den bereits vorgestellten Skripten zum Übertragen von Diagnoseergebnissen auch Skripte zur Visualisierung der Ist-Bewehrungslage entwickelt. In Abbildung 9 sind die Ergebnisse einer Betondeckungsmessung an einer Stütze kontinuierlich eingefärbt dargestellt (rot/grün ≙ geringe/große Betondeckung). Durch diese Darstellung wird direkt ersichtlich, dass die hinteren Seiten der Stütze geringe Betondeckungen aufweisen und somit korrosionsgefährdet sind. Es könnten auch nur solche Messpunkte diskret eingefärbt werden, die einen gewissen Grenzwert unterschreiten, um lediglich die kritischen Stellen zu lokalisieren.

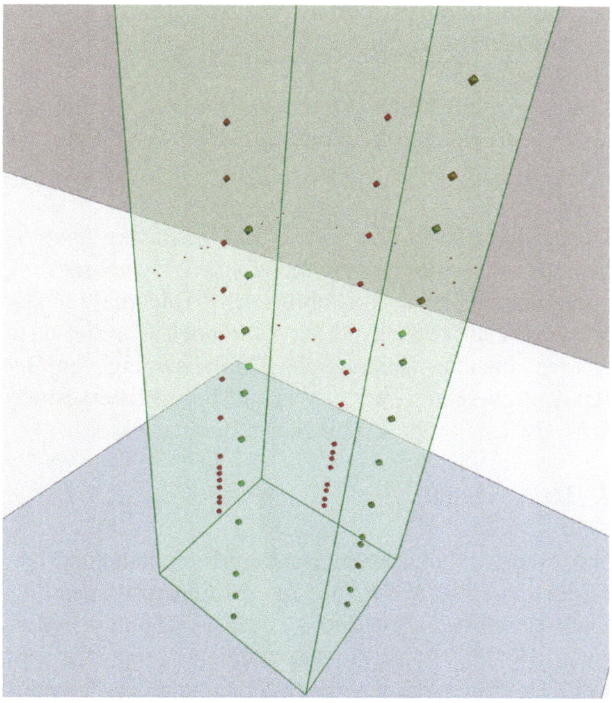

Abbildung 9: Farbige Darstellung einer Betondeckungsmessung im BIM-Modell

5. Nutzen für die Praxis

Die zuvor dargestellten Implementierungen von Diagnosedaten in einem einheitlichen BIM-Modell eröffnet allen an der Ausführung Beteiligten – Auftraggeber, Auftragnehmer und Sachkundigem Planer – neue Möglichkeiten der effektiven und lösungsorientierten Zusammenarbeit. In Teil 1 der Technische Regel „Instandhaltung von Betonbauwerken“ (TR IH) wird explizit darauf hingewiesen, dass in der TR IH lediglich ein Schwellenwert für den Chloridgehalt angegeben wird und der kritische Chloridgehalt vom Sachkundigen Planer (SKP) zu definieren ist [8]. Aktuelle Untersuchungen zum kritischen Chloridgehalt zeigen, dass dieser anhand von Untersuchungsergebnissen spezifisch für das untersuchte Objekt ermittelt werden sollte [9]. Eine visuelle Darstellung des tatsächlich vorliegenden tiefengestaffelten Chloridgehaltes kann dabei zukünftig ein hilfreiches Werkzeug für den SKP bei der Bewertung des Ist-Zustandes und damit auch für die Planung einer Instandsetzungsmaßnahme sein. Dies gilt auch analog für Daten der Ist-Bewehrungsdeckung bzw. Bewehrungsführung. Die in einem Modell vorliegenden Daten können dann im Zuge der Ausschreibung für die Erstellung des LVs genutzt und dem Ausführenden zur Verfügung gestellt werden.

Sowohl für die Angebotserstellung als auch für die Ausführung ist ein BIM-Modell mit allen relevanten Diagnosedaten insofern von Vorteil, dass nicht diverse Pläne, die die unterschiedlichen Diagnosen einzeln darstellen, miteinander verglichen werden müssen, um ein gesamtheitliches Bild zu erzielen, sondern sich auf ein umfassendes Modell konzentriert werden kann. So können z.B. bei der Ausführung von Instandsetzungsarbeiten nach Verfahren 7.2 der TR IH – Ersatz von chloridhaltigem oder carbonatisiertem Beton zum Erhalt oder der Wiederherstellung der Passivität – anhand der visuellen Kombinierung von Potenzialfeldmessungen, Chloridanalysen und Betondeckungen in einem räumlichen Modell Abtragsflächen einfacher und auch nachvollziehbarer geplant und die Informationen über 3D-Pläne oder Augmented Reality für die Ausführung bereitgestellt werden. Die Darstellung in einem Modell kann so allen am Bau Beteiligten die tägliche Arbeit auf der Baustelle erleichtern. Sollte es zu Änderungen in der Ausführung kommen, kann dann auch in einem Modell die Ausführung fortgeschrieben und für die Instandhaltung nach TR IH genutzt werden.

Eine andere Anwendung, bei der bisher unterschiedliche Pläne bzw. Pläne und Gegebenheiten vor Ort miteinander abgeglichen werden müssen, ist Verfahren 4.4 der TR IH „Querschnitsergänzung durch Betonersatz (…) zur Verstärkung des Betontragwerks“. Hierbei kann der Verbund zum Untergrund entweder mit Verbundankern oder über Adhäsion hergestellt werden. Sofern Verbundanker zu platzieren sind, kommt der Lage der Bestandsbewehrung eine wesentliche Bedeutung zu, denn diese darf (in Abhängigkeit der Auslastung des Bauteils) nicht beschädigt werden, sodass Bewehrungstreffer durch Verbundanker zu vermeiden sind. Verbundanker können meistens allerdings auch nicht frei positioniert werden, da in den Aufbetonschichten auch Bewehrungslagen vorhanden sind. Wie dies ohne BIM aktuell realisiert werden muss, zeigt Abbildung 10.

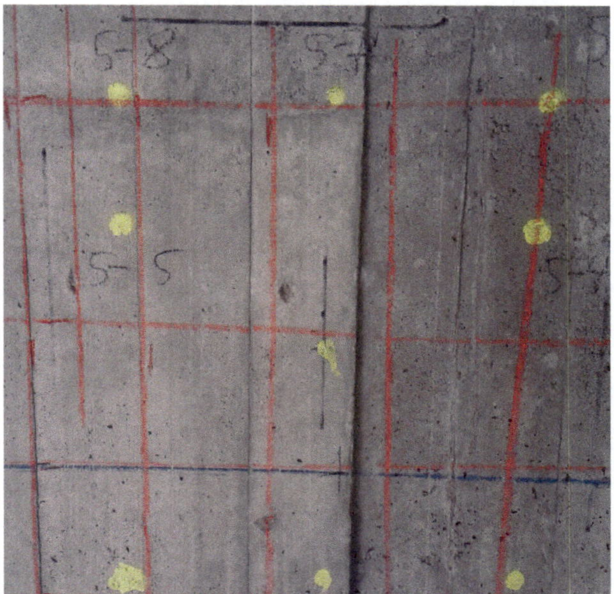

Abbildung 10: Einmessen von Bohrpunkten für die nachträgliche Querschnittsergänzung und vor Ort gemessene Bewehrungslagen

Hier können durch eine 3D-Visualisierung der Bestandsaufnahme – Bauteilgeometrie mit Bewehrungslagen, vgl. Abbildung 9 – in Kombination mit der Bewehrungspla-

nung Kollisionsprüfungen im Vorfeld der Maßnahme durchgeführt oder auf Basis von Erkenntnissen bei der Ausführung angepasst werden.
Da auch im Rahmen der Ausführung Untersuchungen zur Eigen- und Fremdüberwachung – z.B. Bestimmung der Oberflächenzugfestigkeit – ausgeführt werden, bietet das automatisierte skriptbasierte Einlesen von Diagnosedaten für die Pflege der Bestandsdaten ein großes Potenzial. So können die Daten auf der Baustelle in üblichen Office-Anwendungen gespeichert und dann in das BIM-Modell im Nachgang eingelesen werden, sodass auf der Baustelle kein Einsatz spezieller BIM-Software für die Datenimplementierung in das Modell erforderlich ist. Abbildung 11 zeigt die Möglichkeiten des Ablaufs und der Implementierung der unterschiedlichen Datenquellen in das BIM-Modell.

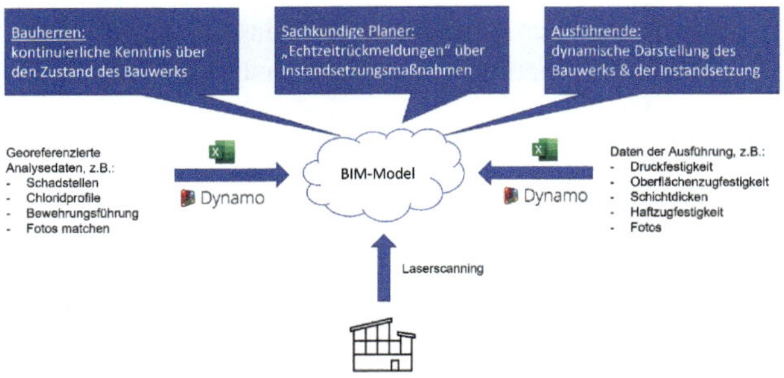

Abbildung 11: Schematische Darstellung des Ablaufs und der Möglichkeiten der Implementierung unterschiedlicher Daten in das BIM-Modell

6. Zusammenfassung und Ausblick

Das vorgestellte Konzept zur Digitalisierung der Bauwerkserhaltung baut auf den technischen Fortschritten der letzten Jahre auf und leitet eine modellzentrierte Arbeitsweise ein. Mit einem vertretbaren Aufwand wächst über die Nutzungsdauer hinweg ein BIM-Modell, das nicht nur den Soll-Zustand, sondern auch den Ist-Zustand verlässlich wiedergibt. Aus dem bisherigen Arbeitsstand können folgende Schlussfolgerungen gezogen werden:

- BIM-visualisierte Diagnosen ermöglichen effiziente Analysen, indem örtliche Häufungen oder Streuungen sichtbar werden.
- Untersuchungsergebnisse, deren Verwendung bislang oft in einem Prüfbericht endete, bleiben maschinenlesbar erhalten und können für weitere Analysen genutzt werden (digitales Bauwerksbuch).
- Farbige „Ampel-Systeme" erlauben die simple Ersteinschätzung des Bauteilzustandes.
- Digitalisierte Bauwerksdiagnosen ermöglichen effiziente Hightech-Instandsetzungen.
- Die in einem BIM-Modell nachvollziehbar aufbereiteten Daten erleichtern allen am Bau Beteiligten Planung und Ausführung von Instandsetzungsmaßnahmen.

Langfristig sollen Schadstellen automatisch erkannt und die entsprechenden Volumina bestimmt werden, um als Grundlage für Instandsetzungsplanung und Kalkulation zu dienen.
Derzeit forscht das ibac an der BIM-gestützten Auswertung der maschinenlesbar hinterlegten Diagnosedaten, um zukünftig auch probabilistische Dauerhaftigkeitsprognosen in BIM ausführen zu können. Parallel dazu werden, um die nachträgliche Digitalisierung von Bestandsbauwerken weiter zu vereinfachen, robotergestützte Methoden der Punktwolkenerstellung untersucht.

7. Danksagung

Die Autoren danken dem Bundesministerium für Wirtschaft und Energie (BMWi) für die Förderung des Forschungsprojektes „Bri-San-T – DigiPark" (Förderkennzeichen 16KN062138) sowie den beteiligten Projektpartnern Koch GmbH, der Zensor SE (Belgien) und dem Geodätischen Institut der RWTH Aachen University (gia).

Literatur

[1] BMVI, Stufenplan Digitales Planen und Bauen - Einführung moderner, IT-gestützter Prozesse und Technologien bei Planung, Bau und Betrieb von Bauwerken, Bundesministerium für Verkehr und digitale Infrastruktur, 2015.
[2] F. Jacobs, Dauerhaftigkeit von Beton im Bauteil, Beton- und Stahlbetonbau 114(6) (2019) 383-–391.
[3] M. Raupach, T. Büttner, Concrete repair to EN 1504: Diagnosis, design, principles and practice, CRC Press, Taylor & Francis Group, Boca Raton, 2014.
[4] B. für Straßenwesen, Zusätzliche technische Vertragsbedingungen und Richtlinien für Ingenieurbauten: ZTV-ING, Verkehrsblatt-Verlag 2019.
[5] S. Küttenbaum, S. Maack, T. Braml, A. Taffe, M. Haslbeck, Bewertung von Bestandsbauwerken mit gemessenen Daten, Beton- und Stahlbetonbau 114(6) (2019) 370–382.
[6] H.G. Oltmanns, H. Oltmanns, A. Dirks, BIM-Modelle und die Bearbeitung durch Prüfingenieure, Bautechnik (2019).
[7] S. Kubens, J. Landis, C. Müller, R. Achenbach, BIM-basierte Instandsetzung von Stahlbetonbauwerken, beton 12 (2019) 454–459.
[8] Deutsches Institut für Bautechnik (DIBt): Technische Regel - Instandhaltung von Betonbauwerken (TR Instandhaltung) - Teil 1: Anwendungsbereich und Planung der Instandhaltung, 2020-05.
[9] C. Boschmann Käthler, U.M. Angst, Der kritische Chloridgehalt – Bestimmung am Bauwerk und Einfluss auf die Lebensdauer, Bautechnik 97(1) (2019) 41–47.

TAE

Konstruktion Bestand

Experimentell gestützter Tragsicherheitsnachweis

Erfahrungen, Potenzial und Grenzen am Beispiel von Hochbauwerken im Bestand

Prof. Dr.-Ing. Marc Gutermann,
Hochschule Bremen

Dipl.-Ing. Werner Malgut,
Hochschule Bremen

Voraussetzung für jede Planung im Bestand ist der Nachweis der Standsicherheit. Er setzt voraus, dass alle wesentlichen Parameter bekannt sind und die Ausführung den Bauvorschriften entspricht. Fehlen Angaben über die Konstruktion (Geometrie, Lagerung, Werkstoffeigenschaften) oder mindern Bauwerksmängel die Tragfähigkeit ab, führen rein rechnerische Beurteilungen meist zu schlechten Ergebnissen. Dieser Beitrag erläutert an ausgewählten Beispielen wie der Nachweis ausreichender Tragsicherheit alternativ durch den Einsatz experimentell gestützter Verfahren gelingen kann, und wie diese die Restnutzungsdauer auch bei gestiegenen Nutzungsansprüchen verlängern können.

1. Einführung

Mehr als 60 % der Bauaufträge werden heute im Bestand umgesetzt [1]. Die Bandbreite reicht vom Umbau moderner Stahlbetonskelettbauten bis zu historischen Unikaten mit baugeschichtlich interessanten Tragkonstruktionen. Eine wesentliche Voraussetzung für Nutzungs- und Investitionsentscheidungen ist der Nachweis ausreichender Tragsicherheit für die gewünschten Lastansätze und das, obwohl über die Jahre viele Informationen über die Bauausführung verlorengegangen sind, und der Erhaltungszustand unbefriedigend ist. In solchen Fällen ist eine rechnerische Bewertung der Tragsicherheit oft unmöglich, insbesondere, wenn Teile des Bauwerks für Erkundungen unzugänglich sind. Als Konsequenz wird meist konventionell verstärkt oder abgerissen und neu gebaut (Abb. 1). Diese Varianten sind insbesondere bei denkmalgeschützten Bauten nicht akzeptabel und zudem keine sparsamen Entscheidungen, was C02-Emission und Ressourcen betrifft.

Eine alternative Vorgehensweise ist der experimentell gestützte Nachweis, bei dem entweder wesentliche Parameter für einen rechnerischen Nachweis durch Versuche ermittelt werden, oder Belastungstests direkt nach Beendigung Planungssicherheit für den Baufortschritt bringen. Dadurch werden nicht nur Ressourcen geschont, sondern auch die effektive Bauzeit verkürzt [2]. Experimente sind Teil unserer Ingenieurgeschichte. Sie dienen der Absicherung neuer Bauweisen und helfen, theoretische Ansätze zu verstehen. Schon Ende des 19. Jahrhunderts wurde erkannt, dass nur durch Versuche und Erfahrung die komplexen Zusammenhänge der Werkstoffgesetze und Mechanik verständlich werden und Konstruktionsempfehlungen abgesichert werden können. Die ersten deutschen Stahlbetonvorschriften DIN 1045 (1925) enthielten daher auch Hinweise über Probebelastungen im Stahlbetonbau [3].

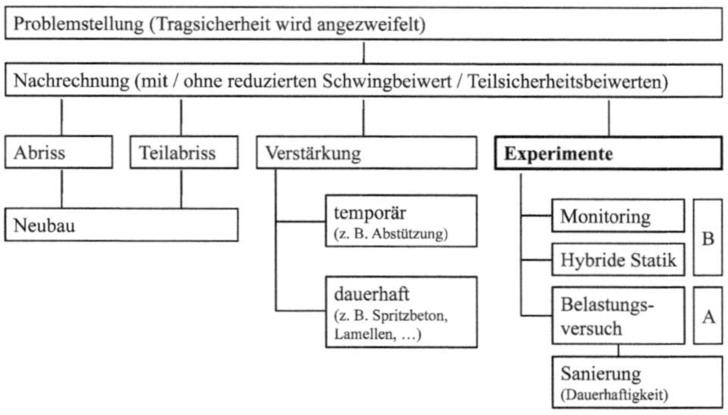

Abb. 1: Lösungsstrategien zum Tragsicherheitsnachweis für Bestandsbauten

Experimentell gestützte Verfahren können auch dann erfolgreich sein, wenn alle anderen Ansätze zuvor gescheitert sind (s. a. Abb. 1):

1. Abschätzung der Tragsicherheit, z. B. aufgrund vorhandener Unterlagen
2. Überschlägige Berechnung der Tragsicherheit, z. B. mit einfachen Berechnungsmodellen
3. Genaue Berechnung der Tragsicherheit, z. B. mit komplexen FE-Berechnungsansätzen und modellen
4. Messwertgestützte Ermittlung der Tragsicherheit

Experimentelle Methoden bewerten den aktuellen Tragwerkszustand inklusive aller realen Randbedingungen, sodass Unsicherheiten wegfallen und die Lasten deutlich über das rechnerisch nachgewiesene Lastniveau gesteigert werden können (Abb. 3). Bei experimentell gestütz-

ten Nachweiskonzepten (Punkt 4) werden z. B. wesentliche Eingabeparameter in in-situ-Versuchen gewonnen, um zuverlässige Daten für die Berechnungssoftware zu erhalten. Denn trotz immer besserer und umfangreicherer Rechenprogramme wird die physikalische Wirklichkeit nur so gut beschrieben wie zutreffend seine Annahmen waren. Und Letztere sollten selbstverständlich immer auf der sicheren Seite liegen. Alternativ kann mit Belastungsversuchen auch direkt der Nachweis ausreichender Tragsicherheit erfolgen (Kapitel 3). Das Ergebnis liegt dann direkt nach Beendigung der Versuche vor.
Bei allen experimentellen Nachweisformaten gelten die gleichen Gültigkeitsbeschränkungen wie bei der Aufstellungsstatik eines Neubaus. Sie sind so lange gültig, bis sich die Nutzung verändert oder wiederkehrende Bauwerksprüfungen Anlass für weitere Untersuchungen geben. Für Bauwerke mit Korrosionsproblemen bietet es sich daher an, KKS oder andere geeignete Verfahren einzusetzen, um den getesteten Zustand für den Restnutzungszeitraum einzufrieren [4].
Die Bandbreite der möglichen Einsatzgebiete experimenteller Methoden ist nahezu unbegrenzt (Tabelle 1). Einige Beispiele des Hochbaus werden in den nachfolgenden Kapiteln exemplarisch vorgestellt, auch um wiederkehrende Besonderheiten aufzuzeigen. Planungs- und Ausführungsdetails einiger Projekte können der jeweils zitierten Literatur entnommen werden ([2], [6], [7], [11] bis [13]).

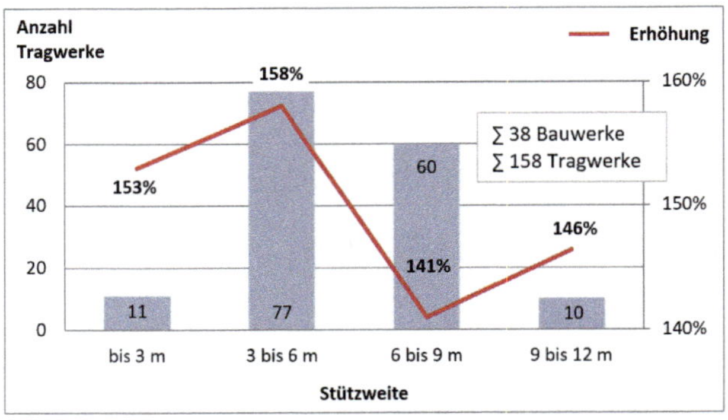

Abb. 2: Statistische Auswertung der erreichten mittleren Nutzlasterhöhungen (100 % = rechnerische Prognose)

2. Legalisierung

Das grundsätzliche Prinzip eines experimentellen Tragsicherheitsnachweises ist einfach und bewährt: es wird ein Bauteil belastet und seine Reaktionen gemessen (Abb. 3). Je nach Zielrichtung der Aufgabe kann in drei unterschiedliche Verfahren unterschieden werden [5]:

a. Tragsicherheitsbewertung, vgl. Abb. 1 sowie Kapitel 3 und 4
b. Systemmessungen, vgl. Abb. 1 und Kapitel 5
c. Tragfähigkeitsmessungen (Bruchversuche)

Tabelle 1: Anwendungsbreite und Beispiele erfolgreicher experimenteller Untersuchungen

	Belastungsversuche	Hybride Statik	Überwachung
Hochbau	Decken, Unterzüge, Stützen, Fassaden, Treppen, Balkone, Dächer, Glasscheiben mit / ohne Denkmalschutz	Austausch eines Kämpfersteines	Erschütterungen (aus Zugverkehr)
Ingenieurbau	Abwassersonderbauten, Gründungen, Spundwände, Durchlässe	Faltwerke, Fundamente von Windenergieanlagen	Hubbrücke, Karussell
Wasserbau	Haltekreuze in Schleusen Anker von Spundwänden	Kragstützwand	Segmentwehr, Tordichtung
Brücken	Gewölbe (Straße u. Schiene) Steinbogen, Stahlbeton	Gewölbe (Schiene) Steinbogen, Stahlbeton	Koppelfugen, Seilschwingungen, Freischneidetechnik

In diesem Beitrag werden Ergebnisse von experimentell gestützten Nachweisen im Hochbau vorgestellt. Hier liegen an unserem Institut im Zeitraum 2007 bis 2021 umfangreiche Erfahrungen von über 150 Belastungsversuchen im Hochbau vor (Abb. 2). Durchweg war das beobachtete Bauwerksverhalten deutlich besser als das vermutete, immer konnte eine höhere Nutzlast empfohlen werden (Ø ca. 1,5-fach). Dabei war unerheblich, welches Tragsystem vorhanden war (Platte, Trägerrost, Gewölbe) oder aus welcher Bauzeit das Objekt stammte (1875 bis 2011).

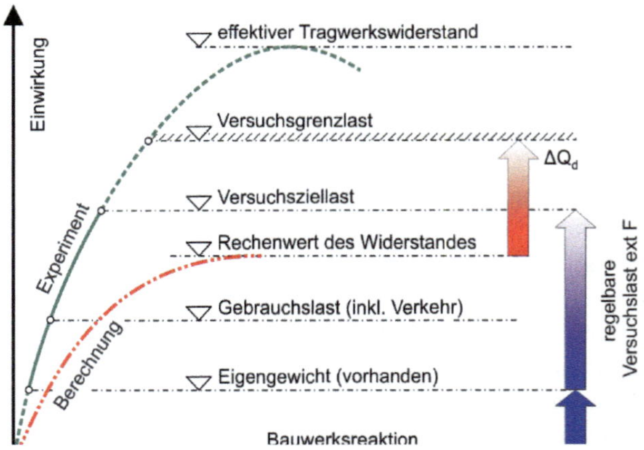

Abb. 3: Sicherheitskonzept (idealisiert!); ΔQ: nutzbarer Zuwachs der Verkehrslast

Jedes Konzept hat seine prädestinierten Einsatzbereiche und ist gekennzeichnet durch unterschiedlich hohen Aufwand (C > A > B). Bei allen Verfahren müssen die charakteristischen Daten eines Versuchsablaufs, wie z. B. Lastgrößen, Verformungen, Dehnungen etc. durch elektrische Messsysteme aufgenommen und ggf. zeitgleich angezeigt werden. Gängige Sensoren zur Zustandsbewertung von Bauwerken sind:

- Kraftmessdosen zur Anzeige der eingeleiteten Kraft
- Wegaufnehmer zur Analyse von Durchbiegungen, Verschiebungen, Rissweiten oder Dehnungen, die integral über die Beziehung $\varepsilon = \Delta l/l$ bestimmt werden.
- Dehnungsmessstreifen zur örtlichen Kontrolle von Beanspruchungen
- Neigungssensoren zur örtlichen Analyse von Verdrehungen, z. B. um den Einspanngrad bei Auflagern oder Bauteilverbindungen zu bestimmen.
- Schallsensoren zur Analyse besonderer Ereignisse, die Schall freisetzen, wie z. B. Rissbildung oder Rissuferreibung. Der aktuelle Bauteilzustand kann besser eingeschätzt werden, so dass Belastungen oberhalb des Gebrauchslastniveaus auch bei sprödem Materialverhalten möglich sind.
- Bei jeder Messung, im Besonderen im Freien, sollten die Umweltbedingungen wie z. B. die Lufttemperatur [°C] oder Windgeschwindigkeit [m/s] aufgezeichnet werden, um die äußeren Einflüsse auf die Messung zu dokumentieren.

Dabei ist bei der Planung Vorsicht geboten. „Wer viel misst, misst Mist" ist ein geflügeltes Sprichwort und umschreibt zutreffend den Umstand, dass die gewonnenen Daten oft parallel auf Plausibilität geprüft sowie analysiert werden müssen. Dies setzt eine gewisse Erfahrung voraus.

Die historische Methode, Versuchslasten durch Ballast zu erzeugen ist der modernen und regelbaren Technik gewichen, Lasten hydraulisch im Kräftekreislauf zu erzeugen [2]. So werden selbstsichernd die Beanspruchungen im Tragwerk simuliert, denen es nach Normung widerstehen muss. Im Hochbau werden dazu mobile Belastungsvorrichtungen genutzt, die kleinteilig transportiert und individuell an jede Aufgabe anpasst werden können (z. B. Abb. 5, Abb. 7 und Abb. 10). Für Brücken kommen unter anderem besondere Fahrzeuge zum Einsatz (Straßenbrücken: Belastungsfahrzeug BELFA [6]; Eisenbahnbrücken: Belastungswaggon BELFA-DB), die an der Hochschule Bremen in kooperativen Forschungsprojekten mit der TU Dresden, der HTWK Leipzig und der BU Weimar entwickelt wurden. Zuletzt wurde an der Hochschule Bremen ein neues Verfahren entwickelt, um kleine Straßen- und Wegebrücken kostengünstig und risikoarm mit einem Mobilkran als bewegliches Gegengewicht zu testen [7].

Die experimentelle Tragsicherheitsbewertung ersetzt den rechnerischen Nachweis der Standsicherheit und wird nach unserer Erfahrung sowohl von den Prüfingenieuren als auch der Bauaufsicht der Länder akzeptiert. In Einzelfällen wurde eine Zulassung im Einzelfall verlangt, es ist daher sinnvoll, alle Beteiligten schon im Planungsprozess zu involvieren. Die grundsätzliche Eignung und Zulässigkeit des die Rechnung begleitenden experimentellen Tragfähigkeitsnachweises auf der Grundlage der Regelungen der DAfStb-Richtlinie [5] wurde auch von der Fachkommission „Bautechnik" der ARGEBAU bestätigt [8]. Die versuchsgestützte Bemessung ist auch im aktuellen Normenwerk der Eurocodes enthalten, z. B. in den Grundlagen der Tragwerksplanung [9] oder in der Bemessung und Konstruktion von Stahlbeton- und Spannbetontragwerken [10].

3. Tragsicherheitsbewertung

Tragsicherheitsbewertung bedeutet, dass das Tragwerk oberhalb der Gebrauchslast belastet wird, also inkl. dem Ansatz von Teilsicherheitsbeiwerten. Weil das Tragverhalten bis zur Versuchsziellast analysiert werden kann (Abb. 3), deckt es ggf. auch nichtlineares Verformungsverhalten auf. Der Aufwand für Belastungs- und Messtechnik ist groß. Die Versuchslasten müssen regelbar und selbstsichernd die Beanspruchungen im Tragwerk simulieren, denen es nach Normung widerstehen muss, ohne die Gebrauchstauglichkeit oder Dauerhaftigkeit negativ zu beeinflussen. Dazu ist das Bauteil zuvor mit der dafür notwendigen Belastungs- und Messtechnik auszustatten. Das Potenzial von Probebelastungen zeigt Abb. 3: die gemessenen Reaktionen (Experiment) sind kleiner als die rechnerisch prognostizierten (Berechnung), und die Versuchsziellast wird ohne Überschreiten eines Grenzkriteriums erreicht. Als Konsequenz kann empfohlen werden, den nachgewiesenen Zuwachs ΔQ_d zum Beispiel für eine Nutzlasterhöhung zu verwenden. Aus unseren langjährigen Erfahrungen betragen die Zuwächse bei Stahlbetontragwerken mindestens 30–50 % und können in Ausnahmefällen auch über 100 % liegen (Abb. 2 und Abb. 4).

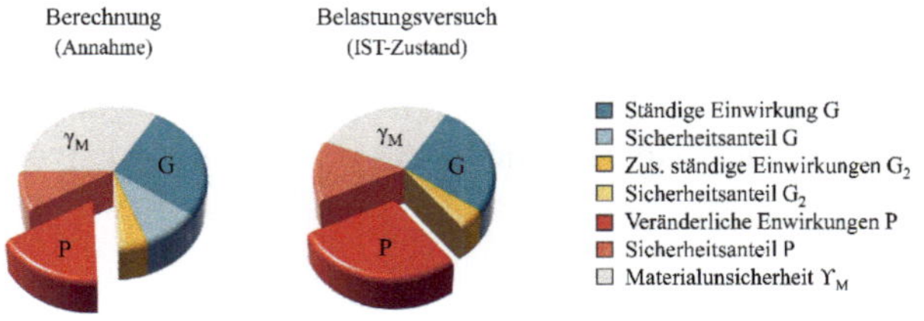

Abb. 4: Steigerungspotenzial der Nutzlast durch Belastungsversuche
(Torte = Gesamttragfähigkeit einer Massivdecke)

4. Anwendungsbeispiele

4.1 Stahlbetonskelettbau, Hamburg

Das Geschäftshaus aus dem Jahr 1965 wurde 2014 umfangreich saniert. Während des Bauprozesses wurden innenliegende Deckenbereiche abgerissen (Abb. 5), wodurch sich die statischen Systeme und Beanspruchungen der durchlaufenden Rippendecken erheblich veränderten. Aus ehemaligen Innenfeldern wurden Endfelder mit deutlicher Erhöhung von Feld- und Stützmomenten (bis 37 %), die nur noch experimentell unter Ausnutzung vorhandener Tragreserven nachgewiesen werden konnten.

Abb. 5: Belastungsversuche an Kaiserdecken

4.2 Berra-Hohlsteindecken

Der Handelshof in Lübeck wurde 1924 als Kontorhaus geplant und errichtet. Er liegt mit seiner direkten Nachbarschaft zum Bahnhof und zur Innenstadt in einer bevorzugten Lage, sodass die Umnutzung und der Umbau zu einem Hotel Nahe lag. Der beteiligte Tragwerksplaner führte eine umfassende Analyse der Bausubstanz durch und berechnete mit unterschiedlichen Ansätzen die aktuelle Tragsicherheit der historischen Decken für die geforderten Nutzlasten (Zimmerbereich: $p = 1{,}50\ kN/m^2$ / Flurbereich: $p = 3{,}0\ kN/m^2$, jeweils zzgl. Ausbaulasten). Ohne Erfolg der kaum verbreitete Rippendeckentyp (Berrahohlsteine, Abb. 6) ließ sich nur mit wesentlichen Vereinfachungen als Modell abbilden, die notwendiger Weise stets auf der sicheren Seite liegen mussten. Zudem war unklar, wie der glatte Bewehrungsstahl (Stahl I) rückverankert war, und ob diese Verankerung noch intakt war.

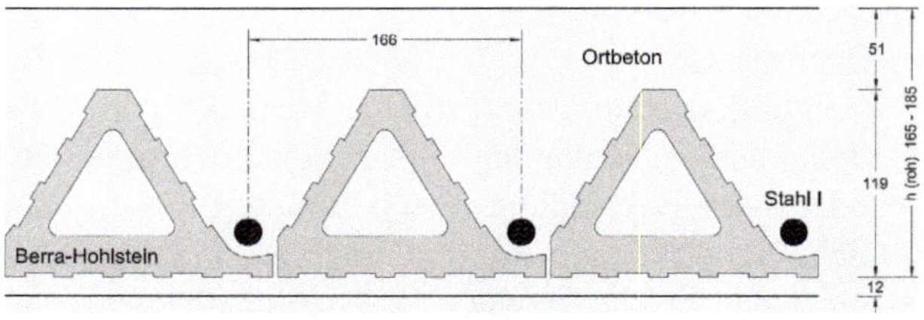

Abb. 6: Querschnitt der Rippendecke (Berrahohlsteine) nach Aufmaß des Tragwerkplaners

Unser Einsatz begann mit der Sichtung der vorhandenen Unterlagen. Aus der Bestandsaufnahme des Tragwerksplaners (IDK) ergab sich eine offensichtlich gleichmäßige Deckenkonstruktion (Berrahohlsteindecke mit Stärken zwischen $17{,}0 \leq d \leq 18{,}5$ cm, *Abb. 6*). Für die Versuche wurde ein Bereich im 1.OG ausgewählt, wo neben 3 Deckenfeldern auch zwei dazwischenliegende Unterzüge getestet werden konnten (*Abb. 7*).

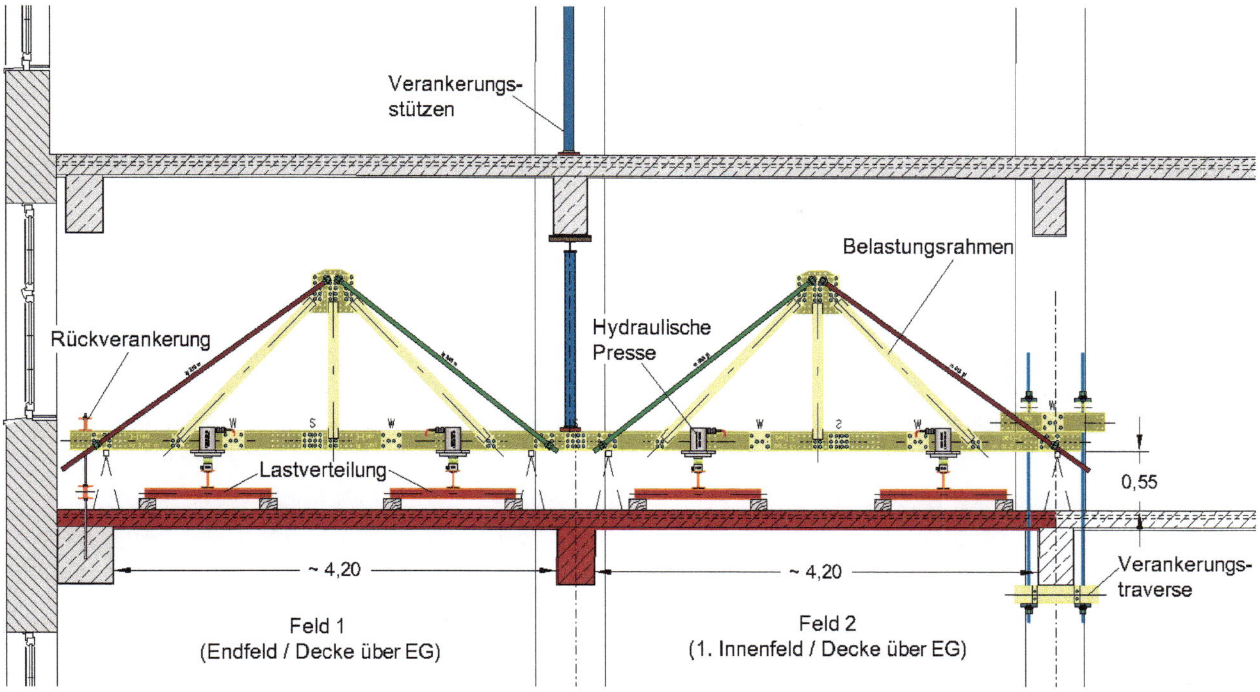

Abb. 7: Mobile Belastungsvorrichtung zum Test von Decke und Unterzug (l_s = 4,60 m)

Das Messkonzept wurde auf die Aufgabenstellung angepasst. Neben den Durchbiegungen der Decken und Unterzüge an 15 Stellen wurden die integralen Dehnungen an den auflagernahen Übergreifungsstößen gemessen. Weil die eingeleiteten Kräfte ebenfalls zeitgleich aufgenommen wurden, konnten am Monitor Last-Verformungskurven beobachtet (Abb. 8) und auf kritische Veränderungen oder Werte analysiert werden. Ein Abflachen der Kurve zeigt z. B. den Übergang vom ungerissenen Zustand I zum gerissenen Zustand II an. Es wurden alle Versuchsziellasten erreicht, ohne ein Grenzwertkriterium zu verletzen. Die gewünschten Nutzlasten (Verkehrslast p = 3,5 kN/m² und Ausbaulast g_2 = 1,47 kN/m²) waren somit erfolgreich nachgewiesen.

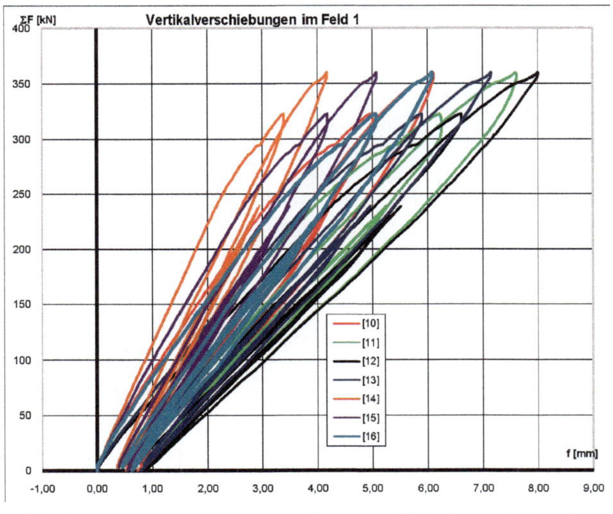

Abb. 8: Last-Durchbiegungskurven (HL, ls = 4,60 m) unter Versuchsziellast FZiel = 355 kN

Aus den Kraft-Reaktions-Kurven (Abb. 8) ließ sich zudem entnehmen, dass

- die Durchlaufwirkung der Deckenplatte intakt, jedoch sehr gering war
- die Durchbiegungen den linearen Bereich erst oberhalb der Gebrauchslast verlassen haben
- die Verformungsbegrenzung eingehalten wird 3,55 ≤ $f_{Q,Decke}$ ≤ 4,60 mm < l_s / 500 = 9,2 mm

Da der Belastungsversuch zwar aus mehreren Belastungszyklen bestand, aber insgesamt einem statischen Kurzzeitversuch entspricht, wurde in einem abschließenden Zeitstandsversuch nachgewiesen, dass Verformungskonstanz auch unter einer längeren Standzeit der Gebrauchslast vorliegt.

Das gleiche historische Deckensystem wurde in einem Verwaltungsgebäude der 1920er Jahre in Oldenburg vorgefunden und geprüft. Hier betrugen die Stützweiten bis l_s = 5,20 m, und die Rohdeckenhöhe etwa h = 20 cm. Es konnte mit Versuchen an 4 Decken eine ausreichende Tragsicherheit für die gewünschte Nutzlast (Verkehrslast p = 2,7 kN/m² und Ausbaulast g_2 = 1,7 kN/m²) nachgewiesen werden. Auch hier existierte eine Durchlaufwirkung durch die auflagernah aufgebogene Bewehrung. Die Verformungen blieben mit $f_{Q,Decke}$ ≤ 8,20 mm unter dem Grenzwert f_{grenz} = l_s / 500 = 10,4 mm (*Abb. 9*) und zeigten bereits bei niedriger Belastung nichtlineares Verformungsverhalten. Die Decken erreichten größere Maximalverformungen als die in Lübeck, was nicht nur auf die größere Stützweite zurückzuführen war. Die vorgefundene Biegesteifigkeit der Oldenburger Decken war trotz größerer Ortbetonschicht nicht wesentlich besser als in Lübeck.

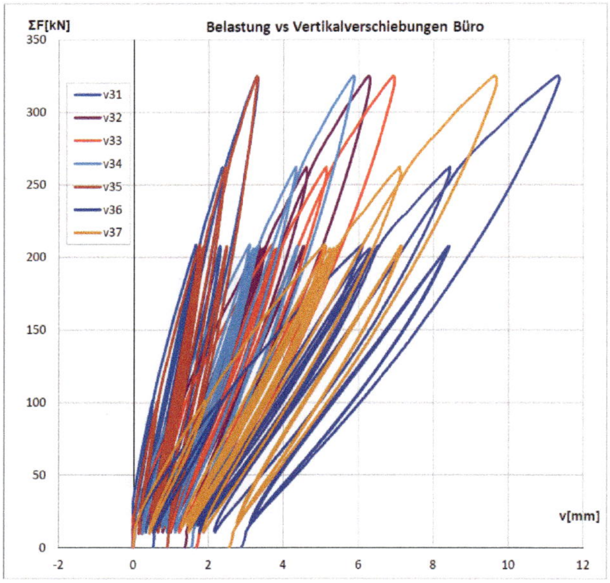

Abb. 9: Last-Durchbiegungskurven (OL, l_s = 5,20 m) unter Versuchsziellast F_{Ziel} = 320 kN

Das ehemalige Museum am Ostwall, 1947–1949 wiederaufgebaut, sollte 2016 zum Baukunstarchiv umgenutzt werden. Dadurch erhöhten sich die erforderlichen Nutzlasten der Kappendecken von zulässigen 200 kg/m² auf bis zu 500 kg/m². Sie banden auf der einen Seite in Mauerwerk ein und auf der anderen, in Raummitte, diente ein Stahlträger als Auflager (Abb. 10). Die Kappendicken und Bogenstiche variierten stark. Die Belastungsversuche in einem maßgebenden Bereich (kleinster Bogenstich, größte Aufbauhöhe = Gewicht) ergaben zulässige Belastungen für 500 kg/m². Maßgeblich verantwortlich dafür war sicherlich ein räumlicher Lastabtrag, in den auch der Stahlträger über Verbund eingebunden war – rechnerisch zwar nachzuvollziehen aber ohne Versuch nicht zu quantifizieren.

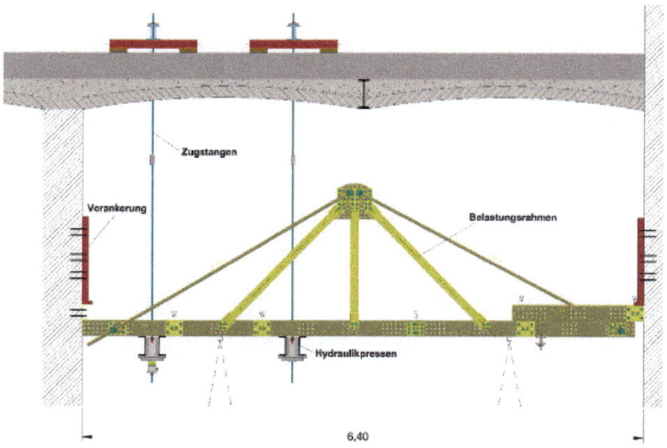

Abb. 10: Querschnitt Lasteinleitung Kappendecke

Bei Spannbetonbindern muss zur Berechnung neben Anzahl und Lage der Spannglieder auch die Vorspannkraft bekannt sein. Bei einem Verbrauchermarkt in Bremerhaven waren dazu keine Unterlagen mehr vorhanden. Das Messkonzept umfasste neben der üblichen Messtechnik zusätzlich eine Schallemissionsanalyse. Diese zusätzliche Absicherung war auch deswegen geboten, weil durch Endoskopie von Installationsbohrungen festgestellt wurde, dass einige Spannglieder angebohrt und damit beschädigt worden waren. Rechnerisch als Totalausfall zu bewerten, wurde im Belastungsversuch eine ausreichende Resttragfähigkeit der geschädigten Spannbetonbinder nachgewiesen (Abb. 11).

Abb. 11: Test geschädigter Spannbetonbinder

Die Neue Nationalgalerie, nach den Entwürfen von Ludwig Mies van der Rohe 1965-68 erbaut, wurde in den Jahren 2016 bis 2021 saniert [11]. Bei Sondierungen der Stahlbetonkassettendecken (StaKa-Decke) im Rahmen der Entwurfsplanung wurde festgestellt, dass die Bügelbewehrung nicht normgerecht eingebaut war. Die Betondeckung war teilweise nicht vorhanden und die oberen aufgebogenen Bügelenden schauten unten aus dem Plattenspiegel heraus. Wegen der zu tiefliegenden Bügel konnte der auflagernahe Schubnachweis weder modelliert noch geführt werden, weil der Lastabtrag rechnerisch nicht nachvollzogen werden konnte.

Abb. 12: Versuchsfeld vor der Nationalgalerie

Daher wurden 2015 in ausgewählten Feldern Probebelastungen nach der Richtlinie für Belastungsversuche des Deutschen Ausschusses für Stahlbeton (DAfStB) durchgeführt [5]. In und vor der weltbekannten Halle wurden mobile Stahlrahmen errichtet, die unter den Plattenrändern verankert waren (*Abb. 12*). Hydraulische Pressen übten auf der Platte an den Stellen Druck aus, die zuvor in Vergleichsberechnungen ermittelt wurden, um die maßgebenden Querkräfte in den Stegen zu erzeugen. Eine umfangreiche Messausstattung versetzte das Versuchsteam in die Lage, zeitgleich die Bauwerksreaktionen zu analysieren, um bei kritischen Ereignissen den Versuch sofort beenden zu können. Denn weder die Gebrauchstauglichkeit noch die Dauerhaftigkeit der Bauteile durfte negativ beeinflusst werden. Wegen des Risikos eines schlagartigen Versagens im Schubbereich wurde daher neben der obligatorischen Durchbiegungs- und Dehnungsmessung auch eine Schallemissionsanalyse installiert. Sie horchte während der Belastung in den Beton hinein und sollte frühzeitig besondere Ereignisse erkennen, beispielsweise Rissbildung oder Rissuferreibung.

Die Lasten wurden zyklisch in Stufen bis zur Versuchsziellast gesteigert, um die maßgebenden Beanspruchungen inklusive aller Teilsicherheitsfaktoren im Tragwerk zu erzeugen. Weil kein Grenzwertkriterium verletzt wurde, war die gewünschte Nutzlast (5,0 kN/m²) nachgewiesen und eine aufwändige konventionelle Ertüchtigung beziehungsweise Abriss und Neubau der Decken ließen sich vermeiden.

Das Tragsystem der denkmalgeschützten Balkone, 1928 nach Plänen von Hans Ohnesorge erbaut, konnte zwar durch zerstörungsarme Voruntersuchungen identifiziert werden, eine Aussage über die Tragfähigkeit war jedoch ohne genaue Kenntnis der Bewehrung, einschließlich Festigkeiten, Lage und Verankerung, nicht möglich. Mit Belastungsversuchen konnte eine ausreichende Tragfähigkeit nachgewiesen werden, so dass diese für die aktuellen Lastansätze aus Schnee- und Verkehrslast freigegeben werden konnte (Abb. 13). Dazu wurde Ballast am Boden platziert, gegen den der Balkon hydraulisch gezogen werden konnte. Interessanter Nebeneffekt war, dass bei einem Balkon der mittragende Effekt der massiven Balkongeländer bestimmt werden konnte – der Vergleich der beiden Messungen (mit und ohne Geländerbefestigung) zeigte jedoch keine großen Unterschiede in den Kraft-Reaktions-Kurven.

Abb. 13: Denkmalgeschützter Balkon mit unbekanntem Lastabtrag (Bewehrung)

Das dreigeschossige Verwaltungsgebäude der damals Königlich Preußischen Bergwerksdirektion Saarbrücken wurde 1877–1880 von der Berliner Architektengemeinschaft Martin Philipp Gropius und Heino Schmieden errichtet. Im Innern des Eckhauses stellt das repräsentative gusseiserne Treppenhaus einen besonderen Glanzpunkt dar, das einem nicht realisierten Entwurf des großen Berliner Architekten Karl Friedrich Schinkel (1781–1841) nachempfunden war [13]. Weil Voruntersuchungen für das sonst als spröde geltende Gusseisen ein nichtlineares Verformungsverhalten offenbarten, wurden während der Entkernung im Jahre 2006 Belastungsversuche am kompletten Treppenhaus, bestehend aus Haupt- und Nebenläufen, Podesten und Stützen durchgeführt (Abb. 14).

Die Versuche gestalteten sich als äußerst knifflig. Es wurde nicht nur festgestellt, dass einzelne Träger nur mit Gusseisen verkleidete Stahlträger waren, sondern auch durch große Verformungen Verzierungen am Geländer beschädigt waren. Nach Rücksprache mit der Denkmalpflege wurden die Versuche fortgesetzt, da die wenigen Bruchstellen anschließend restauriert werden konnten. Das Tragwerk ist heute ein öffentlich zugängliches Treppenhaus in der Europa-Galerie.

Die Fassade des Horner Gymnasiums sollte im Rahmen umfangreicher Sanierungsarbeiten energetisch ertüchtigt werden. Bei der Planung der neuen Fassadensituation kam die Frage auf, ob die Bestandsfassade, bestehend aus Waschbeton-Vorsatzbrüstungen und ungedämmten Aluminium-Fensterbändern, in das Sanierungskonzept integriert werden kann. Dazu musste nachgewiesen werden, dass die Brüstungselemente in der Lage sind, erhöhte Eigen- und Windlasten abzutragen. Aus einer Kombination von Belastungsgestellen und Gegengewichten konnten zeitgleich die Belastungen in horizontaler wie vertikaler Richtung am Fassadenelement eingeleitet, und die Bauteilreaktionen beobachtet werden ([12] und Abb. 15).

Abb. 14: Nachweis einer gusseisernen Treppenkonstruktion (hier: Podest)

Abb. 15: Test von Brüstungselementen

5. Systemmessungen

Systemmessungen überprüfen das aktuelle Tragverhalten eines Bauwerks etwa im Gebrauchslastniveau (Abb. 3), um zum Beispiel bekannte Schäden zu überwachen oder Berechnungsannahmen zu verifizieren. Die Belastung muss dabei einerseits so hoch gewählt werden, dass das Tragverhalten der Konstruktion unter den planmäßig auftretenden Nutzlasten angemessen beurteilt werden kann und darf andererseits nicht so hoch sein, dass kritische Bauwerksreaktionen eintreten. Die Verformungen bleiben vorwiegend im linear-elastischen Bereich. Nichtlineare Untersuchungen bei höheren Beanspruchungszuständen können im Nachgang mit den entsprechenden Unsicherheiten an einem kalibrierten Berechnungsmodell durchgeführt werden.
Wenn die Schwachstellen bekannt sind und konkrete Grenzwerte festgelegt werden können, sind Langzeitmessungen auch zum Monitoring geeignet, das bei zuvor definierten Veränderungen Aktionen auslösen kann (Alarm, Information, Sperrung, …).

Abb. 16

Abb. 17: Dehnungsmessung am freigelegten Bewehrungsstahl

Ein Beispiel ist die messtechnische Überprüfung der Stahlbetondecke eines ehemaligen Flugzeughangars, die als Produktionsfläche mit Verkehrslasten SLW 30 bzw. einer Flächenlast 10 kN/m² genutzt wurde. Für den Warentransport sollten mehrere Gabelstapler Fl4 (bis 9,0 t Gesamtgewicht) mit Begegnungsverkehr eingesetzt werden. Der Nachweis einer ausreichenden statischen Tragfähigkeit konnte für alle Bauteile geführt werden, nur der Ermüdungsnachweis für die Deckenplatte (ls = 2,20 m) misslang. Es bestand die Hoffnung, dass die tatsächlichen Schwingbreiten der Plattenbewehrung unter dem Grenzwert $\Delta\sigma s$ nach DIN EN 1992-1-1 bleiben, so dass ein genauer Ermüdungsnachweis nicht geführt werden musste. Dazu wurde an den maßgebenden Stellen Bewehrungsstahl freigelegt und mit Dehnungsmesstreifen ausgestattet (Abb. 17). Anschließend wurden Kurzzeitmessungen mit kontrollierten Überfahrten (Abmessungen und Gewichte bekannt) durchgeführt, bevor die Messkette eine Woche lang dazu genutzt wurde, um die Schwingbreiten im regulären Betrieb aufzuzeichnen. Aus den Messwerten ließ sich entnehmen, dass

- der Schwingbeiwert von $\Phi = 1{,}40$ auch tatsächlich entsteht (Verhältnis der Messwerte dynamisch / ruhend),
- die maximal gemessene Stahlspannungsdifferenz deutlich unter dem Grenzwert für ge-schweißte Bewehrungsstähle blieb ($\Delta\sigma s.max = 25{,}9$ N/mm² $\leq$ k1 = 70 N/mm²) und
- die Spannungsdifferenzen im Betrieb noch unter denen der Kurzzeitmessungen blieben.
- Die Ermüdungssicherheit für den gleichzeitigen Betrieb von 2 Gegengewichtsstaplern Fl4 (bis 9,0 t Gesamtgewicht) war erfolgreich nachgewiesen. Da die Belastungshistorie des über 80 Jahre alten Bauwerks nicht vollständig vorlag, wurde empfohlen, den Bauwerkszustand durch regelmäßige Untersuchungen im Restnutzungszeitraum zu überwachen.

6. Ausblick

Experimentell gestützte Nachweise loten die Tragwerksreserven bestehender Bauwerke aus und können selbst dann ein erfolgsversprechender Lösungsansatz sein, wenn umfangreiche rechnerische Analysen unbefriedigende Ergebnisse erzielt haben. Voranschreitender Computerhörigkeit trotzend bieten sie eine wirtschaftlich attraktive Alternative zu Abriss und Neubau und leisten einen wichtigen Beitrag, um Baukultur zu bewahren.

7. Danksagung

Ein herzlicher Dank gilt allen Projektbeteiligen, die mit ihrem Engagement und der konstruktiven Zusammenarbeit wesentlich zum Gelingen der komplexen Aufgaben beigetragen haben. Besonderer Dank gilt allen Auftraggebern, die unseren Prognosen und Erfahrungswerten vertraut und die Einsätze beauftragt haben. Wir hoffen, dass auch weiterhin die Restnutzungsdauer bei vielen Bauwerke durch experimentelle Untersuchungen verlängert werden kann.

Literatur

[1] Gorning, M.; Michelsen, C.; Pagenhardt, L.: DIW Wochenbericht 1+2. 88. Jahrgang. Berlin, Januar 2021. ISSN 1860-8787 (online: https://doi.org/10.18723/diw_wb:2021-1-1)

[2] Gutermann, M., Gersiek, M., Löschmann, F., Patrias, M.: Der Löwenhof in Dortmund: Experimentelle Statik zum Erhalt historischer Eisenbetondecken, Ernst & Sohn, Bautechnik Ausgabe 1/2018

[3] Bolle, G.; Schacht, G.; Marx, S.: Geschichtliche Entwicklung und aktuelle Praxis der Probebelastung, Teil 1 und 2. Bautechnik 87 (2010) 11|12, S. 700-707|784–789

[4] Gutermann, M., Malgut, W.: Experimentelle Methoden - Ein alternativer Weg zum statischen Nachweis von Bestandsbauwerken. In: Gieler-Breßmer (Hrsg.): Tagungsband. 18. Symposium Kathodischer Korrosionsschutz von Stahlbetonbauwerken, 05. bis 06.11.2020. Ostfildern, TAE Verlag, 2020

[5] Deutscher Ausschuss für Stahlbeton (DAfStb, Hrsg.): Richtlinie für Belastungsversuche an Betonbauwerken. Berlin: Beuth, 07-2020

[6] Gutermann, M.; Schröder, C.: 10 Jahre Belastungsfahrzeug BELFA. Bautechnik 88 (2011) 3, S. 199–204

[7] Gutermann, M., Schröder, C., Böhme, C.: Nachweis von Straßenbrücken kleiner Stützweite am Beispiel von Wegebrücken in der Eilenriede, Hannover. In: Bautechnik 95 (2018), Heft 7. Berlin: Ernst & Sohn, 2018. S. 477 – 484. https://doi.org/10.1002/bate.201800018

[8] Manleitner et al.: Belastungsversuche an Betonbauwerken. In: Beton- und Stahlbetonbau 96, 2011, Heft 7, S. 489

[9] DIN EN 1990 (2010-12): Eurocode 0 - Grundlagen der Tragwerksplanung, Anhang D (informativ)

[10] DIN EN 1992-1-1 (01.2011): Eurocode 2 - Bemessung und Konstruktion von Stahlbeton- und Spannbetontragwerken, Kapitel 2.5

[11] Gutermann, M.: Experimentell bewertet und tragsicher: Die Deckentests. In: „Neue Nationalgalerie. Das Museum von Mies van der Rohe". Berlin, Deutscher Kunstverlag (DKV), August 2021. ISBN: 9783422986510

[12] Gutermann, M., Kahl, D.: Energetische Ertüchtigung einer Waschbetonfassade: Experimente ersetzen den rechnerischen Tragsicherheitsnachweis. In: Ernst & Sohn Special 2013, Innovative Fassadentechnik

[13] Gutermann, M.: Wenn der Schein trügt - Belastungsversuche an einer gusseisernen Treppenkonstruktion. In: Tagungsband 5. Symposium „Experimentelle Untersuchungen von Baukonstruktionen" an der Technischen Universität Dresden, 11.09.2009

Zustandsentwicklung und Erhaltungsmanagement von Brücken im Zuge von Bundes- und Landesstraßen

Bauwerksprüfungen, Planung von Instandsetzungs- und Ertüchtigungsmaßnahmen sowie von Ersatzneubauten

Dipl.-Ing. (FH) Klaus Butzke
Dipl.-Ing. Maik Schulz
Ministerium für Verkehr Baden-Württemberg

Zusammenfassung

Die Landesregierung von Baden-Württemberg hat sich zum Ziel gesetzt, der Erhaltung von Brückenbauwerken eine hohe Priorität zuzuordnen. Die Erhaltung der Ingenieurbauwerke ist ein wichtiger Beitrag für ein leistungsfähiges Straßeninfrastrukturnetz und eine der zentralen Aufgaben der kommenden Jahre im Straßenbau. Als Erhaltungsmaßnahmen gelten Instandsetzungs- und Ertüchtigungsmaßnahmen sowie Ersatzneubauten. Aufgrund der topographischen Randbedingungen befinden sich in Baden-Württemberg rd. 4.000 Brücken im Zuge von Bundes- und rd. 3.300 Brücken im Zuge von Landesstraßen.
Der Vortrag gibt einen Überblick über die Bauwerksprüfungen nach DIN 1076 zur Zustandserfassung und Bauwerksdatenpflege und –auswertung als Grundlage für die Erhaltungsplanung und stellt die gesetzlichen Grundlagen, deren Anwendung in der Praxis und Möglichkeiten und Grenzen der Datenbank SIB-BW dar.
Zudem werden die Vorgaben für das Brückenerhaltungsmanagement erläutert und wie sich die Priorisierungen der Erhaltungsmaßnahmen hieraus ableiten lassen.

1. Brücken im Zuge von Bundes- und Landesstraßen

1.1 Richtlinien, Regelwerke und Vorgaben

Die Brücken an Bundes- und Landesstraßen werden gemäß den Vorgaben der DIN 1076 „Ingenieurbauwerke im Zuge von Straßen und Wegen, Überwachung und Prüfung“ geprüft.
Diese Bauwerksprüfungen sind nicht nur gesetzliche Pflicht, sondern ein wesentlicher Bestandteil des Erhaltungsmanagements der Straßenbauverwaltung des Landes. Dabei werden die Brücken im Abstand von 6 Jahren einer „Hauptprüfung“ unterzogen. Jeweils drei Jahre nach der Hauptprüfung erfolgt eine „Einfache Prüfung“. Zudem kontrollieren die zuständigen Straßenmeistereien im Zuge von jährlich durchzuführenden „Besichtigungen“ die Brücken. Hierbei erfolgen zweimal jährlich Beobachtungen im Hinblick auf augenscheinliche Schäden. Im Zuge der Brückenprüfungen werden die erfassten Schäden nach den Vorgaben der „Richtlinien zur einheitlichen Erfassung, Bewertung, Aufzeichnung und Auswertung von Ergebnissen der Bauwerksprüfung nach DIN 1076“ (RI-EBW-PRÜF) nach deren Einfluss auf Standsicherheit, Verkehrssicherheit sowie Dauerhaftigkeit beurteilt. Die Ergebnisse werden *über eine Matrixberechnung* zu einer Zustandsnote zwischen 1,0 und 4,0 zusammengefasst. Es werden hierbei sechs Zustandsnotenbereiche zugeordnet:

Notenbereich	Beschreibung
1,0 – 1,4	sehr guter Zustand
1,5 – 1,9	guter Zustand
2,0 – 2,4	befriedigender Zustand
2,5 – 2,9	ausreichender Zustand
3,0 – 3,4	nicht ausreichender Zustand
3,5 – 4,0	ungenügender Zustand

Bauwerks- bzw. Brückenprüfungen werden von besonders qualifizierten und erfahrenen Bauwerksprüfingenieuren der Straßenbauverwaltung oder von ausgewählten externen Ingenieurbüros vorgenommen.

Nachdem das Bundesministerium für Verkehr und digitale Infrastruktur (BMVI) im März 2020 die Einführung des Traglastindexes über ein „Allgemeines Rundschreiben Straßenbau" bekannt gegeben hat, wurde die Einführung auf Landesebene vom Ministerium für Verkehr Baden-Württemberg (VM) im Mai 2020 veranlasst. Der Traglastindex stellt die Diskrepanz zwischen erforderlicher Brückentragfähigkeit (Ziellastniveau) und vorhandener Tragfähigkeit dar. Aber auch bauart- und materialbedingte Parameter tragen zur Wertung bei. Die Klassifizierung der Bauwerke erfolgt in fünf Bewertungsstufen von I bis V, wobei I die beste und V die schlechteste Bewertung darstellt.

Nachdem das BMVI im Januar 2021 die Einführung der „Richtlinien für die strategische Planung von Erhaltungsmaßnahmen an Ingenieurbauwerken (RPE-ING)" über ein „Allgemeines Rundschreiben Straßenbau" bekannt gegeben hat, hat das VM die RPE-ING in Baden-Württemberg im Februar 2021 eingeführt.

Diese Richtlinie beschreibt und definiert die Erhaltungsziele. Für Ingenieurbauwerke im Zuge von Bundes- und Landesstraßen soll die Summe der Zustandsnotenbereiche 3,0 bis 4,0, bezogen auf die Brückenfläche, unter 10 % des Gesamtbestandes liegen, wobei für den Zustandsnotenbereich 3,5 bis 4,0 ein Wert von unter 1,0 % anzustreben ist.

Die „Zusätzlichen Technischen Vertragsbedingungen und Richtlinien für Funktionsbauverträge von Ingenieurbauten (ZTV-Funktion-ING)" gelten für die Anforderungen für Planung, Bau und Erhaltung von Ingenieurbauten gemäß DIN 1076. Die ZTV-Funktion-ING definiert qualitative Funktionsanforderungen für die Erhaltungszeiträume. Die wichtigste Vorgabe ist, dass die Zustandsnote nach RI-EBW-PRÜF grundsätzlich nie schlechter als 2,9 sein soll. Bei Überschreitung ist eine Erhaltungsmaßnahme einzuleiten. Ist ein „befriedigender Bauwerkszustand" gemäß RI-EBW-PRÜF nicht mehr gegeben, also eine Zustandsnote > 2,5 erreicht, sind den Zustand verbessernde Maßnahmen zu planen und so rechtzeitig durchzuführen, dass die Zustandsnote < 2,9 jederzeit eingehalten werden kann.

1.2 Erhaltungsziele

Grundsätzlich ist ein Bauwerkszustand sicherzustellen, der die an die Tragfähigkeit, Gebrauchstauglichkeit und Dauerhaftigkeit gestellten Anforderungen mit ausreichender Zuverlässigkeit erfüllt. Zur Sicherstellung ist ein qualifiziertes Erhaltungsmanagement erforderlich.

Die qualitativen Vorgaben für die Erhaltungsziele ergeben sich aus der ZTV-Funktion-ING und aus der RPE-ING. Als weiteres Instrument steht der Traglastindex zur Verfügung. Im Ergebnis der Zuordnung zu einer Indexstufe kann die Notwendigkeit weiterer Maßnahmen abgeschätzt werden. Bei Brückenbauwerken, die mit einem Traglastindex von V belegt sind, ist davon auszugehen, dass eine Instandsetzung kombiniert mit einer Ertüchtigung entweder technisch nicht möglich und/oder nicht wirtschaftlich ist, so dass mittelfristig ein Ersatzneubau anzustreben ist.

2. Zustandsnoten

2.1 Darstellung des Status Quo

Summe von flaeche	Baulast		
znkla	Bund	Land	Gesamtergebnis
1.0 - 1.4	4,82%	4,08%	4,62%
1.5 - 1.9	9,33%	8,48%	9,11%
2.0 - 2.4	39,32%	43,37%	40,40%
2.5 - 2.9	36,60%	33,34%	35,74%
3.0 - 3.4	9,06%	9,60%	9,20%
3.5 - 4.0	0,86%	1,13%	0,93%
Gesamtergebnis	**100,00%**	**100,00%**	**100,00%**

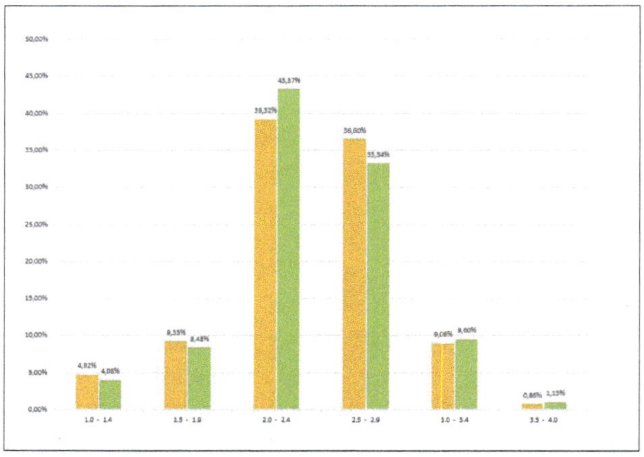

Landesweit werden die Vorgaben der RPE-ING für den Zustandsnotenbereich 3,0 bis 4,0 ein mit einem Wert von 9,9 % im Zuge von Bundesstraßen knapp eingehalten und im Zuge von Landesstraßen mit einem Wert von 10,7 % leicht verfehlt.

Auch für den Zustandsnotenbereich 3,5 und schlechter wird die Vorgabe der RPE-ING unter 1,0 % zu bleiben für den Bereich der Bundesstraßen mit 0,9 *% knapp eingehalten und im Zuge von Landesstraßen mit einem Wert von 1,1 %* kaum verfehlt.

An der höherwertigen Vorgabe der ZTV-Funktion-ING, die Zustandsnote < 2,9 jederzeit einzuhalten, scheitern in Baden-Württemberg 209 Brückenbauwerke mit einer Gesamtfläche von 200.138 m² im Zuge von Bundesstraßen und 209 Brückenbauwerke mit einer Gesamtfläche von 73.761 m² im Zuge von Landesstraßen.

2.2 Zustandsentwicklung der Brücken

Die auf Grundlage der Brückenfläche gemittelte Zustandsnote aller Bundesstraßenbrücken in Baden-Württemberg hat sich von 2,3 im Jahr 2010 auf 2,4 im Jahr 2020 leicht verschlechtert.

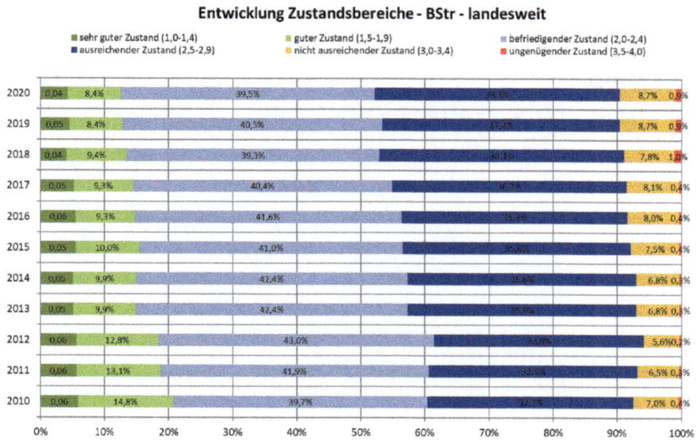

Der Anteil der Bundesstraßenbrücken mit ungenügendem Bauwerkszustand (Zustandsnote 3,5 und schlechter) ist dabei seit 2010 von 0,4 % auf 0,9 % angestiegen.

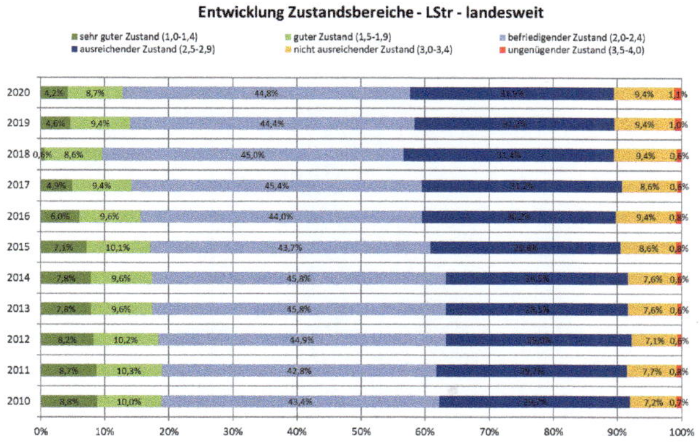

Die auf Grundlage der Brückenfläche gemittelte Zustandsnote aller Landesstraßenbrücken in Baden-Württemberg hat sich von 2,3 im Jahr 2010 auf 2,4 im Jahr 2020 leicht verschlechtert.
Der Anteil der Landesstraßenbrücken mit ungenügendem Bauwerkszustand (Zustandsnote 3,5 und schlechter) ist dabei seit 2010 von 0,7 % auf 1,1 % angestiegen.

3. Tragfähigkeit

3.1 Zunahme des Schwerverkehrs

Gerade die älteren Brücken haben nicht nur aufgrund ihrer älteren Bausubstanz häufiger einen Instandsetzungsbedarf, sondern sind auch aufgrund ihrer oft eingeschränkten Tragfähigkeit nicht für die Überfahrt von schweren LKW geeignet. Diese eingeschränkte Tragfähigkeit hat historische Gründe, da früher nicht nur weniger, sondern auch leichtere LKW auf den Straßen unterwegs waren.
So sind z. B. in der DIN 1072 – Straßen- und Wegbrücken (Lastannahmen), Ausgabe 1967, 3 Regelklassen, nämlich Brückenklasse (BK) 60 (Autobahnen bis Landstraßen und Stadtstraßen), BK 30 (Kreisstraßen, Hauptwirtschaftswege) und BK 12 (Wirtschaftswege für leichten Verkehr) vorhanden. Dies bedeutet, dass im nachgeordneten Netz Bauwerke existieren, die lediglich für die Belastung von 12 Tonnen bzw. 30 Tonnen schweren Fahrzeugen bemessen sind. Die weitere Zunahme des Verkehrs führte 1985 zu einer weiteren Anpassung der DIN 1072. Parallel zum LKW mit 60 Tonnen auf der Hauptspur wurde ein weiterer LKW mit 30 Tonnen auf gleicher Höhe und dicht neben der Hauptspur berücksichtigt. Fortan wurden die Brücken des übergeordneten Straßennetzes für die Brückenklasse 60/30 bemessen. Im Jahr 2003 wurde die DIN 1072 durch die DIN-Fachberichte, für Lastannahmen für Straßen- und Eisenbahnbrücken, abgelöst. Die LKW wurden durch fiktive Fahrzeuge ersetzt und die Flächenlasten wurden nochmals deutlich erhöht.
Da viele Brücken im Bestand aus den 60er und 70er Jahren stammen und somit häufig lediglich der Brückenklasse 30 oder geringer zugeordnet werden können, sind sie aufgrund ihrer statischen Dimensionierung auch ohne die ohnehin meistens vorhandenen substanziellen Alterungserscheinungen und Schäden nicht für das Befahren mit schweren LKW geeignet.
Die Zunahme der sogenannten „Durchschnittlichen täglichen Verkehrsstärke des Schwerverkehrs (DTVsv)" und die Erhöhung des zulässigen Gesamtgewichts der einzelnen LKW führt zu einer deutlich stärkeren Dauerbeanspruchung der Brücken, als wofür sie konzipiert wurden. Durch die Tragfähigkeitsdefizite beschleunigt sich der Alterungsprozess, der sich wiederum negativ auf die Zustandsentwicklung auswirkt.
Wie bereits anfänglich beschrieben, stellt der Traglastindex die Diskrepanz zwischen erforderlicher Brückentragfähigkeit (Ziellastniveau) und vorhandener Tragfähigkeit dar, die sich ohne Nachrechnung des Brückenbauwerks aus der zum Zeitpunkt des Baus gültigen und angewendeten Norm ergibt.
Die Nachrechnung eines Bestandsbauwerks für die erforderliche Brückenklasse zeigt hingegen die konstruktions- und zustandsbedingten Defizite auf.

3.2 Anzahl der Brücken mit dem schlechtesten Traglastindex von V

Die Anzahl der Brücken im Zuge von Bundes- und Landesstraßen mit einem Traglastindex V wurden mit einer statistischen Auswertung aus dem Programm SIB-BW bezogen auf das jeweilige Regierungspräsidium vorgenommen.

Anzahl von id_nr	Baulast		
Traglast_Index	Bund	Land	Gesamtergebnis
⊟V	197	145	342
RPF	57	42	99
RPK	53	33	86
RPS	57	51	108
RPT	30	19	49
Gesamtergebnis	197	145	342

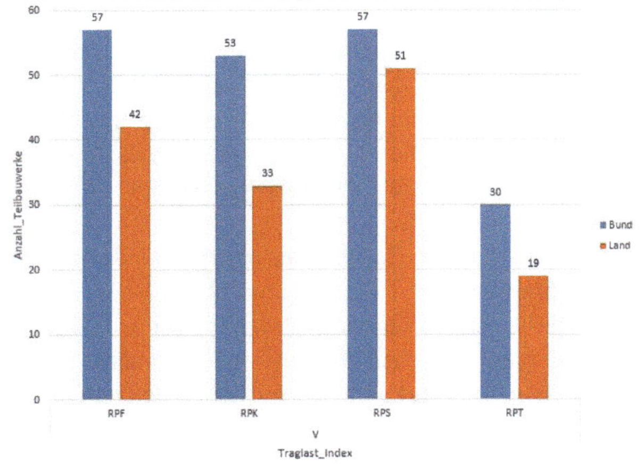

Bei den Brücken im Zuge von Bundesstraßen sind in den Regierungsbezirken Freiburg, Karlsruhe und Stuttgart jeweils zwischen 50 und 60 Bauwerke mit einem Traglastindex von V vorhanden. Im Regierungsbezirk Tübingen sind 30 Bauwerke mit dem schlechtesten Traglastindex von V vorliegend.

Im Zuge von Landesstraßen hat das RP Stuttgart mit 51 Brücken die meisten Landesstraßenbrücken und das RP Tübingen mit 19 die wenigsten mit einem Traglastindex von V. Dieser Umstand ist natürlich auch den unterschiedlichen Verkehrsbelastungen in den Regierungsbezirken und somit unterschiedlicher Ziellastniveaus geschuldet.

Die Summe der vier Regierungsbezirke führt somit landesweit zu aktuell 197 Brücken im Zuge von Bundes- und 145 Brücken im Zuge von Landesstraßen mit dem schlechtesten Traglastindex von V.

4. Brücken mit erheblichem Handlungsbedarf

4.1 Schnittmenge Zustandsnote und Tragfähigkeit

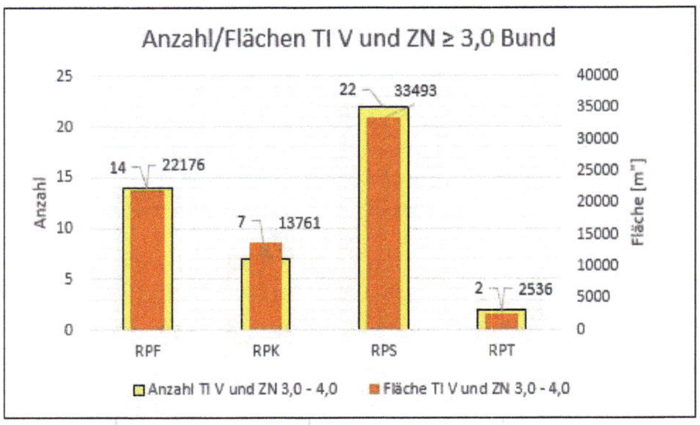

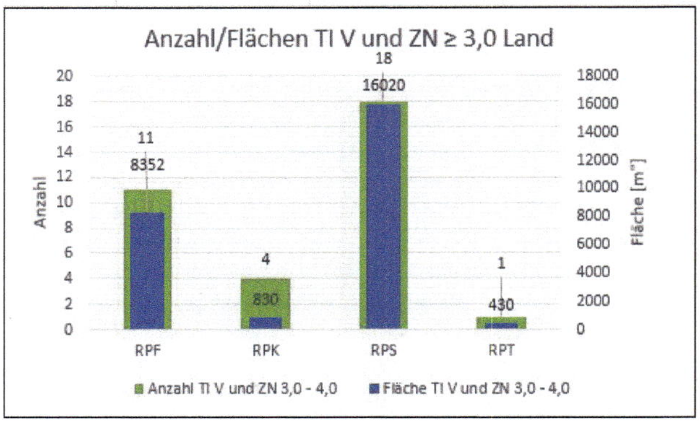

Bei der Schnittmenge der Brücken, die den schlechtesten Traglastindex von V und gleichzeitig eine Zustandsnote von 3,0 und schlechter aufweisen, besteht dringender Handlungsbedarf.

Landesweit existieren 45 Brücken mit einer zugehörigen Gesamtfläche von 71.966 *m² im Zuge von Bundesstraßen und eine Anzahl von 34 Brücken mit einer Gesamtfläche von 25.632 m² im Zuge von Landesstraßen* für die ein erheblicher Handlungsbedarf besteht.

Bei diesen 79 Brückenbauwerken ist davon auszugehen, dass mittelfristig ein Ersatzneubau anzustreben ist.

4.2 Qualifiziertes Erhaltungsmanagement

Die Zustandsnoten nach den RI-EBW-PRÜF spiegeln ein Gesamtergebnis aus Standsicherheit, Verkehrssicherheit und Dauerhaftigkeit wieder und lassen keinen direkten Rückschluss auf die notwendigen Investitionen für Instandsetzungen zu. Für die tatsächlichen Priorisierungen der wichtigsten Erhaltungsmaßnahmen, kann die Datenbank SIB-BW somit lediglich als Hilfsmittel für die „Vorsortierung" verwendet werden. Für die Festlegung von konkreten Planungs- und Bauprogrammen, ist es unentbehrlich, dass die Brückenbauwerke und die ermittelten Schäden individuell betrachtet werden. Hierzu gehören z.B. eine sogenannte objektbezogene Schadensanalyse (OSA) und eine Nachrechnung des Brückenbauwerks. Erst dann kann auch unter Berücksichtigung

von wirtschaftlichen Aspekten entschieden werden, ob eine Instandsetzung/Ertüchtigung technisch möglich und wirtschaftlich durchführbar ist oder nur ein Ersatzneubau in Betracht kommt.
Da Ersatzneubauten in den meisten Fällen einen deutlich größeren zeitlichen Vorlauf für die Planung und Erlangung des Baurechts benötigen als Instandsetzungen/Ertüchtigungen, gilt dies im Erhaltungsmanagement zu berücksichtigen.
Diese Bauprogramme werden von den Regierungspräsidien erstellt und mit dem VM abgestimmt.

5. Investitionen des Bundes und des Landes BW

Um der fortschreitenden Verschlechterung der Brückensubstanz entgegen zu wirken, wurden in den letzten Jahren die Investitionsmittel für Brücken im Zuge von Bundes- und Landesstraßen kontinuierlich erhöht.
Aktuell lässt das VM ein Gutachten erstellen, in dem unter anderem untersucht und berechnet wird, welche Höhe an Investitionsmitteln erforderlich ist, um dauerhaft die qualitativen Vorgaben der ZTV-Funktion-ING zu erfüllen.
Es zeichnet sich jetzt schon ab, dass die aktuell zur Verfügung stehenden Investitionsmittel für die Landesstraßenbrücken noch einmal deutlich erhöht werden müssen, um eine weitere Verschlechterung der Bausubstanz zu verhindern und weitere Erhöhungen erforderlich werden, um das aktuelle Zustandsniveau anzuheben.

6. Baurechtliche Voraussetzungen

Bei der Planung umfangreicher Erhaltungsmaßnahmen an Brücken - insbesondere bei Ersatzneubauten - sind neben den rein objektbezogenen Planungen auch die Belange des Umwelt- und Naturschutzes, des Wasserhaushalts, des Immissionsschutzes (Lärm) sowie die Rechter Dritter (Grunderwerb oder vorübergehende Inanspruchnahme von Flächen zur Durchführung der Baumaßnahmen) zu erheben und entsprechend rechtlich zu würdigen. Dies führt oftmals dazu, dass im Vorfeld solcher Erhaltungsmaßnahmen ein Baurechtsverfahren durchzuführen ist, welches einen Zeitrahmen von drei bis fünf Jahren in Anspruch nehmen kann.
Im neuen Straßengesetz für Baden-Württemberg sind auch Regelungen enthalten, welche zukünftig die Verfahren für Ersatzneubauten verschlanken sollen. Die Baumaßnahmen sollen demnach leichter als Unterhaltungsmaßnahmen eingeordnet und somit ohne erneutes Genehmigungsverfahren durchgeführt werden können.

Neue Möglichkeiten bei der Verstärkung von Bestandsbauteilen mit Carbonbeton – Neue Zulassung ermöglicht wirtschaftliches und einfaches Verstärken

Maximilian May
CARBOCON GMBH, Dresden, Deutschland
m.may@carbocon-gmbh.de

Sebastian May
CARBOCON GMBH, Dresden, Deutschland

Alexander Schumann
CARBOCON GMBH, Dresden, Deutschland

Zusammenfassung

Um den Transfer neuer Materialien in die Anwendung sicherzustellen, bedarf es normativer Regelungen. Ein Beispiel hierfür ist die neue allgemeine bauaufsichtliche Zulassung / allgemeine Bauartgenehmigung Z-31.10-182 CARBOrefit – Verfahren zur Verstärkung von Stahlbeton mit Carbonbeton. Planer und Architekten können mit der Zulassung neue, nachhaltigere und umweltfreundlichere Lösungen für die Ertüchtigung von bestehenden Bauwerken ausarbeiten. Ein Konsortium aus 8 etablierten Unternehmen hat sich zusammengeschlossen, um die Zulassung zum Verstärken mit Carbonbeton stetig weiterzuentwickeln. Durch die Aufnahme neuer, leistungsstärkerer Materialien und die Erweiterung der Anwendungsgebiete wird Carbonbeton zu einer der Schlüsseltechnologien des Bauwesens in der Zukunft. Im Rahmen des Beitrags wird das enorme Potenzial des Werkstoffs Carbonbeton im Bereich der Verstärkung aufgezeigt und die Neuerungen der Zulassung vorgestellt.

1. Einleitung

Die Themen Klimawandel, Umweltschutz, Nachhaltigkeit und der Umgang mit Ressourcen sind allgegenwärtig. In vielen Branchen weltweit werden innovative Lösungen entwickelt und zukunftsweisende Wege aufgezeigt.
Das Bauwesen, welches global 3-mal so viel zur CO_2-Emmision wie die Luftfahrt beiträgt [1], nimmt eine zentrale Rolle ein, um den genannten Herausforderungen entgegenzutreten und den dringend benötigten Wandel einzuleiten. Neben der Entwicklung nachhaltiger Wohn- und Baukonzepte ist der Umgang mit Bestandsbauwerken und deren langfristige Bestandsicherung von enormer Bedeutung. Nutzungsänderungen, Defizite infolge von normativen Anpassungen und Dauerhaftigkeitsproblemen der Stahlbewehrung sind häufig die Kriterien, die eine Weiternutzung von Bestandsbauwerken limitieren. Eine Wiederherstellung oder Verbesserung der Trag- und Gebrauchstauglichkeit ist oft nur mit ressourcenintensiven, aufwendigen und unwirtschaftlichen Maßnahmen möglich. Ein Abriss und Ersatzneubau wird in vielen Fällen deshalb als Lösung empfohlen.

Im Sinne der Nachhaltigkeit und dem Umgang mit Ressourcen sowie unter baukulturellen Aspekten ist dies jedoch als äußerst kritisch zu bewerten. Beim Bau dieser Gebäude wurde bereits die Umwelt mit CO_2-Emissionen beansprucht und begrenzte Ressourcen wie Wasser, Zement und Sand verbraucht. Im Zuge des Abrisses und des Ersatzneubaus erfolgt dann eine weitere, teilweise erhebliche Umweltbelastung und ein Verbrauch an Ressourcen. Lösungen für die Bestandsicherung von Bauwerken werden somit gefordert!
Der mit dem Deutschen Zukunftspreis 2016 ausgezeichnete Werkstoff Carbonbeton stellt eine der Schlüsseltechnologien im Bauwesen dar, mit der ein Wandel eingeleitet und das Bauen nachhaltiger gestaltet werden kann. Insbesondere im Bereich der Verstärkung oder Sanierung besitzt Carbonbeton ein enormes Potenzial, um bestehende Tragwerke ressourcenschonend und effizient wieder instand zu setzen. Baumaßnahmen wie beispielsweise die Verstärkung einer Autobahnbrücke am Frankfurter Kreuz A648/A5 über die Nidda [1], [3] und die Verstärkung der denkmalgeschützten Hyparschale in Magdeburg [4], [5] zeigen, dass der Transfer des Hochleistungswerkstoffes

in die Anwendung stattgefunden hat. Für den flächendeckenden Einsatz fehlte es bisher jedoch einer normativen Regelung. Mit der Erteilung der neuen allgemeinen bauaufsichtlichen Zulassung 31.10-182 CARBOrefit – Verfahren zur Verstärkung von Stahlbeton mit Carbonbeton [10] durch das Deutsche Institut für Bautechnik wird den Architekten und Planern nun ein Werkzeug zur Verfügung gestellt, mit dem nachhaltige, bestandsichernde, schonende und wirtschaftliche Lösungen möglich sind.

2. Das Prinzip Verstärken mit Carbonbeton

Im Verbundwerkstoff Carbonbeton werden die beiden Hochleistungsmaterialien Beton und die Carbonbewehrung vereint. Im konkreten Fall der Sanierung oder Verstärkung ergibt sich somit eine perfekte Symbiose, die Carbongitter übertragen die Zugspannungen und aufgrund der Korrosionsbeständigkeit benötigen die Bewehrungen nur minimale Betondeckungen zur Übertragung der Verbundspannungen. Der Feinbeton in der Verstärkungsschicht sorgt für die Anhaftung zum Altbeton und zur Übertragung der Kräfte von den Carbongittern in den Altbeton. Im Bereich von Aufbetonergänzungen kann der Feinbeton auch zusätzlich als Druckzonenverstärkung herangezogen werden.

Im Anwendungsfall der Bauwerksverstärkung kommen in der Regel feinmaschige Carbongitter zum Einsatz. In Abbildung 1 ist ein prinzipieller Aufbau einer Carbonbetonverstärkung dargestellt.

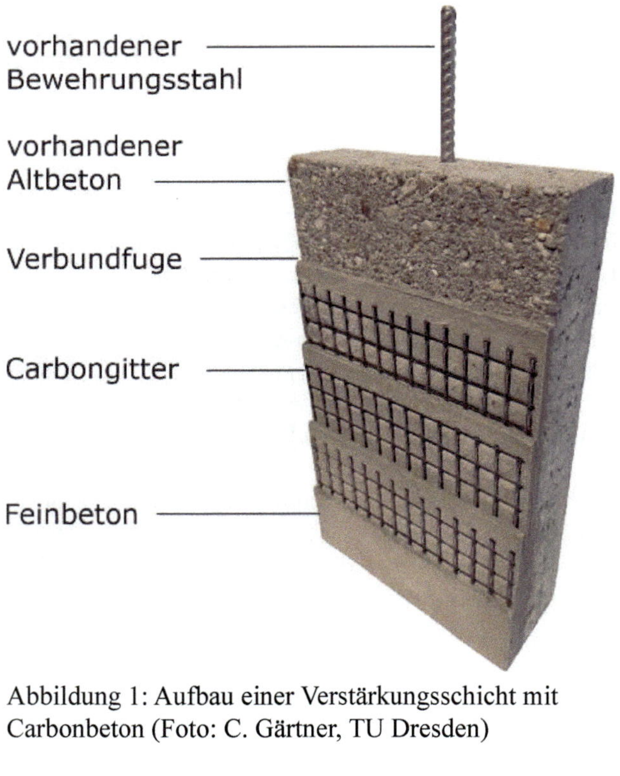

Abbildung 1: Aufbau einer Verstärkungsschicht mit Carbonbeton (Foto: C. Gärtner, TU Dresden)

Je nach Anforderungen können die Gitter mit einer Haupttragrichtung, in der Regel der Kettrichtung, aber auch für eine biaxiale Tragrichtung hergestellt werden.

Beim Verfahren der Verstärkung werden die Carbongitter lagenweise im Wechsel mit dem Feinbeton auf die Betonoberfläche aufgetragen. Zuerst wird eine Lage Feinbeton (i. A. 3–5 mm dünn) aufgesprüht und anschließend das Carbongitter eingearbeitet. Der Vorgang wird solange wiederholt, bis die gewünschte Lagenanzahl erreicht ist. Die Bestandsoberfläche wird im Voraus mit etablierten Verfahren vorbehandelt, bis eine ausreichend aufgeraute Altbetonoberfläche vorliegt. Im Gegensatz zum konventionellen Spritzbeton kann auf eine Verdübelung der Fuge verzichtet werden, weshalb bei Carbonbeton eine ausreichend aufgeraute und vorgenässte Oberfläche sichergestellt sein muss, damit die Kraftübertragung in der Verbundfuge gewährleistet ist. Je nach statischen Anforderungen können bis zu 6 Lagen [1] Carbongitter aufgetragen werden. In der Regel reichen jedoch 1–2 Lagen an Carbongitter aus, um bestehende Konstruktionen wieder instand zu setzen, was einer Gesamtverstärkungsdicke von 10–15 mm entspricht. Stärkere Betondeckungen werden nicht benötigt, da die Carbonbewehrung auch bei höheren Expositionen nicht vor Korrosion geschützt werden muss. Die extreme Dauerhaftigkeit, eine Lebensdauer von über 100 Jahren, ein schneller Bauablauf und eine bestandsschonende Verstärkungsmethode (durch den Verzicht der Verdübelung) sind nur einige Vorteile des Verstärkens mit Carbonbeton und machen ihn im Vergleich zu gängigen Verstärkungsmaßnahmen nicht nur technologisch, sondern auch wirtschaftlich mehr als konkurrenzfähig.

Das enorme Potenzial des Werkstoffs konnte bei der Verstärkung der denkmalgeschützten Hyparschale in Magdeburg nachgewiesen werden. Das mehrfach gekrümmte Schalendach (Dicke ca. 5–7 cm) wurde sowohl auf der Ober- und Unterseite mit jeweils einer Lage Carbonbeton und einer Schichtdicke von nur 1 cm verstärkt. Dies langte aus, um die geforderte Traglaststeigerung zu erreichen. Im Vergleich zur konventionellen Spritzbetonlösung, welche ebenfalls beidseitig mit einer Schichtdicke von 7 cm hätte aufgebracht werden müssen, werden in das Tragwerk nur geringe Zusatzlasten aufgebracht und das Erscheinungsbild des dünnen Schalendachs bewahrt. Auch unter ökologischer Betrachtung zeichnete sich Carbonbeton hier aus. Im Vergleich zur konventionellen Lösung konnten 86 % an Beton eingespart und 52 % an CO_2-Emissionen reduziert werden [6], [7].

Abbildung 2: Verstärkung der Hyparschale Magdeburg mit Carbonbeton (Foto: M. Bredt)

Abbildung 3: Prüfstand zur Bestimmung der Tragfähigkeit verstärkter Biegebalken (Foto: TU Dresden)

3. Aktueller Stand der normativen Regelung im Bereich Carbonbeton

Normative Regelwerke, sei es auf nationaler oder internationaler Ebene, erleichtern dem Anwender den Umgang mit dem darin geregelten Gegenstand und schaffen Planungssicherheit. Anhand von Normen werden Bemessungs- und Konstruktionsregeln im Bauwesen und in der Tragwerksplanung festgelegt, die den allgemein anerkannten Stand der Technik widerspiegeln. Die Tragwerksplaner können sich auf diese Vorgaben stützen und ihr Handeln absichern. Obwohl Textilbeton bereits seit über 25 Jahren erforscht wird, gibt es aktuell noch keine Norm, die den Werkstoff und seine Anwendung regelt. Das Fehlen eines solchen Regelwerkes ist ein großes Hindernis für jeden Planer und erschwert den Einsatz von Carbonbeton, sei es im Bereich des Neubaus als auch der Verstärkung. Durch das Fehlen von Normen oder Richtlinien dürfen Verstärkungsmaßnahmen mit Carbonbeton nur mit einer allgemeinen bauaufsichtlichen Zulassung (abZ) bzw. allgemeinen Bauartgenehmigung (aBG) innerhalb des vorgegebenen Anwendungsbereichs angewendet werden. Liegt jedoch in dem Zusammenhang mit der jeweiligen Baumaßnahme keine abZ oder abG vor, bedarf es einer Zustimmung im Einzelfall (ZiE) bzw. einer vorhabenbezogenen Bauartgenehmigung (vBG). Das Erfordern einer ZiE / aBG führt zwangsläufig zu höheren Kosten und hat ggfs. Einfluss auf den Zeitplan.

Im Bundesvorhaben C³ – Carbon Concrete Composite wurde im Vorhaben V1.2 „Normung und Zulassung" die Vorarbeit für die Erstellung allgemeingültiger Regelwerke für den Werkstoff Carbonbeton begonnen, sowohl im Bereich des Neubaus als auch in der Verstärkung. Nach Ablauf des Vorhabens V1.2 wird im Anschlussprojekt L9 „Regelwerke" versucht, die bestehenden Lücken zu schließen. Dies geschieht unter der Koordination des Deutschen Ausschusses für Stahlbeton e.V. (DAfStb) [8], [9]. Parallel zu den Forschungsarbeiten arbeitet aktuell ein Unterausschuss des DAfStb an der ersten Richtlinie für Neubauteile aus nichtmetallischer Bewehrung. Mit Erscheinen der Richtlinie können erste Bauteile aus nichtmetallischen Bewehrungen im Bereich des Neubaus geplant und umgesetzt werden.
Der bisherige Weg zeigt allerdings, dass die Erstellung solcher Regelwerke oder Richtlinien sehr langwierig ist. Der aktuell einfachere und schnellere Weg, um Bauprodukte und Bauarten zuzulassen, ist die Beantragung einer abZ bzw. aBG. In den letzten Jahren ist durch die stetig größer werdende Nachfrage nach Carbonbeton die Anzahl der neu erteilten abZs/ aBGs stark gestiegen [9]. Im Bereich der Verstärkung oder Sanierung liegen auch schon erste Zulassungen vor. Die allererste Zulassung in Deutschland, die die Biegeverstärkung von bestehenden Stahlbetonbauteilen mit Textilbeton regelte, wurde im Sommer 2021 vom ursprünglichen Antragsteller an ein neues und starkes Konsortium übergeben. Im Zuge dessen wurde die „alte" Zulassung auch erweitert. Im nachfolgenden Abschnitt wird die „alte" Zulassung noch einmal kurz beschrieben, bevor die neue und erweiterte Zulassung vorgestellt wird.

4. „Alte" Zulassung für das Verstärken mit Carbonbeton

Im Jahr 2014 wurde durch das Deutsche Institut für Bautechnik die abZ mit der Nr. Z-31.10-182 und der Bezeichnung „Verfahren zur Verstärkung von Stahlbeton mit TUDALIT® (Textilbewehrter Beton)" erteilt. Die Geltungsdauer der Zulassung endete am 01.06.2021.

Wie der Bezeichnung zu entnehmen ist, war der Regelungsgegenstand dieser Zulassung die Biegeverstärkung von Bauteilen mit Textilbeton. In der Zulassung waren u. a. sowohl der Anwendungsbereich als auch die Materialien, die Anforderungen an die Planungen und die Prüfungen zur werkseigenen Produktionskontrolle und die Vorgaben an die Ausführung der Verstärkungsarbeiten geregelt. Die Erteilung der ersten Zulassung für die Verstärkung von Bauteilen mit Textilbeton im Jahr 2014 war für den Carbonbeton ein wesentlicher Meilenstein, da der Zulassung jahrelange Grundlagenforschung vorangegangen war. Die Zulassung aus dem Jahr 2014 durfte für Maßnahmen im Innenbereich bis 40 °C und 65 % Luftfeuchte erfolgen. Die Verstärkungsschicht darf lediglich in der Zugzone und bei Stahlbetonbauteilen, welche rechnerisch keine Querkraftbewehrung benötigen, angebracht werden. Die charakteristische Haftzugfestigkeit des Altbetons muss mindestens 1,0 N/mm² betragen. Der Altbeton muss ein Normalbeton mit einer Festigkeitsklasse kleiner C50/60 sein.
Seitens des Betons wird in der abZ der zu verwendende Feinbeton TF10 des Herstellers PAGEL® geregelt. Der als Trockenmörtel hergestellte Feinbeton besteht aus Zement, Silikastaub, Flugasche und Quarzsand und besitzt ein Größtkorn von 1 mm. In der anschließenden Tabelle sind die Materialeigenschaften dargestellt.

Tabelle 1: Eigenschaften des Feinbeton [10]

Char. Druckfestigkeit (28 d)	≥ 80 N/mm²
Char. Biegezugfestigkeit (28 d)	≥ 6 N/mm²
E-Modul (28 d)	≥ 25.000 N/mm²

Neben dem Beton wird auch das zugelassene Gitter für die Verstärkung in der abZ definiert. Das Gitter wird mit einer Haupttragrichtung hergestellt und darf nur einaxial für die Bemessung angesetzt werden. In der folgenden Tabelle sind die wesentlichen Kenndaten des Carbongitters aus der alten Zulassung zusammengefasst.

Tabelle 2: Zusammenfassung einiger Kenndaten [10]

Kettfaden	48 K / 50 K
Kettfadenabstand	12,7 mm
Schussfaden	12 K
Schussfadenabstand	16,0 mm
Tränkungsmittel	Styrol-Butadien-Kautschuk (SBR)
Anzahl zul. Faserhersteller	2 Firmen
Anzahl zul. Gitterhersteller	2 Firmen
Garnfläche pro Meter	140 mm²
Char. Zugfestigkeit	1550 N/mm²
Bemessungszugfestigkeit	768 N/mm²
E-Modul	206.667 N/mm²
Bemessungsverbundfestigkeit	0,564 N/mm²
Flexibilität	Sehr flexibel

5. Neues Konsortium für die Zulassung

Im Juni 2021 schloss sich ein starkes Konsortium aus 8 hochkompetenten und erfahrenen Unternehmen im Bereich des Carbonbetons zusammen, um die Entwicklungen von Carbonbeton für die Verstärkung von bestehenden Bauteilen maßgeblich voranzutreiben. In diesem Zuge sollte auch die „alte" Zulassung vom vorherigen Eigentümer, der TUDAG TU Dresden Aktiengesellschaft, an das neue Konsortium übergehen. Darüber hinaus sollte die alte Zulassung erneuert und wesentlich erweitert werden, um das Potenzial von Carbonbeton im Bereich der Verstärkung oder Sanierung noch weiter auszuschöpfen.
Folgende Unternehmen sind mit Stand 2021 Projekt- oder assoziierter Partner im Konsortium:

- CARBOCON GMBH (Antragsteller, Koordinator und Ansprechpartner für die Zulassung)
- CHT Germany GmbH (Tränkungshersteller)
- Hitexbau GmbH (Gitterhersteller)
- Lefatex-Chemie GmbH (Tränkungshersteller)
- PAGEL® Spezial-Beton GmbH & Co. KG (Betonhersteller)
- Wilhelm Kneitz Solutions in Textile GmbH (Gitterhersteller)
- Teijin Carbon Europe GmbH (Faserhersteller, assoziierter Partner)

TUDATEX GmbH (Gitterhersteller, assoziierter Partner)
Der erste Meilenstein des neuen Konsortiums konnte im Juli 2021 erreicht werden: die Übernahme der Zulassung vom alten Eigentümer auf das Konsortium (Antragsteller CARBOCON, in Vertretung für das gesamte Konsortium).

Im Zuge dieser Übernahme erfolgte auch die obligatorische Anpassung der alten Zulassung auf ein vom DIBt erteilten „Kombi"-Bescheid. Während die alte Zulassung als reine abZ vom DIBt erteilt wurde, besteht die jetzige Zulassung aus einem Kombibescheid aus abZ und aBG. Mit dem Wechsel der Zulassung an das Konsortium wurde auch der Gegenstand des Bescheides in „CARBOrefit - Verfahren zur Verstärkung von Stahlbeton mit Carbonbeton" [10] umbenannt. Durch die Änderung des Namens von TUDALIT® zu CARBOrefit soll ein neuer und starker Markenname entstehen, der direkt mit dem Werkstoff Carbonbeton (CARBO) und der Verstärkung/Sanierung (refit) von bestehenden Bauteilen in Verbindung gebracht wird.
Über die Homepage www.carborefit.de tritt das Konsortium gemeinsam auf und stellt den Werkstoff Carbonbeton sowie die Zulassung vor und informiert fortlaufend zu Weiterentwicklungen und zu aktuellen Bauprojekten.

6. Neue Zulassung für das Verstärken mit Carbonbeton

Im 3. Quartal 2021 wurde durch das DIBt die neue und erweiterte Zulassung [11] erteilt. Im Vergleich zur reinen Übernahme und Namensänderung der alten Zulassung, erfolgte in diesem Schritt die inhaltliche Anpassung und die Erweiterung der Zulassung hinsichtlich neuer und leistungsfähigerer Materialkombinationen. Im Konkreten bedeutet dies, dass zu den bereits in der Zulassung geregelten Materialkombinationen neue Materialien hinzukommen und somit den Anwendungsbereich wesentlich vergrößern.
Neben der Erweiterung der Zulassung auf zusätzliche Materialkombinationen besteht eine der grundlegenden Änderungen der neuen Zulassung darin, dass der Planer analog zum Betonstahl nach fest vorgegebenen Eigenschaften planen und bemessen kann und sich das für das jeweilige Bauprojekt geeignetste Carbongitter auswählen kann. So gibt es eine Klassifizierung der in der Zulassung gelisteten Carbongitter in 3 vorgegebene Typen, die wiederum mit festen Eigenschaften hinterlegt sind, so dass der Planer mit den vorgegebenen Kennwerten der Carbongitter-Typen die erforderlichen Nachweise führen kann. Infolgedessen kann je nach Anwendungsfall, ob z. B. ein weiches oder ein steiferes Carbongitter benötigt wird, individuell entschieden und die wirtschaftlichste Lösung gefunden werden. In den nachfolgenden Abschnitten werden die verschiedenen Typen noch einmal genauer beschrieben.
Neben der Klassifizierung der Carbongitter in die drei Typen wurde in der neuen Zulassung die vorgeschriebene Gittergeometrie aufgelockert. Somit dürfen neben der bereits etablierten Regelausführung weitere Sonderausführungen eingesetzt werden. Dadurch können für die jeweiligen Bauvorhaben noch individuellere und wirtschaftlichere Lösungen erfolgen, z. B. durch die Wahl eines Carbongitters mit geringerer Querschnittsfläche bei einer geringeren Auslastung. In Abbildung 2 ist beispielhaft die Regelausführung und eine mögliche Sonderausführung dargestellt. Die Möglichkeit der Wahl zwischen Regel- oder Sonderausführung gilt für alle drei Typen. In Tabelle 3 sind zur Nachvollziehbarkeit die geometrischen Eigenschaften der Regelausführung zusammengefasst.

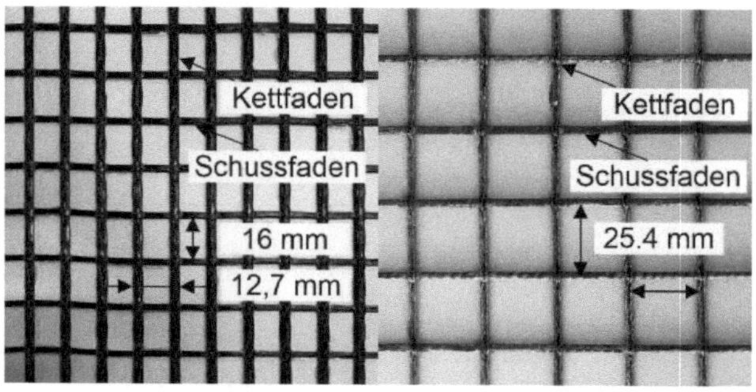

Abbildung 4: links) Regelausführung; rechts) symmetrische Sonderausführung (Foto: CARBOCON)

Tabelle 3: Geometrische Eigenschaften für Carbongitter der Regelausführung [11]

Eigenschaft	Kettfaden	Schussfaden
Fasergehalt [K]	48 K $\leq$ n $\leq$ 50 K	12 K
Garnfeinheit [tex]	3200 bis 3500	800
Rohdichte des ungetränkten Rovings ρ_f [g/cm³]	1,74 bis 1,85	1,77
Querschnittsfläche eines Faserstrangs $A_{f,nm}$ [mm²]	1,8 $\leq A_{Kf,nm}$ $A_{Kf,nm} \leq$ 1,95	$A_{Kf,nm}$ $A_{Sf,nm}$ = 0,45
Gitterweite a [mm]	a_K = 12,7	a_S = 16 + 0/ - 2,0

In Tabelle 4 sind die möglichen geometrischen Eigenschaften für Carbongitter in Sonderausführung zusammengefasst. Wie auch bei der Regelausführung vorgeschrieben, müssen die Schussfäden des Gitters mindestens 20 % der Querschnittsfläche der Kettfäden aufweisen. Je nach Defizit und gefordertem Verstärkungsgrad können somit verschiedene Ausführungen der Gitter hergestellt und wirtschaftlich verwendet werden. Es können zum einen Carbongitter zur Anwendung kommen, die nur ein Viertel der Bewehrungsfläche der Regelausführung aufweisen, aber auch biaxiale Gitter, die in beide Achsrichtungen gleich viel Bewehrungsfläche aufweisen.

Tabelle 4: Geometrische Eigenschaften für Carbongitter der Sonderausführung [11]

Eigenschaft	Kettfaden	Schussfaden
Fasergehalt [K]	48 K $\leq$ n $\leq$ 50 K	12 K $\leq$ n $\leq$ 50 K
Garnfeinheit [tex]	3200 bis 3500	800 bis 3500
Rohdichte des ungetränkten Rovings ρ_f [g/cm³]	1,74 bis 1,85	1,74 bis 1,85
Querschnittsfläche eines Faserstrangs $A_{f,nm}$ [mm²]	$1{,}8 \leq A_{Kf,nm} \leq 1{,}95$	$0{,}45 \leq A_{Sf,nm} \leq 1{,}95$
Faserstrangmittenabstand a [mm]	$12{,}7 \leq a_{Kf,nm} \leq 50{,}8$	16 +0/ -2,0 $\leq a_{Sf,nm} \leq$ 2 x $a_{Kf,nm}$
Zusätzliche Forderung für das Gitter		mind. 20 % der Querschnittsfläche der Kettfäden je m

Nach aktuellem Stand der Zulassung dürfen die Carbongitter nur für eine einaxiale Verstärkung bemessen werden. Zweiaxiale Beanspruchungen, wie diese z. B. bei Schalentragwerken vorliegen, sind zurzeit noch nicht Gegenstand der Zulassung. Das soll sich aber in Zukunft ändern und mit in die Zulassung aufgenommen werden.
Im Zuge der Erweiterung und Überarbeitung sind zwei verschiedene Tränkungsmittel und somit zwei unterschiedliche Gittertypen im Zusammenhang mit der neuen Zulassung anwendbar. Die beiden Tränkungsmittel der Firma Lefatex-Chemie GmbH wurden im Zulassungsprozess mit Gittern der Regelausführung umfangreich entsprechend des Prüfplans abgeprüft und für die Zulassung freigeben.
Für die Anwendung und die Ausführung der Zulassung stehen den Architekten und Planern sowie den Bauunternehmen unterschiedliche Schulungsmöglichkeiten zur Verfügung. Neben der Planermappe zur CARBOrefit-Zulassung (im Downloadbereich über Homepage www.carborefit.de verfügbar) können Planer und Architekten an verschiedenen Fortbildungskursen teilnehmen. In diesen Kursen werden Grundlagen und Bemessungsregeln erläutert. Für ausführende Unternehmen wird eine 2-tägige Schulung mit Theorie- und Praxisteil angeboten. Diese bereitet die Unternehmen auf die Eignungsprüfung bei der Zertifizierungsstelle (GÜB) vor. Dieser Nachweis ist für die Ausführung vorgeschrieben.

6.1 Eigenschaften der Gitter des CARBOrefit-Typ 1

In der neuen Zulassung sind drei unterschiedliche Gittertypen geregelt. Der Gittertyp 1 entspricht dem Carbongitter der „alten" Zulassung und wird mit einem Tränkungsmittel auf SBR-Basis hergestellt. Der Gittertyp eignet sich vor allem für die Verstärkung von sehr gekrümmten Bauwerken, da die Gitter über eine extrem ausgeprägte Flexibilität verfügen. Aufgrund der Flexibilität sind die Gitter dieses Typs mit SBR-Tränkung als Rollenware mit einem Kerndurchmesser von 30 cm lieferbar. Dies vereinfacht den Transport und die Handhabung auf der Baustelle. Die mechanischen Eigenschaften bezüglich der Zug- und Verbundfestigkeit sind im Vergleich zu den beiden weiteren Typen jedoch geringer: statt 5 mm wie bei Typ 2 und 3 darf die minimale Betondeckung beim Typ 1 nur 3 mm betragen. In Tabelle 5 sind die Eigenschaften des Gittertyp 1 zusammengefasst.

Tabelle 5: Eigenschaften des Gittertyp 1 [11]

Eigenschaften		CARBOrefit – Typ 1
Tränkungsmittel		Styrol-Butadien-Kautschuk (SBR)
Flexibilität		sehr flexibel
Zugfestigkeit	Char. Zugfestigkeit	$\geq$ 1550 N/mm²
	Char. Bruchdehnung	$\geq$ 0,75 %
	E-Modul für die Bemessung	206.667 N/mm²
	Abmind. Temperatur	0,85
	Abmind. Dauerlast	0,70
	Abmind. Dauerhaft	1,0
	Teilsicherheitsbeiwert	1,2
	Bemessungswert der Zugfestigkeit	768 N/mm²
	Bemessungswert der Verstärkungskraft	430 kN/m
Verbundfestigkeit	Charakteristische Verbundfestigkeit	$\geq$ 4,0 N/mm
	Abmind. Temperatur	0,45
	Abmind. Dauerlast	0,47
	Abmind. Dauerhaft	1,0
	Teilsicherheitsbeiwert	1,5
	Bemessungswert der Verbundfestigkeit	0,564 N/mm
	Verankerungslänge	2450 mm

Eingesetzt wurde dieser Gittertyp unter anderem bei der Verstärkung der historischen Bogenbrücke in Naila [3] und der Siloinstandsetzung in Uelzen [12].

Abbildung 5: Verstärkung der historischen Bogenbrücke in Naila (Foto: CARBOCON GMBH)

6.2 Eigenschaften der Gitter des CARBOrefit-Typ 3

Mit der Erteilung der neuen Zulassung wurde auch eine neue Materialkombination in die Zulassung aufgenommen. Das neue temperaturbeständigere Tränkungsmittel der Firma Lefatex-Chemie GmbH wurde im Rahmen des C³-Vorhabens C3-B1 [13] entwickelt. Bei der Verstärkung der Hyparschale in Magdeburg kam ein Gitter mit Sonderausführung mit besagtem Tränkungsmittel zum Einsatz [5], [6]. Aufgrund der guten Eigenschaften der Tränkung weisen die Gitter des Typ 3 die höchsten Zug- und Verbundfestigkeiten auf. Eine Abminderung für Temperatureinwirkung bis 40 °C findet nicht statt, weshalb den Abminderungsfaktoren für Temperatur der Wert 1 zugewiesen ist. Im Gegensatz zu den Typen 1 und 2 weist das Gitter die geringste Flexibilität auf. Jedoch können mit dem Gitter vom Typ 3 äußerst wirtschaftliche Verstärkungslösungen umgesetzt werden, was in der hohen Verbundfestigkeit und dem ausgeprägten mechanischen Verbund (kurze Verankerungslängen) sowie der hohen Zugfestigkeit des Gitters begründet ist. Aufgrund der zuvor genannten Eigenschaften eignet sich der Typ 3 besonders zur Verstärkung von ebenen und kaum gekrümmten Elementen.
In naher Zukunft wird dieser Gittertyp um ein weiteres, ebenfalls in C3-B1 [13] entwickeltes, temperaturbeständiges Tränkungsmittel der Firma CHT Germany GmbH ergänzt. Dieses Tränkungsmittel kam schon bei einigen Praxisprojekten zum Einsatz, u. a. bei der ersten Verstärkung einer Autobahnbrücke mit Carbonbeton [1] oder aktuell beim Beyer-Bau. Die Eigenschaften des Typ 3 sind in Tabelle 7 dargestellt.

Tabelle 6: Eigenschaften des Gittertyp 3 [11]

Eigenschaften		CARBOrefit - Typ 3
Tränkungsmittel		BT91001-1
Flexibilität		weniger flexibel
Zugfestigkeit	Char. Zugfestigkeit	≥ 2250 N/mm²
	Char. Bruchdehnung	≥ 1,1 %
	E-Modul für die Bemessung	206.667 N/mm²
	Abmind. Temperatur	1,0
	Abmind. Dauerlast	0,7
	Abmind. Dauerhaft	1,0
	Teilsicherheitsbeiwert	1,2
	Bemessungswert der Zugfestigkeit	1300 N/mm²
	Bemessungswert der Verstärkungskraft	430 kN/m
Verbundfestigkeit	Charakteristische Verbundfestigkeit	≥ 10 N/mm
	Abmind. Temperatur	1,0
	Abmind. Dauerlast	0,70
	Abmind. Dauerhaft	1,0
	Teilsicherheitsbeiwert	1,5
	Bemessungswert der Verbundfestigkeit	4,7 N/mm
	Verankerungslänge	500 mm

6.3 Eigenschaften der Gitter des CARBOrefit-Typ 2

Im Zuge der Erweiterung und Überarbeitung der neuen Zulassung ist für zukünftige Entwicklungen ein Gittertyp 2 vorgesehen. Dieses ordnet sich mit seinen mechanischen Eigenschaften (Zug- und Verbundverhalten) oberhalb des Typ 1 an, ist aber flexibler als der Typ 3. Erste Versuche an einem Gitter mit einem für diesen Typen optimierten Tränkungsmittel zeigten vielversprechende Ergebnisse. In Absprache mit dem DIBt werden die erforderlichen Versuche zur Aufnahme der Tränkung bzw. des Typ 2 in die Zulassung durchgeführt. Aufgrund der etwas steiferen Tränkung wird die Garnzug- und Verbundfestigkeit über dem Typ 1 liegen und eine höhere Flexibilität als Typ 3 aufweisen. Dieser Typ kann z. B. bei Verstärkung von Bauwerken zum Einsatz kommen, bei denen es einer mittleren Flexibilität mit guten mechanischen Eigenschaften bedarf, wie z. B. bei Schalentragwerken oder anderen gekrümmten Bauwerken. Tabelle 6 gibt einen Überblick über die Eigenschaften des Gittertyp 2.

Tabelle 7: Eigenschaften des Gittertyp 2 [10]

Eigenschaften		CARBOrefit – Typ 2
Tränkungsmittel		-
Flexibilität		flexibel
Zugfestigkeit	Char. Zugfestigkeit	≥ 1950 N/mm²
	Char. Bruchdehnung	≥ 0,94 %
	E-Modul für die Bemessung	206.667 N/mm²
	Abmind. Temperatur	0,85
	Abmind. Dauerlast	0,70
	Abmind. Dauerhaft	1,0
	Teilsicherheitsbeiwert	1,2
	Bemessungswert der Zugfestigkeit	967 N/mm²
	Bemessungswert der Verstärkungskraft	430 kN/m
Verbundfestigkeit	Charakteristische Verbundfestigkeit	≥ 7,0 N/mm
	Abmind. Temperatur	0,80
	Abmind. Dauerlast	0,70
	Abmind. Dauerhaft	1,0
	Teilsicherheitsbeiwert	1,5
	Bemessungswert der Verbundfestigkeit	2,6 N/mm
	Verankerungslänge	670 mm

7. Zukünftige Weiterentwicklungen der Zulassung

Das Konsortium hat sich das Ziel gesetzt, dass im Jahr 2030 ca. 80 % aller Carbonbetonverstärkungsmaßnahmen in Deutschland mit der Zulassung durchgeführt werden. Im Vergleich zum heutigen Stand wäre dies ein enormer Fortschritt, da die meisten ausgeführten oder sich in der Ausführung befindlichen Projekte mit einer ZiE erfolgten. Die Erteilung der neuen erweiterten und umfangreich überarbeiteten Zulassung war nur der erste Schritt auf diesem Weg. Kontinuierlich soll die Zulassung weiterentwickelt und neue leistungsfähigere Materialien nach und nach in die Zulassung aufgenommen und eine schrittweise Erweiterung des Anwendungsbereichs vollzogen werden. Dies beinhaltet unter anderem die Biegeverstärkung von Platten- und Balkenquerschnitt sowie die Verstärkung von querkraftbeanspruchten Bauteilen. Zusätzlich soll als nächstes der Anwendungsbereich nicht nur auf Innenbauteile beschränkt bleiben, wodurch ein größerer Absatz möglich ist.

Um das Bauwesen nicht nur in Deutschland nachhaltiger zu gestalten und Bestandsbauwerke langfristig vor dem Abriss zu bewahren, wird auch eine europäische Zulassung für das Verstärken mit Carbonbeton angestrebt.

8. Fazit

Um den Wandel des Bauwesens voran zu treiben, bedarf es nachhaltiger und ressourcenschonender Technologien. Der Werkstoff Carbonbeton besitzt ausgezeichnete mechanische Eigenschaften und ist Korrosionsbeständig. Im Anwendungsgebiet der Verstärkung, Sanierung und Instandhaltung von Bestandsbauwerken wird dieses Potenzial abgerufen und der Wandel eingeleitet. Mit der neuen, überarbeiteten und ergänzten Zulassung können Planer und Architekten effiziente Lösungen im Bereich des Verstärkens erarbeiten. Mit dem Einsatz von Carbonbeton können die Klimaziele erreicht und eine langfristige Bestandsicherung gewährleistet werden. Baumaßnahmen wie die Verstärkung der Autobahnbrücke über die Nidda [2], der Hyparschale in Magdeburg [5] und des Beyer-Baus in Dresden [14] haben gezeigt, dass der Transfer des Werkstoffs Carbonbeton in die Anwendung stattgefunden hat und wirtschaftliche Lösungen umgesetzt werden können.

Abbildung 6: Verstärkung des Beyer-Baus, Fakultät Bauingenieurwesen der TU Dresden (Foto: CARBOCON GMBH)

Literatur

[1] Kortmann, J.; Seifert, W.; Lieboldt, M.; Kopf, F.; Jehle, P.; Curbach M.: - Carbonbeton: Ein Beitrag zur Ressourceneffizienz im Stahlbau In: Hauke, B. (Hrsg.): *Nachhaltigkeit, Ressourcen-effizienz und Klimaschutz. Konstruktive Lösungen für das Planen und Bauen - Aktueller Stand der Technik.* Institut Bauen und Umwelt e.V. / DGNB e.V., 2021

[2] Steinbock, O.; Bösche, T.; Schumann, A.: Carbonbeton – Eine neue Verstärkungs-methode für Massivbrücken – Teil 2: Carbonbeton im Brückenbau

und Informationen zur Zustimmung im Einzelfall für das Pilotprojekt Brücken über die Nidda im Zuge der BAB A 648. Beton- und Stahlbetonbau 116 (2021), Heft 2, S. 109-117. https://doi.org/10.1002/best.202000106

[3] Riegelmann, P.; May, S.; Schumann, A.: Das Potential von Carbonbeton für den Brückenbestand – das ist heute schon möglich. In: Curbach, M. (Hrsg.): *Tagungsband zum 30. Dresdner Brückenbausymposium* am 8. und 9.3.2021 in Dresden. Institut für Massivbau der TU Dresden, 2017, S. 79-90

[4] Riegelmann, P.; Schumann, S.; May, S.; Bochmann, J.; Garibaldi, M. P.; Curbach, M.: Müthers shell structures in Germany - a solution to avoid demolition. *Proceedings of the Institution of Civil Engineers. Engineering History and Heritage* (2020). Publ. online: 08.09.2020, S. 1-9. - DOI: 10.1680/jenhh.20. 00012

[5] Hentschel, M.; Schumann, A.; Ulrich, H.; Jentzsch, S.: Sanierung der Hyparschale Magdeburg. *Bautechnik* 96 (2019) 1, S. 25-30 - DOI: 10.1002/bate.201800087

[6] Schumann, A.; Schöffel, J.; May, S.; Schladitz, F.: Ressourceneinsparung mit Carbonbeton am Beispiel der Verstärkung der Hyparschale in Magdeburg In: Hauke, B. (Hrsg.): *Nachhaltigkeit, Ressourceneffizienz und Klimaschutz. Konstruktive Lösungen für das Planen und Bauen - Aktueller Stand der Technik.* Institut Bauen und Umwelt e.V. / DGNB e.V., 2021, S. 282–286

[7] Schumann, A.; May, S.; Hoinka, J.: Paradigmenwechsel im Bauwesen: gerade richtig oder schon zu spät? - Nachhaltiges Bauen im Bestand mit Carbonbeton. *Nachhaltiges Bauen* (2021), S. 13-15

[8] Alfes, C.; Ignatiadis, A.; Schumann, A.; Will, N.: Richtlinien zur Tragwerksplanung und Bauausführung mit Carbonbeton. In: C³ - Carbon Concrete Composite e. V.; TUDALIT e.V. (Hrsg.): *Tagungsband der 11. Carbon- und Textilbetontage*. Dresden 24./25.9.2019 2019, S. 122-125

[9] Homepage des Projekts C³ – Carbon Concrete Composite: https://www.bauen-neu-denken.de/. Zugriff am: 14.07.2021

[10] Allgemeine bauaufsichtliche Zulassung/ Allgemeine Bauartgenehmigung Z-31.10-182 CARBOrefit – Verfahren zur Verstärkung von Stahlbeton mit Carbonbeton, Stand: 27.05.2021

[11] Allgemeine bauaufsichtliche Zulassung/ Allgemeine Bauartgenehmigung Z-31.10-182 CARBOrefit – Verfahren zur Verstärkung von Stahlbeton mit Carbonbeton. überarbeitete und erweiterte Zulassung, Entwurfsstand, Veröffentlichung voraussichtlich August 2021

[12] Weiland, S.; Schladitz, F.; Schütze, E.; Timmers, R.; Curbach, M.: Rissinstand-setzung eines Zuckersilos, TUDALIT® (Textilbeton) zur Instandsetzung. *Bautechnik* 90, Heft 8, 2013

[13] Projekt-Schlussbericht C3-V1.2-I-a: Erstell-ung und Überprüfung von Sicherheits- und Bemessungskonzepten für Carbonbeton zur Erstellung eines normativen Regelwerks. Institut für Massivbau, TU Dresden, Stand 30.06.2021

[14] Curbach, M.; Müller, E.; Schumann, A.; May, S.; Wagner, J.; Schütze, E.: Verstärken mit Carbonbeton In: Bergmeister, K.; Fingerloss, F.; Wörner, J.-D. (Hrsg.): *Beton-Kalender 2022 – Nachhaltigkeit, Digitalisie-rung, Instandhaltung*. Berlin: Ernst und Sohn, Veröffentlichung: Dezember 2021

[15] Abschlussbericht C3-V3.4-TP1: Mechanische Verankerung – Untersuchungen zum Verbund-verhalten mit mechanisch wirkenden Bewehrungsstrukturen. Institut für Massivbau, TU Dresden, Stand 30.06.2021

TAE

Konstruktion
Fassade

Grünfassaden – aktuelle Planungsbeispiele

Florian Starz
Werner Sobek AG, Stuttgart, Deutschland

Roland Bechmann
Werner Sobek AG, Stuttgart, Deutschland

Zusammenfassung

Der vorliegende Beitrag beschreibt anhand aktueller Projektbeispiele aus Stuttgart und Düsseldorf die Besonderheiten bei der Planung und der Realisierung von Grünfassaden.

1. Einleitung

Ein Stück Natur kehrt zurück in die Innenstädte. Grüne Fassaden generieren einen „atmenden Stadtraum" und fördern die Biodiversität im urbanen Raum. Die Pflanzen binden CO_2 und säubern die Luft. Wenn es gelingt, durch die Begrünung von Gebäuden das Mikroklima einen Teil der versiegelten und überhitzten Stadträume zu verbessern, ist dies ein wichtiger Schritt hin zu einem nachhaltigeren städtischen Umfeld.
Die positiven Aspekte und der Beitrag zum städtischen Grün sind unbestritten ebenso wie die Verbesserung der Umgebungsqualität und des Wohlfühlfaktor für den Mensch. Punkte für den Mehrwehrt für Bauherren und Nutzer der attraktiven Gebäuden sind Lärmreduktion und der Sichtschutz durch vorgelagerte Pflanzen, Beschattung und Sonnenschutz für das Gebäude selbst und die Senkung der Umgebungstemperaturen. Auch der durch Grünfassaden erfolgende Regenwasserrückhalt wird immer wichtiger - nicht nur wegen den immer häufiger auftretenden Starkregenereignissen.
Neben dem Mehrwert von Grünfassaden sind (im Vergleich zu einfachen nicht begrünten Fassaden) leicht erhöhte Investitionskosten, zusätzliche Kosten für Pflege und Instandhaltung und (je nach Ausführung) ggf. zusätzliche Lasten für das Gebäude zu beachten. Besonderheiten in den Planungsphasen sind u.a. Anforderungen aus der Begrünung selbst wie z.B. Brandschutz, Integration der Versorgungstechnik, Frost- und Hitzeschutz und der Höhenzugang zur Wartung und Pflege durch die Gärtner.
Anhand von drei ausgewählten Projektbeispielen soll im Folgenden näher erläutert werden, was die Besonderheiten bei der Planung und Realisierung von Grünfassaden sind und wie sie angemessen berücksichtigt werden können.

2. Calwer Passage, Stuttgart

Der Neubau der Calwer Passage in Stuttgart hat eine Länge von über 130 Metern und beherbergt neben Büronutzung in der Obergeschossen auch Wohnungen sowie Flächen für Handel und Gastronomie. An den straßenzugewandten Fassadenseiten entstehen intensiv begrünte Bänder entlang der Obergeschosse sowie Dachgärten, die das Stadtbild am Calwer Platz, Rotebühlplatz sowie entlang der Theodor-Heuss-Straße entscheidend aufwerten werden. Das neue grüne Gesicht des Gebäudes steigert die Aufenthaltsqualität in der gesamten umliegenden Umgebung. Die namensgebende verglaste Calwer Passage (geplant von den Architekten Kammerer und Belz) steht aufgrund ihrer besonderen architektonischen Qualität unter Denkmalschutz und wird in die Baumaßnahme integriert.

Abbildung 1: Rendering der neuen Calwer Passage in Stuttgart – Fassade und Dach sind begrünt (Copyright: Ingenhoven Architects, Düsseldorf)

Die Fassadenbegrünung des Neubauprojektes „Calwer Passage“ besteht aus einer tragenden horizontalen Stahl-Unterkonstruktion entlang der opaken Brüstungsbänder, die zur Aufnahme der vorkultivierten Pflanzen in Innentrögen dient und die sich außenseitig um das Gebäude bis zum Calwer Platz hinzieht. Diese begrünten Bänder sind geschossweise übereinander angeordnet und untereinander teilweise mit vertikalen Rankhilfen vor den verglasten Flächen verbunden. Es ist also keine kleinteilige vertikale Begrünung entlang einer Wandfläche, sondern eine dem Gebäude vorgelagerte Konstruktion mit Pflanzgefäßen beachtlichen Ausmaßes.
Die Lasten aus der Konstruktion werden durch eine Unterkonstruktion in die Stahlbetonbrüstungen der Tragstruktur des Gebäudes geleitet und abgetragen. Die Be- und Entwässerung der rund 2.000 Pflanzgefäße ist in diese Konstruktion integriert, die gleichzeitig auch den Zugang für die Gärtner, beispielsweise für die Pflege und den Beschnitt der Pflanzen, bietet. Ergänzt werden die Grünfassaden durch die intensive Begrünung der Dächer unter Einsatz verschiedenster Gehölze und großgewachsener Baumarten.
Die Auswahl der Pflanzen erfolgte unter verschiedensten Kriterien durch Architekt, Bauherr und zusammen mit ausgewiesenen Experten.
Auswahlkriterien waren u.a. der urbane Standort, der begrenzte Substratquerschnitt, die Ausrichtung am Gebäude selbst, die Resistenz gegen Schädlinge und Krankheiten, der Pflegeaufwand und natürlich gestalterische Aspekte. Der Entwurf der Architekten sah von Anfang an eine Mischkultur vor, in der verschiedene Kletterpflanzen, Sträucher und bodengebundene Pflanzen in einer nicht ablesbaren naturähnlichen Vielfalt gemischt werden. Diese Natürlichkeit wird auch dadurch unterstrichen, dass sich die Jahreszeiten an den Pflanzen am Gebäude ablesen lassen.

Abbildung 2: Installation der ersten Bäume im Mai 2021 (Copyright: Kilian Bishop, Stuttgart)

Die Pflanzgefäße selbst geben überschüssiges Wasser über Öffnungen nach unten ab. Von dort wird es kontrolliert abgeleitet und gesammelt. Zur Versorgung der Pflanzen wird zusätzlich eine Bewässerungsanlage eingesetzt; die Überwachung erfolgt u.a. über Feuchte- und Temperaturfühler, die innerhalb der Fassaden an ausgewählten Punkten angebracht sind. Die Anlage kann voll automatisiert betrieben werden, wird natürlich aber auch von erfahrenen Gärtnern überwacht. Die Bewässerungsleitungen werden bei Frostgefahr im Winter entleert und bei Temperaturen über dem Gefrierpunkt wieder aktiviert. Im Hochsommer wird je nach Bedarf mehr bewässert.
Bei der Fassadenbegrünung handelt es sich um lebende Organismen, die ständig wechselnden Umwelteinflüssen ausgesetzt sind. Ein gewisses Restrisiko gibt es dadurch immer.

Abbildung 3: Die Großgehölze auf der Calwer Passage erreichten bei Montage bereits Höhen bis 10 m und wogen bis zu 7 t (Copyright: Kilian Bishop, Stuttgart)

Aber: Die Fachplaner haben alles Erdenkliche getan, um diese Risiken zu minimieren bzw. auszuschließen. Die Verfahren und Methoden, die bei dem Stuttgarter Projekt angewendet wurden, sind in Parkanlagen und im Landschaftsbau seit langem üblich und werden dort höchst erfolgreich angewendet. Durch den Einsatz vieler unterschiedlicher Pflanzen wird zum Beispiel das Risiko eines Komplettausfalls der Begrünung durch Krankheiten oder Schädlinge herabgesetzt. Einer sommerlichen Überhitzung des Substratquerschnittes (des „Bodens" für die Pflanzen im Trog) wird durch Dämmmaßnahmen entgegengewirkt. Die Pflanzen, die an der Fassade eingesetzt werden, wurden bereits vor Beginn des Rohbaus kultiviert, damit sie beim Einsatz in Stuttgart eine gewisse Größe und Robustheit erreicht haben.

Abbildung 4: Die Bäume auf der Calwer Passage sollen eine Kronenhöhe von bis zu 15 m erreichen (Copyright: Kilian Bishop, Stuttgart)

3. KII, Düsseldorf

Mit der Realisierung des KII wurde der oberirdisch geleitete Verkehr in den Untergrund verlegt und für das gesamte Gebiet und den Joachim-Erwin-Platz und Gustaf-Gründgens-Platz eine hohe Aufenthaltsqualität geschaffen. Das trapezförmige, sechsgeschossigen Büro- und Geschäftsgebäude bildet zusammen mit dem gegenüberliegenden „Food-Court" ein begrüntes städtebauliches Ensemble.

Abbildung 5: Aufsicht auf die Begrünung des KII in Düsseldorf (Copyright: HG Esch, Hennef)

Acht Kilometer Hainbuchenhecken mit über 30.000 Pflanzen wurden an Fassaden und Dach des KII verbaut. Der im Grundriss dreieckige Food-Court zeichnet sich durch ein begrüntes Rasendach aus, welches bis auf den Boden reicht und zum Verweilen einlädt. In direkter Nachbarschaft befinden sich das Dreischeibenhaus sowie das Schauspielhaus.

Das Gebäude ist mit über 30.000 Hainbuchen bepflanzt – ein absolutes Novum in Europa. Die Diskussion über das Begrünen der Städte wird für Planer immer wichtiger, nicht nur aufgrund der spürbar zunehmenden Wetterextreme. Städtebaulich ist die Ausbildung von Gründächern zum Teil bereits kommunal geregelt und vorgeschrieben – im Bereich der Fassaden gibt es aber noch sehr viel Nachholbedarf. Bislang scheitert die Umsetzung ambitionierter Entwürfe oft an Vorbehalten gegenüber der Begrünung selbst, insbesondere in Bezug auf vermeintlich hohe Investitions- oder Wartungskosten. Diese Vorbehalte können bei einer detaillierten Beschäftigung mit der Materie in der Regel ausgeräumt werden. Als Herausforderung verbleiben einige spezifische technische Anforderungen, die sich jedoch durch die Einbindung von Spezialisten verschiedenster Fachdisziplinen bewältigen lassen.

Für die Begrünung der West- und Nordfassaden wurde die Hainbuche gewählt, eine laubhaltende, heimische Pflanzenart. Die Hecken sind in einem Art Trog in Trog-System eingesetzt. Die Trogreihen sind dabei so zueinander versetzt, dass eine natürliche Versorgung der Pflanzen mit Sonnenlicht und Regenwasser gewährleistet ist.

Abbildung 6: Detailansicht der Fassadenbegrünung mit Hainbuchen von KII (Copyright: HG Esch, Hennef)

Die Retail Nutzung macht die üppige Begrünung an den zwei Fassadenseiten möglich. Von Anfang an galt es, das Tragsystem der begrünten Bereichen sowie die Ausbildung der thermischen Hülle optimal zu gestalten. Die teilweise konträren Anforderungen aus Wärmeschutz, Wetterschutz, Lastabtragung und Zugänglichkeit zu lösen, war zentraler Bestandteil der Planungsarbeit. Zur Gewährleistung eines angemessenen Höhenzugangs für den Beschnitt und die Pflege der Pflanzen in der Fassade wurden Wartungsstege und Sicherungssysteme für die Gärtner installiert. An Stellen, an denen kein Platz für Wartungsstege gegeben war, musste ein Befahrsystem entlang der Trogreihen installiert werden.

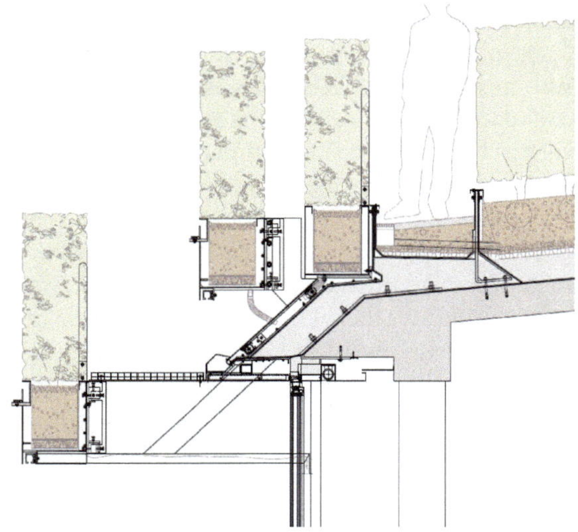

Abbildung 7: Entwurfsskizze für die Tragkonstruktion des Trogsystems bei KII (Copyright: Werner Sobek, Stuttgart)

Die Lasten aus der Wartung werden ebenfalls über die Unterkonstruktion der Fassaden an das Gebäudetragwerk weitergegeben. Um die Anzahl der Durchdringungen der gedämmten Gebäudehülle möglichst gering zu halten, wurde für die Grünfassade eine spezielle Unterkonstruktion mit Zwischenträgeren in der Dämmebene entwickelt. Diese Unterkonstruktion wird u.a. gleichzeitig für die Befestigung der kleinteiligeren Unterkonstruktion der Blechbekleidung oberhalb der Dämmung und Abdichtungslage genutzt. Diese Blechbekleidung fungiert zum einen als Wetterschutz. Zum anderen können herabgefallene Blätter und Äste auf dem Blech wie auf einer großen Rutsche nach unten gleiten. Im Erdgeschoss wird das Grüngut in großvolumigen Rinnen gesammelt und von dort durch die Landschaftsgärtner entnommen.

Da die Gebäudeoberfläche an der Westseite zweifach gekrümmt ist, musste bei der Planung der Tragkonstruktion darüber hinaus ein ständiger Wechsel der Winkel und der Abstände der Trogreihen zueinander berücksichtigt werden.

Die Tragkonstruktion der Tröge kragt teilweise über das Gebäude aus – eine enge Abstimmung zwischen Tragwerks- und Fassadenplanern war deshalb besonders wichtig.

Abbildung 8: Auch das Dach des KII benachbarten Schauspielhauses Düsseldorf ist nach der Sanierung begrünt (Copyright: HG Esch, Hennef)

Eine frühzeitige Einbindung der Landschaftsgärtner war nicht nur wegen des Pflege- und Wartungskonzepts wichtig. Auch die Pflanzenauswahl musste frühzeitig zwischen allen Beteiligten abgestimmt werden. Die Hecken wurden über einen längeren Zeitraum in einer Baumschule vorkultiviert und zur Montage in den Innentrögen nach Düsseldorf geliefert. Die Fassadenaufbauten beinhalten Versorgungsysteme für Bewässerung, Düngerbeimischung und Entwässerung. Die installierte Technik regelt sich zum Teil selbsttätig auf Basis von Informationen zu Feuchte, Temperatur etc., die über die Fassade verteilte Sensoren liefern. Darüber hinaus wird die Fassade in regelmäßigen Abständen von erfahrenen Gärtnern begutachtet und gepflegt.

Bei Starkregen fungieren die Begrünung und der Substrataufbau der Tröge und im Dach auch hier als Zwischenspeicher für die Wassermassen. Bei Sonnenlicht dienen die Hainbuchen als natürliches Verschattungssystem und tragen zu einer Senkung der Umgebungstemperatur bei; sie wirken so auch der sommerlichen Überhitzung von stark bebautem Gebiet („Urban Heat Island"-Effekt) entgegen. Das Mikroklima wird so entscheidend verbessert. Darüber hinaus können die Pflanzen auch lokale Feinstaubkonzentrationen reduzieren. Ein einzelnes Gebäude kann zwar nur bedingt zur Verbesserung des Stadtklimas beitragen. Die Begrünung der Fassaden und Dächer beim K II bringt aber ein ansehnliches Stück Natur zurück in das Herz der Landeshauptstadt – und macht die Stadtmitte dadurch attraktiver und lebenswerter für alle. Als Best-Practice-Beispiel zeigt sie auch anschaulich die vorhandenen Möglichkeiten auf und regt hoffentlich zur Nachahmung an.

Abbildung 9: Städtebauliche Einbindung der Fassadenbegrünung von KII (Copyright: HG Esch, Hennef)

4. Q20, Stuttgart

Im Zuge der Stadtquartiersentwicklung des Stuttgarter Neckar Park soll auf einer Gesamtfläche von ca. 25 Hektar ein neues Wohn- und Gewerbegebiet entstehen. Das Ensemble Q20 besteht aus drei oberirdischen, nicht orthogonalen Gebäudeteilen sowie einer gemeinsamen Tiefgarage- Der Entwurf ging aus einem Realisierungswettbewerbs für das ca. 8.500 m² große Grundstück hervor. Das urbane und nachhaltige Stadtquartier ist geprägt durch eine Nutzungsmischung (bestehend aus Büro, Einzelhandel, Hotel, und weitere gewerbliche Nutzungen). Die begrünten Fassaden und Dächer, insbesondere zu dem öffentlich zugänglichen Hof der drei Gebäude, sollen ein „grünes Tal" bilden. Die Gebäude verjüngen sich in diesem Bereich nach oben hin und ermöglichen so eine optimierte Tageslichtnutzung bei gleichzeitiger Umsetzung des kommunal geforderten Grünanteils in der Fassade durch großvolumige Pflanztröge. Die Regenwassernutzung durch Retentionskörper rundet die nachhaltige Quartiersentwicklung ab.
Es gibt im Quartier Neckarpark große Unterschiede in der Ausbildung von Grünfassaden. Im Erdgeschoss finden sich bodengebundene Pflanzen, die ihre volle Größe erst nach Jahren erreichen und sich dabei über die Fassade nach oben ranken. In den darüber liegenden Geschossen finden sich Systeme mit vorkultivierten Pflanzen, die bereits mehrere Vegetationsperioden hinter sich haben und die in großvolumigen Gefäßen am Gebäude montiert werden. Dies ist die gleiche Herangehensweise wie bei den beiden bereits beschriebenen Projekten.

Abbildung 10: Rendering der Fassadenbegrünung beim Projekt Q20 in Stuttgart (Copyright: caspar.bloomimages)

Eine Begrünung mit großformatigen, vorkultivierten Pflanzen ist konstruktiv sehr viel anspruchsvoller als ein bodengebundenes System. Um den Aufwand für die Unterkonstruktion zu begrenzen, wird bei Q20 für die Pflanztröge der Grünfassaden hauptsächlich die Lastabtragung durch das Gebäude-Tragwerk selbst angestrebt. Die zum Teil kaskadenförmige Anordnung kommt dem entgegen; zur Sicherung der Tröge hinter der vorgehängten hinterlüfteten Fassade in den Brüstungsbändern werden diese nur noch in der Lage gesichert. Bestandteile der Begrünung bei Q20 werden neben den bepflanzten Trögen, Rankhilfen, Versorgungsysteme mit Sensorik zur Überwachung und Entwässerung sein. Ähnlich wie bei der Calwer Passage wird auch hier die Pflanzenauswahl aus einer Vielzahl verschiedener Arten getroffen.
Für das Quartier am Neckar Park war wie beschreiben der Begrünungsanteil für die Fassade von der Stadt im Bebauungsplan fixiert. Vielleicht wird in der Zukunft auch genauer definiert, wie eine Fassadenbegrünung qualitativ zu sein hat, wenn sie gemäß Bebauungsplan zu einem Prozentsatz an der Fassade gefordert wird. Es ist einfacher, bodengebundene Pflanzen nach oben ranken zu lassen als eine geschossweise Begrünung zu realisieren – die mikroklimatische und ökologische Wirksamkeit der beiden Systeme unterscheidet sich aber auch erheblich.
Hier könnte und sollte in der Gesetzgebung künftig besser differenziert werden. Ein prozentualer Ansatz rein über die Fläche sollte nicht das einzige Bewertungskriterium sein, das gewichtet wird. Auch die Qualität der Begrünung selbst muss berücksichtigt werden.

Abbildung 11: Außenansicht des Projekts Q20 – deutlich sichtbar ist der Wechsel zwischen begrünten und nicht begrünten Fassadenbereichen (Copyright: caspar. bloomimages)

5. Fazit

Bei einem Neubau-Projekt, bei dem ein Begrünungsanteil realisiert werden soll, empfiehlt sich die Einbindung der Fassadenplanung stets von Beginn an. Natürlich gibt es auch Möglichkeiten, im Bestand oder bei Sanierungen eine Fassadenbegrünung zu realisieren; hier muss aber insbesondere die Verträglichkeit der Systeme zur bestehenden Struktur in Bezug auf Lasten geprüft werden. Einzelne Gebäude können natürlich nur bedingt und lokal zur Verbesserung des Stadtklimas beitragen. Die hier gezeigten Projekte können aber hoffentlich als Anstoß für weitere begrünte Projekte dienen.

Ganzheitliche Raumregelungen mit maschinellem Lernen individuell gedacht

Silas Kalmbach, M. Sc.
Institut für Leichtbau Entwerfen und Konstruieren/Universität Stuttgart, Stuttgart, Deutschland

Dr.-Ing. Walter Haase
Institut für Leichtbau Entwerfen und Konstruieren/Universität Stuttgart, Stuttgart, Deutschland

Prof. Dr.-Ing. M. Arch. Lucio Blandini
Institut für Leichtbau Entwerfen und Konstruieren/Universität Stuttgart, Stuttgart, Deutschland
Werner Sobek AG, Stuttgart, Deutschland

Zusammenfassung

In diesem Beitrag wird eine sich selbst optimierende Raumregelung präsentiert, welche möglichst viele Einflussparameter berücksichtigt, um den steigenden Anforderungen, an eine Raum- und Gebäuderegelung wie der Reduzierung von klimaschädlichen Emissionen und der Optimierung des Energieverbrauchs bei Sicherstellung eines hohen Nutzerkopforts, gerecht zu werden.
Anwendung in der Regelung finden Methoden des bestärkenden Lernens unter Einbindung eines künstlichen neuronalen Netzes. Beim bestärkenden Lernen werden Lernvorgänge der belebten Natur in technischen Abläufen nachgeahmt.
Anhand der Interaktion mit einer Simulation, durch das Steuern der Heizung, Kühlung, künstlichen Beleuchtung und einer in der Transmission schaltbaren Fassade, erfährt die Regelung in Abhängigkeit der Güte der erzielten Beleuchtungsstärke- und Temperaturwerte im Innenraum sowie dem dafür nötigen Energieaufwand eine Bewertung. Diese Bewertung wird herangezogen, um eine sukzessive Anpassung und Optimierung des Regelverhaltens im zugrundeliegenden neuronalen Netz der Regelung zu erreichen.
Durch die Interaktion mit der Simulation konnte gezeigt werden, dass eine Regelung auf Grundlage von Methoden des bestärkenden Lernens in der Lage ist, einen Raum auf eine geforderte Temperatur und auf eine geforderte Beleuchtungsstärke wirkungsvoll zu regeln. Eine besondere Effizienz zeigte das neuronale Netz bei der Regelung der künstlichen Beleuchtung durch das Deaktivieren ineffizienter Leuchtmittel zum Einhalten der Anforderungen an die Beleuchtungsstärken bei gleichzeitiger Minimierung des Energiebedarfs.

1. Einführung

Mit dem Klimaschutzgesetz 2021 „Generationenvertrag für das Klima" setzt sich die Bundesregierung zum Ziel ihre Treibhausgasemissionen gegenüber dem Stand von 1990 bis 2040 um 88 % zu senken und bis 2045 Klimaneutral zu werden. Als Etappenziel wird eine Verringerung der Emissionen um 65 % bis 2030 angestrebt (Bundesregierung, 2021). Hierfür müssen alle Wirtschaftszweige im Rahmen ihrer technologischen und wirtschaftlichen Potenziale zum Übergang zu einer CO^2-armen Wirtschaft beitragen. Um dieses Ziel zu erreichen, müssen in den kommenden Jahrzehnten tiefgreifende technologische Innovationen gefördert sowie weitreichende wirtschaftliche Umstrukturierungen durchgeführt werden. Neben dem Energiesektor und der Automobilbranche ist vor allem in der Baubranche eine Umorientierung zu ökonomisch sowie ökologisch lukrativen Konzepten dringend erforderlich. So entfällt heute ein Drittel der CO_2-Emissionen in Deutschland auf den Betrieb des derzeitigen Immobilienbestands (BMWi, 2019).
In Deutschland werden 32 % des gesamten Endenergiebedarf für das Heizen, Kühlen und Beleuchten aufgewendet (BMWi, 2019). Ein Teilaspekt zur Reduzierung der CO_2-Emissionen ist es daher den Energiebedarf für den Betrieb eines Gebäudes, welches das Lüften, das Beleuchten, das Heizen oder das Kühlen beinhaltet, zu minimieren.

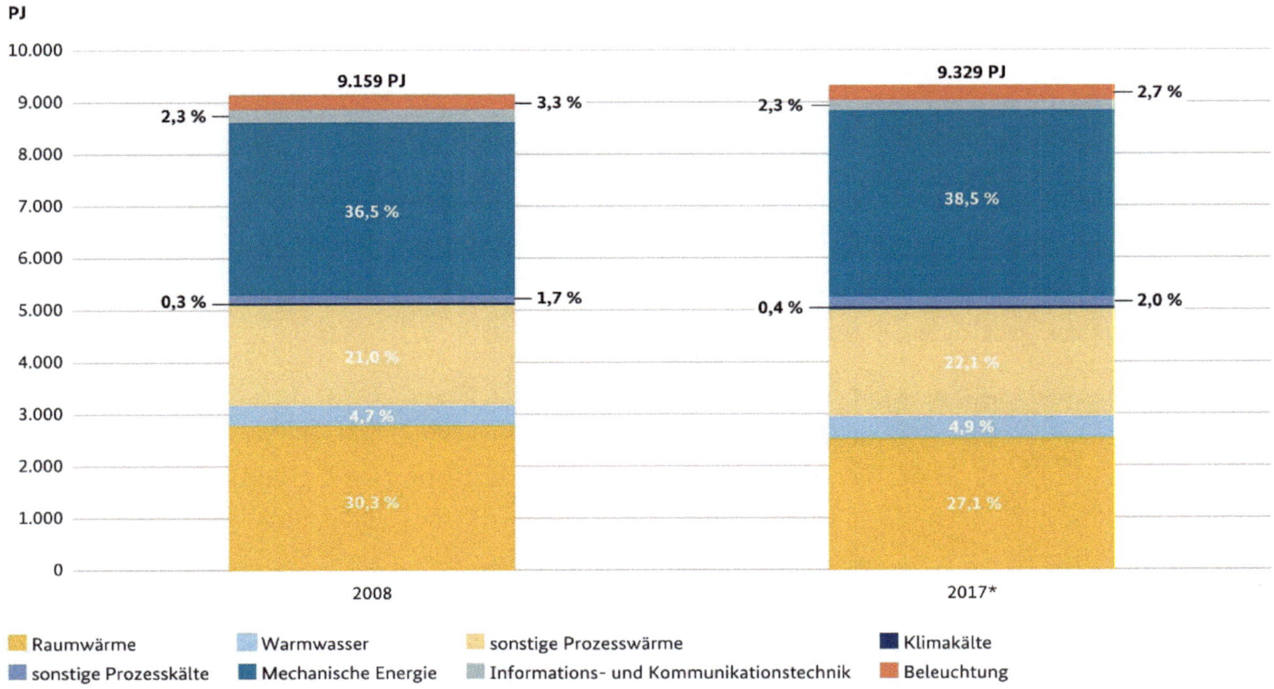

Abbildung 1: Anteile der Anwendungsbereiche am Endenergiebedarf 2008 und 2017 (BMWi, 2019)

Mit ca. 64 % sind über die Hälfte der gebauten Bestandsgebäude in Deutschland noch vor der ersten Wärmschutzverordnung gebaut worden. Diese hohe Zahl an, besonders im Hinblick auf ihre Gebäudekonditionierung, ineffizienten Bestandsgebäuden benötigen ein Vielfaches an Energie eines Neubaus (BMWi, 2014). Zudem nutzen deren Heizsysteme überwiegend Öl und Gas (BMWi, 2014), was zu hohen Treibhausemissionen führt.

Eine energetische Ertüchtigung ist für diese Gebäude dringend notwendig, jedoch nicht immer ohne weiteres umsetzbar. Denkmalschutz, die aufzuwenden Kosten einer Sanierung oder schlichtweg die Inkompatibilität verschiedener Systeme der Gebäudetechnik stellen hier Hindernisse dar. Zudem verschärft der aktuelle Handwerkermangel diese Problematiken weiter. Daher müssen günstige sowie umsetzbare Alternativen und Ergänzungen zu der konventionellen Dämmung geschaffen werden. Intelligente Raum- und Gebäuderegelungen sind nicht nur bei fehlender Modernisierung im Altbau sinnvoll, sondern auch als Ergänzungsmaßnahme sowie bei der Optimierung im Neubau.

Um die Energiebilanz im Hinblick auf das Heizen, Beleuchten, Lüften und Kühlen von Bauwerken signifikant zu verbessern, müssen besonders die Gebäuderegegelungen in Zukunft effizienter und funktionaler werden, um zur Senkung des Energieaufwands der Konditionierung beizutragen.

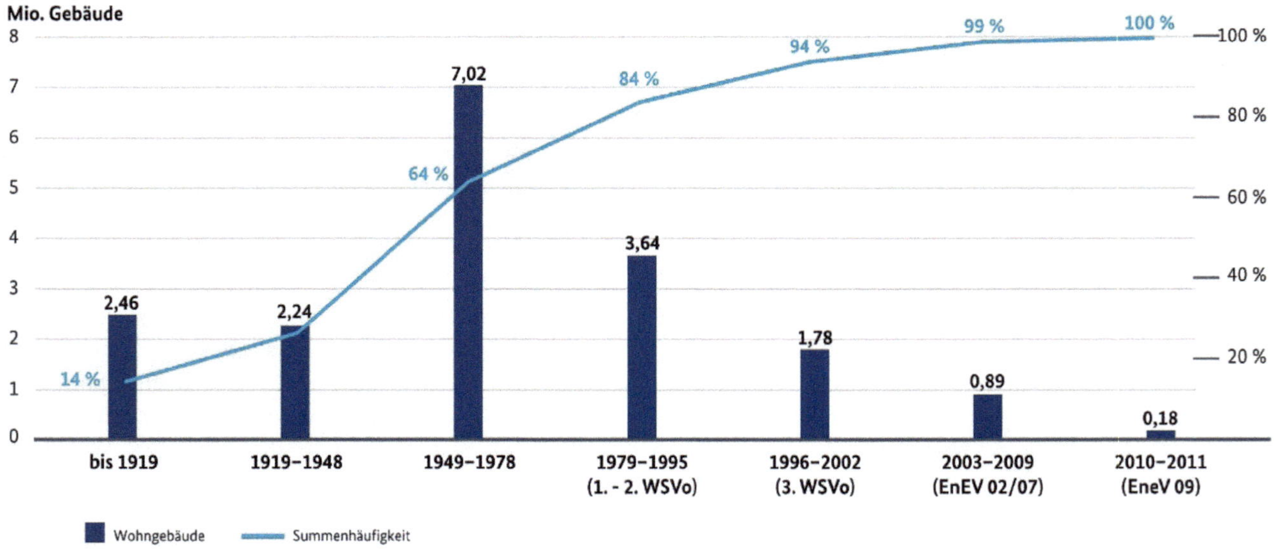

Abbildung 2: Verteilung des Wohngebäudebestands gruppiert nach Baualter in Deutschland (BMWi, 2014).

Durch den Einsatz von lernfähigen Algorithmen (z.B. zur Bestimmung von Wahrscheinlichkeiten der Anwesenheit von Personen in Räumen oder dem Erlernen der Vorlaufzeiten von Heizkörper) in der Gebäudekonditionierung kann bereits zum jetzigen Zeitpunkt der Energiebedarf signifikant reduziert werden. Daher ist es wichtig, diese Techniken dahingehend weiterzuentwickeln, dass diese von der Montage bis zum Betrieb eine reibungslose Integration in Bestandsgebäude aber auch Neubauten ermöglicht.

Zusätzlich wird in der Gebäudeverwaltung für öffentliche Gebäude, Bürogebäude, etc. eine leichtgewichtige und nachrüstbare Lösung benötigt zur Überwachung der Gebäudetechnik mit den Zielen einer Nachvollziehbarkeit der Energiekosten, einer Minimierung der Wartungskosten und des Energiebedarfs sowie die Vermeidung von Defekten und Ausfällen.

Die zum 1. Januar 2022 gestiegene CO_2-Abgabe auf Heizöl und Gas von nun 30 Euro pro Tonne CO_2 muss ab dem 1. Juni zwischen Vermieter und Mieter zu gleichen Teilen getragen werden. Zudem unterstützt die Ampelkoalition durch Zuschüsse energetische Sanierungen (Steinhauer, P., 2021). Durch diese politische Entscheidung ist in naher Zukunft damit zu rechnen, dass auch Vermieter verstärkt nach Möglichkeiten suchen, ihre Gebäude energetisch effizienter zu konditionieren.

Um diesen Anforderungen gerecht zu werden, sind ganzheitliche Konzepte der Gebäuderegelung, welche möglichst viele Einflussparameter berücksichtigen, erforderlich.

Die am Institut für Leichtbau Entwerfen und Konstruieren (ILEK) und im Sonderforschungsbereichs 1244 „Adaptive Hüllen und Strukturen für die gebaute Umwelt von morgen“ (SFB1244) der Universität Stuttgart entwickelten und in Entwicklung befindlichen Ansätze zur Adaptivität im Bauwesen bieten Potenziale für die Steigerung der Energieeffizienz sowie des Nutzerkomforts. Als adaptive Systeme werden gesteuerte oder selbstorganisierende Vorgänge, welche sich aktiv verändern, im Sinne einer Anpassungsfähigkeit verstanden (Sobek, W. et al., 2021). Ein relevantes Feld für die Effizienzsteigerung in Gebäuderegelungen stellt der Einsatz adaptiver Fassaden dar, welche durch gezielte Manipulation ihre bauphysikalischen Eigenschaften ändern.

Der von den Autoren untersuchte Ansatz zur Lösung dieser Aufgabe basiert auf der Anwendung von Methoden des bestärkenden Lernens zur Regulierung der Innenraumtemperatur, zur Ansteuerung der Innenraumbeleuchtung sowie zum Dimmen einer adaptiven Verglasung, deren Transmissionsgrad einstellbar ist. Dies ist ein vielversprechender Ansatz, um Reibungen bei der Inbetriebnahme von Gebäudeleittechniken zu minimieren und die Energieeffizienz maßgebend zu steigern.

Umgesetzt wurde die Regelung in Form einer realitätsnahen und instationären Gebäudesimulation mit der Kopplung von Gebäudeklima-, Tageslichtberechnungen und dem Algorithmus des bestärkenden Lernens. Simuliert wurde ein räumliches Gebäudemodell, welches sich in Geometrie und Topologie an einem Testgebäude, welches vom ILEK betrieben wird, orientiert.

Abbildung 3 zeigt die am gesamten Testgebäude sowie die für den Testraum verfügbare Sensorik des Testgebäudes. Die mit Bezeichnungen gekennzeichneten Messpunkte wurden in die Simulation und Regelung mit aufgenommen.

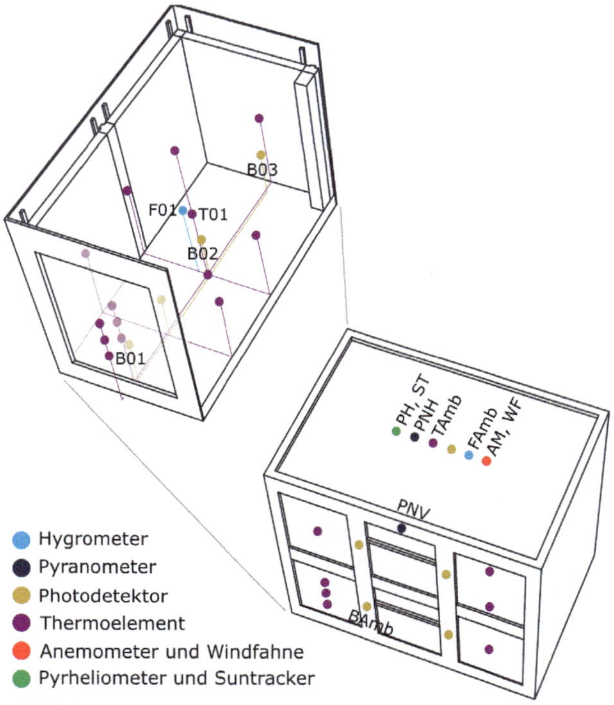

Abbildung 3: Sensorübersicht des Referenzraumes (Haase u. Husser 2018)

Die Regelung sollte in der Lage sein, kontinuierlich, unter Einbeziehung von Informationen der Sensorik und anhand von beleuchtungstechnischen, thermischen und energetischen Bewertungskriterien ihre Regelungszustände der technischen Gebäudeausstattung anpassen und optimieren zu können.

Als beleuchtungstechnisches Kriterium ist eine Beleuchtungsstärke von 500 lx auf Grundlage der DIN EN 12464-1 einzuhalten. Die thermischen Randbedingungen beziehen sich auf einen einzuhaltenden Temperaturbereich im Innenraum, welcher von 20 °C bis 26 °C nach DIN EN 12831-1 definiert ist.

Der Regelung stehen zur Konditionierung des Innenraums die in Abbildung 4 dargestellten Komponenten zur Verfügung. Diese sind an den Innenwänden angebrachte Kapillarrohrmatten zur flächigen Heizung und Kühlung, drei dimmbare Beleuchtungsmittel, welche zur Ansteuerung in zwei Gruppen eingeteilt sind, sowie eine in der Licht- und Energiedurchlässigkeit regelbare Verglasung.

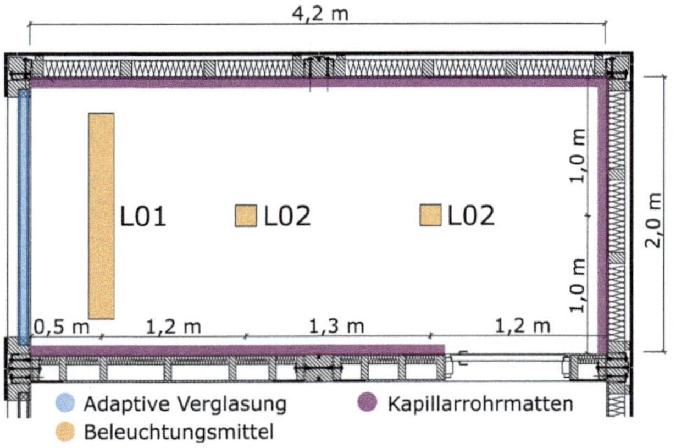

Abbildung 4: Übersicht der regelbaren technischen Ausstattung des Referenzraumes

Eine erwähnenswerte Besonderheit stellen die adaptiven Verglasungen dar. Hierbei handelt es sich unter anderem um Verglasungen des Unternehmens Merck Window Technologies B.V. einem Tochterunternehmen der Merck KGaA vom Typ Eyrise s350. Für die Entwicklung des Produktes wurden Flüssigkristallmoleküle verwendet, welche es ermöglicht schnelle Schaltgeschwindigkeiten zu realisieren und ein farbneutrales Erscheinungsbild zu wahren. Dies ermöglicht eine Regulierung des Licht- und Energieeintrags in den Raum (Merck KGaA).
Für Langzeituntersuchungen und der Erprobung von Regelungskonzepten sind im, vom ILEK betriebenen, Testgebäude zwei Räume mit der Verglasung ausgestattet. Diese besitzen eine Strukturierung von je vier Elementen, welche sich individuell ansteuern lassen. Dies ermöglicht durch selektive Ansteuerung Effekte wie z.B. die Belendung zu berücksichtigen und gleichzeitige solare Gewinne nicht auszuschließen.

Abbildung 5: Innen- und Außenansicht der eingebauten schaltbaren Verglasungen

2. Künstliche Neuronale Netzstruktur

In dem Bestreben, das Verhalten von Neuronen und ihr Zusammenspiel in Nervensystemen nachzubilden, repräsentieren künstliche neuronale Netze eine vereinfachte, in mathematische Funktionen überführte Analogie eines biologischen Systems (Ertel 2016).
Diese Netze sind in der Lage, Eingabedaten (Informationen) zu verarbeiten und daraus Ausgabedaten zu liefern. Eingabedaten im Sinne der Regelungsaufgabe sind beispielsweise die Innenraumtemperatur oder die relative Umgebungsluftfeuchtigkeit. Ausgabedaten hingegen sind beispielsweise Schaltvorgaben für den Transmissionsgrad der adaptiven Verglasung zur Regelung der Licht- und Energiedurchlässigkeit oder Einstellwerte für des Heiz- und Kühlsystems.
Eine Vernetzung von mehreren künstlichen Neuronen bildet ein künstliches neuronales Netz. Diese Vernetzungen können unterschiedlichste Ausprägungen haben.
Im Rahmen dieser Untersuchung wurde ein mehrschichtiges feedforward-Netz verwendet. Bei diesem ist jedes Neuron aus einer Schicht mit allen Neuronen der nächsten sowie der vorangegangenen Schicht verbunden. Um eine Ausgabe aus einer gegebenen Eingabe zu erhalten, werden die Informationen von Schicht zu Schicht weitergegeben. Jeder Eingabewert eines Neurons ist dabei mit einer Gewichtung (engl. Weigt) versehen, jedem Neuron wird ein Schwellwert (engl. Bias) addiert. Die Summe dieser Terme bildet die Eingabe einer Funktion, welche als Aktivierungsfunktion bezeichnet wird. Die Ausgabe eines Neurons ist somit das Ergebnis seiner Aktivierungsfunktion (Frochte 2019).
In Abbildung 6 sind die Abhängigkeiten eines einzelnen künstlichen Neurons von dessen Eingabewerten (i_n), der Gewichte (w_n) sowie der Aktivierungsfunktion dargestellt.

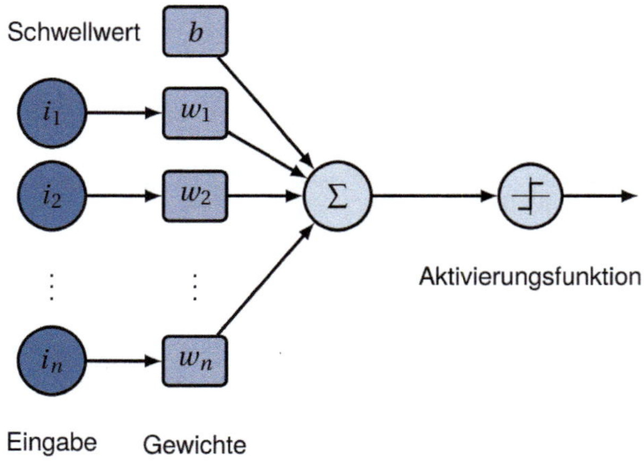

Abbildung 6: Mathematisches Modell eines künstlichen Neurons (nach: Frochte 2019)

Ein mehrschichtiges Netz ist gegeben, sobald das neuronale Netz mehr als eine verborgene Neuronenschicht (engl. Hidden Layer) besitzt (Dutta 2018).

Die vorgestellte Regelung verwendet eine Netzstruktur mit 25 Eingangswerten (siehe Tabelle 1), zwei verborgenen Neuronenschichten mit jeweils 64 Neuronen sowie zehn Ausgabewerten, mit welchen fünf Regelzustände ermittelt werden. Abbildung 7 zeigt den schematischen Aufbau der Netzstruktur.
Um eine zuverlässige Netzstruktur zu gewährleisten sind Untersuchungen zu verschiedenen Netzkonfigurationen vorausgegangen. Dabei wurde die Regelgüte bei einer Netzstruktur von 8 bis 256 Neuronen je verborgene Schicht untersucht.
Die in Tabelle 2 dargestellten Regelzustände werden anhand einer Wahrscheinlichkeitsverteilung, der Gaußschen Normalverteilung, ermittelt. Für jeden Regelzustand repräsentieren zwei Ausgabewerte des neuronalen Netzes die Standardabweichung und den Erwartungswert der Normalverteilung. Dies ermöglicht die Ausgabe von kontinuierlichen Werten, welche zur Definition der Regelzustände herangezogen werden (Sutton u. Barto 2018).

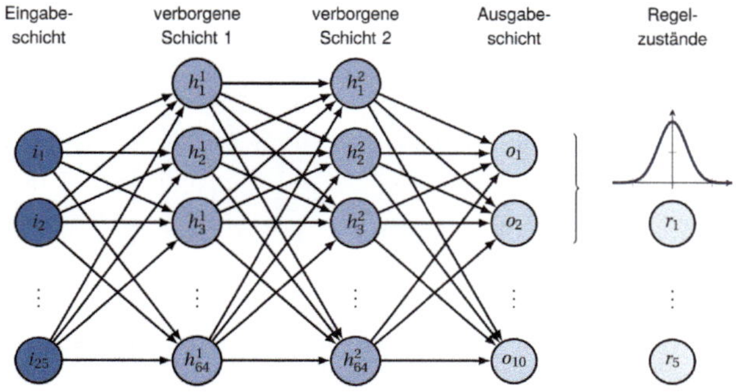

Abbildung 7: Schematischer Aufbau des untersuchten neuronalen Netzes

Die Eingabewerte für das neuronale Netz sind in Tabelle 1 aufgelistet.

Tabelle 1: Eingabeparameter des künstlichen neuronalen Netzes

Bezeichnung	Einheit
Windgeschwindigkeit (AM)	m/s
Windrichtung (WF)	°
Beleuchtungsstärke auf horizontalen Messpunkt BAmb	lx
Beleuchtungsstärke auf horizontalen Messpunkt B01	lx
Beleuchtungsstärke auf horizontalen Messpunkt B02	lx
Beleuchtungsstärke auf horizontalen Messpunkt B03	lx
Relative Umgebungsluftfeuchtigkeit außen (Famb)	%
Schwellwert der Temperatur zum Aktivieren der Heizung	°C
Schwellwert der Temperatur zum Aktivieren der Kühlung	°C
Schaltzustand der Leuchtmittelgruppe L01	-
Schaltzustand der Leuchtmittelgruppe L02	-
Unterer Sollwert der Beleuchtungsstärke	lx
Direktstrahlung auf das Pyrheliometer (PH)	W/m²
Globalstrahlung auf horizontales Pyranometer (PNH)	W/m²
Globalstrahlung auf vertikales Pyranometer (PNV)	W/m²
Anwesenheit von Personen	-
Tag des aktuellen Jahres als Dezimalzahl	d
Stunde des aktuellen Tages	h
Kühlenergiebedarf	kJ/h
Heizenergiebedarf	kJ/h
Energiebedarf der Beleuchtung	kW
Relative Innenraumluftfeuchtigkeit (F01)	%
Verschattungszustand der adaptiven Verglasung	-
Innenraumlufttemperatur (T01)	°C
Umgebungslufttemperatur außen (TAmb)	°C

Tabelle 2 stellt die durch das neuronale Netz ermittelten Regelzustände zur Steuerung der technischen Ausstattung dar.

Tabelle 2: Parameter zur Regelung der technischen Ausstattung

Bezeichnung	Einheit
Schwellwert der Temperatur zum Aktivieren der Heizung	°C
Schwellwert der Temperatur zum Aktivieren der Kühlung	°C
Schaltzustand der adaptiven Verglasung	-
Schaltzustand der Leuchtmittelgruppe L01	-
Schaltzustand der Leuchtmittelgruppe L02	-

Die Anwendung von Methoden des maschinellen Lernens lässt sich in drei Bereiche unterteilen. Diese sind das überwachte Lernen (Anwendung z.B. bei Klassifizierungsaufgaben und der Regressionsanalyse), das unüberwachte Lernen (Anwendung z.B. bei der Mustererkennung und der Bildsegmentierung) sowie das bestärkende Lernen (Dutta 2018).

3. Bestärkendes Lernen

Bestärkendes Lernen (engl. Reinforcement Learning), beschreibt eine Klasse von Methoden, bei denen Programme, welche als Agenten bezeichnet werden, mit einer bekannten oder unbekannten Umgebung in Interaktion treten. Aktionen des Agenten, welche innerhalb der Umgebung als erfolgreich einzuordnen sind, werden durch Belohnungen (engl. Rewards) honoriert. Das Ziel des Agenten ist es, die Belohnungen durch Anpassungen der Aktionen zu maximieren (Sutton u. Barto 2018).
Die zur Anwendung kommenden Theorien entstammen unter anderem dem Darwinismus, den Neurowissenschaften oder der Verhaltenspsychologie (Dutta 2018).
Am Beispiel der Simulation des Testgebäudes zeigt Abbildung 8 den grundlegenden Aufbau bei der Anwendung von bestärkendem Lernen. Die Simulation repräsentiert das Umfeld, mit welchem der Agent interagiert. Die in Tabelle 1 dargestellten Eingabeparameter, welche unter anderem aus der Simulation zum Innenraumklima und zu den Beleuchtungsstärken stammen, liefern dem Agenten die Informationen über die Umwelt. Die Umwelt besitzt hierbei eine Menge von Zuständen S. Auf der Grundlage dieser Zustände kann der Agent abhängig vom Status st ∊ S eine Aktion (Regelzustand) at ∊ A(st) für die Komponenten Heizung, Kühlung, Beleuchtung und Verschattung aus den verfügbaren Aktionen auswählen. Im gewählten Aufbau wird die Aktion durch das trainierte neuronale Netz vorgegeben. Dies führt zu einem Folgezustand st+1 ∊ S, in welchem er anhand einer Bewertung des erzeugten Zustandes eine Belohnung rt+1 ∊ R erhält (Frochte 2019).

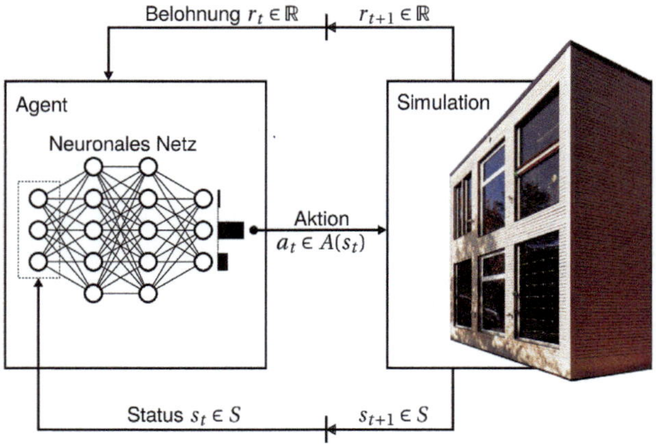

Abbildung 8: Grundlegende Architektur des bestärkenden Lernens

Aus den zur Verfügung stehenden Methoden des bestärkenden Lernens findet der Proximal Policy Optimization (PPO) Algorithmus Anwendung in der Regelung. Dieser zeichnet sich durch einen effektiven Trainingsprozess aus und hat Mechanismen implementiert, welche für eine stabile und robuste Optimierung sorgen (Schulman et al. 2017).
Der Algorithmus wurde 2017 von der Forschungseinrichtung OpenAI vorgestellt und konnte sich seither in einer Vielzahl von Aufgabenbereichen bewähren.
Für die Evaluation der durch den Agenten ausgeführten Aktionen wurde eine Bewertungsfunktion definiert, welche durch zwei Komponenten beschrieben wird. Die erste Komponente bewertet die Innenraumtemperatur in Zusammenhang mit der benötigten Heiz- oder Kühlenergie. Die zweite Komponente analysiert die Beleuchtungsstärke am Messpunkt B01 (siehe Abbildung 3) in Abhängigkeit des Energiebedarfs der Leuchtmittel. Die Summe beider Komponenten bildet die Bewertungsfunktion, welche zu jedem Zeitschritt des Simulationsdurchlaufes für den Agenten eine Belohnung ermittelt.

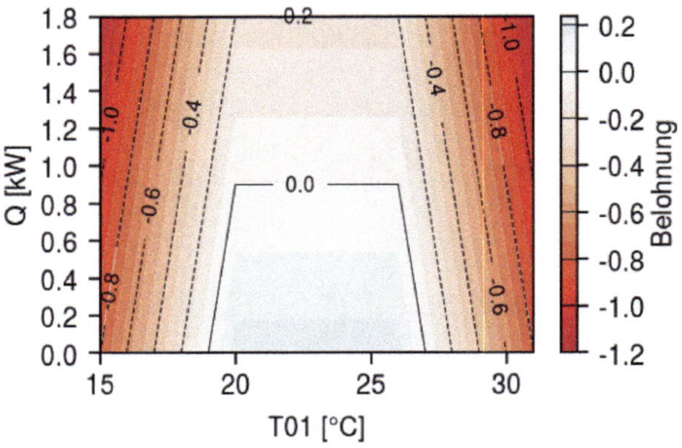

Abbildung 9: Belohnungskomponente abhängig vom Heiz- und Kühlenergiebedarf (Q) sowie der Innenraumtemperatur (T01)

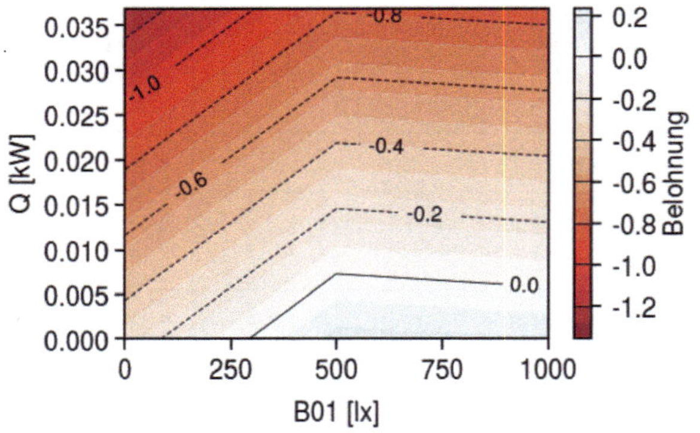

Abbildung 10: Belohnungskomponente abhängig vom Leuchtmittelenergiebedarf (Q) und der Beleuchtungsstärke an der Position B01

4. Simulation

Die für das bestärkende Lernen notwendige Interaktion mit dem Innen- und Außenraum wurde durch eine bauphysikalische Simulation zum Innenraumklima und den Beleuchtungsstärken abgebildet.
Die von dem neuronalen Netz ermittelten Ausgaben (Regelungsvorgaben) für die Regelung der Raumheizung/-kühlung, der künstlichen Beleuchtung, sowie des Transmissionszustandes der adaptiven Verglasung werden in der angewandten bauphysikalischen Simulation berücksichtigt und führen zu einer Veränderung der Raumtemperatur, der Helligkeit und des Bedarfs an Energie für die Konditionierung. Über die Beurteilung der erzielten Raumklima und -beleuchtungszustände nach jedem Regelungsschritt durch die Bewertungsfunktion erfolgt eine sukzessive Verbesserung des Regelverhaltens des Netzes. Das Zusammenwirken von neuronalem Netz und der bauphysikalischen Simulation folgt dem in Abbildung 8 gezeigten Schema des bestärkenden Lernens.
Um dem Agenten die Möglichkeit zu bieten, ausreichende Informationen über das Umfeld zu erlangen, ist es notwendig, die definierte Simulation fortlaufend auszuführen und zu wiederholen. Die Simulationsaufrufe wurden in Längen von je einem Monat eingeteilt. Dieser Simulationszeitraum wird weiterführend als Episode bezeichnet. Die für die Simulation verwendeten Klimadaten stammen von der Messdatenerfassung des Testgebäudes für das Jahr 2018.
Verwendet wurde die Simulationssoftware TRNSYS 18, welche neben der Betrachtung des Innenraumklimas und des Energieaufwands auch eine Berechnung der tageslichtabhängigen Beleuchtungsstärken durch die Verknüpfung mit der Software DaySIM ermöglicht.

5. Simulationsergebnisse

Das in Abbildung 11 dargestellte Zeitintervall, vom 01. bis 07. Januar 2019, befindet sich außerhalb der für das Einlernen des neuronalen Netzes verwendeten Klimadaten des Jahrs 2018. Im Vergleich zu den Ergebnissen der Simulation für das Jahr 2018 konnten keine gravierenden Verhaltensänderungen festgestellt werden, womit gezeigt werden kann, dass die erlernte Strategie nicht nur auf den in der Simulation verwendeten Klimadatensatz anwendbar ist, sondern im Rahmen der Untersuchung einer generalisierten Regelung entspricht.

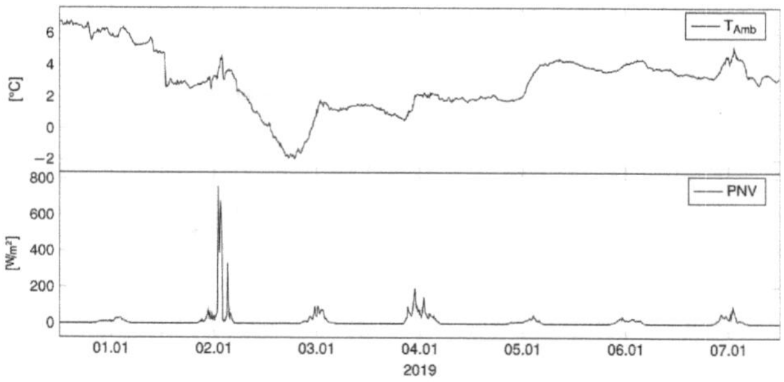

Abbildung 11: Außentemperatur (T_{Amb}) und Globalstrahlung (PNV) im Zeitraum vom 01. bis 07. Januar 2019

Abbildung 12 zeigen die Resultate der vom Agenten durchgeführten Regelung für das Zeitintervall im Januar 2019. Dargestellt sind die Innenraumtemperatur (T01), die Beleuchtungsstärke im Innenraum (B01), die Regelung der Heizung ($HT_{Setpoint}$) und Kühlung ($CL_{Setpoint}$), die Regelung der Leuchtmittelgruppen L01 und L02, der Schaltzustand der adaptiven Verglasung (Shadestep), der gesamte benötigte Energiebedarf ($Q_{HEAT} + Q_{COOL} + Q_{LIGHT}$) und die resultierende Belohnung.

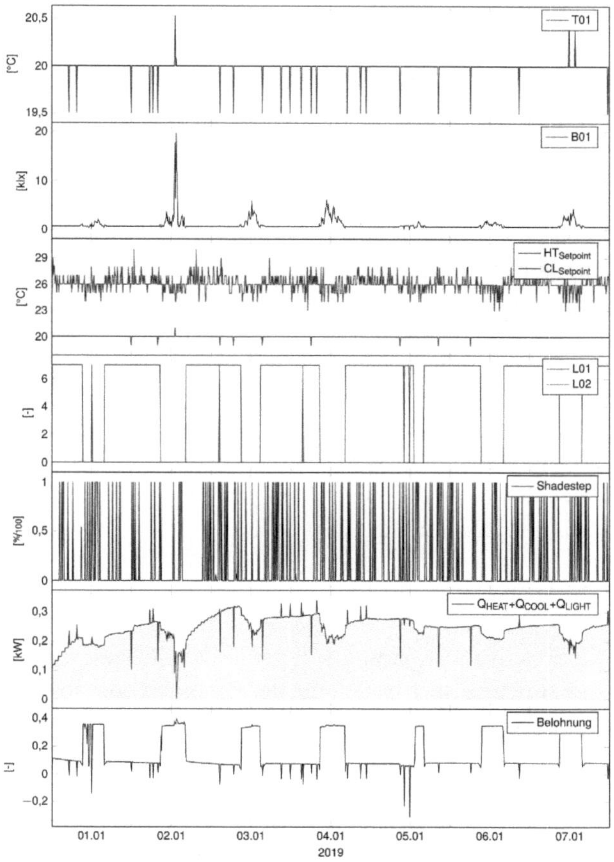

Abbildung 12: Regelung nach 500 Episoden, für den Zeitraum vom 01. bis 07. Januar 2019

5.1 Heizung und Kühlung

Die Regelung der Heizung ($HT_{Setpoint}$) und Kühlung ($CL_{Setpoint}$) erfolgt über das Definieren der Schwellwerte der Temperatur zum Aktivieren der Heizung (bei Unterschreitung des Schwellwertes) und Kühlung (bei Überschreitung des Schwellwertes).
Die Ergebnisse der Simulation zeigen, dass der Schwellwert der Heizung, mit vereinzelten Abweichungen, auf den geforderten Mindestwert von 20 °C eingestellt ist. Dies zeigt, dass es der Regelung gelungen ist, anhand des gegebenen Umfelds eine effiziente Einstellung zu definieren. Für die Regelung des Schwellwertes der Kühlung treten hingegen Schwankungen von 23 °C bis 28 °C auf.

5.2 Künstliche Beleuchtung

Für die Regelung der künstlichen Beleuchtung können die zwei Leuchtmittelgruppen L01 und L02 über je sieben Zustände der Intensität angesteuert werden.
Bei der Steuerung des Leuchtmittels L01 ist zu erkennen, dass dieses bei geringer Globalstrahlung eingeschaltet und bei hoher Globalstrahlung ausgeschaltet wird. Damit gelingt es der Regelung, die geforderten 500 lx Beleuchtungsstärke am Messpunkt B01 einzuhalten.
Die Leuchtmittelgruppe L02 wurde hingegen durch die Regelung dauerhaft ausgeschaltet. Nachvollziehbar ist dies bei der Betrachtung der Beleuchtungsstärkenverteilung und des Energiebedarfs der Leuchtmittelgruppen (Siehe Abbildung 4). Bei maximaler Beleuchtungsstärke aller Leuchtmittel liegt der Beitrag der Leuchtmittelgruppe L02 auf den für die Bewertung herangezogenen Messpunkt B01 gerade einmal bei 12 %. Mit einem Energiebedarf von 13 W benötigt die Gruppe L02 allerdings 35 % der Energie am Gesamtanteil der künstlichen Beleuchtung. Die Verwendung der Leuchtmittelgruppe L02 ist daher ineffizient für das Einhalten des Sollwertes am Messpunkt B01. Dies hat die Regelung erkannt und vermeidet daher das Zuschalten der Leuchtmittelgruppe L02.

5.3 Adaptive Verglasung

Die adaptive Verglasung bietet die Möglichkeit, durch eine stufenweise Einstellung der Transmission sowohl auf die belichtungstechnischen als auch thermischen Anforderungen im Innenraum Einfluss zu nehmen.
Bei Betrachtung der Regelung der adaptiven Verglasung ist feststellbar, dass die Schaltstufe im Januar vermehrt auf den Wert Null geschaltet wird, was einer maximalen Transmission entspricht. Hierdurch lässt sich die Notwendigkeit der Benutzung der Leuchtmittel reduzieren.
Beeinflusst wird dieses Resultat durch die unterschiedliche Einflussnahme des Schaltzustandes der Verglasung auf das sichtbare Licht und die gesamte in den Raum eingetragene Strahlungsleistung. Eine Einflussnahme auf die belichtungsabhängigen Parameter ist bei dem Verglasungstyp größer als der Einfluss auf die Innenraumtemperatur bzw. die Energieeinträge.

6. Ausblick

Die präsentierten Untersuchungen konnten aufzeigen, dass die Verwendung von bestärkendem Lernen ein vielversprechender Ansatz zu Erzeugung individueller und energieeffizienter Gebäuderegelungen darstellt.
Neben den ökologischen Aspekten der Reduzierung des Energiebedarfs spielen auch die ökonomischen Aspekte eine wichtige Rolle, welche adaptive und ganzheitliche Gebäuderegelungen gleichermaßen gerecht werden. Ein zu erwartender Vorteil der selbstlernenden Gebäuderegelungen ist eine Reduzierung der Wartungskosten für die Regelung durch eine Anpassung an sich geänderte Bedingungen, wie z.B. hervorgerufen anhand von Sensorausfällen, baulichen Änderungen am Gebäude, der Umgebungsbebauung oder Veränderungen der Vegetation im Gebäudeumfeld. Die grundlegende Struktur der selbstlernenden Regelung ist zudem auf beliebige Gebäudetypen und Gebäudeausstattungsvarianten adaptierbar.
Damit diese Technik ihre Anwendung in die Regelungskonzepte der Raum und Gebäuderegelungen der Praxis findet, sind maßgebende Weiterentwicklungen notwendig. Um eine effiziente Regelung zu erhalten, tritt das neuronale Netz mittels des Agenten in eine Interaktion mit dem Gebäude und den Einflussparametern der Umgebung. Es ist dabei notwendig Sicherheitsmechanismen in das System der Regelung zu implementieren, die verhindern, dass es zu großen Abweichungen der Soll-Werte der Regelgrößen kommt, da eine Unterscheidung zwischen Kausalität und Korrelation dem Algorithmus grundlegend fremd ist. Diese benötigt weitere kritische Betrachtungen und Implementierung gezielter Abfragen, um die Güte und Zuverlässigkeit der Regelung automatisiert beurteilen zu können.
Ein wichtiger weiterer Schritt wird es sein, die Regelung unter realen Bedingungen zu untersuchen. Besonders beim Transfer von der Simulation in ein reales Umfeld sind Unsicherheiten zu erwarten, welche ermittelt und beseitigt werden müssen. Diese können eine zu lange und damit unwirtschaftliche Einlernphase oder eine unzureichende Regelgüte sein. Hierfür ist angedacht mit Partnern aus Forschung und Wirtschaft die Reglung weiterzuentwickeln und auf realen Bedingungen anzuwenden und anzupassen. Zur Verfügung stehen hierfür an der Universität Stuttgart das vom ILEK betriebene Testgebäude sowie das Demonstrator-Hochhaus D1244 des SFB1244.
Kern der Validierung des Konzepts zur Regelung stellt das in Leichtbauweise realisierte Demonstrator-Hochhaus D1244 dar. Dieses Gebäude weist eine Grundfläche von ca. fünf mal fünf Metern und eine Höhe von 36,5 Metern auf. Ausgestattet mit Aktoren im Tragwerk (Stützen und Diagonalen) ist das Gebäude in der Lage einwirkenden Belastungen entgegenzuwirken, wodurch

z.B. Verformungen und Beschleunigungen des Gesamttragwerks reduziert werden können und eine Bauweise im Sinne des Ultraleichtbus ermöglicht wird (Sobek, W. et al., 2021).
Das Demonstrator-Hochhaus ist zunächst mit einer sogenannten Primärfassade ausgestattet, die aus auf Rahmen gespannte PES/PVC-Membranen besteht, um den Witterungsschutz des Tragwerks, der Geschossdecken und der Aktoren zu gewährleisten. In Zusammenarbeit mit Partnern aus der Industrie bzw. als Ergebnisse der Forschungsarbeiten in einigen Teilprojekten des SFB1244 werden innovative und neuartige Fassadensysteme entwickelt, die etagenweise die Primärfassade ersetzen werden.

Abbildung 13: Das Demonstrator-Hochhaus D1244 ausgestattet mit der Primärfassade sowie der Treppenturm (links) des SFB1244.

Zur Weiterentwicklung und Erprobung der selbstlernenden Regelung unter realen Bedingungen bietet das Demonstrator-Hochhaus hervorragende Bedingungen.
Eine Anwendung, der auf bestärkendes Lernen basierenden Reglung, auf die vielseitigen in Entwicklung befindlichen adaptiven Fassaden des SFB1244 bietet die Möglichkeit den Energiebedarf bei steigender Behaglichkeit der Nutzer weiter zu reduzieren.
Für die Evaluation der adaptiven Fassaden wird jeder Raum des Demonstrator-Hochhauses mit einer Vielzahl an Sensoren (Thermoelemente, Helligkeitssensoren, Hygrometer, Pyranometer, etc.) ausgestattet werden. Die entwickelte Regelung soll aufbauend auf den Erfragungen der Regelungsentwicklung am ILEK und aus Erfragungen aus dem Forschungsprojekt DigitalTWIN weiterentwickelt und eingehend evaluiert sowie optimiert werden. Die ScaleIT-Plattform ist vorgesehen die Messdaten für die Regelung und die Partner zugänglich zu machen.
Bei ScaleIT handelt es sich um eine Offline wie Online ansteuerbare Plattform mit Weboberfläche zur Ausführung von containerisierten Softwarediensten. Unter Container versteht man hier eine virtualisierte Abkapslung einzelner Softwareanwendungen von dem Host-System. Dadurch wird das Gesamtsystem robuster, da beim Ausfall einzelner Dienste die Verfügbarkeit des Gesamtsystems stets gewahrt bleibt. Zudem wird eine effiziente Skalierung der Anwendungen bei erhöhter Nachfrage ermöglicht. Durch eine für jeden Container individuelle Konfiguration seiner Abhängigkeiten kann eine flexible und effiziente Entwicklung und Implementierung neuer Anwendungen erfolgen. Dies soll die Basis bieten für die Erstellung der erforderlichen Datenbanken, Schnittstellen und Softwaredienste.

Literatur

[1] BMWi, 2014. „Sanierungsbedarf im Gebäudebestand: Ein Beitrag zur Energieeffizienzstrategie Gebäude“

[2] BMWi, 2019. „Energieeffizienz in Zahlen 2019: Entwicklungen und Trends in Deutschland 2019“

[3] DIN EN 12464-1, 2011. Licht und Beleuchtung – Beleuchtung von Arbeitsstätten, Teil 1: Arbeitsstätten in Innenräumen.

[4] DIN EN 12831-1, 2017. Energetische Bewertung von Gebäuden – Verfahren zur Berechnung der Norm-Heizlast, Teil 1: Raumheizlast, Modul M3-3.

[5] DigitalTWIN, 2021. Digitale Werkzeuge im Bauwesen mit dem Forschungsprojekt DigitalTWIN. Online verfügbar unter https://d-twin.eu/, zuletzt geprüft am 09.08.2021.

[6] Bundesregierung, 2021. Klimaschutzgesetz: Klimaneutralität bis 2045. Online verfügbar unter https://www.bundesregierung.de/breg-de/themen/klimaschutz/klimaschutzgesetz-2021-1913672, zuletzt geprüft am 16.08.2021

[7] Dutta, S., 2018. Reinforcement Learning with TensorFlow. Packt Publishing, Birmingham.

[8] Ertel, W., 2016. Grundkurs Künstliche Intelligenz. 4., überarbeitete Auflage, Springer Vieweg, Wiesbaden.

[9] Frochte, J., 2019. Maschinelles Lernen: Grundlagen und Algorithmen in Python. 2., aktualisierte Auflage, Hanser Verlag, München.

[10] Haase, W. und Husser, M., 2018. Adaptive Verglasungssysteme: Einsatzbereiche, energetische und tageslichttechnische Evaluierung, Regelungsstra-

tegien. Abschlussbericht, Forschungsinitiative Zukunft Bau, Fraunhofer IRB Verlag, Stuttgart.

[11] Kalmbach, S., 2020. W. Haase und W. Sobek, „Anwendung von Methoden des maschinellen Lernens zur ganzheitlichen Raumregelung“ in BauSIM 2020, S. 307–314.

[12] Kalmbach, S., 2019. Entwicklung, Implementierung und Evaluation eines über Reinforcement Learning trainierten künstlichen neuronalen Netzes zur Raumkonditionierung, Masterarbeit, Universität Stuttgart.

[13] Schulman, J. et al., 2017. Proximal Policy Optimization Algorithms, arXiv:1707.06347v2 [cs.LG].

[14] ScaleIT - Industrie 4.0, 2021. ScaleIT - Industrie 4.0. Online verfügbar unter https://scaleit-i40.de/, zuletzt geprüft am 09.08.2021.

[15] Sutton, R. S. und Barto, A. G., 2018. Reinforcement learning: an introduction. 2nd edition, MIT Press, Cambridge, Mass.

[16] Sobek, W. et al., 2021. „Adaptive Hüllen und Strukturen: Aus den Arbeiten des Sonderforschungsbereichs 1244“, Bautechnik, Bd. 98, Nr. 3, S. 208–221, März, doi: 10.1002/bate.202000107.

[17] Steinhauer, P., 2021. „Was Vermieter in 2022 wissen müssen“, Online verfügbar unter https://www.vermietet.de/magazin/was-vermieter-in-2022-wissen-muessen/, zuletzt geprüft am 26.01.2022

[18] Merck KGaA. eyrise™, 2021. Dynamische Flüssigkristallfenster. Hrsg. von Merck KGaA.

Mehrlagige, pneumatisch stabilisierte ETFE-Fassadensysteme: funktionale und gestalterische Potenziale

Christina Eisenbarth, M. Sc.
Universität Stuttgart

Dr.-Ing. Walter Haase
Universität Stuttgart

Prof. Dr.-Ing. M. Arch. Lucio Blandini
Universität Stuttgart, Werner Sobek AG Stuttgart

Prof. Dr.-Ing. Dr.-Ing. E. h. Dr. h. c. Werner Sobek
Werner Sobek AG Stuttgart

Zusammenfassung

Inhalt der Forschungsarbeit ist die Konzeption und Realisierung von mehrlagig aufgebauten, pneumatisch stabilisierten Ethylen-Tetrafluorethylen-Fassaden mit erweiterten funktionalen und gestalterischen Eigenschaften. Die Integration textil- und folienbasierter Zwischenlagen in ETFE-Kissen-Fassaden via eines speziell konzipierten, modularen Profileinsatzes eröffnet sowohl im Neubau als auch im Bestand nahezu unbegrenzte Möglichkeiten zur Individualisierung und Funktionalisierung der Gebäudehülle.
Entwickelt werden zum einen mehrlagige ETFE-Pneu-Kissenkonstruktionen mit passiven, transparenten, transluzenten und opaken Zwischenlagen zur Optimierung der akustischen sowie wärmetechnischen Eigenschaften der Fassade. Zum anderen wird die Einbindung aktiver, textilbasierter Gestaltungselemente wie dreidimensionaler, perforierter Öffnungselemente aus Membranwerkstoffen sowie textilgebundener Leuchtdiodensysteme in Matrixanordnung zur Schaffung medialer Gestaltungs- und Kommunikationsflächen in der Fassade untersucht. Ein weiterer Schwerpunkt der Forschung ist die Implementierung adaptiver, textiler Sonnen- und Blendschutzelemente auf Origami-Faltbasis, welche eine selektive wie auch vollflächige Anpassungsfähigkeit der Licht- und Energie-Transmissionseigenschaften der Fassade ermöglichen. In Zusammenarbeit mit Industriepartnern werden Prototypen der entwickelten ETFE-Fassadensysteme im Maßstab 1:1 realisiert und am Demonstrator-Hochhaus D1244 des Sonderforschungsbereiches 1244 unter realen Witterungsbedingungen validiert sowie messtechnisch evaluiert.

1. Einführung

Unsere Gesellschaft steht vor zahlreichen Herausforderungen: Der Anstieg der Weltbevölkerung, die zunehmende Urbanisierung und der Klimawandel zeigen ihre Auswirkungen insbesondere im Bereich des Bauwesens. Einer Studie der Vereinten Nationen zufolge, erwarten wir bei einer mittleren Geburtenrate bis zum Jahr 2050 eine Gesamterdbevölkerung von ca. 9,74 Milliarden [1], von denen voraussichtlich 70 % in urbanen Gebieten leben werden [2]. Unter Annahme eines vergleichsweise hohen Wohnflächenbedarfs von 47 m² pro Kopf nach deutschem Baustandard (Stand 2019) würde die in den nächsten 19 Jahren hinzukommende Nettosumme von etwa 1,84 Milliarden Menschen bis 2050 zu einem Bedarf von schätzungsweise 86,5 Mrd. m² zusätzlicher Wohnfläche führen - ein Bedarf, der aufgrund der begrenzten Freiflächenkapazität innerstädtischer Gebiete unweigerlich zu einer maximalen Verdichtung mittels Aufstockungen und Hochhausbauten führen wird [3]. Folgende Rechnung gibt cum grano salis eine Vorstellung der uns bevorstehenden Bauaufgabe und zeigt unter Berücksichtigung der künftig erforderlichen Baustoffmengen und -ströme die Relevanz einer material- und ressourceneffizienten Bauweise auf: Die durchschnittliche einem deutschen Bundesbürger zugeordnete Baustoffmenge beträgt ca. 490 t. Diese setzt sich in etwa hälftig zusammen aus ca. 250 t an Infrastrukturbauwerken und ca. 240 t an Hochbauten [4]. Würden wir den in den nächsten 19 Jahren zu erwartenden 1,84 Milliarden Neubürgern einen deutschen Baustandard bereitstellen, so erfordere dies den immensen Bedarf von summa summarum ca. 900 Mrd. t

Baustoff – eine Bauaktivität von unvorstellbaren Ausmaßen, die wir im Hinblick auf die Begrenztheit unserer natürlichen Ressourcen mit den konventionellen Baumaterialien nicht bewältigen könnten ohne unserem Planeten irreparable Schäden zuzufügen [5]–[7].
Das Bauschaffen besitzt die größte Hebelwirkung wie auch die größte Verantwortung bei der Lösung der globalen Umweltprobleme. Schätzungsweise ist die Bauindustrie für 50 – 60 % des globalen Ressourcenverbrauchs, 50 % des Massenmüllaufkommens, 35 % des Energieverbrauchs sowie neuesten Erkenntnissen von Professor Werner Sobek zufolge für mehr als 50 % der Emissionen weltweit verantwortlich. [8] Den städtischen Gebieten werden sogar 60 – 80 % des globalen Stoffverbrauchs und 75 % der globalen CO_2-Emissionen zugeschrieben.
Die konstruktive Umsetzung der genannten Bauaufgabe bedarf insbesondere im Fassadenbereich der Etablierung leichter Baumaterialien, welche eine signifikante Gewichtsreduktion des gesamten Bauwerks sowohl im Bestand als auch im Neubau ermöglichen. Insbesondere im Hochhausbau können durch die Verwendung leichter Hüllsysteme erhebliche, indirekte Einsparungen in Fundamenten und Tragwerk erzielt werden. Der Entwurf von Aufstockungen im Bestand unterliegt zusätzlich der Restriktion, die durch den Aufbau entstehenden additiven Lasten auf ein Minimum zu reduzieren, da diese bei der ursprünglichen Bemessung des Bestandes nicht berücksichtigt wurden. Dieser konstruktive Zwang kann durch die Verwendung von Leichtbauhüllen im beschriebenen Sinne mit großem gestalterischem Spielraum gelöst werden.
Textil- und folienbasierte Werkstoffe eröffnen aufgrund ihres minimalen Flächengewichts und ihrer hohen mechanischen Beanspruchbarkeit ein bislang nicht ausgeschöpftes ökologisches, ökonomisches und gestalterisches Potenzial für die Anwendung in der Architektur. Insbesondere der Werkstoff Ethylen-Tetrafluor-ethylen (ETFE) ist leichtgewichtig, langlebig und hochtransparent. Trotz des signifikanten Potenzials zur Reduktion der im Bauteil gebundenen Masse, CO2 und grauen Energie hat sich der Einsatz von luftgestützten Pneu-Kissen-Fassaden unter Verwendung von ETFE-Folien in der Architektur bisweilen nur begrenzt etabliert. Eine besonders vielversprechende Möglichkeit der Anwendung textil- und folienbasierter Gebäudehüllen liegt in der Kombination von funktionalen und gestalterischen Qualitäten unter Einbindung aktiver Komponenten. Durch die Implementierung adaptiver Komponenten kann eine präzise Anpassbarkeit an stark schwankende Anforderungen und Umweltbedingungen erzielt und damit sowohl der Nutzerkomfort signifikant gesteigert als auch der Energiebedarf zur Raumkonditionierung reduziert werden.
Während textile Bauten zunächst überwiegend als einlagige Membrankonstruktionen beispielsweise zur Verschattung großer Flächen ausgeführt wurden, konnte durch stete Weiterentwicklung hin zu mehrlagigen Systemen inzwischen ihre bauphysikalische Eignung auch für den Fassadeneinsatz nachgewiesen werden. Mehrlagige textile Gebäudehüllen sind in einem Profilsystem gefasste Konstruktionen aus flexiblen Hochleistungsmaterialien, wie Geweben, Gewirken und Folien, die den äußeren, thermischen Gebäudeabschluss unter Einhaltung aller Anforderungen an eine Hülle erfüllen. [9], [10]
Das Institut für Leichtbau Entwerfen und Konstruieren (ILEK) der Universität Stuttgart beschäftigt sich seit Jahren federführend mit der Entwicklung von leichten Fassadensystemen auf Textil- und Folienbasis, welche sowohl für den Neubau als auch für das Bauen im Bestand ein signifikantes EinsparPotenzial darstellen. Das im Rahmen des von der Deutschen Forschungsgemeinschaft (DFG) geförderten Sonderforschungsbereiches 1244 entstandene Demonstrator-Hochhaus D1244 stellt ein geeignetes Gebäude zur erstmaligen Realisierung modularer, mehrlagig aufgebauter, adaptiver ETFE-Hüllsysteme mit textil- und folienbasierten Zwischenlagen dar.

2. Kontext

2.1 Sonderforschungsbereich 1244: „Adaptive Hüllen und Strukturen für die gebaute Umwelt von morgen“

Vor dem Hintergrund einer begrenzten Verfügbarkeit natürlicher Ressourcen und einer stetig steigenden Weltbevölkerungszahl widmet sich der Sonderforschungsbereich 1244 unter dem Titel „Adaptive Hüllen und Strukturen für die gebaute Umwelt von morgen“ der Frage wie mit weniger Material, Abfall, Energie und Emissionen mehr Bau- und Lebensraum für mehr Menschen geschaffen werden kann. Auf interdisziplinäre Weise erforscht der SFB 1244 das Potenzial und die Anwendbarkeit von adaptiven Gebäudehüllen und Strukturen im Bauwesen.
Als vielversprechender Ansatz wird die Implementierung von Aktoren und Sensoren in Tragstrukturen und Hüllelemente gesehen, welche eine signifikante Reduktion von Masse, CO_2 und im Bauteil gebundener grauer Energie ermöglichen bei gleichzeitiger Steigerung des Nutzerkomforts. Der Begriff Adaptivität beschreibt in diesem Zusammenhang das Zusammenspiel von Sensorik und Aktorik in Kombination mit einer automatisierten Steuereinheit zur gezielten Manipulation der physikalischen Eigenschaften des Tragwerks oder der Gebäudehülle, um das Lastabtragungsverhalten oder den Nutzerkomfort unter invarianten Einflüssen gezielt zu verbessern.
Die Forschung umfasst sowohl die Entwicklung einzelner (Bau-)Komponenten als auch deren Einbindung in ein Gesamtsystem. Ziel ist die Etablierung einer ressourceneffizienten sowie vollständig rezyklierbaren Bauweise, die das Eigengewicht tragender und nichttragender Bauteile minimiert, um die im Bauteil gebundene graue Energie zu reduzieren [11].

2.2 D1244 Demonstrator-Hochhaus

Im Rahmen des Sonderforschungsbereiches 1244 wurde im April 2021 das erste adaptive Hochhaus weltweit auf dem Universitätscampus der Universität Vaihingen errichtet. Das Demonstrator-Hochhaus ermöglicht Wissenschaftlern, den Einfluss einer aktiven Anpassung von Tragstruktur und Gebäudehülle an wechselnde Lasten und sich ändernde Umweltbedingungen erstmals unter realen Bedingungen im Maßstab 1:1 zu untersuchen.
Das Hochhaus verfügt über 12 Geschossen und erreicht damit eine Höhe von ca. 36,5 m bei einer quadratischen Grundfläche von ca. 5,1 Kantenlänge (Tragwerksaußenkante). Die Tragstruktur ist als Stahl-Rahmenkonstruktion mit diagonalen Auskreuzungen ausgeführt. Ein separat angrenzender Treppenturm beinhaltet sämtliche Versorgungsleitungen und ermöglicht die vertikale Erschließung des aktiv beweglichen Hochhauses über Stege.
Zur gezielten Beeinflussung des Lastabtragungsverhaltens sind Aktoren und Sensoren in die Stützen und Auskreuzungen des Hochhauses integriert, welche mit einer automatisierten Steuereinheit verbunden sind. Durch deren Aktivierung können aktiv lastinduzierte Schwingungen in der Tragstruktur kompensiert werden ohne materiellen Mehraufwand durch größere Konstruktionsquerschnitte. Auf diese Weise können beispielsweise durch Windkräfte auftretende Schwingungen im Gebäude ausgeglichen werden. Sensoren erfassen die auftretenden Verformungen der Tragstruktur, während die integrierten Hydraulikaktoren die Schwingungen und Beanspruchungen gezielt durch Gegenkräfte dämpfen.
Derzeit ist das Gebäude mit einer temporären Membranfassade aus PVC-beschichtetem Polyestergewebe verkleidet. Diese dient als primärer Witterungsschutz und wird im Verlaufe der Forschungsarbeiten durch die neu entwickelten Fassadenlösungen ersetzt (Abbildung 1). Das Gebäude ist mit einer umfangreichen Messinfrastruktur ausgestattet und dient als Plattform für die Untersuchung innovativer Gebäudehüllen mit der Intention deren Eignung unter realen Wetterbedingungen zu verifizieren. Sein Erscheinungsbild unterliegt demzufolge einem steten Wandel.

Abbildung 1: D1244 Demonstrator-Hochhaus mit temporärer Fassade (links) und Visualisierung des D1244 mit innovativen, adaptiven Fassadenkonzepten (rechts), Quelle: ILEK.

Den Rahmen für die Erforschung mehrlagiger, pneumatisch stabilisierter ETFE-Fassadensysteme bietet die 11. Etage des D1244 Hochhauses. Hier werden erstmalig die Potenziale textil- bzw. folienbasierter Werkstoffe als Funktions- und Gestaltungselemente der architektonischen Gebäudehülle an einem realen Versuchsgebäude im Maßstab 1:1untersucht. Das 11. Obergeschoss des Hochhauses wird dazu mit einer elementierten Stahl-Pfosten-Riegel-Fassade der Firma RAICO Bautechnik GmbH ausstattet. Vorgesehen ist eine Einbindung von jeweils drei ETFE-Kissen pro Fassadeseite des Hochhauses, in welche unterschiedliche Zwischenlagen eingesetzt werden. Realisiert werden transparente, transluzente und opake Fassaden wie auch adaptive Hüllkonzepte die sich durch die Implementierung aktiver Komponenten aus Sensorik und Aktorik an variierende Anforderungen und Umweltbedingungen auf bauphysikalischer sowie gestalterischer Ebene anpassen können. Mittels eines speziell entwickelten, modularen Profileinsatzes wird das RAICO Standardprofil ETFE_THERM+ zur Fassung dieser Zwischenlagen erweitert. Im Folgenden wird die konstruktive Ausbildung des Rahmenprofilsystems sowie das Potenzial zur Einbindung funktionaler und gestalteischer Zwischenlagen vorgestellt.

3. Entwicklung eines modularen Profilsystems für mehrlagige ETFE-Fassadensysteme

3.1 Stand der Technik: ETFE_THERM+

Während ETFE-Fassaden bislang aufwändige Sonderprofillösungen erforderten, bietet die RAICO Bautechnik GmbH mit dem ETFE_THERM+ ein vorgefertigtes, modulares ETFE-Fassadenprofil an, welches mit der konventionellen THERM+ -Produktpalette für Fassadenausfachungen aus Glas, Blech und anderen üblichen Materialien kompatibel ist (Abbildung 2).

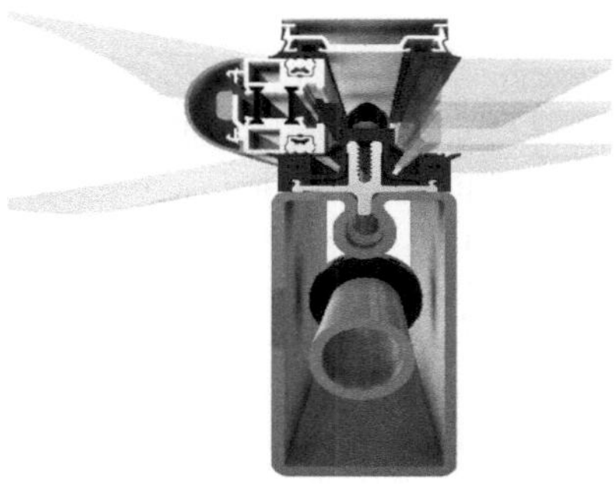

Abbildung 2: Standardprofilsystem ETFE_THERM+ von RAICO, Quelle: RAICO Bautechnik GmbH.

Bauphysikalische Anforderungen wie Luft- und Wasserdichtigkeit der Fassade, Entwässerung von Kondensat (Falzentwässerung) werden durch das Pfosten-Riegel-System gewährleistet. Um die Kompatibilität mit anderen Belegungselemente (Glas, Blech, etc.) zu gewährleisten ist der Querschnitt des Rahmens auf das Pfosten-Riegel-System angepasst – selbst die Kombination von ETFE_THERM$^+$ Elementen und Standardverglasungen ist ohne weiteres möglich. Die thermische Trennung erfolgt über Beabstandung via Kunststoffstege im Rahmenprofil. Die Luftversorgung ist nach außen unsichtbar im Pfosten-Riegel-System integriert. [12]

3.2 Modularer Profileinsatz zur Fassung von Zwischenlagen im ETFE_THERM+ System

Der von der Firma RAICO Bautechnik GmbH vorgestellte Ansatz wurde durch die Entwicklung eines Profileinsatzes in Form einer Keder-Lösung zur Fassung textil- und folienbasierter Funktions-Zwischenlagen konsequent weiterentwickelt. Das Klemmprofil zur Fassung der ETFE-Außenlagen wurde um einen Keder-Einsatz erweitert. Die mittels Kunststoff-Stege verbundenen Keder-Profile können individuell an den Lagenaufbau angepasst werden. Abbildung 3 und Abbildung **4** zeigen die exemplarische Einbindung unterschiedlicher funktionaler und gestalterischer Zwischenlagen.

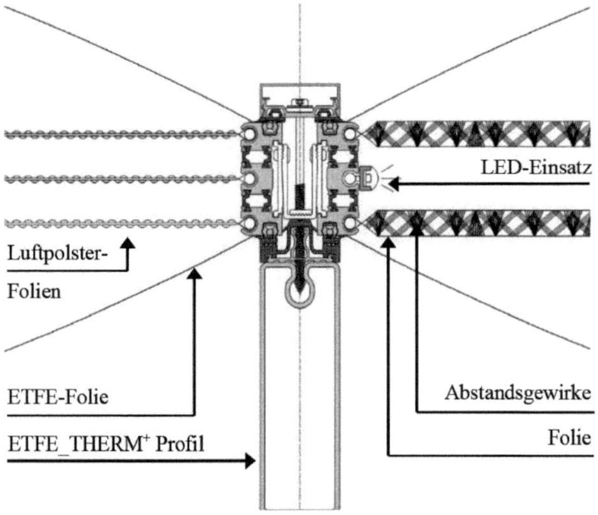

Abbildung 3: Dreifacher Keder-Profileinsatz für ETFE_THERM$^+$ Profil mit Zwischenlagen Luftpolsterfolien (links) und in Folie eingepacktes und Aerogel-gefülltes Abstandsgewirke (rechts)

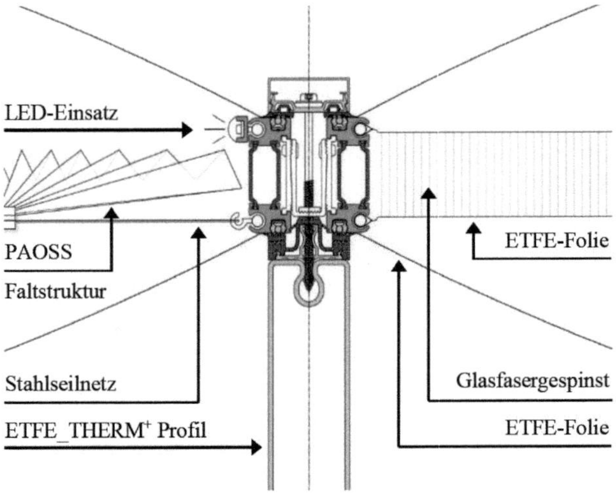

Abbildung 4: Doppelter Keder-Profileinsatz für ETFE_THERM$^+$ Profil mit Zwischenlagen PAOSS (links) und in ETFE-Folie gefasstes Glasfasergespinst (rechts)

4. Funktionale und gestalterische Hüllkonzepte für mehrlagige ETFE-Fassadensysteme

4.1 Passive Zwischenlagen

Durch ihre haptischen Materialqualitäten, ihre Transluzenz und ihre strukturierten Oberflächen besitzen textile Werkstoffe eine einzigartige ästhetische Wirkung, die sie von konventionellen in der Gebäudehülle Anwendung findenden Materialien unterscheidet. Als passive Isolationslagen bieten Textilgewirke und -gespinste sowohl funktionale als auch gestalterische Potenziale bei deren Einbindung als Zwischenlage in transparenten ETFE-Kissenfassaden. Abbildung 5 zeigt eine Auswahl textil- und folienbasierter Zwischenlagen zur wärme- und schallschutztechnischen Optimierung von ETFE-Fassadensystemen.

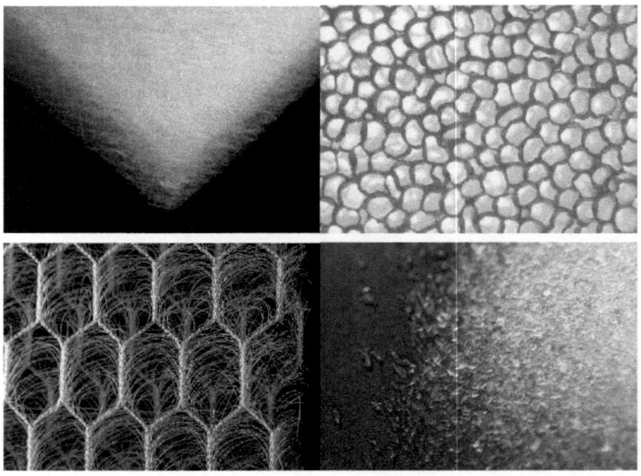

Abbildung 5: Transluzentes Glasfasergespinst (oben links), transparente Acrylglas-PMMA-Kapillarrohrmatte (oben rechts), monofilamentes PES-Abstandsgewirke (unten links), Aerogel-Schüttware (unten rechts), Quelle: raumprobe OHG.

Transluzente Glasfasergespinste werden mit einem lichtstabilen Kunstharz-Binder versehen und zu einem sehr leichten und lichtdurchlässigen Glasgespinst verarbeitet. Glasfasergespinste weisen aufgrund der eingeschlossenen, stehenden Luft eine vergleichsweise geringe Wärmeleitfähigkeit von ca. 0,1 bis 0,08 W/mK auf. Sie zeichnen sich durch eine Lichtdurchlässigkeit von ca. 36 bis 48 % bei hoher Lichtstreuung aus. Dies führt zu einer schlagschattenfreien und blendfreien Raumausleuchtung des einfallenden Lichtes. Im Sommer wird durch niedrigen g-Wert der Wärmeeintrag reduziert und damit ein Sonnenschutz ermöglicht. [13]

Kapillarsysteme mit transparenten Kapillarplatten auf Acryl-PMMA-Basis zeichnen sich durch eine hohe Lichttransmission mit partieller Durchsicht aus. Die Anpassung der Kapillarachsen sowie des Solareinfallswinkels erlaubt eine Anpassung der Energie- und Lichttransmissionswerte der Fassade an die jeweilige Nutzungssituation. Entlang der Kapillarachse ist partielle Durchsicht mit charakteristischen optischen Effekten gegeben, besonders bei größerer Entfernung des Betrachters vom Element.

Polyester (PES)-Abstandsgewirke sind zweischichtig aufgebaute 3D-Textilien, deren beide kettgewirkte Stoffflächen durch abstandshaltende Verbindungsfäden (Polfäden) auf Distanz gehalten werden. Die filigranen, textilen Gewirke eigenen sich als Füllstruktur beispielsweise für Aerogel-Schüttgut.

Die Einbindung der Zwischenlagen in das entwickelte, modulare Aluminium-Keder-Profil erfolgt durch deren Einbettung in Folienwerkstoffe gemäß Abbildung 6. Hierbei ist die Rückführ- bzw. Systemtrennbarkeit der Werkstoffe, die im Folienverbund eingebettet werden, zu beachten.

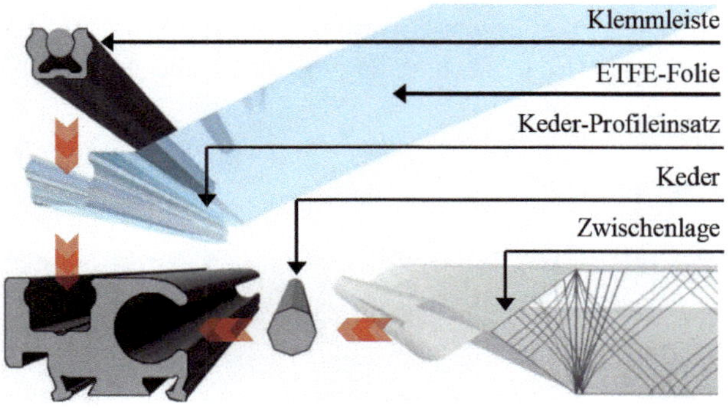

Abbildung 6: Prinzip-Skizze zur Einbindung von Zwischenlagen in den modularen Keder-Profileinsatz für das ETFE_THERM^{+} Profilsystem, Quelle: ILEK.

4.2 Adaptive Zwischenlagen

Textilien weisen eine besondere Leichtigkeit und Flexibilität bei klarer Formensprache auf, die sie für den Einsatz in beweglichen Fassadensystemen prädestiniert. Im Folgenden werden drei Konzepte für adaptive Zwischenlagen vorgestellt, welche mittels der entwickelten Profileinsätze für das ETFE_THERM^{+} System von RAICO modular in ETFE-Kissenkonstruktionen eingesetzt werden können.

Perforiertes, textiles 3D-Gestaltungselement

Öffnungen sind ein zentrales architektonisches Funktions- und Gestaltungselement zur Regulierung des Tageslichteintrags, der Belüftung sowie Akustik im Innenraum. Basierend auf den materialimmanenten Eigenschaften textiler Werkstoffe wurde ein Konzept zur Generierung innovativer Öffnungsgeometrien und -typologien auf Fassaden-Mikroebene entwickelt, welches Struktur und Material zu einer untrennbaren Einheit verbindet Abbildung 7).

Abbildung 7: Perforierte Membran unter Zugbelastung zur adaptiven Gestaltung der Fassaden-Mikroebene, Quelle: ILEK.

Durch Einbringen einer Zugkraft in einen perforierten Membranwerkstoff wird dieser in einen inneren Spannungszustand versetzt, woraus ein fein strukturiertes, dreidimensionales Öffnungsbild resultiert. Unter Nachlassen der Zugbelastung kehrt der Werkstoff in seinen ursprünglichen, geschlossenen Zustand zurück. Die Veränderung der haptischen und visuellen Materialeigenschaften erzeugt eine dynamische Oberflächenqualität, deren räumliche Wirkung durch die Verwendung lichtreflektierender Membranwerkstoffe maximiert werden kann.

Mittels parametrischer Designstudien wurden verschiedene Gestaltungsmöglichkeiten mit variierenden Schnittmustern, -größen und Schnittlinienkrümmungen analysiert sowie deren Anordnung in Bezug auf die geforderten Lichtverhältnisse, die Kraftrichtung, Spannungsverteilung und eventuelle Adjazenzen innerhalb der Membranfläche untersucht. Die Generierung der Öffnung erfordert eine Ausrichtung der Schnittlinien orthogonal zur Kraftrichtung. [14]

Zwischen der Öffnungsgröße und der Materialsteifigkeit des Membranwerkstoffs besteht ein direkter Zusammenhang: mit zunehmender Öffnungsgröße müssen Materialdicke bzw. -steifigkeit zunehmen, um die mit der Verformung zusammenhängende Spannung aufnehmen zu können. Als geeignete Werkstoffe identifiziert wurden orthotrope Werkstoffe wie PVC- oder PET-beschichtete Polyestergewebe und PTFE-beschichtete Glasfasergewebe wie auch isotrope Folienwerkstoffe wie ETFE, PVC, Aluminiumfolie etc. Gegenstand zukünftiger Untersuchungen wird der Vergleich isotroper und orthotroper Materialien sowie deren Optimierung darstellen.

Textilgebundenes Leuchtdiodensystem

Die Integration von Leuchtdiodenstreifen in paralleler Anordnung via Abstandstextilien eröffnet eine Vielzahl an Gestaltungsmöglichkeiten der Gebäudehülle im Innen- wie auch im Außenraum (Abbildung 8). Mittels individuell ansteuerbarer RGB-Leuchtdioden in Matrixanordnung können Lichteffekte, Text-, Bild- sowie Videodaten auf der Fassade abgebildet werden. Die äußere Hülle des Gebäudes kann demzufolge sowohl als Medien- und Kommunikationsfläche im Außenraum fungieren wie auch eine aktive Interaktionsfläche mit der Umgebung und den Nutzern darstellen. Im Innenraum können Konzepte zur Raumbeleuchtung integriert werden, welche auf die jeweilige Nutzungssituation reagieren.

Abbildung 8: Gestaltungsbeispiel eines LED-Textils, Quelle: ILEK.

Verwendet wurden LED-Streifen vom Typ Ws2812b. Diese unterscheiden sich von konventionellen Leuchtdiodensystemen durch ihren integrierten Schaltkreis, der eine direkte Ansteuerung einzelner LEDs ermöglicht. RGB-LEDs vereinen drei einzelne LED-Chips in den Farben Rot, Grün und Blau in einem Gehäuse. RGBW-LED können zusätzlich weißes Licht darstellen. Verbreitet ist die quadratische Bauform 5050 mit 5 mm Kantenlänge, welche auf LED-Streifen mit mehreren Metern Länge und unterschiedlich vielen RGBW-LEDs pro Meter aufgelötet sind. Die LED-Streifen werden in Matrix-Anordnung in ein Textilelement eingebunden.

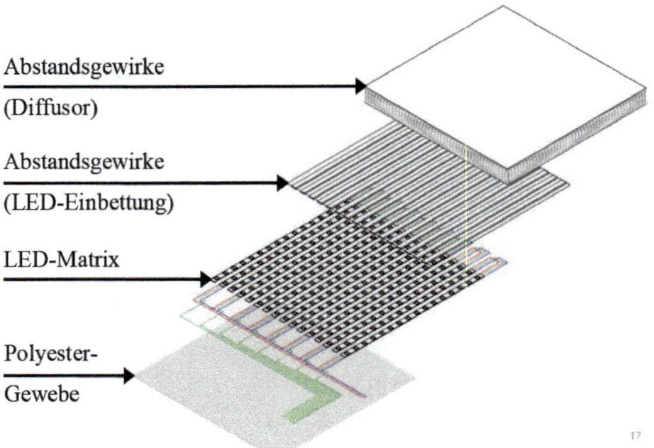

Abbildung 9: Systemaufbau eines textilgebundenen Leuchtdiodensystems zur Anwendung in ETFE-Pneukissenfassaden, Quelle: ILEK.

Abbildung 9 stellt den Aufbau des dreischichtigen Textilelements dar: Grundlage bildet ein dünnes Polyestergewebe, welches mit einem darüber liegenden Abstandsgewirke zur Einbettung der LED-Matrix vernäht wird. Das Abstandsgewirke verfügt über vertikale Einbuchtungen welchen einen Höhenausgleich zu den eingelegten LED-Streifen ermöglichen. Den äußeren Abschluss bildet ein weiteres Abstandsgewirke, welches als lichtdiffuse Schicht eine Lichtstreuung und damit Homogenisierung bei gleichzeitig maximaler Leuchtkraft der LED-Fläche ermöglicht. Durch das Vernähen der Stoffe wird eine Systemtrenn- und Austauschbarkeit sämtlicher Komponenten bei Reparaturbedarf oder Rückbaubedarf gewährleistet.
Zur Darstellung von Videos wird das Programm „Processing (Movie2serial)“ eingesetzt, welches Videodaten einliest und in Rohdaten mit weniger Pixeln umwandelt. Diese können durch den Microcontroller „Teensy“ an die einzelnen Pixel gesendet werden. Die Auflösung ist von der Anzahl der LEDs und der Fassadengröße abhängig.

PAOSS – Pneumatisch aktuierbares Origami Sonnen-Schutzelement

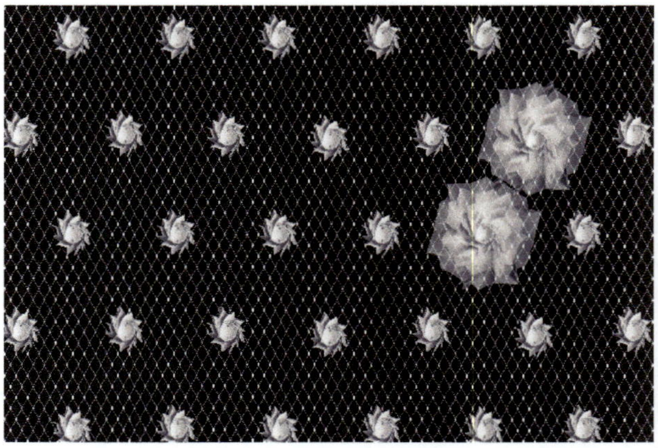

Abbildung 10: Selektiv, individuell angesteuerte PAOSS Elemente zur gezielten Blendungsvermeidung, Quelle: ILEK.

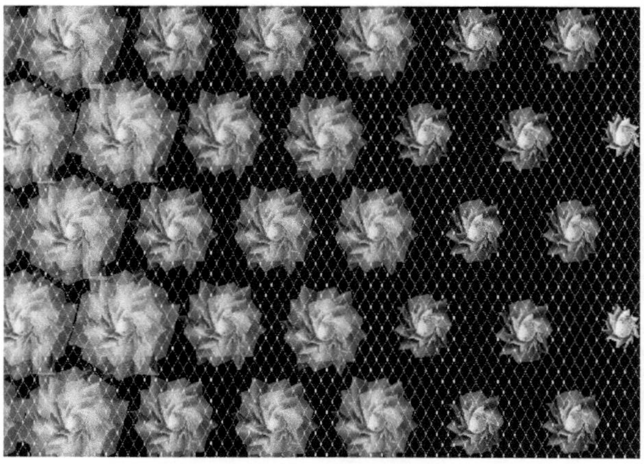

Abbildung 11: Gradiert geöffnete PAOSS Elemente zur Optimierung der Tageslichtführung im Innenraum, Quelle: ILEK.

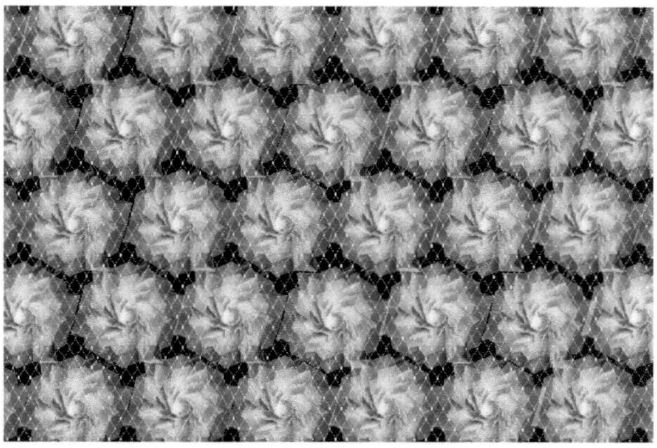

Abbildung 12: Vollflächige Öffnung der PAOSS Elemente zur Reflektion der Solarstrahlung und kompletten Verschattung des Innenraumes, Quelle: ILEK.

Die steigende Transparenz im Fassadenbereich verlangt nach neuartigen Sonnen- und Blendschutzkonzepten, die den Energiebedarf zur Innenraumkonditionierung auf ein Minimum reduzieren. Die Möglichkeit eine gegebene Fläche auf eine minimale, kompakte Form zu reduzieren macht textile Faltelemente vor dem Hintergrund einer adaptiven und selektiven Regulierung der Lichttransmissions- und Reflektionseigenschaften der Fassade zur Steigerung von Nutzer- bzw. Tageslichtkomfort und architektonischer Gestaltung der Gebäudehülle besonders interessant.

Die entwickelten pneumatisch aktuierbaren Origami-Sonnenschutzelemente – abgekürzt „PAOSS“ – verbinden die ästhetischen und materialimmanenten Qualitäten textiler Materialien mit den funktionalen Aspekten einer kontrollierten, adaptiven Lichttransmissionsregelung mittels integrierter, pneumatischer Komponenten.

Durch die Implementierung aktiver Komponenten kann eine gezielte, teil- oder vollflächige Regulierung der Licht- und Strahlungstransmission sowie der Rückstrahleigenschaften der Fassade erreicht werden. Am Tag reflektieren die geöffneten Origami-Faltstrukturen die eingestrahlte Sonnenenergie und verhindern eine Überhitzung des Innenraumes. Individuell, einzeln angesteuerte PAOSS-Elemente ermöglichen einen selektiven Blendschutz bei ausreichender Tageslichtversorgung des Innenraums. Im Falle einer sternenklaren Nacht reduzieren die entfalteten Elemente die Wärmeabstrahlung an den kalten Nachthimmel und damit das ungewollte Auskühlen des Gebäudes (Abbildung 10, Abbildung 11Abbildung 12).

Abbildung 13: Faltzustände der PAOSS von geschlossener (links) zu vollständig geöffneter Faltgeometrie (rechts), Quelle: ILEK.

Basisgeometrie der PAOSS bildet die für astrophysikalische Zwecke der amerikanischen Raumfahrtbehörde (NASA) entwickelte Origami-Faltgeometrie namens „Starshade“, die sich durch eine besonders hohe Differenz zwischen geschlossenem und geöffnetem Zustand auszeichnet. Die „Starshade“-Faltgeometrie wurde zur Erforschung von Exoplaneten im Weltall konzipiert, wo diese eine Blendung der NASA-Beobachtungseinheit durch hell scheinendes Sternenlicht vermeiden sollte. Der Raumtransport erforderte dabei eine maximale Kompaktheit und Leichtigkeit der Struktur im zusammengefalteten Zustand. [15], [16] Die Basisgeometrie wurde für den Einsatz im Fassadenzwischenraum vor dem Hintergrund einer reduzierten Bauteiltiefe, einer minimalen Komplexität sowie einer maximalen Flächendifferenz zwischen geöffnetem und geschlossenem Zustand optimiert (Abbildung 13).

Während die Öffnung konventioneller Faltsysteme über externe Zugkräfte erfolgt, welche eine Anordnung zusätzlicher, an der Fassade sichtbarer Seilkonstruktionen erfordern, wurde im Rahmen der PAOSS erstmalig die Integration einer radialen, pneumatischen Aktuierung untersucht. Analog zu der Funktionsweise einer Luftpfeife entfaltet sich das System durch Luftdruck während eine integrierte Spiralfeder die Rückstellwirkung bzw. das Zusammenfalten des Systems bewirkt. Eingesetzt werden mittels Jacquard-Technologie hergestellte, an einem Stück gewebte und luftdicht laminierte Taschengewebe, welche Kavitäten zur pneumatischen Aktuie-

rung wie auch zur Einführung der Spiralfedern aufweisen. Die Luftversorgung erfolgt über das Zentrum der Faltstrukturen. Die Pneumatikaktoren können additiv an den Faltstrukturen fixiert wie auch als Doppelgewebe in die textile Faltstruktur integriert werden. [17]
Die automatisierte Steuerung der PAOSS wird über die Erfassung von Beleuchtungsstärke und Blendung in dem zu beschattenden Raum erfolgen. Steigt oder fällt die Beleuchtungsstärke auf ein definiertes Niveau, gibt die Steuereinheit diese Information weiter, um die Luftzufuhr der einzelnen Antriebe über einstellbare Ventile selektiv zu öffnen oder zu schließen und somit eine ausreichende Tageslichtversorgung und einen Blendschutz durch die individuelle Einstellung einzelner PAOSS zu gewährleisten. Für eine individuelle Anpassung der Behaglichkeitsanforderungen wird eine manuelle Steuerung des Systems durch den Gebäudenutzer angeboten.

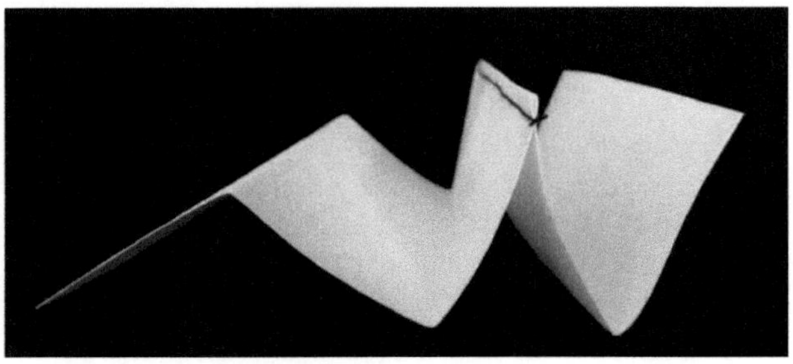

Abbildung 14: Formgedächtnis-Effekt durch Nähen oder Schweißen der Faltkanten, Quelle: ILEK.

Basierend auf spektralen Untersuchungen der Lichttransmissions-, -absorptions-, und -reflektionswerte textiler Werkstoffe im solaren und sichtbaren Wellenlängenbereich im Photospektrometer wurden Polyurethan-beschichtete Polyestergewebe, die bei geringer Materialdicke und geringem Flächengewicht eine ausreichende UV- sowie Brandbeständigkeit von B1 aufweisen, als geeignet identifiziert.
In Abhängigkeit von den materialimmanenten Eigenschaften, insbesondere der Materialsteifigkeit, wurden geeignete digitale und industrielle Fertigungsverfahren zur gezielten, spezifischen Funktionalisierung sowie zur Generierung des Gelenkeffekts der textilen Faltstrukturen untersucht. Thermische und mechanische Verfahren sind für die Erzeugung der Scharnierwirkung geeignet, da sie den Berg- und Talfalten im Vergleich zu subtraktiven (Perforation der Faltscharniere) oder additiven (3D-Druck der Flanschebenen) Fertigungsverfahren ein zusätzliches orientierendes Formgedächtnis verleihen, wie in Abbildung 14 ersichtlich. [18]

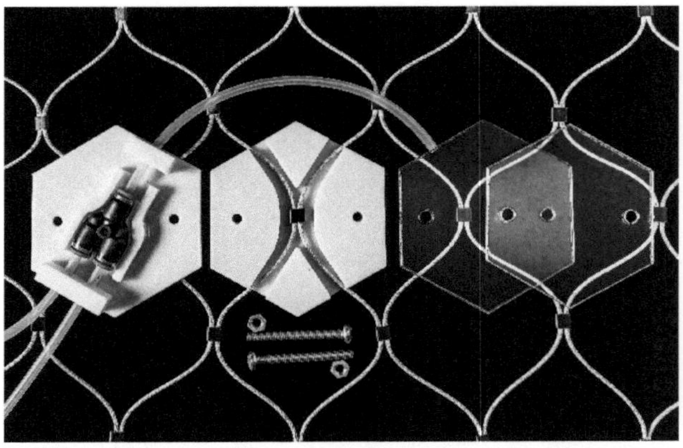

Abbildung 15: Befestigungselement der PAOSS an einem Edelstahlseilnetzsystem, Quelle: ILEK.

Die Fixierung und Positionierung der einzelnen Elemente in der Fassade kann an einem filigranen, vorgespannten Edelstahlseilnetzsystem erfolgen. Zur Fixierung der Faltelemente an der Unterkonstruktion wurden die in Abbildung 15 dargestellten, 3D-gedruckten Verbindungselemente entwickelt, welche eine Führung der Pneumatikleitungen beinhalten.

5. Fazit und Ausblick

Der vorliegende Beitrag eruiert die funktionalen und gestalterischen Potenziale, welche durch die Integration textil- und folienbasierter Zwischenlagen in überdruckstabilisierten ETFE-Fassadensystemen resultieren. In diesem Kontext wird die Entwicklung eines modularen Keder-Profileinsatzes für ein konventionell erhältliches Standard-ETFE-Rahmensystem vorgestellt. Dieses bildet die konstruktive Basis zum Entwurf mehrlagiger ETFE-Fassadensysteme, welche durch passive wie auch aktiv steuerbare, adaptive, Zwischenlagen eine präzise Anpassung an die klimatischen Randbedingungen und Nutzungsanforderungen erlauben. Es wird eine Varianz geeigneter passiver Zwischenlagen zur Steigerung der wärme- und schallschutztechnischen Eigenschaften der Gebäudehülle aufgezeigt; darunter in Folie eingefasste Glasfasergespinste, Aerogel-gefüllte Abstandsgewirke und Acrylglas-PMMA-Kapillarrohrmatten. Weiterer Themenschwerpunkt stellt die Entwicklung adaptiver Zwischenlagen mit dem Ziel der Veränderung des gestalterischen Erscheinungsbildes wie auch der gezielten Regulierung der Licht- und Energie-Transmissionseigenschaften der Fassade dar. Vorgestellt werden textile Konzepte in den Bereichen adaptive Farb- und Lichtgestaltung, materialimmanente Öffnungen sowie selektiver Sonnen- und Blendschutz. Die messtechnische Evaluierung und Quantifizierung der bauphysikalischen Potenziale der vorgestellten Entwicklungen obliegt der weiteren Forschungsarbeit in diesem Themenfeld.

6. Danksagung

Die in diesem Beitrag vorgestellten Untersuchungen wurden durch die Deutsche Forschungsgemeinschaft (DFG) – Projektnummer 279064222 – SFB 1244 gefördert. Die im Rahmen des Forschungsprojektes „Adaptive Membranfassaden“ gefördert von der Forschungsinitiative Zukunft Bau des Bundesamtes für Bauwesen und Raumordnung (BBSR) sowie des Projektes „FoilTex“ gefördert aus dem Zentralen Innovationsprogramm Mittelstand (ZIM) generierten Inhalte haben die Entwicklung mehrlagiger, pneumatisch stabilisierter ETFE-Fassadensysteme wesentlich vorangetrieben. Für die großzügige Unterstützung bedanken sich die Autoren herzlich bei den Fördermittelgebern sowie den folgenden Kooperationspartnern aus Industrie und Wirtschaft:
Carl Stahl Süd GmbH, Cobra Bandstahl GmbH, Dr. Zwissler Holding AG, Eschler Textil GmbH, Essedea GmbH & Co. KG, Global Safety Textiles GmbH, Raico Bautechnik GmbH, Versaidag Indutex GmbH

Literatur

[1] United Nations, „World Population Prospects: The 2018 Revision“, Department of Economic and Social Affairs, Population Division, 2018.

[2] United Nations, „World Urbanization Prospects: The 2018 Revision“, Department of Economic and Social Affairs, Population Division, 2018.

[3] „Statistisches Bundesamt 2020, Wohnungsbestand im Zeitvergleich“. Dez. 02, 2020.

[4] F. Krausmann u. a., „Global socioeconomic material stocks rise 23-fold over the 20th century and require half of annual resource use“, Proceedings of the National Academy of Sciences, Bd. 114, 2017.

[5] W. Sobek, „Die elektrische Stadt“, Bauingenieur - VDI-Bautechnik Jahresausgabe, Bd. 7, S. 7–12, 2015.

[6] W. Sobek, „Über die Gestaltung der Bauteilinnenräume“, in Festschrift zu Ehren von Prof. Dr.-Ing. Dr.-Ing. E.h. Manfred Curbach, S. Scheerer und U. van Stipriaan, Hrsg. Dresden: Institut für Massivbau, 2016, S. 62–76.

[7] W. Sobek, „Ultraleichtbau“, Stahlbau, Bd. 83, Nr. 11, S. 784–789, 2014.

[8] W. Sobek, Das erste Buch der Trilogie Non Nobis. AV Verlag Stuttgart/Ludwigsburg, 2021.

[9] W. Haase u. a., „Adaptive textile und folienbasierte Gebäudehüllen“, Bautechnik, Bd. 88, Nr. 2, S. 69–75, 2011.

[10] W. Haase u. a., „Adaptive mehrlagige textile Gebäudehüllen: mit Anl. 1. Recherchebericht: Beispiele zur konstruktiven Ausführung mehrlagiger gedämmter Membranbauwerke ; Anl. 2. Dokumentation: Simulationstool für mehrlagige Aufbauten“, Fraunhofer-IRB-Verl., Stuttgart, Forschungsbericht, 2011.

[11] W. Sobek, W. Haase, und P. Teuffel, „Adaptive Systeme“, Stahlbau, Bd. 69, Nr. 7, S. 544–555, Juli 2000.

[12] RAICO Bautechnik GmbH, „ETFE_THERM+ I FOLIE – Das erste seriell fertigbare ETFE-Fassaden-Baukastensystem“.

[13] Wacotech GmbH & Co. KG, „Herstellerinformation“. Aug. 02, 2021.

[14] M. P. Carvallo, „Textile openings“, Master Thesis, Illinois Institute of Technology, Chicago, 2011.

[15] M. Arya u. a., „Starshade mechanical design for the Habitable Exoplanet imaging mission (HabEx)“, 2017, S. 45. doi: 10.1117/12.2275086.

[16] D. Sigel, B. P. Trease, M. W. Thomson, D. R. Webb, P. Willis, und P. D. Lisman, „Application of Origami in Starshade Spacecraft Blanket Design“, New York, 2014.

[17] C. Eisenbarth, W. Haase, und W. Sobek, „Adaptive membrane façades“, 2019.

[18] C. Eisenbarth, W. Haase, Y. Klett, L. Blandini, und W. Sobek, „PAOSS : Pneumatically Actuated Origami Sun Shading“, JFDE, Bd. 9, Nr. 1, S. 147–162, Apr. 2021.

Systemlösungen für Außenwände in Stahl-Leichtbauweise

Vorortmontagetechnik, Elementebau, Integrative Fassaden

Dipl.-Ing. (FH) Kathrin Sräga
Knauf Gips KG, Iphofen, Deutschland

Zusammenfassung

Leichtbau, insbesondere Stahl-Leichtbau gehört zu den Schlüsseltechnologien des 21. Jahrhunderts. Als Leichtbauweise zählt der Trockenbau hier zu einer etablierten Montagebauweise aus Leichtbaumaterialien welche zu High-Performance Systemen für zusammengestellt werden können. In vielen Ländern der Welt ist die ökonomisch und ökologisch vielversprechende Bauweise Lightweight Steel Framing (LSF) bekannt und wird erfolgreich praktiziert. Bewährte Herstellungsverfahren wie Modulbau oder die additive Fertigung können die Art und Weise wie wir Gebäude errichten, nutzen und recyceln deutlich verändern. Mit Systemleichtbau ergeben sich nicht nur Material- und Gewichtseinsparungen, hohe Flexibilität und Leistungsfähigkeit, sondern auch anwendungsspezifische Vorteile durch Funktionsintegration. LSF Konstruktionen haben bis zu 75 % weniger Baumasse als Massivbauteile. Der Vortrag zeigt anhand von Praxisbeispielen Einsatzbereiche und gibt Einblick in Planung und Ausführung von Systemlösungen für Außenwände in Trockenbauweise welche die hohen Anforderungen an Gebäudehüllen erfüllen. Es werden dazu Konstruktionsarten und Eigenschaften erläutert.

1. Prolog

1.1 Leichtbau

Wenn es um die Zukunftsfähigkeit der Baubranche geht sind Innovationen wichtig. Im Bereich der Planungsprozesse passiert bereits einiges um mit der wachsenden Komplexität fertig zu werden. Bauprozesse bieten das größte Optimierungspotenzial.
Leichtbau gilt als Schlüsseltechnologie hierzu insbesondere in Punkto Nachhaltigkeit und Effizienz. Innovative Bauprozesse bzw. Herstellungsverfahren wie die Modul- bzw. Systembaubauweise und additive Fertigungen verändern Art und Weise, wie wir Gebäude planen, errichten, nutzen und recyceln deutlich.
Durch visionäre Pioniere wie Frei Otto† und Werner Sobek ist der Leichtbau in der Baukultur mit inspirierenden Ideen, Erkenntnissen und Projekten gefüllt worden.

„Leichtbauweise ist eine Konstruktionsphilosophie Minimales Gewicht bei maximaler Stabilität" Frei Otto 1925 – 2015, Architekt und Pionier der Leichtbauweise

1.2 Grundlagen

- konstruktiver Leichtbau durch konstruktive Maßnahmen
- Trennung tragende Struktur und nichttragender Ausbau
- Primärkonstruktionen in Skelettbauweisen, in Stahlbeton bzw. Stahl
- Einsatz energieeffizienter innovativer Wandsysteme mit geringem Gewicht und hohem Recyclingpotenzial
- Dünnwandige Konstruktion mit hohen bauphysikalischen Eigenschaften
- Einsatz von Leichtbaumaterialien mit hohen spezifischen Eigenschaften (z. B. Aluminium, Faserverbundwerkstoffe)
- Entscheidend Entwurfs- und Konstruktionsphase

Hier in Deutschland ist der Massivbau noch stark verankert. Durch Leichtbaukonstruktionen lassen sich am Bau nicht nur große Mengen Baustoffe einsparen.
Der Trockenbau ist eine Montagebauweise und zugleich eine Leichtbauweise. Leichtbaumaterialien wie Faserverbundstoffe, Leichtbauplatten, Dämmstoffe, Hightech-Folien, Metallprofilen sind zu High-Performance-Systemen zusammenstellbar. Aufgrund von Leichtbaumaterialen

wie Zementbauplatten können nicht nur System für den Innenausbau, sondern auch Bauteile wie Gebäudehüllen in Trockenbautechnologie erstellet werden welche die hohen bauphysikalischen Anforderungen und Witterungsbeständigkeit hier erfüllen. Zementbauplatten auch als Textilbeton bekannt sind mittlerweile in der ganzen Welt in zahlreichen Anwendungen im Einsatz.

„Das Bauen der Zukunft benötigt zwingend eine Integration von Engineering, Design und Nachhaltigkeit im urbanen Raum", Prof. Werner Sobek, Gründer Institut Für Leichtbau

Zunehmende Komplexität in der Fassadentechnologie und hohe Anforderungen zu Themen wie Energieeffizienz, Nutzerkomfort, Nachhaltigkeit, Individualisierung und Sanierung erfordern neue Konzepte und Methoden zu Planungsstrukturen und Kommunikationsprozessen bei der Bauausführung. Dabei spielen Wirtschaftlichkeitsargumente wie rascher Baufortschritt, Nutzflächenmaximierung und Flexibilität eine große Rolle. Moderne Technologien und Baustoffe bieten hier Lösungen. Durch Außenwände als Systemlösungen in Trockenbautechnologie als Leichtbauweise, ergeben sich nicht nur Gewichts Einsparungen, sondern auch anwendungsspezifische Vorteile durch Funktionsintegration und neue Möglichkeiten des Entwerfens.

1.3 Fassadentechnik in Leichtbau

- Teil der Gebäudetechnik
- Zukunftsweisende leistungsstarke Außenwandsysteme in Stahl-Leichtbauweis
- Innovative Systemvarianten in Trockenbautechnologie
- Schlank, leicht, stabil und vielseitig
- Mit hoher Wirtschaftlichkeit, Nachhaltigkeit und bauphysikalischen Eigenschaften
- Leistungsfähig in Schall-, Wärme-, Brandschutz und Erdbebensicherheit bei Erfüllung aller Bautechnischer Regelungen
- robust + Witterungsbeständig
- Symbiose von Funktion + Design

1.4 Optimale Anwendung Hybridbau

- Trennung Tragende Struktur + Nichttragende Außenwände
- Gebäudetragwerk in Skelettbau + Ausbau und Ausfachung mit Stahl-Leichtbau als Trockenbausysteme
- Fassaden in Leichtbauweise in Trockenbautechnologie in Vorfertigung bzw. Vorortmontagetechnik

1.5 Lightweight Steel Framing (LSF)

- Stahlkonstruktionen aus dünnwandigen kaltgeformten Stahlprofilen werden auch als Lightweight Steel Framing (LSF) bezeichnet.
- Verzinktes Stahlblech ist das Ausgangsmaterial kaltumgeformter Stahlprofile, verzinkt oder beschichtet um Korrosion zu verhindern . Stahl bietet aufgrund des hohen Festigkeits-Gewichts-Verhältnisses hervorragende Designflexibilität, große Spannweiten und hohe Belastbarkeit durch Windkraft und Erdbeben.
- Stahlkonstruktionen können so entworfen werden, dass sie hervorragende thermische und akustische Eigenschaften bieten. Wärmebrücken können durch thermische Trennung vermieden werden. Dünne Bleche aus verzinktem Stahl können zu Stahlständern zur Verwendung als tragendes oder nichttragendes Baumaterial für Außen- und Trennwände in Wohn- und Gewerbebauten eingesetzt werden.

2. Vorstellung Systeme

Systemlösungen für Außenwände in Stahl-Leichtbauweise als anwendungsfertige Typenkonstruktionen welche die hohen Anforderungen an Gebäudehüllen erfüllen. Ausgeführt in Trockenbautechnologie als Vor-Ort-Montage bei Neubauten, Sanierungen, Nachverdichtungen und Integrativen Fassaden. Qualitätssicherung durch Ausführungen geprüfter Systeme.

2.1 Systemkomponenten

- Äußere ständerebene zur Lastabtragung wind- und eigenlast 1 mm CW Fassadenprofil in c3 mit Winkel zur Befestigung von fuß- und kopfpunkt.
- Innere ständerebene zur raumseitige Luftdichtheit und Absturzsicherheit nach DIN 18183-1, 0,6 mm CW, UA und UW Profilen
- Beplankung innenseitig Gipsplatten z.B. Diamant, Fireboard oder massivbauplatten je nach Anforderungen bis f90
- Beplankung Außen zementgebundene Trägerplatte beidseitig mit Glasgittergewebe armiert, witterungs- und wasserbeständig, trocken biegbar und das entsprechende Zubehör zur Oberflächenbeschichtung
- Dämmung in der äußere und innere schale und ungestörte thermische Zwischendämmung der ständerebenen aus Mineral- und Steinwolle Dämmstoffen
- Das Luftdichteschichtsystem auf der Innenseite aus einer dampfbremsbahn und entsprechenden Zubehör.

2.2 Eigenschaften und Performance

- Gewicht ≤ 70-80 Kg/M²
- Schallschutzwerte Rw,R ≥ 70 db
- U-Werte ≤ 0,20 W/(M2k)
- Wandstärke ≤ 33 Cm
- Baustoffklasse A1
- Nicht Brennbare Konstruktionen

2.3 Konstuktionstypen

- Einfach- und Doppelständerkonstruktionen als eingestellte oder vorgestellte Montage
- Variable Oberflächen wie Putz, Klinker, Keramik etc. auf Trägerplatte aus Zement als Außenbeplankung, bzw. Kombination mit Vorgehängter Hinterlüfteter Fassade sowie Einfachständerkonstruktion + Warm-Wand Plus System aus Mineralwolle.

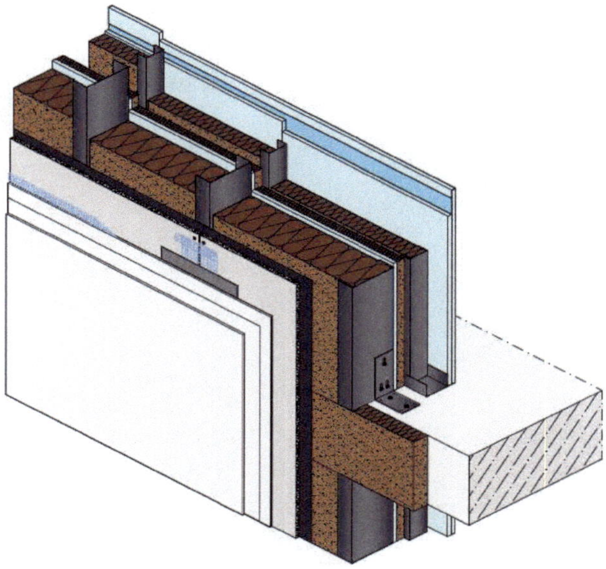

Doppelständerkonstruktion eingestellte Montage mit verputzter Fassade auf Außenbeplankung aus Zementbauplatte

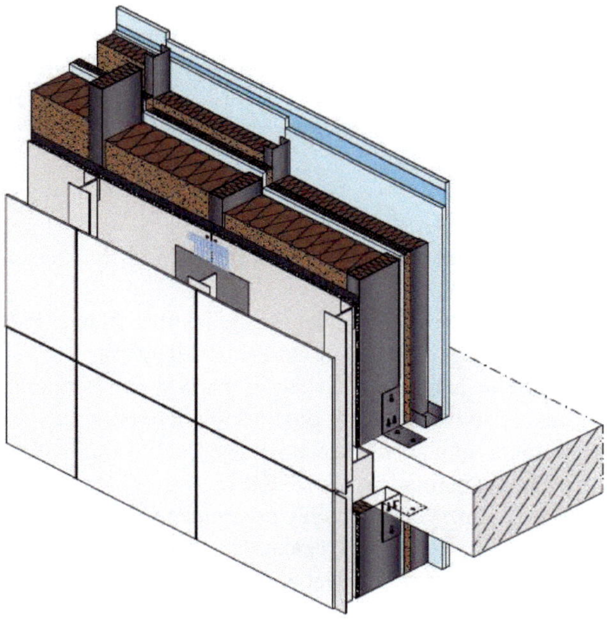

Doppelständerkonstruktion eingestellte Montage + VHF

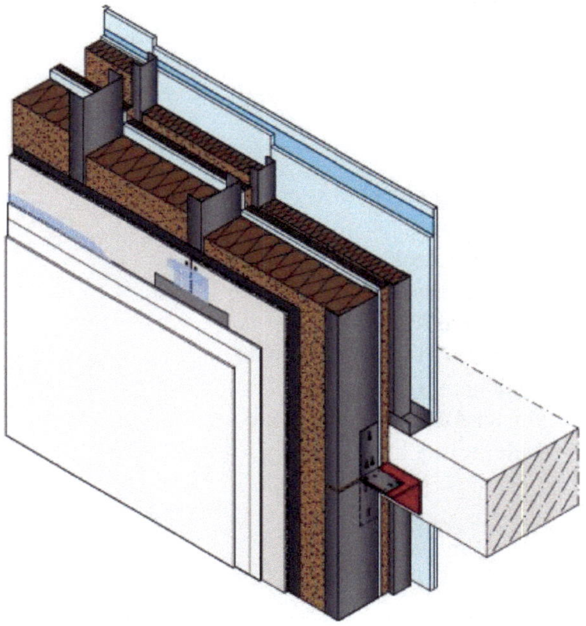

Doppelständerkonstruktion vorgestellte Montage mit verputzter Fassade auf Außenbeplankung aus Zementbauplatte

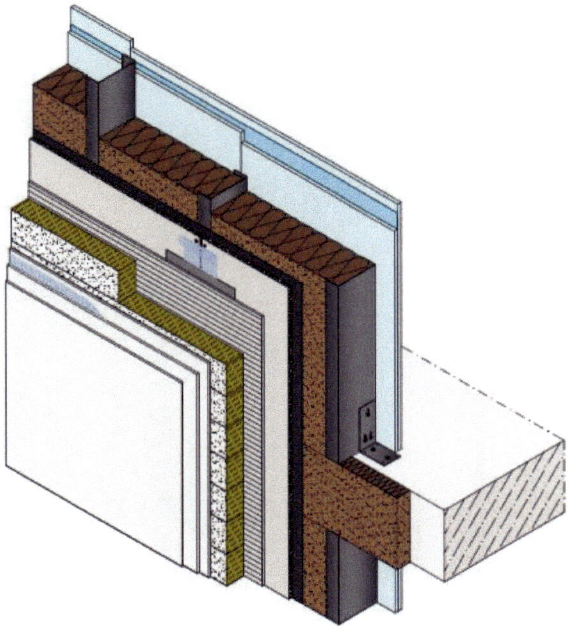

Einfachständerkontruktion mit + WarmWand Plus System aus Mineralwolle Montage mit verputzter Fassade auf Außenbeplankung aus Zementbauplatte

2.4 Planungstools

- Vorbemessungen, Musterstatiken
- Regeldetails
- Schallschutznachweis
- Thermische Analysen
- Taupunktermittlungen
- Wärmebrückenberechnungen
- Systemempfehlungen
- Muster Ausschreibungstexte
- Richtpreiskalkulationen

2.5 Ziele im Bauablauf:

- Möglichst kurze Gesamtbauzeit
- Meilenstein „Hülle dicht" möglichst früh im Bauprozess als Start der Ausbaugewerke
- Reduktion von Baustellenvorhaltekosten
- Reduktion von Gerüststandzeiten
- Möglichst wenig kritische Schnittstellen zwischen Gewerken
- Paralleles Arbeiten ohne gegenseitige Behinderung

2.6 Mehrwerte

- Hohe Stabilität, Geringes Eigengewicht
- Schlanke Konstruktion
- Optimierte Tragwerkskonstruktion
- Gestaltungsfreiheit, Einsatz bei Gebäuden mit gekrümmten mehrdimensionalen Fassaden.
- Luftdichte Gebäude mit hoher Energieeffizenz
- Nicht Brennbare Systeme, F30 - F90
- Erdbebensicherheit: 2-Fache Höhere Duktilität als Massivbau durch geringes Gewicht und Statische Eigenlast sowie positives Verformungsverhalte
- Wirtschaftlichkeitsargumente wie rascher Baufortschritt, Nutzflächenmaximierung und Flexibilität
- Wirtschaftlichkeits- und Mehrwertstudie an Hand vom Beispielprojekten Projekten

2.7 Nachhaltigkeit

- 75% weniger Baumasse, 20% weniger Primärenergie und 50% weniger Treibhausgas Co2 Emissionen als bei Herstellung in Massivbau
- Niedrigere Transport- und Energiekosten durch leichtes Gewicht
- Wassereinsparung aufgrund Trockenbauweise

2.8 Bauzeit und Baustellenlogistik

- 40 % weniger Rohbaukosten
- Zeitersparnis gegenüber herkömmlichen Bauweisen von ca. 3 Wochen
- schnellere Schließung der Gebäudehülle: frühzeitigerer Baubeginn für Folge-und Ausbaugewerke
- Schnelle Montage: Kosteneinsparung im Vergleich zu Massivbau 17–25% durch schnellere Bauzeit
- Reduzierung Vorhaltezeit Baugerüst von 2–3 Wochen: Ersparnis von 18% – 24%.
- Der Einsatz von Trockenbausystemen für die Außenfassade verkürzt die Trockenzeit der Bauphase.
- Weniger Energie zur Gebäudetrocknung notwendig.

2.9 Bauunterhaltung und Lebenszyklus

- Umbauten können bei Leichtbauweisen einfach durchgeführt werden.
- Cradle To Cradle: Die Fassade ist am Ende ihres Lebenszyklus selektiv zu demontieren. Es entstehen keine Verbundsysteme durch Klebungen etc.
- Dadurch können z.B. je nach technischem Fortschritt neue Dämmungen eingelegt werden und die Fassade erneut im Leichtbau geschlossen werden

2.10 Rentabilität

- Mietsteigerung durch Flächengewinn von 1,14%-3,34 % möglich
- Verkürzung der Bauzeit ermöglicht schnellere Vermietbarkeit und einen früheren Return of Investment.
- Fungibilität: Umbau und Umnutzung bei späterem Funktionswechsel einfach möglich, größere Sicherheiten gegen Ausfallrisiken bei Kreditgebern

2.11 Baurechtliche Situation

- Errichtung nichttragender Außenwände lt. Bauregelliste A Teil 3 des DIBT
- Bei Planung und Bemessung technischen Regeln Teil I Liste der Techn. Baubestimmungen.
- Ein Projektbezogener Standsicherheitsnachweis und Bauphysikalische Nachweise zu Wärme-, Schall-Brandschutz sind im Zuge der Ausführung zu erbringen.

3. Montagetechniken

3.1 Bauablauf / Baulogistik

Die Montage der Außenwände werden in der Regel von einem Gewerk bzw. Hauptauftragnehmer übernommen.
Dadurch ergeben sich weniger Gewerkeschnittstellen und der Koordinierungsaufwand wird geringer. Durch den Transport geringerer Baumassen für die Fassade, ist die Baustellenlogistik einfacher, da kein schweres Gerät benötigt wird. Die Qualifizierung des Fachunternehmers für diese Bauweise eine tragende Rolle.

3.2 Vorfertigung

Die Art der Profiltechnik bestimmt über die Möglichkeiten zur Vorfertigung bzw. Teilvorfertigung bzw. Halbzeugfertigung. Vorfertigung ganzer Bauteile kommt hauptsächlich im Modulbau zur Anwendung. Wie hier an dem Beispiel zu sehen wird die komplette Fassadenelemente im Werk vorgefertigt und in die Fassade in Stahl-Leichtbau eingehängt.
Bei der Halbzeugfertigung werden Bauteile kombiniert aufgrund der Gegebenheiten zur Montage. Bei Fassaden ist es meist die äußere Schale welche in Vorfertigung als Element eingehoben und von außen montiert wird. Die innere Luftdichte Schicht der Außenwand aber als Vor-Ort Montage ausgeführt werden muss.

Beispiel: Südpark Basel von Architekten Herzog de Meuron, Zürich, Ausführung Fassade Erne AG Schweiz, Fassadensystem Cocoon Transformersystem in Stahl-Leichtbau

3.3 Vorort-Montage

Logistische Gegebenheiten erfordern die komplette Vor-Ort-Montage der Leichtbaufassade

Verlegepläne zur Außenwand als Montageplan unterstützen eine sichere Kalkulation und Ausführung

Montage von außen nach innen: Trockenbautechnologie in Verbindung mit Fassaden und Metallbau

Den Raumabschluss bildet die innere Schale der Außenwand Konstruktion mit der Luftdichten Schicht

4. Case Studies

4.1 Neubau - Cloud no 7 Stuttgart

Besondere Anforderung: Gewichtsreduzierte Gebäudehülle da kein tragender Baugrund mit Pfahlgründung. Hohe Leistungsperformance in Schallschutz da an stark befahrenen mehrspurigen Fahrbahnen in der Innenstadt und hohe Brandschutzanforderungen in Teilbereichen der Fassade F90.

4.2 Sanierung - Flowtower Köln

Besondere Anforderung: Bestehender Stahlbeton-Skelettbau auf Stelzen soll erhalten bleiben. Daher gewichtsreduzierte anpassungsfähige Lösung für opaken Fassade ohne statische Ertüchtigung. Konkave und Konvexe Krümmungen der Fassaden sollten durch ein flexibles System einfach umsetzbar sein.

4.3 Integrativer Fassade - Vauban Freiburg

Anforderung: Nachhaltiger Neubau mit integrierter Haustechnik in einer luftdichten Fassade. Hoher gestalterischer Anspruch und Flexibilität in der Ausführung da gefalteter Grundriss. Hoher Schallschutz an stark befahrener Straße und hohe Auflagen zum Wärmeschutz für KfW55.

5. Trends

Digitalisierung bestimmt auch 2021 die Baubranche
BIM steht in den Startlöchern, Construction Intelligence betitelt die Idee, Entscheidungen auf der Basis von Daten statt von Bauchgefühl zu treffen. Lean Construction Management ist auf dem Vormarsch
Leichtbau hat sich in den letzten Jahren konstant in der Baubranche gefestigt und ist ein ganz klarer Bautrend in 2021.

6. Ausblick und Fazit

Innovative Bauweisen schlagen zwei Fliegen mit einer Klappe: Nachhaltigkeit und Wirtschaftlichkeit. Sie bieten die Chance einer besseren Reputation am Markt und Zugeständnis einer hohen Kompetenz, sind aber nicht leicht durchzusetzen. Größte Hürde ist nicht die technologische Machbarkeit wie hier aufgezeigt. sondern die konservative Einstellung und strukturelle Aufstellung der Baubranche. Es fehlen qualifizierte Firmen. Gewerke und Vergabesystem ist reformierungsbedürftig. Sind Innovationen am Markt, müssen noch Anpassungen gemacht werden was die Entwicklungszeit deutlich verlängert. Chance ist, wenn Beteiligte in der Wertschöpfungskette sich besser verstehen lernen und Ihre Prozesse abstimmen.

7. Bild- und Textquellen

Knauf Gips KG, Knauf Aquapanel GmbH & Co. KG, Bauökonomische Analyse Prof. Dr.-Ing. Architekt Bert Bielefeld, Stahl-Leichtbau mit Knauf/Cocoon Systemlösungen

TAE

Material
Stahl, Glas

Dünnglas-Polycarbonat-Verbundtafeln im Einfach- und Isolierglas

Univ.-Prof. Dr.-Ing. Thorsten Weimar
Universität Siegen, Lehrstuhl für Tragkonstruktion, 57068 Siegen, Deutschland

Zusammenfassung

Die Kombination von Dünnglas mit Polycarbonat bietet durch schlankere Querschnitte verbunden mit geringerem Eigengewicht eine leistungsstarke Alternative zu konventionellem Verbundsicherheitsglas aus einem Glas-Verbund, insbesondere im Bereich der Sicherheitssonderverglasungen. Am Lehrstuhl für Tragkonstruktion der Universität Siegen werden gemeinsam mit dem Unternehmen SiLATEC Sicherheits- und Laminatglastechnik GmbH aus Gelting die Dünnglas-Polycarbonat-Verbundtafeln zunächst als Einfachglas und anschließend als Dreischeiben-Isolierglas entwickelt. Der Verbund aus Dünnglas und Polycarbonat erreicht für das Einfachglas sowie durch die erstmalige Aktivierung aller Schichten für die Angriffhemmung auch für das Dreischeiben-Isolierglas die höchste Widerstandsklasse P8B gegen manuellen Angriff verbunden mit einer deutlichen Reduzierung des Eigengewichts unter Erfüllung der aktuellen Anforderungen an den Wärmeschutz. Dadurch reduzieren sich für diese Sicherheitssonderverglasungen die Gesamtdicke sowie der Wärmedurchgangskoeffizient im Vergleich zu üblichen Lösungen.

1. Einleitung

Glas ist in der Gebäudehülle ein elementarer Bestandteil und steht in der Architektur für Modernität und Leichtigkeit. Bereits 1981 stellt Mike Davies das bislang unerreichte Konzept einer polyvalenten Wand als Vision einer adaptiven, multifunktionalen Fassade vor. [1] Über das Zusammenspiel verschiedener Funktionsschichten zwischen zwei Glastafeln soll sich die Verglasung regulierend den Bedürfnissen anpassen. In Anlehnung an das Konzept dieser polyvalenten Wand lassen sich die Anforderungen heutiger Fassaden in Brand-, Schall-, Sonnen- und Wärmeschutz sowie Energie, Gestaltung, Medien und Sicherheit unterteilen.
Die aus der Transparenz der Gebäudehülle resultierenden Verglasungen führen allerdings häufig zu großformatigen Abmessungen mit erhöhten Anforderungen, vor allem im Bereich des Wärme- und Schallschutzes, aber auch der Sicherheit, die meistens nur noch Mehrscheiben-Isoliergläser unter Verwendung von Verbundsicherheitsgläsern erfüllen. Dies führt zunehmend zu dickeren Querschnitten mit hohem Eigengewicht. Verbundtafeln aus unterschiedlichen, transparenten Materialien, wie beispielsweise Dünnglas und Polycarbonat, ermöglichen dazu eine Optimierung hinsichtlich der gewünschten Eigenschaften.

2. Verbund aus Dünnglas und Polycarbonat

Die kontinuierliche Entwicklung in der Herstellung von Dünnglas schafft die Voraussetzungen für zusätzliche Einsatzgebiete über die ursprüngliche Verwendung als Sonderglas in der Medizin- oder der Elektrotechnik hinaus. Neben der günstigen Eigenschaft einer hohen Oberflächenhärte bietet Dünnglas auch ein niedriges Flächengewicht. Allerdings ergibt sich durch die dünnen Nenndicken nur eine geringe geometrische Steifigkeit, die bei einer Anwendung als biegebeanspruchtes Bauteil zu sehr hohen Verformungen führt. Häufig wird die charakteristische Festigkeit durch eine Vorspannung, bei der die Glasoberfläche unter Druckspannung steht, erhöht.
Eine mögliche Reduktion der hohen Verformungen besteht in dem Verbund mit Polycarbonattafeln. Mit baurelevanten Abmessungen führt der Verbund aus dem spröden Dünnglas mit dem duktilen Polycarbonat beispielsweise zu innovativen Verbundtafeln im Bereich der Sicherheit. Als Thermoplast weist Polycarbonat eine hohe Schlagzähigkeit, ein niedrigeres Flächengewicht sowie eine hohe Transparenz auf, aber auch eine hohe Kratzempfindlichkeit und eine Unbeständigkeit gegenüber ultravioletter Strahlung. Diese Nachteile können durch äußere Dünngläser sowie einer verbindenden Zwischenschicht mit entsprechenden UV-Blockern kompensiert werden. Eine Dünnglas-Polycarbonat-Verbundtafel besteht deshalb aus zwei äußeren Dünnglastafeln und mindestens einer inneren Polycarbonattafel, die über eine polymere Zwischenschicht aus einem thermoplastischen Polyurethan laminiert sind. In Tabelle 1 sind die relevanten Materialkennwerte angegeben.
Als Alternative zu konventionellem Verbundsicherheitsglas sind von den Dünnglas-Polycarbonat-Verbundta-

feln die Anforderungen an die passive Sicherheit nach Glasbruch, wie beispielsweise die Resttragfähigkeit, die Begrenzung von Öffnungen und die Vermeidung von Schnittverletzungen durch Splitterbindung, einzuhalten. [5] Einen weiteren wesentlichen Aspekt für Verbundsicherheitsglas stellen die Nachweise für die Anforderungen an die klimatische Beständigkeit der Zwischenschicht dar, die bei hoher Temperatur, in der Feuchte und unter Bestrahlung nachgewiesen werden. [6] Die Prüfung des Verbunds für die mechanische Beständigkeit erfolgt mit dem Kugelfall- sowie dem Pendelschlagversuch. [7, 8]
Sicherheitssonderverglasungen, auch angriffhemmende Verglasungen genannt, setzen mit den zusätzlichen Anforderungen an die aktive Sicherheit dem gewaltsamen Einwirken einen bestimmten Widerstand mit dem Ziel der Verhinderung des unerlaubten Angriffs entgegen. Diese Sicherheitssonderverglasungen werden in Widerstand gegen manuellen Angriff [9], gegen Durchschuss [10] oder gegen Sprengwirkung [11] unterschieden. In Bild 1 ist eine Dünnglas Polycarbonat-Verbundtafel mit der Widerstandsklasse P8B gegen manuellen Angriff im Vergleich zu einer Sicherheitssonderverglasung aus Glas-Verbund derselben Widerstandsklasse dargestellt.

Bild 1: Dünnglas Polycarbonat-Verbundtafel mit Widerstandsklasse P8B gegen manuellen Angriff (rechts) im Vergleich zu einer Sicherheitssonderverglasung aus Glas-Verbund der gleichen Widerstandsklasse (links).

3. Trag- und Resttragverhalten

In Anlehnung an den Vierpunkt-Biegeversuch [12] zur Bestimmung der Festigkeit von Flachglas werden die Dünnglas-Polycarbonat-Verbundtafeln untersucht. Dadurch ergeben sich Rückschlüsse auf das Trag- und Resttragverhalten sowie der Schubübertragung des Laminats. Die Betrachtung des Tragverhaltens im intakten Zustand und des Resttragverhaltens im planmäßig zerstörten Zustand der Dünngläser zeigen einen teilweisen Schubverbund innerhalb der Verbundtafel. Dazu werden neben der Verformung in Plattenmitte und der Belastung auch an jeder Grenzfläche die Dehnungen in Längs- und Querrichtung gemessen. In Bild 2 ist eine Dünnglas-Polycarbonat-Verbundtafel im Vierpunkt-Biegeversuch zur Untersuchung des Trag- und Resttragverhaltens sowie zum Vergleich eine Dünnglastafel Optiwhite mit sehr hoher Verformung schon unter Eigenlast dargestellt.

Bild 2: Dünnglas Polycarbonat-Verbundtafel (oben) im Vierpunkt-Biegeversuch zur Untersuchung des Trag- und Resttragverhaltens sowie zum Vergleich eine Dünnglastafel Optiwhite (unten) mit sehr hoher Verformung.

Mit steigender Nenndicke der Polycarbonattafel verringert sich der Anteil der äußeren Dünnglastafeln an der Lastabtragung. Im planmäßig zerstörten Zustand beider Dünngläser zeigt das Laminat ein günstigeres Resttragverhalten im Vergleich zu Polycarbonattafeln ohne Verbund. Bild 3 stellt die Ergebnisse zur Untersuchung des Trag- und Resttragverhaltens von Dünnglas-Polycarbonat-Verbundtafeln mit dem Dünnglas Optiwhite und variabler Nenndicke des Polycarbonats von 4 mm, 8 mm und 12 mm im Vergleich zu monolithischen Polycarbonattafeln dar. [13, 14] Es treten allerdings bereits bei geringen Lasten hohe Verformungen auf. Die Verbundtafeln eignen sich deshalb vor allem als Vertikalverglasung mit hohen Zusatzanforderungen an die Sicherheit, wie beispielsweise als absturzsichernde Verglasung sowie als angriffhemmende Verglasung.

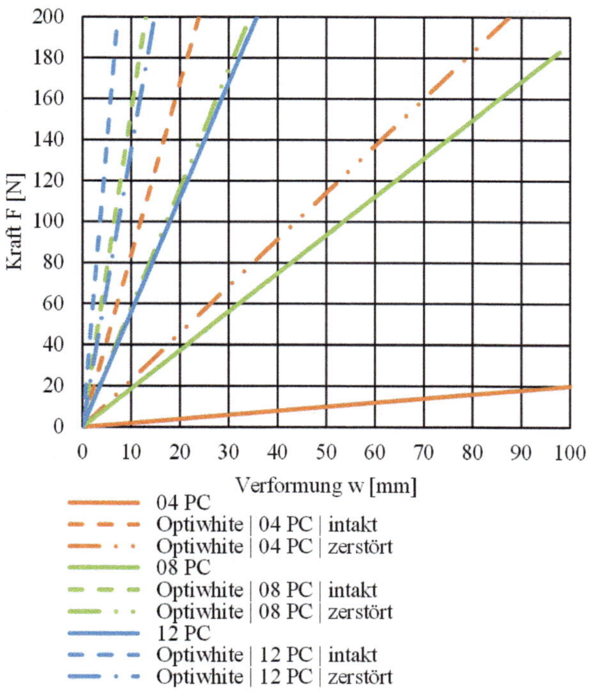

Bild 3: Ergebnisse zur Untersuchung des Trag- und Resttragverhaltens von Dünnglas-Polycarbonat-Verbundtafeln mit dem Dünnglas Optiwhite und variabler Nenndicke des Polycarbonats von 4 mm, 8 mm und 12 mm im Vergleich zu monolithischen Polycarbonattafeln.

Bild 4 zeigt eine mögliche Anwendung der Dünnglas-Polycarbonat-Verbundtafeln mit einem hohen Widerstand gegen manuellen Angriff. Der nachträgliche Einbau der Sicherheitssonderverglasung erfüllt die hohen Anforderungen an die Sicherheit und passt sich mit dem niedrigen Eigengewicht den gegebenen Randbedingungen des Bestandsbaus optimal an.

Bild 4: Mögliche Anwendung einer angriffhemmenden Dünnglas-Polycarbonat-Verbundtafel als Vertikalverglasung zur nachträglichen Ertüchtigung der Sicherheit bei Bestandsbauten.

4. Eigenschaften als Einfachglas

Die Dünnglas-Polycarbonat-Verbundtafeln weisen bereits als Einfachglas günstigere Eigenschaften als eine herkömmliche Sicherheitssonderverglasung mit gleicher Widerstandsklasse auf. In Tabelle 2 werden die Ergebnisse der Untersuchungen zu den Dünnglas-Polycarbonat-Verbundtafeln mit aktuell am Markt erhältlichen Sicherheitssonderverglasungen aus Glas-Polycarbonat-Verbund und aus Glas-Verbund mit der höchsten Widerstandsklasse P8B gegen manuellen Angriff gegenübergestellt.
Die Verwendung von Dünnglas ermöglicht eine Reduktion der Nenndicke um 45 % von 36 mm bei Glas-Verbund auf 20 mm sowie des Eigengewichts um 65 % von 80 kg/m^2 auf 28 kg/m^2. Die Messung des Luftschalldämm-Maßes zeigt, dass sich trotz des geringeren Eigengewichts der Kennwert lediglich um 1 dB verringert. Das innenliegende Polycarbonat weist eine um den Faktor 5 geringe Wärmeleitfähigkeit als Glas auf. Dadurch verbessert sich der Wärmedurchgangskoeffizient im Vergleich zu herkömmlichen angriffhemmenden Verglasungen.
Eine Dünnglas-Polycarbonat-Verbundtafel als Sicherheitssonderverglasung mit der höchsten Widerstandsklasse P8B gegen manuellen Angriff bietet dadurch bereits als Einfachglas eine Alternative beispielsweise für den nachträglichen Einbau in Bestandsbauten bei reduzierter Nenndicke und geringerem Eigengewicht. Die Weiterverarbeitung von Dünnglas-Polycarbonat-Verbundtafeln zu einem Mehrscheiben-Isolierglas ist naheliegend und führt zusätzlich zu einer Verbesserung der Eigenschaften bezüglich Wärme- und Schallschutz.

5. Mehrscheiben-Isoliergläser mit Angriffhemmung

Die aktuellen Vorgaben an den Wärmeschutz führen allgemein zu einem erhöhten Bedarf an Dreischeiben-Isoliergläsern. Mit dem zusätzlichen Scheibenzwischenraum werden günstigere Werte für den erforderlichen Wärmedurchgangskoeffizienten erzielt. Allerdings steigt mit der zusätzlichen Glasschicht auch ohne weitere Funktionen das Eigengewicht und führt zu erhöhten Anforderungen an die Unterkonstruktion.
Mit dem aktuellen Gebäudeenergiegesetz (GEG) und den europäischen Energie- und Klimazielen werden zunehmend auch Sicherheitssonderverglasungen als Mehrscheiben-Isoliergläser ausgeführt. Um neben der Angriffhemmung die Anforderungen an die Energieeinsparung zu erfüllen, erfolgt die Entwicklung von angriffhemmenden Dreischeiben-Isoliergläsern unter den drei Aspekten der Gewichtsreduzierung, Energieeinsparung und Angriffhemmung. Konventionelle Sicherheitssonderverglasungen bestehen aus einem angriffhemmenden Verglasungsaufbau mit einer relativ großen Nenndicke. Eine anschließende Weiterverarbeitung zu einem Mehrscheiben-Isolierglas erfordert weitere einzelne Glastafeln, die keinen Anteil am Widerstand der Angriffhemmung übernehmen. Die Prü-

fung des Widerstandes wird deshalb nur an der für die Angriffhemmung vorgesehenen Schicht durchgeführt.
Durch das im Scheibenzwischenraum eingeschlossene Gasvolumen in einem Mehrscheiben-Isolierglas entstehen neben den äußeren Einwirkungen zusätzliche Beanspruchungen infolge klimatischer Einwirkungen. Die tatsächliche Höhe dieser Klimalast ist abhängig von der Steifigkeit der Verglasung, die durch die Abmessungen und den Aufbau bestimmt wird. Ein unsymmetrischer Aufbau führt im Allgemeinen zu höheren Klimalasten als ein symmetrischer Aufbau. Das Risiko eines Glasbruches und die Beanspruchung des Randverbundes nehmen zu. Bei einem Mehrscheiben-Isolierglas ergeben sich infolge des asymmetrischen Aufbaus erhöhte Beanspruchungen aus Klimalast für die dünneren Schichten. Aus diesem Grund finden Mehrscheiben-Isoliergläser als Sicherheitssonderverglasung in der Praxis bisher kaum Anwendung. In Bild 5 ist der Querschnittsaufbau eines angriffhemmenden Dreischeiben-Isolierglases aus Glas-Verbund mit der Widerstandsklasse P8B dargestellt. Die Nenndicke beträgt 77 mm mit einem daraus resultierenden Eigengewicht von 125 kg/m^2.

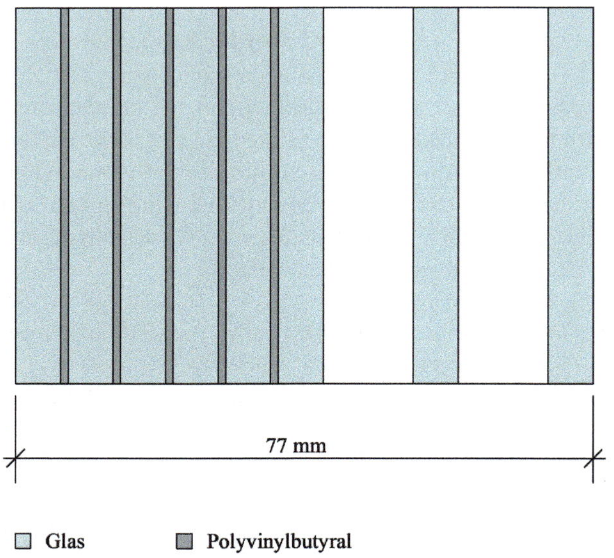

Bild 5: Querschnittsaufbau (von innen nach außen) eines angriffhemmenden Dreischeiben-Isolierglases aus Glas-Verbund mit der Widerstandsklasse P8B.

Der Verbund aus Glas und Polycarbonat ermöglicht eine gezielte Reduzierung der Querschnitte und des Eigengewichts von angriffhemmenden Sicherheitssonderverglasungen. Der schlankere Querschnittsaufbau für die Widerstandsklasse P8B mit einer Nenndicke von 64 mm und einem Eigengewicht von 78 kg/m^2 ist in Bild 6 dargestellt. Die unterschiedlichen Eigenschaften der beiden Materialien Glas und Polycarbonat ermöglichen eine wesentlich individuellere Abstimmung und dadurch im Gegensatz zu üblichen Glas-Verbunden eine optimale Einstellung der Verglasung auf die gewünschten Anforderungen.

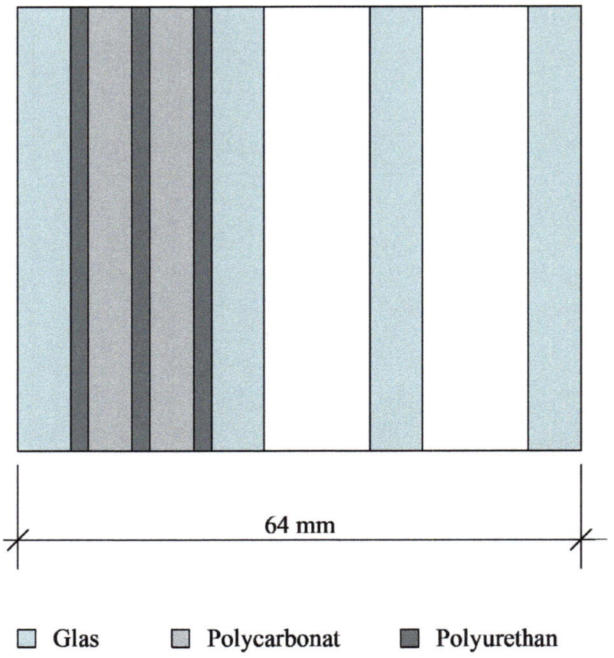

Bild 6: Querschnittsaufbau (von innen nach außen) des angriffhemmenden Dreischeiben-Isolierglases aus Glas-Polycarbonat-Verbund mit der Widerstandsklasse P8B.

Die angriffhemmende Wirkung liegt bei dem neuartigen Verglasungsaufbau der Dünnglas-Polycarbonat-Verbundtafeln deshalb nicht nur auf einer Schicht mit einer relativ großen Nenndicke, sondern alle vorhandenen Schichten beteiligen sich am Widerstand gegen manuellen Angriff. Dies führt zu schlankeren und leichteren Mehrscheiben-Isoliergläsern mit der Zusatzanforderung der Angriffhemmung. Der Nachweis der Angriffhemmung unter Einbeziehung aller Schichten erfordert allerdings eine Modifikation des Versuchsaufbaus. Die quadratische Öffnung in der äußeren Dünnglas-Polycarbonat-Verbundtafel wird auf 500 mm erhöht, damit das Freischlagen einer zweiten Öffnung auf der inneren Verbundtafel ohne Einfluss der vorangestellten Scheibe mit einer Öffnung von 400 mm möglich ist. Bild 7 zeigt den modifizierten Versuchsaufbau für den Prüfkörper aus dem neu entwickelten Dreischeiben-Isolierglas.

Bild 7: Prüfung mit der Axt zum Nachweis des Widerstandes gegen manuellen Angriff für ein Dreischeiben-Isolierglas aus zwei Dünnglas-Polycarbonat-Verbundtafeln.

Zur weiteren Optimierung besteht das entwickelte Dreischeiben-Isolierglas aus zwei Dünnglas-Polycarbonat-Verbundtafeln mit angriffhemmender Funktion als Innen- und Außenscheibe und einem Dünnglas Optiwhite als mittlere Scheibe. Bei konventionellen Sicherheitssonderverglasungen werden die drei Scheiben üblicherweise durch zwei einzelne Abstandhalter zur Herstellung der beiden Scheibenzwischenräume verbunden. Durch den Einsatz eines einzelnen auf den Aufbau abgestimmten Abstandhalters sind nur noch zwei Dichtungen zu den beiden äußeren Verbundtafeln erforderlich. Die mittlere Scheibe wird im Abstandhalter durch Klemmung fixiert und nicht geklebt. Dadurch entstehen keine zusätzlichen Klebfugen an der mittleren Scheibe, die das Risiko von Gasverlusten und das Eindringen von Feuchtigkeit in die Scheibenzwischenräume erhöhen.
Die Verwendung eines Dünnglases als mittlere Scheibe sowie die neuartige Aufteilung der angriffhemmenden Wirkung auf alle Schichten unterscheidet das Dreischeiben-Isolierglas von konventionellen Sicherheitssonderverglasungen deutlich. Die Reduktion der Nenndicke auf 52 mm und des Eigengewichts auf 46 kg/m^2 wird für die Widerstandsklasse P8B der angriffhemmenden Dreischeiben-Isoliergläser mit Polycarbonat im Verbund unter Einbeziehung aller Schichten im Mehrscheiben-Isolierglas erreicht. Das Bestehen der Axtprüfung mit 74 Schlägen von erforderlichen 71 Schlägen belegt den hohen Ausnutzungsgrad des in Bild 8 dargestellten Verglasungsaufbaus.

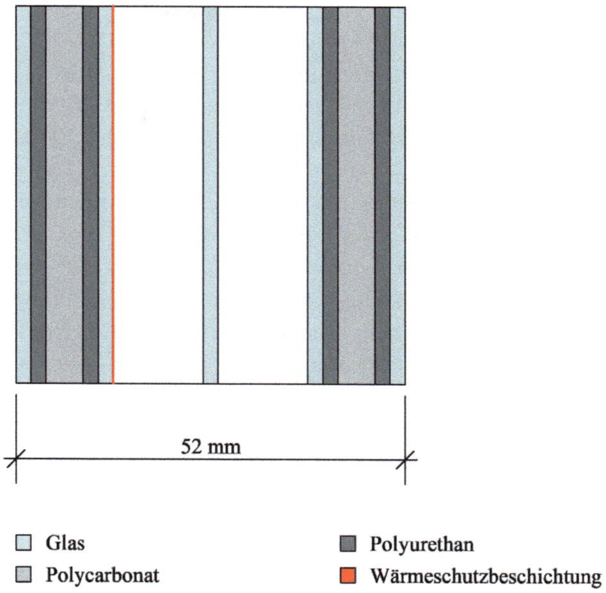

Bild 8: Querschnitt eines Dreischeiben-Isolierglases aus Dünnglas-Polycarbonat-Verbund mit Widerstandsklasse P8B gegen manuellen Angriff.

6. Eigenschaften als Mehrscheiben-Isolierglas

Neben der Angriffhemmung erreicht der Verglasungsaufbau auch die aktuellen Anforderungen an den Wärmeschutz. Die wesentlichen Parameter zur Klassifizierung der Energieeffizienz einer Verglasung sind der Wärmedurchgangskoeffizient und der Gesamtenergiedurchlassgrad. Der Wärmedurchgangskoeffizient beschreibt die Energieverluste und der Gesamtenergiedurchlassgrad den Gesamtgrad des Energiedurchlasses. Das Dreischeiben-Isolierglas erfüllt mit einem Scheibenzwischenraum von 12 mm und einer Füllung mit Krypton sowie einer Wärmschutzbeschichtung die aktuellen energetischen Anforderungen und erreicht damit einen Wärmedurchgangskoeffizienten von weniger als 0,7 W/(m^2·K) sowie einen Gesamtenergiedurchlassgrad von 56 %.
Das Dreischeiben-Isolierglas erreicht unter erstmaliger Aktivierung aller Schichten für die Angriffhemmung die höchste Widerstandsklasse P8B gegen manuellen Angriff sowie die aktuellen Anforderungen an den Wärmeschutz mit einem 33 % schlankeren und bis zu 64 % leichteren Verglasungsaufbau. In Tabelle 3 sind die relevanten Eigenschaften des entwickelten Dreischeiben-Isolierglases aus Dünnglas-Polycarbonat-Verbund der höchsten Widerstandsklasse P8B gegen manuellen Angriff im Vergleich zu einem Glas-Polycarbonat-Verbund sowie einem Glas-Verbund dargestellt.

7. Zusammenfassung

Die steigenden Anforderungen an die Gebäudehülle führen im Bereich der aktiven und passiven Sicherheit zur Entwicklung von innovativen Dünnglas-Polycarbonat-Verbundtafeln, die die hohe Oberflächenfestigkeit und die Beständigkeit von Glas mit dem niedrigen Flächengewicht und der Schlagzähigkeit von Polycarbonat kombinieren. Dieser Verbund besteht aus zwei äußeren Dünnglastafeln und mindestens einer inneren Polycarbonattafel, die flächig über eine Zwischenschicht aus thermoplastischen Polyurethan laminiert werden. Das Mehrschichtsystem erfüllt die Anforderungen an Verbundsicherheitsglas und ist besonders als vertikale Sicherheitssonderverglasung geeignet. Die Dünnglas-Polycarbonat-Verbundtafeln erreichen als Einfachglas die höchste Widerstandsklasse P8B gegen manuellen Angriff mit einem um 44 % schlankeren und 65 % leichteren Aufbau im Vergleich zu einem konventionellen Glas-Verbund. In einem Mehrscheiben-Isolierglas werden erstmalig für den Widerstand gegen manuellen Angriff die beiden äußeren Scheiben erfolgreich angesetzt. Diese Entwicklung führt zu einem angriffhemmenden Dreischeiben-Isolierglas mit Dünnglas-Polycarbonat-Verbundtafeln mit einem bis zu 33 % schlankeren und 64 % leichteren Aufbau im Vergleich zu einem vergleichbaren Glas-Verbund unter Berücksichtigung von einem Wärmedurchgangskoeffizienten von 0,7 $W/(m^2.K)$ und einem Energiedurchlassgrad von 56 %. Die Erkenntnisse aus dem Kooperationsprojekt bezüglich einer Berücksichtigung aller Schichten beim Nachweis der Angriffhemmung werden am Lehrstuhl für Tragkonstruktion der Universität Siegen zukünftig auch auf beschusshemmende oder sprengwirkungshemmende Sicherheitssonderverglasungen übertragen.

8. Dank

Die Ergebnisse basieren auf zwei Forschungsprojekte am Lehrstuhl für Tragkonstruktion der Universität Siegen im Rahmen der Forschungsförderung Zukunft Bau vom Bundesministerium des Innern, für Bau und Heimat (BMI) in Zusammenarbeit mit dem Bundesinstitut für Bau-, Stadt- und Raumforschung (BBSR) sowie des Zentralem Innovationsprogramms Mittelstand vom Bundesministeriums für Wirtschaft und Energie (BMWi) in Zusammenarbeit mit der AiF Projekt GmbH. Ein besonderer Dank geht an das beteiligte Unternehmen SiLATEC Sicherheits- und Laminatglastechnik GmbH in Gelting zur Herstellung der zahlreichen Prüfkörper und die konstruktive Mitarbeit als Kooperationspartner in den beiden Forschungsprojekten.

Literatur

[1] Davies, M.: A Wall for All Seasons. In: RIBA Journal 88, pp. 55–57. London, 1981.

[2] Pilkington Deutschland AG [Hrsg.] (2011) Optiwhite (Datenblatt).

[3] SABIC Deutschland GmbH [Hrsg.] (2014) Lexan 9030 (Datenblatt).

[4] SiLATEC Sicherheits- und Laminatglastechnik GmbH [Hrsg.] (2017) TPU (Datenblatt).

[5] DIN 18008-1:2020-05 (2020) Glas im Bauwesen – Bemessungs- und Konstruktionsregeln – Teil 1: Begriffe und allgemeine Grundlagen. Berlin: Beuth.

[6] DIN EN ISO 12543-4:2011-12 (2011) Glas im Bauwesen – Verbundglas und Verbund-Sicherheitsglas – Teil 4: Verfahren zur Prüfung der Beständigkeit. Berlin: Beuth.

[7] DIN EN 14449:2017-12 (2017) Glas im Bauwesen – Verbundglas und Verbund-Sicherheitsglas – Produktnorm. Berlin: Beuth.

[8] DIN EN 12600:2003-04 (2003) Glas im Bauwesen – Pendelschlagversuch – Verfahren für die Stoßprüfung und Klassifizierung von Flachglas. Berlin: Beuth.

[9] DIN EN 356:2000-02 (2000) Glas im Bauwesen – Sicherheitssonderverglasung – Prüfverfahren und Klasseneinteilung des Widerstandes gegen manuellen Angriff. Berlin: Beuth.

[10] DIN EN 1063:2001-01 (2001) Glas im Bauwesen – Sicherheitssonderverglasung – Prüfverfahren und Klasseneinteilung für den Widerstand gegen Beschuss. Berlin: Beuth.

[11] DIN EN 13541:2012-06 (2012) Glas im Bauwesen – Sicherheitssonderverglasung – Prüfverfahren und Klasseneinteilung des Widerstandes gegen Sprengwirkung. Berlin: Beuth.

[12] DIN EN 1288-3:2000-09 (2000) Glas im Bauwesen – Bestimmung der Biegefestigkeit von Glas – Teil 3: Prüfung von Proben bei zweiseitiger Auflagerung (Vierschneiden-Verfahren). Berlin: Beuth.

[13] Weimar, T.; Andrés López, S.; Hahn, C. (2018) Entwicklung von Verbundtafeln aus innovativem Dünnglas und Polycarbonat in: Fraunhofer Informationszentrum Raum und Bau: Informationsdienst Bauforschung aktuell. Stuttgart: Fraunhofer IRB Verlag.

[14] Weimar, T.; Andrés López, S.; Hahn, C. (2021) Untersuchung zu linien- und punktförmig gelagerten Dünnglas-Polycarbonat-Verbundtafeln in: Fraunhofer Informationszentrum Raum und Bau: Informationsdienst Bauforschung aktuell. Stuttgart: Fraunhofer IRB Verlag.

Tabelle 1: Materialeigenschaften von Dünnglas, Polycarbonat und Zwischenschicht.

Eigenschaft	Dünnglas (FG)	Polycarbonat (PC)	Zwischenschicht (TPU)
Produktname Hersteller	Optiwhite [2] Pilkington Deutschland AG	Lexan 9030 [3] Sabic Deutschland GmbH	PU 50 [4] SiLATEC Sicherheits- und Laminatglas GmbH
Nenndicke	2 mm	variabel	2 mm
Dichte	2,500 g/cm³	1,200 g/cm³	1,035 g/cm³
Elastizitätsmodul	70.000 N/mm²	2.300 N/mm²	0,76 N/mm²
Linearer Wärmeausdehnungskoeffizient	$9{,}0 \cdot 10^{-6}$ 1/K	$70{,}0 \cdot 10^{-6}$ 1/K	$223{,}5 \cdot 10^{-6}$ 1/K
Wärmeleitfähigkeit	1,00 W/(m·K)	0,20 W/(m·K)	0,25 W/(m·K)

Tabelle 2: Eigenschaften einer Dünnglas-Polycarbonat-Verbundtafel als Einfachglas im Vergleich zu herkömmlichen Sicherheitssonderverglasungen aus Glas-Polycarbonat-Verbund und Glas-Verbund mit der höchsten Widerstandsklasse P8B gegen manuellen Angriff.

Aufbau		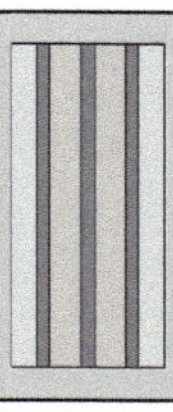	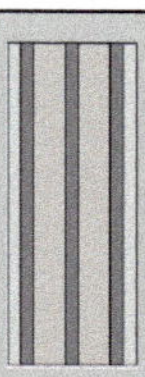
Nenndicke	36 mm	24 mm	20 mm
Gewicht	80 kg/m²	38 kg/m²	28 kg/m²
Wärmedurchgangskoeffizient	4,2 W/(m²·K)	4,0 W/(m²·K)	4,0 W/(m²·K)
Luftschalldämmmaß	42 dB	43 dB	41 dB
Legende	Glas; Polyvinylbutyral	Polycarbonat	Polyurethan

Tabelle 3: Eigenschaften einer Dünnglas-Polycarbonat-Verbundtafel als Dreischeiben-Isolierglas im Vergleich zu herkömmlichen Glas-Polycarbonat-Verbund und Glas-Verbund mit der höchsten Widerstandsklasse P8B gegen manuellen Angriff.

Aufbau	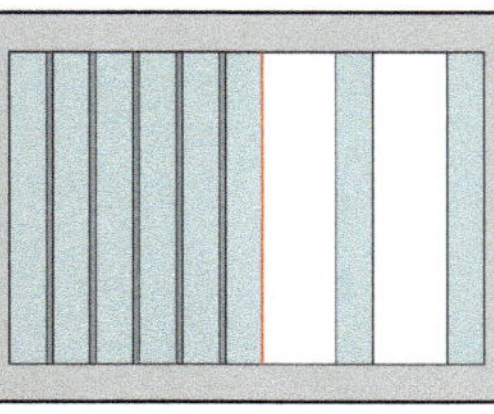	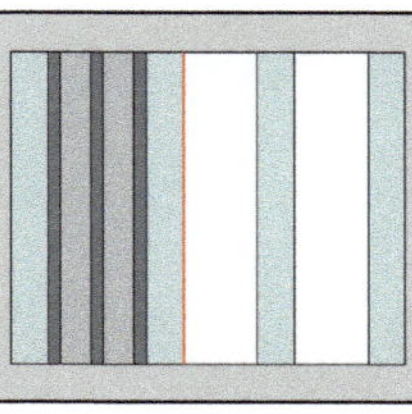	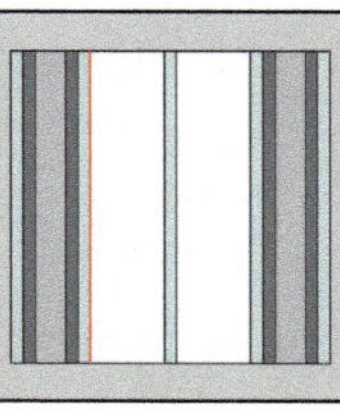
Nenndicke	77 mm	62 mm	52 mm
Gewicht	125 kg/m²	78 kg/m²	45 kg/m²
Wärmedurchgangskoeffizient	0,8 W/(m²·K)	0,7 W/(m²·K)	0,7 W/(m²·K)
Gesamtenergiedurchlassgrad	61 %	62 %	56 %
Transmissionsgrad	74 %	67 %	69 %
Legende	Glas Polyvinylbutyral	Polycarbonat Polyurethan	Wärmeschutzbeschichtung Scheibenzwischenraum

Dünnglas-Verbundelemente mit additiv gefertigtem Polymerkern

Leicht und flexibel - Forschung zu neuen Leichtbausystemen für individualisierte Fassaden

Dipl.-Ing. Daniel Pfarr
Technische Universität Dresden
Institut für Baukonstruktion

Dr.-Ing. Christiane Kothe
Technische Universität Dresden
Institut für Baukonstruktion

Prof. Dr. ir. Christian Louter
Technische Universität Dresden
Institut für Baukonstruktion

Zusammenfassung

Dieser Beitrag thematisiert die Entwicklung von Verbundbauteilen aus Dünnglas und einer additiv gefertigten, teiltransparenten Polymerkernstruktur für den Einsatz in Fassaden. Zwei Dünnglasscheiben werden dazu über einen lastabtragenden adhäsiven Verbund mit einem aussteifenden Polymerkern verbunden. Auf Grundlage der Sandwichtheorie werden die eingesetzten Materialien ressourceneffizient genutzt. Weiterhin entstehen durch das eingesetzte additive Fertigungsverfahren und der Flexibilität des Dünnglases völlig neue Möglichkeiten für die Gestaltung von Fassaden. Der Beitrag zeigt die Besonderheiten und Potenziale der neuartigen Konstruktionsweise. Details zu Aufbau, Funktionsweise, Herstellung sowie mechanische Eigenschaften des Verbundelementes werden vorgestellt. Eine Auswahl an Materialien werden durch experimentelle Untersuchungen auf deren Eignung im Fassadenbereich überprüft. Abschließend zeigt ein Ausblick in die zukünftige Forschungsarbeit der TU Dresden, wie die vorgestellte Konstruktion in Freiformfassaden aus Glas mit Hilfe von robotergestützter Fertigung eingesetzt werden kann.

1. Einleitung

Während das Baugewerbe heute für 50 % des Ressourcenverbrauchs, 45 % des Energieverbrauchs und 35 % der CO_2-Emmissionen Verantwortung trägt [1], rücken effiziente Technologien, Materialien und Konstruktionen in den Fokus der bauindustriellen Forschung. Moderne Fassaden werden zunehmend durch Glas geprägt, welches durch dessen hohe benötigte Schmelztemperatur bei der Herstellung als besonders energieintensiv gilt. Weiterhin müssen Tragstrukturen auf die bislang verwendeten Glasquerschnitte (4 mm < t < 12 mm) und dessen vergleichsweise hohe Masse dimensioniert werden. Das aus der Displaytechnologie bekannte Dünnglas (t < 2 mm) verspricht im Hinblick auf ressourceneffiziente Herstellung und leichtere Tragstrukturen große ökologische Vorteile. Das dünne Glas bietet durch dessen elastische Verformbarkeit großes Potenzial für innovative Fassadengestaltungen. Gleichzeitigt erfordert es neue Konstruktionen um eine sichere und gebrauchstaugliche Nutzung eines Gebäudes zu gewährleisten. Das Institut für Baukonstruktion der TU Dresden entwickelt unterschiedliche Strategien zur Integration von Dünnglas in Fassaden. Dabei zeigen sich Verbundkonstruktionen mit Hinblick auf Steifigkeit und Ressourceneinsatz als besonders effizient [2; 3]. Der Einsatz von additiven Fertigungsmethoden soll hierbei die zunehmenden Ansprüche der Architektur an Gestaltungsfreiheit und Individualisierbarkeit als auch das ingenieurtechnische Bestreben nach effizienten Tragstrukturen ermöglichen. Für das hier vorgestellte Verbundelement wird das Dünnglas durch eine offenzellige, additiv hergestellte Polymerkernstruktur ausgesteift. Als Grundlage für ein praxisrelevantes Fassadenbauteil werden im Folgenden bereits erlangte Entwurfs- und Fertigungskonzepte sowie material- und bauteilspezifische Eigenschaften zusammengefasst. Neben einer individuellen Gestaltung und der Anpassung mechanischer und bauphysikalischer Eigenschaften soll das Verbundelement durch digitalisierte Planung, Bemessung und Produktion den aktuellen und zukünftigen Ansprüchen von Architekten und Ingenieuren nachkommen.

2. Dünnglas-Verbundelement

2.1 Aufbau und Funktion

Das in Bild 1 dargestellte Verbundelement nutzt die Wirkprinzipien der Sandwichtheorie [4]. Dafür werden zwei Deckschichten aus Dünnglas mit einem möglichst leichten Kern durch einen adhäsiven Verbund stoffschlüssig gefügt. Ziel dieser Konstruktion ist es, auftretende Belastungen möglichst günstig über den gesamten Querschnitt zu verteilen. Biegemomente erzeugen in den Deckschichten Normalspannungen. Querkräfte führen zu Schubspannungen im Kern und in der Klebefuge.

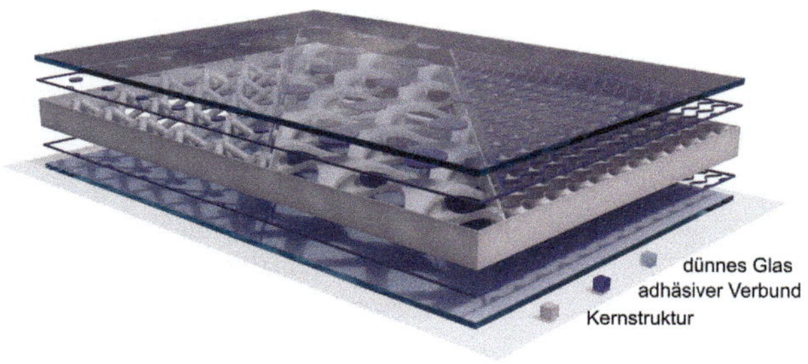

Bild 1: Explosionszeichnung eines Verbundelements aus 3D-gedrucktem Polymerkern, Dünnglas und Klebefuge

Die Biegesteifigkeit des Verbundelementes kann so gegenüber monolithischen Glasquerschnitten um ein Vielfaches erhöht werden [2]. Der Aufbau erlaubt weiterhin die Integration von bauphysikalischen Eigenschaften wie Wärmedämmung, Verschattung oder Beleuchtung und kann entsprechend der Kernstruktur als maßgebliches Designelement dienen.

2.2 Additive Fertigung

Die in Bild 1 dargestellte Kernstruktur wird mit Hilfe des Fused-Deposition-Modeling-Verfahren (FDM) hergestellt. Dabei wird ein thermoplastisches Polymer aufgeschmolzen und schichtweise entsprechend der digital entworfenen Geometrie aufgetragen. Dies ermöglicht die Herstellung von unterschiedlichen Topologien, welche an die späteren Anforderungen des Fassadenelementes angepasst werden können. Weiterhin können beispielsweise Corporate Design Elemente wie in Bild 2 (links) abgebildet in das Verbundelement eingebunden werden.

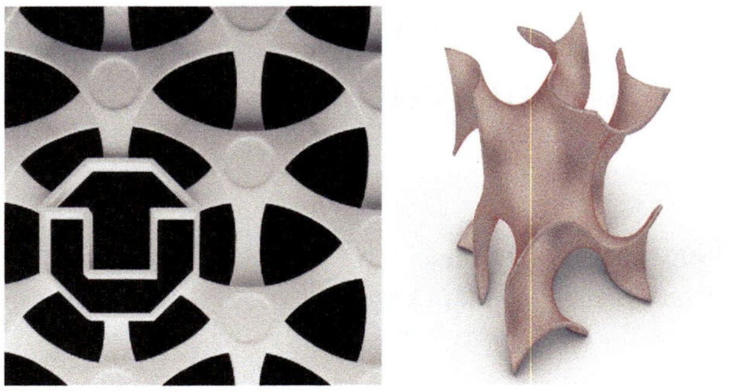

Bild 2: Integration des TU Dresden Logos in eine Kernstruktur (links) und die Basiszelle eines Gyroids (rechts)

Mit dem Ziel möglichst steife Kernstrukturen mit geringem Gewicht einzusetzen, wurden bereits verschiedene Topologien wie Honigwaben [5], Fachwerke, Hyparschalen [6–8] oder optimierte Voronoimuster [9] eingesetzt. Außerdem wurde die „Trinity Truss“ -Struktur (Bild 3) sowie der Gyroid als dreidimensionale Topologie entwickelt. Um deren mechanisches Potenzial zu untersuchen, wurden in einer Vorstudie jeweils fünf Prüfkörper mit den in Bild 1 dargestellten Kernmustern (Fachwerk, Trinity Truss und Gyroid) zunächst ohne Deckschichten aus Glas in einem 3Punkt-Biegeversuch untersucht. Dabei zeigte sich die Gyroidstruktur unter Berücksichtigung der benötigten Ressourcen wie Herstellungszeit und Material als besonders effizient. Der Gyroid (Bild 2 rechts) ist eine dreifach periodische Minimalfläche und geht auf die Entwicklung von Alan Schoen [10] in den 1960er-Jahren zurück. Seitdem wurde diese hyperbolische Geometrie mathematisch, biologisch und technisch umfassend untersucht [11–15] und dessen mechanisches Potenzial zeigt sich auch für die Entwicklung der Kernstruktur des Verbundelementes als vielversprechend. Der Gyroid kann durch eine trigonometrische Gleichung beschrieben und in der visuellen Programmierumgebung Grasshopper modelliert werden [16].

2.3 Herstellung des Verbundelementes

Durch das Fügen der zwei Deckschichten aus Dünnglas mit der additiv hergestellten Kernstruktur entsteht eine kraftschlüssig verbundene Sandwichkonstruktion. Im Rahmen der Forschungsarbeit werden vorwiegend chemisch vorgespannte Alumino-Silikat-Gläser mit Dicken von 0,55 bis 2 mm untersucht. Der adhäsive Verbund zwischen den Fügeteilen kann sowohl durch Klebstoff, als auch durch die Lamination einer Kunststofffolie realisiert werden. Abhängig der Kernstruktur wird der Klebstoff punktuell oder linienförmig auf die 3D-gedruckte Oberfläche aufgetragen. Der punktuelle Auftrag ist mit

Hilfe einer Präzisionspipette sehr genau und kann eine gleichmäßige Fugendicke sicherstellen (Bild 3 links).

Bild 3: Manuelle Klebstoffapplikation durch Präzisionspipette als punktförmige Klebefuge (links) und gefügtes Verbundelement mit Dünnglas (rechts)

Für linienförmige Kernstrukturen wird aktuell eine manuelle Applikation mittels Schwammpinsel untersucht. Hierbei ist die fehlende Kontrolle und Sicherheit von Klebstoffmenge und Fugenqualität nachteilig. Eine mögliche Automation durch den Einsatz von robotischen Dosiersystemen bietet mit Hinblick auf sehr komplexe Kernstrukturen entscheidende Vorteile. So können die Qualität und Reproduzierbarkeit der Klebefuge erhöht werden als auch Klebstoffe mit kürzeren Topfzeiten eingesetzt werden.

3. Materialeigenschaften

3.1 Adhäsiver Verbund

Der adhäsive Verbund wird bevorzugt über Klebverbindungen hergestellt. In verschiedenen Projekten wurden so bereits Polymerkerne aus glykolmodifiziertem Polyethylenterephthalat (PETG) mit Dünnglas verbunden. Als Klebstoffe kamen ein schnellhärtendes, zweikomponentiges Epoxidharz [6], ein UV-härtendes Acrylat [5; 7; 9] und ein Haftklebstoff [9] zum Einsatz. Eine weitere Studie [17] stellte das Verbundelement durch Lamination mit Sentryglas® her. Während des Laminationsprozesses schmolz das Zwischenschichtmaterial aber teilweise in den 3D-gedruckten Kern hinein und störte so Transparenz und Optik. Nur eine der vorgestellten Studien [5] führte detailliertere Untersuchungen bzgl. der Eigenschaften wie thermomechanisches Verhalten, Festigkeit und Alterungsbeständigkeit der Klebverbindung mit einem einzigen Klebstoff durch. Diese zeigten sich in kleinformatigen Modellprüfkörpern stabil gegenüber Temperatur- und UV-Einwirkungen.
Die eigenen Untersuchungen sollten aus einer breiteren Produktpalette steife und dauerhafte Klebstoffe identifizieren, die den unterschiedlichen Belastungsbedingungen im Zusammenhang mit einer Fassadenanwendung standhalten. Ausgewählt wurden die Klebstoffe anhand von Erfahrungen zu transparenten Klebverbindungen im konstruktiven Glasbau [18–21]. Insgesamt vier Klebstoffe, darunter zwei UV-härtende Acrylate, ein zweikomponentiges Epoxidharz sowie ein zweikomponentiges Polyurethan, fanden Eingang in die Studie (Tabelle 1). Zunächst wurde das thermodynamische Verhalten der Klebstoffe mittels dynamisch-mechanischer Analyse ermittelt und als wichtigste Kenngröße der Glasübergangstemperaturbereich bestimmt. Mit steigender Temperatur verloren alle Klebstoffe ihre Steifheit und begannen zu erweichen. Dieser Effekt machte sich bei den Acrylaten am stärksten bemerkbar. Das Epoxidharz wies einen Beginn des Glasübergangs etwa 10 K oberhalb der Raumtemperatur auf. Die vergleichbaren Werte des Polyurethans sowie des einen Acrylats lagen deutlich tiefer. Das Urethan-Methacrylat besitzt keinen eindeutigen Glasübergang, sondern erweicht kontinuierlich, hat aber im Gegensatz zu den anderen Klebstoffen an der oberen baurelevanten Temperaturgrenze für Fassaden bei 80 °C noch eine deutlich messbare Steifigkeit.
Um die in Fassaden vorkommenden Belastungen der Klebverbindungen durch Temperaturschwankungen und Sonnenlichteinstrahlung zu untersuchen, wurden spezielle 3D-gedruckte Prüfkörper entwickelt und diese mit den Versuchsklebstoffen auf kleine Glasscheiben geklebt (Bild 4).

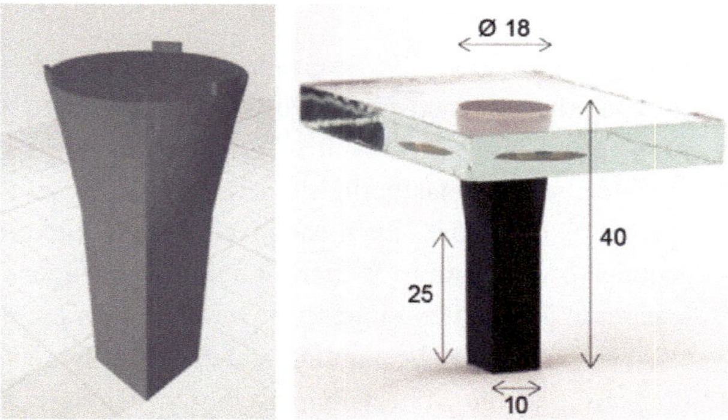

Bild 4: 3D-gedruckte Prüfstempel zur Ermittlung von mechanischen Eigenschaften der Klebverbindung

Zur Bestimmung der Alterungseffekte kamen zwei verschiedene Verfahren zum Einsatz [22; 23]. Zugversuche gaben abschließend Auskunft über alterungsbedingte Veränderungen in den mechanischen Eigenschaften der Klebverbindungen. Die Anfangsfestigkeiten waren für alle Klebstoffe vergleichbar. Auch nach den Alterungen zeigten die beiden zweikomponentigen Klebstoffe keine Festigkeitsverluste, aber das Epoxidharz war stark vergilbt. Deutlich mehr beeinflusst wurden die Acrylate durch die Alterungen, so dass deren Restfestigkeiten sehr viel niedriger waren.
Zusammenfassend zeigte sich das Polyurethan zunächst als geeignetster Klebstoff für die Herstellung der geplanten Verbundelemente. Diese Klebverbindungen konnten

sehr präzise, blasenfrei und hochtransparent ausgeführt werden und wurden durch die Alterungen nicht beeinträchtigt. Allerdings besitzt dieser Klebstoff eine sehr kurze offene Zeit, weshalb er in der Fertigung vollautomatisch aufgetragen werden muss. Zudem wird die vollständige Aushärtung nur mit erhöhter Temperatur von mindestens 50 °C erreicht. Die vorliegenden Versuche zur mechanischen Festigkeit wurden bisher nur bei Raumtemperatur durchgeführt. Höhere Temperaturen führen nur bei dem Urethan-Methacrylat nicht zum fast vollständigen Steifigkeitsverlust, so dass auch dieser Klebstoff in Betracht gezogen werden kann. Insbesondere die einfachere Handhabung durch Aushärtung auf Knopfdruck mittels UV-Strahlung ist für diesen Klebstoff aus fertigungstechnischer Sicht zusätzlich hervorzuheben.

Steifigkeit der Prüfkörper und führen zu verminderter Zugfestigkeit bei spröderem Versagen. Verfahrenstechnische Herausforderungen wie temperaturbedingte Verformungen und geringe Haftung an der Druckplatte während der additiven Herstellung erschweren die Verarbeitung von PC.

4. mechanische Eigenschaften im Verbund

Um einen ersten Eindruck der mechanischen Belastbarkeit des Verbundelementes zu bekommen, wurden Prüfkörper mit verschiedenen Glasdicken (= 0,55; 1,1; 2; 3 und 4 mm) in einem 4-Punkt-Biegeversuch experimentell untersucht.

Tabelle 1: Auswahl der Klebstoffe für Untersuchungen der Materialeigenschaften

Klebstoff	Typ	Viskosität [mPa*s]	Aushärtebedingungen
LOCTITE® EA 3430	2K-Epoxidharz	18 000	RT > 3 d (Handfest: 15 min)
LOCTITE® 3345™	Urethan-Methacrylat	2 000	UV 60 mW/cm2, 60s
Technicoll® 9430-1	2K-Polyurethan	3 000	RT > 3 d (Handfest: 20 min)
Photowell 1270	Acrylat	15 000	UV 60 mW/cm2, 60s

3.2 Additiv verarbeitbare Polymere

Mit dem eingesetzten FDM-Verfahren kann eine Vielzahl von thermoplastischen Polymeren verarbeitet werden. Der Einsatz in Fassaden erfordert neben hoher mechanischer Belastbarkeit bei Temperaturen zwischen -20 °C bis +80 °C auch chemische Beständigkeit gegenüber UVStrahlung. Weiterhin sollen vorwiegend transparente Materialen eingesetzt werden. Nach einer Vorauswahl der zur Verfügung stehenden Filamente [24], werden die Materialeigenschaften des bereits verwendeten PETG [5–9] als auch Polycarbonats (PC) vertieft untersucht. Dafür wurden Zugversuche nach DIN EN ISO 527 [25] sowohl ungealtert als auch durch Temperaturalterung nach DIN EN ISO 9142 [22] sowie UV-Alterung nach DIN EN ISO 12543 [23] untersucht und ausgewertet. Die Versuche zeigten, dass besonders die herstellungsbedingte Anisotropie als auch die für Polymere typische Nichtlinearität für die Konstruktion und Bemessung des Verbundelementes berücksichtigt werden müssen. Besonders der höhere Glasübergang von PC und die damit einhergehende Steifigkeit bei Temperaturen bis 80 °C zeigte sich als Vorteil gegenüber PETG, welches ab einer Temperatur von ca. 60 °C keinen nennenswerten Widerstand gegenüber Verformung aufweisen kann. Beide verwendeten Alterungsmethoden zeigen einen vergleichbaren Einfluss auf die

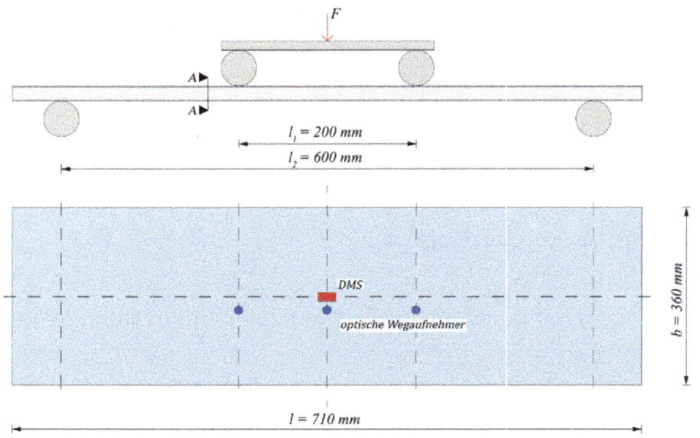

Bild 5: Aufbau des 4-Punkt-Biegeversuches

Durch den in Bild 5 dargestellten Prüfaufbau wurden die Verbundelemente kraftgesteuert verformt und dessen Widerstand gegen Verformung durch ein Kraft-Durchbiegungsdiagramm (Bild 6) ausgewertet.

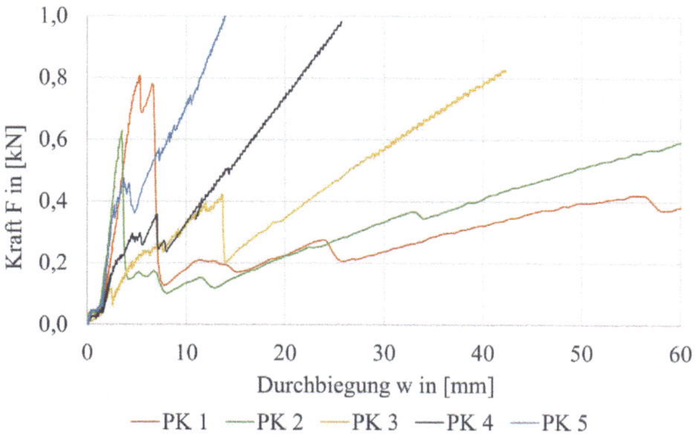

Bild 6: Kraft-Weg-Diagramm 4-Punkt-Biegeversuch

Das mechanische Verhalten der verschiedenen Sandwichaufbauten kann dabei in zwei Phasen unterteilt werden. Die Graphenabschnitte der ersten Phase beschreiben das Verhalten im Verbund und weisen eine vergleichsweise hohe Steigung auf. Beim Erreichen des Kraftmaximums versagt die obere Klebefuge der Prüfkörper. Alle fünf Prüfkörper weisen ein vergleichbares Versagensbild zwischen Kernstruktur und der oberen Glasscheibe auf. Dabei konnte ein Mischbruch mit vorwiegend adhäsivem Versagen an der Polymeroberfläche der Kernstruktur festgestellt werden. Der weitere Verlauf in Phase 2 beschreibt den Widerstand gegen Verformung ohne Verbund zwischen der oberen Glasscheibe und dem Polymerkern. Währen hierbei ein direkter Zusammenhang zwischen eingesetzter Glasdicke und Steifigkeit erkannt werden konnte, fehlt diese Korrelation in Phase 1. Die hohe Steifigkeit des Verbundelementes verhindert hierbei die Wahrnehmung signifikanter Unterschiede der Durchbiegung und unterstreicht das mechanische Potenzial der Verbundkonstruktion. Bei den mit Dünnglas verarbeiteten Verbundelementen mit t $\leq$ 1,1 mm konnte ein deutlicher Zuwachs der Steifigkeit Im Vergleich zu monolithischen Glasquerschnitten mit der gleichen Menge Glas festgestellt werden.
Eine Betrachtung der Versagensmechanik und der Bruchbilder zeigte die größten Optimierungspotenziale des Verbundelements auf. Die Klebung wird infolge einer Biegebelastung transversal durch Schub beansprucht. Die Festigkeit hängt neben der effektiven Kontaktfläche zwischen der Polymerkernstruktur und der Glasdeckschicht vor allem vom Klebstoff und dessen Applikation selbst ab. Weiterhin konnte ein Zusammenhang zwischen Versagensstelle und Polymeroberfläche gefunden werden. Die Orientierung der Kernstruktur beim Druck führt zu qualitativen Unterschieden der Oberflächen des Kernelementes. Bei der Herstellung auftretende Fehlstellen durch Überextrusion führen zu Toleranzen, die bei sehr dünnen Klebstoffstärken zu einer Minderung der Verbundwirkung führen können.

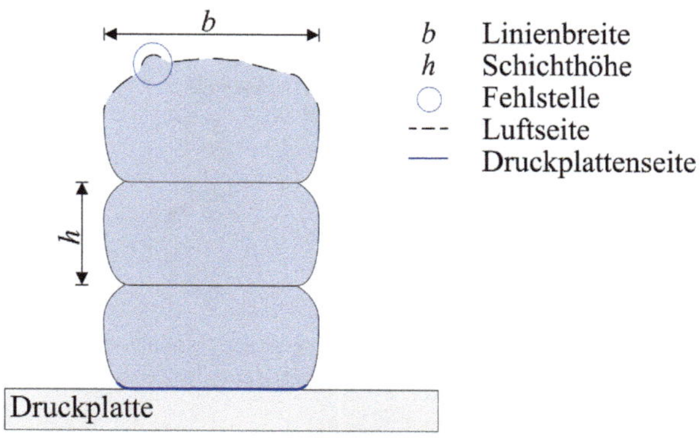

Bild 7: Schematische Darstellung der 3D-gedruckten Schichten

Untersuchungen zur Haftfestigkeit der Klebefuge zeigten, dass diese auf der luftseitigen Oberfläche deutlich vermindert ist. Eine mechanische Vorbehandlung durch Fräsen der 3D-gedruckten Kontaktflächen des Kerns verbesserte die Haftfestigkeit. Weiterhin wirkt sich die Vorbehandlung positiv auf die Reproduzierbarkeit einer qualitativ hochwertigen und homogenen Klebstofffuge aus.

5. Ausblick

Die Nutzung des Sandwichprinzip zeigte sich auf Grundlage der bisherigen Forschungsarbeit als sehr effizienter und vielversprechender Ansatz Dünnglas in Fassaden zu integrieren. Dabei stehen die großen Chancen der Rohstoffeffizienz und völlig neuer Freiheit der Gestaltung den Herausforderungen des Herstellungsverfahrens und der dauerhaften Belastbarkeit gegenüber.
Das Institut für Baukonstruktion der TU Dresden untersucht neben den materialspezifischen Eigenschaften von Kernmaterial und Verbindungsmittel neue Fertigungsverfahren und das mechanische Verhalten des Verbundelementes. Als besondere Herausforderung gilt die Skalierung der additiven Fertigung und die Integration eines digitalen und automatisierten Herstellungsprozesses. Dabei rückt eine robotergestützte Fertigung in den zukünftigen Forschungsschwerpunkt (Bild 8). Mit Hilfe parametrischer Modelle kann eine Fassade aus Dünnglas-Verbundelementen flexibel gestaltet und individualisiert werden. Ein an einem Industrieroboter montierter Extruder kann die Kernstruktur gemäß des Fassadenmodells herstellen.

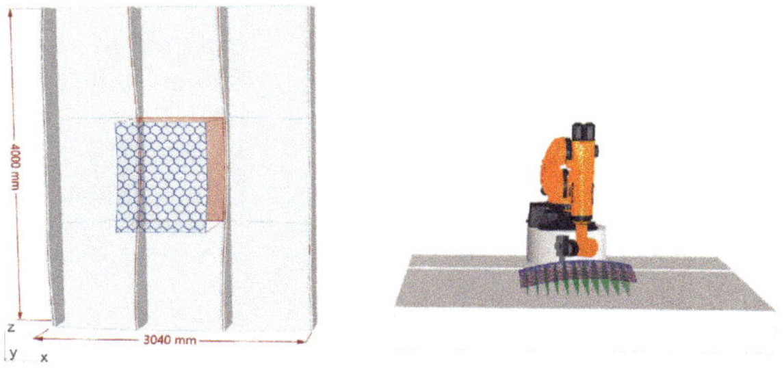

Bild 8: Rendering eines parametrischen Fassadenausschnittes aus Dünnglas-Verbundelementen und deren additive Fertigung

Während das additive Fertigungsverfahren große Freiheiten an die Form und Krümmung der Kernelemente ermöglicht, wird das Element durch die möglichen Krümmungsradien des Dünnglases limitiert. Studien zeigten bereits die Möglichkeiten von einachsig, kaltgebogen Dünngläsern sowie die Herausforderungen bei doppelt gekrümmten Schalen [26–30], welche weiterer Untersuchungen bedürfen. Weiterhin werden Untersuchungen zu bauphysikalischen Eigenschaften des Verbundelementes wie dessen isolierende Wirkung und architektonische Möglichkeiten zur Lichtlenkung und Verschattung vertieft. Bild 9 zeigt die Anpassung der 3D-gedruckten Kernstruktur durch Breite und Neigung der Honigwaben. Das zu Grunde liegende parametrische Modell kann mit Hinblick auf maximale Verschattung bei optimaler Blickbeziehung nach Außen optimiert werden.

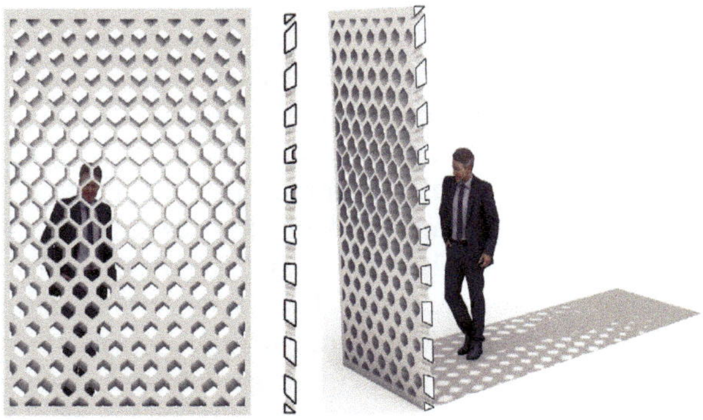

Bild 9: Rendering eines Honigwabenelementes mit optimierter Verschattung und Blickbeziehung

6. Danksagung

Die Forschungsarbeit zu Dünnglas-Verbundelementen wird in Zusammenarbeit zwischen dem Institut für Baukonstruktion der TU Dresden und den Gaswerkstätten Frank Ahne GmbH durchgeführt. Die Autorenschaft bedankt sich bei allen beteiligten Mitarbeitern sowie der Förderung des Projektes „Glasfur-3D“ der Arbeitsgemeinschaft industrieller Forschungsvereinigungen (AiF). Das durch das zentrale Innovationsprogramm Mittelstand (ZIM) unterstützte Projekt umfasst die Entwicklung eines Glas-Verbundelementes für den Einsatz im Innenbereich.

Literatur

[1] Fischer-Kowalski, M.; von Weizäcker, E.U.; Ren, Y. et al.: Decoupling natural resource use and environmental impacts from economic growth, Kenya, UNEP, 2011.

[2] Pfarr, D.; Tasche, S.; Nicklisch, F. et al.: Dünnglas-Verbundelemente mit additiv gefertigtem Polymerkern: Formfindung, Fügeverfahren und Untersuchung der Biegesteifigkeit, 2021. *In:* Stahlbau 90, Heft 7, S. 507-516.

[3] Hänig, J.; Weller, B.: Load-bearing behaviour of innovative lightweight glass–plastic-composite panels, 2019. *In:* Glass Structures & Engineering.

[4] Zenkert, D.: An introduction to sandwich structures, 2005.

[5] Saleh, C.M.N.; Louter, C.; *Turrin, M.:* Ultra Thin Composite Panel – An Exploratory Study on the Durability and Stiffness of a Composite Panel of Thin Glass and 3D printed Recycled PET, 2020. *In:* Challenging Glass Conference, Heft 7.

[6] Akilo, M.: Design and analysis of a composite panel with ultrathin glass faces and a 3D-printed polymeric core., University of Bologna, Masterarbeit, 2018.

[7] Brugman, S.: Thin glass composite panel with 3D printed core – Thermal and structual properties, TU Delft, Masterarbeit, 2019.

[8] Guidi, M.: Thin glass cold bent sandwich panel, TU Delft, Masterarbeit, 2019.

[9] Neeskens, T.: Thin glass composites – based on a structural efficiency increasing design strategy, TU Delft, Masterarbeit, 2018.

[10] Schoen, A.H.: Infinite periodic minimal surfaces without self-intersections, Cambridge, Nasa Technical Note TN D-5541, 1970.

[11] Evans, M.E.; Schröder-Turk, G.E.: In a Material World – Hyperbolische Geometrie in biologischen Materialien, 2014. *In:* Mitteilungen der Deutschen Mathematiker Vereinigung 22, Heft 3.

[12] Khaderi, S.N.; Deshpande, V.S.; Fleck, N.A.: The stiffness and strength of the gyroid lattice, 2014. *In:* International Journal of Solids and Structures, S. 3866-3877.

[13] Germain, L.; Fuentes, C.A.; van Vuure, A.W. et al.: 3D-printed biodegradable gyroid scaffolds for tissue engineering applications, 2018. *In:* Materials & Design 151, S. 113-122.

[14] Maskery, I.; Aremu, A.O.; Parry, L. et al.: Effective design and simulation of surface-based lattice structures featuring volume fraction and cell type grading, 2018. *In:* Materials & Design 155, S. 220-232.

[15] Abueidda, D.W.; Elhebeary, M.; Shiang, C.-S. et al.: Mechanical properties of 3D printed polymeric Gyroid cellular structures: Experimental and finite element study, 2019. *In:* Materials & Design.

[16] Whitehead, S.: Triply Periodic Minimal Surfaces, https://t1p.de/ltv9 [Zugriff am: 15.06.2020].

[17] van der Weijde, I.: Ultra lightweight, insulating thin glass facade panel, TU Delft, Masterarbeit, 2017.

[18] Prautzsch, V.; Weller, B.: Untersuchung des Tragverhaltens geklebter Glas-Rahmenecken im Zeitstandversuch. *In: Weller, B.; Tasche, S.* (Hrsg.): Glasbau 2016, S. 335-348.

[19] Kothe, C.; Kothe, M.; *Wünsch, J. et al.:* Adhäsive Verbindungen für punktuelle Befestigungssysteme in Fassaden und Glastragwerken. *In: :* Engineered Transparency 2016, S. 361-371.

[20] Kaltenbach, F.: Performative Transparenz. *In: :* DETAIL 11, S. 1062-1069.

[21] Kothe, C.; Wünsch, J.; *Weller, B.:* Transparent Epoxy Resin Adhesives for Glass to Metal Joints, 2019. *In:* Glass Performance Days, S. 341-346.

[22] DIN EN ISO 9142: Klebstoffe - Auswahlrichtlinien für Laboralterungsbedinungen zur Prüfung von Klebverbindungen. Berlin. Beuth Verlag GmbH.

[23] DIN EN ISO 12543-4: Glas im Bauwesen - Verbundglas und Verbundsicherheitsglas – Teil 4: Verfahren zur Prüfung von Beständigkeit. Berlin. Beuth Verlag GmbH.

[24] Köhler, M.; Pfarr, D.; Lohr, K. et al.: Materialuntersuchungen zu 3-D-gedruckten Kernen für Dünnglaspaneele, 2020. *In:* Bautechnik 97, Heft 10, S. 717-728.

[25] DIN EN ISO 527-1: Kunststoffe - Bestimmung der Zugeigenschaften - Teil 1: Allgemeine Grundsätze. Berlin. Beuth Verlag GmbH.

[26] Neugebauer, J.; Wallner-Novak, M.; Lehner, T. et al.: Movable Thin Glass Elements in Façades, 2018.

[27] Neugebauer, J.; Wallner-Novak, M.; Wrulich, C. et al.: Starre, bewegliche und adaptive Dünnglaskonstruktionen. *In: Weller, B.; Tasche, S.* (Hrsg.): Glasbau 2019. Ernst & Sohn, Berlin, 2019, S. 187-201.

[28] Neugebauer, J.: Determination of Bending Tensile Strength of Thin Glass. *In: Belis, J.; Freek, B.; Louter, C.* (eds.): Challenging Glass 5.

[29] D´Ambrosio, G.; Galuppi, L.: Structural Use of Thin Glass – Design of a Transformable Curved Greenhouse. *In:*

[30] Fildhuth, T.; Knippers, J.: Considerations Using Curved, Heat or Cold Bent Glass for Assembling Full Glass Shells 2012.

Innovative hybride Konstruktionen

Dipl.-Ing. (FH) Sascha Schaaf
Peikko Deutschland GmbH, Waldeck, Deutschland

Zusammenfassung

Der Hybridbau eröffnet uns neue Möglichkeiten für die nachhaltige Erstellung innovativer Tragstrukturen für unsere Gebäude. Im Gegensatz zu der in den letzten Jahrzehnten üblichen Konstruktionsweise, schließen sich die Baustoffe gegenseitig nicht aus, sondern harmonieren in einer symbiotischen Ergänzung zueinander. Die Schwächen des einen Baustoffes werden durch die Stärken des anderen Baustoffes kompensiert. So entsteht ein Optimum an Tragwerk unter gleichzeitiger Wahrung der Nachhaltigkeit im Hinblick auf eine lebenswerte Umwelt für nachfolgende Generationen.
Einen wesentlichen Beitrag dazu können Geschossdeckensysteme leisten, weil sie bisher einen wesentlichen Anteil am Stahl- und Betonverbrauch und damit am CO_2-Äquivalent hatten. Neue Deckensysteme unter der Verwendung von Holz, Beton und Stahl können unter Ansatz einer intelligenten Verbundtragwirkung dafür sorgen, leichte und flache Konstruktionen zu ermöglichen, die ein Minimum an Emissionen nach sich ziehen.
Unsere Zukunft bedingt die innovative Kombination der verfügbaren Ressourcen. Hierzu kann die Bauindustrie einen markanten Beitrag leisten.

1. Motivation

1.1 Umweltauswirkungen

Wir sind in einer Zeit angekommen, die uns zum Nachdenken bewegen muss. Die Berichte über Naturkatastrophen, Überschwemmungen, extreme Hitzeperioden, Trockenheit und Dürre reißen nicht ab und werden es auch in absehbarer Zeit nicht tun.
Die Auswirkungen auf unsere Böden und deren Wassergehalt sind dramatisch.

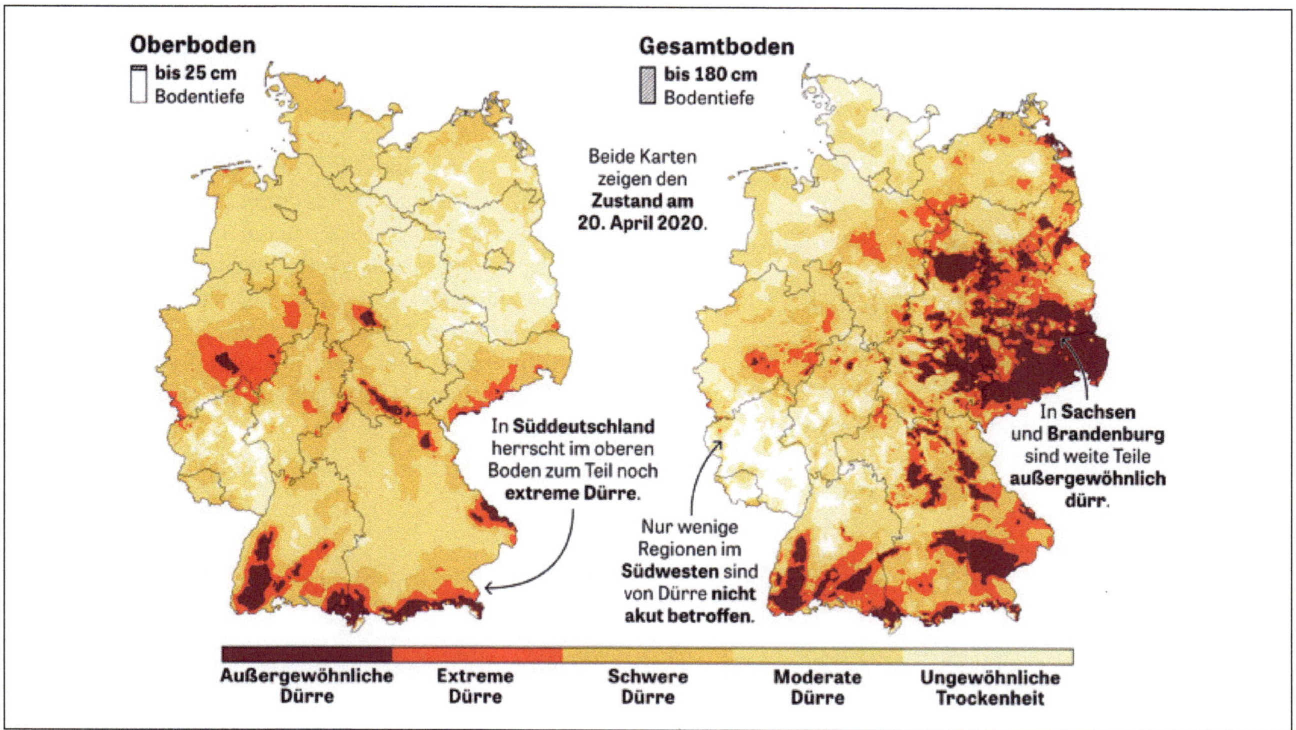

Abbildung 1: Dürre (Quelle: Helmholtz Zentrum für Umweltforschung UFZ)

Die Folgen des Klimawandels sind aber nicht nur auf Trockenperioden und deren Effekte beschränkt. Auch Starkregen mit enormen Wassermengen werden uns zukünftig noch stärker beeinflussen als heute.

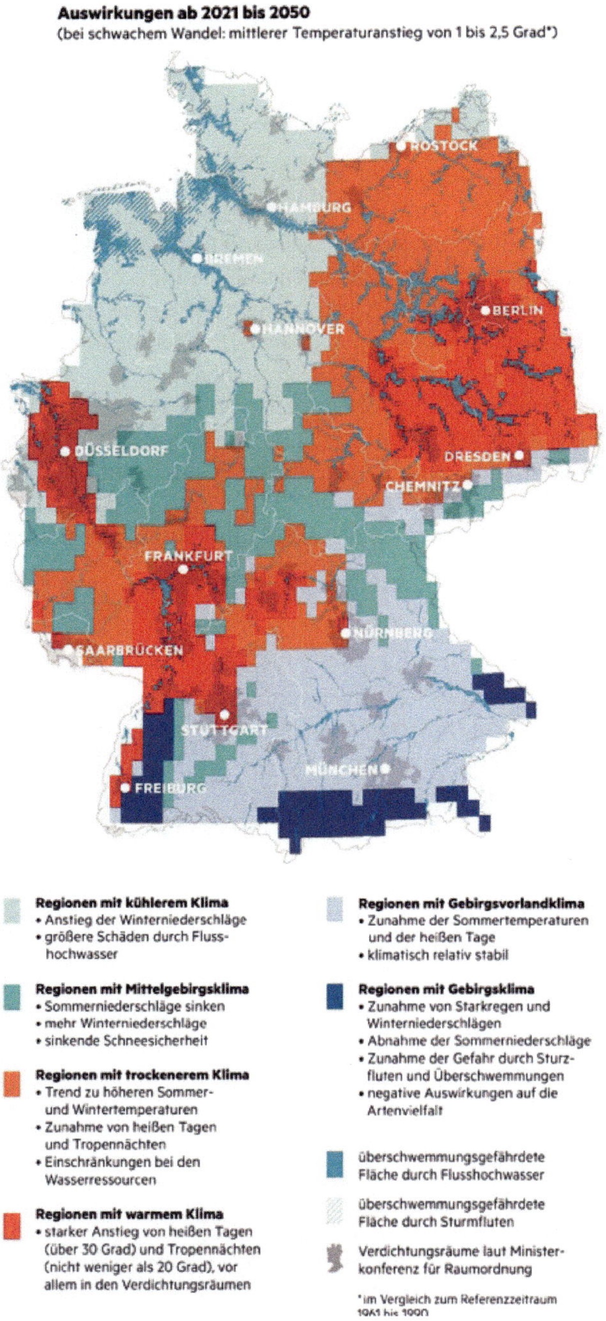

Abbildung 2: Klimawandel (Quelle: Umweltbundesamt, Adelphi, PRC, Furac)

1.2 Die Folgen für unsere Umwelt

Es ist schwierig zu übersehen, dass Baumbestände, die über 100 Jahre hinweg das Erscheinungsbild unserer Wälder geprägt haben, plötzlich unter dem Einfluss der Trockenheit absterben oder stark geschädigt sind. Riesige karge Flächen haben sich durch das Absterben ganzer Waldgebiete ergeben.

Abbildung 3: Totholz durch Dürre (Quelle: dpa)

Abbildung 4: ausgetrocknete Flussbetten (Quelle: dpa)

Neben den Auswirkungen extremer Trockenheit und Dürre werden wir auf der anderen Seite immer häufiger von Starkregen und ausgeprägten Gewittern betroffen. Sich daraus ergebende Überschwemmungen sind nicht nur eine unmittelbare Gefährdung für Leib und Leben, sondern zerstören ganze Existenzen. Die Schadensregulierung nimmt vorher nicht gekannte Summen ein und belastet damit den Geldbeutel jedes Einzelnen.

Abbildung 5: Überschwemmungen (Quelle: dpa)

Abbildung 6: Sandgewinnung, die den Meeresboden zerstört (Quelle: SPIEGEL Wissenschaft)

1.3 Materialverknappung

Unsere Ressourcen sind endlich. Insbesondere die Ressourcen, die sich über Jahrmillionen entwickelt haben. Im Bauwesen arbeiten wir im Wesentlichen mit Beton, Stahl und Holz, zumindest was den Rohbau betrifft. Dabei nimmt das Volumen an Beton einen signifikanten Wert an. Dieses Volumen wird zu einem Großteil (ca. 70%) von Gesteinskörnungen geprägt. Davon nimmt der benötigte Sand ca. 40% ein. Die Menge an Sand, die gebraucht wird, hat sich in den letzten 20 Jahren verdreifacht, so Pascal Peduzzi vom Uno-Umweltprogramm (UNEP). Der globale Bedarf übersteige mittlerweile bei Weitem das, was durch Verwitterung nachkommt. „Wir schätzen den derzeitigen Verbrauch auf 50 Milliarden Tonnen pro Jahr – das sind 18 Kilogramm täglich für jeden Einwohner der Erde“, sagt Peduzzi.

1.4 Der Anteil der Bauindustrie

Die Bauindustrie trägt durch die energieintensive Produktion ihrer Baustoffe, insbesondere dem Beton und dem Stahl, maßgeblich zum gesamten CO_2-Äquivalent der Industrie und damit der weltweiten Gesamtemissionen bei. Beim Brennen des Kalksteins bei knapp 1.500 °C werden enorme Energiemengen benötigt.
Auch bei der Gewinnung von Eisenoxid aus Eisenerz und dem nachfolgenden Erhitzen, um den Sauerstoff zu entziehen und das Eisen zu separieren, werden große Wärmemengen verbraucht.
Insgesamt ist die Bauindustrie für mehr als die Hälfte des CO_2-Äquivalents der Industrie verantwortlich.

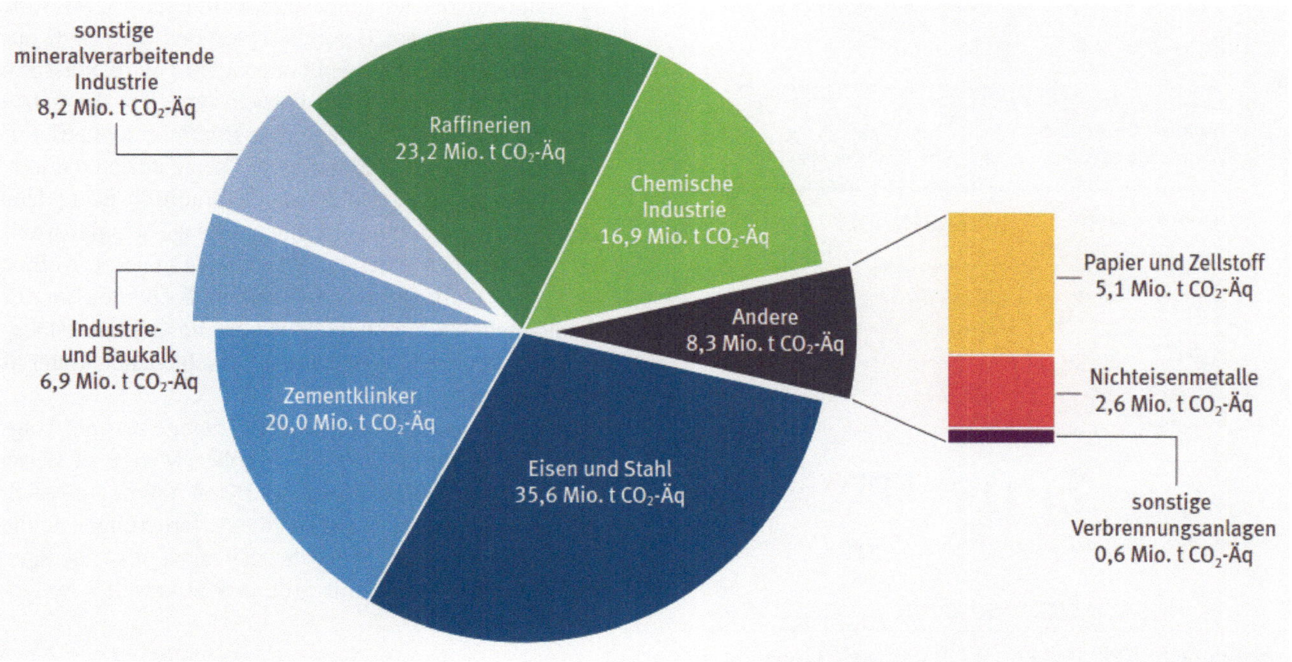

Abbildung 7: CO_2-Äquivalente Industrie (Quelle: DEHSt 2019, Stand 04.05.2020)

1.5 Gebäudezertifizierungen

Gebäude werden in zunehmender Anzahl zertifiziert. Dabei spielt die Nachhaltigkeit der verwendeten Materialien eine entscheidende Rolle. Die wichtigsten Label dabei sind:

- Deutsches DGNB für private Bauherren
- BNB für öffentliche Bundesbauten
- LEED und BREEAM für internationale Zertifizierungen

Um die notwendigen Eingangswerte für die Berechnungen bereitzustellen, gibt es diverse Plattformen, die eine Datenbasis für übliche Materialien zu Verfügung stellen. Hier zu nennen ist die Internetseite www.oekobaudat.de vom Bundesministerium des Innern, für Bau und Heimat. Weitergehende Informationen zu herstellerspezifischen Produkten werden über sogenannte „EPDs – Environmental Product Declaration's" bereitgestellt.
Die EPDs werden durch die Hersteller in Auftrag gegeben und durch entsprechend zertifizierte Institutionen erarbeitet. Die Rechenwerte für diverse Umweltauswirkungen gleichen dem Schema der „Ökobaudat".

Abbildung 8: EPD Peikko DELTABEAM® Green (Quelle: Peikko)

Als eines der wichtigsten Bewertungskriterien sei hier das CO_2-Äquivalent genannt. Das CO_2-Äquivalent beschreibt die Klimaauswirkung verschiedener Treibhausgase im Vergleich zum CO_2 selbst. Dabei geht es nicht um die Menge des betreffenden Treibhausgases, sondern um den Beitrag zur globalen Erderwärmung.

2. Hybridbau

2.1 Begriffserklärung

Was versteht man unter dem Begriff „Hybridbau"? Der Hybridbau ist ein Bausystem, mit dem schnell und flexibel Gebäude aller Arten und Nutzungen erstellt werden können. Der Ausdruck „Hybrid" wird verwendet, weil verschiedene Baustoffe (wie Holz, Stahl und Beton) verwendet werden.

2.2 Bauen heute

Im Bauwesen wird schon seit sehr langer Zeit die Kombination verschiedener Materialien angewendet. Die Hintergründe dieser Verfahrensweise sind vielfältig. Waren es in den Anfängen der geregelten Bauprodukte zu Beginn des 20. Jahrhunderts eher Einschränkungen in der lokalen Verfügbarkeit einzelner Baustoffe und Beschränkungen was die Förder- und Hebemittel betraf, sind es heute eher die vielfältigen Anforderungen an ein Bauteil. Moderne Bauwerke müssen nicht nur eine ausreichende Standsicherheit aufweisen, sondern auch im Hinblick auf den Wärme- und Schallschutz den ambitionierten Bedürfnissen der Nutzer genügen. Betrachtet man beispielsweise den Aufbau einer Geschossdecke, so werden häufig Stahlbetondecken eingesetzt, bei denen ca. 98 V.-% der Konstruktion aus Beton bestehen und ca. 2 V.-% aus Bewehrungsstahl. Der Fußbodenaufbau wird klassisch mit einem schwimmenden Estrich versehen, der neben einer bituminösen Trennlage eine Dämmschicht aus aufgeschäumten und erdölhaltigen Dämmstoffen enthält. Als oberer Abschluss dient der hydraulisch gebundene Estrich, der wiederum mit einem Belag, beispielsweise aus keramischen Fliesen, belegt wird. Dieser Aufbau zeigt, dass Anforderungen an die Standsicherheit, an den Schall- und Wärmeschutz sowie an die Gebrauchstauglichkeit, durch die Verwendung verschiedener Materialien erzielt werden.
Es ist aber auch festzustellen, dass, gerade was die Tragkonstruktion betrifft, mit einer großen Menge an Beton gearbeitet wird. Diese Menge an Beton nimmt zusätzlich und überproportional zu, wenn die Anforderungen an die Flexibilität mit dem Wunsch nach einer großflächigen Stützenfreiheit und damit größeren Stützweiten umgesetzt werden soll.

2.3 Vorteile des Hybridbaus

Da der Beton einen großen Anteil zum CO_2-Äquivalent beiträgt (vgl. Abb. 7) wäre ein teilweiser Austausch gegen ein nachwachsendes und weitestgehend klimaneutrales Material durch viele Vorteile geprägt. Im Einzelnen sind dabei zu nennen:

- Reduktion des CO_2-Äquivalents
  - Holz ist ein nachwachsender Rohstoff, der bei seiner Entstehung CO_2 aufnimmt und die gleiche Menge bei seiner Zersetzung (Fäulnis) wieder an die Atmosphäre abgibt.
- Ressourcenschonung
  - Der vorzugsweise Einsatz nur eines Baustoffes führt zwangsläufig zu einer Materialverknappung. Das kann durch den Austausch eines großen Anteils deutlich verzögert werden.
- Klimaneutralität
  - Durch den Einsatz nachwachsender Rohstoffe wie dem Holz kann die Bauindustrie einen Beitrag zu den Klimazielen leisten.

Es sind aber nicht nur die Vorteile im Hinblick auf die Umweltauswirkungen zu nennen. Ebenfalls von großer Bedeutung sind die Vorteile im Hinblick auf die Tragfähigkeiten. Dabei ist zunächst entscheidend, dass die Einwirkungen durch die Verwendung des leichten Holzes mit einer Wichte von ca. 5 kN/m³ im Gegensatz zum Beton mit ca. 25 kN/m³ erheblich herabgesetzt werden. Infolge des Verbundansatzes zwischen dem Verbundträger und dem umliegenden Beton können zusätzlich signifikante Tragfähigkeitssteigerungen erzielt werden. Zur Anschauung hier der Vergleich zweier Varianten:

VARIANTE 1: Holzdeckenkonstruktion OHNE Betonverbund

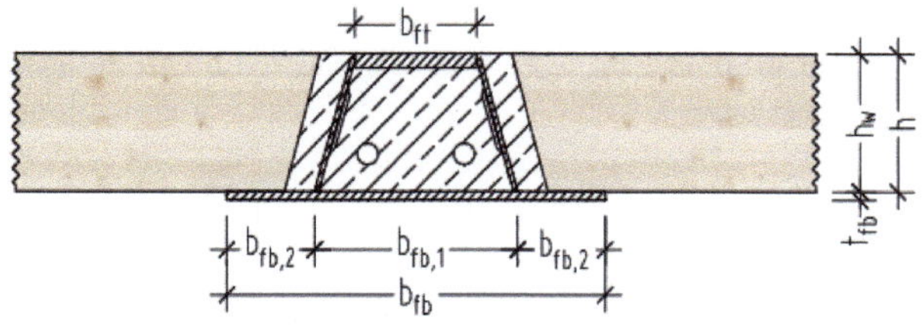

VARIANTE 2: Holz-Beton-Verbunddecke (HBV)

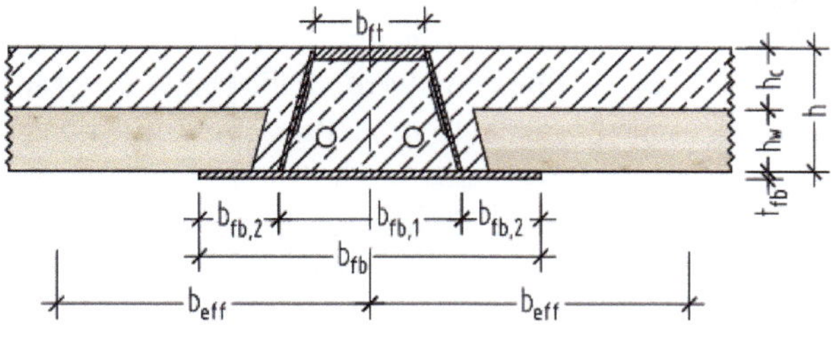

Beide Varianten weisen exakt die gleichen äußeren Querschnittsabmessungen auf. Jedoch steigert die Variante 2 im Vergleich zur Variante 1 die Tragfähigkeit und Steifigkeit um bis zu 70 %. Dies zeigt eindrucksvoll das enorme Potenzial des Verbundbaus, der gerade in Verbindung mit der Hybridbauweise einfach und effizient eingesetzt werden kann.

2.4 Funktionsweise und Anwendung

Häufig stoßen gute Ideen in der Praxis auf berechtigte Widerstände, da sie in der Realität nicht oder nur schwierig und mit negativen Auswirkungen auf andere Bereiche umsetzbar sind. Nicht so beim Hybridbau. Die Kombination von Stahl und Beton kennen wir seit Jahrzehnten. Wir wenden sie schadensfrei im Stahlbetonbau sowie im Verbundbau an. Dabei mussten wir lernen, auf verschiedene Besonderheiten, wie z.B. eine ausreichende Betonüberdeckung für die Dauerhaftigkeit, zu achten. Die Kombination aus Stahl und Holz ist bereits in den Regelwerken erfasst. Denken wir an das Befestigen mit Schrauben oder an das Einkleben von Ankerstangen. Eine weitere Kombination, nämlich die von Holz und Beton wird seit über 25 Jahren erforscht. Verschiedene Verbundmittel, um die Tragfähigkeit durch eine schubfeste Verbindung zwischen Holz- und Betonquerschnitten zu erhöhen, sind bauaufsichtlich zugelassen und eingeführt. Bis vor etwa 5 Jahren hatte die Holz-Beton-Verbundbauweise einen sehr kleinen Anteil an den hergestellten Deckensystemen und wurde vorzugsweise bei der Sanierung und Ertüchtigung alter Holzbalkendecken eingesetzt. Heute hat man das enorme Potenzial erkannt und auch größere Gebäude bekannter Unternehmen wie Siemens, Bosch oder Sartorius werden mit Holz-Beton-Verbunddecken (HBV) realisiert.
Speziell Wohngebäude kennzeichnen sich durch das Vorhandensein vieler Innen- und Außenwände, um den Raumabschluss und den Schallschutz sowie Sichtschutz zu realisieren. Im Standardwohnungsbau trifft man somit häufig auf linienförmige Auflager und selten auf Stützweiten über 6 Meter. Anders im Gewerbebau. Große Büros und Besprechungsräume sowie Produktionseinheiten erlauben keine Wände und erfordern ein großes Maß an Stützenfreiheit. Diese Anforderungen können optimal mit speziellen HBV-Decken in Kombination mit einem trapezförmigen Verbundträger realisiert werden.

Abbildung 9: Peikko DELTABEAM® Verbundträger mit HBV-Decke und Holzstützen (Quelle: Peikko)

Dabei reduziert die HBV-Decke das Eigengewicht der Konstruktion um ca. 60%. Das ermöglicht einerseits schlankere und damit ressourcenschonende abgehende Bauteile wie Stützen und Gründungselemente und andererseits größere Stützweiten, da das Eigengewicht der Konstruktion für die Bemessung nur noch einen wesentlich geringeren Wert annimmt als bei einer vergleichbaren Stahlbetonmassivdecke.
Die Tragfähigkeit des Deckensystems quer zu der Spannrichtung der HBV-Decke wird durch einen speziellen trapezförmigen Verbundträger realisiert, der infolge der Verbundtragwirkung enorme Steifigkeiten aufweist und damit in der Regel deckengleich hergestellt werden kann.

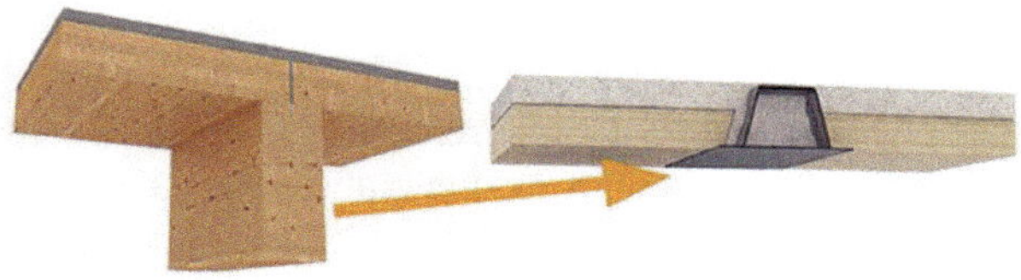

Abbildung 10: Deckengleiche Ausführung DELTABEAM® (Quelle: Peikko)

Der Verbundträger muss über eine Allgemeine Bauartgenehmigung (Z-26.2-49) verfügen.

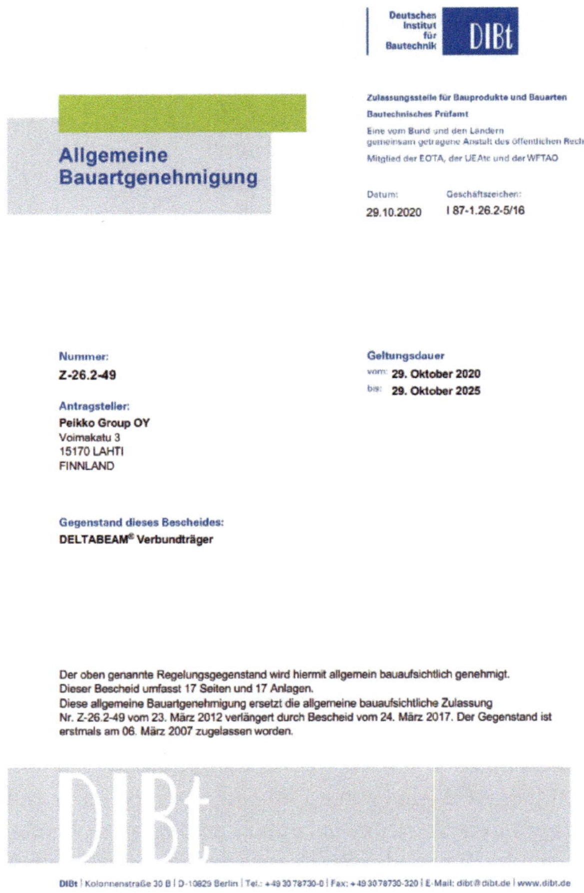

Deutschen Institut für Bautechnik DIBt

Allgemeine Bauartgenehmigung

Zulassungsstelle für Bauprodukte und Bauarten
Bautechnisches Prüfamt
Eine vom Bund und den Ländern gemeinsam getragene Anstalt des öffentlichen Rechts
Mitglied der EOTA, der UEAtc und der WFTAO

Datum: 29.10.2020
Geschäftszeichen: I 87-1.26.2-5/16

Nummer:
Z-26.2-49

Geltungsdauer
vom: 29. Oktober 2020
bis: 29. Oktober 2025

Antragsteller:
Peikko Group OY
Voimakatu 3
15170 LAHTI
FINNLAND

Gegenstand dieses Bescheides:
DELTABEAM® Verbundträger

Der oben genannte Regelungsgegenstand wird hiermit allgemein bauaufsichtlich genehmigt.
Dieser Bescheid umfasst 17 Seiten und 17 Anlagen.
Diese allgemeine Bauartgenehmigung ersetzt die allgemeine bauaufsichtliche Zulassung Nr. Z-26.2-49 vom 23. März 2012 verlängert durch Bescheid vom 24. März 2017. Der Gegenstand ist erstmals am 06. März 2007 zugelassen worden.

DIBt

DIBt | Kolonnenstraße 30 B | D-10829 Berlin | Tel.: +49 30 78730-0 | Fax: +49 30 78730-320 | E-Mail: dibt@dibt.de | www.dibt.de

Abbildung 11: Deckblatt zu Z-26.2-49 (Quelle: Peikko)

Neueste Entwicklungen machen es möglich, dass der Verbundträger aus über 97% recyceltem Stahl hergestellt werden kann. Dadurch werden die Klimaauswirkungen und das globale Erwärmungspotenzial weiter und signifikant reduziert.

2.5 Brandschutz

Heutige Anforderungen an den Brandschutz sehen vor, dass Gebäude einen Feuerwiderstand über eine gewisse Branddauer einhalten. Die rechnerisch anzunehmende Branddauer richtet sich dabei nach der Gebäudenutzung sowie den Gebäudeklassen gemäß den jeweiligen Landesbauordnungen. Die Grundlage für die Bemessungsansätze bildet die sogenannte Einheitstemperaturzeitkurve ETK (Normbrandbeanspruchung).
Für die Bemessung von Holzquerschnitten gilt die DIN EN 1995-1-2: 2010-12. Das Wesen des Nachweises besteht in der Bestimmung eines brandreduzierten Querschnittes. Dabei wird angenommen, dass die dem Brand ausgesetzten Querschnittsteile eine idealisierte Abbrandtiefe erhalten. Der ursprüngliche Holzquerschnitt, redu-

ziert um die Abbrandtiefe, steht für die erforderlichen Nachweise im Brandfall zur Verfügung.

Die Brandbemessung des trapezförmigen Verbundträgers kann keiner aktuell verfügbaren Norm entnommen werden. Hierzu wurden im Rahmen einer Bauartgenehmigung komplexe Finite-Elemente-Berechnungen herangezogen, die die Bemessung im Brandfall analog der Allgemeinen Bauartgenehmigung Z-26.2-49 ermöglichen. Dabei werden werkseitig in den Verbundquerschnitt eingelegte Sekundärbewehrungen für die Nachweise im Brandfall herangezogen. Diese Bewehrung weist aufgrund der Einbindung in den umgebenden Beton deutlich geringere Temperaturen auf, als der direkt beflammte Untergurt.

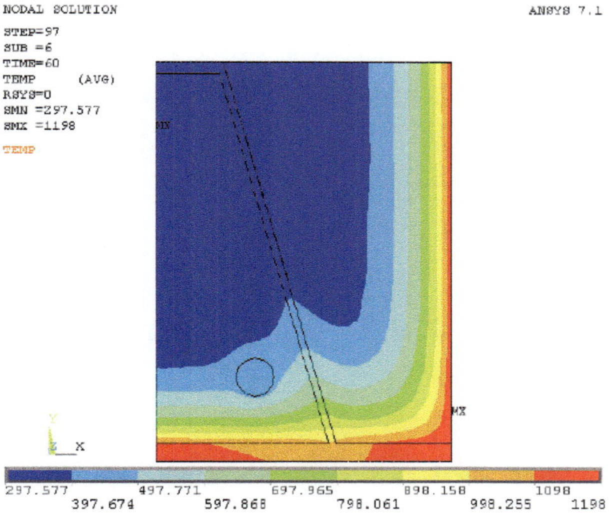

Abbildung 12: Isothermen bei Brandbeanspruchung (Quelle: Peikko)

Über den Ansatz der reduzierten Werkstoffkennwerte nach EN 1994-1-2 kann das innere Kräftegleichgewicht hergestellt und die notwendigen Spannungsnachweise geführt werden.

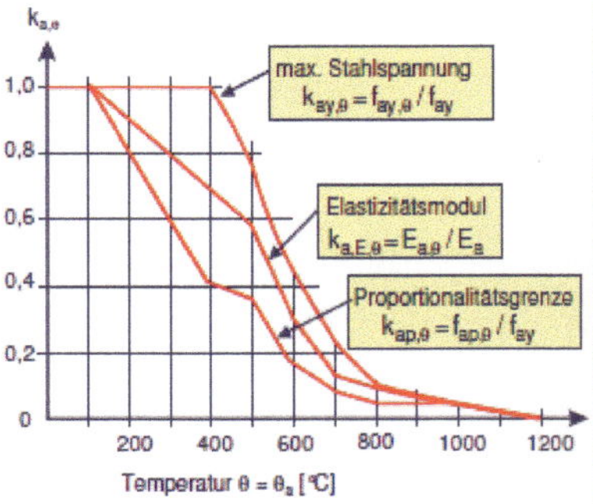

θ_a	$k_{ay,\theta}$	$k_{ap,\theta}$	$k_{a,E,\theta}$
20	1,00	1,0000	1,0000
100	1,00	1,0000	1,0000
200	1,00	0,8070	0,9000
300	1,00	0,6130	0,8000
400	1,00	0,4200	0,7000
500	0,78	0,3600	0,6000
600	0,47	0,1800	0,3100
700	0,20	0,0750	0,1300
800	0,11	0,0500	0,0900
900	0,06	0,0375	0,0675
1000	0,04	0,0250	0,0450
1100	0,02	0,0125	0,0225
1200	0,00	0,0000	0,0000

Abb. 4.5-1: Werkstoffkennwerte für Baustahl im Brandfall – Reduktionsfaktoren (EN 1994-1-2, /N11/)

Abbildung 13: Reduktionsfaktoren für Baustahl im Brandfall (Quelle: EN 1994-1-2, Beuth)

An dieser Stelle sei darauf hingewiesen, dass reaktive Brandschutzbeschichtungen auf Stahlbauteilen keinen dauerhaften Brandschutz darstellen (vgl. Technische Mitteilung 09b / 002 der Bundesvereinigung der Prüfingenieure für Bautechnik e.V.).

3. Auswirkungen

3.1 Bauhöhe und Gebäudevolumen

Infolge der unter Abs. 2.4 beschriebenen Reduktion der Konstruktionshöhe im Vergleich zu dem Einsatz eines Deckenträgers aus Holz kann auch die Geschosshöhe reduziert werden.

Dies hat bei einem mehrgeschossigen Hochbau die Folge, dass die Bauhöhe deutlich herabgesetzt werden kann. Baurechtliche Einschränkungen aus Bebauungsplänen können dadurch eingehalten werden. Gegebenenfalls besteht die Möglichkeit, ein weiteres Geschoss zu realisieren und damit mehr Nutzfläche unter gleichen geometrischen Randbedingungen zu schaffen. Jeder Kubikmeter umbauter Raum, der nicht geheizt und/oder gekühlt werden muss, trägt zur Einsparung von Energiekosten und damit zu einer verbesserten Ökobilanz bei.

3.2 Installationsfreiheit

Infolge der fortschreitenden technischen Gebäudeausrüstung werden immer aufwändigere Leitungsführungen notwendig. Dabei haben insbesondere Kanäle für die Be- und Entlüftung sowie das Heizen und Kühlen regelmäßig große Dimensionen. Unserem Planungsprozess ist es geschuldet, dass es in der Praxis häufig zu Widersprüchen in der Planung des Tragwerkes und der technischen Gebäudeausrüstung (TGA) kommt. Dabei kollidieren Installationstrassen mit den für die Standsicherheit wichtigen tragenden Elementen wie Deckenträgern und Unterzügen. Durch eine entsprechende Durchbruchsplanung soll die Querung mit Leitungen durch die tragenden Querschnitte ermöglicht werden. Dies führt zu sehr aufwändigen und damit kostenintensiven Verstärkungen in den tragenden Querschnitten, um die fehlenden Querschnitte ausgleichen zu können. Zudem entstehen durch den parallel voranschreitenden Planungsprozess verschiedener Gewerke immer neue Anforderungen an Durchbrüche und Durchdringungen. Somit ist es für die Tragwerksplanung praktisch unmöglich, die notwendigen Durchbrüche immer ausreichend und an der richtigen Stelle zu berücksichtigen. Mit der deckengleichen Anordnung des trapezförmigen Stahlverbundträgers werden die möglichen Kollisionen in Gänze vermieden und der Planungsprozess kann störungsfrei erfolgen. Dies spart Zeit und notwendige Planungsressourcen und hilft allen Beteiligten bei einem reibungslosen Arbeitsprozess.

3.3 Klimabilanz

Der Einsatz von nachwachsenden Rohstoffen ist klimafreundlich. Beton (Zement) und Stahl benötigen bei der Herstellung aus ihren Ausgangsstoffen sehr große Mengen an Energie. Zudem ist, die Gewinnung und Förderung der Ausgangsstoffe aufwändig. Holz hingegen benötigt für sein Wachstum CO_2 aus der Atmosphäre. Dieses CO_2 wird bei einer möglichen Verrottung oder Verbrennung wieder an die Umgebungsluft abgegeben. Die CO_2-Bilanz ist also, anders als bei der Veredelung von Kalkstein und Eisenerz, ausgeglichen. Zudem wird durch den Einbau des gewachsenen Holzes, welches vorher der Atmosphäre CO_2 entzogen hat, eine Verrottung oder Verbrennung verhindert, so dass die CO_2-Bilanz, über die Nutzungsdauer des Gebäudes sogar negativ bleibt. Negativ bedeutet dabei, dass mehr CO_2 gebunden als emittiert wird.

Im nachfolgenden Beispiel soll an einem realen Deckensystem erläutert werden, welche Auswirkungen sich bezogen auf das CO_2-Äquivalent ergeben.

Es werden drei Deckensysteme verglichen:

- DELTABEAM® + Holz-Beton-Verbunddecke
- DELTABEAM® + Stahlbetonmassivdecke
- DELTABEAM® + Spannbetonhohlplattendecke

Als System der Stützweitenverhältnisse dient folgende Notation:

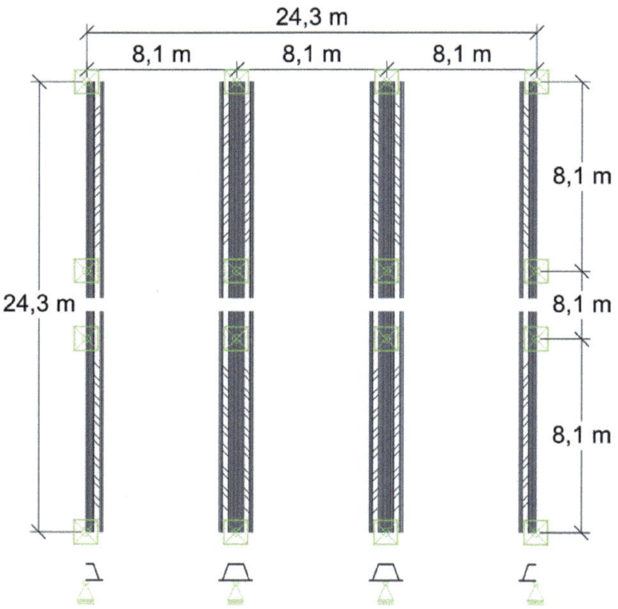

Die Einwirkungen auf die Tragstruktur nehmen folgende Werte an:

Einwirkungen:

$g_{0,k}$ = Eigengewicht Deckensystem
$g_{1,k}$ = 2,0 kN/m² (Aufbau + Unterdecke)
q_k = 5,0 kN/m² (Nutzlast)

Aus den statischen Berechnungen und Bemessungen ergeben sich folgende Deckenquerschnitte:

DELTABEAM® + Holz-Beton-Verbunddecke

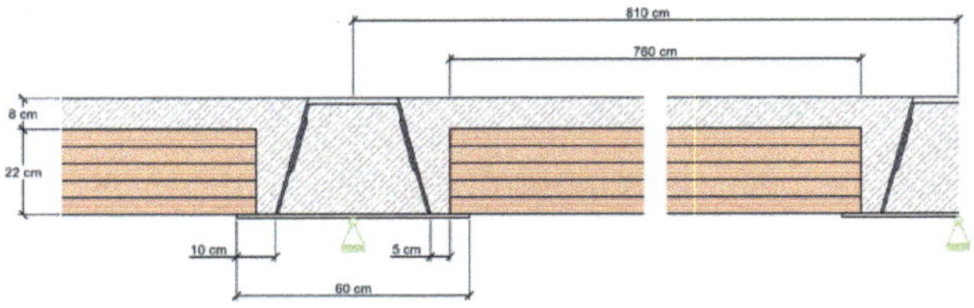

DELTABEAM® + Stahlbetonmassivdecke

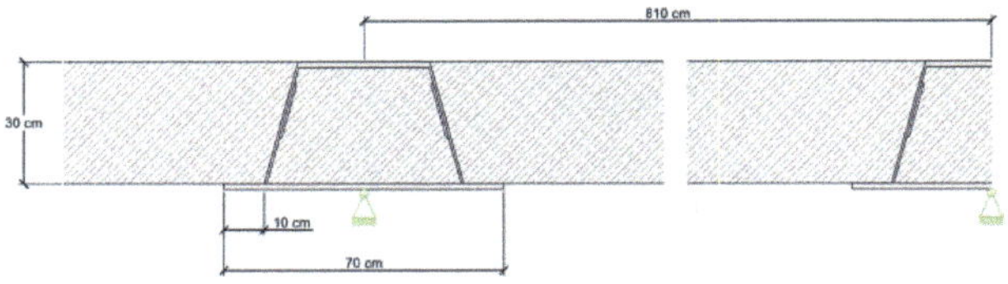

DELTABEAM® + Spannbetonhohlplattendecke

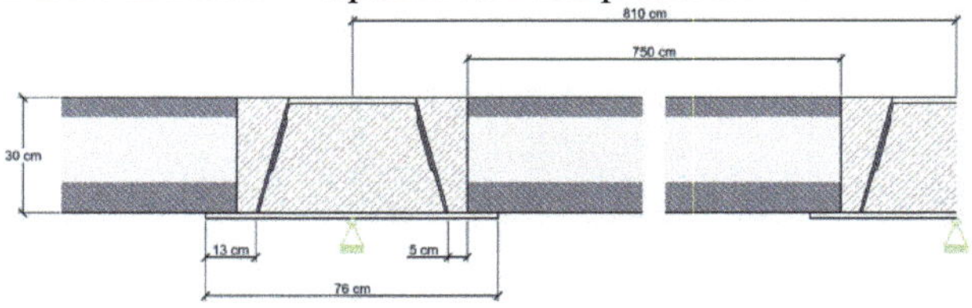

Um eine möglichst neutrale Vergleichbarkeit herzustellen, wurden alle Decken mit einer Dicke von h = 30cm angenommen.

Aus den vorgenannten Berechnungen ergeben sich folgende Volumenanteile an Materialien:

DELTABEAM® + Holz-Beton-Verbunddecke

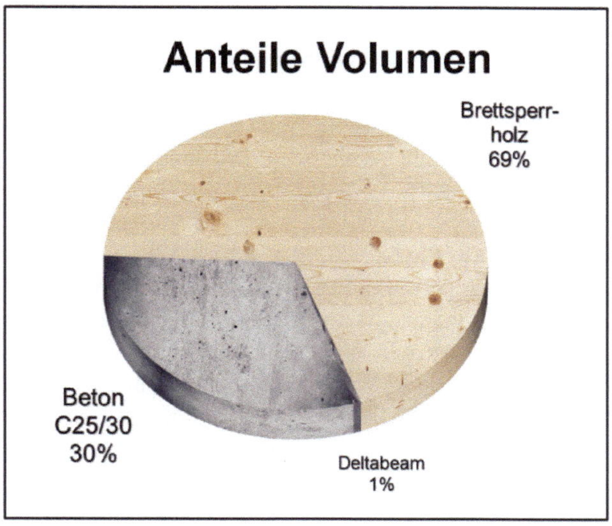

DELTABEAM® + Stahlbetonmassivdecke

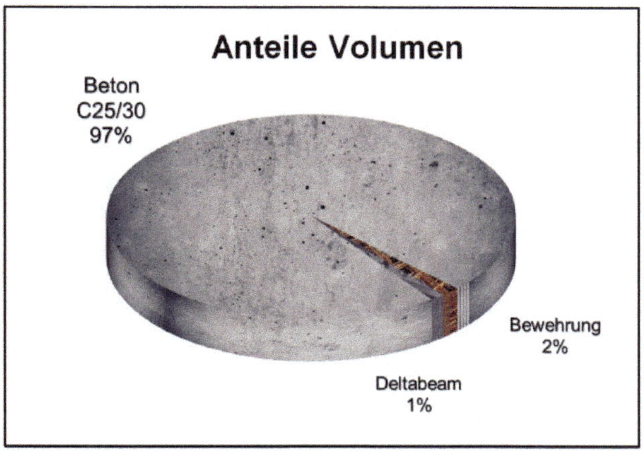

DELTABEAM® + Spannbetonhohlplattendecke

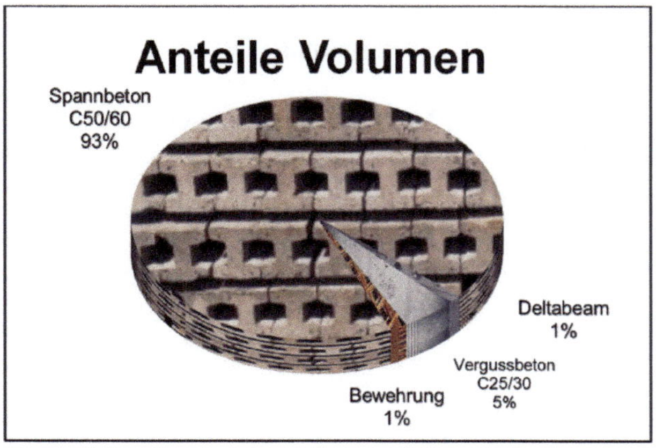

Die vorhandenen Materialanteile können in die zugehörigen CO_2-Äquivalente umgerechnet werden:

DELTABEAM® + Holz-Beton-Verbunddecke

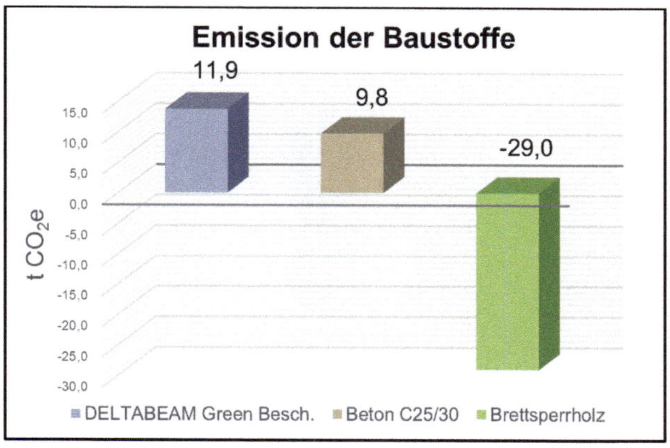

DELTABEAM® + Stahlbetonmassivdecke

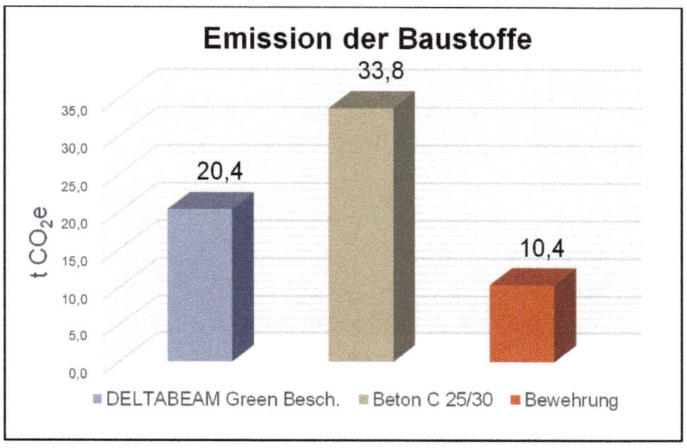

DELTABEAM® + Spannbetonhohlplattendecke

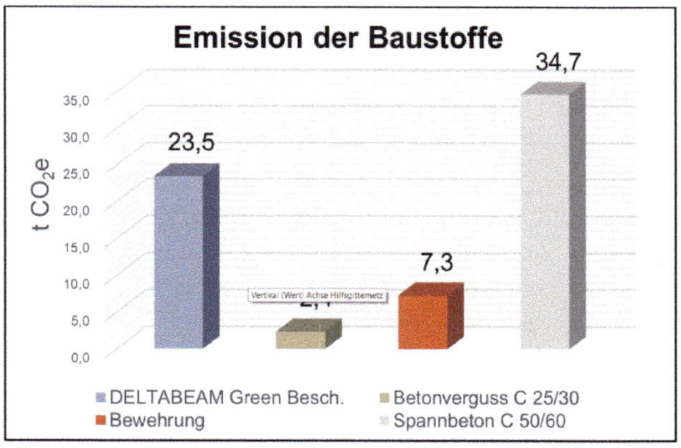

Bilanzierung

Addiert man die CO_2-Äquivalente der einzelnen Materialien, erhält man folgende Ergebnisse:

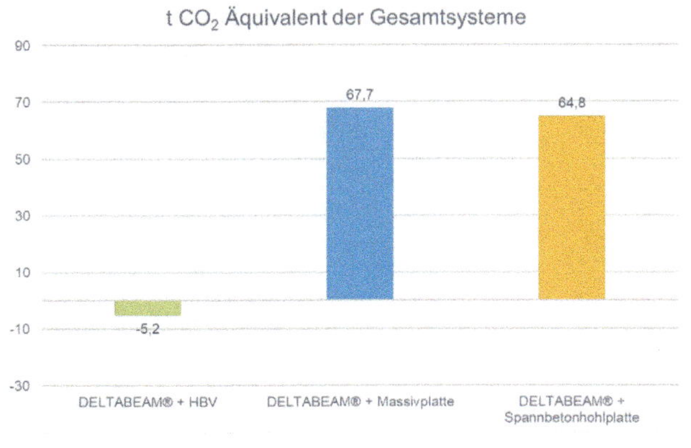

Es zeigt sich, dass die klassischen Deckensysteme ähnliche CO_2-Emissionen nach sich ziehen. Durch die Einlagerung des Holzes im Bauwerk kann bei der Verwendung einer hybriden Konstruktion, bestehend aus einer Holz-Beton-Verbunddecke und einem deckengleichen trapezförmigen Verbundträger nach Bauartgenehmigung Z-26.2-49 ein mehr als klimaneutrales Deckensystem erreicht werden.

4. Zusammenfassung

Die Bauindustrie hat einen deutlichen Einfluss auf den Klimawandel. Etwa 30% der Emissionen entstehen beim Bauen und ca. 70% beim Betrieb der Gebäude. Die hybride Bauweise unter Verwendung von Stahl, Holz und Beton in Kombination mit innovativen Technologien wie dem Verbundbau hat sowohl Auswirkungen auf die CO_2-Emissionen während des Bauens als auch auf die Nachhaltigkeit in der Nutzungsphase. Zudem können moderne Anforderungen an die Flexibilität von Gebäuden einfacher und rationeller umgesetzt werden. Durch die leichten Strukturen bedingt der Herstellungs- und Lieferprozess kleinere Hebe- und Transportkapazitäten. Infolge des geringeren Eigengewichtes können vorhandene Tragfähigkeiten für die Nutz- bzw. Verkehrslasten verwendet werden. Bei massiven Konstruktionen hingegen wird ein Großteil der Kapazitäten an Tragfähigkeit für das Eigengewicht selbst benötigt.

5. Ausblick

Ausgehend von der „Dritten Bundeswaldinventur 2012" steht uns in Deutschland ein Holzzuwachs von 121,6 Mio. m^3 pro Jahr zu Verfügung. Jedoch wurde bereits 2012 bemerkt, dass der Vorrat an dem Bauholz Fichte abgenommen hat. Dies liegt insbesondere an der starken Dezimierung durch Stürme und Käfermassenvermehrung. In den letzten Jahren – die „Vierte Bundeswaldinventur" befindet sich derzeit in der Datenerhebung – dürfte diese Entwicklung zugenommen haben. Andererseits, erreicht die Holznutzung und das natürliche Absterben des Holzes nur 87 % des Zuwachses. Die Fichtennutzung inklusive des natürlichen Absterbens liegt hingegen um 15% über dem Zuwachs.
13 % Holzüberschuss bedeutet etwa 16 Mio. m^3 jährlich. Davon könnte man ca. 350 Mio. m^2 HBV-Balkendecken herstellen und würde rund 70 Mio. m^3 Beton einsparen. Geht man davon aus, dass in Deutschland jährlich etwa 5 Mio. m^2 Deckenfläche hergestellt werden, so könnte der Bedarf an Holz durch andere Holzarten ohne Weiteres abgedeckt werden. Allerdings ist dazu ein schnelles Umdenken bei der bautechnischen Nutzung der Holzarten und/oder der Forstbewirtschaftung notwendig.

Literatur

[1] Typische Baukonstruktionen von 1860 bis 1960, Band 2, 7. Auflage, Beuth
Rudolf Ahnert, Karl Heinz Krause
[2] DIN EN 1994-1-1
2010-12, Beuth
[3] DIN EN 1994-1-2
2010-12, Beuth
[4] Allgemeine Bauartgenehmigung Z-26.2-49
DELTABEAM® Verbundträger, 2020-10
Peikko Group Oy, DIBt
[5] DIN EN 1995-1-1
2010-12, Beuth
[6] DIN EN 1995-1-2
2010-12, Beuth
[7] EPD DELTABEAM® Green
29.04.2020, Building Information Foundation, Helsinki
[8] Vergleich der CO2 – Äquivalente verschiedener Deckensysteme
10.11.2020, Holzfachschule Bad Wildungen, HTB2506
Sven Voutta, Marius Vogel, Robin Ortmann
[9] Von Monobaustoffen zu symbiotischen Materialkombinationen
KI - Konstruktiver Ingenieurbau Heft 05/2020
Sascha Schaaf Dipl.-Ing. (FH)

TAE

Konstruktion

Herausforderungen bei Planung und Realisierung: das Tragwerk des neuen Stuttgarter Hauptbahnhofs

Angelika Schmid
Werner Sobek AG, Stuttgart, Deutschland

Roland Bechmann
Werner Sobek AG, Stuttgart, Deutschland

Zusammenfassung

Im Rahmen des Bahnprojekts Stuttgart Ulm wird der Stuttgarter Hauptbahnhof komplett umgebaut und erneuert. Der alte Kopfbahnhof wird hierbei durch einen unterirdischen Durchgangsbahnhof ersetzt. Wesentliches Gestaltungselement der neuen Bahnsteighalle sind die sogenannten Kelchstützen. Ihre Planung wird im vorliegenden Beitrag beschrieben.[1]

1. Einleitung

Das Bahnprojekt Stuttgart Ulm („S21") ist das größte Ausbaukonzept für den öffentlichen Schienenverkehr in Baden-Württemberg seit dem 19. Jahrhundert. Es umfasst neben dem Neubau von zahlreichen Tunneln und Trassen auch eine komplette Umgestaltung des Eisenbahnknotens Stuttgart: Der alte Kopfbahnhof wird durch einen unterirdischen Durchgangsbahnhof ersetzt. Das Herzstück des alten Bahnhofs (der sogenannte Bonatz-Bau) bleibt erhalten und verbindet auch weiterhin die Innenstadt mit den Gleisanlagen; durch die neue Streckenführung können künftig aber umfangreiche Gleisflächen im Zentrum Stuttgarts rückgebaut und durch Parkanlagen bzw. ein neues Stadtquartier ersetzt werden. Insgesamt handelt es sich um eine Fläche von rund 100 Hektar. S21 ist somit nicht nur verkehrstechnisch, sondern auch hinsichtlich der Stadtentwicklung von großer Bedeutung für Stuttgart.

Wesentliches Gestaltungselement der neuen Bahnsteighalle sind die sogenannten Kelchstützen. Diese tragen nicht nur das Schalendach, sondern dienen auch der natürlichen Belichtung und Belüftung des Innenraums. Aufgrund seiner komplexen Geometrie stellt der neue Tiefbahnhof höchste Anforderungen an alle Planungsbeteiligten. Der vorliegende Beitrag erläutert die wichtigsten Randbedingungen für die Tragwerksplanung und beschreibt Formfindung, baustatische Berechnung und Ausführung dieser einzigartigen Konstruktion. Ein besonderer Schwerpunkt liegt hierbei auf den Last- und Bemessungsansätzen, die oft jenseits des herkömmlichen Normenkontextes festgelegt werden mussten, sowie auf der Erläuterung, wie durch die Tragwerksplanung eine technisch und ökonomisch nachhaltige Umsetzung ermöglicht wurde.

[1] Der vorliegende Beitrag ist eine erweiterte und aktualisierte Fassung eines Artikels, der in Heft 5/2019 der Zeitschrift „Beton- und Stahlbetonbau" erschienen ist.

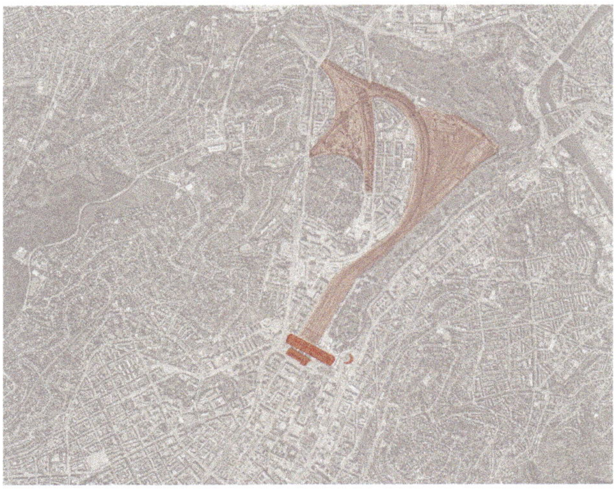

Abbildung 1: a) Luftbild der Stuttgarter Innenstadt rund um den Hauptbahnhof (Copyright: Landeshauptstadt Stuttgart); b) Die durch den neuen Tiefbahnhof freiwerdenden Flächen (Copyright: Landeshauptstadt Stuttgart/ Werner Sobek, Stuttgart)

Die Architektur des neuen Stuttgarter Bahnhofs wurde vom Düsseldorfer Architekten Christoph Ingenhoven mit Unterstützung des Pritzker-Preisträgers Frei Otto entwickelt. Zusammen konnten diese 1997 den internationalen Wettbewerb für sich entscheiden. Ingenieurtechnisch wurden Ingenhoven und Otto im Rahmen des Wettbewerbes vom Ingenieurbüro Happold unterstützt, später auch vom Büro Leonhard, Andrä und Partner [01]. 1999 begann das Team mit den Vorplanungen zum Projekt. Das Büro Werner Sobek Stuttgart übernahm ab dem Jahr 2009 die Tragwerks- und Fassadenplanung sowie Teile der Objektplanung für den neuen Tiefbahnhof sowie für den Umbau des Bonatz-Baus und den Neubau der angrenzenden Stadtbahn-Haltestelle Staatsgalerie [02] [03].

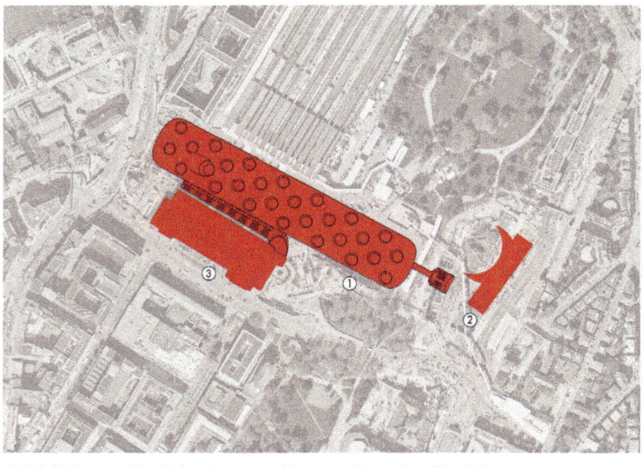

Abbildung 2: Die im vorliegenden Artikel benannten Bauwerke: 1) Tiefbahnhof, 2) Stadtbahn-Haltestelle Staatsgalerie, 3) Bonatz-Bau (Copyright: Landeshauptstadt Stuttgart / Werner Sobek, Stuttgart)

Im Rahmen dieser Planung wurden die Entwurfsplanung technischen Anforderungen angepasst und die Genehmigungs- und Ausführungsplanung erstellt. Neben der im Folgenden detailliert beschriebenen Massivbaukonstruktion wurden auch die Stahlkonstruktionen wie Lichtaugen, Gitterschalen, Verteilerstege, Aufzugschachtgerüste und Treppen durch Werner Sobek geplant.

2. Der neue Tiefbahnhof

2.1 Städtebauliche Einbindung

Gemäß dem Entwurf von Christoph Ingenhoven entsteht die neue Bahnsteighalle unmittelbar hinter dem historischen Bonatz-Bau. Die derzeit oberirdisch verlaufenden Gleise werden rückgebaut und durch neue Gleisanlagen in Tunnelbauwerken ersetzt. Durch das Absenken der Gleisanlagen kann der Stuttgarter Schlosspark bis an die Rückseite des Bonatz-Baus herangeführt werden. Die bisher durch die Gleisanlagen getrennten Stadteile Stuttgart-Ost und Stuttgart-Nord werden so nach mehr als 100 Jahren wieder fußläufig miteinander verbunden. Für Stuttgart ist das Projekt daher auch und insbesondere ein städtebauliches Projekt, das in Zeiten der zunehmenden Urbanisierung und Wohnraumknappheit ein erhebliches Entwicklungspotenzial bietet.
Damit auch die Stuttgarter City städtebaulich möglichst fließend an den neu entstehenden Innenstadtbereich nördlich des Bahnhofs angebunden wird, durfte das Dach der neuen Bahnsteighalle nicht zu hochliegend angeordnet werden. Gleichzeitig musste der Tiefbahnhof aufgrund der Besonderheiten der Stuttgarter Topographie so positioniert werden, dass er am nord-westlichen Ende oberhalb der bestehenden S-Bahn-Tunnel liegt, die Tunnelbauwerke am süd-östlichen Anschluss aber unterhalb der Konrad-Adenauer-Straße verlaufen. Die Bahnsteighalle kann daher nur mit einer begrenzten Konstruktionshöhe und einem leichten Gefälle realisiert werden. Gleichzeitig sollte der Tiefbahnhof aber eine offene und großzügige Atmosphäre bieten und durch Tageslicht beleuchtet werden.

Abbildung 3: Innenansicht der neuen Bahnsteighalle – die architektonische Bedeutung der Kelchstützen und der Lichtaugen ist gut sichtbar (Copyright: Ingenhoven Architekten, Düsseldorf)

2.2 Formfindung

Aus den o.g. Randbedingungen heraus entwickelte Christoph Ingenhoven die einzigartige Geometrie des neuen Bahnhofs. Die Formfindung erfolgte in Zusammenarbeit mit Frei Otto und orientierte sich an Methoden, die letzterer bereits bei verschiedenen anderen Projekten (zum Beispiel beim deutschen Pavillon auf der Weltausstellung in Montreal im Jahr 1967) angewendet hatte. Mittels Seifenhaut- und Hängemodellen wurde eine Membranfläche erzeugt. Die so erzielte Geometrie ist eine Fläche, in der infolge der Eigengewichtslasten ein isotroper, gleichmäßiger Zugspannungsverlauf wirkt. Um singuläre Kräfte in diese Membranflächen einzuleiten, wird die Form mit Löchern (sogenannten Lichtaugen) versehen; so können Spannungsspitzen an den Lasteinleitungspunkten vermieden werden. Da bei der Stuttgarter Bahnhofshalle neben den Eigengewichtslasten zusätzlich eine erhebliche Auflast aus der neuen Parkanlage zur berücksichtigen war, ließ sich eine vorgespannte, zugbeanspruchte Seilnetzkonstruktion nicht realisieren [04].

Die von Christoph Ingenhoven und Frei Otto festgelegte Form wurde mit Hilfe der Hängemodelle „eingefroren" und entsprechend der sogenannten „Umkehrmethode" auf den Kopf gestellt (nota bene: Im Lauf der unterschiedlichen Planungsstufen wurde die anhand der Hängemodelle entwickelte Form immer wieder geringfügig manipuliert, um das Lichtraumprofil und die Aufstandsflächen der Kelche auf den Bahnsteigen zu optimieren). Durch diesen Formfindungsprozess konnte bei Spannweiten von ca. 36 m die Konstruktionshöhe der Halle begrenzt und der Materialverbrauch minimiert werden. Gleichzeitig ergab sich so die typische Geometrie der kelchartig geformten Stützen, die das Erscheinungsbild des neuen Tiefbahnhofs entscheidend prägen. Die Lichtaugen der Kelchstützen werden mit leichten Stahl-Glas-Schalen verschlossen; diese dienen zur natürlichen Belüftung und Belichtung der Halle.

Abbildung 4: a) Untersicht der Stahl-Glas-Schale, die den Sonderkelch (Eingangsbauwerk) überspannt (Copyright: Ingenhoven Architekten, Düsseldorf); b) Aufsicht auf eines der Lichtaugen im erweiterten Stuttgarter Schlosspark (Copyright: Ingenhoven Architekten, Düsseldorf)

Die Kelchstützen reflektieren durch ihre geschwungene Form das auf die helle Betonstruktur treffende Tageslicht weit in die Halle hinein. Ventilationsklappen in den Stahl-Glas-Schalen erlauben eine natürliche Belüftung und – durch den Luftaustausch mit den Tunnelröhren – auch eine natürliche Klimatisierung.

2.3 Geometrie des neuen Tiefbahnhofs

Die 420 m lange, 80 m breite und bis zu 12 m hohe Bahnsteighalle wird monolithisch in weißem Sichtbeton ausgeführt. Sie untergliedert sich in die Trogkonstruktion, das Schalendach und den Übergang zwischen Bahnhofshalle und Bonatzgebäude, den sogenannten Loungebereich. Die Deckenuntersicht des Schalendaches ist eine doppelt gekrümmte Fläche; die Bauteilstärken variieren entsprechend der Beanspruchung von 45 cm im Feldbereich bis zu 130 cm im Randbereich.

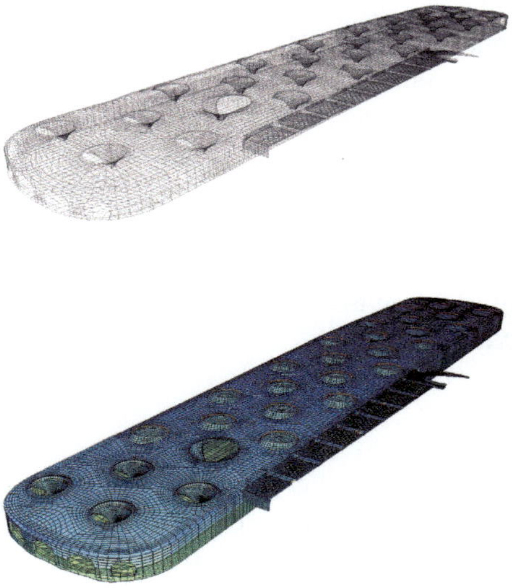

Abbildung 5: a) + b) FE-Modell des Tiefbahnhofs (Copyright: Werner Sobek, Stuttgart)

Gestützt wird das Schalendach durch die Trogwände und 28 Kelchstützen. Diese Stützen können in drei Typen unterschieden werden: 23 Regelkelche mit einem randverstärkenden Überzug an der Oberseite, vier Flachkelche ohne Randverstärkung sowie ein größerer Sonderkelch, der sich zur Innenstadt hin öffnet und einen Zugangsbereich bildet.
Topographisch bedingt ist der Abstand zwischen Dach und Trog nicht durchgehend gleich, sondern variiert. Hierdurch verändert sich auch die Bauhöhe der Regelkelche. Die Kelchstützen werden im oberen Bereich immer mit annähernd gleicher Geometrie ausgeführt, damit die in der Herstellung sehr aufwendigen Schalungselemente wiederverwendet werden können. Die erforderliche Geometrieanpassung erfolgt deshalb im Fußbereich der Kelche, also in den ersten 6 Metern oberhalb der Trogkonstruktion durch drei verschiedene Kelchfußtypen. Jeder einzelne dieser Kelchfüße muss in unterschiedlicher Länge ausgeführt werden.
Die Geometrie des Schalendaches ist eine hochkomplexe Form aus antiklastisch gekrümmten Flächen. Mathematisch kann sie als Freiform bezeichnet werden, da es keine mathematischen Regelmäßigkeiten gibt, die sie beschreiben. Entwickelt ist die Form allerdings nicht frei; sie ist vielmehr eine hocheffiziente Leistungsform, die dem Verlauf der Kräfte folgt und die gesetzten Anforderungen an eine weitspannende und lichtdurchflutete Bahnsteighalle materialoptimiert umsetzt. Durch den gewählten Formfindungsprozess, der in der Natur vorkommenden physikalischen Selbstbildungsprozessen ähnelt, wirkt die Geometrie zeitlos.
Theoretisch müsste der Entwurfsprozess dazu führen, dass das Schalendach eine rein druckbeanspruchte Konstruktion ist, und damit nahezu keiner Stahlbewehrung bedürfte. Tatsächlich reduziert die gewählte Form die Zugkräfte und Momente der Struktur im Vergleich zu einer üblichen Form erheblich; allerdings wirken in der Realität viele zusätzliche Einflussfaktoren, die in der Modellbildung nicht anfallen. Dies sind vor allem das erhöhte Eigengewicht mit Erdauflast, die seitlichen Erdlasten (die in Querrichtung über eine Rahmenwirkung abgetragen werden), die angesetzten Erdbebenlasten und natürlich auch die aus Kriechen und Schwinden sowie Temperaturänderungen erzeugten Zugspannungen des mit dem Trog monolithisch verbundenen Baukörpers.

3. Berechnung und Bemessung der fugenlosen Massivkonstruktionen

3.1 Grundlagen

Der Tiefbahnhof besteht aus einem Trog aus Normalbeton und dem darauf fugenlos aufsetzenden Schalendach aus Weißbeton. Das gesamte Bauwerk ist als fugenlose Massivbaukonstruktion ausgelegt. Erst an den Übergängen zum Nord- und Südkopf finden sich Raumfugen. Die Anforderungen an den Massivbau sind durch die WU-Konstruktion des Troges und die Sichtbetonanforderungen (Sichtbetonklasse SB4) an die Weißbetonoberfläche des Schalendachs sehr hoch.

3.2 Rolle der FE-Modelle

Für die Berechnung dieser komplexen und großen Struktur mussten verschiedene FE-Modelle erstellt werden. Dazu wurde die FE-Berechnungssoftware SOFiSTiK eingesetzt. Wesentlich für die Berechnung und Bemessung des Stahlbetons auf Basis des Eurocode 2 ist das Gesamtmodell der Bahnhofshalle. Für den Aufbau des FE-Modells des Schalendaches wurde auf das architektonische 3D-Modell zurückgegriffen. Das Modell im Übergabeformat 3dm (Rhinoceros) beschreibt exakt die Außen und- Innenflächen des Schalendaches. Aufgrund der ständigen Änderung der Krümmungen und Bauteilstärken über die Fläche musste im ersten Schritt eine geeignete Mittelfläche generiert werden. Dazu wurden eigene Skripte entwickelt; mit Hilfe dieser Skripte konnte die Fläche dann in Rhinoceros erzeugt werden. In einem zweiten Schritt wurde ein geeignetes FE-Netz auf dieser Fläche entwickelt. Im letzten Schritt wurden jeweils die Bauteildicken an den Knotenpositionen ermittelt und dem FE-Netz zugeordnet. Der notwendige Eingabecode für das Berechnungsprogramm wurde wiederum mittels Skripten direkt im 3D-Programm erzeugt.
Dabei konnten die Fähigkeiten von SOFiSTiK bei der Steuerung über den textbasierenden Code effektiv genutzt werden. Auch alle weiteren Schritte, wie Lasteingabe, Überlagerungsregeln und Berechnungsschritte wurden direkt programmiert. Im FE-Gesamtmodell wurden die vorgesehenen Bewehrungsrichtungen bei der Definition der Koordinatensysteme bereits berücksichtigt. Zur Berechnung der Erdbebenlastfälle, welche auch komplexe Bauwerk-Boden-Interaktionen beinhalten, mussten speziell gelagerte Szenarien am Modell berechnet werden. Die Schnittgrößen dieser Sonderberechnungen wurden direkt in die Datenbank des Hauptmodells eingelesen und konnten auf diesem Weg mit überlagert werden.
Das Gesamtmodell liefert im Wesentlichen die bemessungsrelevanten Ergebnisse für die Lastkombinationen mit Effekten in der Längsrichtung, wie Schwinden und Temperatur. Um insbesondere die Gründungsdetails und die strukturierte Bodenplatte ausreichend genau zu erfassen, wurden für jeden Bauabschnitt zusätzliche Teilmodelle erstellt. Diese reichen jeweils über drei Bauabschnitte und weisen im Bereich der Bodenplatten eine feinere Vernetzung auf; sie enthalten zusätzlich Pfahlelemente zur Simulation der Gründungspfähle. Diese Teilmodelle können insbesondere zur detaillierten Bemessung der Trogkonstruktion herangezogen werden. Eine weitere wesentliche Aufgabe der jeweiligen Teilmodelle war der notwendige Abgleich mit dem zughörigen geotechnischen Modell. Die anspruchsvollen Bodenverhältnisse, deren Veränderungen über die Bauwerkslänge und

nicht zuletzt der Schutz der mineralwasserführenden Schichten erforderte ein aussagekräftiges Halbraummodell. Dieses Modell, das vom Geotechniker CDM Smith betreut wurde, enthält neben den Pfählen und dem Trog auch ein vereinfachtes Schalendach. Für die Ermittlung von Bettungen und Pfahlfederwerten erfolgte eine Berechnung aller setzungsrelevanten Bauschritte, inkl. Aushub und Wasserhaltungsschritten. Im Anschluss erfolgt ein iterativer Abgleich mit dem jeweiligen Tragwerksmodell. Mit den Prüfinstanzen wurden die Kriterien hierfür festgelegt. Dabei müssen die Bodenplattenverschiebungen übereinstimmen und zugleich dürfen die Pfahlkräfte nur ca. 10 % voneinander abweichen. Die komplexe Gründung und deren Berechnung zusammen mit dem anspruchsvollen Iterationsprozess wird in [05] und [8] detailliert beschrieben.
Um die schrittweise Herstellung richtig zu erfassen, wurde durch weitere Unterteilung aus dem Gesamtmodell ein separates Bauphasenmodell erstellt, so dass die jeweiligen Herstellungsschritte mit dem CSM-Modul von SOFiSTiK gesteuert werden konnten [06]. Im Modell werden die tragwerksrelevanten Bauphasen mit den jeweils vorhandenen Baubehelfsstützen abgebildet. Dabei wirken im Wesentlichen Eigenlasten, bauzeitliche Verkehrslasten und Temperaturlasten. Es zeigte sich, dass ein freistehender Kelch ein deutlich vom Endzustand abweichendes Tragverhalten hat. Aufgrund der Masseverteilung wechselt das Anschlussmoment am Fußpunkt im Bauzustand das Vorzeichen im Vergleich zum Endzustand.
Neben den Modellen der Bahnhofshalle wurde ein zusätzliches FE-Modell für die Berechnung der im Bereich der vorhandenen S-Bahn-Tunnel erforderlichen Überbrückung erstellt. Es erlaubt die Berechnung der stark gegliederten Konstruktion in Form einer Spannbetonplatte mit zahlreichen Spanngliedern. Der Schwerpunkt der Berechnung liegt in der schrittweisen Vorspannung im Laufe des Herstellungsprozesses des Schalendachs, insbesondere da zwei Kelche direkt auf der Brückenkonstruktion angeordnet sind.
Die vorgestellten Modelle erlaubten eine umfassende Berechnung der komplexen Tragstruktur im Rahmen der Genehmigungs- und Ausführungsplanung.

3.3 Normenumfeld

Aufgrund der Besonderheiten der Bahnhofshalle in Bezug auf die Geometrie- sowie die Nutzungsanforderungen ergab sich ein komplexes Normenumfeld. Die eindeutige Zuordnung zu einem einzelnen Normenwerk war insofern nicht möglich. Im Rahmen der Genehmigungsplanung wurde die Normensituation für alle relevanten Lastfälle analysiert; hieraus wurden dann gemeinsam mit dem Bauherrn ingenieurmäßige Lastansätze entwickelt. Das Bemessungskonzept wurde mit den beteiligten Prüfinstanzen abgestimmt und war Grundlage der Genehmigungsplanung. Beispiele für solche wichtigen Lastansätze sind unter anderem eine wirklichkeitsnahe Bauwerk-Boden-Interaktion sowie die Temperaturlasten oder der Erdbebennachweis, die im Folgenden detaillierter erläutert werden. Für den Nachweis des konstruktiven Brandschutzes erfolgte ein Großbrandversuch in Anlehnung an die RIL 853. Ein Probekörper mit typischer Krümmung und einer mittleren Belastung wurde mit der IEBA-Brandkurve beaufschlagt. Durch diesen Brandversuch wurde nachgewiesen, dass durch den Zusatz von ca. 2 kg PP-Fasern pro Kubikmeter Weißbeton im Brandfall nur relativ geringe Abplatzungen zu erwarten sind.

3.4 Erdbeben

Bei der Bahnhofshalle handelt es sich im baurechtlichen Sinne um einen Hochbau. Tragwerksplanerisch liegt die Bahnhofshalle allerdings unterhalb der Geländeoberfläche. Da hierdurch keine eindeutige Regelung vorlag, wurde für den rechnerischen Ansatz des Lastfalls „Erdbeben“ die Stellungnahme eines Sachverständigen eingeholt. So konnten vereinfachte quasi-statische Lastansätze (3 Lastmodelle) zur Berücksichtigung der Bauwerk-Boden-Interaktion im Erdbebenlastfall festgelegt werden.
Im Lastmodell 1 wurde die Biegung um die Längsachse und die daraus resultierenden Scherkräfte untersucht. Für jeden Bauabschnitt wurde ein separates Verformungsmodell betrachtet. Dabei wurde angenommen, dass sich der Bahnhof mit der Erdbebenwelle und dem Boden gemeinsam verformt. Da die Schnittgrößen immer an der Stelle, an der die Auslenkung am größten ist, maximal und damit maßgebend werden, wurde für jeden Bauabschnitt ein eigenes Modell erstellt. Die Berechnung erfolgte unter Ansatz einer Wellenlänge von 900 m. Dieses vereinfachte Modell sollte die phasenverschobene Anregung der einzelnen Punkte des lang gestreckten Bauwerks abbilden. Die Berechnung der anzusetzen Wellenlänge war sehr komplex. In der Fachliteratur fanden sich nur wenige Angaben; zudem fehlten Angaben zu Wellengeschwindigkeiten im Grundgebirge und im Sediment. Eine Abschätzung konnte aber anhand von Werten, die an Tunnelbauwerken in Japan gemessen wurden, erfolgen. In den Modellen wurde die Plattenbettung der Bodenplatte ausgeschaltet und das Modell stattdessen durch einzelne Lagerpunkte an den Nulldurchgängen der Welle gehalten. Es wurde eine horizontale Last aufgebracht, so dass sich eine maximale Verformungsamplitude von 3 cm einstellt. Da die Wellenlänge mit 900 m länger als die Bahnhofshalle ist, mussten die Lagerbedingungen mit Federn abgebildet werden.
Im Lastmodell 2 wurde die Quertragfähigkeit des Bahnhofgebäudes untersucht. Hierfür wurden vier typische Bewegungsformen im Erdbebenfall betrachtet. Vom Geotechniker (Smoltczyk & Partner) wurden die auf die Bahnhofshalle einwirkenden pseudo-statischen Erddrücke ermittelt. Bei der Ermittlung wurde eine relative Verschiebung zwischen Boden und Bauwerk von 3 cm angenommen. Da die Querschnittsparameter über die

Bahnhofslänge hinweg hinsichtlich Geometrie und Bodeneigenschaften variieren, mussten diese Berechnungen an mehreren Querschnitten durchgeführt werden. Die ermittelten pseudo-statischen Erddrücke wurden dann bereichsweise in den verschiedenen Rechenmodellen der Bahnhofshalle angesetzt.
Beim Lastmodell 3 wurde angenommen, dass das Bauwerk frei steht und nicht durch den umliegenden Baugrund in seinen Schwingungen behindert wird. Hier konnte das vereinfachte Antwortspektrenverfahren nach DIN 4149 angewandt werden. Da die Erdbebenwellen unter einem beliebigen Winkel auf den Bahnhof treffen können, wurden 8 unterschiedliche Beschleunigungsrichtungen untersucht. Die Hauptrichtungen ergaben sich aus der Quer- und Längsachse des Bahnhofs. Zusätzlich wurden Achsen untersucht, die in Winkeln von 45° von diesen Hauptachsen abweichen.
Alle Erdbeben-Lastmodelle wurden in separaten Ersatzmodellen berechnet. Dies war erforderlich, da die Schnittkräfte in den Erdbebenmodellen unter angepassten Lagerungsbedingungen ermittelt werden mussten. Die in den Ersatzmodellen generierten Schnittkräfte sollten jedoch zur Weiterverarbeitung in die Tragwerksmodelle integriert werden. SOFiSTiK stellt hierfür das Modul MERGE zur Verfügung, einen Datenbankmanipulator, der Ergebnisse aus einer CDB-Datenbank in eine andere CDB übertragen kann. Hierfür ist wichtig, dass in beiden Modellen die Elementnummerierung exakt gleich ist, damit die Schnittkräfte auch dort integriert werden, wo sie vorgesehen sind.

3.5 Zwangseinwirkungen

Aufgrund der fugenlosen Bauweise bei gleichzeitiger „Vernagelung“ von Bauwerk und Baugrund durch die Pfähle wurde die erforderliche Bewehrung zur Minimierung der Rissweite im Beton maßgeblich durch Zwangseinwirkungen bestimmt. Die Risse waren dabei auf eine Breite von 0,15mm für die Trogkonstruktion (WU-Konstruktion) bzw. 0,2mm für das Schalendach (Festlegung für Sichtbeton) zu begrenzen. Die Zwänge werden in erster Linie durch Temperatur- und Schwindeinwirkungen hervorgerufen.

3.5.1 Temperatur

Für die Bahnhofshalle als großräumiges, im Untergrund eingebettetes Tragwerk lagen keine einschlägig anwendbaren Regelungen für Temperaturansätze vor. Es waren daher objektspezifische Festlegungen erforderlich, welche zuerst durch eine unternehmensinterne Genehmigung von der Deutschen Bahn (UiG) zu klären und im Weiteren durch eine Zustimmung im Einzelfall durch das Eisenbahnbundesamt zu bestätigen waren.
Die Festlegung der Temperaturen im Endzustand erfolgte auf Basis eines thermodynamischen Gutachtens des I.F.I. Aachen. Für den Innenraum der Bahnhofshalle wurden hieraus die maximalen Lufttemperaturen im Endzustand von +23°C für die Sommersituation und 0°C für die Wintersituation festgelegt. Abhängig von den Bauteildicken und dem mittleren Grundwasserstand sowie unter dem Ansatz einer mittleren Aufstelltemperatur von 10°C wurden hieraus die konstanten und linear veränderlichen Temperaturanteile in den Bauteilen (getrennt in Bodenplatte, Trogwände, Schalendach und Kelche) der Bahnhofshalle abgeleitet.
Während des Bauzustandes wurden für die Trogkonstruktion Temperatureinwirkungen in Anlehnung an die ZTVing, Teil 5 für erdberührte Flächen angesetzt. Für die Temperaturbeanspruchung des Schalendachs und der Kelche wurde im Bauzustand eine Umgebungstemperatur von -10 bis +35°C herangezogen. Hierbei war es wichtig, auch Belastungszustände abzudecken, welche aufgrund der späteren Einschüttung des Tragwerks im Endzustand nicht auftreten (z.B. Sonnenbestrahlung der Schalendachoberfläche).

3.5.2 Schwinden

Bei den Berechnungen der FE-Modelle wurde das Schwinden des Betons in Form von Dehnungen angesetzt. Die Schwindwerte basierten auf dem Ansatz einer relativen Luftfeuchte von 75% für das Schalen-dach und 80% für die Trogkonstruktion. Die abschnittsweise Herstellung des Bauwerks und deren zeitliche Abfolge wurden dabei durch den Ansatz von Differenzschwindmaßen berücksichtigt, wodurch sich in Bahnhofslängs- und Querrichtung unterschiedliche Werte ergaben. Zur Berücksichtigung des Relaxationsverhaltens des Betons wurde bei der Ermittlung der Schwindlasten ein Abminderungsfaktor von 0,65 angesetzt.

3.5.3 Nachweiskonzept Zwangsbeanspruchung

Die Schnittkraftermittlung und Bemessung der Stahlbetonbauteile erfolgte im Zustand I (ungerissener Querschnitt). Dabei wurden die Einwirkungen aus Last mit den Zwangseinwirkungen aus Temperatur und Schwinden auf Basis der mit den Prüfinstanzen abgestimmten Teilsicherheits- und Kombinationsbeiwerten für die Nachweise im GZT überlagert. Gemäß DIN EN 1992-1-1/NA kann im GZG beim Nachweis der Rissbreite auf die Überlagerung von Last- und Zwangseinwirkungen verzichtet werden, solange die Zwangsdehnungen unter 0,8 ‰ liegen. Um dies nachzuweisen, wurden die maximalen Zwangsspannungen unter Temperatur- und Schwindeinwirkung am Gesamtmodell ermittelt und mithilfe des E-Moduls des Betons in Dehnungen umgerechnet. Es zeigte sich, dass die Dehnungen der Bahnhofshalle in Längsrichtung bei max. ca. 0,3 ‰ liegen und dementsprechend auf eine Überlagerung von Last und Zwang im GZG verzichtet werden konnte.
Zur Nachweisführung der Bahnhofshalle wurde die erforderliche Bewehrung in mehreren Berechnungsläufen

bestimmt. Die Mindestbewehrung wurde für „späten Zwang" in Bahnhofslängsrichtung sowie für „frühen Zwang" in Bahnhofsquerrichtung ermittelt und als Grundbewehrung festgelegt. Im GZT wurde das FE-Modell für Last- und Zwangsbeanspruchungen bemessen. Im GZG (häufige Kombination) erfolgte die Bemessung hingegen für die Last- und Zwangsbeanspruchungen jeweils getrennt unter Einhaltung der festgelegten Rissbreiten. Die Bewehrungswahl erfolgte dann für die maßgebende Bewehrungsmenge aus diesen fünf Berechnungen.
Wird eine Bewehrung zur Einhaltung der Rissbreite für Zwangsbeanspruchung auf Grundlage von Schnitt-kräften im Zustand I (ungerissen) ermittelt, so kann dies bei stark schwankenden Bauteilquerschnitten auf der unsicheren Seite liegen. In diesem Fall wird nicht berücksichtigt, dass sich Dehnungen in den dünnen Querschnittsbereichen aufkonzentrieren können, wenn in den dicken Querschnittsbereichen die Rissschnittkraft nicht überschritten wird und sich somit dort keine Risse einstellen. Die Risse in den dünnen, gerissenen Querschnittsbereichen müssen in diesem Fall auch die Zwangsdehnungen aus den ungerissenen Querschnittsbereichen aufnehmen. Da die Bauteildicken wie bereits beschrieben vor allem im Schalendach der Bahnhofshalle stark variieren waren weitere Untersuchungen über eine mögliche Aufsummierung von Rissen notwendig. Hierzu wurde in einem ersten Schritt die Zugkraft aus der angesetzten Mindestbewehrung in den dünnen Bauteilbereichen unter einer reduzierten, charakteristischen Stahlspannung ermittelt; anschließend wurde geprüft, welche maximalen Bauteildicken hiervon aufgerissen werden können. Es zeigte sich, dass auch beim Ansatz einer erhöhten Betonzugfestigkeit im Endzustand die Zugfestigkeit in den Bereichen mit Bauteildicken von bis zu 1,10 m überschritten wird. Da sich jedoch nur an den lokalen Übergängen zu den Kelchen und den Trogwänden Bauteildicken von $h > 1{,}10$ m ergeben, wurde die gewählte Mindestbewehrung als ausreichend betrachtet, um die Effekte einer Aufsummierung von Rissen kompensieren zu können.
In einem zweiten Schritt wurden materiell nichtlineare Berechnungen am FE-Modell durchgeführt, um die maximalen Rissweiten unter Zwangsbeanspruchung rechnerisch zu erfassen.

4. Weitere Grundlagen für die Umsetzung

Neben der Geometrie stellte v.a. die vom Architekten geforderte Weißfärbung des Betons besondere Herausforderungen an Planer und ausführende Unternehmen. In typischen Bauteilen des Hochbaus würde ein klassischer Weißzement zum Einsatz kommen. Solche Portlandzemente (CEM I) sind gut verfügbar, haben aber eine vergleichsweise hohe Wärmeentwicklung im Hydratationsprozess. Diese Eigenschaft ist aber aufgrund der stark variierenden Bauteildicken und insbesondere in Bauteilen mit großen Abmessungen (wie z.B. den Kelchfüßen) problematisch. Die Temperaturentwicklung von reinem CEM I würde das geplante Maß von ca. 65° C im Kern deutlich übersteigen. Zur Senkung der Temperatur wurden verschiedenste Rezepturen entwickelt und mit allen Beteiligten bewertet und diskutiert. Die Wahl fiel schließlich auf eine Mischung aus CEM I und CEM III. Die Zugabe eines Hochofenzementes mit geringer Wärmeentwicklung wegen hohen Anteilen an Hüttensandmehlen führte zu einer Begrenzung der Kerntemperatur auf das gewünschte Maß. Ein negativer Begleiteffekt ist die mögliche Blauverfärbung der Oberflächen unter Luftabschluss – dem wird durch ein schnelles Ausschalen begegnet.
Die komplexe Form der Kelche erforderte in den gesamten Kelchinnenflächen großflächige Deckschalungen (trotz teilweise geringer Restneigung in den oberen Bereichen). Die Kelchform führte so alle Beteiligten an die Grenzen des technisch Machbaren. Eine besondere Herausforderung war die Entlüftung der Oberflächen bei der Betonage. Die Bildung von Hohlräumen wurde im Wesentlichen durch eine fließfähige Konsistenz F5 der eigens entwickelten Rezeptur und einen mäßigen Rüttlereinsatz verhindert. Auf dem Weg zur Betonrezeptur wurden zahlreiche kleine und große Probekörper betoniert und bewertet.

5. Ausführungsplanung und Herstellung der Kelchstützen

5.1 Die Bedeutung der 3D-Modellierung

Aufgrund der hohen geometrischen Komplexität des Schalendachs musste dieses komplett in 3D geplant werden. Für die Erstellung der Rohbauplanung wurde das Programm Rhinoceros eingesetzt, mit dem sich alle komplexen Freiformflächen in 3D abbilden ließen. Dieses 3D-Modell wurde von den Architekten und den Tragwerksplanern gemeinsam entwickelt. Das Modell enthält neben der Geometrie auch alle weiteren Rohbauinformationen. Auf einzelnen Layern sind die Schalhautfugen und Koordinaten von Einbauteilen integriert. Das Modell ist auch Grundlage der gut 600 Rohbaupläne des Schalendachs. Die Rohbaupläne sind achsweise sowie in einzelne Bauteile wie „Kelchstütze" oder „Schwindgasse" unterteilt. Sie beinhalten ein Abbild des 3D-Modells sowie Koordinaten im Gauss-Krüger-System. Das Abbild wird mittels mehrerer Schnitte durch die Bauteile erzeugt. Die Koordinaten beschreiben die komplexe Geometrie eindeutig und sind maßgebend für die Herstellung des Schalendachs. Es wird nicht, wie sonst im Hochbau üblich, mit Maßketten gearbeitet. Das 3D-Modell wird ebenso zur Entwicklung der Schalungskonstruktion durch die ausführende Firma verwendet. Die Schalungskörper werden aus der 3D-Geometrie hergeleitet und dann in 3D gefräst.

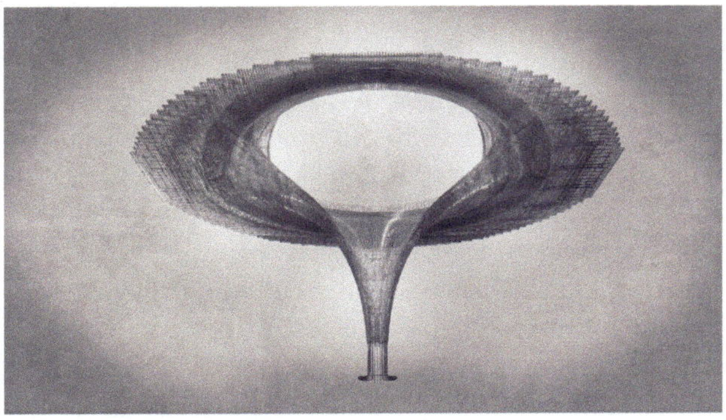

Abbildung 6: Schematische Darstellung der Bewehrung einer Kelchstütze samt Fuß (Copyright: Werner Sobek, Stuttgart)

Das 3D-Modell dient darüber hinaus als Grundlage der Bewehrungsplanung. Die hohe Komplexität der Bewehrungsplanung des Schalendachs äußert sich im Wesentlichen in folgenden Randbedingungen:
- Komplexe Geometrie mit ständig variierender Bauteildicke, synklastisch und antiklastisch gekrümmten Bereichen sowie Kombination von kreisförmigen (im Bereich der Kelche) mit orthogonalen (im Bereich der Decken und Wände) Bewehrungssystemen; dies führt zu komplexen Übergangs- und Übergreifungsbereichen mit mehrfachen Kröpfungen und Krümmungen.
- Hohe Anforderungen an die sichtbare Oberfläche und damit Erfordernis geringer Abweichungen in der Betondeckung und hoher Anspruch an die Genauigkeit der Biegeformen
- Fertigungstechnisch bedingt eine begrenzte Genauigkeit bei der Herstellung komplexer Biegeformen der Bewehrungseisen

Anhand des 3D-Modells wurden aufgrund der oben genannten Randbedingungen parallel zur Oberfläche sogenannte Spuren (d.h. Bewehrungsachsen) erzeugt und modifiziert. Hierfür wird das Programm Rhinoceros in Kombination mit Grasshopper und C# verwendet. Die Ausgangsspuren bestehen aus Splines und wären in dieser Form nicht wirtschaftlich herstellbar. Insofern musste im ersten Schritt eine Vereinfachung der Geometrie erfolgen.

Die mit der ausführenden Firma abgestimmten Biegeformen sind Bogenzüge mit bis zu drei Bögen und Polygonen. Mithilfe eigens entwickelter Skripte erfolgte eine parametrisierte Vereinfachung und Gruppierung von Stabformen.

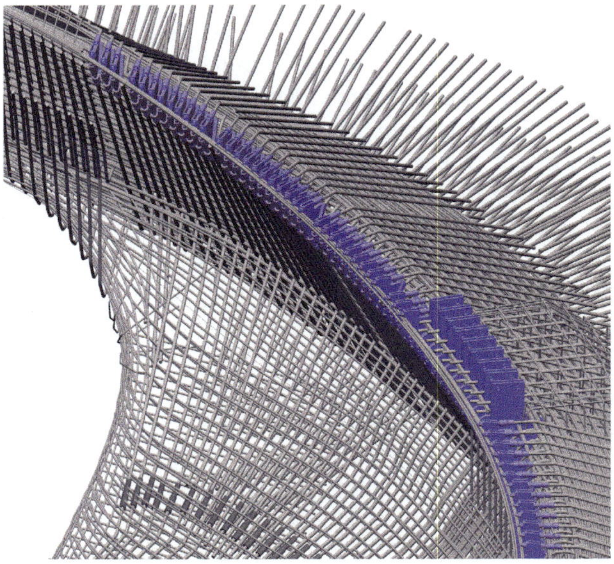

Abbildung 7: a) Blick in die Bewehrung am oberen Rand einer Kelchstütze (Copyright: Werner Sobek, Stuttgart); b) Blick auf das Bewehrungsmodell im Bereich der Hutzen-Sonderbügel (Copyright Werner Sobek, Stuttgart)

Die Software-Werkzeuge ermöglichen auch eine Visualisierung in 3D. Die finalen Spuren wurden dafür in das 3D-Bewehrungsprogramm Allplan/Nemetschek eingelesen und dort zu einem Gesamt-Bewehrungsmodell inklusive aller Stabeigenschaften, bewehrungsrelevanter Einlegeteile sowie Betonier- und Rüttelwendeln verarbeitet.

Abbildung 8: Darstellung der Bewehrungsspuren im Rhinoceros-Modell (Copyright: Werner Sobek, Stuttgart)

5.2 Bewehrung – von der Planung zur Produktion

Bei der Generierung der einzelnen Stäbe mussten hinsichtlich der Herstellbarkeit sowohl das elastisch-plastische Verhalten des Bewehrungsstahls als auch die Eigenschaften der Biegemaschine beim Biegeprozess berücksichtigt werden. Es galt nicht herstellbare Biegeformen in der Planung auszuschließen und komplexe Biegeformen (z.B. Stäbe, die in zwei verschiedene Richtungen gebogen sind) generell auf ein Minimum zu beschränken. Hierfür wurden zwischen Tragwerksplaner und ausführender Firma die Machbarkeit der Herstellung solcher Formen bzw. mögliche Vereinfachungen anhand von umfangreichen Versuchen abgestimmt. Hierzu zählten z.B. Versuche, ab welchem Krümmungsradius ein Stab bestimmter Dicke überhaupt vorab gebogen werden muss bzw. bis wann er bei Bedarf vor Ort händisch in seine Sollgeometrie gebracht werden kann. Es wurden Toleranzen abgestimmt, innerhalb derer die Bewehrungseisen variieren dürfen. Hierfür wurden mit dem Biegebetrieb Folgen an Radien und Knicken der Betonstahlbewehrung abgestimmt, die mit hinreichend geringen Toleranzen herstellbar sind.
Anhand dieses ausgeklügelten 3D-Bewehrungsmodells erfolgt eine Kollisionskontrolle, anschließend werden die Bewehrungspläne erzeugt. Komplexe Biegeformen werden bei Bedarf händisch nachbearbeitet. Weiterhin wurde zur Gewinnung vertiefter Erkenntnisse ein sogenannter Musterkelch erstellt. Dieser stellt ein Segment (genauer gesagt: ein Sechstel) eines typischen Innenkelches im Maßstab 1:1 dar. Dieser wurde hinsichtlich Bewehrungsverlegung, Betonmischung, Einbring- und Rüttelöffnungen etc. originalgetreu geplant und umgesetzt, um die Herstellbarkeit zu testen und um die Qualität der daraus resultierenden Betonoberfläche beurteilen zu können. Die hierbei gewonnenen Erkenntnisse hinsichtlich Betonmischung und Bewehrung flossen dann in die weitere Planung ein.
Die Bewehrungsplanung eines typischen Innenkelches mit einer Bewehrungsmasse von ca. 300 to hat einen Umfang von 350 DIN A0 Plänen. Diese beinhalten sowohl Verlegepläne als auch Pläne mit Biegeformen. Je Kelch treten ca. 1.500 verschiedene Positionen auf. Ein typischer Randkelch inkl. oberer Wand (mit ca. 350 to Bewehrungsstahl) umfasst 400 Pläne. Das gesamte Schalendach wird auf ca. 12.000 Bewehrungsplänen dargestellt.
Um die exakte Positionierung der Bewehrungseisen auf der Baustelle zu gewährleisten, werden Gauss-Krüger-Koordinaten verwendet. Jedes Bauteil des Schalendaches erhält ergänzend zu den Bewehrungsplänen eine Koordinatenliste. Diese ermöglicht dem Unternehmen mit Hilfe eines Vermessers die Leitstäbe exakt einzumessen und weitere Eisen entsprechend dazwischen zu platzieren. Weiterhin werden in den Bewehrungsplänen Stabanfang und –ende definiert. Dies übernimmt der Biegebetrieb mittels einer farblichen Markierung am Stab zusätzlich zur Positionsnummer, die an jedem einzelnen Stab festgebunden wird. Ohne diese eindeutige Markierung ist ein Bewehrungsstab auf der Baustelle nutzlos, da nicht korrekt zuordenbar.

5.3 Einsatz von 3D-Daten auf der Baustelle

Das von Werner Sobek entwickelte 3D-Bewehrungsmodell ist nicht nur Grundlage der Bewehrungspläne, sondern bedeutet für die Baustelle eine weitere Hilfestellung in Form von 3D-Daten, die direkt vor Ort eingesehen werden können. Die ausführenden Unternehmen haben in einem Container direkt neben dem Einbauort die Möglichkeit, sich jederzeit am Computer die Lage einzelner Stabpositionen in 3D vor Augen zu führen und so den korrekten Einbau zu überprüfen. Weiterhin dient das 3D-Geometrie-Modell mit seinen Koordinatenlisten der exakten Einrichtung der vielen komplex geformten Schalungselemente auf der Baustelle.

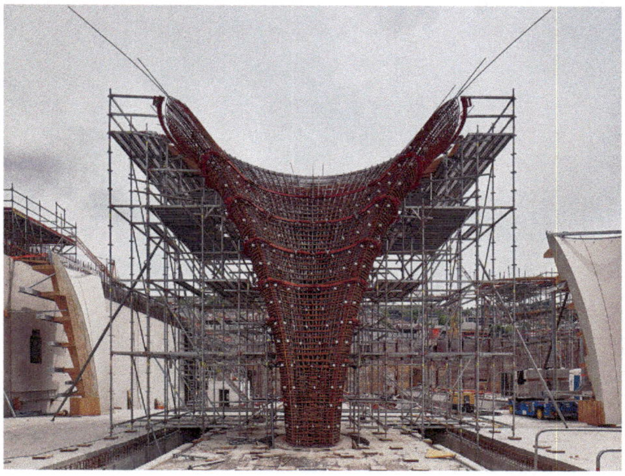

Abbildung 9: Die Bewehrung eines Kelchfußes (Copyright: Achim Birnbaum, Stuttgart)

5.4 Schalung und Betoniervorgang

Neben der Bewehrung und den zugehörigen Einbauteilen ist bei solch einer komplexen geometrischen Struktur auch die Schalungsherstellung, die Betonage sowie das Ausschalen und Unterstützen der Konstruktionen detailliert zu planen und umzusetzen. Für die Schalungsplanung verwendete das ausführende Unternehmen als Grundlage das eingangs beschriebene 3D-Rhino-Modell aus der Tragwerksplanung. Auf Basis des erstellten Schalungsmodells werden je Schalsatz ca. 6.000 Elemente aus verleimten Holzplatten computergesteuert gefräst, geschliffen und mit GFK-verstärkten Kunstharzschichten mehrlagig verstärkt. Aufgrund dieses aufwendigen Herstellungsverfahrens war die Möglichkeit der Wiederverwendung der Schalungselemente ein wichtiger Beitrag zur ökonomischen und ökologischen Nachhaltigkeit des Projekts. Sämtliche Kelchstützen werden mittels drei

Schalsätzen hergestellt, die je nach Geometrie in einzelnen Elementen variiert werden können.
Bei der Betonage ist neben der Betonmischung der Betoniervorgang selbst von großer Bedeutung. Die Betonier- und Rüttelöffnungen wurden bereits im Zuge der Bewehrungsplanung abgestimmt und in die Bewehrungspläne integriert. Beim Einbau der Bewehrung werden Rüttler und Betonierschläuche bereits in den Bewehrungskorb integriert. Bei der Betonage werden sie entsprechend dem Anstieg des Betonspiegels herausgezogen. Die Betoniergeschwindigkeit sowie die Rüttelintensität wurden vorher festgelegt und müssen für eine perfekte Sichtbetonfläche genau eingehalten werden. In den nicht einsehbaren Bereichen erfolgt eine Überwachung des Betonsteigverhaltens mittels Videokameras im Inneren der Schalung. Um sicherzustellen, dass der Beton konstant in der Schalung ansteigt, werden große Bauteile außerhalb des Berufsverkehrs betoniert; eine zweite Mischanlage ist stets in Einsatzbereitschaft. Eine Unterbrechung der Betonage würde ansonsten zu Schichtmustern an der Oberfläche führen.

Abbildung 10: Aufsicht auf die Bewehrungsarbeiten an einem Regelkelch (Copyright: Achim Birnbaum, Stuttgart)

Abbildung 11: Blick in das Lichtauge einer Kelchstütze (Copyright: HG Esch, Hennef)

Das Ausschalen beginnt in der Regel bereits ca. 3 Tage nach Erreichen der Mindestbetonfestigkeit. So wird sichergestellt, dass die Betonoberfläche so früh wie möglich mit Sauerstoff in Kontakt kommt und keine unerwünschte Blaufärbung des Betons eintritt.
Nach dem Ausschalen werden temporäre Stützelemente angebracht. Hierbei handelt es sich um ca. 12 m lange quadratische Stahlstützen mit unterschiedlichen Wanddicken, die kreisförmig um die Kelchachse angeordnet sind; diese verhindern ein Kippen sowie zu große Verformungen entlang der Kelchränder im Bauzustand (Abb. 12). Der obere Anschluss erfolgt mittels Einschubdorn als gelenkigem Auflager; dieser Dorn wurde aufgrund der Sichtbetonanforderungen minimalistisch angelegt. Auch die Dimensionierung der temporären Stützen erfolgte durch die Tragwerksplaner mittels des FE-Bauphasenmodells; die Steifigkeit wird hierbei so lange variiert, bis Last und Verformung in optimalem Verhältnis stehen.
Die Ausführungsplanung des Troges ist zwar geometrisch weniger komplex als die des Schalendachs, aufgrund der extrem hohen Zahl der Einbauten sowie des hohen Bewehrungsgrades jedoch ebenso sehr anspruchsvoll. So sind für die Rohbauplanung des Troges ca. 850 Pläne vorgesehen, aufgrund der Informationsdichte teilweise in einem Maßstab von 1:25. In der Summe weist der Trog mit ca. 19.300 to eine etwas größere Gesamtbewehrungsmenge als das Schalendach (ca. 17.100 to) auf. Der Einsatz von Gauss-Krüger-Koordinaten analog dem Schalendach erfolgt auch im Trog an gekrümmten Bereichen, wie beim Nord- und Südkopf sowie beim S-Bahn-Abgang. Diese komplexen Planungsaufgaben können und sollen aber aus Platzgründen in einem eigenen Beitrag dargestellt werden, ebenso wie verschiedene

andere interessante Teilprojekte des Bahnhofsbaus, so z.B. die Umbauarbeiten im Bonatz-Bau, der Neubau der Stadtbahn-Haltestelle Staatsgalerie [07], die vorgespannte Überbrückung des S-Bahn-Tunnels oder die diversen Eingangsbauwerke.

Abbildung 12: Temporäre Stützelemente am ausgeschalten Baukörper (Copyright: Achim Birnbaum, Stuttgart)

6. Fazit und Ausblick

Mit der neuen Bahnsteighalle wird in Stuttgart derzeit eine der bis dato weltweit anspruchsvollsten Massivbaukonstruktionen realisiert. Die hohe Belastung infolge von Auflasten und Zwang, die schwierige Gründungssituation und vor allem die komplexe, doppelt gekrümmte Geometrie erforderten Festlegungen jenseits des herkömmlichen Normenumfelds, innovative Herangehensweisen im Rahmen der statischen Berechnungen sowie einen neuen digitalen Planungsansatz. Mit dem Projekt Stuttgart 21 werden die vorab beschriebenen Planungsmethoden aus dem Nischenbereich von Sonderprojekten herausgehoben und bei einem der größten europäischen Infrastrukturprojekte erfolgreich angewandt. Die enge, intensive und frühe Abstimmung mit Gutachtern, Prüfern und Ausführenden hat die Umsetzung einer normativ weitestgehend nicht geregelten und noch nie ausgeführten Konstruktion ermöglicht. Während insbesondere zu Planungsbeginn viele der Ansätze erst entwickelt werden mussten, haben mittlerweile mehrere Softwarehersteller nachgezogen und implementieren diese Herangehensweise und den digitalen Workflow schrittweise in ihre Programme. Gleichzeitig wächst nicht nur bei Planern, sondern auch bei den ausführenden Firmen das Wissen darum, wie komplexe Geometrien realisiert werden können. Mit einem zunehmenden Grad der Automatisierung in Planung und Fertigung werden auch die Baukosten für solche Konstruktionen weiter sinken. Dies wird Planern erlauben, Formen und Geometrien zu entwickeln, bei dem die Reduktion des Material- und Ressourcenverbrauches wieder stärker in den Fokus rückt. In Zeiten zunehmender Ressourcenknappheit sollte diese Prämisse konsequent verfolgt werden.

Literatur

[1] SEIFRIED, G.; SANDNER, D.; MOK, D. Stuttgart 21, Formentwicklung und Modellierung der neuen Bahnhofshalle. SOFiSTiK Seminar Lectures, 07.05.2004. http://netzwerke-21.de/wordpress/wp-content/uploads/v03_lap.pdf (aufgerufen am 28.2.2019 um 18:15).

[2] BLANDINI, L.; SCHUSTER, A.; SOBEK, W. The Railway Station "Stuttgart 21". Structural Modelling and Fabrication of Double Curved Concrete Surfaces. In: Gengnagel, Christoph; Kilian, Axel; Palz, Norbert; Scheurer, Fabian (Hg.): Computational Design Modelling. Proceedings of the Design Modelling Symposium Berlin 2011. Berlin: Springer, 2011. S. 217 – 224.

[3] BLANDINI, L.; NOACK, T.; SCHUSTER, A.; SOBEK, W. Structural Modelling of the Railway Station "Stuttgart 21", SOFISTIK Seminar, 2012 Köln, Tagungsband V14-1 bis V14-7.

[4] MEYER, U.; BECHMANN, R.; NOACK, T.; BAUER, M.; LETZ, U. Minimierte Konstruktion – maximale Effekte. Zum Entwurf für den neuen Hauptbahnhof Stuttgart. In: Bautechnik 90 (2013) Heft 8, S. 520 – 525.

[5] MAITSCHKE, G., BECHMANN R. Hauptbahnhof Stuttgart - Nachhaltiges Gründungskonzept und gesamthafte statische Berechnung der Bahnhofshalle, 33. Baugrundtagung der DGGT (23.-26. September 2014), Deutsche Gesellschaft für Geotechnik e.V., S. 55 - 59.

[6] MÜHL, A.; BRUNNER, M.; LUNA, R.; NEUGART, C.; NOACK, T. Numerical Calculations for Foundation and Structure of the Main Station Stuttgart S21. In: Jürgen Grabe (Hg.): Conference Proceedings of Workshop on Numerical Methods in Geotechnics 2017. Hamburg 2017. S. 257 – 280.

[7] SCHMID, A.; HOLZINGER, C.; SCHRÖDER, B. Besonderheiten beim Neubau der Stadtbahnhaltestelle Staatsgalerie in Stuttgart aus der teilweisen Lagerung oberhalb des Fernbahnhofs. In: 49 Forschung + Praxis: STUVA-Tagung 2017. S. 257 - 260.

[8] SCHMID, A; KUHNT, J.; NEUGART, C. Herausforderungen bei Berechnung und Bemessung des Tragwerks des neuen Stuttgarter Hauptbahnhofs. In: Berichte der Fachtagung Baustatik – Baupraxis 14, 23. und 24. März 2020. Hg. von Manfred Bischoff, Malte von Scheven, Bastian Oesterle. S. 643 – 650.

BIM-relevante Schnittstellen in der Tragwerksplanung

Daniel Dlubal, M. Eng.
Dlubal Software GmbH, Tiefenbach

Zusammenfassung

In diesem Beitrag geht es um die gebräuchlichsten Schnittstellen für die Tragwerksplanung, die bei einem BIM-basierten Datenaustausch von Statikmodellen verwendet werden. Dabei wird ein besonderer Fokus auf die Zusammenarbeit von Architekten und Tragwerksplanern gelegt und im Hinblick der Interoperabilität verschiedene Varianten des Datentransfers zwischen CAD- und Statikprogrammen aufgezeigt. Zu jeder dieser Schnittstellen werden Vor- und Nachteile sowie deren Chancen und Schwierigkeiten diskutiert. Abschließend wird eine allgemeine Einschätzung zur aktuellen Lage der BIM-orientierten Tragwerksplanung abgegeben.

1. Einleitung

Das wohl wichtigste Werkzeug eines jeden BIM-Planers ist die Software. Aktuell gibt es eine große Anzahl an Programmen im Bauwesen, die versprechen, BIM-fähig zu sein. Für einen Statiker und Tragwerksplaner ist dies ein entscheidendes Kriterium, denn möchte er an einem BIM-Prozess teilnehmen, so muss auch seine Software über entsprechende Schnittstellen verfügen.
Grundsätzlich kann hier von 2 unterschiedlichen Programmarten gesprochen werden. Auf der einen Seite gibt es die CAD- bzw. BIM-Applikationen, deren Schwerpunkt auf der architektonischen Seite liegt. Sie bilden mit ihren geometrischen und physikalischen Strukturmodellen ein realistisches 3D-Gebäude. Auf der anderen Seite gibt es die Statikprogramme, die ein idealisiertes und vereinfachtes Berechnungsmodell als Basis für ihre statische Analyse haben. Hier werden statische Systeme durch Linien, Stäbe und Flächen in den Schwerachsen der 3D-Bauteile beschrieben. Dass hier zwei völlig unterschiedliche Geometrie- und Strukturphilosophien aufeinandertreffen, ist eine der größten Herausforderungen hinsichtlich der Interoperabilität von CAD- und Statiksoftware.
Ist einmal in einem Architekturprogramm ein dreidimensionales Bauwerk mit weiteren Informationen erstellt worden, liegt es nahe, diese geometrischen sowie objektorientierten Informationen auch für die statischen Berechnungsprogramme weiter zu verwenden. Dabei treffen die Ingenieure auf unterschiedliche Lösungen zum Austausch dieser Daten. Durch die zahlreichen Schnittstellen in den Statikprogrammen ist der Datenaustausch mit branchenüblicher Software (z. B. CAD-Programme) möglich.

2. Interoperabilität

Interoperabilität beschreibt die Fähigkeit, Daten zwischen Anwendungen (BIM-Applikationen) möglichst verlustfrei austauschen zu können. Eine gute Schnittstellenkommunikation zwischen den unterschiedlichen Programmen soll für eine nahtlose Zusammenarbeit sorgen, um Informationen auf effiziente Art und Weise dem Benutzer zur Verfügung zu stellen. Dabei versuchen die Softwarehersteller aller Art herstellerneutrale, offene, nicht proprietäre Datenformate für die Realisierung einer weitreichenden und sinnvollen Interoperabilität in ihre Programme zu implementieren. [1] [2]
Trotzdem gibt es Bau-Softwareentwickler, die aufgrund ihrer großen Produktportfolios für viele Anwendungsbereiche Lösungen anbieten und zwischen ihren eigenen Produkten proprietäre Schnittstellen anbieten. Dadurch können die Programme des gleichen Herstellers einfacher kommunizieren, da sie gleiche Plattformen und Datenbanken unterstützen und somit bessere Synergieeffekte für die Anwender erzielen. Zumal es auch einfacher ist, seine eigenen Systeme miteinander zu verknüpfen, als eine externe Kopplung mit anderen Programmen zu entwickeln. [1]
Die heutige Welt der CAD- und Statiksoftware bietet 3 Wege des Datentransfers an. Angefangen mit der **direkten nativen Schnittstelle**, bei der **proprietäre Formate** benutzt werden, da sie vom gleichen Entwickler erzeugt werden über **direkte Schnittstellen**, wo 2 Programme Daten sowohl in die eine als auch in die andere Richtung austauschen können bis hin zu **indirekten Schnittstellen**, die auf **offene Austauschformate** setzen. [3]

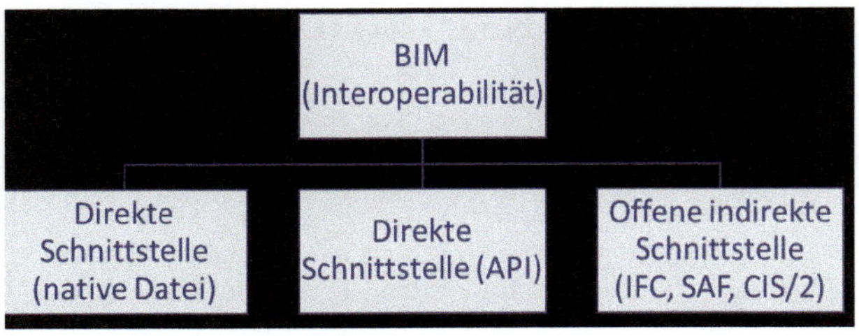

Abb. 1: Interoperabilität – Schnittstellen in einem BIM-Umfeld

3. Direkte Schnittstellen

Bei den direkten Schnittstellen handelt es sich primär um geschlossene Lösungen (Closed BIM). Hierbei erreichen die Architekten und Ingenieure konsistente, saubere und nahezu vollständige Modelle durch einen größtenteils fehlerfreien Datenaustausch zwischen den verknüpften CAD- und Statikprogrammen. Daher haben sich in der Praxis die direkten Schnittstellen bereits sehr gut etabliert und gelten aktuell als die derzeit effektivste und effizienteste Methode für einen BIM-basierten Datenaustausch zwischen Objektplanern und Tragwerksplanern. Viele Tragwerksplaner schätzen die Möglichkeit aus digitalen Bauwerks-modellen Tragwerks- und Analysemodelle ableiten zu lassen und diese dann ihre Statikprogramme meistens problemlos zu überführen. Mittlerweile verfügen große BIM- und CAD-Entwickler über integrierte Analysemodelle, die automatisch beim Erzeugen eines digitalen Gebäudemodells mitgeliefert werden.

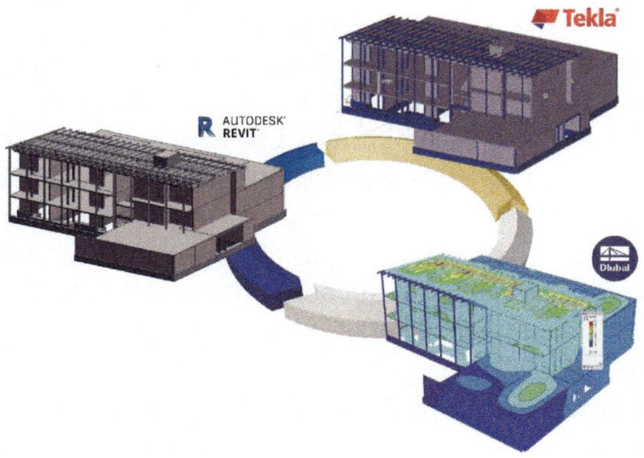

Abb. 2: BIM Workflow unter Softwareherstellern – Revit Entwurf, RFEM Berechnung, Tekla Structures Konstruktion

4. Native Dateiformate

Der Austausch mittels nativer Dateien ist eine Methode, um Daten zwischen 2 Programmen auszutauschen und basiert vorwiegend auf proprietären Austauschformaten. Diese Art des Austausches besteht immer zwischen Programmen, die vom gleichen Softwarehaus entwickelt werden und ermöglicht daher oft einen reibungslosen Austausch innerhalb der gleichen Produktfamilie. Demnach sind bei der Verwendung nativer Formate Transferprobleme oder Datenverluste aufgrund der notwendigen Datenkonvertierung meistens nicht vorhanden. Lediglich bei unterschiedlichen Programmversionen kann es zu Fehlern in der Lesbarkeit führen, da erstellte neue Objektinformationen in den neueren Versionen nicht abwärtskompatibel sind. So kann es durchaus vorkommen, dass in den überholten Programmversionen die Dateien nicht vollständig gelesen und verwertet werden können. Ein weiterer Nachteil in der Benutzung dieser Formate ist das Vorhandensein weniger intelligenter Objekte. So muss bei jeder Änderung die Datei neu erzeugt werden und wieder bei dem anderen Programm eingespielt werden. Das kann vor allem bei Großprojekten eine gewisse Herausforderung sein, an denen mehrere Teams beteiligt sind. [4]

5. Direkte API-basierte Schnittstellen

Zwei unabhängige Programme können auch über direkte Schnittstellen miteinander gekoppelt werden. Über API's (Application Programming Interfaces) werden Daten von einem Programm zum anderen Programm übergeben, die anschließend in native Objekte erzeugt werden. In den aktuellen Bausoftwarelösungen gibt es viele solcher Schnittstellen, oft innerhalb der eigenen Produktfamilie eines Herstellers und darüber hinaus durch Vereinbarungen zwischen zwei oder mehreren Softwareunternehmen. [3] [5]

Direkte Schnittstellen eignen sich besonders für eine direkte Kopplung zwischen CAD- und Statikprogramme. Da Statikprogramme üblicherweise auf einem objektorientierten Datenmodell und CAD-Programme überwiegend auf einem parametrischen Gebäudemodell basieren, geht die „Intelligenz" der Objekte beim Datenaustausch nicht verloren. Das bedeutet, dass eine Wand, Stütze oder Decke wieder in ein gleichwertiges natives Objekt im CAD-Programm wird und keine Ansammlung von Linien oder Flächen entstehen. Beispielsweise führen namhafte 3D-BIM-Autorenprogramme wie Revit und Tekla Structures ein integriertes statisches Analysemodell mit, das durch das geometrische Volumenmodell abgeleitet wird. Mittels direkter Schnittstellen wird anschließend das Analysemodell in das Statikprogramm importiert. Das daraus entstehende FE-Modell wird automatisch generiert und ein erneutes Eingeben des Statikmodells entfällt. Alle relevanten Strukturdaten (Knoten, Linien, Stäbe, Flächen, ...) sowie Querschnitte, Materialien und weitere statisch wichtige Informationen wie Auflager- und Gelenkdefinitionen werden vom CAD-Programm an das Statikprogramm übergeben. Eine Austauschdabei wird dabei nicht erstellt und die Anwender sind nicht an Formate wie DWG, IFC oder SAF gebunden. Deshalb können die beteiligten Softwarefirmen selbst darüber entscheiden, welche Möglichkeiten und Grenzen sie dem Anwender bei der Übergabe von Bauwerksinformationen zulassen.

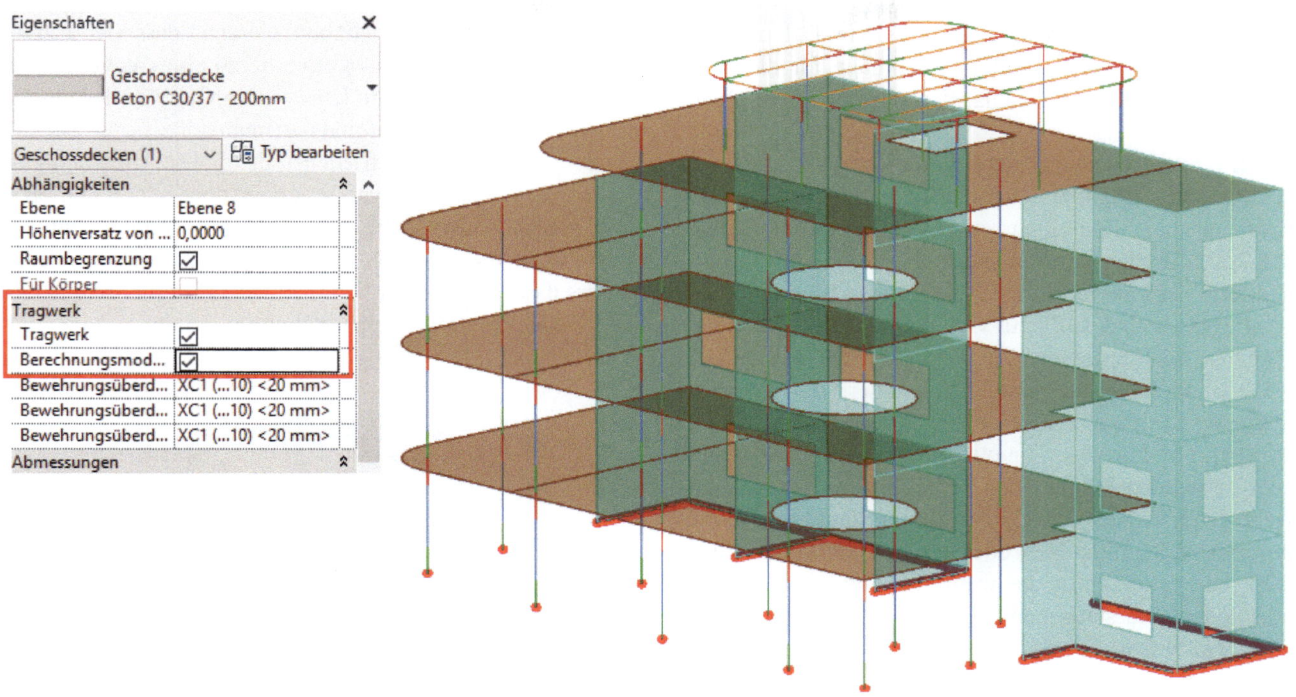

Abb. 3: Berechnungsmodell in Revit

Besonders positiv hervorzuheben ist der meist fehlerfreie und schnelle Datenaustausch zwischen den CAD- und Statikprogrammen sowie die große Auswahl an zu übergebenden Bauwerksinformationen. Oftmals können durch direkte Schnittstelle mehr Informationen abgebildet werden als bei offenen Datenformaten. Außerdem verfügen die Planer bei dieser Art der Informationsübertragung über konsistente Daten, sodass eine reibungslose Integration von Arbeitsabläufen in den Planungsprozess ermöglicht wird. Nebenbei werden parallele bzw. mehrere Dateien beim Austausch vermieden und die Planungsteams profitieren von aktuellen Modellen, sobald Veränderungen auftreten. Das Füttern von BIM-Applikationen mit weiteren hilfreichen Ergebnissen wie Verformungen, Schnittgrößen und erforderliche Bewehrung aus den Berechnungs- und Bemessungstools kann hilfreich zur weiteren Verarbeitung, Prüfung und Beurteilung des BIM-Modells sein. Die Bausoftwarehersteller ziehen ebenfalls ihren Vorteil daraus, da sie in der Gestaltung ihrer Schnittstellenfunktionalität mit dem anderen Partner grundsätzlich frei sind und nicht durch die Vorgabe der Codestruktur anderer Formate beschränkt werden.

Eine große Beeinträchtigung dieser Schnittstelle ist, dass beide Softwarelösungen auf demselben Computer installiert sein müssen. Dies kann sicherlich für höhere Investitionskosten sorgen, die gerade für kleinere Planungsbüros nicht einfach zu stemmen sind. Auch werden die Architekten und Ingenieure in ihrer Wahl der fachbezogenen Programme eingeschränkt, da sich das Planungsteam auf eine Hersteller-Standard festlegen muss und somit für Spezialgewerke keine Gesamtlösung zur Verfügung steht. So kann es durchaus vorkommen, dass nicht alle Fachplaner sich an einem BIM-Projekt beteiligen können, da sie nicht über die gewünschte Softwareausstattung verfügen. Dies führt typischerweise zu einer Marktverengung mit Wettbewerbsbeeinträchtigungen bei Planungsbüros und ausführenden Baufirmen.

6. Offene und indirekte Schnittstellen

Aufgrund der vielen Fachdisziplinen in der Planung von Bauwerken, ist es durchaus logisch, dass es in der Theorie von BIM kein Programm für alle Anwendungsbereiche gibt. Mit der Verwendung einheitlicher und standardisierter Formate könnten allerdings unter der Vielzahl spezialisierter Softwarewerkzeuge Synergien für einen uneingeschränkten Austausch von BIM-Dateien geschaffen werden. Hierbei werden den offenen Formaten eine wesentliche Schlüsselrolle zugeschrieben. Offene Standards sorgen nämlich für eine softwareübergreifende Datenübergabe. Bei der Anwendung offener Schnittstellen und Lösungen können die Fachplaner mit ihren eigenen Softwareapplikationen arbeiten. Dabei kommen vorwiegend nichtproprietäre Formate wie IFC, BCF und SAF zum Einsatz, die unerlässlich für die Open BIM Arbeitsweise sind. Der Ansatz mit offenen und herstellerneutralen Formaten Daten auszutauschen, gewährleistet die optimale Programmauswahl der Architekten und Ingenieure.

6.1 Industry Foundation Classes – IFC

Bei dem PDF der Bauindustrie, den Industry Foundation Classes (IFC) handelt es sich um ein herstellerunabhängiges Datenmodell zum Austausch von digitalen Gebäudemodellen. Das von der Organisation buildingSMART

betreute, umfassende und standardisierte Datenformat bildet eine besonders wichtige Grundlage für die Umsetzung eines offenen Datenaustausches in einem Open BIM-Prozess.
Das IFC eignet sich besonders gut für Koordinations- und Abstimmungsaufgaben. Darunter fallen Anwendungsbereiche wie die Erstellung von Koordinationsmodellen, die Durchführung von Kollisionsprüfungen sowie Mengen- und Kostenermittlungen und visuelle Simulationen. Auch wenn sich das IFC für viele Projektbeteiligte in der Planung, Ausführung und Betrieb von Gebäuden mittlerweile etabliert hat, hat sich das IFC in der Tragwerksplanung nur in den zuvor aufgezählten Anwendungsfällen wirklich durchgesetzt. Hauptsächlich in der Tragwerksanalyse werden immer noch beim Austausch von Bauwerksdaten zwischen Architektur- und Statikprogramme proprietäre Schnittstellen oder native Dateiformate wie DXF und DWG. Nur die wenigsten Ingenieure bauen oder leiten ihre statischen Systeme mithilfe eines IFC-Formats ab. Nachfolgend wird hier der Hauptgrund genannt, warum das IFC Probleme in der Welt der baustatischen Berechnungen von Bauwerken hat und welche Schwierigkeiten dabei besonders häufig auftreten.
IFC-Modelle werden meist in BIM-Autorenprogrammen erstellt und können auch das Tragwerksmodell darstellen. Die tragenden Bauteile liegen dabei als physikalisches Strukturmodell vor, welches in Lage und Form dem späteren realen Volumenmodell entspricht. In der Baustatik werden die tragenden Bauteile in vereinfachte und idealisierte Stäbe und Flächen reduziert und bilden daher ein idealisiertes Analysemodell. Diese 2 unterschiedlichen Modelle können auch in den IFC-Views berücksichtigt werden. Während der Coordination View bzw. Reference View ein Modell mit seinen physischen und geometrischen Eigenschaften als Volumenkörper beschreibt, beziehen sich die analytischen Tragwerkselemente beim Structural Analysis View auf ihre Achsen. Hier entsteht der erste Konflikt zwischen den beiden Views einer IFC-Datei. Das Umwandeln von geometrischen Volumenmodellen in statische Analysemodelle ist daher nicht ohne weitere Nachbearbeitungen vollständig umsetzbar.

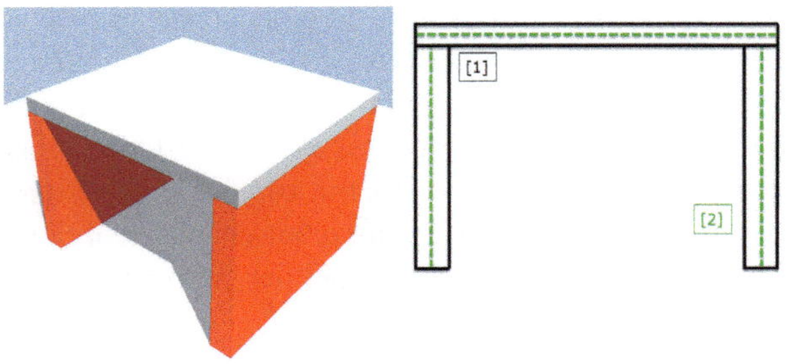

Abb. 4: Gegenüberstellung der Fachmodelle / Views – Coordination View (1) und Structural Analysis View (2)

Insgesamt kann festgehalten werden, dass der größte Nachteil eines IFC das Konvertieren eines Volumenmodells in ein Analysemodell ist. Die Qualität der ausgetauschten Daten ist oftmals zu mangelhaft und das Ergebnis nur wenig zufriedenstellend. Die Umwandlung ist über Umwege zwar möglich, aber nicht komplett reibungslos. Der dafür aufgebrauchte Zeitaufwand zur Richtigstellung des Statikmodells, ist manchmal so hoch, dass das Modell sogar komplett neu erzeugt wird und das IFC-Modell nur als Referenzkontrolle dient.

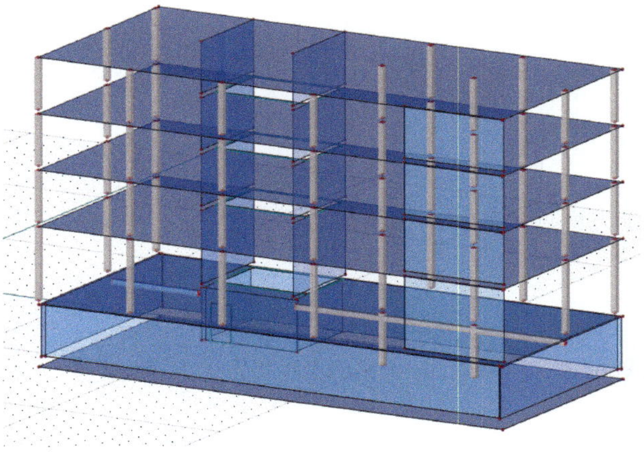

Abb. 5: Analytisches Modell in RFEM nach einem IFC-Import mit nicht verbundenen Tragwerkselementen

6.2 Structural Analysis Format – SAF

Das wohl jüngste Format Structural Analysis Format (SAF) ist ein Excel-basiertes Austauschformat für den Austausch von relevanten statischen Bauwerksdaten in der Tragwerksplanung. Es beinhaltet eine tabellenbasierte Datenbank von Geometrie-, Struktur- und Lastdaten in Excel, sodass das Lesen und Schreiben von Dateien durch CAD- und Statikprogramme erheblich vereinfacht wird. Dadurch soll auch der Import und Export von Analyse- und Statikmodellen einfacher durchgeführt werden, weil die Daten hauptsächlich von den Statikprogrammen besser verarbeitet werden können. [6]
Auf Initiative der Nemetschek Group wurde der Baustatiksoftwarehersteller SCIA mit der Entwicklung des SAF-Formats betraut und wird seit 2018 entwickelt. Laut SCIA ist es als offenes Dateiformat zu verstehen und soll die Zusammenarbeit zwischen Tragwerksplanern und Architekten verbessern. Im Mittelpunkt steht ein praktisches, einfach zu benutzendes und verständliches Format, das in der täglichen Praxis von Statikern verwendet werden kann. Basierend auf einer relationalen Datenbank können mehrere Objekttypen effektiv miteinander verknüpft werden. Das führt zu einer verständlichen und übersichtlichen Darstellung der Struktur- und Lastdaten.

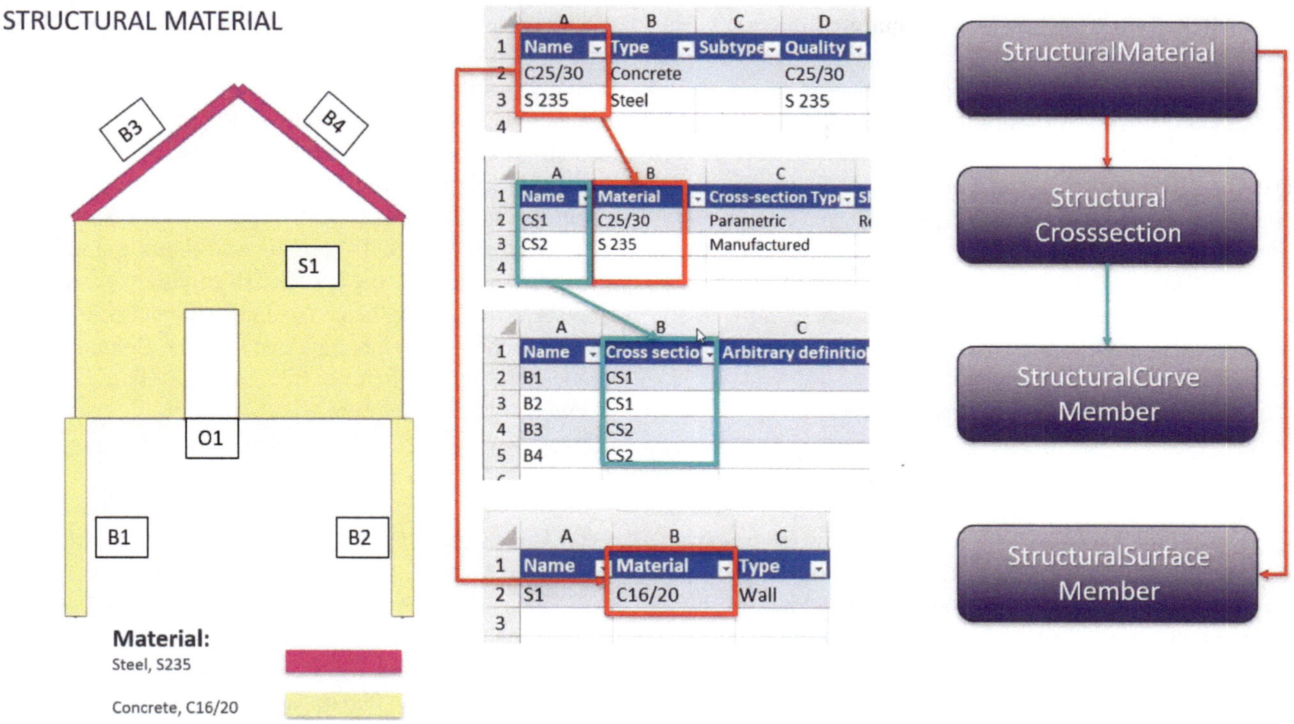

Abb. 6: SAF Objektrelation beim Objekttyp StructuralMaterial

In einem SAF-Format wird jeder Objekttyp in einem Blatt oder Liste (Sheet) hinterlegt. Jedes Blatt besteht aus Zeilen, Spalten und Zellen. Dabei repräsentiert jede Zeile eine neue Instanz bzw. einen neuen Eintrag, z. B. Knoten, Stab, Auflager, etc. Zur besseren Eigenschaftsbeschreibung werden in jeder Spalte Attribute vergeben wie bei der Objektdefinition *StructuralCurveMember* mit Stabtyp, Anfangs- und Endknoten. Die Zelle steht schließlich für einen Eigenschaftswert, wie z. B. 3 m (Länge), Stütze (Stabtyp) oder N24 (Knotennummer).

Statikmodellen zwischen Statikprogrammen, sodass es zu Prüf- und Validierungszwecken bei Prüfstatikern verwendet werden kann. Zudem dient es auch einem besseren Änderungsmanagement und hilft unterschiedlichen Projektteams oder Planungsbüros beim Austausch von Statikmodellen, wenn beide Parteien unterschiedliche Softwareapplikationen benutzen.

Da das Format noch relativ neu auf dem Markt ist, liegt die wohl größte Herausforderung in der Bekanntmachung und dem richtigen Marketing, es einer möglichst gro-

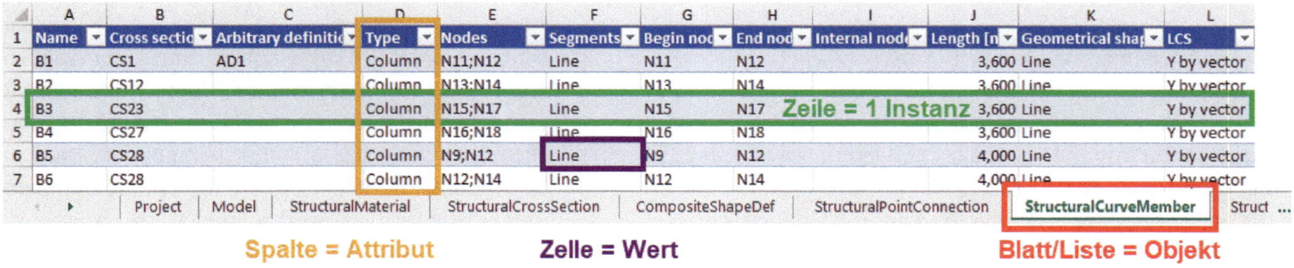

Abb. 7: Aufbau der SAF-Datei in Excel mit dem Objekttyp StructuralCurveMember

Der größte Vorteil bei diesem Format ist die simple Sprache bei der Bearbeitung und Erstellung von Statikmodellen. Dank des Excel-basierten SAF-Formats wird man den Bedürfnissen und Ansprüchen der Ingenieure gerecht, die mit dem Tabellen- und Kalkulationsprogramm Excel vertraut sind und in ihrer täglichen Arbeit viele Aufgaben damit verrichten. So steht auch ein einfach zu verstehendes, lesbares und transparentes Format als Werkzeug zur Verfügung, die den Import und Export von Daten in die Statikprogramme wesentlich vereinfacht. Dadurch ergeben sich neue Chancen und Möglichkeiten beim Austausch von

ßen Anwenderschaft als innovatives und effektives Austauschformat für die Tragwerksanalyse zu präsentieren. Außerdem sind auch die Bausoftwareentwickler gefragt, die das neue Format in ihre Programme implementieren müssen. Bisher haben große CAD-Hersteller wie Tekla und Revit haben es (Stand August 2021) noch nicht in ihre Programme integriert, sind aber interessiert. Nur wenn die Akzeptanz sowohl auf der Anwender- als auch Softwareanbieterseite gegeben ist, kann es sich zu einem einheitlichen Austauschstandard für Statikmodelle entwickeln.

7. Weitere Schnittstellen und Formate

7.1 Steel Detailing Neutral Format – SDNF

Das Steel Detailing Neutral Format (SDNF) ist ein Industriestandardformat für den Austausch von Stahlbau-Elementen (Stahlprofile, Platten usw.). Es lassen sich Strukturdaten in Form von Knoten und Stäben mit den zugehörigen Materialien und Querschnitten sowohl importieren als auch exportieren.

7.2 DSTV – Produktschnittstelle Stahlbau

Die Produktschnittstelle Stahlbau ist eine vom deutschen Stahlbau Verband (DSTV) entwickelte Schnittstelle, die für den Import und Export von Stabtragwerken, besonders im Stahlbau gedacht ist. Dieses Dateiformat wird als .stp oder auch als .step bezeichnet. Die Austauschdatei enthält ebenfalls neben den Statikdaten auch noch CAD-Daten, die für den Austausch unter CAD-Systemen vorgesehen sind. Der Import sowie Export kann aus Informationen wie Stäbe, Querschnitte, Materialien, Lagerungen und Belastungen bestehen.

7.3 Excel

Fast alle Statikprogramme bieten die Möglichkeiten Tabellenwerte aus einer vorbereiteten Excel-Tabelle einzuspielen und nach der Berechnung Ergebnisse wieder in eine Excel-Tabelle oder auch als CSV-Datei zu exportieren. Häufig findet dieses Vorgehen bei einer statischen Dokumentation der Ergebnisse statt, wenn beispielsweise eine Lastweiterleitung oder auch eine Lastzusammenstellung erstellt wird.

7.4 Drawing Interchange File Format – DXF

Das DXF-Format stellt eines der gebräuchlichsten Austauschformate im CAD-Bereich dar. Denn nahezu jedes Programm kann die Informationen eines 2D-Plans einlesen und verarbeiten. Gängige Baupraxis ist, dass Architekten ihre abgeleiteten 2D-Pläne gerne in diesem Format verschicken. Dies verursacht allerdings, dass die Bauingenieure den Plan einlesen und letztendlich ihr statisches Gesamtmodell neu eingeben müssen. So geht die Intelligenz eines objektorientierten Bauteils durch die reine zweidimensionale Darstellung verloren. Auf der Gegenüberseite behalten die Ingenieure durch deinen eigenen Aufbau die volle Kontrolle über ihr statisches System.

8. Fazit

Building Information Modeling ist eine innovative, moderne und führungsweisende Arbeitsmethode. Sie wird die Zukunft des Bauens und Planens wesentlich und nachhaltig verändern. Die gängige Baupraxis in der Tragwerksplanung und die gezeigten Schnittstellen zeigen, dass ein von BIM gewünschter offener Datenaustausch mittels IFC-Schnittstelle ohne weiteres nicht einfach umzusetzen ist. Dagegen ist BIM-basierte Datenaustausch mithilfe direkter Schnittstellen am effektivsten und mit wenig Fehlern behaftet. Um ein Open BIM-Szenario für Statiker attraktiver zu machen, ist man mit der Bereitstellung des SAF-Formats auf einem guten Weg, den Austausch von Statikmodellen in guter Qualität zu gewährleisten. Hier bedarf es allerdings noch Arbeit hinsichtlich der Erreichung eines höheren Bekanntheitsgrades und dem Willen der Softwarehersteller, das neue Format zu implementieren.

Literatur

[1] Borrmann, André et al. (2015): Building Information Modeling. Technologische Grundlagen und industrielle Praxis, Wiesbaden: Springer Vieweg Verlag.

[2] Stange, Matthias (2020): Building Information Modeling im Planungs- und Bauprozess. Eine quantitative Analyse aus planungsökonomischer Perspektive, Wiesbaden: Springer Vieweg Verlag.

[3] Eastman, Charles et al. (2018): BIM Handbook: A Guide to Building Information Modeling for Owners, Managers, Designers, Engineers and Contractors, Hoboken, New Jersey: Wiley

[4] Albert, Andrej (2018): Schneider. Bautabellen für Ingenieure, 23. Aufl., Köln: Bundesanzeiger.

[5] Rustler, Walter (2017): Building Information Modeling und Statiksoftware: Szenarien und Erfolgsfaktoren beim Datenaustausch, Baustatik – Baupraxis 13, Bochum

[6] SAF Documentation by SCIA: https://www.saf.guide/

[7] Dlubal, Daniel (2018): Chancen und Herausforderungen von Tragwerksplanern durch An-wendung von BIM, Bachelorarbeit, TH Deggendorf

[7] Dlubal, Daniel (2021): Untersuchung des Structural Analysis Format (SAF) auf Eignung für eine BIM-gestützte Tragwerksplanung, Masterarbeit, TU München

Konstruktive Herausforderungen für Solarüberdachungen über Autobahnen

Alois Vorwagner
Dominik Prammer
Manfred Haider
Christoph Mayr
AIT Austrian Institute of Technologies GmbH, Wien, Österreich

Markus Fehringer
Tobias Beck
Forster Industrietechnik GmbH, Waidhofen an der Ybbs, Österreich

Felix Basler
Fraunhofer-Institut für Solare Energiesysteme, Freiburg im Breisgau, Deutschland

Florian Balda
Balda GmbH (Beratende Ingenieure für Maschinenbau), Graz, Österreich

Zusammenfassung

Die Energiegewinnung durch Photovoltaik (PV) gehört zu den Schlüsseltechnologien zur Erhöhung des Anteils von erneuerbaren Energiequellen. Diese Flächen stünden im Bereich von Autobahnen und hochrangigen Straßen zur Verfügung, wurden jedoch bisher kaum für solare Nutzung in Betracht gezogen. Die Machbarkeit von Solarüberdachungen werden derzeit im Rahmen der vom AIT geleiteten Projekte „PV-SÜD-K" und „PV-SÜD-D" im Zuge der D-A-CH Kooperation Verkehrsinfrastrukturforschung untersucht. Im Zentrum stehen die Fragen, ob eine PV-Überdachung über Autobahnen errichtet werden kann, welche konstruktiven Randbedingungen erforderlich sind und ob positive Sekundäreffekte (z.B. reduzierte Fahrbahnalterung & Lärmreduktion) wirksam werden. Entscheidend ist auch, ob neben der Energiegewinnung die solare Nutzung des Straßenraums praxistauglich und ins bestehende Erhaltungsmanagement integrierbar ist.
Dieser Beitrag zeigt welche konstruktiven Besonderheiten für eine mögliche künftige Solarüberdachung erforderlich sind, wie ergänzende Lastansätze z.B. LKW-Vorbeifahrt aus realen dynamischen Druckmessungen abgeleitet werden oder wie z.B. mit CFD-Analysen der Lastfall Brand als Dimensionierungsparameter in eine Konzeptstudie einfließen.

1. Einleitung

Die Energiegewinnung durch Photovoltaik (PV) setzt die Verfügbarkeit entsprechender Flächen voraus. Das hochrangige Straßennetz und die zugehörigen Flächen in Deutschland, Österreich und der Schweiz stellen diesbezüglich ein derzeit noch weitgehend ungenutztes Potenzial dar. Obwohl bereits eine große Anzahl von Projekten durchgeführt wurde und die prinzipielle Umsetzbarkeit gezeigt werden konnte, so ist die Wirtschaftlichkeit oft nur in Spezialfällen wie zum Beispiel bei der Energieversorgung von Rastplätzen und Tunnelbeleuchtungen gegeben. Allerdings hat eine Solaranlage in Form einer Überdachung von befahrenen Verkehrsflächen neben der eigentlichen solaren Energiegewinnung und der Mehrfachnutzung der Fläche auch potenziell weitere positive Wirkungen für den Infrastrukturbetreiber, die in eine Gesamtbetrachtung einbezogen werden sollten. Zu diesen Wirkungen gehören vor allem der Schutz der Straßenoberfläche vor Niederschlägen (Regen, Schnee, Eis) und Überhitzung im Sommer, die dadurch mögliche Erhöhung der Dauerhaftigkeit von Fahrbahndecken und der mögliche zusätzliche Lärmschutz durch Abschirmungswirkungen.
Diese Fragestellungen werden im Zuge des laufenden Forschungsprojekts Photovoltaik-Straßenüberdachung-Konzept (PV-SÜD-K) von einem Konsortium bestehend aus Forster Industrietechnik GmbH, Fraunhofer-Institut für Solare Energiesysteme und AIT Austrian Institute of Technology GmbH (Konsortialführung) untersucht [1]. Das Ziel ist ein Konzept für eine Überdachung der Fahrbahn im hochrangigen Straßennetz im D-A-CH Raum

mit Solarpaneelen zu erstellen und deren sekundäre Effekte auf die Straßeninfrastruktur zu analysieren. Die technischen Randbedingungen und Anforderungen, die sich aus diesem Einsatzgebiet ergeben, wurden im Rahmen des Projekts durch umfassende Recherchen der geltenden Regelwerke für Autobahnen erhoben und in Form eines Pflichtenheftes für Tragkonstruktion und PV- Modul Eindeckung zusammengestellt. Der vorliegende Beitrag beruht auf den Ergebnissen des Forschungsprojekts des ersten Projektabschnittes der Konzeptstudie, Details sind im zugehörigen Bericht ersichtlich [1].

2. Tragkonzeptwahl

Aspekte wie Konstruktionsform der Tragelemente, Wartung, Lastbeanspruchung, aber auch Montage und Installation der PV-Module über bestehende Straßenabschnitte in Kombination mit optimierter solarer Nutzung sind wesentliche Entwurfsparameter für Solarüberdachungen über hochrangige Straßennetze.

2.1 Grundanforderungen für den Tragwerksentwurf

Wesentliche Grundentscheidungen sind im Hinblick auf die Tragwerksform, Materialwahl aber auch Montagemöglichkeiten und Tragwerkssicherheit zu treffen. Dazu werden folgende Grundanforderungen für den Tragwerksentwurf definiert:

- Die Grundgeometrie soll optimiert für Stromerzeugung, Design und Anforderungen an Straßenbetrieb sein.
- Vor allem aber soll die Energieerzeugung hinsichtlich der baulichen Gegebenheiten optimiert und maximiert werden.
- Die Überdachungskonstruktion muss flexibel sein und einfach dem bestehenden Straßenverlauf folgen können.
- Die Hauptabmessungen (Querschnitt und Länge) werden so gewählt, dass Straßenlichträume im Betrieb nicht eingeschränkt werden, auch sollen Regelwerke und Vorschriften für Tunnelbauwerke (Beleuchtung, Belüftung, Notrufeinrichtungen, Entwässerung etc.) nicht zwingend angewendet werden müssen.
- Das Tragsystem soll gewählt werden, dass ein Systemversagen der gesamten Überdachungslänge im außergewöhnlichen Lastfall (Brand bzw. Anprall) ausgeschlossen werden kann.
- Die PV-Module und Systemverschaltungen soll zudem skalierbar sein, und auf Autobahnen mit 2 und 3 Fahrstreifen mit und ohne Seitenstreifen vervielfältigbar sein.

2.2 Konstruktionsform Solarertrag

Die grundsätzliche Auslegung wie Form und Gestaltung der Überdachung wird in erster Linie an die optimierte Nutzung der Sonnenenergie angepasst. Das bedeutet auch dass die Energieerzeugung durch die Art der Konstruktion und bauliche Lösung möglichst unabhängig von der Fahrtrichtung der Fahrbahn (N-S, O-W, etc.) ist und eine Selbstverschattung ausgeschlossen oder weitgehendst minimiert wird.

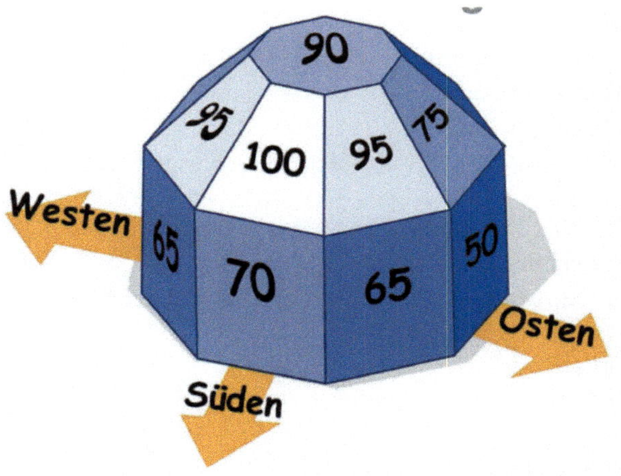

Bild 1: Ausrichtung und Neigung der PV Module haben Einfluss auf den Energieertrag, Angaben in % der maximal möglichen Sonnenauslastung entnommen aus [2]

Den höchsten Ertrag erzielen PV-Module, wenn die Sonne im rechten Winkel auf die Solarmodule trifft, andere Richtungen haben je nach Ausrichtung und Sonnenstand entsprechende Abschläge (siehe Bild 1). Der Ausrichtungswinkel ist somit abhängig vom Breitengrad. Für unsere Breiten liegt dieser zwischen 30 und 35 Grad. Abweichungen von dieser optimalen Ausrichtung um ± 20° resultieren in einer Reduzierung um etwa 5 % gegenüber dem Optimum.
Da der Sonnenstand aber im Tages- und im Jahresver-lauf nie konstant bleibt, ist diese optimale Einstrahlung bei fest montierten Solarmodulen nicht permanent gegeben. Es geht also darum, den optimalen Neigungswinkel zu finden, der in der Jahressumme die höchsten Erträge bringt.
Die meisten Schrägdächer sind aufgrund ihrer Neigung her für Photovoltaikanlagen geeignet. Die Einbußen an Solarstrom, die durch flachere oder steilere Winkel entstehen, sind – bei optimaler Südausrichtung – nicht extrem groß. Je stärker allerdings von der reinen Süd-lage abgewichen wird, umso größer sind auch die Effekte eines suboptimalen Neigungswinkels. Aber gerade bestehende Straßenverläufe haben hier unterschiedliche Orientierungen, weshalb im Zuge einer eingehenden Untersuchung verschiedener Standorte und Ausrichtungen auf Solarertrag untersucht wurden, und folgende Grundform entsprechend der Straßenausrichtung optiert wurden:

- Straßenverlauf Nord/Süd: Satteldach mit 5° Dachneigung (Bild 2)
- Straßenführung Ost/West: Pultdach Südausrichtung mit 5° Dachneigung Bild 3

2.3 Materialwahl und Konstruktionsform

Regelwerke wie Normen und Richtlinien der jeweiligen Länder haben einen sehr wesentlichen Einfluss auf die Auslegung, denn sie sollen vor allem den sicheren Verkehrsbetrieb und die Sicherheit der Verkehrsteilnehmer regeln. Die Materialwahl der Konstruktion ist grundsätzlich nach technischen oder wirtschaftlichen Anforderungskriterien zu treffen. Eine prinzipielle Entscheidung für die Ausführung der Tragkonstruktion aus Stahl - vor allem im Hinblick einer schnellen Montage über bestehende Verkehrsflächen- wurde festgelegt. Diese bietet im Hinblick auf mögliche Spannweiten, Fundierung (Platzbedarf) und Vorfertigung von PV-Modulen und kurze Montagezeiten wesentliche Vorteile. Gerade im Hinblick auf die Montage über bestehenden Verkehrsflächen hat der Stahlbau derzeit noch eindeutige Vorteile, und es sollte mit kurzzeitigen Sperren von Fahrstreifen oder Nachtsperren das Auslangen gefunden werden können. Es kann auf bereits existierendes Wissen aus der Montage von Überkopfwegweisern und Schilderbrücken zurückgegriffen werden, welche ebenfalls nachträglich in kurzer Zeit errichtet werden müssen. Auch im Hinblick auf Dauerhaftigkeit, Ermüdung, oder Anprall sind hier bereits umfassende Erkenntnisse und Dimensionierungserfahrungen aus den Schilderbrücken vorhanden [3] [8] [10]. Der Aspekt des Brandwiderstandes wird hier später im Kapitel 3 umfassend adressiert werden, und kann, falls erforderlich mit Beschichtungen/Verkleidungen einfach bewerkstelligt werden.

Die Forderung einer möglichst flexibel und wenig in den Verkehrsbetrieb eingreifenden Lösung wurde in Form einer aufgeständerten Überdachung gefunden. Das Konzept sieht ein Grundelement mit einer Basislänge von 10 m in Fahrtrichtung, 5,5 m lichter Höhe (Bild 3) unter der Überdachung und einer Nennleistung von 37,8 kWp vor, das bis zu einer Länge von 80 m modular erweitert werden kann. Damit kann die Konstruktion flexibel dem bestehenden Straßenverlauf (z.B. Wanne, Kuppe, Bogen) folgen. Aus sicherheitstechnischer Sicht ist jedes Trageelement mit 10 m Einzellänge für sich selbsttragend. Ein Grundprinzip des Konzeptes war, die wesentlich höheren technischen Anforderungen eines Tunnels oder einer Einhausung zu vermeiden. Daher ist aufgrund der Regelwerke die maximale durchgehend überdachte Länge auf 80 m beschränkt, um sicherheitstechnischen Anforderungen (z.B. [4]) mit einfach umzusetzenden Mitteln gerecht zu werden.

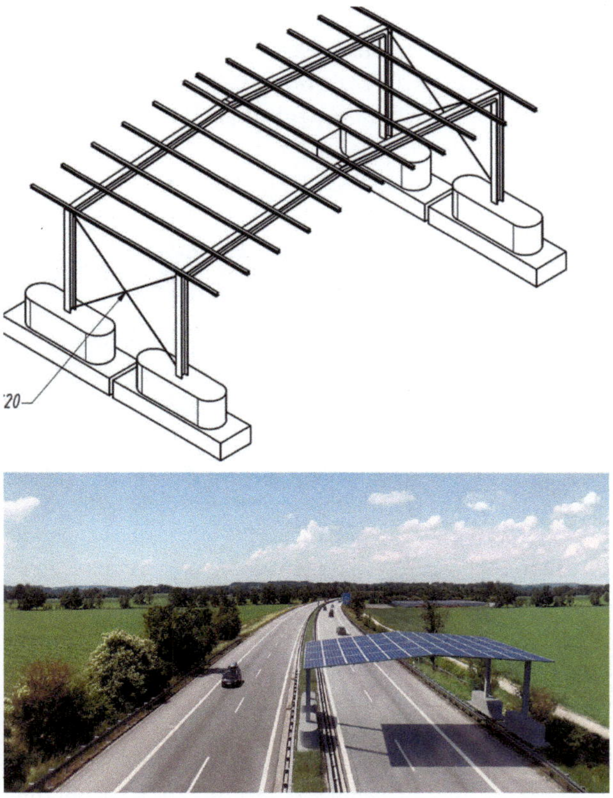

Bild 2: Satteldachform der PV-Überdachung für Straßen mit Nord-Süd-Verlauf mit 5° Dachneigung 3-D oben ©Forster und visualisiert für ein 10 m langes Tragelement unten ©AIT

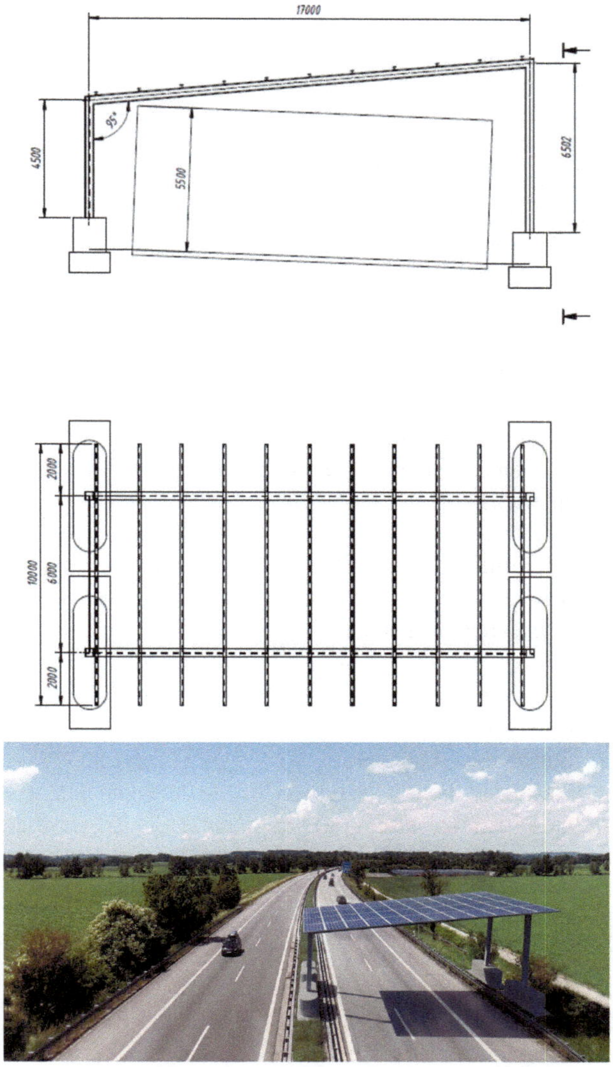

Bild 3: Konstruktionsprinzip für eine Pultdachform der PV-Überdachung für Straßen mit Ost-West-Verlauf Querschnitt der Stahltragkonstruktion mit Lichtraumprofil oben ©Forster, Darstellung eines Tragelements L=10,0 m im Grundriss Mitte ©Forster und Visualisierung eines Tragelements unten ©AIT

Für Solarpaneele ist grundsätzlich auch ein Überkopf-Einsatz möglich, dieses wird produktspezifisch durch eine Zertifizierung nachgewiesen. Ergänzende Anforderungen wie die unbekannte aerodynamische Lasteinwirkung von LKW-Vorbeifahrten sind mittels eigener Untersuchungen analysiert worden und in Kapitel 3.1 dargestellt.
Für die Photovoltaik wurde ein geeignetes Montagesystem gewählt, das ausreichenden Wasserabfluss gewährleistet, und die Ausrichtung sowie die mechanische Wechselwirkung mit der Tragkonstruktion betrachtet. Für den geplanten Standort des später zu errichtenden Demonstrators in Süddeutschland konnte ein solarer Jahresenergieertrag von etwa 40 MWh/Jahr pro 10 m Elementlänge bzw. 4 MWh/Jahr je Meter überdachter Fahrbahnlänge (1040 kWh/kWp- 17,0 m Breite) ermittelt werden.

3. Dimensionierungsansätze

Das so erstellte Grundkonzept wurde als Stahlrahmenkonstruktion mit querliegenden Pfetten im Hinblick auf die statischen Erfordernisse wie Wind, Schnee und Anprall sowie aerodynamische Einwirkungen und Brand für den voraussichtlichen späteren Demonstratorstandort im Gebiet Baden-Württemberg/Deutschland nach vordimensioniert und untersucht. Grundsätzlich erfolgt eine statisch konstruktive Dimensionierung nach Eurocode in der derzeitigen Fassung mit dem Grenzzustand der Tragsicherheit (Grundkombination sowie außergewöhnlicher Lastfallkombination getrennt für Anprall und Brand) sowie dem Grenzzustand der Gebrauchstauglichkeit als Verformungsbegrenzung mit L/200 für Glas nach [6]. Die Fundierung der Stützen folgt getrennt auf Stahlbetonfundamenten, sicherheitstechnische Leiteinrichtungen zur Reduktion der Anpralllasten sind analog wie bei Schilderbrücken nach RPS, [3] bzw. [8] vorgesehen. Darüber hinaus wurden folgende Sonderlasten wie folgend aufgelistet aufbereitet.

3.1 LKW-Vorbeifahrt

Besonders die Lasten aus LKW-Vorbeifahrten waren in Bezug auf die Alterung der PV-Module von Interesse. Diese Effekte sind grundsätzlich für die Traglastbemes-sung von Lärmschutzwänden, Schilderbrücken oder Tunneln bekannt, und Lastansätze werden in diversen Regelwerken (z.B. RVS 09.01.23 [8], ZTV-ING Teil 5 [9] oder Regelwerke der Autobahndirektion Südbayern [10]) geregelt. In allen genannten Regelwerken werden statische Ersatzlasten definiert, welche in der Bemessung einbezogen werden. Dezidierte Regelungen für seitlich offene Überdachungen wie auch für über Verkehr angeordnete PV-Module mit Hinblick auf Ermüdung liegen nach eingehender Recherche jedoch nicht vor. Für Traglastbemessungen der Konstruktion kann mitunter ansatzweise auf Regelwerke der Lärmschutzwandbemessung nach EN 1991-2 zurückgegriffen werden.

Aus diesem Grunde wurden im Rahmen des Projekts ergänzende Untersuchungen ausgehend von realen dynamischen Druckmessungen in einem Bestandstunnel im Netz der ASFINAG aufbereitet. Zur Bestimmung der aerodynamischen Lasten, welche auf die einzelnen Module und die Tragstruktur einwirken können, wurden Langzeitmessungen mit Differentialdrucksensoren in einer Tunnelröhre mit 2 Fahrstreifen (ohne Begegnungsverkehr siehe Bild 4) durchgeführt und ausgewertet.

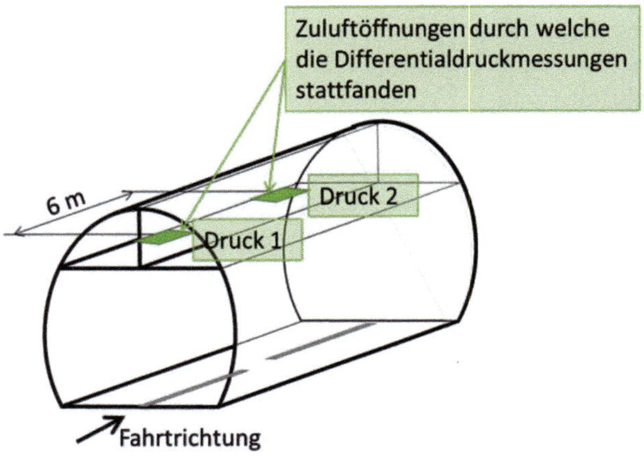

Bild 4: Messlayout für die Erfassung der Aerodynamische Beanspruchung

In der Messauswertung (siehe Bild 5) zur Ableitung der Lastansätze wird der 95% Quantilwert des Differenzdrucks aus Druck- und Sog als maßgebende Größe definiert. Der als charakteristisch resultierende Differenzwert wurde als Differenz von Druck- und Sog folglich mit Diff95% = 168,5 Pa festgelegt [12].

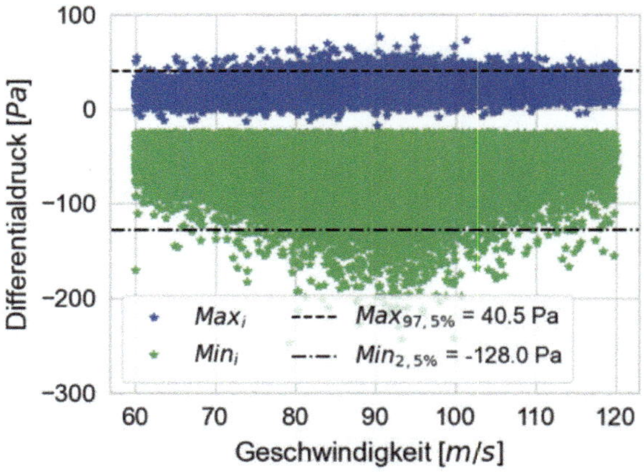

Bild 5: Ermittelte Maximal- und Minimaldifferentialdrücke inklusive Quantilwerten der Tunnelmessung [12]

Da der Tunnel einen rundum geschlossenen Querschnitt von großer Längsausdehnung darstellt, wird die im Tunnel auftretende aerodynamische Belastung bei LKW-Vorbeifahrt höher angesehen als jene bei einer seitlich offenen Überdachung.

Für das Tragwerk sind Druck- & Sogbelastungen dieser Größenordnung problemlos bewältigbar. Da es aber für Photovoltaikmodule weder Zulassungsversuche noch Erfahrungswerte betreffend Alterung für derart hohe Lastwechselzahlen gibt wurde im Zuge des Projekts eine Verifikation der PV-Module vor allem in Hinblick auf die Funktionalität und Alterung versuchstechnisch umgesetzt. Während der ersten Testreihe [12] sowie bei den abschließenden Messungen konnten keinerlei Veränderungen oder visuelle Schäden am PV-Modul als auch Glas bei sehr hohen Lastwechselzahlen > 10 Mio. festgestellt werden.

3.2 Brandlasten

Die durch den Brand freigesetzte Energie in Form von Wärme wird in der Bauphysik für Gebäude zumeist durch den spezifischen Heizwert bezogen auf die Gebäudefläche ermittelt oder erfolgt mit Hilfe von einwirkenden Temperatur-Zeit-Kurven (z.B. Einheitstemperaturkurve ETK eines Normbrandes) angegeben. Auf Verkehrsanlagen ist dies nicht so einfach möglich, da es sich bei einem Brandereignis um eine unbekannte Brandquelle sowie um ein lokales punktuelles Ereignis handelt. Deshalb wird ausschließlich die maximale Brandlast für die Bewertung herangezogen und spezielle Analysemethoden herangezogen.
Aufgrund der Tatsache, dass für Freilandstrecken so gut wie keine tragenden Anforderungen aufgrund von Fahrzeugbränden bestehen, liegen diesbezüglich keine relevanten Angaben in Regelwerken vor [11]. Für Straßentunnel hingegen gibt es durchwegs gute Richtlinien basierend auf detaillierten Forschungsergebnissen, welche als Konsequenz aus großen Tunnelbränden wie Tauerntunnel (1999) und Mont-Blanc-Tunnel (1999) entstanden sind [4], [9]. Um eine Kategorisierung der Brandlast zu erlangen kann die Einteilung gemäß World Road Association (PIARC) herangezogen werden [11].

Tabelle1: Brandlast in Abhängigkeit der Fahrzeugkategorie nach PIARC [5]

Vehicle Type	Peak HRR (MW)
Passenger car	5 – 10
Light duty vehicle	15
Coach, bus	20
Lorry, heavy-goods vehicle up to 25 tonnes*	30 – 50
Heavy-goods vehicles typically 25-50 tonnes*	70 – 150
Petrol tanker	200 – 300

Zur besseren Beurteilung möglicher Brandszenarien wurde eine CFD-Brandsimulation für das Konzept der Autobahnüberdachung durchgeführt. Ziel war eine Abschätzung zur Bestimmung der Bauteiltemperaturen sowie die Bewertung der Rauchausbreitung sowie die aufgenommene Schadstoffmenge der Personen im Zuge eines Brandereignisses. Dieser erfolgte im Auftrag von AIT und wurde von [11] durchgeführt, deren Ergebnisse folgend kurz zusammengefasst werden.

Die komplexen Strömungssimulationen basieren auf Navier-Stokes-Gleichungen. Das sind gekoppelte inhomogene Differentialgleichungen auf den Prinzipien der Massen-, Impuls- und Energieerhaltung. Bei dem verwendeten CFD-Modell handelt es sich um den Fire Dynamics Simulator (FDS), welcher für die Simulation von Bränden und insbesondere für die Simulation von Rauchausbreitungen entwickelt wurde. FDS wird durch das NIST (National Institute of Standards and Technology) sowie international Mitarbeitenden herausgegeben. Das Grundkonzept und Layout wurden so festgelegt, dass die erhöhten Anforderungen für Tunnel der Regelwerke z.B. nach [4] vorerst nicht angewendet werden müssen. Es wurden für die Konzeptstudie 2 Brandlastfälle definiert- welche jedoch immer situativ an die jeweiligen Anforderungen der Betreiber und Sicherheitsbestimmungen im Einvernehmen der Behörden abgestimmt werden müssen.

- Lastfall 1 PKW Brand 5 MW Brandlast
- Lastfall 2 LKW-Brand 30 MW Brandlast
- Branddauer LF 1 und LF 2 jeweils 33 min.

In der Simulation wurde sehr konservativ angenommen, dass die Glas-Glas Module diese Hitze überleben und sich keine Öffnungen über der Brandstelle ergeben, welche die Wärme über das Dach sofort abführen würden.

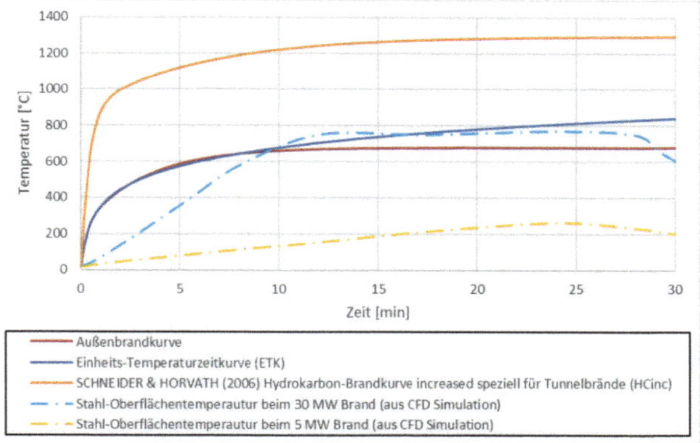

Bild 6: Brandkurven im Vergleich mit den maximalen Stahltemperaturen der CFD-Analyse

Das Ergebnis der CFD-Analyse die Oberflächentemperaturen der beiden Lastfälle (strichpunktierte Linie) von neuralgischen Punkten ist in Bild 6 dargestellt. Die Bauteiltemperaturen der tragenden Stahlbauteile überschreiten bei einem 5 MW Brand (PKW) 280°C nicht. Der 30 MW Brand (LKW) zeigt eine Erwärmung der Stahlstützen und Träger auf ca. 780°-800°C innerhalb der ersten 13 Minuten, diese bleibt dann nahezu konstant. Zwischen Minute 10 und 15 wird zwar die Einheits-Temperaturzeitkurve (ETK) leicht überschritten, bleibt aber nach Minute 15 knapp unter der weiter ansteigenden ETK-Kurve.
Für ETK-Anforderungen sollte mit konventionellen Brandschutzanstrichen bei diesen beiden Szenarien die

Anforderung der Einheitstemperaturkurve eingehalten werden können, eine Validierung der Simulation durch Brandrauchversuche steht allerdings noch aus.

3.3 Anpralllasten

Einen guten Anhaltspunkt betreffend Anpralllasten für derartige Konstruktionen geben die Regelwerke betreffend Schilderbrücken und Überkopfwegweiser. Diese sind vom Tragwerkstyp und Ausbildung einer PV-Überdachung aus Stahl sehr ähnlich. In Deutschland regelt dazu die ZTV-ING-Teil 9/2012 [3] in der derzeit gültigen Fassung die verminderten Anprallasten auf Schilderbrücken bei entsprechenden Schutzvorrichtungen. In Österreich gilt für Schilderbrücken die RVS 05.02.11 [8]. Ein kürzlich abgeschlossenes Forschungsprojekt [7] hat nochmals detaillierter die Problematik und auch die Auftretenswahrscheinlichkeit von Unfällen in Form einer Tiefenanalyse von Schadensereignisse bearbeitet. So wurden Daten von Anprallereignissen aus dem Raum Baden-Württemberg und aus Bayern beschafft, welche zusammen mit 1870 km (Stand 2016) ca. 14% des deutschen Autobahnnetzes ausmachen und in etwa nahezu der Größe des Autobahnnetzes in Österreich entsprechen und jenes der Schweiz leicht überschreiten.
Für eine Autobahnüberdachung mit PV-Modulen wird vorgeschlagen, die Anpralllasten analog zu den Schilderbrücken nach der derzeit gültigen ZTV-ING und RVS 05.02.11 für die vertikalen Bauteile von 100 kN anzusetzen. Betreffend des Anprall am horizontalen Riegel werden jetzt im Konzept keine Lasten angesetzt, zum einen begründet durch die Studien in Deutschland [7], zum anderen wird eine lichte Höhe von 5,50 m konzipiert, welche in der Regel höher oder gleich hoch wie davorliegende Schilderbrücken oder eventuell Bestandsbrückenunterkanten sind.

4. Sekundäre Effekte für Straße und Lärmschutz

Sekundäre Effekte einer Straßenüberdachung betreffen den Einfluss auf die Straßenoberfläche, Verkehrssicherheit aber auch Lärmauswirkungen. Zur Analyse dieser sekundären Effekte dienten vertiefte Auswertungen von Messdaten von Straßenoberflächeneigenschaften sowie Mess- als auch Simulationsdaten von Temperatur-Spannungszusammenhängen in Betonfahrbahndecken [13]. Die Analyse der Auswirkung einer Überdachung zeigte eine erhebliche Reduktion der Fahrbahntemperaturen (ca. -20°C) und der damit einhergehenden Reduktion von Spannungen in der der Fahrbahndecke.
Die Vergleichsanalyse von Messdaten aufgenommen im Zuge einer Netzmesskampagne mit dem Straßenfahrzeugmesslabor RoadSTAR zeigt im Vergleich, dass in Bereichen sehr breiter Brücken (überdachungsähnlich) eine verminderte Entwicklung von Rissen und Spurrinnen, aber auch eine leichte Reduktion der Griffigkeit festgestellt wurde. Insgesamt konnte daraus eine Verlängerung der Lebensdauer des Fahrbahnoberbaus um etwa 15-30% abgeschätzt werden.
Im Bereich Lärmschutz zeigten numerische Simulationen, dass durch den Einsatz einer PV-Überdachung mit Schalldruckpegelerhöhungen aufgrund zusätzlicher Reflexionen der Schallwellen an der Unterseite der Überdachung zu rechnen ist. Für die Satteldachvariante ohne Vorhandensein von Lärmschutzwänden beschränken sich diese Pegelerhöhungen auf den unmittelbaren Nahbereich der Straße (bis 25 m). Lärmschutzwände mittlerer Höhe (2 – 4 m) werden in ihrer Wirksamkeit durch die Überdachung im Nahbereich reduziert, und erst wenn die Lärmschutzwand 5 m Höhe erreicht, wird ein gewisser zusätzlicher Schallschutz durch die Überdachung erreicht.

5. Fazit

In diesem Beitrag konnten die konstruktiven Herausforderungen und spezielle Dimensionierungsgrundlagen für eine mögliche Solarüberdachung von Autobahnen dargestellt werden. Diese betreffen sowohl Lasteinwirkung als auch Montage, Umsetzbarkeit und vor allem die solartechnische Optimierung der Tragwerksform.
Im Rahmen des aktuell noch laufenden Forschungsprojekts wurde eine Konzeptstudie erstellt, deren Umsetzung und Dimensionierung auf Basis der hier vorgestellten Ansätze in Form eines Demonstrators in Süd-deutschland an der A-81 geplant ist, wobei eine Monitoring- und Evaluierungsphase nach Errichtung weitere Erkenntnisse liefern wird.

6. Danksagung

Die Forschungen wurden im Zuge des Projekts PV-SÜD-K (FFG Nr. 878203) durchgeführt, welches im Rahmen der D-A-CH Kooperation Verkehrsinfrastrukturforschung - 4. Ausschreibung über das Bundesministerium für Klimaschutz, Umwelt, Energie, Mobilität, Innovation und Technologie (BMK), die Österreichische Forschungsförderungsgesellschaft (FFG) sowie das Bundesministerium für Verkehr und digitale Infrastruktur (Deutschland) und das Bundesamt für Straßen ASTRA (Schweizerische Eidgenossenschaft) finanziert und für die Auftraggeber von der ASFINAG betreut wurde.

Literatur

[1] Konsortium des FFG-DACH-2019 Projekt PV-Straßenüberdachung-Konzept (PV-SÜD-K): Ergebnisbericht der Konzeptstudie, Februar 2021. https://projekte.ffg.at/projekt/3725909
[2] www.solaranlage-ratgeber.de
[3] Bundesanstalt für Straßenwesen BASt. Zusätzliche Technische Vertragsbedingungen und Richtlinien für Ingenieurbauten ZTV-ING Teil 9 Bauwerke Abschnitt 1 Verkehrszeichenbrücken. Stand 04/2012

[4] Richtlinien und Vorschriften für das Straßenwesen (RVS) der österreichischen Forschungsgesellschaft Straße, Schiene, Verkehr (FSV): RVS 09.01.23 Innenausbau - Grundtext, 23.12.2010

[5] PIRAC 2017R01EN, Design fire characteristics for road tunnels, Technical Committee 3.3

[6] BF- Merkblatt 021/2017- Bundesverband Flachglas

[7] M. Keuser and T. Braml, Anprallsockel für Verkehrszeichenbrücken: FE 15.0593/2013/ARB: Schlussbericht, 2019.

[8] Richtlinien und Vorschriften für das Straßenwesen (RVS) der österreichischen Forschungsgesellschaft Straße, Schiene, Verkehr (FSV): RVS 05.02.11 Leiteinrichtungen, Verkehrszeichen und Ankündigungen, Anforderungen und Aufstellung, 07/2009.

[9] ZTV-ING Teil 5 Bundesanstalt für Straßenwesen. Tunnelbau. Zusätzliche Technische Vertragsbedingungen und Richtlinien für Ingenieurbauten. ZTV-ING - Teil 5 Tunnelbau - Abschnitt 1 Geschlossene Bauweise. Stand 2018/01

[10] Bemessungsgrundlagen für Schilderbrücken unter aerodynamischer Anregung der Autobahndirektion Südbayern (2007)

[11] Brandkonzept: PV-SÜD-Brandfall unter Einhausung – Balda Engineering & Consulting

[12] Prammer, et. al.: Baudynamische Herausforderungen von PV-überdachten Autobahnen. Beitrag zur 17. D-A-CH Baudynamik Tagung – 16.-17. Sept. 2021.

[13] Prammer, D., Vorwagner, A. and Kwapisz, M. (2021), Messdatenbasierte Belastungsanalyse von Autobahn-Betonfahrbahndecken aus Fertigteilen. Beton- und Stahlbetonbau, 116: 441-449. https://doi.org/10.1002/best.202000108

Erdbebenbemessung in Deutschland – aktueller Stand und zukünftige Entwicklung

Marius Pinkawa
Center for Wind and Earthquake Engineering, RWTH Aachen University, Deutschland

Zusammenfassung

Mit der zu erwartenden zeitnahen baurechtlichen Einführung der DIN EN 1998-1:2010-12 (Eurocode 8) und dem zugehörigen nationalen Anhang DIN EN 1998-1/NA:2021-07 in Deutschland stehen bei der Erdbebenauslegung von Bauwerken einige Änderungen bevor. Für den nationalen Anhang wurde eine Neueinschätzung der Erdbebengefährdung durchgeführt, die sich in einer neuen Erdbebengefährdungskarte widerspiegelt. Neben dem Wegfall der altbekannten Erdbebenzonen hat sich auch die ingenieurseismologische Kenngröße zur Bestimmung der anzusetzenden Erdbebenlast geändert. Örtlich sind nun deutlich höhere Erdbebenlasten als zuvor möglich. Nach einem Überblick über die historische Entwicklung und den aktuellen Stand der Erdbebennormung in Deutschland werden die wesentlichen Änderungen des neuen nationalen Anhanges aufgezeigt. Es folgt eine Übersicht der zulässigen Erdbebennachweismethoden und eine Einschätzung ihrer praktischen Relevanz. Abschließend wird ein Ausblick auf zukünftige mittel- und langfristige Entwicklungen im Bereich des internationalen Erdbebeningenieurwesens gegeben, die perspektivisch auch für Deutschland von Interesse sind.

1. Einleitung

Schwere Erdbeben sind seltene Naturkatastrophen, die zu gravierenden und regional weit ausgedehnten Schäden führen. Auch wenn Deutschland im Vergleich zu anderen europäischen Ländern wie beispielsweise Italien oder Griechenland als Schwachbebengebiet bezeichnet werden kann (siehe Abbildung 1.1), so ist die Fachdisziplin des Erdbebeningenieurwesens auch hierzulande von hoher Relevanz. Trotz im Vergleich geringer Erdbebenintensitäten kann aufgrund der großen Anzahl an betroffenen Objekten der Gesamtschaden beträchtlich sein. Insbesondere bei kritischer Infrastruktur (zum Beispiel Krankenhäuser, Brücken, Feuerwehren), Gebäuden hohen wirtschaftlichen Wertes oder gesellschaftlichen Risikos (Lagerhallen, Industrieanlangen, Tanks) sowie Gefährdungspotenzials (Schulen, Sport- und Versammlungsstätten) ist eine gewissenhafte Auslegung gegen Erdbeben zwingend erforderlich. Zudem setzt die internationale Ausrichtung Deutschlands als Exportnation fundierte Kenntnisse des Erdbebeningenieurwesens voraus. So werden von deutschen Unternehmen Industrieanlagen und -komponenten in seismisch aktiven Regionen des Auslands geplant oder hier entwickelte und produzierte Erdbebenschutzvorrichtungen weltweit vermarktet.

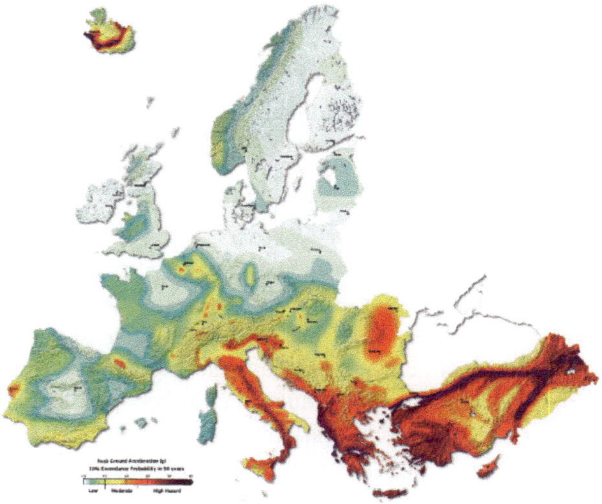

Abb. 1.1: Erdbebengefährdungskarte Europas [1]

Während in Starkbebenländern die Erdbebenauslegung von Tragwerken zur Bemessungsroutine gehört, was sich entsprechend in der Bauingenieurausbildung mit Standardfächern des „seismic design" widerspiegelt, so wird hierzulande der Lastfall Erdbeben häufig als Sonderlast wahrgenommen und ist in der hiesigen Bauingenieurausbildung – wenn überhaupt – lediglich als Spezialisierungsfach etabliert.
Mit der kürzlich zu erwartenden baurechtlichen Einführung des Eurocode 8 (d.h. DIN EN 1998-1:2010-12 [2] mitsamt zugehörigem nationalen Anhang DIN EN 1998-

1/NA:2021-07 [3]) gehen für die sich mit Erdbebenfragen in Deutschland beschäftigenden Ingenieure einige Änderungen einher. Die in den letzten Jahren durchgeführte Neueinschätzung der Erdbebengefährdung Deutschlands spiegelt sich im neuen nationalen Anhang DIN EN 1998-1/NA:2021-07 wider. Vielerorts erhöhen sich damit die anzusetzenden Erdbebenlasten, was insbesondere in Regionen mit bislang gering eingeschätzter seismischer Gefährdung zu einer verstärkten Betrachtung des Lastfalls Erdbeben führen wird (siehe [4]). Weitere Neuerungen der aktualisierten Erdbebengefährdungskarte sind der Wegfall der aus der aktuell noch geltenden Erdbebennorm DIN 4149:2005 [5] bekannten Erdbebenzonen und eine neue ingenieurseismologische Kenngröße zur Definition der lokalen Erdbebenlast.

Dieser Beitrag vermittelt eine Übersicht zur Erdbebenbemessung von Tragwerken mit dem Fokus auf die Situation in Deutschland und gibt einen Eindruck des aktuellen Standes sowie zukünftiger Entwicklungen.

Auf diese Einleitung folgend wird in Abschnitt 2, nach einem Überblick über die historische Entwicklung der Erdbebennormung hierzulande, die kurz bevorstehende Einführung des Eurocodes 8 und der sich damit ergebenden maßgeblichen Veränderungen diskutiert. Es wird vertieft auf die aktualisierte Erdbebengefährdungskarte im Rahmen des neuen deutschen Anhangs des Eurocode 8 eingegangen.

Abschnitt 3 fasst die in Deutschland möglichen Erdbebennachweismethoden zusammen und ordnet sie hinsichtlich ihrer Komplexität und somit praktischen Relevanz ein. Es wird dargestellt, wie mit geringem Aufwand ein Erdbebennachweis gelingen und unter welchen Umständen sogar ganz auf eine Nachweisführung verzichtet werden kann.

Abschnitt 4 skizziert Entwicklungen im Bereich des Erdbebeningenieurwesens, die perspektivisch auch für Deutschland von zunehmendem Interesse sein werden: Die moderne Philosophie des verhaltensbasierten Erdbebeningenieurwesens (PBEE); die Anwendung innovativer und insbesondere reparaturfähiger Tragwerkskonzepte; die zunehmende Bedeutung der Erdbebenauslegung nichttragender Bauteile und Komponenten; der Einsatz von speziellen Erdbebenvorrichtungen zum Erdbebenschutz; sowie die Erdbebenauslegung von Sonderbauwerken.

2. Erdbebennormung in Deutschland

Dieser Abschnitt diskutiert die Entwicklung der Normung zur Erdbebenauslegung des üblichen Hochbaus in Deutschland. Dabei werden die Entstehungsgeschichte der nationalen Erdbebennorm DIN 4149, ihr Übergang zur europäischen Erdbebennorm Eurocode 8, sowie der aktuelle Stand mitsamt dem neuen nationalen Anhang dargestellt.

2.1 Entwicklung der DIN 4149 zum Eurocode 8

Wie auch in anderen Ländern zu beobachten, ist die Entwicklung der Erdbebennormung von stärkeren Erdbebenereignissen geprägt, welche im Nachgang zu Anpassungen und Erweiterungen der Auslegungsregeln gegen Erdbeben führen. So ist die überhaupt erste Erdbebennorm *„DIN 4149:1957:07 - Bauten in deutschen Erdbebengebieten – Richtlinien für Bemessung und Ausführung“* [6] im Jahr 1957 veröffentlicht worden, initiiert durch ein größeres Erdbeben in Euskirchen im Jahr 1951. Auch wenn die Anwendung zunächst freiwillig war, wurde 1971 in Baden-Württemberg, unter dem Eindruck zweier Beben 1969 und 1970 in der Schwäbischen Alb, das erste Mal die Berücksichtigung einer Erdbebennorm in einem Bundesland Deutschlands verbindlich eingeführt [7].

Eine größere Revision folgte etwa 24 Jahre nach Erstveröffentlichung mit der *„DIN 4149-1:1981-04 „Bauten in deutschen Erdbebengebieten – Lastannahmen, Bemessung und Ausführung üblicher Hochbauten“* [8]. Während in der DIN 4149:1957 das Bauwerk noch als Starrkörper betrachtet und vereinfacht bis zu 10% der Vertikalkraft als horizontale Erdbebenlast angesetzt wurde, hielt in der DIN 4149:1981 die dynamische Betrachtungsweise mit dem Antwortspektrumverfahren (siehe Abschnitt 3) Einzug.

Wieder etwa 24 Jahre später folgte die *„DIN 4149:2005-04 – Bauten in deutschen Erdbebengebieten; Lastannahmen, Bemessung und Ausführung üblicher Hochbauten“* [5]. Neben dem Einbezug neuer Erkenntnisse aufgrund des zunehmenden Verständnisses des Erdbebenverhaltens von Bauwerken, berücksichtigte die DIN 4149:2005 die Europäisierung der Baunormen in Hinblick auf den sich ankündigenden Eurocode 8. So entsprach die DIN 4149:2005 bereits dem Konzept des etwa 5 Jahre später erschienen Eurocode 8 (*„DIN EN 1998-1:2010-12 „Eurocode 8: Auslegung von Bauwerken gegen Erdbeben – Teil 1: Grundlagen, Erdbebeneinwirkungen und Regeln für Hochbauten“* [2]) und ist mit dem nationalen Anhang DIN EN 1998-1/NA:2011-01 [9] nahezu deckungsgleich. Insbesondere die Erdbebenzonenkarten zur Gefährdungseinschätzung sind identisch. Eine aktualisierte Fassung des nationalen Anhangs mitsamt einer Neueinschätzung der Erdbebengefährdung ist erst kürzlich mit der DIN EN 1998-1/NA:2021-07 [3] erschienen.

Abbildung 2.1 zeigt die zeitliche Entwicklung veröffentlichter Normen für die Erdbebennormung in Deutschland von 1957, dem Jahr des Erscheinens der ersten deutschen Erdbebennorm, bis zum aktuellen Stand im Jahr 2021. Die Veröffentlichung einzelner Normen ist nicht gleichzusetzen mit ihrer baurechtlichen Einführung; so ist die DIN 4149:2005 derzeit zwar noch in der Muster-Verwaltungsvorschrift Technische Baubestimmungen (MVV TB) enthalten, jedoch vom Deutschen Institut für Normung (DIN) bereits zurückgezogen.

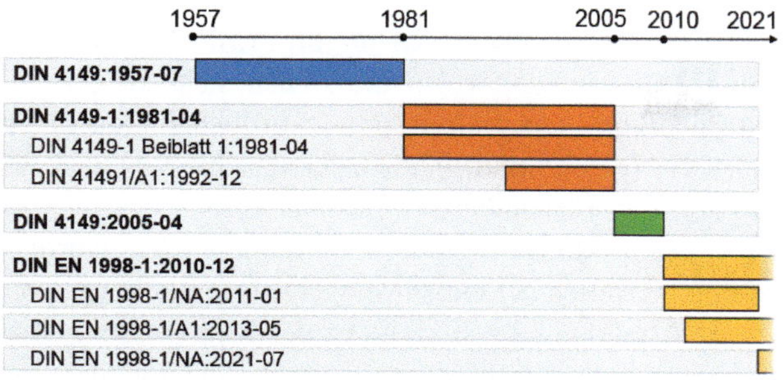

Abb. 2.1: Zeitliche Entwicklung der Erdbebenbaunormung in Deutschland

Abbildung 2.2 visualisiert den zunehmenden Umfang der für Deutschland relevanten Erdbebennormen, welcher hier vereinfacht anhand der Seitenanzahl quantifiziert wird. Während die erste deutsche Erdbebennorm DIN 4149:1957 aus lediglich 6 Seiten bestand, so enthält allein der nationale Anhang des Eurocode 8 in der neuen Fassung 2021 bereits 60 Seiten. Eine weitere Zunahme des Umfangs ist anhand der Entwurfsfassungen der nächsten Eurocode 8 Generation bereits abzusehen. Während diese Entwicklung einerseits wünschenswert ist, da der höhere Detaillierungsgrad die Abdeckung möglichst vieler Anwendungsfälle ermöglicht, so verdeutlicht es andererseits das zunehmende Erfordernis solider Fachkenntnisse im Bereich des Erdbebeningenieurwesens, um den zunehmenden Umfang sicher überblicken zu können. Diesbezüglich wird in Abschnitt 3 aufgezeigt, wie die Erdbebenfrage in Deutschland in vielen Situationen dennoch mit geringem Aufwand gelöst werden kann.

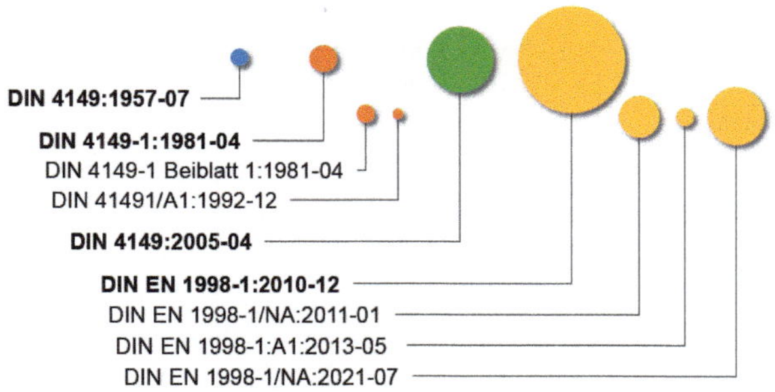

Abb. 2.2: Entwicklung des Seitenumfangs (proportional zur Kreisfläche) der einzelnen Normdokumente

Heutzutage erarbeitet das Untergremium mit der Bezeichnung „NA 005-51-06 AA – Erdbeben; Sonderfragen“ im Rahmen des DIN-Normenausschuss Bauwesen (NABau) die nationale Normung für das Erdbebeningenieurwesen. Seismische Einwirkungen auf Tragwerke sowie die entsprechende Tragwerkauslegung sind die wesentlichen bearbeiteten Fragestellungen. Der Arbeitsausschuss entwickelt hierbei insbesondere den nationalen Anhang zum Eurocode 8. Auf europäischer Ebene begleitet der nationale Ausschuss das Subkomitee „CEN/TC 250/SC 8 – Design of structures for seismic resistance“ und spiegelt die dortigen Arbeiten entsprechend national wider.
Die aktuelle Situation stellt sich so dar, dass die DIN 4149 als Norm bereits zurückgezogen ist, der Eurocode 8 jedoch noch nicht bauaufsichtlich eingeführt worden ist. Die DIN 4149 ist in den Verwaltungsvorschriften Technische Baubestimmungen (VV TB) der jeweiligen Bundesländer nach wie vor aufgelistet und findet somit in der Praxis weiterhin Anwendung. Der Eurocode 8 mitsamt dem neuen nationalen Anhang sollte insbesondere bei Neubauprojekten berücksichtigt werden, da diese Dokumente den aktuellen Stand der Technik widerspiegeln. Eine baurechtliche Einführung des Eurocode 8 mit dem nationalen Anhang von 2021 ist zudem nach langer Vorbereitungszeit in Kürze zu erwarten.

2.2 Erdbebengefährdungskarten des Eurocode 8

Die DIN 4149 wird im Rahmen der Europäisierung der Baubemessungsnormen in den Eurocode 8 überführt. Während der Hauptteil des Eurocode 8 europaweit einheitlich ist, sind es die nationalen Anhänge, die als Bestandteil des Eurocode 8 diesen erst in den jeweiligen Ländern anwendbar machen. Die Erdbebengefährdung wird in den nationalen Anhängen auf Grundlage lokaler seismologischer Betrachtungen länderspezifisch definiert.
Mit baldiger Einführung des neuen nationalen Anhangs NA:2021 (steht im Folgenden abgekürzt für DIN EN 1998-1/NA:2021-07 [3]) entfällt die Erdbebenzonenkarte und wird durch eine Erdbebengefährdungskarte ersetzt. Erdbebenzonen im Sinne der DIN 4149 bzw. des NA:2011 (abgekürzt für DIN EN 1998-1/NA:2011-01 [9]) sind somit nicht mehr vorhanden. Hier sei noch einmal angemerkt, dass die Erdbebenzonenkarten der DIN 4149 und des NA:2011 identisch sind. Hintergrundinformationen zur alten Erdbebenzonenkarte sind in [10] zu finden, während Hintergründe zu der neuen Erdbebengefährdungskarte des NA:2021 in [11] beschrieben sind. Abbildung 2.3 gibt die Erdbebengefährdungskarte aus dem neuen nationalen Anhang wieder. Deutlich zu erkennen sind die Erdbebengebiete der Niederrheinischen Bucht westlich von Köln, des Oberrheingrabens von Basel nach Frankfurt, der schwäbische Alb sowie in geringerem Maße des Vogtlandes.

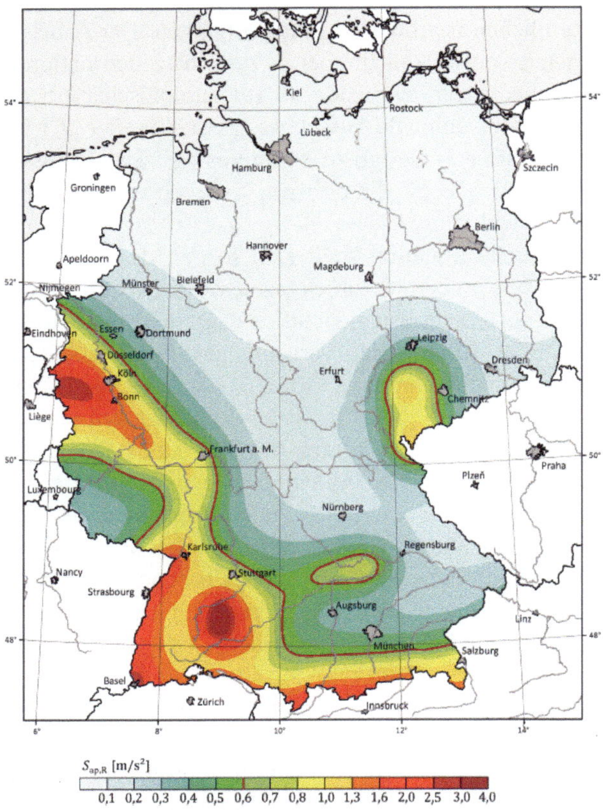

Abb. 2.3: Erdbebengefährdungskarte Deutschlands (aus DIN EN 1998-1/NA:2021-07 [3])

Beide Erdbebenkarten – also der 2011-Version (bzw. der DIN 4149:2005) und der 2021-Version der nationalen Anhänge – sind im Auftrag des Deutschen Instituts für Bautechnik DIBt vom Geoforschungszentrum GFZ in Potsdam erarbeitet worden. Sie beruhen auf probabilistischen seismischen Gefährdungsanalysen. Die Grundlagen auf denen die alte sowie die neue Erdbebenkarte hergeleitet wurden, unterscheiden sich jedoch wesentlich; insbesondere bei der zu Grunde liegenden Datenbasis, dem Umfang der berücksichtigten Aspekte sowie den angewandten Methoden. Detaillierte Vergleiche der Hintergründe der beiden Erdbebenkarten sind in [12] sowie [13] zu finden.

Für den Anwender der Erdbebennorm sind zwei maßgebende Änderungen besonders hervorzuheben: Zum einen die Änderung der Kenngröße der seismischen Einwirkung, weg von der Referenz-Spitzenbodenbeschleunigung a_{gR} (als Repräsentant einer korrespondierenden zu erwartenden Erdbebenintensität) hin zum Plateauwert des Antwortspektrums $S_{aP,R}$, welcher direkt im Rahmen der Gefährdungsanalyse bestimmt wurde. Zum anderen der Wegfall von Erdbebenzonen und ihr Ersatz durch ein Erdbebengefährdungsraster.

Die ingenieurseismologische Kenngröße zur Definition der seismischen Einwirkung hat sich im Vergleich zur DIN 4149 bzw. zum NA:2011 grundlegend geändert. Im NA:2011 ist die Referenz-Spitzenbodenbeschleunigung a_{gR} der Ausgangspunkt zur Bestimmung des Antwortspektrums. Diese ist für die drei Erdbebenzonen 1, 2 und 3 angegeben, wobei die Zonen sich auf die für den jeweiligen Ort zu erwartende Erdbebenintensität I ($6{,}5 \leq I < 7$, $7 \leq I < 7{,}5$ und $I \geq 7{,}5$) beziehen. Im NA:2021 ist hingegen der Plateaubereich des Antwortspektrums $S_{aP,R}$ die maßgebende Kenngröße. Die Spektralwerte wurden dabei im Rahmen der Gefährdungsanalyse direkt gewonnen. In Abbildung 2.4 sind die beiden Kenngrößen – die Bodenbeschleunigung a_{gR} sowie der Spektralwert im Plateaubereich $S_{aP,R}$ – in einem typischen Antwortspektrum eingezeichnet. Das Verhältnis des Plateauwertes $S_{aP,R}$ zur Bodenbeschleunigung a_{gR} wird mit dem Überhöhungsfaktor von 2,5 abgeschätzt. Letztendlich ist das Beschleunigungs-Antwortspektrum die Grundlage zur Bestimmung der anzusetzenden Erdbebenlast für die Bemessung. Neben einer neuen Eingangsgröße zur Konstruktion des Antwortspektrums haben sich aufgrund von Anpassungen des Bodenparameters S sowie der Kontrollperioden T_B und T_C auch Änderungen in der Form des Spektrums ergeben.

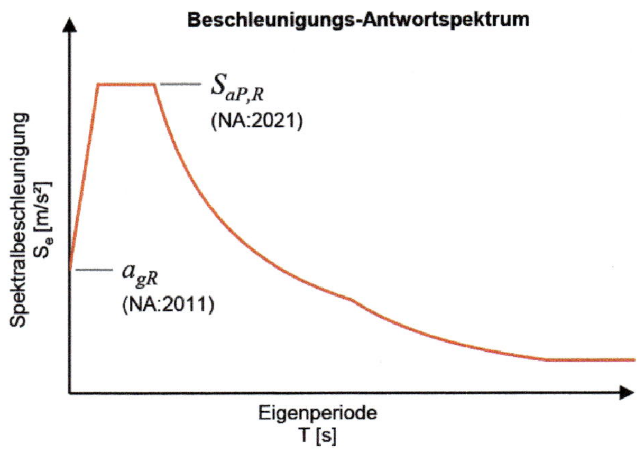

Abb. 2.4: Gegenüberstellung der ingenieurseismologischen Kenngrößen aus der 2011 (a_{gR}) und 2021 ($S_{aP,R}$) Version des nationalen Anhangs

Statt Örtlichkeiten verschiedenen Erdbebenzonen zuzuordnen, wird die Kenngröße der seismischen Einwirkung nun in gleichverteilten Rasterpunkten angegeben. Die Erdbebengefährdungskenngröße wird dabei als Datenpunktwolke in einem über Deutschland gelegten Rasternetz zur Verfügung gestellt. Das Raster hat eine Auflösung von 0,1° geographischer Länge und Breite. Das entspricht einem Rasterabstand von etwa 7 km in Ost-West-Richtung und 11 km in Nord-Süd-Richtung. Zwischenpunkte dürfen linear interpoliert werden. Abbildung 2.5 visualisiert schematisch die alte Zonierung der Erdbebenzonen sowie die neue Rasterung der Erdbebengefährdung. Die für die Tragwerksbemessung benötigte ingenieurseismologische Kenngröße $S_{aP,R}$ lässt sich am Einfachsten mit Hilfe eines Online-Kartendienstes ortsspezifisch bestimmen (siehe beispielsweise www.erdbebeningenieur.de → Erdbebenkarte [14]).

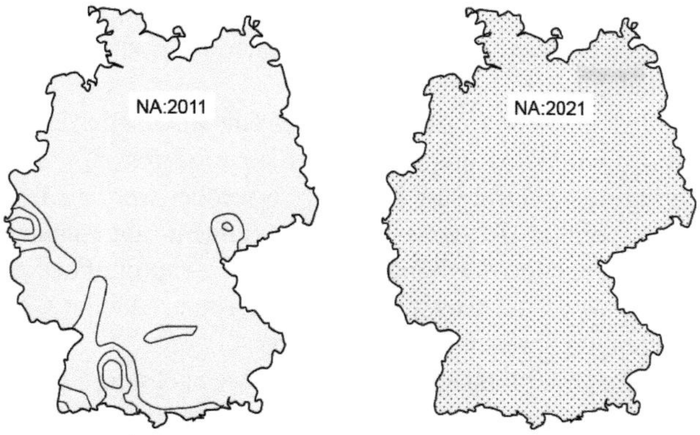

Abb. 2.5: Örtliche Definition der ingenieurseismologischen Kenngröße: Erdbebenzonen links (DIN 4149 bzw. NA:2011) und Datenpunkt-Rasternetz rechts (NA:2021)

Vielfach diskutiert wurde eine vielerorts effektive Erhöhung der anzusetzenden Erdbebenlasten durch Einführung der neuen Erdbebengefährdungskarte des NA:2021 im Vergleich zur Erdbebenzonenkarte der DIN 4149 bzw. des NA:2011 (siehe [4], [12], [15]). Bei alleinigem Vergleich des Spitzenwertes der Bodenbeschleunigung a_{gR} ist eine Verdoppelung von 0,8 m/s² (Erdbebenzone 3) auf 1,6 m/s² (max. $S_{aP,R}$ = 3,9 m/s², Division durch Überhöhungsfaktor $\beta_0 = 2{,}5$) ersichtlich. Da sich allerdings Änderungen sowohl in der Definition der für die Erdbebenbemessung relevanten Beschleunigungs-Antwortspektren als auch in der räumlichen Ausdehnung der seismischen Kenngröße ergeben haben, können sich örtlich erhöhte, aber auch verringerte anzusetzende Erdbebenlasten im Vergleich zur alten Gefährdungseinschätzung ergeben. Eine beispielhafte quantitative Gegenüberstellung für repräsentative Bemessungsfälle ist in [4] zu finden. Letztendlich wird die bauaufsichtliche Einführung der neuen Erdbebengefährdungskarte vielerorts eine intensivere Betrachtung des Lastfalls Erdbeben erforderlich machen.

3. Erdbebennachweismethoden

Ein Tragwerk in seismisch aktiven Regionen muss gegenüber den lokal zu erwartenden Erdbebenlasten als standsicher nachgewiesen werden. Alle in Eurocode 8 enthaltenen Erdbeben-Nachweismethoden sind entsprechend NA:2021 (DIN EN 1998-1/NA:2021-07) auch in Deutschland zulässig. Der nationale Anhang ergänzt die aus Eurocode 8 bekannten Methoden um vereinfachte Auslegungsregeln, welche dem Charakter eines Schwachbebenlandes Rechnung tragen. Abbildung 3.1 enthält eine Übersicht über alle zulässigen Nachweismethoden. Bei zunehmendem Aufwand der Methode sinkt gleichzeitig auch ihre praktische Relevanz, insbesondere in Regionen schwacher bis moderater Seismizität. In der deutschen Praxis werden demnach die vereinfachten Methoden bevorzugt, während komplexere Vorgehen lediglich in Ausnahmefällen Anwendung finden. Auf alle in Abbildung 3.1 genannten Methoden wird in den folgenden Unterabschnitten kurz eingegangen.

Abb. 3.1: Mögliche Erdbebennachweismethoden

3.1 Erdbebenauslegung nicht erforderlich

Der simpelste Erdbebennachweis ist derjenige, der gar nicht erst geführt werden muss. Ein Nachweis und auch die Berücksichtigung sonstiger Anforderungen nach Eurocode 8 können komplett entfallen, wenn das Kriterium sehr geringer Seismizität erfüllt ist. Der Fall sehr geringer Seismizität wird anhand der lokalen Erdbebengefährdung bestimmt. Der Eurocode 8 lässt offen, ob hierzu als Bezugsgröße die Bemessungsbodenbeschleunigung a_g (= $a_{gR} \cdot \gamma_I$) für Bedeutungsbeiwert γ_I und Baugrundklasse A, oder aber das Produkt $a_g \cdot S$ unter Berücksichtigung der konkreten Baugrundklasse (Bodenparameter *S*) dient. Die Grenzwerte, bis zu denen von sehr geringer Seismizität ausgegangen werden kann, entsprechen daher entweder *0,04 g* oder *0,05 g* (siehe Tabelle 3.1). Der nationale Anhang gibt als Bezugsgröße das Produkt $a_g \cdot S$ vor, was überwiegend zu einer etwas großzügigeren Festlegung sehr geringer Seismizität führt.

Tab. 3.1: Grenzwerte sehr geringer Seismizität nach Eurocode 8 (DIN EN 1998-1:2010-12)

Bezugsgröße	Grenzwert
a_g	$\leq 0{,}04\ g$
$a_g \cdot S$	$\leq 0{,}05\ g$

Neben der Definition anhand des Produkts aus Bodenbeschleunigung a_g und Bodenparameter *S*, legt der nationale Anhang den Fall sehr geringer Seismizität zusätzlich anhand des Spektralwerts $S_{aP,R}$ fest (siehe Tabelle 3.2). Der Wert $S_{aP,R}$ stellt den Plateauwert des Antwortspektrums dar und wurde als maßgebende ingenieurseismologische Kenngröße der Neufassung des nationalen Anhangs NA:2021 im vorhergehenden Abschnitt erläutert (siehe Abbildung 2.4).

Tab. 3.2: Grenzwerte sehr geringer Seismizität nach NA:2021 (DIN-EN 1998-1/NA:2021-07)

Bezugsgröße	Grenzwert (je nach Bedeutungskategorie)	
$S_{aP,R}$	I, III, IV	≤ 0,060 g
	II	≤ 0,084 g

Zusammenfassend besteht nach NA:2021 sehr geringe Seismizität, falls entweder die Bemessungsbodenbeschleunigung unter Berücksichtigung der lokalen Bodenverhältnisse (also das Produkt $a_g \cdot S$) nicht größer als *0,05 g* ist, oder die Spektralantwort $S_{aP,R}$ den Wert von *0,06 g* nicht übersteigt. Das letzte Kriterium ist in der Erdbebengefährdungskarte aus Abbildung 2.3 mit einer roten Linie gekennzeichnet. In Regionen außerhalb dieser Begrenzung darf somit eine Erdbebenauslegung generell unterbleiben. Dies ist beispielsweise im Norden und weiten Teilen der Mitte Deutschlands der Fall.

3.2 Vereinfachte Auslegungsregeln nach NA

Der Anhang D des nationalen Anhangs NA:2021 stellt als Erweiterung zum Eurocode 8 vereinfachte Auslegungsregeln zur Verfügung, welche der geringen Seismizität in Deutschland Rechnung tragen. Folgende Voraussetzungen müssen für die Anwendung dieser vereinfachten Auslegungsregeln erfüllt sein:

- Unproblematischer Baugrund
- Gebäudehöhe ≤ 20 m
- Geschossanzahl ≤ 6
- Bedeutungskategorie ≤ III
- Symmetrischer Grundriss (Steifigkeit, Masse)
- Kompakter Grundriss (keine starke Gliederung)
- Starre Deckenscheiben
- Durchgehende Lastabtragung über die Höhe
- Gleichmäßige Massen über die Höhe
- Gleichmäßige horizontale Steifigkeit und Tragfähigkeit über die Höhe

Bei sehr einfachen Bauwerken wie regelmäßigen Einfamilienhäusern ist es mit den vereinfachten Auslegungsregeln möglich, den Erdbebennachweis mit Handrechnung ohne numerisches Modell in Tradition einer Positions-Statik zu erbringen.
Die Erdbebenkraft F_b darf vereinfacht mit dem Plateauwert $S_{aP,R}$ aus dem Antwortspektrum bestimmt werden:

$$F_b = M \cdot S_{aP,R} \cdot S \cdot \gamma_I / 1,5 \qquad \text{(Gl. 3.1)}$$

Der Teiler stellt den Verhaltensbeiwert q dar, der mit 1,5 angenommen werden darf. Er berücksichtigt pauschalisiert vorhandene Überfestigkeiten und Energiedissipationsmechanismen. Der Spektralwert $S_{aP,R}$ wird mit dem Bodenparameter S an die örtlichen Bodenverhältnisse und mit dem Bedeutungsfaktor γ_I an die Bedeutungsklasse des Gebäudes angepasst. Durch Multiplikation mit der Bauwerksmasse M ergibt sich die anzusetzende Erdbebenkraft F_b.
Bei bekannter Periode T_1 kann bei entsprechender Lage im Antwortspektrum statt des Plateauwertes $S_{aP,R}$ der geringere Spektralwert S_e bei T_1 verwendet werden. Die Grundperiode T_1 kann dabei vereinfacht abgeschätzt werden, anhand der horizontalen Verschiebung, die sich ergibt, wenn die Gewichtslasten horizontal auf die Gebäudeoberkanten angesetzt werden.
Die Gesamterdbebenkraft F_b muss im nächsten Schritt auf die einzelnen Geschosse aufgeteilt werden. Dies geschieht proportional zur Höhe über Geländeoberkante sowie zur Massenverteilung. Die Kenntnis der modalen Eigenform und damit auch eine modale Analyse sind somit nicht von Nöten. Die am Geschoss i anzusetzende Erdbebenlast F_i ergibt sich zu:

$$F_i = F_b \cdot (z_i \cdot m_i) / \sum (z_j \cdot m_j) \quad \text{mit } i, j = 1, 2, 3, \ldots, n \qquad \text{(Gl. 3.2)}$$

Dabei sind z_i die Höhe und m_i die Masse des jeweiligen Geschosses i, und n ist die Geschossanzahl.
Die Berechnung erfolgt in der Regel anhand zweier ebener Modelle in der jeweiligen Orthogonalrichtung. Dies ist zulässig, wenn der Grundriss gleichmäßig ist und durch orthogonal zueinanderstehende Systeme wie Wände oder Rahmen seitlich ausgesteift ist. Da damit Torsionswirkungen in der Rechnung nicht explizit enthalten sind, sind diese im Nachlauf zu berücksichtigen. Bei stark symmetrischen Tragwerken hinsichtlich Masse und Steifigkeit sind Torsionswirkungen mit einer pauschalen Erhöhung der Erdbebenschnittgrößen um 15% abgegolten. Bei Abweichungen in der Symmetrie (nahezu symmetrischer Grundriss) werden Formeln zur Berechnung einer anzusetzenden Exzentrizität angegeben.

Sicherheitsnachweis durch Vergleich mit Wind

Das vereinfachte Verfahren aus NA:2021 Anhang D erlaubt es, auf einen Erdbebennachweis im Grenzzustand der Tragfähigkeit zu verzichten, falls die Gesamterdbebenlast F_b kleiner als 150% der charakteristischen Gesamtwindlast F_w ist:

$$F_b < 1,5 \cdot F_w \qquad \text{(Gl. 3.3)}$$

Die Gesamterdbebenlast F_b aus Gleichung 3.1 muss somit dennoch vorweg bestimmt werden. Für den „Standsicherheitsnachweise durch Vergleich mit Wind“ ist die Anzahl der Vollgeschosse auf 2, 3 oder 4 beschränkt, je nach vorherrschender Erdbebengefährdung. Bei einfachen Tragwerken kann durch den Vergleich mit Wind ein genauerer Erdbebennachweis häufig entfallen.

3.3 Vereinfachtes Antwortspektrumverfahren

Das vereinfachte Antwortspektrumverfahren darf angewandt werden, wenn die Erdbebenantwort des Bauwerks

stark durch die Grundeigenform dominiert ist; das Bauwerk sich also wie ein Einmassenschwinger verhält. Davon darf ausgegangen werden, wenn die in Eurocode 8 enthaltenen Regelmäßigkeitskriterien eingehalten sind und die Eigenperiode nicht zu groß ist. Die Eigenperiode darf anhand einer simplen Formel abgeschätzt werden, wobei der nationale Anhang NA:2021 ihre Anwendbarkeit einschränkt.
Das grundsätzliche Vorgehen beim vereinfachten Antwortspektrumverfahren nach Eurocode 8 ist sehr ähnlich zum vereinfachten Verfahren aus dem nationalen Anhang (siehe Abschnitt 3.2): Anhand der Eigenperiode T_1 kann die auf den gedachten Einmassenschwinger wirkende Spektralbeschleunigung aus dem Antwortspektrum entnommen werden. Gemäß dem zweiten Newton'schen Axiom ($F = m \cdot a$), ergibt diese Beschleunigung mutlipliziert mit der seismisch aktiven Masse des Gebäudes die Gesamterdbebenkraft, die analog zu Gleichung 3.1 mit weiteren Faktoren modifiziert wird. Diese Erdbebenkraft F_b wird dann proportional zur Massen- und Steifigkeitsverteilung auf die einzelnen Geschosse aufgetragen (siehe Gleichung 3.2).
Im Unterschied zum vereinfachten Verfahren aus dem nationalen Anhang ist der Nachweis durch Vergleich mit Wind im Eurocode 8 nicht vorgesehen. Torsionswirkungen werden unterschiedlich berücksichtigt. Zudem dürfen im vereinfachten Antwortspektrumverfahren – bei entsprechender konstruktiver Auslegung des Tragwerks – höhere Verhaltensbeiwerte q als 1,5 (siehe Gleichung 3.1) verwendet werden. Dabei entspricht die Wahl eines höheren Verhaltensbeiwertes q einer stärkeren Abminderung der Bemessungslasten. Bei einem solchen auf dissipatives Tragwerksverhalten ausgelegten Konzept soll nach nationalem Anhang der Abminderungsbeiwert q nicht höher als erforderlich gewählt werden, d.h. für den Erdbebennachweis soll eine Querschnittsausnutzung von 100% in einem für die Energiedissipation vorgesehenen Bauteil erreicht werden.

3.4 Multimodales Antwortspektrumverfahren

Das multimodale Antwortspektrumverfahren ist erforderlich, wenn mehrere Eigenformen für das Erdbebenverhalten relevant sind. Jede Eigenform die mehr als 5% der Gesamtmasse des Gebäudes anregt ist zu berücksichtigen. Alternativ muss die Summe der effektiven Modalmassen aller berücksichtigten Eigenformen 90% der Gesamtmasse erreichen. Zur Identifikation relevanter Eigenformen erfordert das multimodale Antwortspektrumverfahren eine modale Analyse und somit ein numerisches Modell des Tragwerks.
Das Vorgehen des multimodalen Antwortspektrumverfahrens basiert auf den Prinzipien des vereinfachten Antwortspektrumverfahrens. Statt nur an einer Eigenform muss das Verfahren jedoch an mehreren Eigenformen wiederholt durchgeführt werden. Die daraus resultierenden modalen Antworten werden schlussendlich mit Hilfe geeigneter Kombinationsverfahren zu einer Gesamtantwort zusammengefasst.
Im Detail wird für jede Eigenform die modale Erdbebenkraft auf die einzelnen Massenpunkte des Tragwerks verteilt. Die Verteilung erfolgt proportional zur Masse des jeweiligen Knotens und zur Eigenformamplitude des jeweiligen Knotens und der jeweiligen Eigenform. Dies erfolgt zweckmäßig automatisiert mit Hilfe einer geeigneten Software. Zur Kombination der einzelnen Eigenformbeiträge wird üblicherweise entweder das *SRSS*-Verfahren oder das komplexere *CQC*-Verfahren angewandt. Da die modale Kombination in der Regel programmintern durchgeführt wird, ist das genauere *CQC*-Verfahren dem nur unter gewissen Randbedingungen anwendbaren *SRSS*-Verfahren generell vorzuziehen.
Falls ein numerisches Modell des Bauwerks vorhanden ist, erfordert das multimodale Antwortspektrumverfahren bei Einsatz geeigneter Software und bei einem grundlegenden Verständnis des Vorgehens keinen wesentlichen Mehraufwand gegenüber dem vereinfachten Antwortspektrumverfahren. Die einzelnen Lastfälle je Eigenform werden in entsprechender Software automatisch erstellt und die Kombination wird programmintern durchgeführt.

3.5 Nichtlineare statische Analyse (Pushover)

Die Pushover-Analyse ist ein statisches, nichtlineares Verfahren, bei dem seitliche Erdbebenlasten auf das Tragwerk angesetzt und inkrementell erhöht werden. Mit steigender Horizontallast bilden sich inelastische Bereiche, die eine Lastumverteilung bewirken. So lässt sich das Tragwerksverhalten bei starken Erdbebenlasten sehr gut studieren.
Während die bisher angesprochenen Verfahren elastische Methoden sind, muss bei der Pushover-Analyse das inelastische Verhalten modelliert werden. Dies kann zum einen durch die explizite Vorgabe nichtlinearer Spannungs-Dehnungs-Linien auf Querschnittsebene erfolgen. Zum anderen kann mit Hilfe von nichtlinearen Federn (beispielsweise einer Momenten-Rotations-Beziehung an biegesteifen Trägerenden) das Bauteilverhalten phänomenologisch abgebildet werden.
Die Pushover-Berechnung liefert als Ergebnis eine monotone Last-Verformungs-Kurve, die mit Hilfe einer entsprechenden Methodik ausgewertet wird. Der Eurocode 8 verwendet die N2-Methode nach Fajfar [16] (siehe Anhang B des Eurocode 8 [2]). Das Vorgehen basiert auf der Analogie eines dem Tragwerkverhalten äquivalenten Einmassenschwingers und der Gegenüberstellung von Beanspruchung und Kapazität mit Hilfe eines Beschleunigungs-Verschiebungs-Diagramms (S_a-S_d-Diagramm).
Im Vergleich zu den oben beschriebenen elastischen Antwortspektrenverfahren erfordert die Pushover-Analyse einen deutlichen Mehraufwand. Daher ist sie in der Praxis bei der Neubemessung von Tragwerken selten

anzufinden. Hauptgrund ist die inelastische Modellierung, weshalb der nationale Anhang auch ausdrücklich „ausreichende Erfahrung und Sachkunde" fordert. Eine praktische Anwendung ist zudem erschwert, da die N2-Methodik anders als die Antwortspektrenverfahren häufig nicht in gängiger Software implementiert ist. Bei der Bewertung von Bestandsbauwerken kommt die statisch nichtlineare Methode dagegen häufiger zum Einsatz, um vorhandene Tragreserven in Rechnung bringen zu können, die ansonsten unberücksichtigt blieben.

3.6 Nichtlineare dynamische Analyse (THA)

Die nichtlineare dynamische Analyse (auch Zeitschrittberechnung oder Zeitverlaufsberechnung genannt; englisch „Time History Analysis (THA)") ist das genaueste Verfahren, welches zur Bestimmung der Erdbebenantwort von Bauwerken zur Verfügung steht. Damit einhergehend folgt auch die größte Komplexität, da in Kontrast zu den statischen Verfahren eine dynamische Bewegungsdifferentialgleichung gelöst werden muss.
Als Eingangsgröße der dynamischen Berechnungen werden Zeitverläufe von Erdbeben benötigt, die repräsentativ für die am Standort vorhandene Erdbebengefährdung sind. Es können hierbei sowohl „in silico" generierte Erdbeben (künstliche oder simulierte Erdbeben) als auch reale, also aufgezeichnete Erdbeben genutzt werden. Zeitverläufe aus vergangenen Erdbebenereignissen können dabei entsprechenden Datenbanken entnommen werden. Die generierten oder ausgewählten Erdbeben müssen zum normierten Antwortspektrum des Eurocode 8 kompatibel sein. Da die Tragwerksantwort in Folge verschiedener Erdbeben stark streut, muss eine Mindestanzahl an Erdbeben (3 bei Anwendung der Umhüllenden; 7 bei Nutzung des Mittelwertes) verwendet werden, um statistisch aussagekräftige Ergebnisse zu erhalten.
Die numerische Lösung der Bewegungsdifferentialgleichung für mehrere Erdbeben erfordert eine hohe Rechenkapazität. Neben den ressourcen-intensiven Simulationen müssen die vielen erzeugten Daten schlussendlich auch ausgewertet werden. Nicht selten erweist sich in der Praxis gerade das Post-processing als der kritische Arbeitsschritt, insbesondere wenn Aufgaben aufgrund fehlender Softwareimplementierung händisch vorgenommen werden müssen.
Die nichtlineare dynamische Analyse findet in der Praxis aufgrund der hohen fachlichen und technischen Anforderungen lediglich in Spezialfällen Anwendung. So müssen zyklische Effekte des plastischen Verhaltens (Hysteresekurven, Schädigung) und weitere dynamische und numerische Effekte (Dämpfung, numerische Stabilität und Genauigkeit) angemessen berücksichtigt werden. Dementsprechend formuliert der nationale Anhang, dass die nichtlineare dynamische Zeitverlaufsberechnung „in Ausnahmefällen" Verwendung finden darf. Solche Ausnahmefälle sind in der Praxis beispielsweise der Nachweis kritischer Infrastruktur oder die Verifizierung von Erdbebenvorrichtungen. Die Haupteinsatzdomäne der nichtlinearen dynamischen Analyse ist die Forschung, wenn beispielsweise neuartige Tragwerkssysteme und –konzepte entwickelt oder Normparameter hergeleitet werden.

4. Quo vadis? – Zukünftige Entwicklungen

Nicht nur konkrete, kurzfristig eintretende Änderungen wie die Einführung des Eurocode 8 stellen Herausforderungen an erdbebenbemessende Bauingenieure dar. Der stetig zunehmende Umfang der Erdbebennorm – ein Trend, der auch im aktuellen Entwurf der zukünftigen Eurocode 8 Normengeneration zu beobachten ist – stellt zusätzlich steigende Anforderungen. Auf mittel- und langfristige Sicht sind internationale Trends zu beobachten, die auch für Deutschland von Relevanz sind:

- die Entwicklung der Philosophie einer Erdbebenbemessung, die sich neben der Verhinderung von (Teil-) Einsturz auch auf die Begrenzung monetären Schadens und den Erhalt der Funktionstüchtigkeit fokussiert, dem „Performance Based Earthquake Engineering (PBEE)";
- die Verwendung innovativer, schadenstoleranter Tragwerkskonzepte, die eine Reparatur des Tragwerks nach einem Erdbeben ermöglichen;
- die zunehmende Konkretisierung der Erdbebennormung auf Sonderbauwerke, insbesondere Industrieanlagen;
- die umfassendere Berücksichtigung von nichttragenden Bauteilen und Komponenten;
- sowie der vermehrte Einsatz von speziellen Erdbebenschutzvorrichtungen.

Im Sinne eines schnellen Überblicks werden die oben genannten Themen im Folgenden angerissen.

4.1 Verhaltensbasiertes Erdbebeningenieurwesen

"Performance Based Earthquake Engineering" (PBEE), also auf Deutsch mit verhaltensbasiertem Erdbebeningenieurwesen übersetzbar, ist ein modernes Paradigma weg von der fast alleinigen Fokussierung auf den Schutz von Menschenleben hin zu einer holistischen Betrachtung, die zusätzliche Aspekte wie Schadensbegrenzung und Funktionstüchtigkeit maßgeblich mitberücksichtigt. Somit wird auch dem monetären Schutz der Bauinvestition Rechnung getragen.
In der heutigen Erdbebennormengeneration ist ein wirtschaftlicher Totalschaden – unter der Prämisse des Schutzes von Menschenleben – ein akzeptiertes Verhalten. Somit kann ein Bauwerk, das nach einem Schadenbeben abgerissen werden muss, sich dennoch normenkonform verhalten haben, sofern es nicht ganz oder teilweise eingestürzt ist. Dies mag jedoch für den Bauherren ein unbefriedigendes Bemessungsziel darstellen. Auch wenn

der Auftraggeber heutzutage zusätzliche Sicherheiten einfordern kann, in etwa durch Heraufstufung des Bedeutungsbeiwertes, was in etwa der Annahme einer größeren Wiederkehrperiode und damit Stärke des Bemessungserdbebens entspricht, so lassen sich erst mit Hilfe einer Bemessungsphilosophie wie dem PBEE konkrete Risikoakzeptanzen quantifizieren.

In der traditionellen Erdbebenbemessung muss eine Einwirkung geringer sein als ihr korrespondierender Widerstand ($E_d \leq R_d$). Im Sinne eines semi-probabilistischen Sicherheitskonzeptes werden hierbei die Einwirkungen erhöht und Widerstände verringert, um das geforderte Sicherheitsniveau einzuhalten. Trifft $E_d \leq R_d$ zu, so ist das Bemessungsziel erreicht. Jedoch erlaubt es keinerlei Aussage darüber, wie groß das Risiko eines Schadens ist. Diesen Zweck erfüllt der PBEE-Denkansatz.

Im Rahmen einer voll-probabilistischen Betrachtung trifft der Bauherr beispielsweise die Entscheidung, in welchem Zeitraum er welches Risiko eines bestimmten finanziellen Schadens eingehen möchte. So könnte er konkret fordern, dass er mit einer Wahrscheinlichkeit von 90% in den nächsten 30 Jahren keinen wirtschaftlichen Totalschaden erleiden möchte. Der Bauingenieur würde dann auf eine dazu korrespondierende Erdbebengefährdung bemessen. Andersherum lässt sich mit Hilfe einer konkreten Risikoquantifizerung der Nutzen bestimmter Maßnahmen, wie der Einbau von Erdbebenschutzsystemen, deutlich besser kommunizieren.

In der Wissenschaft bereits Gegenstand umfangreicher Forschungsarbeiten, könnte die PBEE-Philosophie dank expliziter Verhaltensvorgaben (beispielsweise Vorgabe der Funktionstüchtigkeit nach schwachen Erdbeben) für Bauwerke hoher Bedeutung oder Gefahr auch in Deutschland langfristig einen verstärkten Weg in die Praxis finden.

4.2 Innovative reparaturfähige Tragwerkskonzepte

Auch ausgehend von der oben geschilderten Problematik der zwar normenkonformen, aber wirtschaftlichen Totalschaden akzeptierenden Bemessungsphilosophie, werden innovative, schadensresistente Tragwerkskonzepte entwickelt. Die zu Grunde liegende Idee besteht darin, dass solche Tragwerke nach einem Schadenbeben reparaturfähig sind. Bei traditionellen Tragwerkstopologien wie biegesteifen Rahmen oder mit Diagonalstreben ausgesteiften Rahmen ist dies in der Regel nicht der Fall. Die Reparaturfähigkeit soll erreicht werden, indem sichergestellt wird, dass sich der Schaden auf kleine austauschbare Bauteile innerhalb des Bauwerks beschränkt. Die restliche Tragstruktur soll sich dabei planmäßig elastisch verhalten, was mit Hilfe einer Kapazitätsbemessung sichergestellt wird.

Als Beispiel soll hier ein Tragwerkskonzept genannt werden, welches in mehreren Projekten ([17], [18], [19], [20]) unter anderem an der RWTH Aachen entwickelt wurde. Das nach dem ersten Projekt FUSEIS benannte System ahmt das Tragwerkskonzept eines biegesteifen Rahmens nach, jedoch befinden sich die kurzen, austauschbaren Träger in einer begrenzten Zone und wirken nicht am vertikalen Lastabtrag mit. Abbildung 4.1 zeigt einen solchen FUSEIS-Rahmen. Das System wirkt beim seitlichen Lastabtrag wie ein senkrecht gestellter Vierendeel-Träger. Die kurzen Träger wirken bei schweren Erdbeben durch zyklische Plastizierung als Energiedissipatoren. Durch den geschraubten Kopfplattenschluss sind sie einzeln austauschbar. Die kurzen Träger dienen somit – in Anlehnung an den Begriff der Sollbruchstelle – als austauschbare Sollschadenstellen.

Abb. 4.1: Schematische Darstellung des FUSEIS-Systems (links) und Verwendung in einem Ertüchtigungsprojekt [21] (rechts)

Verschiedenste reparaturfähige Systeme sind in der Vergangenheit entwickelt worden (siehe beispielsweise [22]) und werden als Alternative zu traditionellen Tragwerkskonzepten zukünftig vermehrt Eingang in die Normung und somit Praxis finden.

4.3 Nichttragende Bauteile und Komponenten

Nichttragende Bauteile und Komponenten sind Systeme in oder an einem Bauwerk, die nicht planmäßig an der Lastabtragung und Steifigkeit gegen Erdbeben teilnehmen. Das können beispielsweise nichttragende Trennwände, abgehängte Decken, Fassadenelemente oder die technische Gebäudeausrüstung sein. Im Industriebau sind dies beispielsweise Druckbehälter, Rohrleitungen, Tanks oder Maschinen. Solche nichttragenden Bauteile und Komponenten sind an einem Tragwerk in erhöhter Position befestigt, und erfahren deshalb eine grundsätzlich andere Erdbebenanregung, als wenn sie direkt auf dem Boden platziert wären.

Vergangene Erdbeben haben gezeigt, dass der wirtschaftliche Gesamtschaden maßgeblich durch nichttragende Bauteile verursacht wird, und weniger durch das Tragwerk. Dies ist aus zweierlei Gründen plausibel: Zum einen sind in Nichtwohngebäuden (beispielsweise Büros, Krankenhäuser oder Industriebauwerke) die Investitionskosten nichttragender Bauteile höher als diejenigen der Tragstruktur selbst. Zum anderen erleiden nichttragende Bauteile schon bei weniger starken Erdbeben Schaden, da die am Boden wirkende Beschleunigung durch das Schwingverhalten des Gebäudes verstärkt wird und somit die nichttragenden Bauteile erhöhten Einwirkungen ausgesetzt sind. Resonanzeffekte zwischen Bauwerk und nichttragenden Bauteilen spielen hierbei zusätzlich eine wesentliche Rolle.

Trotz des hohen Risikos und auch potenziell hohen wirtschaftlichen Schadens durch nichttragende Bauteile und Komponenten hinkt das Verständnis ihres Erdbebenverhaltens demjenigen der Gebäudetragwerke hinterher. Da die Erdbebeneinwirkung auf nichttragende Bauteile stark von der Antwort des Bauwerks abhängt, ist die Verhaltensprognose zudem wesentlich komplexer. In den letzten zwei Jahrzehnten ist dieses Thema vermehrt in den Fokus der Forschung gerückt. Die stark vereinfachten Formeln in der jetzigen Normengeneration können die Erdbebenantwort nichttragender Bauteile in vielen Fällen nicht realistisch wiedergeben. In der nächsten Normengeneration ist eine maßgebliche Überarbeitung der Erdbebenauslegung von nichttragenden Bauteilen abzusehen, unter anderem hin zu einer detaillierteren Bestimmung der Erdbebenlast. Stark vereinfachte Abschätzungen bleiben dennoch von hoher praktischer Relevanz, da eine genauere Prognose aufgrund fehlender Informationen oft nicht möglich ist. Eine sachgemäße Planung und Ausführung der Befestigung sowie eine klare Zuweisung von Verantwortlichkeiten sind wichtige Stellschrauben, um ein zufriedenstellendes Erdbebenverhalten von nichttragenden Bauteilen und Komponenten sicher zu stellen.

4.4 Sonderbauwerke

Eurocode 8 bezieht sich auf Tragwerke üblicher Hochbauten und ist per se nicht auf beispielsweise Industrieanlagen oder speziellere Tragwerkstypen anwendbar. Bisher haben nur wenige Länder eine dezidierte Norm für Industrieanlagen, so beispielsweise Chile [23]. In Deutschland ist der VCI Leitfaden [24] zu nennen, welcher basierend auf dem Eurocode 8 konkretere Hilfestellungen für den Anlagenbau zur Hand gibt. Für Sonderbauwerke fehlt häufig ein auf die speziellen Eigenheiten zugeschnittener normativer Rahmen.

Im Folgenden soll auf einen besonderen, stark an Relevanz zunehmenden Gebäudetyp eingegangen werden: Hochregallager in Silobauweise (siehe Abbildung 4.2). Durch den Siegeszug des Onlinehandels wächst die Nachfrage nach solchen Lagerstätten stetig. Die Bezeichnung „in Silobauweise“ deutet an, dass die Regalstruktur selbst das Tragwerk des Lagergebäudes darstellt. Anders als in Hallen befindliche Hochregallager, müssen diese hochregalähnlichen Tragwerke außer dem Lagergut auch Wind, Schnee und das Eigengewicht der Gebäudehülle abtragen.

Abb. 4.2: Hochregallager in Silobauweise (Quelle: MECALUX)

Die Tragwerkstopologie von Hochregallagern in Silobauweise unterscheidet sich deutlich von üblichen Stahltragwerken. So sind die „Geschosshöhen“ untypisch gering und es existieren keine starren Deckenscheiben. Die abzutragenden Vertikallasten entsprechen einem Vielfachen (~ 10- bis 15-fachem) des Eigengewichts. Die in der Regel kaltgeformten Profile sind keine Standardprofile sondern herstellerspezifisch und die Stützen sind aufgrund der speziellen Riegel-Anschlüsse, die auf den Zusammenbau optimiert sind, stark perforiert. Aufgrund der vielen Besonderheiten der Bauteile und Anschlüsse sind Experimente zur Absicherung des Verhaltens erforderlich, sodass auch von „design by testing“ gesprochen wird. So sind üblicherweise Versuche zur Bestimmung der Steifigkeit der Palettenträger-Anschlüsse oder der Schubsteifigkeit der Ständerrahmen in Querrichtung erforderlich.

Die Hersteller solcher Hochregallager in Silobauweise stehen vor der Herausforderung, dass weder die Erdbebennorm für Regallager (DIN EN 16681:2016 [25]) noch diejenige für übliche Hochbauten (Eurocode 8) für diese spezielle Bauwerkstopologie ursprünglich gedacht waren. In der Praxis wird sich mit der Berücksichtigung beider Normen beholfen, jedoch fehlt ein herstellerübergreifendes einheitliches Vorgehen. Der fehlende normative Rahmen kann somit zu sowohl unwirtschaftlichen, aber auch unsicheren Ergebnissen führen.

Eindeutige normative Regelungen für eine Vielzahl von Sonderbauwerken fehlen und die Übertragung der vorhandenen Regelwerke auf nicht ursprünglich angedachte Anwendungsfälle gestaltet sich schwierig. In Zukunft ist mit einer zunehmenden normativen Erfassung von Spezialtragwerken und Industrieanlagen zu rechnen. Die RWTH Aachen bearbeitet aktuell beispielsweise ein europäisches Projekt [26], das für Hochregallager in Silobauweise einen Beitrag zu einem herstellerübergreifenden einheitlicheren Vorgehen leisten und letztendlich zu einer spezifischen Norm führen soll.

4.5 Erdbebenvorrichtungen

Einem weltweit zunehmenden Einsatz erfreuen sich sogenannte Erdbebenvorrichtungen. Hierzu zählen Basisisolatoren sowie passive, aktive, oder semi-aktive Erdbebenschutzsysteme. Während bei der Basisisolation ein Gebäude mit Hilfe einer Zwischenschicht vom Boden entkoppelt und somit der Bodenbewegung entzogen wird, sind Erdbebenschutzsysteme in das Tragwerk verteilt eingebaute spezielle Elemente. Beide Konzepte sind in Abbildung 4.3 schematisch dargestellt.

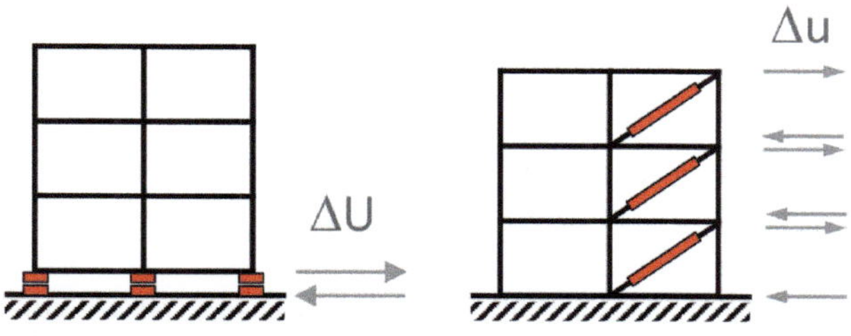

Abb. 4.3: Entkopplung von Baugrund und Bauwerk (Basisolation) (links), lokale Energiedissipation (Erdbenschutzsysteme) (rechts)

Erdbebenschutzsysteme dienen in erster Linie der Energiedissipation mit Hilfe von Wirkmechanismen wie Dämpfung, Reibung, Materialplastizierung oder Massenträgheit (Schwingungstilger). Eine detaillierte Einführung in das Themengebiet der Erdbebenvorrichtungen ist in [27] zu finden.
Erdbebenschutzsysteme können in passive, aktive oder semi-aktive Systeme unterschieden werden. Während passive Systeme konstante Eigenschaften besitzen, können semi-aktive ihre Eigenschaften in Echtzeit an das gemessene Schwingverhalten des Bauwerks anpassen. Aktive Systeme können zudem eine Rückkopplungskraft auf das Tragwerk ausüben, die der momentanen Schwingung entgegenwirkt. Aktive Systeme benötigen einen Mess- und Regelkreis und sind daher von einer Stromquelle abhängig und somit wesentlich komplexer als passive Systeme.
Erdbebenvorrichtungen werden bei besonders werthaltigen und kritischen Bauwerken eingesetzt, wie Wolkenkratzern, Krankenhäusern oder Hochrisikoanlagen des Industriebaus. Sie kommen vor allem in seismisch sehr aktiven Regionen zum Einsatz. Die Auslegung von Tragwerken mit Erdbebenvorrichtungen bedarf einer hohen Expertise, auch wenn die Hersteller bei der Auswahl und Dimensionierung der Vorrichtung unterstützen. Die DIN EN 15129:2018-07 [28] bietet hierbei die normative Grundlage. Einige deutsche Unternehmen, vornehmlich in verwandten Bereichen wie Schwingungsisolierung, Dehnfugen oder Lagertechnik aktiv, entwickeln, produzieren und vermarkten weltweit Erdbebenvorrichtungen.

5. Zusammenfassung

Das Erdbebeningenieurwesen ist ein recht komplexes und hochinteressantes Themengebiet, das in Deutschland trotz seiner vergleichsweise geringen Seismizität von Bedeutung ist. Zum einen wegen der hierzulande vielerorts erforderlichen Erdbebennachweise, zum anderen wegen der traditionell internationalen Ausrichtung deutscher Unternehmen und Ingenieurbüros.
Die kurz bevorstehende Einführung des Eurocode 8 in Deutschland und damit die Ablösung der DIN 4149 stellt kurzfristig Herausforderungen dar. Insbesondere mit der Neueinschätzung der Erdbebengefährdung, welche sich in dem neuen nationalen Anhang DIN EN 1998-1/NA:2021-07 widerspiegelt, werden wesentliche Änderungen einhergehen. So wird die bauaufsichtliche Einführung der neuen Gefährdungskarte im Vergleich zur alten Erdbebenzonenkarte der DIN 4149 vielerorts zu einem erhöhten Lastniveau führen. Damit wird an einigen Orten eine tiefergehende Erdbebenbemessung erforderlich sein, die vormals nicht oder mit geringeren Lasten durchzuführen war.
Für die Erdbebenbemessung stehen laut Eurocode 8 und dem nationalen Anhang verschiedene Nachweisverfahren zunehmender Komplexität und damit abnehmender Praxisrelevanz zur Verfügung: Ein im nationalen Anhang verankertes vereinfachtes Verfahren, unter anderem über den Vergleich mit Wind, ein mono- oder multimodales Antwortspektrumverfahren (international die Standardverfahren in der Erdbebenbemessung), oder aufwendige nichtlineare Verfahren wie die statische Pushover-Analyse oder die dynamische Zeitschrittberechnung. Auch wenn in Deutschland die vereinfachten Verfahren aufgrund ihrer Praktikabilität und der hierzulande vergleichsweise geringen Erdbebenlast dominieren, werden die komplexeren Verfahren an Bedeutung gewinnen, insbesondere für Sonderbauwerke und Hochrisikoanlagen, aber auch bei Bestandsbauwerken zwecks besserer Berücksichtigung vorhandener Tragreserven.
Mittel- und langfristig sind weitere Entwicklungen abzusehen, die aus der fortschreitenden Forschung im Bereich des Erdbebeningenieurwesens hervorgehen und auch in Deutschland zunehmend den Weg in die Praxis finden werden. So etwa eine stärkere Fokussierung der Erdbebenauslegung auf die Begrenzung wirtschaftlichen Schadens bei moderaten Erdbeben und die Aufrechterhaltung der Funktionstüchtigkeit bei schwachen Erdbeben. Solche differenzierten Bemessungsziele können insbesondere mit innovativen, reparaturfähigen Tragwerkskonzepten erreicht werden. Auch mit einem steigenden Bewusstsein für die Erdbebensicherheit von nichttragenden Bauteilen und Komponenten und einem weiterwachsenden Umfang normativer Regelungen insbesondere für Sonderbauwerke und Industrieanlagen ist zu rechnen. Ein solides Verständnis im Bereich des Erdbebeningenieurwesens wird somit auch hierzulande zunehmend erforderlich sein.

Literatur

[1] Giardini et al, “Seismic Hazard Harmonization in Europe (SHARE)”, Online Data Resource, doi: 10.12686/SED-00000001-SHARE, 2013.

[2] DIN EN 1998-1:2010-12, „Eurocode 8: Auslegung von Bauwerken gegen Erdbeben - Teil 1: Grundlagen, Erdbebeneinwirkungen und Regeln für Hochbauten“, Dezember 2010.

[3] DIN EN 1998-1/NA:2021-07, „Nationaler Anhang – National festgelegte Parameter – Eurocode 8: Auslegung von Bauwerken gegen Erdbeben – Teil 1: Grundlagen, Erdbebeneinwirkungen und Regeln für Hochbauten“, Juli 2021.

[4] Jan Akkermann, „Erdbebensicherheit von Stahlbeton-Bestandstragwerken im Kontext der Eurocode-8-Anwendung“, Bautechnik 98, H. 4, S. 263–276., 2021

[5] DIN 4149:2005-04, „Bauten in deutschen Erdbebengebieten - Lastannahmen, Bemessung und Ausführung üblicher Hochbauten“, April 2005.

[6] DIN 4149:1957-07, „Bauten in deutschen Erdbebengebieten; Richtlinien für Bemessung und Ausführung“, Juli 1957.

[7] Wirtschaftsministerium Baden-Württemberg, „Erdbebensicher Bauen – Planungshilfen für den Entwurf und die Konstruktion von Bauten in Erdbebengebieten“, 2008.

[8] DIN 4149-1:1981-04, „Bauten in deutschen Erdbebengebieten; Lastannahmen, Bemessung und Ausführung üblicher Hochbauten“, April 1981.

[9] DIN EN 1998-1/NA:2011-01, „Nationaler Anhang - National festgelegte Parameter – Eurocode 8: Auslegung von Bauwerken gegen Erdbeben - Teil 1: Grundlagen, Erdbebeneinwirkungen und Regeln für Hochbau“, Januar 2011.

[10] Gottfried Grünthal, Christian Bosse, „Probabilistische Karte der Erdbebengefährdung der Bundesrepublik Deutschland–Erdbebenzonenkarte für das Nationale Anwendungsdokument zum Eurocode 8“, Scientific Technical Report 96/10, Deutsches GeoForschungsZentrum Potsdam, 1996.

[11] Gottfried Grünthal, Dietrich Stromeyer, Christian Bosse, Fabrice Cotton, Dino Bindi, „Neueinschätzung der Erdbebengefährdung Deutschlands – Version 2016 – für DIN EN 1998-1/NA“, Bautechnik, Bd. 95, S. 371-384, 2018.

[12] Gottfried Grünthal, Christian Bosse, „Unterschiede, Beziehungen und Gemeinsamkeiten der Erdbebenkarten nach bisherigem und neuem Nationalen Anhang zum Eurocode 8“, Bautechnik 98, H. 1, S. 1–15, 2021.

[13] Bundesanstalt für Geowissenschaften und Rohstoffe (BGR), „Standortauswahl – Anwendung des Ausschlusskriteriums „Seismische Aktivität““, Abschlussbericht, 2020.

[14] Marius Pinkawa, „Interaktive Online-Karte zur Bestimmung der Erdbebeneinwirkung in Deutschland“, www.erdbebeningenieur.de → Erdbebenkarte, 2021.

[15] Michael Niederwald, Markus Staller, „Erdbebenbemessung von Massivbauten – Auswirkungen von E DIN EN 1998-1/NA auf Bayern“, 23. Münchener Massivbau Seminar, 22. November 2019.

[16] Peter Fajfar, „A Nonlinear Analysis Method for Performance Based Seismic Design“, Earthquake Spectra, Volume 16, Number 3, 2000.

[17] FUSEIS – “Dissipative devices for seismic-resistant steel frames”, Final Report, Grant Agreement RFSR-CT-2008-00032, 2011.

[18] MATCH – “Material Choice for Seismic Resistant Structures”, Final Report, Grant Agreement RFSR-CT-2013-00024, 2016.

[19] INNOSEIS – “Valorization of Innovative Anti-Seismic Devices”, Final Report, Grant Agreement RFCS-2015-709434, 2017.

[20] DISSIPABLE – “Fully Dissipative and Easily Repairable Devices for Resilient Buildings with Composite Steel-Concrete Structures”, Grant Agreement RFCS-2017-800699, laufendes Projekt (2018-2021).

[21] Ioannis Vayas, Georgia Dougka, Danai Dimakogianni, „Umbau und Erweiterung des Kindergartens der Deutschen Schule Athen“, Bauingenieur, Band 89, Juni 2014.

[22] Ioannis Vayas, “Innovative Anti-seismic Devices and Systems”, ECCS – European Convention for Constructional Steelwork, 2017.

[23] Chilean Normes, NCh 2369, “Earthquake Resistant Design of Industrial Structures and Facilities”, National Institute of Normalization – INN, Chile, 2002.

[24] Verband der Chemischen Industrie (VCI), „Leitfaden – Der Lastfall Erdbeben im Anlagenbau“, Oktober 2012.

[25] DIN EN 16681:2016-12, „Ortsfeste Regalsysteme aus Stahl - Verstellbare Palettenregale - Leitsätze für die erdbebensichere Bemessung“, Dezember 2016.

[26] STEELWAR – “Advanced Structural Solutions for Automated Steelrack Supported Warehouses”, Grant Agreement RFCS-2016-754102, laufendes Projekt (2017-2021).

[27] Christian Petersen, Hans Beutler, Christian Braun, Ingbert Mangerig, „Erdbebenschutzsysteme für den Hoch- und Brückenbau“, Stahlbau-Kalender 2005, Wilhelm Ernst & Sohn Verlag für Architektur und technische Wissenschaften GmbH, Seite 863 ff., 2005.

[28] DIN EN 15129:2018, „Erdbebenvorrichtungen“, Juli 2018.

TAE

Material Beton-, Mauerwerks-, Lehmbau

all in! – Alles unter einem Dach

Architektur mit Betonfertigteilen

Dr. Jan Mittelstädt
knippershelbig GmbH, Berlin, Deutschland

Boris Peter
knippershelbig GmbH, Stuttgart, Deutschland

Zusammenfassung

all-in! beschreibt die architektonische Intention einer vielseitigen „Nutzungslandschaft“ unter einem Dach für das neue Gebäude *HalfTime* von Adidas in Herzogenaurach (s. Bild 1). Ein multifunktionales Gebäude für die gesamte Adidas Familie – Mitarbeiter, Markenbotschafter und Kunden. Rhombus-förmig im Grundriss fügt sich der 170m mal 104m große Gebäudesolitär in die Landschaft ein. Die exponierte, lineare Tragstruktur des Daches ist gestaltprägendes und funktionsverbindendes Element - es ‚schwebt‘ trotz der monolithischen Ausführung über den inneren und äußeren Gebäudebereichen. Mit Stahlbetonfertigbauteilen gebaut, wird die Dachstruktur im Zusammenspiel aus Form und Fügung zum gestaltprägenden Element des Gebäudeentwurfs. Durch einen unvoreingenommenen Umgang mit Lösungen für den Betonfertigteilbau, konnten die Konstruktionsgrenzen für die Architektur neu gesetzt werden.

1. Entwurf

Als Ergebnis eines internationalen Planungswettbewerbes entwickelte knippershelbig zusammen mit den Architekten von Cobe aus Kopenhagen, CL Map und Transsolar die Idee des multifunktionalen Gebäudes *HalfTime*. Das multifunktionale Gebäude, mit einer Gesamtfläche von 15.500m², fügt sich als rhombusförmiger Gebäudesolitär in die umgebende Landschaft ein. Als zentrales, einzig öffentlich zugängliches Gebäude verbindet es den nördlichen und südlichen Teil der World of Sports, dem Campus der Adidas Unternehmenszentrale in Herzogenaurach. Unter dem Motto *all-in!* überdeckt sein ikonographisches Dach den Gebäudegrundriss und vereint die unterschiedlichen Nutzungsbereiche des Neubaus an Tagungs- und Veranstaltungsbereichen, einer Mehrzweckhalle, einem Mitarbeiterrestaurant, Groß- und Show-Küchen sowie Werbebereichen (Bild 1).

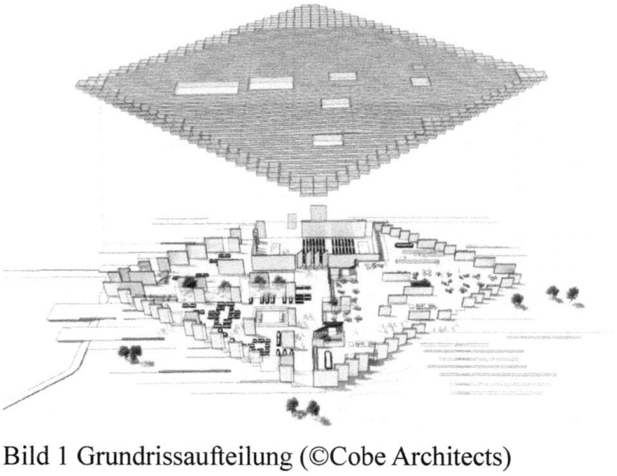

Bild 1 Grundrissaufteilung (©Cobe Architects)

Am Anfang des Entwurfsprozesses stand die Idee der Schaffung eines industriellen Pavillons im Park. Eine große Dachkonstruktion schwebt über der Landschaft und schafft einen nahtlosen Übergang zwischen Innen und Außen. Die über den Gebäudegrundriss auskragende, monolithisch und zugleich transparent anmutende Dachkonstruktion sowie die gefalteten transparenten Fassadenflächen wurden zum konstruktiven Leitthema des Entwurfes. Die Form der Dachkonstruktion (vgl. Bild 2) wurde dabei nicht durch eine rein logische statische Struktur bestimmt. Wie schon bei *Vaccinis* Arbeiten ordnet sich

die entwickelte Dachkonstruktion dabei zunächst dem formalen Ausdruck unter (vgl. Bild 3) und wird um die vielschichtige Integration zeitgemäßer Planungs- und Ausführungsansprüche des Bauens erweitert.
Bereits im Wettbewerbsentwurf wurde die Ausführung in Betonbauweise als für den angestrebten industriellen Charakter des Hauses sinnvolles und gestalterisch einprägendes Material herausgestellt. Eine sich hieraus ergebende zentrale Frage für die Umsetzung und damit verbunden auch für den Tragwerksentwurf, war die Wahl der Bauweise, verknüpft mit den vorgenannten Anforderungen an die Struktur, Form und Funktion der gestaltprägenden Elemente. Eine kurze Bauzeit wurde mit beginnender Planung durch den Bauherren Adidas als Planungsziel formuliert, ebenso ein hoher Anspruch an die Ausführungsqualität und Formgebung. Als Bausystem aus Fertigbauteilen bildete das Zusammenspiel aus der Dachform und einer durchdachten Fügung die wesentliche Herausforderung für die Planung der Dachstruktur.

Bild 2 Gebäudeansicht (oben); Gebäudeaufsicht (mitte); Innenraumansicht des Mitarbeiterrestaurants (unten) (©Rasmus Hjortshoj)

Durch einen bewussten Umgang mit den materiellen Eigenschaften von Beton, der Technologie des Fertigteilbaus und dem Verständnis zwischen Kraft und Form zeigte bereits *Mangiarotti* (vgl. Bild 3), dass der Betonbau eine große Formenvielfalt bei materialgerechter Fügung ermöglicht. In der Planung wurde dies durch einen unvoreingenommenen Umgang mit den bekannten, industriell geprägten Lösungsansätzen

Bild 3 Kirche von Baranzate, Maniarotti (oben); Sportausbildunsgzentrum Mürlimatt, *Vaccinis* (unten) (©Historical Archive of Milan Politecnico)

der Detailpunkte angegangen. Besondere Planungsanforderungen bestanden dabei an die Leistungsfähigkeit der zu fügenden Bauteile, die baupraktischen Randbedingungen der Produktion und Montage der Fertigbauteile sowie an die architektonisch und funktional zu integrierenden technischen Maßgaben weiterer Fachplanungen.
Über die frühzeitige Einbindung des Generalunternehmers *Max Bögl* in den Entwurfsprozess konnten die Aspekte der Ausführung bereits in die Planung vertieft berücksichtigt werden und die damit verbundenen ökonomischen Aspekte der Planungsannahmen im Vergleich von alternativen Lösungsansätzen bewertet werden.

2. Tragwerkskonzept

Das Tragwerk dient der Funktion des Lastabtrages und ist zugleich raumbildendes Element, damit steht es in unmittelbarem Zusammenhang mit dem architektonischen Ausdruck des Gebäudes. Sowohl die Formensprache der inneren und äußeren Tragelemente als auch die Komposition an Bauteilfügungen greift hierzu den architektonischen Anspruch an eine robuste, monolithische Anmutung der Konstruktion auf. Das Tragwerkskonzept sieht eine Trennung der inneren und äußeren Gebäudebereiche vor (Bild 4). Den äußeren Gebäudebereich, bezeichnet als Ringtragwerk, überspannt ein Gitterost aus geneigten Längs- und

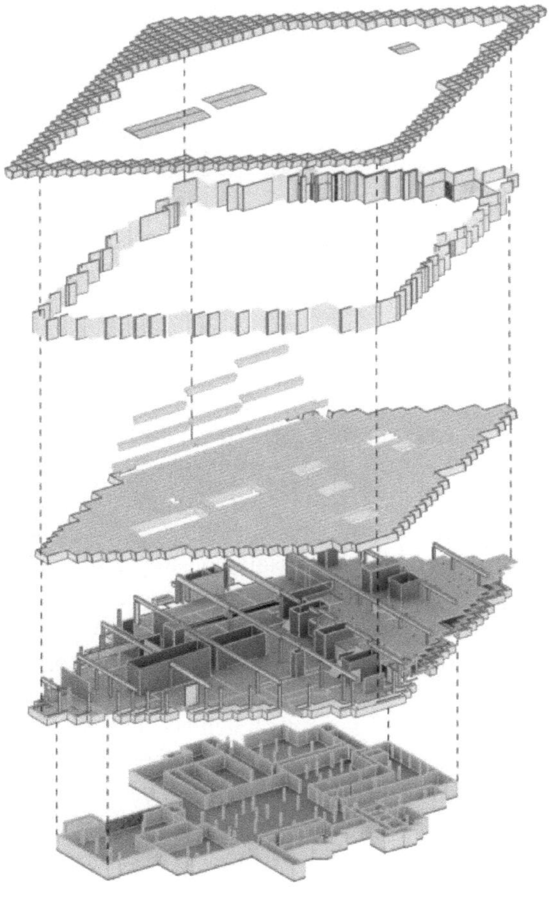

Bild 4 Tragwerksebenen (©knippershelbig)

senkrecht hierzu verlaufenden Querträgern. Die Längsträger wurden als Betonfertigbauteile ausgeführt, die Querträger in Ortbetonbauweise hergestellt. Die Auflagerung der Träger erfolgt auf den Ringwänden in der Gebäudehülle sowie vereinzelten Wandscheiben im Außenbereich. Die Ringwände wurden als vorgefertigten Beton-Sandwichelemente ausgeführt. Die Tragschale (25cm) ist nach außen gerichtet, nach innen eine Vorsatzschale (12cm) in Sichtbetonqualität. Die Fassaden wurde als Pfosten-Riegel Fassade ausgeführt und an den Ringwänden bzw. inneren Dachträgern befestigt. Der innere Gebäudebereich wird von V-förmigen Beton-Fertigbauteilen überspannt. Die als V-Träger bezeichneten Dachträger werden im Regelfall als Einfeldträger ausgeführt, an einspringenden Gebäudeecken und Sonderbereichen als Kragträger mit einer gelenkigen Kopplung durch Querschotte an den Trägerenden. Die V-Träger lagern auf den geometrisch untergeordneten Hauptträgern des Gebäudes auf. Die Hauptträger verlaufen senkrecht zur Gebäudelängsachse und lagern wiederum auf Kragstützen des inneren Gebäudebereiches bzw. vereinzelten Wandscheiben auf. Die Hauptträger und Stützen wurden als Betonfertigbauteile ausgeführt, wodurch die Bauzeit entscheidend verkürzt werden konnte. Eine statische Kopplung des inneren und äußeren Gebäudebereiches erfolgt an einigen wenigen Druckpunkten entlang der Gebäudelängsachse. Hierdurch konnte, zum einen eine umlaufende thermische Hülle ohne Wärmebrücken oder kostentreibende thermische Trennungen gewährleistet werden, zum anderen konnten Differenzverformungen aus Wind- und Temperaturbeanspruchungen an den Gebäudeübergängen minimiert werden. Die Aussteifung der Gebäudebereiche erfolgt über die eingespannten Hauptstützen im Gebäudeinneren, die Kern- und Kragwände, sowie die Ringwände des Ringtragwerkes. Das Untergeschoss konnte verformungsarm mittels einer Sohlplatte gegründet werden, die Gründung der Ringwände erfolgte auf Höhe des Erdgeschosses mittels Streifenfundamenten. Als Sondervorschlag der ausführenden Firma *Max Bögl* wurde die Bodenplatte als vorgespannte Konstruktion ausgeführt. Die zentrische Vorspannung wurde über gleichmäßig verteilte Monolitzen in die Bodenplatte eingeleitet und diente der Reduktion von Zwangsbewehrung.

2.1 Dachtragwerk

Das Tragwerk des Daches wurde unter der Zielvorgabe einer möglichst großen Transparenz für die Gebäudenutzung entwickelt. Anhand von Variantenstudien wurden die Möglichkeiten der Formentwicklung der einzelnen Dachträger untersucht. Neben den statischen und baupraktischen Anforderungen an die Umsetzung des Dachtragwerkes galt es weitere planerische Aspekte zu beachten. Beispielhaft waren dies Abstimmungen zum Fensterflächenanteil hinsichtlich der erforderlichen und zulässigen Belichtung und dem damit verbundenen Wärmeeintrag, die Integration der Leitungsführungen durch einen Installationsträger, die architektonische Wirkung der Dachträger im Inneren und im Zusammenwirken mit dem Ringtragwerk. Als Ergebnis resultierte ein V-förmiger, 2m hoher Betonquerschnitt. Die Schenkelbreiten sind zwischen 12cm bis 20cm breit, der Trägerabstand beträgt 2m. Das resultierende Öffnungsmaß zwischen den angrenzenden Trägerschenkeln von ca. 60cm wurde mit einer seitlich entwässernden Glaseindeckung versehen. Etwa 1/3 der Dachfläche sind damit lichtdurchlässig. Die Neigung der Trägerschenkel wurde so gewählt, dass zum einen der Fensterflächenanteil ohne zusätzliche Verschattungen ausführbar, zum anderen der indirekte Lichteinfall in das Gebäude maximiert wird. Durch die V-förmige Trägergeometrie und das sich ergebende Streiflicht entsteht eine gleichmäßig helle Deckenuntersicht. Unterstützt wird dieser Aspekt durch die helle Farbgebung der Dachträger. Die Trägerhöhe resultiert aus den gestalterischen Dachproportionen, sowie den statischen Erfordernissen. Im Inneren der V-Träger wurde ein versteifender Steg integriert, über den auf Höhe der kreuzenden Hauptträger die Dachentwässerung erfolgt. Die V-Träger werden als Nebenträger, zwischen den Hauptträgern des Dachtragwerkes angeordnet. Die Regelspannweiten der Nebenträger betragen 16m, auskragende Bereiche an einspringen Gebäudeecken werden als Kragträger ausgeführt und durch

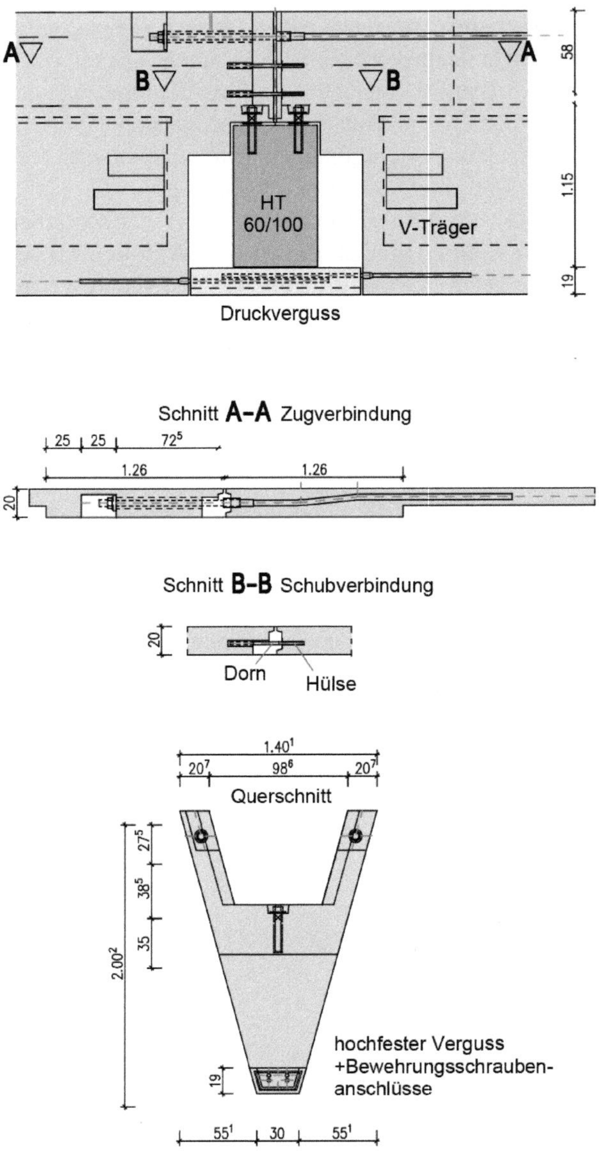

Bild 5 Biegesteifer Trägerstoß eines V-Trägers (©knippershelbig)

Querschotte mit angrenzenden Nebenträgern gekoppelt. Die Auflagerung der Nebenträger auf den Hauptträgern erfolgt über eine Ausklinkung an den Trägerenden (Bilder 5, 6). Quer zur Ausklinkung werden weitere Öffnungen in dem Nebenträger vorgesehen, die einen Querverzug der Techniktrassen ermöglichen. Die Längsverteilung der Technik erfolgt in einem Installationsträger, der Teil des architektonischen Bildes wird. Auskragende Bereiche der Nebenträger werden biegesteif um die Auflagerung auf dem Hauptträger geführt. Über ein Kräftepaar aus Druck- und Zugstreben wird das Stützmoment über und unter dem Hauptträger entlanggeführt. Die Koppelung der Träger Zugbereich erfolgt über einen Schraubstoß, im Druckbereich über die konstruktiv tragende Ausbildung des unteren Trägerschlusses (Bild 5). Bei den Einfeldträgern wird dieser Trägerschluss rein gestalterisch der Konstruktion und ist nichttragend. Als Material wurde ein C50/60 bei allen V-Trägern angewandt.

Bild 6 Bauphase des Dachtragwerkes – Übersicht (oben); Fügung V-Träger (mitte, unten) (©CLMap)

Die Geometrie der Hauptträger ordnet sich ungleich der eigentlichen Tragwerkshierarchie geometrisch den Nebenträgern unter. Die Längsausrichtung des einprägsamen Dachausdruckes wird hiermit für den Nutzer ablesbar. Der Trägerschluss ist ein wesentliches gestalterisches Element, dessen statische Wirksamkeit dem Nutzer von außen zunächst verborgen bleibt. Die Hauptträger haben Regelabmessungen von 60/100cm und verlaufen als Ein- und Durchlaufträger quer zur Gebäudeausrichtung. Die Auflagerung der im Regelfall schlaff bewehrten Stahlbetonbalken aus Fertigbauteilen erfolgt auf den schlanken Hauptstützen oder den Kern-/Innenwänden des Gebäudes (Bild 6). Die Abmessungen der am Fußpunkt biegesteif in die Decke über dem UG, bzw. die Gründung eingespannten Hauptstützen variieren je nach Beanspruchung, ihrer geometrischen Verortung im Grundriss und der geometrischen Anforderungen durch einen Trägerstoß zwischen 25/60cm, 45/60cm und 76/60cm. Am Übergang des Dachtragwerkes zum Ringtragwerk werden die Randstützen des Dachtragwerkes durch geometrische Aussparungen in die Ringwände integriert. Die Länge der Stützen beträgt bis zu 7m.
Neben dem großflächigen Firmenrestaurantbereich ist eine Multifunktionshalle mit Abmessungen von 24m 48m als stützenfreier Raum angeordnet. Über drei Regelfelder angeordnete, ebenfalls v-förmigen Nebenträger lagern auf zwei Hauptträgern mit einer Spannweite von 24m auf. Die Abmessungen der Hauptträger betragen hier 150/60cm. Die Unterkante der Hauptträger verläuft bündig mit der der Nebenträger. Entlang der Hauptträger wird eine mobile Trennwand angehängt, die eine Dreiteilung der Hallennutzung ermöglicht. Die statischen und funktionalen Anforderungen an die Hauptträger erfordern in der Multihalle erhöhte Querschnittsabmessung und eine Vorspannung der Fertigbauteile im nachträglichen Verbund. Um eine maximale Vorspannung auf die Träger aufbringen zu können wurde eine zentrische Vorspannung im unteren Träger vorgesehen, kombiniert mit zwei parabolisch verlaufenden, exzentrisch endverankerten Spanngliedern. Um die Funktionalität der mobilen Hallentrennwand dauerhaft zu gewährleisten, mussten die zulässigen Verformungen der Träger für den Zustand nach der Montage minimiert werden. Ergänzend zur Vorspannung wurden die Träger in Feldmitte um 90mm überhöht hergestellt.

2.2 Ringtragwerk

Das Dach des äußeren Gebäudebereichs ist ein Gitterost, bestehend aus halben V-Trägern in Gebäudelängsrichtung und vertikalen Querträgern in Querrichtung des Gebäudes. Der Gitterrost liegt auf den Außenwänden des Gebäudes und vereinzelten Außenwänden in der Anlieferung auf, spannt bis zu 20m über das Gebäudeinnere hinaus und kragt bis zu 9m freitragend aus. Die Außenwände sind an den Fußpunkten biegesteif über Verschraubungen an die Gründungsbauteile angeschlossen. Die geneigten Längsträger werden als Betonfertigteile mit Querschnittsabmessungen von 200/20cm in einer Betongüte C50/60 ausgeführt. Die Auflagerung erfolgt entlang der Längsachse, stets in Gebäudelängsrichtung orientiert. Durch die mindestens 3.2m langen Außenwände erfolgt eine Einspannung der Längsträger in die Außenwände. Die Kopplung der Betonfertigbauteile und Einleitung der Zugbeanspruchungen von den Längsträgern in die Außenwände wird über eine zum Gebäudeinneren orientierte Verschraubung an den Wandoberseiten sichergestellt (Bild 7). Druckbeanspruchungen aus dem biegewirksamen Kräftepaar werden über Kontaktpressung, z.T. über eingelassene Lastplatten an den Wandenden, konzentriert in die Wände übertragen. Die Querträger werden im Sinne der architektonischen Hierarchie mit einer geringeren Höhe ausgeführt und haben Abmessungen von 160/20cm. Die Querträger und tragenden Ringwände sind jeweils so angeordnet, dass parallel zueinander versetzte Ringwände durch eine Querträgerachse verbunden werden. Hierdurch lässt sich die Querbiegung des Gitterostes über ein Kräftepaar jeweils an den Kreuzungspunkten in die Ringwände einleiten. Die konstruktive Einleitung der Druckkräfte erfolgt über in die Wände eingelassene Lastplatten bzw. die reine Flächenpressung in der Mörtelfuge. Die resultierenden Zugkräfte werden über die Wandverschraubung in Gebäudelängsrichtung aufgenommen.

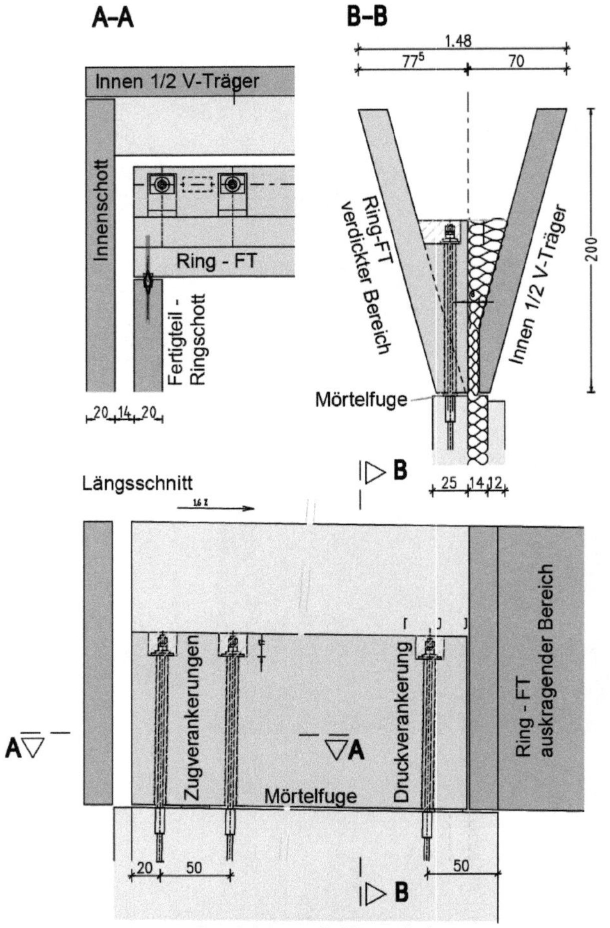

Bild 7 Detailanschluss zwischen Längsträger und Ringwand (©knippershelbig)

Bild 8 Bauphase des Ringtragwerkes – Längsträger (oben); Einbau der Längsträger (mitte); Betonnage der Querträger (unten) (©CLMap)

Im Entwurfsprozess erfolgte eine enge Abstimmung mit den Architekten um einen Einklang zwischen den Wandpositionen, den statischen Auswirkungen auf die Geometrie des Ringtragwerkes, der architektonischen Verträglichkeit mit der inneren Gebäudenutzung und der konstruktiven Fassadenausbildung zu erlangen. Für die Umsetzung des monolithischen Dachausdruckes wurden die Querträger, jeweils feldweise zwischen den Längsträgern in Ortbetonbauweise herstellt. Für die Herstellung der sich geometrisch gleichenden Trägerquerschnitte wurde ein flexibles Schalungssystem entwickelt, dass einen schnellen Baufortschritt in Kombination mit den Fertigbauteilen ermöglichte. Die Außenwände wurden als Beton-Sandwichelemente, beidseitig in Sichtbetonqualität hergestellt (Bild 8). Die Tragschale des Ringtragwerkes ist 25m dick, die Stärke der Kerndämmung beträgt 14cm und die Dicke der inneren Tragschale 12cm. Das Tragverhalten des Ringtragwerkes zeichnet sich durch eine mehraxiale Biege- und Torsionsbeanspruchung der schlanken Trägerquerschnitte aus. Anhand eines 3D FE-Flächenmodells erfolgte die Ermittlung der Kraftverläufe sowie die Bemessung der Trägerquerschnitte. Modellstudien zu Modellierungsvarianten mittels Stabquerschnitten zeigten eine nicht ausreichende Erfassung der Beanspruchungszustände und -verläufe in den Knoten und Detailbereichen, insbesondere für die konstruktive Ausbildung der Fügedetails. Anhand von Sensitivitätsanalysen zur Einflussnahme materiell nichtlinearer Effekte wurden sowohl die Steifigkeiten bereichsweise variiert als auch materiell nichtlineare Berechnung durchgeführt. Hiermit wurden sowohl die systembedingten Lastumlagerungen zwischen den Bauteilen und Anschlussbereichen untersucht als auch die Verformungen im Gebrauchszustand ermittelt. Die auskragenden Trägerquerschnitte wurden bereichsweise bis zu 60mm überhöht ausgeführt. Die Verformungen des Ringtragwerks waren sowohl optisch als auch für den Bauablauf kritisch. Der Einbau der Fassaden musste planmäßig vor dem Lösen der baulichen Stützungen des Ringtragwerkes erfolgen. Das Ringtragwerk war erst nach vollständiger Herstellung tragfähig, bauliche Zwischenzustände wurden nicht vorgesehen. Die rechnerisch auftretenden Verformungen des Ringtragwerkes waren insbesondere in horizontaler Richtung, damit senkrecht zu den Ringwänden, mit >10mm unter Eigenlast im Grenzbereich für die anschließenden Fassadenkonstruktionen. Ein Monitoring der Verformungen durch die ausführende Firma konnte in den Grenzbereichen eine sehr gute Übereinstimmung der rechnerisch ermittelten und sich in der Realität eingestellten vertikalen und horizontalen Verformungen bestätigen

3. Fazit

Das Projekt geht auf einen gemeinsamen Wettbewerbsgewinn von Cobe, CL MAP, knippershelbig und Transsolar zurück. Als erfolgreiches Ergebnis einer frühzeitigen und durchgängigen interdisziplinären Zusammenarbeit der Fachdisziplinen - von der Konzeption bis hin zur Ausführung - ist das Gebäude beispielhaft für die Umsetzung eines architektonisch und technisch komplexen sowie innovativen Bauvorhabens. Als wesentlichen Anteil der erfolgreichen Planung kann die ganzheitliche Denkweise der Planer ausgemacht werden. Der Entwurf von Tragwerken aus Fertigbauteilen, mit einer hohen Qualität in der Detailausbildung, erfordert bereits in den frühen Planungsphasen ein Verständnis von Fertigungs- und Montageeinflüssen. Das Gebäude zeigt eindrucksvoll, dass, mit einem tiefen Verständnis für Kraftfluss, Material und Fertigungstechnologie sowie einem unvoreingenommenen Umgang mit Lösungen des Betonfertigteilbaus, vorbildhafte Bauten und ikonografische Architekturformen entstehen können.

Abfallfreie Herstellung leichter Betonbauteile mittels wasserlöslicher Sandschalungen

Dipl.-Arch. Daria Kovaleva
Institut für Leichtbau Entwerfen und Konstruieren (ILEK), Universität Stuttgart, Deutschland

Maximilian Nistler, M. Sc.
Institut für Steuerungstechnik der Werkzeugmaschinen und Fertigungseinrichtungen (ISW), Universität Stuttgart, Deutschland

Prof. Dr.-Ing. Dr. h. c. mult. Alexander Verl
Institut für Steuerungstechnik der Werkzeugmaschinen und Fertigungseinrichtungen (ISW), Universität Stuttgart, Deutschland

Prof. Dr.-Ing. M. Arch. Lucio Blandini
Institut für Leichtbau Entwerfen und Konstruieren (ILEK), Universität Stuttgart, Deutschland

Prof. Dr. Dr. E. h. Dr. h. c. Werner Sobek
Institut für Leichtbau Entwerfen und Konstruieren (ILEK), Universität Stuttgart, Deutschland

Zusammenfassung

Die Verringerung des Materialverbrauchs, der Emissionen und des Abfalls hat eine hohe Priorität bei der Dekarbonisierung der Bauindustrie. Die Anwendung von Leichtbauprinzipien in Verbindung mit kreislauforientierten Produktionsverfahren bietet einen ganzheitlichen Ansatz für diese Herausforderung. Um diesen Ansatz auf die Herstellung von Betonstrukturen anzuwenden, haben die Autoren dieses Artikels eine abfallfreie Schalungsmethode entwickelt, die die Herstellung von Formen beliebiger Komplexität und die Mehrfachverwendung von Schalungsmaterial in Produktionszyklen ermöglicht. Die vorliegende Arbeit zeigt das Potenzial dieser Methode am Beispiel der Herstellung eines topologisch optimierten Einfeldträgers aus Stahlbeton mit räumlicher Gitterstruktur (Abb. 1). Zunächst wird der Kontext der Problemstellung beschrieben, dann wird ein Überblick über die entwickelte Methodik gegeben, gefolgt von einer Beschreibung des Herstellungsprozesses des Betonbauteils im Hinblick auf die Produktionsparameter.

Abb. 1: Leichter Betonträger, wasserlösliche Sandschalung (links) und ihre Bestandteile: Sand, Dextrin und Wasser (rechts)

1. Einleitung

Die Verwirklichung einer nachhaltigen Bauwirtschaft erfordert einen Wandel zu verantwortungsvollem Umgang mit Ressourcen und eine zukunftsfähige Produktion, die durch einen Wechsel von linearen Produktionsketten hin zu geschlossenen Kreisläufen erleichtert wird. Dies gilt insbesondere für die Betonindustrie, die jährlich 30 Milliarden Tonnen Beton verbraucht und damit zu 8 % der weltweiten Emissionen beiträgt [1].

Die Einführung und Anwendung von Leichtbaustrategien ist von großer Bedeutung, um den Materialverbrauch im Stahlbetonbau zu senken [2]. Die Herstellung von leichten Betonbauteilen ist jedoch nach wie vor arbeitsintensiv, teuer und verursacht große Mengen an Abfällen. Dies gilt insbesondere für die Produktion von Schalungen, die mehr als 70 % des Produktionsbudgets bei der Herstellung von filigranen Betonstrukturen ausmachen [3].

Für die Herstellung geometrisch komplexer Betonstrukturen werden zunehmend digitale Schalungsfertigungsverfahren eingesetzt, vorwiegend additive Verfahren wie Materialextrusion (ME) und Bindemittelstrahlverfahren (BJ) [4]. Letzteres bietet die größte geometrische Freiheit bei der Bauteilgestaltung, da der Druck im Pulverbett keine zusätzlichen Stützstrukturen für Überhänge erfordert. Bei diesem Verfahren werden jedoch in der Regel chemische Verbindungen aus Sand und Bindemittel verwendet. Dies führt zu Einschränkungen der herstellbaren Geometrie aufgrund von Problemen beim Ausschalen sowie zu Schwierigkeiten bei der Wiederverwendung des Schalungsmaterials. Die Verbesserung der ökologischen Aspekte dieser Verfahren ist eine Voraussetzung für ihre breitere Anwendung in der künftigen Baupraxis.

Ein Ansatz zur Lösung dieses Problems ist die additive Fertigung aus wiederverwendbaren Materialien. Dies würde es ermöglichen, räumliche Strukturen von nahezu beliebiger Komplexität herzustellen und das Schalungsmaterial in Produktionszyklen mehrfach einzusetzen.

Die neu entwickelte Schalungstechnologie, die in diesem Beitrag vorgestellt wird, bietet eine Lösung durch die additive Fertigung von Schalungen mittels einer wasserlöslichen Mischung aus Sand und organischem Bindemittel. Das Verfahren wurde von den Autoren in einem von der Deutschen Forschungsgemeinschaft (DFG) geförderten Forschungsprojekt im Rahmen des Schwerpunktprogramms SPP 2187 „Adaptive Modulbauweisen mit Fließfertigungsmethoden“ entwickelt [5]. In den folgenden Abschnitten werden das Produktionsverfahren und die automatisierte Fertigungseinheit kurz vorgestellt, gefolgt von der Beschreibung der Konstruktions- und Produktionsprozessschritte des Betonprototyps.

2. Technologie der rezyklierbaren Sandschalung

2.1 Prozessüberblick

Das entwickelte Verfahren ist als geschlossener Produktionszyklus konzipiert, der aus zwei aufeinanderfolgenden Teilen besteht: der Herstellung der Betonstruktur und der Wiederverwendung des Schalungsmaterials (Abb. 2a). Der erste Teil umfasst die Vorbereitung einer Mischung aus Sand und organischem Bindemittel, die Herstellung der Schalungsgeometrie im Pulverbett, die Vorbereitung der Schalung für das Gießen und das Ausschalen durch Auswaschen mit Wasser. Im zweiten Teil wird das Schalungsmaterial von der restlichen Flüssigkeit getrennt, getrocknet, in einer Mühle gemahlen und dem Prozess erneut zugeführt. Bei der Entwicklung der Methode lag der Schwerpunkt auf der Automatisierung des Produktionsprozesses der Schalung, von dem der Erfolg des gesamten Produktionszyklus abhängt.

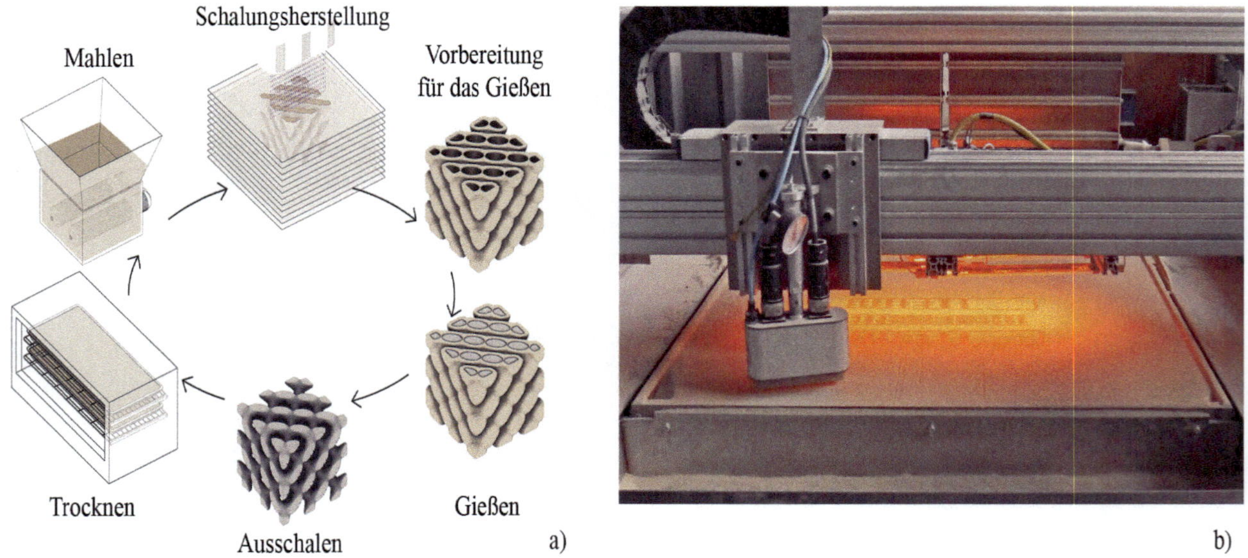

Abb. 2: Prozessübersicht (a) und perspektivische Ansicht der Produktionseinheit (b)

2.2 Materialsystem

Als Schalungsmaterial wird eine Mischung aus feinkörnigem Quarzsand (Korngröße 0,06-0,3 mm) und organischem Bindemittel (Dextrin) eingesetzt. Letzteres ist eine wasserlösliche Maisstärke, die in der Gussindustrie häufig als Bindemittel zur Erhöhung der Festigkeit von Grünsandformen verwendet wird [6]. Bei Zugabe von Wasser verwandelt sich das pulverförmige Bindemittel in ein Gel und verklebt bei der anschließenden Wasserverdunstung die Sandkörner miteinander, so dass die Mischung aushärtet. Beim erneuten Einweichen, welches bereits bei Raumtemperatur stattfinden kann, lösen sich die Verbindungen auf und die Mischung verliert ihre Form. Diese Eigenschaft ermöglicht es der Schalung eine ausreichende Festigkeit zu erlangen, um dem hydrostatischen Druck des Betons standzuhalten als auch diese wiederzuverwerten.
Der Trocknungsprozess kann unter Umgebungsbedingungen erfolgen oder durch Erhitzen der Mischung auf eine maximale Temperatur von 150 °C beschleunigt werden, damit die Polymerketten des Bindemittels nicht zerfallen. Der Anteil des Bindemittels in der Sandmischung sollte aus Gründen der Wirtschaftlichkeit so niedrig wie möglich gewählt werden, sofern die geforderte Mindestfestigkeit erreicht wird. Das Verhältnis, bei dem die Mischung eine ausreichende Festigkeit aufweist, wurde empirisch auf 8 % zu 92 % ermittelt.

2.3 Kinematisches System

Um die Eigenschaften der Schalungsmischung mit der pulverbettbasierten additiven Fertigung zu kombinieren, wurden die Prozessschritte Befeuchtung und Trocknung in ein schichtweises Wasserstrahlverfahren mit anschließender thermischer Behandlung umgewandelt.

Für die automatische Wasserdosierung und damit einhergehende Bindemittelaktivierung wurde ein industrieller DoD (Drop-on-Demand) Druckkopf mit 32 Düsen und jeweils 130 µm Öffnungsdurchmesser eingesetzt. Durch Rotation des Druckkopfes in Bezug auf die Druckrichtung kann eine anpassbare Druckauflösung erreicht werden, die von 4,5 mm bei 0° bis 0,13 mm bei einem Anstellwinkel von 85° variiert. Um eine kontinuierliche Druckfläche zu erreichen, muss die Tropfengröße dem Abstand zwischen den Düsen bei gegebenem Druckkopfwinkel entsprechen. Mit zunehmender Auflösung nehmen die Tropfengröße und die Schichthöhe proportional ab und umgekehrt.
Um die Aushärtung der Schalung zu gewährleisten, erfolgt die Trocknung unmittelbar nach dem Druck jeder Schicht unter Zuhilfenahme von Karbon-Infrarot-Strahlern (IR). Diese Strahler arbeiten im mittleren Infrarot-Frequenzbereich, der sich am besten für die Erwärmung und Verdampfung von Wassermolekülen eignet. Durchschnittlich 40-60 Sekunden reichen aus, um eine feuchte Sandschicht von 1,2 mm Dicke zu trocknen.
Die Fertigungseinheit, einschließlich der oben beschriebenen Komponenten sowie des Sandzufuhrsystems, wurde als 3-Achs-Portalkinematik mit einem 70 cm × 100 cm × 40 cm großen Pulverbett konzipiert (Abb. 2b). Die Anlage ist modular aufgebaut und kann entlang der X-Achse erweitert werden, um die Druckfläche zu vergrößern und weitere Module in die Produktionslinie aufzunehmen.

3. Entwurf und Herstellung eines Betonprototyps

Das oben beschriebene Verfahren und die automatisierte Produktionsanlage wurden bei der Herstellung von Schalungen für ein filigranes Betonbauteil mit komplexer Raumstruktur getestet.

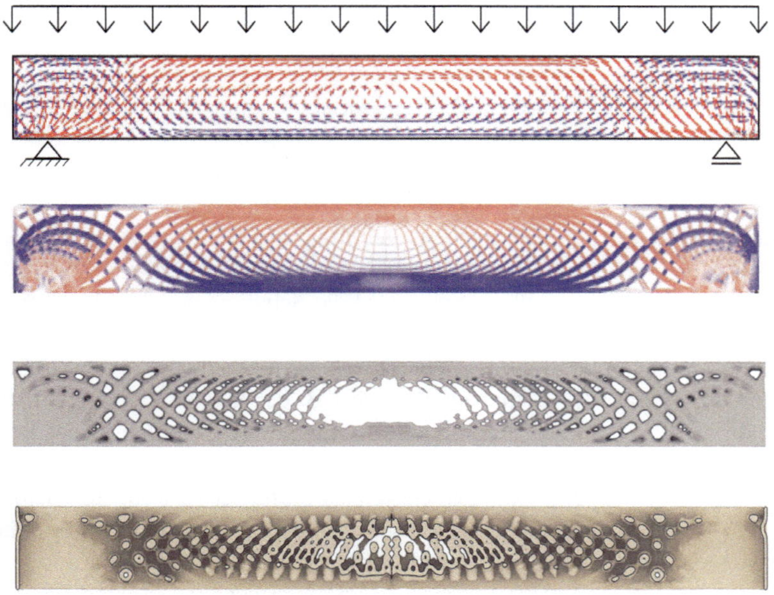

a) Strukturanalyse eines massiven Trägers

b) Generierung und Strukturanalyse eines neuen konformen Gitters

c) Modellierung der Betonstruktur

d) Generierung der Schalungsgeometrie

Abb. 3: Überblick über den Ablauf vom Entwurf bis zur Produktion in der digitalen Umgebung von Rhino/Grasshopper

3.1 Entwurf eines Einfeldträgers mit Gitterstruktur

Der Entwurfsansatz baut auf einem breiteren Forschungsgebiet zu funktional gradierten Betonstrukturen auf, mit dem sich die Autoren in den letzten Jahren befasst haben [7, 8]. Er basiert auf Strukturoptimierungsmethoden, bei denen das Material innerhalb eines definierten Entwurfsraums verteilt wird. Dies geschieht entsprechend dem Spannungszustand unter den gegebenen Belastungen. Der Herstellungsprozess spielt dabei eine entscheidende Rolle, da hierdurch bestimmt wird, wie das Spannungsfeld in eine herstellbare Geometrie mit variablen Eigenschaften umgesetzt werden kann. In diesem Beispiel wurde als Grundtopologie eine periodische Gitterstruktur gewählt. Dies ermöglicht, sowohl die Größe als auch die Richtung der Hauptspannungen zu materialisieren.
Die Gestaltung eines Betonbauteils beginnt mit der Strukturanalyse des mit dem homogenen isotropen Material gefüllten Entwurfsraums (Abb. 3a). Auf der Basis der ermittelten Hauptspannungsgrößen und -richtungen wird danach eine konforme Gitterstruktur eines bestimmten Maßstabs erstellt. Es folgt eine Strukturanalyse und die Bestimmung der Querschnitte einzelner Gitterstreben (Abb. 3b). Schließlich wird die Netzfläche der Betonstruktur durch voxelbasierte Modellierung und boolesche Operationen erstellt (Abb. 3c).

3.2 Auslegung und Herstellung der Schalung

Im nächsten Schritt wird die Schalungsgeometrie erstellt, indem die erzeugte Netzfläche um einen definierten Abstand (im vorliegenden Fall 13 mm) nach außen versetzt wird (Abb. 3d). Die erforderliche Wandstärke der Schalung hängt von der Größe des Bauteils ab und muss so ausgelegt werden, dass der Schalungskörper den hydrostatischen Druck des Betons erträgt. Danach wird der erhaltene Schalungskörper in Teile zerlegt und zur Optimierung der Produktionszeit im virtuellen Pulverbettvolumen ausgerichtet. Die Druckauflösung wird vom Benutzer festgelegt (im vorliegenden Fall 1,2 mm), was zu einer automatischen Bestimmung des Druckkopfwinkels, der Schichthöhe und der Drucktrajektorien führt. Schließlich wird die komplette Struktur als G-Code-Datei, bestehend aus Druckkopfbewegungen und Düsenkonfigurationen, IR-Trocknungszeiten und zusätzlichen Achsbewegungen für alle Schichten, kompiliert und an die Produktionseinheit gesendet.
Die Gesamtproduktionszeit ist definiert als die Summe von vier Grundparametern: Druckauflösung, Druckgeschwindigkeit, Trocknungszeit und Positionierbewegungen. Im vorliegenden Fall wurde die dreiteilige Schalung mit einem Gesamtdruckvolumen von 45 cm × 27 cm × 12 cm in 5,5 Stunden gedruckt, einschließlich 60 Minuten für den Wasserauftrag, 190 Minuten für die Trocknung und 80 Minuten für die weiteren Positionierbewegungen (Abb. 4a, b).

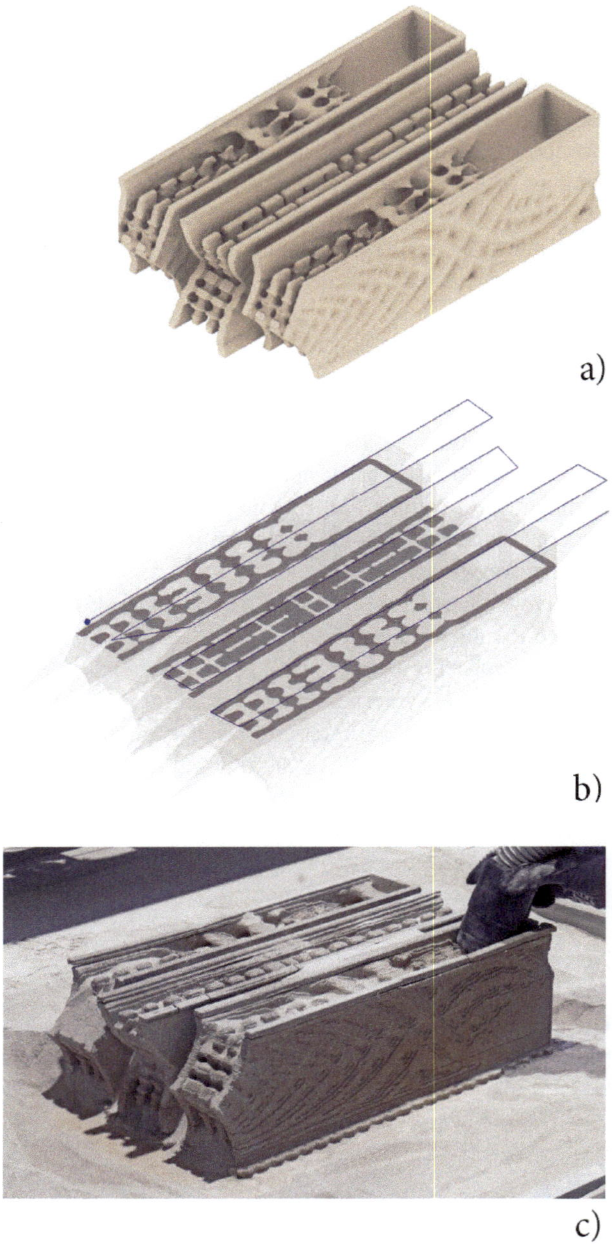

Abb. 4: Anordnung der Schalungsteile im virtuellen Pulverbett (a), Trajektorienplanung zur Fertigung (b). Reinigung der hergestellten Form von ungebundenem Sand (c)

3.3 Schalungsvorbereitung und Betonguss

Nach dem Druck wird die Schalung aus dem Pulverbett entnommen, von ungebundenem Sand gereinigt (Abb. 4c) und für das Gießen zusammengesetzt. Die Eigenschaften des Betonbauteils, wie z.B. der kleinstmögliche Durchmesser der einzelnen Gitterstreben, werden in der Entwurfsphase in Abhängigkeit von der Fließfähigkeit und der maximalen Gesteinskörnung der verwendeten Betonmischung festgelegt. Im vorliegenden Fall wurde eine selbstverdichtende Betonmischung Sika Grout 551 mit einer Korngröße von 1 mm verwendet. Sie erfordert kein zusätzliches Rütteln, welches die Schalung beschädigen könnte, und bietet eine Frühfestigkeit von 40 MPa, so dass die Schalung nach 24 Stunden wieder entfernt werden konnte, was die Gesamtbearbeitungszeit reduzierte. Zur Bewehrung wurden zwei Stahlstäbe mit einem Durchmesser von 6 mm an der Ober- und Unterseite des Trägers angebracht. In weiteren Untersuchungen ist geplant, Stäbe und Maschen aus Kohlenstofffasern zu verwenden, die entlang der zugbeanspruchten Gitterstreben verlegt werden.

3.4 Rückgewinnung und Wiederverwendung des Schalungsmaterials

Nach dem Erhärten des Betons wird die Schalung auf einen Gitterrost gelegt und unter fließendem Wasser abgespült (Abb. 5a). Zur Wiederverwendung des Schalungsmaterials wird der Sand mit dem Bindemittel von überschüssigem Wasser getrennt, in einem Behälter gesammelt und für 6 Stunden bei 110°C in einen Ofen gestellt, damit die Restfeuchtigkeit verdampfen kann. Das getrocknete Material wird zerkleinert, mit einer Mühle gemahlen und steht dem Prozess anschließend erneut zur Verfügung.
Im Rahmen von Produktionstests wurden sowohl frische als auch rezyklierte Materialmischungen verwendet. Untersuchungen haben gezeigt, dass die Festigkeit des rezyklierten Materials im Vergleich zum neuen Material um etwa 20-30% (4-3,5 MPa gegenüber 5 MPa) abnimmt. Dies ist auf die partielle Löslichkeit von Dextrin in Wasser und die damit einhergehende
Verringerung des Bindemittelgehalts der verarbeiteten Mischung zurückzuführen. In aktuell laufenden Untersuchungen wird dies jedoch noch detaillierter untersucht werden.

4. Diskussion

Hauptziel der Forschung ist die Entwicklung eines automatisierten und zuverlässigen Verfahrens zur abfallfreien Herstellung von Betonbauteilen mit komplexen Geometrien unter Verwendung wasserlöslicher Sandschalungen. Die erste Phase des Projekts konzentrierte sich auf die Automatisierung des wichtigsten Produktionsschritts – der additiven Fertigung von Schalungskörpern. Die Produktionsversuche zeigten, dass Betonbauteile mit komplexer räumlicher Struktur, wie der vorgestellte Einfeldträger, innerhalb der vorgegebenen Produktionsparameter hergestellt werden können und den Qualitätsanforderungen entsprechen (Abb. 5b).
Einige Aspekte der Produktion bedürfen jedoch weiterer Verbesserungen.
Ein Aspekt umfasst Verbesserungen in Bezug auf die Qualität des Materials und die Form der Schalung. Die Genauigkeit der hergestellten Schalungsgeometrie hängt in hohem Maße von den eingestellten Prozessparametern ab. Beispielsweise bei einer zu kurzen Trocknungszeit kann die Schalung nicht vollständig aushärten, wird wiederum zu lange getrocknet, überhitzt sie und verzieht sich aufgrund des hohen Temperaturgradienten. Die unteren Schichten der Form sind hierfür am anfälligsten, was durch eine Verbindungsschicht zwischen dem Schalungsköper und dem Boden des Pulverbetts korrigiert werden kann. Die Trocknungszeit steigt jedoch proportional mit dem Flüssigkeitsvolumen der gedruckten Schicht, welches wiederum von der Fläche und der Tiefe der Schicht abhängt. Daher muss in Zukunft die Aushärtungszeit für jede Schicht parametrisch eingestellt werden und je nach gedruckter Geometrie variieren.

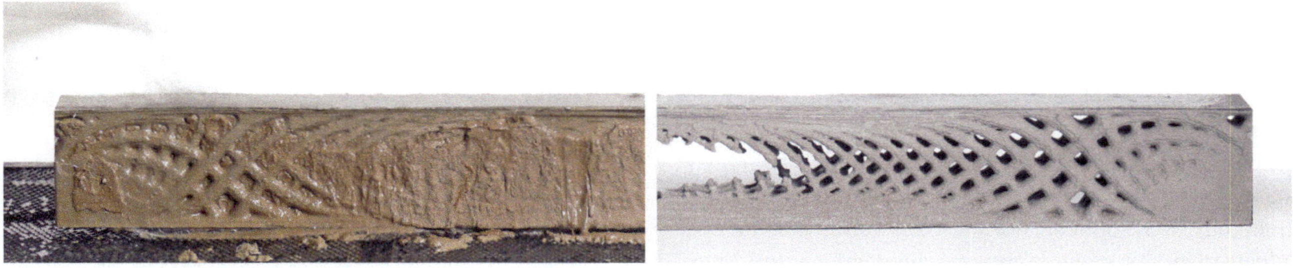

a)

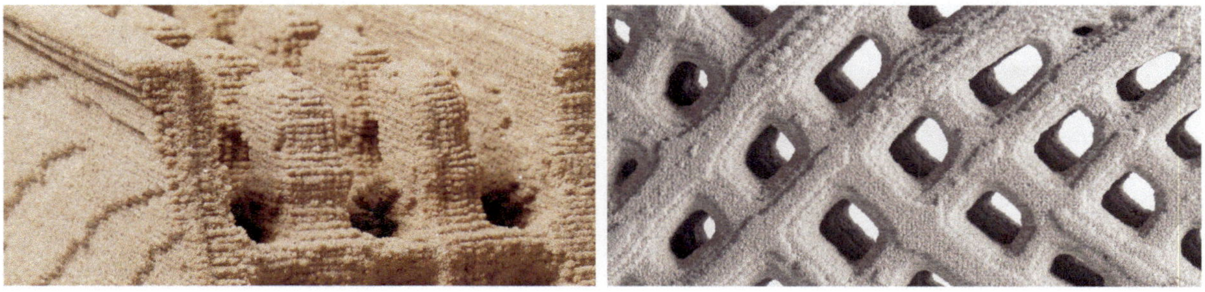

b)

Abb. 5: Auswaschen der Schalung (a) und Nahaufnahme von Schalung und Betonstruktur (b)

Ein weiterer Themenkomplex betrifft die Festlegung der Materialparameter für die Schalungsmischungen. Mit den aktuellen Parametern ist ein Gleichgewicht zwischen Festigkeit und Wasserlöslichkeit erreicht. Aufgrund des hygroskopischen Charakters der Schalung bildet sich jedoch an der Betonoberfläche eine Grenzschicht von ca. 1 mm Dicke, welche eine geringere Festigkeit aufweist. Dies ist auf das Eindringen von Wasser in den Schalungskörper und die Unterbrechung der Hydratation des Betons zurückzuführen. Eine Reduzierung dieser Schicht kann durch eine Erhöhung des Bindemittelgehalts und die Zugabe anderer Zusatzstoffe, die die Hygroskopizität verringern, erreicht werden.
Es ist außerdem notwendig, eine Optimierung der Produktionsgeschwindigkeit und der übrigen Phasen für die Herstellung von Betonstrukturen in Originalgröße in Betracht zu ziehen. Eine Erhöhung der Druckgeschwindigkeit der Schalungsproduktion kann durch eine größere Dynamik der Linearachsen oder durch den parallelen Einsatz mehrerer Druckköpfe erreicht werden. Gleichzeitig können die Trocknungszeiten durch Vorheizen von Pulverbett, Materialspeicher und Druckkopf verkürzt werden.
Zum Drucken größerer Schalungen kann das Pulverbettvolumen durch Erweiterung einer der Anlagenachsen vergrößert werden. Generell ist auch die Automatisierung anderer Produktionsschritte, wie die Vorbereitung der Schalung für das Gießen und die Aufbereitung des Schalungsmaterials, die derzeit noch manuell erfolgen, erforderlich.

5. Fazit

In diesem Beitrag wurde eine Methode zur abfallfreien Produktion komplexer Betonstrukturen unter Verwendung von wasserlöslichen Sandschalungen vorgestellt. Die Methode wurde bei der Herstellung eines bewehrten leichten Einfeldträgers mit räumlicher Gitterstruktur getestet und die Ergebnisse haben gezeigt, dass deren Anwendung zu einer nachhaltigen Produktion beitragen kann. Außerdem werden neue Arten von herstellbaren Geometrien ermöglicht, wie beispielsweise Bauteile mit integrierten Hohlräumen, Hinterschneidungen und Engpässen. Die Skalierbarkeit der Methode und ihr Transfer zur Herstellung anderer Bauteiltypen werden in zukünftigen Studien weiter untersucht.

6. Dank

Die Autoren bedanken sich bei der Deutschen Forschungsgemeinschaft (DFG) für die Förderung des Projektes: „Entwicklung eines adaptierbaren Fertigungsverfahrens für modulare leichte Betonbauteile mittels voll-rezyklierbaren Schalungssystemen“ (Projektnummer 423987937) im Rahmen des SPP 2187 – Adaptive Modulbauweisen mit Fließfertigungsmethoden. Besonderer Dank gilt der Sika Deutschland GmbH für die Bereitstellung der Betonmischung.

Literatur

[1] „Concrete needs to lose its colossal carbon footprint“, *Nature*, Bd. 597, Nr. 7878, S. 593–594, 2021, doi: 10.1038/d41586-021-02612-5.

[2] D. Schmeer und W. Sobek, „Gradientenbeton“, in *Beton Kalender 2019*, K. Bergmeister, F. Fingerloos, und J. Wörner, Hrsg. Wiley, 2018, S. 455–476. doi: 10.1002/9783433609330.ch6.

[3] F. Antony, R. Grießhammer, T. Speck, und O. Speck, „Sustainability assessment of a lightweight biomimetic ceiling structure“, *Bioinspiration & biomimetics*, Bd. 9, Nr. 1, S. 016013, 2014, doi: 10.1088/1748-3182/9/1/016013.

[4] A. Jipa und B. Dillenburger, „3D Printed Formwork for Concrete: State-of-the-Art, Opportunities, Challenges, and Applications“, *3D Printing and Additive Manufacturing*, 2021, doi: 10.1089/3dp.2021.0024.

[5] P. Mark *u. a.*, „Vom Handwerk zur individualisierten Serienfertigung“, *Bautechnik*, Bd. 98, Nr. 3, S. 243–256, 2021, doi: 10.1002/bate.202000110.

[6] M. Holtzer, *Mold and Core Sands in Metalcasting: Sustainable Development*. Cham: Springer International Publishing AG, 2020. [Online]. Verfügbar unter: https://ebookcentral.proquest.com/lib/kxp/detail.action?docID=6353490

[7] M. Herrmann und W. Sobek, „Gradientenbeton - Numerische Entwurfsmethoden und experimentelle Untersuchung gewichtsoptimierter Bauteile“, *Beton- und Stahlbetonbau*, Bd. 110, Nr. 10, S. 672–686, Okt. 2015, doi: 10.1002/best.201500035.

[8] D. Kovaleva, O. Gericke, J. Kappes, und W. Haase, „Rosenstein-Pavillon: Auf dem Weg zur Ressourceneffizienz durch Design“, *Beton- und Stahlbetonbau*, Bd. 113, Nr. 6, S. 433–442, Juni 2018, doi: 10.1002/best.201800012.

Die weiterentwickelte Zonenmethode: ein baupraktisches Verfahren zur Heißbemessung von Stahlbetonstützen

David Krybus
RIB Engineering GmbH, Stuttgart, Deutschland

Marcus Achenbach
LGA KdöR, Nürnberg, Deutschland

Livia Prifti
RIB Engineering GmbH, Stuttgart, Deutschland

Zusammenfassung

Der Nachweis der Feuerwiderstandsdauer von Stahlbetonstützen kann gemäß Norm mit drei unterschiedlichen Methoden geführt werden: tabellierte Werte, vereinfachte und allgemeine Verfahren. Die zu den vereinfachten Verfahren zählende Zonenmethode repräsentiert eine gut nachvollziehbare Alternative zu dem komplexen allgemeinen Verfahren. Die ursprünglich auf der Plastizitätstheorie basierende Zonenmethode wurde weiterentwickelt um als nichtlineares Verfahren für Stützenberechnung bei erhöhten Temperaturen eingesetzt zu werden. Die statistische Auswertung der Nachrechnung einer großen Reihe von Experimenten belegt, dass das Verfahren sicher und wirtschaftlich ist. Der Anwendungsbereich der Zonenmethode kann auf Kreisquerschnitte ausgedehnt werden. Zuletzt werden die Ergebnisse der weiterentwickelten Zonenmethode aus dem Programm BEST an ausgewählten Beispielen im Vergleich zu den tabellierten Werten und dem allgemeinen Verfahren diskutiert.

1. Brandschutznachweis von Stützen

Die Norm Eurocode 2: Teil 1-2: Tragwerksbemessung für den Brandfall [1] lässt 3 Arten von Bemessungsverfahren zu, um die geforderte Feuerwiderstandsdauer nachzuweisen:

1. Die Konstruktion kann gemäß anerkannter Versuchsergebnissen ausgeführt werden, die in Form von tabellierten Daten der Mindestabmessungen erfasst sind.
2. Einzelne Bauteile können mit vereinfachten Rechenverfahren nachgewiesen werden.
3. Das Brandverhalten von Bauteilen bis zu gesamten Tragwerken kann mit allgemeinen Rechenverfahren simuliert werden.

Der Unterschied besteht nicht nur in der Komplexität der Verfahren, sondern auch in ihrer Anwendbarkeit. Die tabellierten Daten eignen sich zur schnellen Beurteilung der Bauteile, die vereinfachten Verfahren können zur Handrechnung der Grenztragfähigkeit eines brandbeanspruchten Querschnitts verwendet werden und schließlich gibt es die allgemeinen Verfahren für anspruchsvolle Bemessungsaufgaben, die sich nur mithilfe numerischer Methoden lösen lassen.

Zusätzliche Anforderungen sind durch den deutschen Nationalen Anhang definiert [2]. Somit werden für die Bemessung der Stahlbetonstützen einige Tabellen von der Anwendung ausgeschlossen, von den vereinfachten Verfahren verbleibt lediglich die Zonenmethode, die aber nur mit zusätzlichen Annahmen bei Stützen angewendet werden kann.

2. Weiterentwickelte Zonenmethode

2.1 Stand

Die Zonenmethode wurde von Hertz [3] als Handrechenverfahren zur Heißbemessung brandbeanspruchter Stahlbetonstützen entwickelt. Nachdem bei brandbeanspruchten Betonquerschnitten sowohl die temperaturabhängigen Materialeigenschaften als auch die thermischen Dehnungen nichtlinear über den Querschnitt verteilt sind, geht Hertz von verschiedenen Annahmen aus, um daraus eine vereinfachte Methode abzuleiten. Hertz nimmt an, dass die thermischen Dehnungen vernachlässigt werden können und jede Querschnittsfaser die nötige Stauchung zur Erreichung der vollen Druckfestigkeit erreicht. Es wird plastisches Materialverhalten des Betons vorausgesetzt. Unter diesen Annahmen kann die Querschnittstragfähigkeit durch die temperaturabhängige Festigkeit $f_{c,\theta}$ und die Biegesteifigkeit durch den temperaturabhängigen Elastizitätsmodul $E_{c,\theta}$ beschrieben werden. Der genaue Verlauf der Spannungs-Dehnungsbeziehung wird bei der Herleitung der Zonenmethode nicht benötigt. Die Gültigkeit dieser Annahmen wurde von Achenbach [4] untersucht und kann unter Berücksichtigung verschiedener Stoffgesetze bestätigt werden.

Hertz betrachtet bei seinen Herleitungen einen Schnitt durch einen rechteckigen Querschnitt, wie in Abbildung 1 dargestellt. Er nimmt an, dass die Isothermen parallel zum Rand verlaufen. In diesem Fall ergibt sich die Druckfestigkeit des Betonquerschnitts für einen Schnitt parallel zu b durch den Mittelpunkt M:

$$n_{Rc,\theta} = \int_{-\frac{b}{2}}^{\frac{b}{2}} f_c(\theta)\,\mathrm{dy} = \int_{-\frac{b}{2}}^{\frac{b}{2}} k_c(\theta) \cdot f_{ck}\,\mathrm{dy} = k_{c,m} \cdot f_{ck} \cdot b \tag{1}$$

mit dem temperaturabhängigen Reduktionsfaktor $k_c(\theta)$ und dem „mittleren" Abminderungsfaktor

$$k_{c,m} = \frac{\int_{-\frac{b}{2}}^{\frac{b}{2}} k_c(\theta)\,\mathrm{dy}}{b}. \tag{2}$$

Die „mittlere" Tragfähigkeit wird durch einen verkleinerten Querschnitt mit den Stoffeigenschaften im Punkt M ausgedrückt:

$$n_{Rc,\theta} = k_{c,m} \cdot f_{ck} \cdot b = k_c(\theta_M) \cdot f_{ck} \cdot \left(b - 2 \cdot a_{z,f}\right). \tag{3}$$

Der Querschnitt wird um das Maß

$$a_{z,f} = \frac{b}{2} \cdot \left(1 - \frac{k_{c,m}}{k_c(\theta_M)}\right) \tag{4}$$

verkleinert, um den „mittleren" Abfall der Festigkeit zu berücksichtigen. Hertz leitet zur Modellierung der Verringerung der Biegesteifigkeit die empirische Gleichung

$$a_{z,EI} = \frac{b}{2} \cdot \left(1 - \left(\frac{k_{c,m}}{k_c(\theta_M)}\right)^{4/3}\right) \tag{5}$$

aus Vergleichsrechnungen ab, deren Gültigkeit durch Achenbach in [4] untersucht wird.

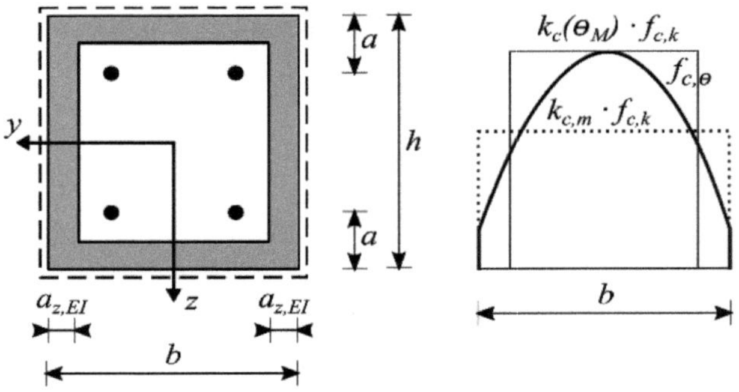

Abbildung 1: links: Bezeichnungen des Querschnitts der weiterentwickelten Zonenmethode, rechts: Verteilung der temperaturabhängigen Betondruckspannungen (—), der mittleren Festigkeit (-) sowie des Spannungsblocks (…) für z = 0

Die Zonenmethode nach Hertz ist als vereinfachtes Verfahren zur Heißbemessung von Stahlbetonquerschnitten Teil der Norm DIN EN 1992-1-2 [1]. Allerdings ist die Beschreibung in der Norm unvollständig bzw. missverständlich. Um die Zonenmethode anwenden zu können, wird daher im deutschen Nationalen Anhang [2] auf die Arbeiten von Zilch, Müller und Reitmayer [5] als auch von Cyllok und Achenbach [6] verwiesen, die Ergänzungen zur Heißbemessung von Stahlbetonstützen mit der Zonenmethode vorschlagen. Zilch, Müller und Reitmayer [5] berücksichtigen die thermischen Dehnungen durch ein Verschieben der Spannungs-Dehnungsbeziehung um das Maß der thermischen Dehnung und weichen damit wesentlich von den Annahmen der Zonenmethode nach Hertz ab. Cyllok und Achenbach [6] berücksichtigen die behinderten thermischen Dehnungen der druckbeanspruchten Bewehrung, indem sie eine pauschale Abminderung der Betonstahlfestigkeit einführen, ohne jedoch eine genaue wissenschaftliche Begründung dafür zu geben.

Achenbach [4] setzt auf diesen Vorarbeiten [5, 6] auf und setzt die Entwicklung der Zonenmethode von einem Handrechenverfahren zu einem nichtlinearen Verfahren fort. Dazu werden die Annahmen der Zonenmethode überprüft und eine vereinfachte Methode zur Heißbemessung von Stahlbetonstützen, die weiterentwickelte Zonenmethode, erarbeitet. Dabei wird von folgenden Annahmen ausgegangen:

1. Die thermischen Dehnungen von Beton und Betonstahl werden vernachlässigt.
2. Die beflammten Ränder werden, wie in Abbildung 1 dargestellt, um das Maß $a_{z,EI}$ verkleinert.
3. Bei der Modellierung des Betons werden die Arbeitslinien des allgemeinen Verfahrens nach Norm [1] verwendet. Es wird von konstanten Stoffeigenschaften im Restquerschnitt ausgegangen, die auf die Temperatur im Mittelpunkt M bezogen werden.
4. Es wird eine Scheitelstauchung $|\varepsilon_{c1,\theta}| \geq 3{,}5$ ‰ angesetzt.

5. Die Bewehrung wird mit den Spannungs-Dehnungsbeziehungen des allgemeinen Verfahrens nach Norm [1] modelliert.
6. Die Fläche der druckbeanspruchten Bewehrung wird verkleinert. Der Abminderungsbeiwert $\eta_s(\theta)$ beträgt 1,0 bis 100 °C und 0,5 ab 400 °C. Zwischenwerte werden linear interpoliert.

Die weiterentwickelte Zonenmethode nach Achenbach wird durch die Nachrechnung von Laborversuchen erfolgreich validiert und das Sicherheitsniveau im Vergleich zum allgemeinen Verfahren durch eine vollprobabilistische Methode bestimmt [4]. Es kann gezeigt werden, dass die weiterentwickelte Zonenmethode bezüglich der Genauigkeit als auch der Sicherheit der erzielten Ergebnisse mit dem allgemeinen Verfahren vergleichbar ist [4, 7].

2.2 Validierung

Die weiterentwickelte Zonenmethode nach Achenbach [4] wurde in das Programm zur Bemessung von Hochbaustützen BEST [8] implementiert. Dabei handelt es sich um ein Stützenprogramm, das auf einer geometrisch und materiell nicht-linearen Analyse mit der Finiten Element Methode basiert.

Zur Validierung der in BEST implementierten Zonenmethode werden Versuche an rechteckigen Stahlbetonstützen, welche an der TU Braunschweig [9] und den Universitäten Liège und Gent [10] durchgeführt wurden, nachgerechnet. Die Nachrechnungen der Laborversuche werden mit den gemessenen Parametern fc und fy sowie den temperaturabhängigen Spannungs-Dehnungsbeziehungen nach DIN EN 1992-1-2 [1] durchgeführt. Bei der thermischen Analyse wird von einer Beflammung entsprechend der Einheits-Temperaturzeitkurve und einem Feuchtigkeitsgehalt von 3% ausgegangen. Die thermische Leitfähigkeit wird mit dem unteren Grenzwert modelliert, für die Dichte wird ein Wert von 2400 kg/m3 angesetzt. Die Randbedingungen zur Wärmeübertragung werden mit dem Emissionswert ε_m und dem Wärmeübergangskoeffizient $\alpha_c = 25\ W/m^2K$ angesetzt.

Anschließend werden die Ergebnisse statistisch ausgewertet. Dafür wird das Verhältnis $\eta = t_{cal}/t_{exp}$ von der berechneten zu der gemessenen Versagenszeiten bestimmt. Nach statistischer Auswertung [11] der Nachrechnungen für $n = 56$ Laborversuche ergibt sich ein Mittelwert $\bar{\eta} = 1{,}22$ bei einer Standardabweichung von $s = 0{,}73$. Die Stichprobe wird durch den Ausreißertest nach Grubbs ($\alpha = 0{,}1$) untersucht. Nach der Entfernung von sieben Ausreißern aus den Ergebnissen entsteht der Mittelwert $\bar{\eta} = 0{,}98$ und die Standardabweichung $s = 0{,}22$. Dichte- und Verteilungsfunktion sind in Abbildung 2 dargestellt.

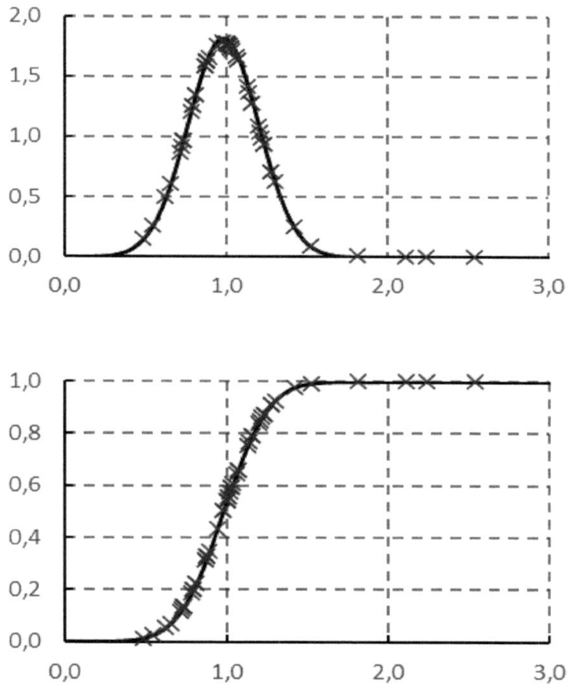

Abbildung 2: oben: Dichtefunktion $\varphi(\eta = t_{cal}/t_{exp})$, unten: Verteilungsfunktion $\phi(\eta = t_{cal}/t_{exp})$ für die Nachrechnung von Laborversuchen mit der Zonenmethode (ohne Ausreißer)

2.3 Erweiterung für Kreisstützen

Die Grundidee der Zonenmethode nach Hertz, die in der Modellierung des brandbeanspruchten Querschnitts mit verkleinerten Abmessungen und konstanten Stoffeigenschaften besteht, ist auch auf andere Querschnittsformen erweiterbar. Die Erweiterung auf Kreisquerschnitte wurde von Krybus, Achenbach und Prifti untersucht [12]. Dabei wird ein Schnitt durch den Mittelpunkt des Querschnitts betrachtet. Bei der Beflammung des ganzen Umfangs kann der Verlauf der Isothermen parallel zum Rand angenommen werden.

Die Zusammenhänge bezüglich der Festigkeitsverteilung eines brandbeanspruchtes Kreisquerschnitts zeigt die Abbildung 3.

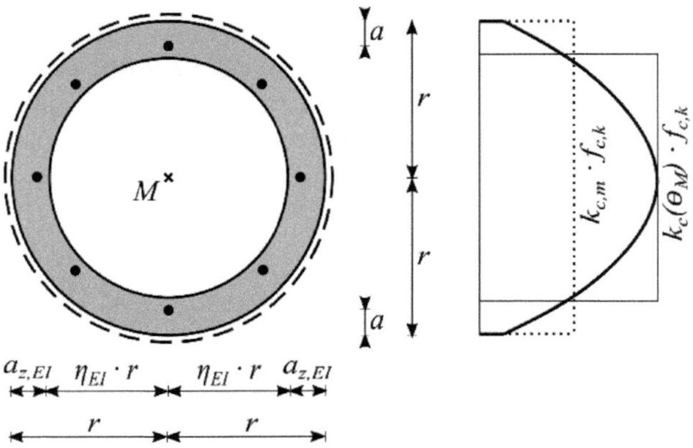

Abbildung 3: links: Bezeichnungen des Kreisquerschnitts der weiterentwickelten Zonenmethode, rechts: Verteilung der temperaturabhängigen Betondruckspannungen (—), der mittleren Festigkeit (-) sowie des Spannungsblocks (...) für den Schnitt durch den Mittelpunkt

Die Tragfähigkeit des vollen Kreisquerschnitt berechnet sich mit

$$N_{Rc,\theta} = \int_0^{2\pi} \int_0^r f_{c,\theta} \cdot r \, dr \, d\varphi = \int_0^{2\pi} \int_0^r k_c(\theta) \cdot f_{ck} \cdot r \, dr \, d\varphi. \tag{6}$$

Wird der „mittlere" Reduktionsfaktor eingeführt:

$$k_{c,m} = \frac{2 \int_0^r k_c(\theta) \cdot r \, dr}{r^2}, \tag{7}$$

ergibt sich die Tragfähigkeit zu

$$N_{Rc,\theta} = \pi \cdot r^2 \cdot k_{c,m} \cdot f_{ck}. \tag{8}$$

Der volle Querschnitt mit einer temperaturabhängig verteilten Festigkeit kann durch den reduzierten Restquerschnitt mit der Festigkeit im Mittelpunkt ersetzt werden, dessen Tragfähigkeit gleichwertig ist:

$$N_{Rc,\theta} = \pi \cdot (\eta_f \cdot r)^2 \cdot k_c(\theta_M) \cdot f_{ck} \tag{9}$$

Aus den Gleichungen (8) und (9) kann die Breite der „geschädigten" Zone für die zentrische Tragfähigkeit abgeleitet werden:

$$a_{z,f} = r \cdot \left(1 - \sqrt{\frac{k_{c,m}}{k_c(\theta_M)}}\right). \tag{10}$$

Entsprechend der Empfehlung von Hertz [3], kann die Breite der geschädigten Zone zur Modellierung des Abfalls der Biegesteifigkeit durch

$$a_{z,EI} = r \cdot \left(1 - \left(\frac{k_{c,m}}{k_c(\theta_M)}\right)^{2/3}\right) \tag{11}$$

bestimmt werden [12].

Verglichen mit Rechteckstützen ist die Anzahl der durchgeführten Brandversuche von Kreisstützen sehr gering und kaum für eine statistische Auswertung ausreichend. Die Nachrechnung der vier Experimente von Franssen und Dotreppe [13] zeigt jedoch, dass die weiterentwickelte Zonenmethode für die untersuchten Stützen eine auf der sicheren Seite liegende Branddauer ergibt, da die Ergebnisse, verglichen mit dem allgemeinen Verfahren, konservativer ausfallen [12].

3. Vergleichsrechnungen

In diesem Abschnitt werden bekannte Beispiele aus der Literatur behandelt, die mit unterschiedlichen Methoden der Heißbemessung untersucht werden. Damit sollen die Möglichkeiten für den Brandschutznachweis von Krag- und Pendelstützen dargestellt und gewisse Besonderheiten der Heißbemessung hervorgehoben werden.
Für die Berechnung nach dem allgemeinen Verfahren (AV) wird das Programm InfoCAD [14] verwendet, wobei der Nachweis mit der weiterentwickelten Zonenmethode (WZM) mit dem Programm BEST [8] erfolgt.

3.1 Pendelstützen

Bei den Pendelstützen ist auch der Einsatz von tabellarischen Verfahren unter Beachtung der Randbedingungen möglich. Beide Stützen sind im Betonkalender 2018 [15] enthalten und werden dort bezüglich der Heißbemessung ausführlich behandelt. Die wesentlichen Parameter der thermischen und mechanischen Analyse sind in der Tabelle 1 zusammengefasst.

Tabelle 1: Parameter für die thermische und die mechanische Analyse

Betonstahl: Herstellung	warmgewalzt
Betonzuschlag	quarzhaltig
Thermische Leitfähigkeit	obere Grenzfunktion
Betonfeuchte	3%
Betonrohdichte	2300 kg/m^3

Im Beispiel 1, wie in Abbildung 4 gezeigt, handelt es sich um eine Innenstütze im Zwischengeschoss mit quadratischem Querschnitt, die als eine Pendelstütze mit der Länge von 4,2 m modelliert wird. Die Stütze aus Beton der Klasse C30/37 wird mit 4 Bewehrungsstäben Ø20 B500B mit Achsabstand a = 40 mm bewehrt. Sie ist allseitig beflammt und soll für die Feuerwiderstandsklasse R60 nachgewiesen werden. Der Bemessungswert der Normalkraft beträgt bei Normaltemperatur $N_{Ed} = -724\ kN$ und im Brandfall $N_{Ed,fi} = -408\ kN$.

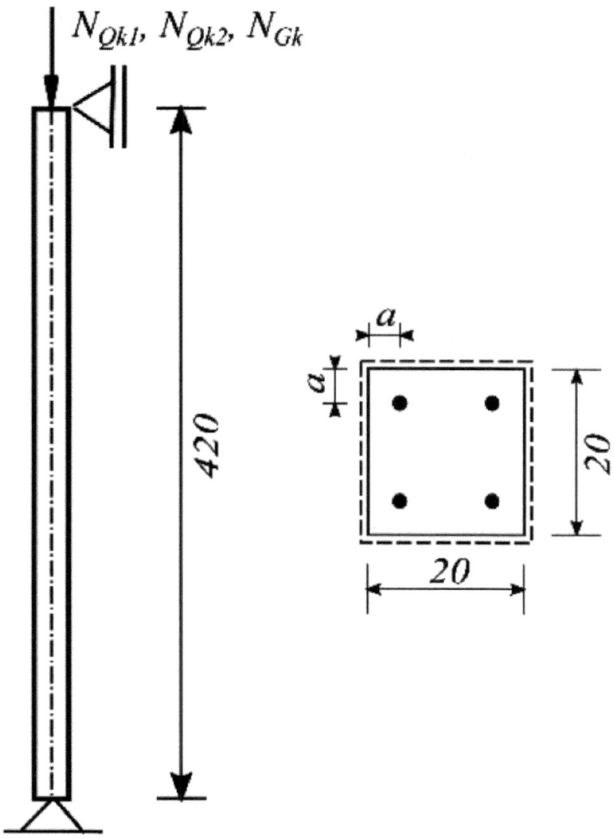

Abbildung 4: Beispiel 1 - Pendelstütze im Zwischengeschoss

Da die Anforderungen für den Nachweis nach Methode A im Abschnitt 5.3.2 von DIN EN 1992-1-2 [1] mit Nationalem Anhang [2] erfüllt sind, können die Mindestabmessungen nach Tabelle 5.2a der Norm geprüft oder die Feuerwiderstandsdauer mithilfe der Gleichung 5.7 direkt berechnet werden. Durch präzise Berechnung des Bauteilwiederstands und der Ausnutzung kann die Stütze in die Klasse R60 eingestuft werden. Gleichung 5.7 liefert die Feuerwiderstandsdauer von 77 Minuten, womit die Einstufung in die geforderte Feuerwiderstandsklasse bestätigt wird.
Bei der Berechnung mit numerischen Methoden wird im Brandfall eine rotationsbehinderte Lagerung an Kopf und Fuß angenommen. Die Ergebnisse sind in Tabelle 2 zusammengefasst. Dabei zeigt sich, dass die größte Feuerwiderstandsdauer durch die empirische Gleichung 5.7 ermittelt wird. Die weiterentwickelte Zonenmethode unterschätzt als vereinfachtes Verfahren die erforderliche Feuerwiderstandsdauer um 8 min.

Tabelle 2: Feuerwiderstandsdauer der Pendelstütze im Zwischengeschoss (Beispiel 1)

Lösung	Verfahren	R_{fi} [min]
Referenz [15]	Gleichung 5.7	77
Referenz [15]	AV	69
InfoCAD	AV	67
BEST	WZM	52

Als Beispiel 2 wird die Stahlbeton-Rundstütze im Dachgeschoss aus [15] betrachtet. Diese ist in Abbildung 5 dargestellt. Für die Stütze mit Durchmesser von 35 cm, die mit 15 Ø20 mit Achsabstand von 40 mm bewehrt ist, wird die Feuerwiderstandsklasse R120 verlangt. Die Stützenlänge beträgt 3,45 m und als Material werden C45/55 und B500 angenommen. Die Bemessungslast P_d beträgt in der ständigen Situation 3750 *kN*, wobei im Brandfall mit 1497 *kN* gerechnet wird. In Tabelle 3 sind die Ergebnisse der betrachteten Methoden angegeben.

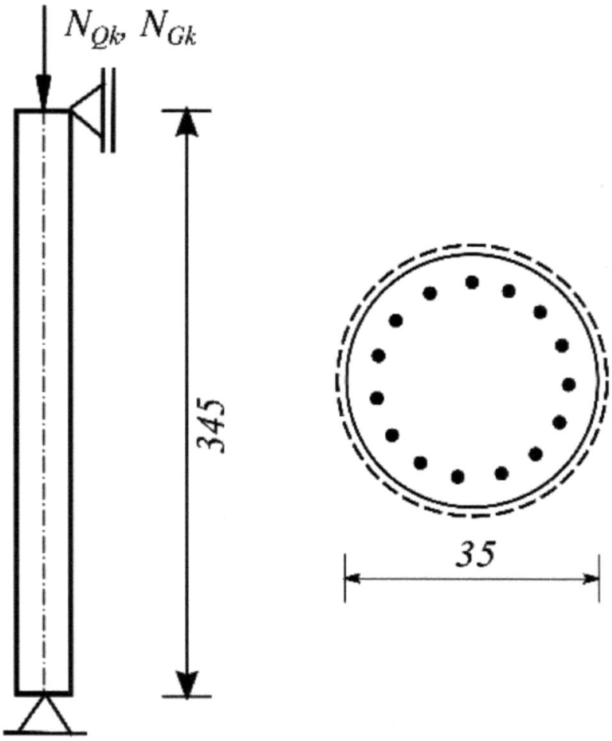

Abbildung 5: Beispiel 2 - Pendelstütze im Dachgeschoss.

Obwohl der zulässige Bewehrungsgehalt für die Methode A mit $A_s = 0{,}049\ A_c > 0{,}04\ A_c$ überschritten wird [1], kann die Stütze anhand der Tabelle als R120 eingestuft werden. Dies bestätigt die nach Gl. 5.7 ermittelte Feuerwiderstandsdauer von 149 Minuten, die auch mit dem allgemeinen Verfahren ermittelt wird. Mit der weiterentwickelten Zonenmethode wird die erwartete Feuerwiderstandsklasse R120 um eine Minute verfehlt.

Tabelle 3: Feuerwiderstandsdauer der Pendelstütze im Dachgeschoss (Beispiel 2)

Lösung	Verfahren	R_{fi} [min]
Referenz [15]	Gleichung 5.7	149
InfoCAD	AV	149
BEST	WZM	119

Im Vergleich mit dem allgemeinen Verfahren und der empirischen Gleichung 5.7, ergeben sich mit der weiterentwickelte Zonenmethode konservative Ergebnisse, d. h. die Ergebnisse sind sicher. Interessant ist die Tatsache, dass die tabellarischen Daten bzw. Gleichung 5.7 zu den längsten Brandwiderstandsdauern führen. Das Prinzip „einfaches Verfahren = konservatives Ergebnis" bzw. „aufwendiges numerisches Verfahren = genaueres Ergebnis" ist für diese konkreten Beispiele verletzt. Methode A basiert als empirische Methode auf der Auswertung von 82 Brandversuchen [16]. Es kann vermutet werden, dass durch die Anpassung der Methode direkt an experimentellen Ergebnissen die „Wirtschaftlichkeit" der Methode begründet ist. Dies zeigt sich auch durch vergleichende Untersuchungen mit dem allgemeinen Verfahren [16].

3.2 Kragstützen

Das Beispiel 3 ist eine rechteckige Stahlbetonstütze aus Betonkalender 2018 [15]. Die Stütze aus Beton der Klasse C30/37 wird mit 4 Ø28 und 4 Ø25 mit Achsabstand a = 45 mm bewehrt. Die Stütze wird am Kopf durch eine exzentrische Längskraft von 218 kN (e_0 = 28,3 cm) sowie Windlasten von 27 kN und -14,6 kN in wechselnden Richtungen (Druck/Sog) belastet. Die Kragstütze soll für die Feuerwiderstandsklasse R90 bemessen werden.
Der Nachweis mit dem Verfahren nach Norm [2], Anhang AA zeigt, dass die Anforderungen für R 90 von der Stütze nicht erfüllt werden. Daher wird eine Umverteilung oder Vergrößerung der Bewehrungsmenge sowie eine Erhöhung der Betonfestigkeit oder Vergrößerung der Querschnittsfläche vorgeschlagen [15].
Bei der Berechnung mit numerischen Methoden wird auch eine niedrigere Feuerwiderstandsdauer nachgewiesen: die Stütze kann nicht in die Feuerwiderstandsklasse R90 eingeordnet werden. Die Ergebnisse der ermittelten Feuerwiderstandsdauern sind in Tabelle 4 dargestellt. In diesem Beispiel ist die mit der weiterentwickelten Zonenmethode bestimmte Feuerwiderstandsdauer größer als die des allgemeinen Verfahrens, führt aber nicht zu einer Klassifizierung in die geforderte Feuerwiderstandsklasse R90, d. h., die Ergebnisse sind sicher.

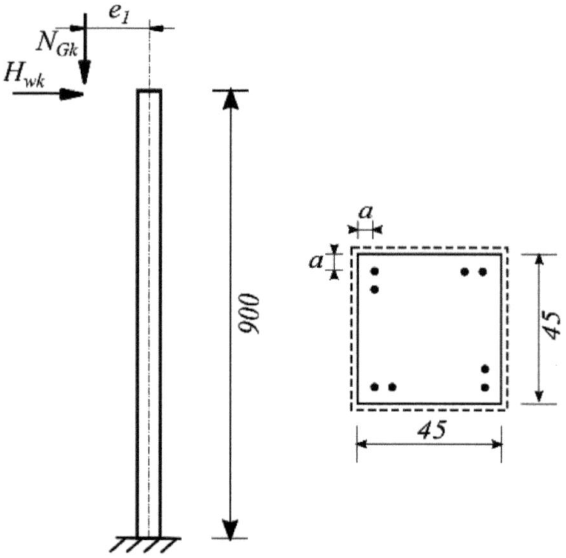

Abbildung 6: Beispiel 3 - Kragstütze aus [15]

Tabelle 4: Feuerwiderstandsdauer der Kragstütze (Beispiel 3)

Lösung	Verfahren	R_{fi} [min]
InfoCAD	AV	70
BEST	WZM	80

Die zweite Kragstütze (Beispiel 4) wurde dem DIN EN 1991-1-2/NA [17] entnommen und ist dort als Validierungsbeispiel von Rechenprogrammen für Brandschutznachweise mittels allgemeiner Rechenverfahren aufgeführt. Abweichend von den Parametern, die in Tabelle 1 dargestellt sind, wird die Betonrohdichte im Validierungsbeispiel mit 2400 kg/m³ angenommen. Die Stütze besteht aus Beton der Klasse C20/25 ist mit 6 Ø20 bewehrt. Im Brandfall wird die Stütze durch eine Längskraft von N_{Gk} = 79 kN mit einer Lastausmitte e_0 = 3,5 cm und eine Streckenlast aus Wind w = 1,74 kN/m belastet.

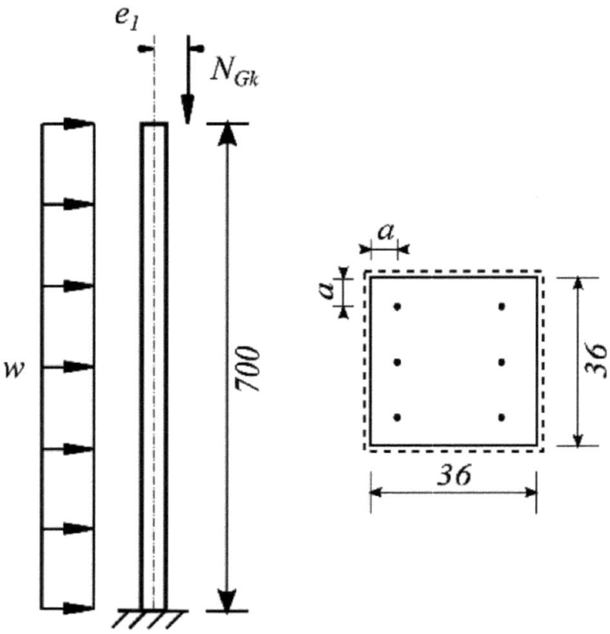

Abbildung 7: Beispiel 4 - Kragstütze – DIN EN 1991-1-2/NA Anhang CC Beispiel 10

Die in der Norm angegebene Feuerwiderstandsdauer für die Stütze nach Abbildung 7 sowie die Ergebnisse der untersuchten numerischen Methoden sind in Tabelle 5 zusammengefasst.

Tabelle 5: Feuerwiderstandsdauer der Kragstütze DIN EN 1991-1-2/NA Anhang CC Beispiel 10 (Beispiel 4)

Lösung	Verfahren	R_{fi} [min]
Referenz [16]	AV	93
InfoCAD	AV	97
BEST	WZM	87

Eine Anwendung des tabellarischen Verfahrens oder der empirischen Gleichung nach DIN EN 1992-1-2 [1] ist bei Kragstützen nicht möglich, da beide Methoden auf der Auswertung von Brandversuchen an unverschieblichen Stützen beruhen. Bei beiden untersuchten Kragstützen kann gezeigt werden, dass mit der weiterentwickelten Zonenmethode sichere Ergebnisse bestimmt werden. Aussagen zur Wirtschaftlichkeit können aufgrund der begrenzten Anzahl an Beispielen nicht daraus abgeleitet werden. Die statistischen Kennzahlen nach Abschnitt 2.2, die mit dem BEST und der Implementierung der weiterentwickelten Zonenmethode berechnet wurden, zeigen, dass die experimentell bestimmte Feuerwiderstandsdauer nur geringfügig unterschätzt wird, so dass keine unwirtschaftlichen Ergebnisse erwartet werden. Dies ist ggf. noch durch weitere vergleichende Untersuchungen, z. B. im Rahmen von Ringrechnungen, zu belegen.

4. Zusammenfassung und Ausblick

Die weiterentwickelte Zonenmethode ist als ein vereinfachtes Verfahren zur Heißbemessung von Stahlbetonstützen bezüglich der Komplexität und der Anwendbarkeit zwischen den tabellarischen Daten und dem allgemeinen Verfahren positioniert.

Die ursprünglich als plastisches Verfahren entwickelte Zonenmethode eignet sich nach den vorgenommenen Anpassungen zur nichtlinearen Berechnung und Bemessung von Stützen bei erhöhten Temperaturen. Die in diesem Beitrag vorgestellte Variante der Zonenmethode wurde im Programm BEST [8] implementiert und erfolgreich durch Nachrechnung von Stützenversuchen validiert.

Obwohl die Methode für Wandquerschnitte aufgestellt wurde [3], lässt sich die Querschnittsreduktion mittels „geschädigter Zone“ ebenso für Kreisquerschnitte ableiten. Die Nachrechnung von ausgewählten Brandversuchen bestätigt die Anwendbarkeit der weiterentwickelten Zonenmethode für brandbeanspruchte Kreisstützen.

An vier typischen Aufgaben der Heißbemessung von Stahlbetonstützen werden die Ergebnisse der weiterentwickelten Zonenmethode, des allgemeinen Verfahrens und für die Pendelstützen auch der tabellarischen Methode A präsentiert.

Die weiterentwickelte Zonenmethode liefert im Vergleich mit dem allgemeinen Verfahren im Mittel konservative Ergebnisse und überschreitet bei den untersuchten Beispielen nicht die Ergebnisse der tabellierten Werte bzw. der empirischen Gleichung 5.7. Die berechneten Feuerwiderstandsdauern „pendeln“ um die Ergebnisse des allgemeinen Verfahrens, d. h. es werden sowohl kürzere, als auch längere Feuerwiderstandsdauern ermittelt. Die Zonenmethode wurde als Handrechenverfahren konzipiert, so dass die Berechnung mit bekannten Methoden der Baustatik nachvollzogen werden kann. Darüber hinaus stellt die weiterentwickelte Zonenmethode ein validiertes, theoretisch begründetes Verfahren zur Heißbemessung von Stahlbetonbauteilen dar, das zur Prüfung der Ergebnisse des allgemeinen Verfahrens dienen kann. Somit ist das Ziel, eine alternative Methode zur Heißbemessung von Stahlbetonstützen anbieten zu können, erreicht.

Literatur

[1] DIN EN 1992-1-2: Eurocode 2: Bemessung und Konstruktion von Stahlbeton- und Spannbetontragwerken – Teil 1-2: Allgemeine Regeln – Tragwerksbemessung für den Brandfall, 2010

[2] DIN EN 1992-1-2/NA: Nationaler Anhang – National festgelegte Parameter – Eurocode 2: Bemessung und Konstruktion von Stahlbeton- und Spannbetontragwerken – Teil 1-2: Allgemeine Regeln – Tragwerksbemessung für den Brandfall, 2010

[3] Hertz, K.: Design of Fire Exposed Concrete Structures (Report Nr. 160). Lyngby: Technical University of Denmark, Institute of Building Design, 1981

[4] Achenbach, M.: Weiterentwicklung der Zonenmethode für den Nachweis der Feuerwiderstandsdauer von rechteckigen Stahlbetondruckgliedern, Bauhaus-Universität Weimar, Diss., 2018

[5] Zilch, K.; Müller, A.; Reitmayer, C.: Erweiterte Zonenmethode zur brandschutztechnischen Bemessung von Stahlbetonstützen. In: Bauingenieur Bd. 85 (2010), S. 282–287

[6] Cyllok, M.; Achenbach, M.: Anwendung der Zonenmethode für brandbeanspruchte Stahlbetonstützen. In: Beton- und Stahlbetonbau Bd. 104 (2009), S. 813–822

[7] Achenbach, M.; Gernay, T.; Morgenthal, G.: Quantification of model uncertainties for reinforced concrete columns subjected to fire. In: Fire Safety Journal Bd. 108 (2019)

[8] BEST 21.0, Hochbaustütze, RIB Software SE, Stuttgart, 2021

[9] Haß, R.: Zur praxisgerechten brandschutztechnischen Beurteilung von Stützen aus Stahl und Beton, Technische Universität Braunschweig, Diss., 1986

[10] Dotreppe, J.-C.; Franssen, J.-M.; Bruls, A.; Baus, R.; Vandevelde, P.; Minne, R.; Van Nieuwenburg, D.; Lambotte, H.: Experimental research on the determination of the main parameters affecting the behaviour of reinforced concrete columns under fire conditions. In: Magazine of concrete research 49 (1996), S. 117–127

[11] Rinne, H.: Taschenbuch der Statistik. 4. Auflage. Frankfurt: Harri Deutsch, 2008

[12] Krybus, D.; Achenbach, M.; Prifti, L.: Extension of the zone method for the design of circular concrete columns subjected to a standard fire. In: Proceedings of the International Conference in Ljubljana, 10-11 June 2021 in edition of Applications of Structural Fire Engineering (2021), S. 180–185

[13] Franssen, J.-M.; Dotreppe, J.-C.: Fire tests and calculation methods for circular concrete columns. In: Fire Technology 39 (2003), S. 89–97

[14] InfoCAD 20a, Tragwerksanalyse für den Brandfall, InfoGraph GmbH, Aachen, 2020

[15] Zehfuß, J.; Kampmeier, B.: Konstruktiver baulicher Brandschutz im Betonbau. In: Betonkalender 2018, Teil 2. Berlin: Ernst & Sohn, 2018

[16] Hosser, R.; Richter, E.: Überführung von EN 1992-1-2 in EN-Norm und Bestimmung der national festzulegenden Parameter (NDP) im Nationalen Anhang zu EN 1992-1-2. Schlussbericht. Institut für Baustoffe, Massivbau und Brandschutz. Braunschweig, 2006.

[17] DIN EN 1991-1-2/NA: Nationaler Anhang – National festgelegte Parameter – Eurocode 1: Einwirkungen auf Tragwerke – Teil 1-2: Allgemeine Einwirkungen – Brandeinwirkungen auf Tragwerke. 2015

Betontechnologie heute – Herausforderung für qualitativ hochwertiges Bauen – Steuerung der Qualität bei wechselnden Ausgangsstoffen und Baustellenbedingungen

Prof. Dr.-Ing. Sefan Linsel
Hochschule Karlsruhe

Derzeit und in Zukunft werden sich die vorhandenen Ausgangsstoffe zur Herstellung von Betonen aus ökologischer und Ressourcen-Sicht ändern. Dies betrifft zum einen die Gesteinskörnungen, die mit ca. 70 % die größte Masse im Sechs-Stoff-Gemisch Beton darstellt. Feine und grobe Gesteinskörnungen, früher Sande und Kiese genannt, gehen zur Neige resp. werden auch aus ökologischer Sicht nicht in ausreichenden Mengen mehr insbesondere regional abgebaut bzw. gefördert. Dies führt dazu, dass für neu zu erstellende Bauwerke aus Beton und Stahlbeton im Neubau aber auch für Instandsetzungstätigkeiten nicht die Materialien in ausreichenden Mengen verfügbar sind. Alternativen sind notwendig.

Aufgrund des erhöhten Rückbauvolumens von Bauwerken aus Beton und Stahlbeton, die oft bei Erreichen ihrer Nutzungszeit (50 bis 80 Jahre) abgetragen werden müssen, müssen diese Materialien wiederaufbereitet werden. Ziel ist es, den Werkstoffkreislauf hier zu schließen. Verfahrenstechnisch sind ausreichend beprobte und etablierte Aufbereitungstechnologien verfügbar.

Aufbereitete Materialien, so genannte rezyklierte Gesteinskörnungen, können zur Herstellung auch hochwertiger Betone verwendet werden. Die besondere Herausforderung jedoch besteht hierin, eine gleichbleibende reproduzierbare Qualität des frischen und festen Betons sicherzustellen. Da die Eigenschaften der wiederaufbereiteten Materialien jedoch deutlich größeren Schwankungen unterliegen, sind hier besondere Qualitätssteuerungsmaßnahmen notwendig. So sind insbesondere die Rohdichten und die Porositäten und damit zusammenhängend die Aufnahmefähigkeit von Wassermolekülen und auch Zement im Vorfeld zu charakterisieren. Daraufhin sind die das Mischregime wie auch die Qualität des Festbetons besonders beeinflussenden Parametern ausreichend zu steuern. Die Qualitätssicherungskette muss sich in einem besonderen Augenmerk auf den Frischbeton erweitern. Vorhandene Prüfverfahren, wie beispielsweise zur Charakterisierung des Blut- und Sedimentationsverhaltens des Betons, sind bekannt und in der Praxis seit vielen Jahren bewährt.

Normativ werden diese Werte bei Ansatz der üblichen Überwachungsklassen (ÜK1, 2 und 3) nicht ausreichend berücksichtigt, damit sind diese im Vorfeld bauvertraglich festzulegen und einzuführen. Ein entscheidendes Merkmal zur Sicherstellung der Qualität bei sensibleren Frischbetoneigenschaften ist die Etablierung und Umsetzung dieser erweiterten Prüfverfahren mit normativem Charakter. Festzustellen ist, dass die in der Baupraxis tätigen Prüflabore diese erweiterten Prüfverfahren beherrschen. Die Kosten für die erweiterten Prüfungen, die ursächlich durch die ausführende Bauunternehmung dann anfallen, sind bereits bei der Planung resp. der Erstellung einer Leistungsbeschreibung zu berücksichtigen und damit der bauausführenden Bauunternehmung zu vergüten. So kann sichergestellt werden, dass mit dem Einsatz ressourcenschonender Materialien qualitativ hochwertige Beton- und Stahlbetonbauwerke erstellt werden können, die der anzusetzenden Nutzungszeit von 50 bis 80 Jahren auch genügen.

Neben der geschilderten Problematik der Notwendigkeit einer umfassenderen Etablierung einer Qualitätssicherungskette bei Verwendung rezyklierter Gesteinskörnungen muss auch der zunehmend in der Praxis verfügbaren und auch aus ökologischer Sicht gewollten Verwendung von CO_2-neutraleren Bindemitteln Rechnung getragen werden. In der Vergangenheit hat sich gezeigt, dass insbesondere aus ökologischer Sicht oftmals bauherrenseits Zemente zur Ausführung vorgegeben werden, die einen geringeren Klinkeranteil aufweisen und damit weniger zum CO_2-Ausstoß beitragen. Hierzu zählen beispielsweise CEM II, aber insbesondere die CEM III-Zemente.

Nachteilig kann sich insbesondere bei Verwendung von CEM III-Zementen deren Einfluss auf die Stabilität des Frischbetons und auch auf die Dauerhaftigkeit des Festbetons darstellen. Bei Verwendung dieser Zemente, die ökologisch zielführend sind, müssen unter Hinzunahme der verwendeten Hochleistungszusatzmittel zwingend im Vorfeld erweiterte Frischbetonprüfungen hinsichtlich Blut- und Stabilitätsverhaltens des Frischbetons durchgeführt werden, vgl. oben. Insbesondere mit Hinzunahme weiterer Zusatzstoffe, wie beispielsweise Kalksteinmehl, aber auch der Optimierung der Sieblinie im Feinstbereich, ist es durchaus in der Praxis gut möglich, die Stabilität des frischen Betons für eine baustellengerechte Verwendung sicherzustellen.

Besonderes Augenmerk muss insb. bei Verwendung langsamerer Zemente auf eine ausreichend lange, oft über normative Forderungen hinausgehenden Nachbehandlung gelegt werden. Nur die Einhaltung hier normativer Nachbehandlungszeiten ist oft nicht hinreichend. Die hohe Sensibilität des Systems erfordert eine ausreichend lange Nachbehandlungszeit. Nur damit ist es möglich, dichte Zementsteingefüge auch im Betonrandzonenbereich umzusetzen, die die eingelegte Stahlbetonbewehrung ausreichend lange vor korrosiven Einflüssen schützt. Da hier die Nachbehandlungszeiten auch mit Betrachtung normativer Vorgaben oft zu erhöhen sind, sind diese Maßnahmen ebenso als Bauleistung der ausführenden Bauunternehmung zu vergüten resp. im Vorfeld entsprechend in der Leistungsbeschreibung aufzunehmen. Dies bedarf also im Vorfeld umfangreicherer und gründlicherer Überlegungen und auch Frischbetonprüfungen. Viele sind normativ zwar beschrieben, jedoch nicht explizit verankert und müssen daher vertraglich vereinbart werden. Nur damit ist es aus Erfahrung möglich, mit ökologischeren Zusammensetzungen zielsicher hochwertige Beton- und Stahlbetonbauwerke herzustellen.

Nachhaltig ressourcenschonender Hoch- und Ingenieurbau

Potenziale beim Einsatz von Stampflehm

Dr. Matthias Oppe
knippershelbig GmbH, Stuttgart, Deutschland

Stefanie Grün
knippershelbig GmbH, Stuttgart, Deutschland

Zusammenfassung

Bauteile aus Lehm zeichnen sich durch eine optimale Ökobilanz aus, die Rückbesinnung auf eine traditionelle Bauweise steht daher für eine nachhaltig ressourcenschonende Zukunft. Der Beitrag erläutert grundlegende Eigenschaften und fasst Erfahrungen beim Einsatz von Lehmbaustoffen im Hoch- und Ingenieurbau, mit dem Ziel das Vertrauen in das Material Erde zu stärken und den üblichen Vorbehalten entgegenzutreten, zusammen. Er setzt sich aber auch kritisch mit den baupraktischen Themen im Hinblick auf eine Weiterentwicklung der großtechnischen Vorfertigung sowie der zurzeit noch unvollständigen Normungssituation auseinander. Nicht unerwähnt bleibt auch eine mögliche Verteuerung gegenüber der Verwendung konventioneller Lösungen.

1. Lehm als Baumaterial

1.1 Ältester Baustoff der Welt

Seit Menschengedenken wird in aller Welt mit Lehm gebaut. Er ist somit der am längsten und gründlichsten erprobte Baustoff der Menschheit. Über Jahrhunderte hinweg wurden die Widerstandsfähigkeit, Hochwertigkeit und gesundheitliche Verträglichkeit von Lehm unter Beweis gestellt. So besteht beispielsweise die Große Moschee von Djenné in Mali (Bild 1) seit dem 14. Jahrhundert. Auch heute lebt noch etwa ein Drittel der Weltbevölkerung in Lehmhäusern.

Bild 1: Große Moschee von Djenné (©Aline Gsell)

Andere Baustoffe hatten den Lehm jedoch aus unserem Bewusstsein verdrängt. Nun aber wächst das Interesse von Bauherren, Ingenieuren, Architekten und Handwerkern das ursprüngliche Baumaterial nicht nur wieder für die Sanierung von Bestandsbauwerken, sondern auch in modernen Bauprojekten vermehrt zum Einsatz zu bringen. Denn Lehm besitzt vielfältige Qualitäten: er sorgt für ein gutes Raumklima, enthält keine Schadstoffe, er kann energiearm hergestellt, sowie vollständig recycelt werden [1]. Des Weiteren können lange Transportwege häufig entfallen, da das Material meistens regional zur Verfügung steht.

1.2 Eigenschaften von Lehm

Lehm ist eine Verbindung aus Ton, Schluff und Sand, sowie Kies oder Steinen der durch Verwitterung oder Ablagerungen an Gletschern, Hängen oder Flüssen entsteht. Je nach Standort variiert die Mischung der Bestandteile. Da seine Zusammensetzung somit nicht eindeutig festgelegt ist, bestehen für Lehmbaustoffe keine einheitlichen Normen. Bei Anwendungen in Deutschland kann man sich im Rahmen der statischen Bemessung auf die bauaufsichtlich eingeführten Lehmbau Regeln des Dachverbandes Lehm e.V. [2] und die dort angegebenen Materialkennwerte beziehen. Steifigkeit E bzw. Druckfestigkeit β_D liegen üblicherweise in den Größenordnungen von 4.000 bzw. 2,4 N/mm².
Lehm eignet sich aufgrund seiner Eigenschaften hervorragend als Baustoff. Er ist diffusionsoffen und kann somit das Raumklima besser regulieren als nicht natürliche

Baustoffe. Überschüssige Luftfeuchtigkeit kann aufgenommen und nach außen transportiert oder in den Zwischenschichten der sehr feinen und zerklüfteten Minerale eingelagert und wieder an den Raum abgegeben werden. Chemische Bindemittel oder andere Schadstoffe sind nicht erforderlich, der Einsatz von Lehm ist daher gesundheitlich unbedenklich. Durch seine hohe Dichte von 1,7 - 2,2 t/m^3 hat er zudem gute schalldämmende Eigenschaften.
Um von der möglichen hohen Lebensdauer des Lehms profitieren zu können, müssen konstruktive Regeln eingehalten werden. Die Bauteile sollten keiner anhaltenden hohen Feuchtigkeit oder Spritzwasser ausgesetzt sein. Nur so können schädliche Verwitterungen oder Zerstörung durch Frosteinwirkung vermieden werden.

2. Ökologischer Ansatz

Experten sehen in Lehm die Zukunft des nachhaltigen Bauens, denn im Gegensatz zur Herstellung von Beton entsteht beim Einsatz von Lehm kein CO_2 und die Elemente können vollständig recycelt werden [3].
Entsprechend der nachhaltigen Gedanken in Bezug auf Energieeinsparung, Reduzierung der CO_2-Emissionen sowie einen ressourcenschonenden Verbrauch lassen sich für den Baustoff Lehm viele Vorteile aufzeigen.
Auch wenn Lehm und Beton aus ähnlichen Grundmaterialien, wie Kies und Sand bestehen und diese eine große Menge an Energie erfordern, um sie aus dem Boden zu gewinnen, ist der Unterschied der beiden Baustoffe in der grauen Energie sehr groß. Zur Herstellung von 1 m^3 Lehm werden inklusive Transport, Lagerung und Entsorgung insgesamt ca. 15GJ Energie benötigt. Im Vergleich dazu ist für 1 m^3 Beton die 14-fache Menge von ca. 210GJ erforderlich (Bild 2).
Das bei der Produktion benötigte Wasser kann bei der Herstellung von Lehm als Grauwasser wiederverwendet werden. Dies ist bei dem zur Betonherstellung verwendete Wasser so nicht möglich, da es giftige Chemikalien enthält [4].

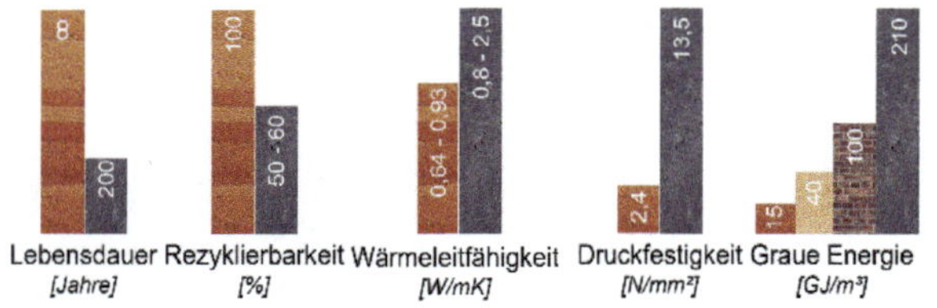

Bild 2: Vergleich Lehm (braun) und Beton (grau) [4]

Lehmbauelemente zeichnet eine sehr lange Lebensdauer aus. Zusätzlich können sie nach dem Abriss einer Konstruktion durch sehr einfache Prozesse in ihre einzelnen Bestandteile getrennt und für den Einsatz in einem neuen Bauwerk vollständig wiederaufbereitet oder in den Boden zurückgeführt werden.
Ergebnisse verschiedener Lebenszyklusbetrachtungen (LCA) deuten darauf hin, dass die Verwendung von Lehmbau- und Dämmstoffen in den verschiedenen Teilen des Gebäudes im Gegensatz zu herkömmlichen Dämmlösungen zu einem optimalen Komfort führen könnte.

Die Lehmbauweise weist für alle Einflusskriterien eine deutlich bessere Umweltleistung auf als herkömmlich gedämmte Holzrahmen und Betonstein-Wandsysteme [5].
Weitere Vorteile liegen in der Verwendung von Vor-Ort-Aushub, der durch Fundamentaushub oder aus nahegelegenen Aushubprojekten ohnehin vorhanden ist. Transport- oder Rückführungsaufwand von ansonsten nicht genutzten ausgehobenen Böden kann somit vermieden wird.

3. Anwendungen im Hochbau

3.1 Alnatura Arbeitswelt, Darmstadt

Das ganzheitliche Konzept der Alnatura Arbeitswelt (Bild 3), die 2019 mit dem Deutschen Nachhaltigkeitspreis Architektur ausgezeichneten Gebäudes wurde, entstand in enger interdisziplinärer Zusammenarbeit der Architekten von haascookzemmrich Studio 2050 mit verschiedenen Fachplanern sowie weiteren Experten für spezifische Bauweisen.
Bei der Planung und Realisierung des neuen Hauptsitzes des Bio-Lebensmittelhändlers wurde konsequent auf Nachhaltigkeit, Ressourceneffizienz und Einfachheit, insbesondere im Sinne von Robustheit besonderer Wert gelegt.

Bild 3: Alnatura Arbeitswelt (©Roland Halbe)

So wurden passive Maßnahmen hohem technischem Aufwand vorgezogen [6]. Das Gebäude besteht vorrangig aus natürlichen und wiederverwendeten Materialien. Die Stampflehmfassade, welche größtenteils aus Abraum von der Baustelle des neuen Stuttgarter Hauptbahnhofs (Stuttgart 21) besteht, setzt sich aus 12 m hohen vertikalen Streifen, die durch Fenster getrennt werden, zusammen. So ergeben sich 28 „Standardbereiche" mit einer Regelbreite von 3,5 m sowie vier „Sonderbereiche" an den Außenkanten der Fassaden, die sich von den Standardbereichen in Breite (4,7 m) und Schichtenaufbau unterscheiden. Die Fassade ist über die volle Höhe selbsttragend und in den Geschossebenen sowie am Dachtragwerk horizontal gehalten. Hier wurden jeweils Ringbalken aus Leichtbeton integriert, über welche die Punktlasten der Verankerung in die Geschossdeckenebene verteilt werden (Bild 4).

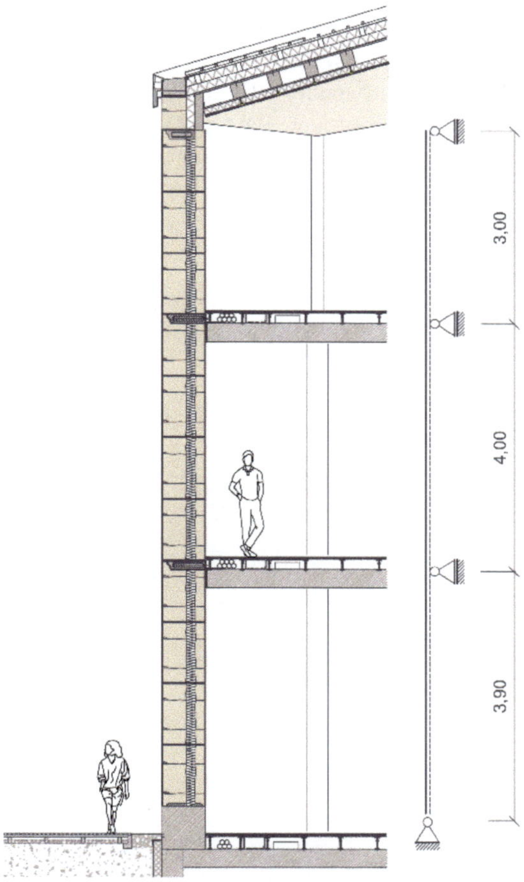

Bild 4: Schnitt Stampflehmwand (©knippershelbig)

Insgesamt wurden 384 zweischalige, je 98,5 cm hohe blockförmige Elemente bestehend aus einer äußeren Schale von 38 cm (davon 2 cm Abwitterungsreserve und daher statisch nicht tragend), einer Innenschale von 14 cm sowie einer dazwischenliegenden 17 cm starken Dämmschicht, verbaut. Die Kerndämmung besteht aus Schaumglasschotter, einem aus reinem Altglas hergestellten Dämmstoff (Bild 5).

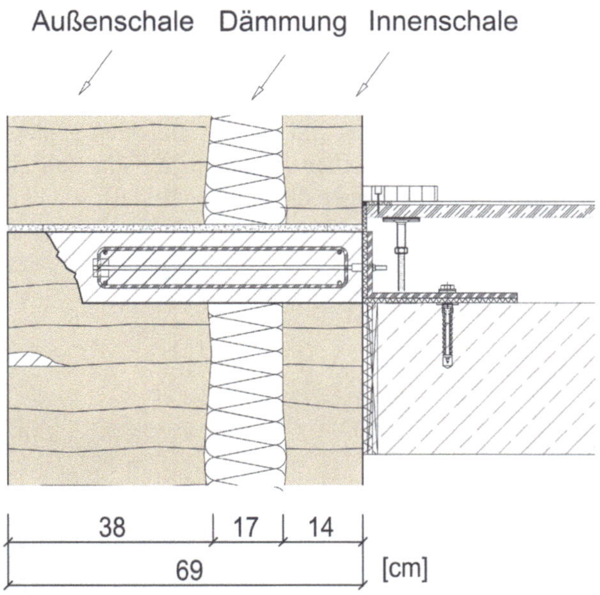

Bild 5: Aufbau Stampflehmwand (©knippershelbig)

Bei der Fertigung dieser Elemente wurden alle drei Schichten gleichzeitig eingefüllt und mit hydraulischen Stampfern bis auf Dicken von 7–8 cm verdichtet. Die Innen- und Außenschale der verdichteten, fugenlosen und monolithischen Stampflehmblöcke wurden durch die regelmäßige, im Abstand von 30 cm angeordnete Einlage von Geogittern verbunden. Dies dient der Rissreduzierung und deren gleichmäßigen Verteilung, der besseren Lastverteilung über die Aufnahme von Spaltzugkräften sowie der Aufnahme von Zugkräften unter Erdbebenbeanspruchung. Die resultierende Verbundtragwirkung zwischen Innen- und Außenschale wurde in der statischen Berechnung – auf der sicheren Seite liegend - nicht berücksichtigt. Abschließend werden die Elemente mit Lehmmörtel schubfest miteinander verbunden. Um der Oberflächenerosion entgegenzuwirken, sind horizontale keilförmige Erosionsbremsen aus Ton und Trasskalk in einem Abstand von 30 cm in der nach außen gewandten Fläche eingebracht.
Alle Elemente (Bild 6) wurden in einer Feldfabrik auf dem Baufeld unter geschützten und kontrollierten Bedingungen in jeweils einem kontinuierlichen Arbeitsprozess hergestellt.

Bild 6: Versetzen der Stampflehmelemente (©Alnatura)

So kann sowohl optisch als auch hinsichtlich der mechanischen Eigenschaften eine sehr gleichmäßige und hochwertige Qualität der Bauteile sichergestellt werden. Daher hat sich diese Herstellart für die Errichtung von Stampflehmwände in den letzten Jahren immer weiter durchgesetzt. Weiterhin führen die Schwindverformungen durch die gewählte Fertigteiltechnologie nicht zu Zwangsbeanspruchungen, da sie kontrolliert erfolgen. Nach Einbau treten lediglich geringfügige Kriechprozesse auf, die bei der Detailierung der Anschlussbereiche entsprechend zu berücksichtigen waren. Die Lehmoberflächen sind auf beiden Wandseiten sichtbar und haben zum Innenraum hin eine Kaseinlasur erhalten, die den Abrieb der Wände verringert.
Die statische Berechnung hinsichtlich Standfestigkeit und Gebrauchstauglichkeit der Stampflehmfassade erfolgte in

Anlehnung an die bauaufsichtlich eingeführten Lehmbauregeln des Dachverbandes Lehm e.V. zunächst auf Basis der durch die auf Lehmbau spezialisierte Fachfirma vorgegebenen, Materialkennwerte [7]. Neben der statisch-konstruktiven Entwicklung war auch eine Zustimmung im Einzelfall (ZiE) zu erwirken. Dazu musste ein geeignetes Versuchsprogramm erstellt und die Versuchsergebnisse für die ingenieurtechnische Bewertung analysiert werden.

3.2 Lehmwohnhaus NBL3, Heilbronn

Das sogenannte Lehmwohnhaus ist Teil einer großen städtebaulichen Maßnahme. Zwischen Altneckar und Kanalhafen entsteht auf dem Bundesgartenschaugelände von 2019 in Heilbronn der neue Stadtteil Neckarbogen. Der sechsgeschossige Wohnungsbau mit Außenabmessungen von ca. 17 × 19 m umfasst mehrere Wohnungen in den Ober- sowie eine Gewerbeeinheit im Erdgeschoss. Das Entwurfskonzept des Architekturbüros haascookzemmrich STUDIO2050 beruht auf der Verwendung von nachhaltigen Materialien. Das lässt sich zum einen in der Tragstruktur, welche zum Großteil aus Holzelementen besteht, als auch an der Gebäudehülle erkennen, die als Stampflehmfassade in Abwechslung mit einem vertikalen Fensterband vorgesehen ist (Bild 7).

Bild 7: Lehmwohnhaus (©Vizoom Barcelona)

Aus dem Eigengewicht der Fassadenelemente resultieren bei einer Gesamthöhe des Gebäudes von ca. 21 m in den unteren Geschossen hohe Drucklasten bzw. -spannungen. Daher ist ein direkter vertikaler Lastabtrag nicht möglich, denn die Fassadenelemente können nicht über die gesamte Gebäudehöhe übereinandergestapelt, sondern müssen geschossweise auf den Decken abgestellt und horizontal an die Tragstruktur des Gebäudes angeschlossen werden. Um die Lehmfassade vor Spritzwasser zu schützen, wird im Erdgeschoss ein Sockelelement aus Beton oder Naturstein vorgesehen.

Die geometrische Gestaltung der Lehmelemente, welche sich von bis zu 35 cm Stärke an einer Seite auf 25 cm hin verjüngen, ist aufwendig (Bild 8). Dies weicht deutlich von den quaderförmigen Bauteilen in den bislang ausgeführten Projekten ab und verlangt sowohl in der konstruktiven Durchbildung als auch der statischen Betrachtung nach Sonderlösungen.

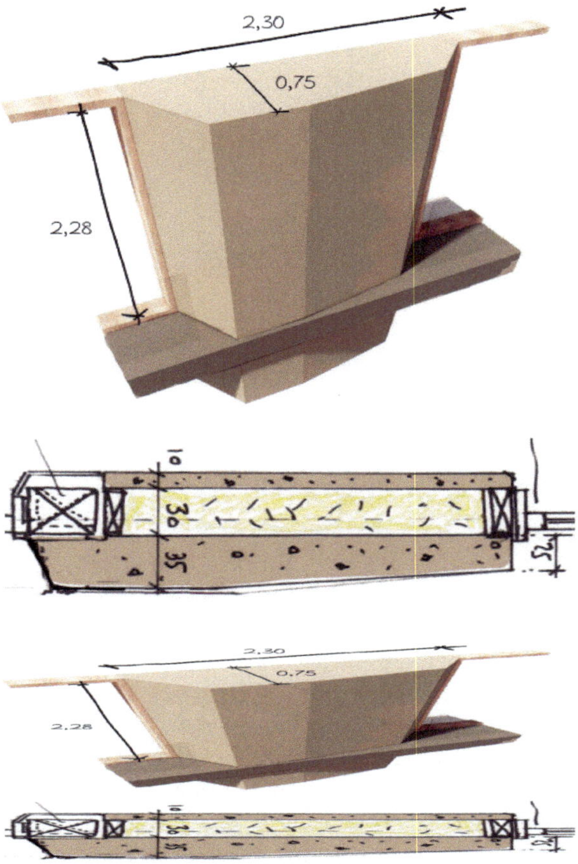

Bild 8: Elementgeometrien (©haascookzemmrich)

3.3 Deutsche Botschaft, Tiflis (Georgien)

Die Gebäudefassade des von Wulf Architekten geplanten Neubaus der Deutschen Botschaft in Tiflis soll als Stampflehmfassade ausgeführt werden (Bild 9).

Bild 9: Botschaft Tiflis (©Wulf Architekten)

Sie ist als einschalige, nichttragende Wand mit aufgebrachter Innendämmung, einer maximalen Höhe von ca. 12 m über nicht mehr als drei Stockwerke vorgesehen.
Die Wand wird in vorgefertigter Elementbauweise errichtet. Dabei wird der Lehm für die Einzelteile mit einer Höhe von ca. 0,8 – 1,4 m zunächst lagenweise in eine Schalung eingebracht und mit hydraulischen Stampfern verdichtet. Die Stärke einer gestampften Schicht beträgt 7 – 8 cm. In mindestens jeder dritten Schicht werden Geogitter vorgesehen, um die Rissbildung zu reduzieren. Die Einzelteile werden über Stahlrahmenkonstruktionen mit integrierten Fensteröffnungen statisch bestimmt gelagert an das Stahlbetontragwerk angeschlossen (Bild 10). Im Erdgeschoss steht die Fassade auf einem Stahlbetonsockel auf.

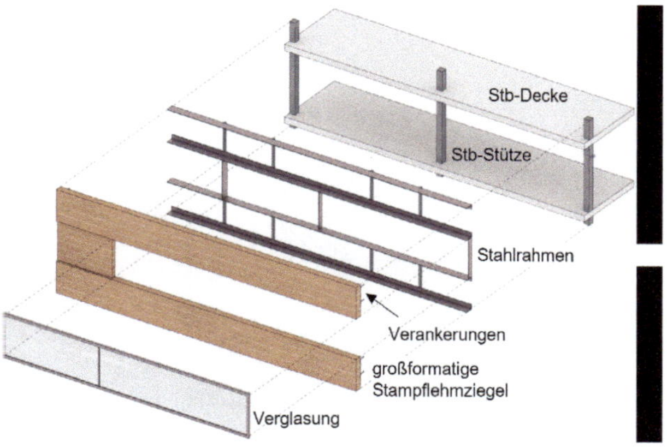

Bild 10: Konstruktion Stampflehmfassade (©Wulf Architekten)

Der Schubverbund zwischen Lehm und Stahl wird mittels Kontaktpressung in den horizontalen Fugen bzw. über Schubknaggen, die im Lehmelement vergossen werden, erzeugt. Für die zur Einleitung der Wind- und Erdbebenlasten erforderlichen horizontalen Anschlüsse der Stampflehmfassade werden punktuelle Druck- und Zugverbindungen an die Decken vorgesehen. Dafür wird eine Art Ringbalken in Form eines Stahlprofils in die Oberkante der Lehmelemente integriert und bauseits eingefügt. Über einen Schraubanschluss erfolgt die Kopplung mit den Ankerstäben. Toleranzen werden über Langlöcher bzw. Halfenschienen aufgenommen. Im Bereich von hohen Lastkonzentrationen in den Lehmbauteilen wird eine materielle Verstärkung des Querschnittes in Form von Einlagen in Stampfbetonbauweise vorgesehen. Die Festigkeiten für diesen Anschluss werden im Rahmen der ohnehin erforderlichen ZiE und mittels Probeversuchen ermittelt.
Die Anwendung von Stampflehm ist im Rahmen der "Lehmbau Regeln" entsprechend der Liste der Technischen Baubestimmungen für Wohngebäude bis zu zwei Vollgeschossen und mit nicht mehr als zwei Wohneinheiten normativ geregelt. Die für die Deutsche Botschaft in Tiflis vorgesehene Lehmfassade weicht jedoch davon ab, da sie teilweise über drei Vollgeschosse reicht, das Objekt in einem Erdbebengebiet liegt und es sich nicht um ein Wohngebäude handelt. Somit musste eine ZiE erwirkt werden.

4. Ingenieur- und Verkehrsbauwerke

4.1 Allgemeines

Die Gestaltung von Verkehrsbauwerken ist ein zentrales Thema der Baukultur. Bauwerke des Lärmschutzes an Autobahnen, die bisher meist ohne Ortsbezug und mit nur geringen ästhetischen Ansprüchen entstanden sind, erfordern eine neue Betrachtungsweise. Durch seine Masse und die poröse Oberfläche hat Lehm einen sehr hohen Lärmschutzfaktor, so wurden für den Bau der A14 südlich von Karstädt anstatt einer konventionellen Beton- oder Kompositlösung Lärmschutzprototypen in Stampflehm- und Wellerlehmbautechniken (Bild 11) vorgeschlagen und deren Einsatz in einem wegweisenden und zukunftsträchtigen Projekt im Rahmen einer Machbarkeitsstudie untersucht [8].

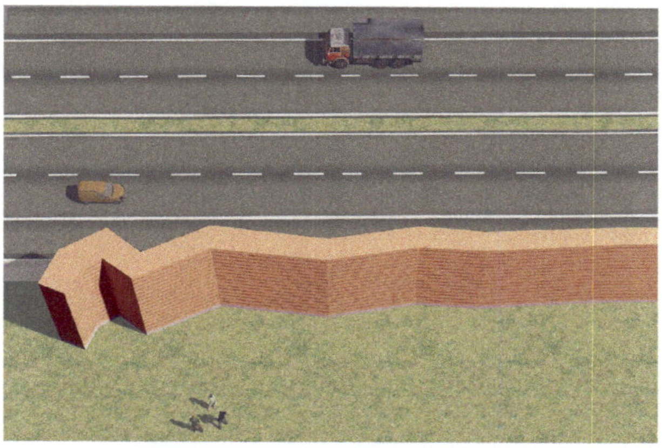

Bild 11: Lärmschutzwand aus Stampflehm [8]

4.2 Baupraktische Aspekte

Die Entwicklung einer ressourcen- und naturschutzgerechten Konstruktion von Lehmlärmschutz stellt aus baupraktischer Sicht eine besondere Situation dar. Neben den vielfältigen Vorteilen des Lehmbaus auf ökologischer wie kultureller Ebene, setzt die Produktion und Bauweise im industriellen Maßstab eine neuartige innovative Lösungsstrategie voraus. Die Wechselwirkung aus traditioneller Herstellungstechnologie und deren Übertragung auf die baupraktischen Ansprüche des Straßenbaus sind dabei ebenso von Bedeutung wie die strukturell funktionale Formgebung der Lehmwände und dessen wirtschaftliche Ausbildung in der gesamten Wertschöpfungskette.

4.3 Ökobilanzierung Lehmlärmschutzwand

Die Vorteile einer Lehmlärmschutzwand gegenüber einer herkömmlichen Konstruktionsart bestehen im Wesentlichen darin, dass das Material nachhaltig und natürlich ist und direkt vor Ort vorkommt. Die Entsorgung des größten Anteils des Wandvolumens kann durch Einebnen vor Ort geschehen, da das Rohmaterial natürliches Bodenmaterial darstellt und ungiftig ist. Dies schlägt sich dann auch in den vergleichenden Berechnungen zur Ökobilanz über den gesamten Lebenszyklus gemäß DIN EN 15804 [9] nieder.

Im Folgenden werden die Ergebnisse einer LCA für fünf unterschiedliche Konstruktionsprinzipien einer Wand mit einer vorgegebenen Länge von 570 m und einer Höhe von 7 m vergleichend gegenübergestellt. Die Betrachtungen beinhalten alle Bauteile und Baustoffe ab Oberkante Fundament.

1) Wellerwand (Masse 8.675t)
Die 120 cm dicke Wellerlehmwand besteht aus einem Gemisch von ca. 90 Vol% Lehm sowie 10 Vol% Stroh. Die Wetterfestigkeit wird durch ein Metalldach, welches auf einer hölzernen UK befestigt wird, erreicht. Die UK wird mit ca. 50 cm langen Gewindestangen in der Wand fixiert. Trasskalkmörtel dient zum Verfüllen.

2) Stampflehmwand (Masse 8.057t)
Die 100 cm dicke Stampfehmwand wird traditionell oder aus vorgefertigten Elementen errichtet. 2 cm dicke Ziegelleisten, in Trasskalkmörtel dienen als Erosionsbremsen. Die Wetterfestigkeit wird durch ein Metalldach erreicht, dessen Befestigung identisch zur Wellerwand erfolgt.

3) Stampflehmwand zwischen HEB 400 (Masse 3.706t)
Vorgefertigte 45 cm dicke Stampflehmelemente mit einer Länge von jeweils ca. 5,6 m werden schichtweise zwischen Stahlstützen (HEB 400) montiert. Eine Lagerfuge aus Trasskalkmörtel dient als Verbindung. Ein schmales Stahlblechdach schützt die Lehmelemente von oben vor Witterungseinflüssen.

4) Beton- & Leichtbeton HEB 180 (Masse 1.476 t)
Vorgefertigte Elemente aus Normalbeton (hier 16 cm dick) werden mit einer schallabsorbierenden Vorsatzschale aus meist profiliertem Leichtbeton (hier 6 cm dicke Platte mit 4 cm tiefen und breiten Rippen) versehen.

5) Aluminium (120) Mineralfaser (80) (Masse 131 t)
Kassetten (hier 12 cm breit, ca. 5,6 m lang) aus gelochtem Aluminium werden mit einem schalldämmenden Material (hier 8 cm Mineralfaser) gefüllt. Diese Elemente werden dann zwischen vorab montierten Stahlpfosten (hier HEA 280) montiert.

Die Eingangshypothese in Bezug auf die positiven Nachhaltigkeitsaspekte der Konstruktionstypen 1–3 in Lehmbauweisen kann eindeutig bestätigt werden. Betrachtet und summiert man sämtliche Einflüsse der Herstellungsphase in Bezug auf das Global Warming Potential (GWP) so stellt man fest, dass der Wandtyp 1 sogar einen negativen GWP-Wert hat, also CO_2 aufnimmt anstatt abgibt. Das liegt unter anderem daran, dass hier ein hoher Anteil Stroh enthalten ist (nachwachsender Rohstoff = neutrale bis positive CO_2-Bilanz). Aber auch die beiden Lehm-Wände Typ 2 & 3 haben keine hohen Werte. Wogegen in Typ 5 die Bilanz durch den Baustoff Aluminium, welcher einer sehr hohen Primärenergieinhalt aufweist, sehr hoch ist (Bild 12).

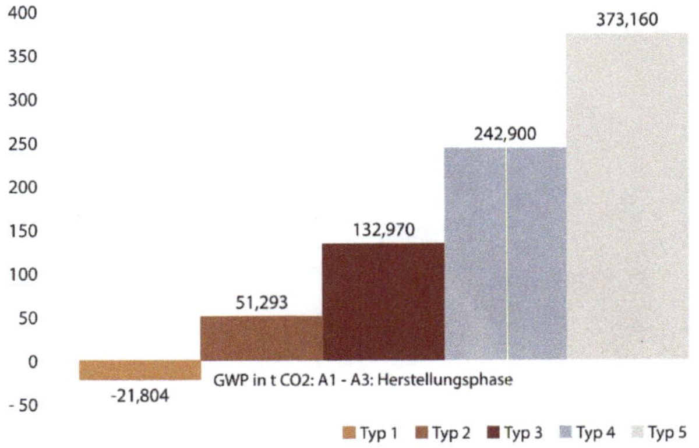

Bild 12: GWP während Herstellungsphase [8]

In der Gesamtbilanzierung zeigt sich, dass die Konstruktionstypen 1-3 welche Lehmbauverfahren verwenden, das geringste klimaschädigende Potenzial aufweisen. Typ 5 punktet in Bezug auf das Recyclingpotenzial (Bereich D) und die Beton- bzw. Leichtbetonwand (Typ 4) schneidet am schlechtesten ab (Bild 13).

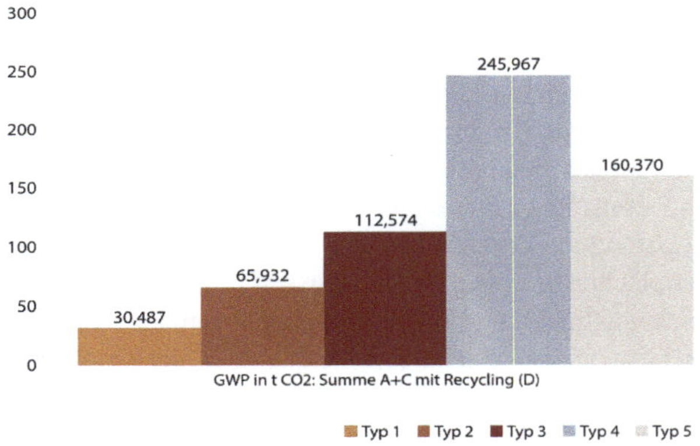

Bild 13: GWP Gesamtbilanzierung [8]

4.4 Landschafts- und Naturschutz

Eine Lärmschutzwand aus Stampf- oder Wellerlehm erfüllt außerdem in bestimmter Hinsicht z.B. durch die naturnahe Ästhetik die Funktion einer vertikalen Landschafts- und Naturschutzmaßnahme, die weniger Fläche verbraucht als

konventionell vorgesehene Ausgleichsmaßnahmen. Sie bietet aufgrund des Materials, aber auch aufgrund speziell integrierbarer Bauelemente diverse Nistmöglichkeiten für viele Insektenarten, insbesondere für mehrere besonders geschützte Wildbienenarten (Bild 14).
Die für schützenswerte Tier- und Insektenarten integrierbaren Maßnahmen, bzw. Elemente (wie z.B. Bienenlehm, Bienensteine, u.U. Schilf, Fledermaus-Nischen, Zickzack-Form), müssen standortspezifisch konzipiert werden. Sie lassen sich je nach Umfeld solcher Bauwerke entsprechend anpassen oder erweitern, so dass dieses Produkt eine besondere Lebensqualität für bestimmte Arten hat, von denen manche als gefährdet klassifiziert sind.

Bild 14: Lehmelemente für Lärmschutzwand [8]

5. Zusammenfassung und Ausblick

Der Beitrag erläutert anhand von Beispielen, dass Stampflehm mit seinen vielfältigen Qualitäten als Baustoff eine wichtige Rolle in der Baubranche spielen kann. Er zeigt aber auch auf, welche Hürden dabei noch zu nehmen sind, denn obwohl Lehmbaustoffe zahlreiche ökologische und soziale Vorteile vorweisen, finden diese derzeit noch nicht die große Zustimmung bei Fachleuten in der konventionellen Bauindustrie. Dies liegt unter anderem an dem noch immer sehr diversen und unsortierten Wissen über Lehmbaustoffe und dem damit zusammenhängenden Mangel angebauten Praxisbeispielen. Des Weiteren stehen noch keine vollständigen Bemessungsnormen, Zulassungen oder technische Datenblätter zur Verfügung, so dass für den Einsatz von Lehmbauteilen häufig eine ZiE erwirkt werden muss. Dies birgt neben Zeit- und Kostenaufwand auch gewisse Risiken für den Bauherren. In Ergänzung zu einem interdisziplinären und kompetenten Planungsteam braucht es daher auch mutige Bauherren die bereit sind den ganzen Weg zu begleiten.
Lehm ist noch deutlich vielseitiger einsetzbar als in diesem Artikel gezeigt. Neben der Anwendung als tragendes Wand- bzw. Fassadenelement kann z.B. Lehmputz mit seinen feuchteregulierenden Eigenschaften gerade in Zeiten automatischer Belüftungssysteme und dampfdichter Gebäudehüllen einen wichtigen Beitrag zum Wohnkomfort, der Gesundheit der Bewohner sowie zur Energieeinsparung und Vermeidung von Feuchtigkeitsbedingten Bauschäden leisten.

Literatur

[1] Beitrag Bayrischer Rundfunk
Unter unserem Himmel – Aus Lehm gebaut. https://www.br.de/mediathek/video/unter-unserem-himmel-28062020-aus-lehm-gebaut-av:5ebd285aee958000143f76bb

[2] Dachverband Lehm e.V.
Lehmbau Regeln: Begriffe – Baustoffe – Bauteile Springer Vieweg Verlag, ISBN 978-3-8348-0189-0, 3. Auflage, 2009

[3] PM Wissen
https://www.pm-wissen.com/videos/aa-214gz34pn2112/k, Oktober 2019

[4] Heringer, A., Blair Howe, L., Rauch, M.
Upscaling Earth, Material Process Catalyst, gta Verlag, ISBN, 978-3856763930, October 2019

[5] Ben-Alon, L., Loftness, V., Harries, K., Cochran Hameen, E.
Lebenszyklusbewertungen von Lehmbaukonstruktionen – LEHM 2020 – 8. Internationale Fachtagung für Lehmbau, Oktober 2020

[6] Helbig, T., Oppe, M., Santucci, D.
Stampflehm und Holz – Traditionelle Materialien für das Bauen der Zukunft, Nachhaltigkeit, Ressourceneffizienz und Klimaschutz. Ernst & Sohn Verlag, Seite 247-256, ISBN 978-3-433-033334-0, April 2021

[7] Helbig, T., Oppe, M.
Ein traditioneller Baustoff neu interpretiert – Die Alnatura Arbeitswelt in Darmstadt, Ingenieurbaukunst 2021. Made in Germany, Seite 96-103, ISBN 978-3-433-03321-0, November 2020

[8] Mittelstädt, J. et al
Machbarkeitsstudie Lärmschutzwand an der Autobahn A14 bei Nebelin, Naturschutz hochklappen – innovativer Lärmschutz als vertikale Ausgleichsmaßnahme, Vorabzug Januar 2021

[9] DIN EN 15804
Nachhaltigkeit von Bauwerken – Umweltproduktdeklarationen - Grundregeln für die Produktkategorie Bauprodukte, Beuth-Verlag, März 2020

Überblick zur Durchführung von Versuchen am Bauwerk mit Injektionsankern in Mauerwerk

Regelungen und Praxistipps

Dr.-Ing. Dipl.-Wirt.-Ing. (FH) Jürgen H. R. Küenzlen M. A.,
Adolf Würth GmbH & Co. KG, Künzelsau

Dipl.-Ing. (FH) Eckehard Scheller,
ISB Block und Becker – Beratende Ingenieure PartGmbB

Dipl.-Ing. Rainer Becker,
fobatec GmbH, Dortmund

Dipl.-Ing. Thomas Kuhn,
Adolf Würth GmbH & Co. KG, Künzelsau

1. Einleitung

Im Verankerungsgrund Mauerwerk gibt es viele Befestigungsaufgaben zu lösen, sowohl für Planer, die die Dübel bemessen, als auch für Ausführende, die die Dübel montieren. Dazu gehören u.a. die Befestigung von:

- Geländern
- Markisen
- Vordächern, Carports, Wintergärten, Balkonanlagen und Terrassenüberdachungen
- Treppen
- u. v. m.

Diese Befestigungen erfordern

- die Bemessung durch einen im Bereich der Befestigungstechnik erfahrenen (Bau-) Ingenieur und
- die Montage durch geschultes Personal,

da Einflüsse wie der Verankerungsgrund und bestimmte einzuhaltende Montageparameter die Tragfähigkeit von Dübeln wesentlich bestimmen.
Dieser Beitrag beschäftigt sich mit Metall-Injektionsankern zur Verankerung im Mauerwerk, die auch nur „Injektionsanker" oder „Injektionssysteme" genannt werden. Für den Verankerungsgrund Mauerwerk kann man auf Baustellen im Bestand auf eine große Vielzahl von unterschiedlichen Mauersteinen treffen. Durch stetig neue Entwicklungen (Stichwort „Energieeinsparung") erhöht sich im Neubaubereich die Vielfalt der vorhandenen Steine in einem rasanten Tempo. Dabei unterscheiden sich die Mauersteine durch

- den Baustoff (Mauerziegel, Kalksandstein, Leichtbeton, Porenbeton oder Normalbeton),
- die Struktur (Vollsteine, Hohl- und Lochsteine mit oder ohne Dämmstoff-Füllung)
- die Geometrie (Steinabmessungen, Loch- und Stegabmessungen) sowie vor allem durch
- die Rohdichte und
- die Druckfestigkeit.

Diese Parameter haben in den meisten Fällen mehr oder weniger gravierende Einflüsse auf die Tragfähigkeit von zugelassenen Metall-Injektionsankern zur Verankerung in Mauerwerk. Im Rahmen der Zulassungsverfahren dieser Befestigungssysteme wird es für die Dübel-Hersteller aber immer nur möglich sein, einen kleinen Teil dieser Mauersteine als Verankerungsgrund in der jeweiligen Zulassung abzubilden. Häufig wird es daher vorkommen, dass das gewählte Dübel-System im Rahmen seines Zulassungsverfahrens nicht im tatsächlich vorhandenen „Baustellen-Verankerungsgrund" geprüft wurde. Die hier beschriebenen „(Dübel-) Versuche am Bauwerk" ermöglichen es dem Anwender dennoch zulassungskonform zu bemessen und zu montieren.
Im Deutschen Institut für Bautechnik (DIBt) wurde dafür im Jahr 2015 ein Arbeitskreis „Versuche am Bau" eingerichtet. Als Beratungsergebnis dieses Gremiums liegt nun – ergänzend zu den bis dahin vorliegenden europäischen Vorgaben – die überarbeitete Technische Regel

„Durchführung und Auswertung von Versuchen am Bau für Injektionsankersysteme im Mauerwerk mit ETA nach ETAG 029 bzw. nach EAD 330076-00-0604" [1]

vor. In der Muster-Verwaltungsvorschrift Technische Baubestimmungen (MVV TB), Ausgabe 2019/1, Anhang 3 [2] steht dazu Folgendes:

„Für Mauerwerk aus anderen, vergleichbaren Steinen darf die charakteristische Tragfähigkeit von Injektionsankersystemen mit ETA durch Baustellenversuche nach der Technischen Regel „Durchführung und Auswertung von Versuchen am Bau […]" ermittelt werden.

Nachfolgend erfolgt eine kurze Einführung in dieses Regelwerk , sowie Tipps für die Anwendung in der Praxis. Die am Bau Beteiligten können sich an den hier gemachten Erläuterungen orientieren, müssen sich aber immer wieder individuell zu ihrem jeweiligen Projekt „(Dübel-) Versuche am Bauwerk“ Gedanken machen und abstimmen. Dazu gehört es auch, sich im Detail mit den einzelnen Anforderungen der Technischen Regel [1] vertraut zu machen.

2. Grundlagen für Baustellenversuche im Verankerungsgrund Mauerwerk

2.1 Dübel-Systeme

Bei den nachfolgend beschriebenen Metall-Injektionsankern zur Verankerung im Mauerwerk handelt es sich ausschließlich um „Dübel-Systeme“, die in Deutschland auf Grundlage einer „Zulassung“ eingebaut werden dürfen.
Bei diesen Zulassungen wurde/wird unterschieden in

- Europäische Technische *Zulassungen* sowie
- Europäische Technische *Bewertungen,*

die jeweils mit „ETA“ abgekürzt werden.
Die hier behandelten Injektionssysteme bestehen in den meisten Fällen aus den in Bild 1 dargestellten Komponenten, die in der Produktbeschreibung, in den Anhängen der jeweiligen europäischen Zulassung bzw. Bewertung, detailliert beschrieben werden. Gemäß [3], Abschnitt 4.1 gilt:

„Einbau nur wie vom Hersteller geliefert, ohne Austausch der einzelnen Teile.“

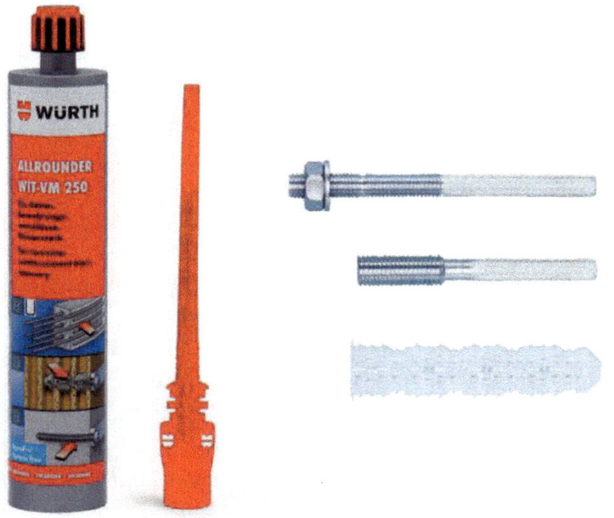

Bild 1: Beispiel für zugelassenen Metall-Injektionsanker (Mörtelkartusche, Statikmischer, Ankerstange-Außengewinde/Sechskantmutter/Unterlegscheibe, Ankerstange-Innengewinde, Siebhülse), vgl. [4]

2.2 Europäische Zulassungen bzw. Bewertungen

Europäische Technische *Zulassungen* für „Metall-Injektionsanker zur Verankerung im Mauerwerk“ wurden bis ins Jahr 2017 auf Grundlage der Bauproduktenrichtlinie [17] und ETAG 029 [11] erteilt.
Heute werden Europäische Technische *Bewertungen* auf der Basis der Bauproduktenverordnung [19] und dem Europäischen Bewertungsdokument EAD 330076-00-0604 [10] erteilt.
Auf europäischer Ebene ist das Verfahren „Versuche am Bauwerk“ in der europäischen Leitlinie ETAG 029, Anhang B [12] bzw. im europäischen Technical Report TR 053 [14] festgelegt.

3. Verantwortlichkeiten

In der Technischen Regel des DIBt [1] werden sehr differenziert die Verantwortlichkeiten bzw. Zuständigkeiten und deren erforderliche Qualifikationen für Baustellenversuche für Metall-Injektionsanker zur Verankerung in Mauerwerk angegeben. Dafür werden der „Fachplaner“, der „Versuchsleiter“ und das „sachkundige Personal“ definiert. Hierzu gibt die Tabelle 3.1 einen kurzen Überblick.

Tabelle 3.1: Kurzübersicht zu den Verantwortlichkeiten bei Baustellenversuchen für Metall-Injektionsanker zur Verankerung im Mauerwerk nach [1]

	Verantwortlichkeiten
Fachplaner	• plant die Versuche und legt die Versuchsart fest (z. B. Zugversuche/ Querlastversuche/Bruchversuche/ Probebelastung/Abnahmeversuche) • Übernahme der Verantwortung für die statistische Auswertung und Ermittlung der charakteristischen Tragfähigkeiten und deren nachvollziehbare Dokumentation
Versuchsleiter	• Durchführung von Probebohrungen • Bedienung des Prüfgeräts/Durchführung der Versuche • Dokumentation der Versuchsergebnisse.
sachkundiges Personal	• führt die Arbeiten auf der Baustelle aus • setzt die Dübel für die Versuche • erfüllt die Anforderungen an Monteure gemäß dem DIBt Papier „Hinweise für die Montage von Dübelverankerungen“ [3]

4. Technische Regel Durchführung und Auswertung von Versuchen am Bau

4.1 Gliederung/Allgemeines

Die Technische Regel [1] „Durchführung und Auswertung von Versuchen am Bau für Injektionsankersysteme im Mauerwerk mit ETA nach ETAG 029 bzw. nach EAD 330076-00-0604" ist in die folgenden vier Abschnitte gegliedert:

1. Anwendungsbereich
2. Versuche
3. Auswertung der Versuche
4. Angaben für die Bemessung

Die erteilte, aktuelle ETA für einen zu verwendenden Metall-Injektionsanker zur Verankerung im Mauerwerk (vgl. Abschnitt 2.2) ist die Grundvoraussetzung für Baustellenversuche. Die Tragfähigkeit eines Injektionsankers kann dann durch Zugversuche (Bruchversuche, Probebelastungen oder Abnahmeversuche) und durch Querlastversuche am Rand (Bruchversuche oder Probebelastung) ermittelt werden (siehe Abschnitt 4.3).
Für Metall-Injektionsanker zur Verankerung im Mauerwerk gilt, dass bei Bruchversuchen und Probebelastungen die geprüfte Befestigungsstelle und der geprüfte Dübel später nicht mehr für die eigentliche Ausführung der Befestigung/Verankerung verwendet werden dürfen. Eine „Öffnungsklausel" gibt es bei der Durchführung von „Abnahmeversuchen". Eine Übersicht gibt hierzu Tabelle 4.1 (vgl. in [1], Abschnitt 1.1 mit Tabelle 1).
Voraussetzung dafür, dass die geprüften Injektionsanker nach den Abnahmeversuchen für die geplante Befestigung/Verankerung verwendet werden dürfen, ist allerdings, dass die Abnahmelast mindestens 1 Minute ohne sichtbare Verschiebung und ohne kritischen Lastabfall gehalten werden konnte. Für Einzelheiten siehe Abschnitt 4.3.4 (bzw. in [1], den Abschnitt 3.4).

Tabelle 4.1: Übersicht über die Arten der Baustellenversuche

	Bruchversuche	Probebelastungen	Abnahmeversuche	
Siehe in diesem Beitrag Abschnitt …	4.3.2	4.3.3	4.3.4	
Belastung der Injektionsanker beim Versuch	N_u und V_u	N_{pP} und V_p	N_u	N_{pA}
Verwendung der geprüften Injektionsanker für die geplante Befestigung/ Verankerung	nein	nein	nein	ja

mit:

N_u = Bruchlast bei Zugversuchen
V_u = Bruchlast bei Querlastversuchen
N_{pP} = Gewählte Last für Probebelastung für Zugversuche (Probelast)
V_p = Gewählte Last für Probebelastung für Querversuche (Probelast)
N_{pA} = Gewählte Last für Abnahmeversuche (Abnahmelast)

4.2 Anwendungsbereiche für Injektionsanker

4.2.1 Mauerwerksgruppen

Für Metall-Injektionsanker zur Verankerung im Mauerwerk werden die Mauerwerksgruppen b, c und d nach [10] unterschieden, die in Tabelle 4.2 zusammengefasst dargestellt werden.

Tabelle 4.2: Mauerwerksgruppen nach EAD 330076-00-0604, Abschnitt 1.2.1 in [10]

Mauerwerksgruppe	Verankerungsgrund
b	• Mauerwerk aus Vollsteinen nach DIN EN 771-1 [5], -2 [6], -3 [7] und -5 [9] • (senkrechte Lochung bis maximal 15 % des Querschnitts sind zulässig, z. B. Grifflöcher oder Vertiefungen bis 20 % bezogen auf das Volumen des Steins)
c	• Mauerwerk aus Hohl- oder Lochsteinen nach DIN EN 771-1 [5], -2 [6], -3 [7] und -5 [9]
d	• Mauerwerk aus Porenbetonsteinen nach DIN EN 771-4 [8] mit einer Druckfestigkeit zwischen $1{,}8 \leq f_{c,m} \leq 8$ [N/mm²]

Die in der Dübel-ETA für den Injektionsanker ausgewiesenen charakteristischen Tragfähigkeiten gelten nur, wenn auf der Baustelle der von seiner Beschaffenheit gleiche Verankerungsgrund vorliegt, wie der, der im Zulassungsverfahren mit dem Dübel geprüft wurde. In diesem Fall kann auf Versuche am Bauwerk verzichtet werden, vorausgesetzt, dass der Dübel entsprechend der ETA montiert wurde (vgl. Tabelle 4.5).
Bei Lochsteinen ist zusätzlich die Setzrichtung des Dübelsystems zu beachten: Die in der ETA angegebenen Tragfähigkeiten gelten für rechtwinklig zur Wandebene gesetzte Injektionsanker (keine Setzposition in der Laibung), sofern nichts anderes in der ETA angegeben ist (vgl. in [1] den Abschnitt 1.3).
Nur bei Vollsteinen können die charakteristischen Dübel-Tragfähigkeiten aus der ETA auf vergleichbare Vollsteine (aus demselben Baustoff) auf der Baustelle übertragen werden, wenn diese lediglich durch ein größeres Steinformat und/oder durch eine höhere Druckfestigkeit sowie eine größere Rohdichte von den im Zulassungsverfahren geprüften Steinen abweichen (vgl. in [1] den Abschnitt 1.1).
Ansonsten ist die charakteristische Tragfähigkeit eines Injektionsankers im bauaufsichtlich relevanten Bereich durch Versuche am Bauwerk zu ermitteln, wenn nur einer der folgenden Fälle vorhanden sein sollte (vgl. auch Tabelle 4.5 in Abschnitt 4.2.5):

- Für den auf der Baustelle vorhandenen Verankerungsgrund sind keine charakteristischen Tragfähigkeiten in der Dübel-ETA angegeben; ein Stein vom gleichen Baustoff, von gleicher Struktur und vergleichbarer Geometrie (vgl. in [1] die Abschnitte 1.1 und 1.3) befindet sich jedoch in der Zulassung.
- Der auf der Baustelle verbaute Vollstein hat ein kleineres Steinformat und/oder eine niedrigere Druckfestigkeit sowie eine kleinere Rohdichte als der in der Dübel-ETA ausgewiesene Vollstein aus dem gleichen Baustoff.
- Die Dübel werden für die spätere Montage tiefer gesetzt als sie im Zulassungsverfahren geprüft wurden; auch dieser Einfluss ist zu untersuchen:
  „Größere Verankerungstiefen als im Referenzstein in der ETA sind möglich, wenn diese Verankerungstiefe für einen Stein des gleichen Typs (Baustoff und Struktur) in der ETA angegeben ist und damit die prinzipielle Eignung der Montagetechnik in der ETA nachgewiesen ist."

Bei diesen Versuchen muss die Dübel-ETA allerdings immer die entsprechende Mauerwerksgruppe nach Tabelle 4.2 abdecken, d. h., Versuche am Bauwerk in einem Lochstein „Z" sind nur dann „zulässig", wenn im Rahmen der Zulassungsverfahren bereits für einen anderen Lochstein „Z" – dem sogenannten „Referenzstein" mit gleichem Baustoff (Ziegel, Porenbeton, Kalksandstein, Leichtbeton oder Normalbeton) und gleicher Struktur (Vollstein, Hohl- oder Lochstein mit oder ohne Dämmstoff-Füllung) – die grundsätzliche Eignung für die Verankerung des Injektionsankers geprüft wurde und für diesen Stein charakteristische Tragfähigkeiten des Dübels in der ETA ausgewiesen werden. Deckt die Dübel-ETA in der Mauerwerksgruppe „c" nur Hochlochziegel ab, so können für Lochsteine aus einem anderen Baustoff (z. B. einen Kalksand-Lochstein) keine charakteristischen Tragfähigkeiten durch Versuche am Bauwerk im Rahmen dieser ETA abgeleitet werden.
Zu beachten ist, dass die Technische Regel [1] für Injektionsanker bezüglich Hohl- und Lochsteinen sehr restriktiv ist. Hierzu werden im Abschnitt 1.3 in [1] folgende Bedingungen für den Baustellen-Verankerungsgrund gemacht:

- *„Vergleichbares Lochbild wie beim Referenzstein in der ETA, d. h. mindestens gleiche Anzahl und Dicke der Stege, die bei der Lasteinleitung aktiviert werden (siehe Anhang A)."*
- *„Eventuell vorhandene Füllung von Lochsteinen muss dem Füllmaterial des Referenzsteins in der ETA entsprechen."*

Das bedeutet zum Beispiel, dass keine charakteristischen Tragfähigkeiten durch Versuche am Bauwerk für einen Hochlochziegel mit Perlite-Füllung im Rahmen einer Dübel-ETA abgeleitet werden können, wenn in dieser Dübel-ETA in der Mauerwerksgruppe „c" nur ein Hochlochziegel mit Mineralwolle-Füllung ausgewiesen ist.

Für Injektionsanker wird im Anwendungsbereich in [1] nicht gesondert betont, dass der Einfluss eines Bohrverfahrens, das nicht in der Injektionsanker-ETA erfasst ist, zu untersuchen ist. In den ETAs wird das Bohrverfahren aber für die einzelnen geprüften Steinen ausgewiesen; dieses vorgegebene Bohrverfahren ist einzuhalten. Daher ist das bei den Baustellenversuchen angewandte Bohrverfahren auch im Versuchsbericht zu dokumentieren.

4.2.2 Temperaturbereiche

Für Injektionsanker ist in Bezug auf den Temperatureinfluss Folgendes zu beachten:

- Die Angaben für die Temperaturbereiche a, b und c zeigt Tabelle 4.3.

Tabelle 4.3: Temperaturbereiche für Metall-Injektionsanker zur Verankerung im Mauerwerk nach [10]

Temperatur-Bereich	a	b	c
maximale **Kurzzeit-Temperatur** 1)	+40 °C	+80 °C	Festlegung durch Hersteller
maximale **Langzeit-Temperatur** 2)	+24 °C	+50 °C	
niedrigste **Nutzungstemperatur**	-40 °C		
Montagetemperatur	Siehe Zulassung bzw. Hersteller-Empfehlung!		
1) Temperatur innerhalb des Nutzungstemperaturbereichs, die in kurzen Zeiträumen variieren kann, z. B. in Tag-/Nacht-Zyklen und Frost-/Tau-Wechseln. 2) Temperatur innerhalb des Nutzungstemperaturbereichs, die über einen längeren Zeitraum annähernd konstant bleibt. Zu den Langzeit-Temperaturen gehören konstante oder nahezu konstante Temperaturen, wie sie in Kühlhäusern oder in der Nähe von Heizungsanlagen auftreten.			

- Auch wenn der Temperatureinfluss bei den Versuchen am Bauwerk mit Injektionsankern auf der Baustelle nicht untersucht werden kann, so sind gemäß [1], Abschnitt 2.3

  - die Temperatur im Verankerungsgrund (Bauteiltemperatur)
  - die Lufttemperatur und
  - die Mörteltemperatur

- im Versuchsbericht zu dokumentieren.

- Für Injektionsanker wird der Temperatureinfluss bei der Auswertung bzw. Ermittlung der charakteristischen Tragfähigkeit aus den Versuchen am Bauwerk ($N_{Rk,1}$, $N_{Rk,2}$ oder $N_{Rk,3}$ sowie $V_{Rk,1}$ oder $V_{Rk,2}$) pauschal über den produktabhängigen Abminderungsfaktor „β“ berücksichtigt. Dieser produktabhängige Abminderungsfaktor „β“ wurde im Zulassungsverfahren auf Grundlage der Laborversuche ermittelt und ist für den jeweiligen Injektionsanker in den Anhängen der zugehörigen ETA ausgewiesen. Für den anschließenden Abgleich der ermittelten Tragfähigkeiten mit dem „Referenzstein muss dann die charakteristische Tragfähigkeit aus der ETA ($N_{RK,ETA}$ / $V_{RK,ETA}$) angesetzt werden, die dem späteren Nutzungstemperaturbereich entspricht.

4.2.3 Nutzungsbedingungen in Bezug auf Montage und Verwendung

Das Bewertungsdokument EAD 330076-00-0604 [10], Abschnitt 1.2.1 unterscheidet zusätzlich zu Baustoff und Temperatur auch noch die Nutzungsbedingungen in Bezug auf Montage und Verwendung, die hier in Tabelle 4.4 dargestellt werden.

Tabelle 4.4: Nutzungsbedingungen in Bezug auf Montage und Verwendung nach [10]

Nutzungsbedingung	**Beschreibung**
d/d 1)	• Montage und Verwendung in Bauteilen in trockenen Innenräumen
w/d	• Montage in trockenem oder nassem Mauerwerk und Verwendung in Bauteilen in trockenen Innenräumen
w/w 2)	• Montage und Verwendung in Bauteilen unter trockenen oder nassen Umweltbedingungen
1) d = dry (Englisch) = trocken 2) w = wet (Englisch) = feucht/nass	

Der Hintergrund für diese Differenzierung ist die (in vielen Fällen) reduzierte Tragfähigkeit, wenn ein Injektionsanker nicht in trockenes, sondern in nasses Mauerwerk eingebaut wird. Aufschluss darüber, ob das Mauerwerk trocken oder nass ist, gibt auch hier wieder die Probebohrung (vgl. Abschnitt 5.3.3 mit Tabelle 5.1), bzw. das Erstellen der Bohrlöcher für die Versuche am Bauwerk. Die Konsistenz des Bohrmehls sollte daher für Injektionsanker im Versuchsbericht unbedingt mit dokumentiert werden:

- pulverförmiges Bohrmehl → Das Mauerwerk ist trocken.
- krümeliges Bohrmehl → Das Mauerwerk ist feucht/nass.

Wie für die Berücksichtigung des Temperaturbereichs werden für Injektionsanker auch die „Nutzungsbedingungen in Bezug auf Montage und Verwendung" pauschal über den Abminderungsfaktor „β" berücksichtigt. Siehe dafür sinngemäß die Ausführungen in Abschnitt

4.2.4 Bedingungen für Achs- und Randabstände

Neu gegenüber [12] und [14] ist in [1], dass für Zug- und Querbeanspruchung Randabstände zwischen dem Mindestwert $c_{min,ETA}$ und dem charakteristischen Wert $c_{cr,ETA}$ des Referenzsteines gemäß ETA durch Baustellenversuche beurteilt werden dürfen. Dabei ist

- $c_{min,ETA}$ der Minimale Randabstand des Injektionsankers für den Referenzstein in der ETA und
- $c_{cr,ETA}$ der charakteristische Randabstand des Injektionsankers für den Referenzstein in der ETA.

Ansonsten beachte hier in [1], den Abschnitt 1.3.

4.2.5 Handeln „im Rahmen der Zulassung"

„*Zulässig*" (vgl. Abschnitt 4.2.1) bedeutet im Zusammenhang mit Versuchen am Bauwerk das Handeln „*im Rahmen der Zulassung*" des Dübels i. d. R. der Dübel-ETA:

- Wenn die grundsätzliche Eignung des Dübels in einem Verankerungsgrund der entsprechenden Mauerwerksgruppe nach Abschnitt 4.2.1, Tabelle 4.2 im Zulassungsverfahren nachgewiesen wurde und in der entsprechenden Dübel-ETA ausgewiesen ist, so kann in jedem vergleichbaren Verankerungsgrund – im Rahmen der Zulassung – gedübelt werden, *vorausgesetzt*, dass regelkonform Versuche am Bauwerk durchgeführt und entsprechend bewertet werden, wobei auch die Temperaturbereiche, Nutzungsbedingungen sowie Achs- und Randabstände zu berücksichtigen sind (Abschnitte 4.2.2, 4.2.3 und 4.2.4).
- Wurde die grundsätzliche Eignung des Dübels in einem Verankerungsgrund nach Tabelle 4.2 im Zulassungsverfahren nicht nachgewiesen, d. h. sind keine Angaben in der entsprechenden Dübel-ETA enthalten, so kann in einem solchen Verankerungsgrund auf der Baustelle nicht – im Rahmen der ETA – verankert werden; der Anwender befindet sich dann rein formal außerhalb des Anwendungsbereichs der ETA und benötigt im bauaufsichtlich relevanten Bereich eine vorhabenbezogene Bauartgenehmigung. Bei diesem Verfahren können Versuche am Bauwerk eine Beurteilungsgrundlage sein. Für diesen Fall empfiehlt es sich allerdings immer, einen geeigneten Planer bzw. Sachverständigen für die Beurteilung der Verankerung einzuschalten, der über ausreichende Erfahrungen auf dem Gebiet der Verankerungen und des Mauerwerkbaus verfügt.

In Tabelle 4.5 wird noch einmal zusammenfassend dargestellt, wann Versuche am Bauwerk mit Metall-Injektionsankern im Mauerwerk erforderlich sind.

Tabelle 4.5: Erfordernis von Versuchen am Bauwerk mit Metall-Injektionsankern im Mauerwerk

Versuche am Bauwerk mit Metall-Injektionsankern im Mauerwerk	
... nicht erforderlich, wenn ...	**... erforderlich, wenn ...**
• ... der auf der Baustelle verwendete Mauerstein der gleiche ist wie einer der Verankerungsgründe, die in der ETA des verwendeten Dübels abgebildet sind. Bei der Montage wird die Setztiefe des Dübels (h_{ef}) gemäß den Vorgaben der Dübel-ETA eingehalten. Bei der Verankerung in Lochsteinen muss die Setzrichtung des Dübels der Setzrichtung im Referenzstein in der Dübel-ETA entsprechen. • ... der auf der Baustelle verwendete Vollstein vom in der Dübel-ETA abgebildeten Vollstein lediglich abweicht durch – ein größeres Steinformat und/oder – eine höhere Druckfestigkeit sowie eine höhere Rohdichte.	• ... der auf der Baustelle verwendete Mauerstein nicht in der ETA des verwendeten Dübels abgebildet ist. In der Dübel-ETA ist aber ein Stein enthalten – aus dem gleichen Baustoff (Ziegel, Porenbeton, Kalksandstein, Leichtbeton oder Normalbeton), – mit der gleichen Struktur (Vollstein, Lochstein mit oder ohne Dämmstoff-Füllung) – mit einer vergleichbaren Geometrie (Steinabmessungen, Loch- und Stegabmessungen) • ... der auf der Baustelle verbaute Vollstein ein kleineres Steinformat und/oder eine niedrigere Druckfestigkeit sowie eine niedrigere Rohdichte hat als der in der Dübel-ETA ausgewiesene, ansonsten gleiche Vollstein. • ... der Dübel tiefer gesetzt wird als in der Dübel-ETA vorgegeben, diese Verankerungstiefe aber für einen Stein des gleichen Typs (Baustoff und Struktur) in der ETA angegeben ist und damit die prinzipielle Eignung der Montagetechnik in der ETA nachgewiesen ist.

4.3 Versuche

4.3.1 Allgemeines

Die Tragfähigkeit eines Injektionsankers kann nach [1] bei Versuchen am Bauwerk durch

- Zugversuche (Bruchversuche, Probebelastungen, Abnahmeversuche) und durch
- Querlastversuche (Bruchversuche am Rand oder Probebelastung am Rand)

ermittelt werden.
In [12] und [14] waren bisher keine Versuche mit Querlasten vorgesehen.
Eine weitere Neuerung in [1] gegenüber [12] und [14] ist die Einführung des Reduktionsfaktors α_{dist} zur Berücksichtigung von Abstützweiten $a_{dist} < 3 \cdot h_{ef}$, wenn der empfohlene lichte Abstand zwischen der Abstützung und dem Injektionsanker von mindestens $l_a = 1{,}5 \cdot h_{ef}$ nicht eingehalten werden kann (vgl. Bild 5). Für Zugversuche dürfen für Verankerungstiefen bis $h_{ef} = 150$ mm kleinere Abstützdurchmesser gewählt werden, wobei der Mindestabstützdurchmesser $a_{dist,min} = 1{,}5 \cdot h_{ef}$ beträgt. Der Einfluss der kleineren Abstützdurchmesser wird durch den Reduktionsfaktor α_{dist} bei der Auswertung der Versuche berücksichtigt und wie folgt ermittelt:

$$\alpha_{dist} = 0{,}4 + (a_{dist} / 5 \cdot h_{ef}) \qquad \text{Gl. T}$$

<u>mit:</u>

- α_{dist} Reduktionsfaktor für Abstützweiten $1{,}5 \cdot h_{ef} \leq a_{dist} < 3 \cdot h_{ef}$ (siehe auch Bild 2)
- a_{dist} vorhandene Abstützweite (Abstützdurchmesser; vgl. auch Bild 5)
- h_{ef} effektive Verankerungstiefe ≤ 150 mm

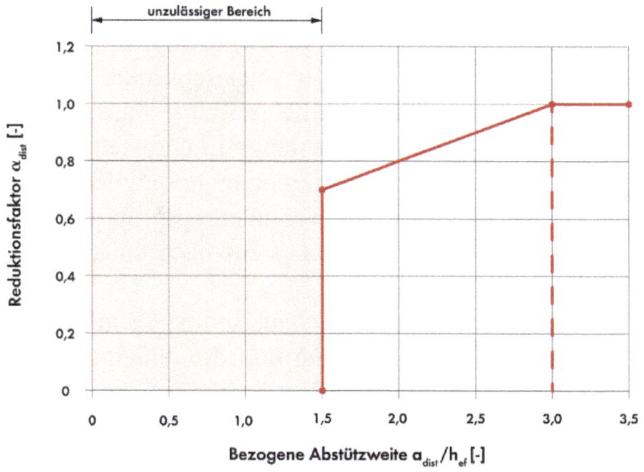

Bild 2: Reduktionsfaktor α_{dist} für Abstützdurchmesser nach [1]

Für die Positionierung der Abstützung des mobilen Dübel-Prüfgeräts auf den Mauersteinen beachte Abschnitt 5.2 mit Bild 6.
Bei unverputztem Mauerwerk und genauer Kenntnis der Steingeometrie von Hohl- und Lochsteinen kann eine angepasste Abstützweite gewählt werden. Dabei ist darauf zu achten, dass die Abstützung mindestens auf den tragfähigen Querstegen realisiert wird (siehe Bild 3). Dies ist die Voraussetzung dafür, dass sich die Verformung in den aktivierten Horizontalstegen ungehindert einstellen kann.

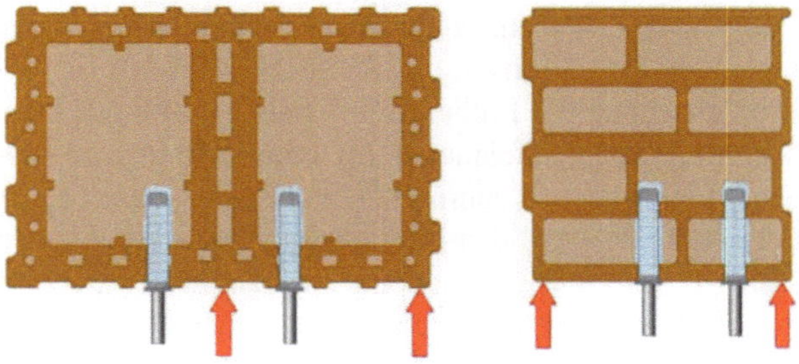

Bild 3: Abstützung auf tragfähigen Querstegen

Eine wesentliche Neuerung in [1] gegenüber [12] und [14] ist die Differenzierung der Material-Teilsicherheitsbeiwerte (γ_M) für das Mauerwerk in Abhängigkeit der Art der durchgeführten Versuche und des Verankerungsgrunds. Diese Differenzierung ist in Tabelle 4.6 dargestellt.

Tabelle 4.6: Material-Teilsicherheitsbeiwerte γ_M (gemäß [1], Abschnitt 4.3, Tabelle 4)

Verankerungsgrund	**Art der durchgeführten Versuche am Bauwerk**		
	15 Probebelastungen (vgl. Abschnitt 4.3.3)	**≥ 5 Bruchversuche** (vgl. Abschnitt 4.3.2) <u>oder</u> **15 Abnahmeversuche** (vgl. Abschnitt 4.3.4)	**Alle Befestigungen geprüft durch Abnahmeversuche** (vgl. Abschnitt 4.3.4)
Mauerziegel, Kalksandsteine, Steine aus Leichtbeton und Normalbeton	**2,50**	**2,25**	**1,95**
Porenbetonsteine	**2,00**	**1,80**	**1,56**

4.3.2 Bruchversuche

Bei Bruchversuchen wird der Injektionsanker bis zum Versagen belastet. Das bedeutet, dass die Last mit dem Dübel-Auszugsgerät so lange langsam und stetig gesteigert wird, bis keine Laststeigerung mehr möglich ist und die Verankerung oder der Verankerungsgrund versagt. Dabei darf die Bruchlast frühestens nach einer Minute erreicht werden.
Die Bruchlast wird aufgezeichnet und ist Grundlage für die Auswertung der Versuche und die Ableitung einer charakteristischen Tragfähigkeit des Dübels im Baustellen-Verankerungsgrund.
Die minimale Anzahl von Auszugsversuchen ist n = 5, wobei in [1] (siehe dort Abschnitt 3.2) nicht zwischen Querlastversuchen wam Rand und Zugversuchen unterschieden wird und es auch keine Rolle spielt ob die Wand verputzt ist oder nicht.
Die Injektionsanker/Befestigungsstellen dürfen nach den Bruchversuchen nicht mehr für die geplante Befestigung/Verankerung verwendet werden.

4.3.3 Probebelastungen

Anders als in [12] und [14] geregelt, dürfen nach der Technischen Regel des DIBt Probebelastungen nicht nur für Zugversuche sondern auch für Querlastversuche am Rand durchgeführt werden (vgl. Abschnitt 3.3 in [1]). Dabei sind in beiden Fällen jeweils mindestens 15 Versuche durchzuführen.
Die Festlegung der Probelast für Probebelastungen kann nur durch den Fachplaner (Abschnitt 3) festgelegt werden, da nur dieser Kenntnisse über die Gesamtstatik des Bauvorhabens – mit den Einwirkungen auf die geplanten Dübel-Befestigungen – haben kann. Die Lasten für eine Probebelastung werden nach den folgenden Gleichungen bestimmt.
Für Zugversuche:

$$N_{pP} \geq N_{Ed} \cdot \gamma_M \cdot 1/\beta \quad \text{Gl. T}$$
$$\leq N_{Rk,ETA}/\beta \quad \text{Gl. T}$$

Für Querlastversuche:

$$V_p \geq V_{Ed} \cdot \gamma_M \cdot 1/\beta \quad \text{Gl. T}$$
$$\leq V_{Rk,ETA}/\beta \quad \text{Gl. T}$$

mit:

- N_{pP} gewählte Last für die Probebelastung für die Zugversuche
- V_p gewählte Last für die Probebelastung für die Querlastversuche
- N_{Ed} Bemessungswert der Einwirkung ($N_{Ek} \cdot \gamma_F$) Zuglast
- V_{Ed} Bemessungswert der Einwirkung ($V_{Ek} \cdot \gamma_F$) Querlast
- γ_M Teilsicherheitsbeiwert der Tragfähigkeit (vgl. Abschnitt 4.3.1)
- β produktabhängiger Faktor zur Berücksichtigung verschiedener Einflüsse gemäß ETA für den verwendeten Injektionsanker (siehe hierfür auch die Ausführungen in den Abschnitten 4.2.2 und 4.2.3)
- $N_{Rk,ETA}$ charakteristische Tragfähigkeit des Injektionsankers $N_{Rk,b}$ bzw. $N_{Rk,p}$ in der ETA für den Referenzstein
- $V_{Rk,ETA}$ charakteristische Tragfähigkeit des Injektionsankers $V_{Rk,c}$ in der ETA für den Referenzstein

Für die Probebelastungen mit Injektionsankern wird ein „kritischer Lastabfall" definiert:
Für eine erfolgreiche Probebelastung muss für jeden der mindestens 15 Versuche die gewählte Probelast N_{pP} bzw. V_P für mindestens eine Minute gehalten werden. Dabei dürfen keine sichtbaren Verschiebungen auftreten. In der Regel wird man bei den Prüfungen auch hier immer einen Lastabfall infolge Relaxation („Entspannung") feststellen. Geht diese Relaxation über 10 % der Probelast hinaus, so spricht [1] von einem kritischen Lastabfall.
Wenn der o. g. Lastabfall den Grenzwert von 10% für den „kritischen Lastabfall" überschreitet, ist es zulässig, die Lasthöhe einmalig auf den Ausgangswert N_{pP} bzw. V_p nachzustellen und diese mindestens 10 Minuten zu halten. Wenn während dieser Zeit keine sichtbare Verschiebung auftritt und der weitere Lastabfall maximal 5% der Probelast beträgt, so können die charakteristischen Tragfähigkeiten $N_{Rk,2}$ bzw. $V_{Rk,2}$ für den Injektionsanker nach den beiden folgenden Gleichungen ermittelt werden:

$$N_{Rk2} = \alpha_{dist} \cdot N_{pP} \cdot \beta \leq N_{Rk,ETA} \quad \text{Gl. (6)}$$
$$V_{Rk2} = V_p \cdot \beta \leq V_{Rk,ETA} \quad \text{Gl. (7)}$$

mit:

- α_{dist} Reduktionsfaktor für Abstützweiten $a_{dist} < 3 \cdot h_{ef}$ nach Gleichung (1)
- N_{pP}, β, $N_{Rk,ETA}$ siehe Gl. (2) und (3)
- V_p, β, $V_{Rk,ETA}$ siehe Gl. (4) und (5)

Aus Gründen der Übersicht wird für weitere Details auf den Abschnitt 3.3 in [1] verwiesen.
Die Injektionsanker/Befestigungsstellen dürfen nach den Probebelastungen nicht mehr für die geplante Befestigung/Verankerung verwendet werden. Dies wird damit begründet, dass nicht ausgeschlossen werden kann, dass es zu Vorschädigungen der Verankerungen kam, auch wenn keine sichtbaren Bewegungen oder Verschiebungen bei sämtlichen geprüften Injektionsankern auftraten.

4.3.4 Abnahmeversuche

Die Idee von Abnahmeversuchen (nur Zugversuchen) ist es, einen Teil oder alle der für die geplante Befestigung vorgesehenen Injektionsanker zu prüfen. Dabei ist die

Abnahmelast (N_{pA}) für diese Versuche auf einem im Vergleich zur Tragfähigkeit niedrigeren Lastniveau.
Vor der Durchführung der eigentlichen Abnahmeversuche muss auf der Baustelle zunächst

- mindestens ein Bruchversuch bis zum Versagen oder
- mindestens eine Probebelastung auf einem beliebigen Niveau

durchgeführt werden. Sollte die Verankerung bei dieser „Probebelastung auf einem beliebigen Niveau" versagen, dann kann dieser Versuch als Bruchversuch gewertet werden.
Die Versagenslast aus einem Bruchversuch bzw. die Probelast der einen Probebelastung ist der Ausgangswert $N_{u,1}$ für die Ermittlung der Abnahmelast (N_{pA}).
Es können aber auch mehr Bruchversuche oder Probebelastungen durchgeführt werden, um ein Ergebnis mit einer besseren Aussagekraft zu erhalten: Werden

- mindestens drei Bruchversuche oder
- mindestens drei Probebelastungen auf einem beliebigen Niveau

durchgeführt, so ergibt sich der Ausgangswert $N_{u,m}$ für die Ermittlung der Abnahmelast als Mittelwert der mindestens drei Bruchversuche oder Probebelastungen.
Die so getesteten Injektionsanker/Befestigungsstellen [Bruchversuch(e) oder Probebelastung(en)] dürfen nicht mehr für die geplante Befestigung/Verankerung verwendet werden, da eine Vorschädigung des Steines durch diese Belastung(en) nicht ausgeschlossen werden kann.
Für die Ermittlung der Abnahmelast N_{pA} aus $N_{u,1}$ oder $N_{u,m}$ ist – wie bei den Probebelastungen – der Fachplaner (Abschnitt 3) verantwortlich, da nur dieser Kenntnisse über die Gesamtstatik des Bauvorhabens – mit den Einwirkungen auf die geplanten Dübelverankerungen – haben kann.
Wenn nicht alle der für die geplante Befestigung vorgesehenen Injektionsanker geprüft werden, sind mindestens 15 Abnahmeversuche mit der Abnahmelast N_{pA} durchzuführen, die wie folgt zu ermitteln ist.

Für nur einen Bruchversuch bzw. nur eine Probebelastung:

$$N_{pA} = \alpha_{Probe} \cdot 0{,}5 \cdot N_{u,1} \leq \alpha_{Probe} \cdot N_{Rk,ETA} / \beta \qquad \text{Gl. (8)}$$

$$N_{pA} \geq N_{Ed} \cdot \gamma_M \cdot 1/\beta \qquad \text{Gl. (9)}$$

Für mindestens drei Bruchversuche bzw. mindestens drei Probebelastung:

$$N_{pA} = \alpha_{Probe} \cdot 0{,}7 \cdot N_{u,m} \leq \alpha_{Probe} \cdot N_{Rk,ETA} / \beta \qquad \text{Gl. (10)}$$

$$N_{pA} \geq N_{Ed} \cdot \gamma_M \cdot 1/\beta \qquad \text{Gl. (11)}$$

mit

- N_{pA} Last für die Abnahmeversuche (Abnahmelast)
- $N_{u,1}$ in einem Versuch ermittelte Versagenslast/Probebelastung
  Anmerkung: Annahme der Versagenslast/Probebelastung als 95%-Quantilwert.Mit dem Faktor 0,5 ergibt sich der 5%-Quantilwert.
- $N_{u,m}$ Mittelwert der Versagenslast/Probebelastung aus mindestens drei Versuchen
  Anmerkung: Mit dem Faktor 0,7 ergibt sich der 5%-Quantilwert.
- $N_{Rk,ETA}$ charakteristische Tragfähigkeit $N_{Rk,b}$ bzw. $N_{Rk,p}$ in der ETA für den Referenzstein
- N_{Ed} Bemessungswert der Einwirkung ($N_{Ek} \cdot \gamma_F$)
- γ_M Teilsicherheitsbeiwert für das Material, siehe Abschnitt 4.3.1
- β produktabhängiger Faktor zur Berücksichtigung verschiedener Einflüsse gemäß ETA
- α_{Probe} Faktor zur Vermeidung einer Vorschädigung $= 0{,}90$

Für erfolgreiche Abnahmeversuche muss für jeden der mindestens 15 Versuche die gewählte Abnahmelast N_{pA} für mindestens eine Minute gehalten werden. Dabei dürfen keine sichtbaren Verschiebungen auftreten. Dies entspricht der Regelung für Probebelastungen in Abschnitt 4.3.3. So wird sinngemäß auch hier der „kritische Lastabfall" definiert, wenn bei den Prüfungen der Lastabfall infolge Relaxation („Entspannung") über 10 % der Abnahmelast hinausgeht (vgl. in [1] den Abschnitt 3.4).
Wenn der Lastabfall den Grenzwert für den „kritischen Lastabfall" von 10% überschreitet, ist es zulässig, die Lasthöhe einmalig auf den Ausgangswert N_{pA} nachzustellen und diese mindestens 10 Minuten zu halten. Wenn während dieser Zeit keine sichtbare Verschiebung auftritt und der weitere Lastabfall maximal 5% der Abnahmelast beträgt, so kann die charakteristische Zugtragfähigkeit $N_{Rk,3}$ des Injektionsankers nach der folgenden Gleichung ermittelt werden:

$$N_{Rk3} = \alpha_{dist} \cdot N_{pA} \cdot \beta \leq N_{Rk,ETA} \qquad \text{Gl. 12}$$

mit

- α_{dist} Reduktionsfaktor für Abstützweiten
  $\alpha_{dist} < 3 \cdot h_{ef}$ nach Gleichung (1)
- N_{pA}, β, $N_{Rk,ETA}$ siehe Gl. (8), (9), (10) und (11)

Aus Gründen der Übersicht wird für weitere Details auf den Abschnitt 3.4 in [1] verwiesen.
Nur die Injektionsanker/Befestigungsstellen, für die erfolgreiche Abnahmeversuche durchgeführt werden konnten (Aufbringen der Abnahmelast für mindestens eine Minute ohne sichtbare Verschiebungen und ohne kritischen Lastabfall), dürfen nach Abschluss der Abnah-

meversuche für die geplante Befestigung/Verankerung verwendet werden (vgl. hierzu Abschnitt 4.3.1 mit Tabelle 4.1).

4.4 Versuchsbericht

Die Dokumentation der Versuche am Bauwerk für Metall-Injektionsanker zur Verankerung im Mauerwerk erfolgt durch den „Versuchsleiter" in einem entsprechenden Versuchsbericht. Beachte hierzu in [1], Abschnitt 2.3 die Inhalte, die mindestens in einem solchen Versuchsbericht enthalten sein sollen.

5. Praxistipps

5.1 Ort der Prüfungen

Der Ort, an dem die Prüfungen durchgeführt wurden, sollte möglichst präzise beschrieben werden, damit später nach Abschluss des eigentlichen Bauvorhabens immer noch genau nachvollzogen werden kann, wo tatsächlich die Versuche am Bauwerk durchgeführt wurden. Folgende Angaben können hilfreich sein:

- Achskoordinaten aus vorliegenden Plänen (wenn vorhanden)
- Innenraum oder Außenbereich
- Geschoss/Etage
- Raum-Nummer
- …
- Bereits an diesem Punkt empfiehlt sich eine Dokumentation mit Hilfe von Fotos

Mit Bezug auf die Technische Regel des DIBt (vgl. in [1]) sind die Setzstellen, an denen die Versuche am Bauwerk durchgeführt werden, durch den zuständigen Fachplaner festzulegen.
Wenn eine Fassade bei einem Bauvorhaben im Bestand, an einem bereits vorhandenen, ggf. auch verputzten Mauerwerk verankert werden soll, gelten die z. B. nur an einer Außenwand des Bestandsgebäudes ermittelten Versuchsergebnisse nicht automatisch für alle Wände des gesamten Bauvorhabens. Für diesen Fall müsste sichergestellt werden, dass es sich bei allen Außenwänden um den gleichen Verankerungsgrund handelt, in den der Dübel später tatsächlich auch eingebaut wird.
Der TR 053 [14] und ETAG 029, Anhang B [12] führen hierzu allgemein Folgendes aus:

„Die Anzahl und Position der zu prüfenden Injektionsanker sind den jeweiligen speziellen Bedingungen des jeweiligen Bauwerks anzupassen und müssen z. B. im Fall von verdeckten und größeren Flächen erhöht werden, so dass zuverlässige Angaben über die charakteristische Tragfähigkeit der im jeweiligen Verankerungsgrund eingebetteten Injektionsankern abgeleitet werden können. Die Versuche sollten die ungünstigsten Bedingungen der praktischen Ausführung berücksichtigen."

Bild 4 zeigt eine Baustelle, bei dem ein eingeschossiger Anbau nachträglich an einem bestehenden mehrgeschossigen Wohngebäude ergänzt wurde. Beim Einbau neuer Fenster und der Sanierung des Putzes werden hier im Bild mindestens drei verschiedene Mauersteinarten sichtbar: Ein Betonstein (Fensterbrüstung), ein Vollziegel (vorhandenes Hauptgebäude) und ein Hochlochziegel (Anbau bzw. Brüstung unter dem kleineren Fenster).

Bild 4: Unterschiedliches Mauerwerk in zwei unterschiedlichen Bauabschnitten (Foto: Küenzlen)

Sollten an diesem Objekt Versuche am Bauwerk durchgeführt werden, so könnten die Ergebnisse nicht automatisch von einem auf die beiden anderen Mauersteine übertagen werden.
Es wäre vielmehr vorab vom Fachplaner zu entscheiden, WO und WELCHE Mauersteinart geprüft werden soll. In einer solchen Situation kann es sinnvoll oder sogar erforderlich sein, die Anzahl der Versuche zu erhöhen d. h. in mehreren Wandbereichen und Steinen zu prüfen. Nach [1], Abschnitt 2.1 sind bei unregelmäßigem Mauerwerk (Mauerwerk aus verschiedenen Steinen) für jede Art des angetroffenen Verankerungsgrunds separate Versuche durchzuführen und getrennt auszuwerten.
Alternativ könnte man hier (Bild 4) zunächst jeweils nur eine kleine Anzahl von Tastversuchen in den drei verschiedenen Steinarten und eine vollständige Anzahl von Versuchen nur in der „ungünstigsten" Mauersteinart (in der bei den Tastversuchen die geringsten Lasten eingeleitet werden konnten) durchführen. Die dabei ermittelte Dübeltragfähigkeit könnte dann auf der sicheren Seite auf die beiden „günstigeren" Steine übertragen werden. Ein solches Vorgehen wäre ein ingenieurmäßiger Ansatz, der durch den zuständigen Fachplaner festzulegen und zu verantworten ist.
Baustellenversuche sind nicht zwingend am Bauwerk durchzuführen. Sind z. B. bei einer Neubau-Baustelle noch eine ausreichend große Anzahl von einzelnen, nicht verbauten Mauersteinen des tatsächlich vorhandenen Baustellen-Ver-

ankerungsgrundes vorhanden, können die Versuche nach [1], Abschnitt 2.2 auch *„an nicht verbauten Einzelsteinen"* durchgeführt werden. Damit müssen die Versuche nicht zwingend auf dem Gerüst bzw. direkt am Bauwerk durchgeführt werden, was die Prüfung i. d. R. deutlich vereinfacht. Diese Vorgehensweise ist sowohl durch die Technische Regel des DIBt [1] als auch den TR 053 [14] abgedeckt, da in Prüfstellen im Rahmen eines Zulassungsverfahrens häufig auch nur an Einzelsteinen geprüft wird.

5.2 Prüfvorrichtung

Mit „Prüfvorrichtung" sind mobile Dübel-Auszugsgeräte gemeint, mit denen Baustellenversuche durchgeführt werden können.
Bei diesen Geräten ist allgemein immer darauf zu achten, dass sie regelmäßig (je nach Herstellervorgabe i. d. R. einmal jährlich) kalibriert werden, vgl. in [1] den Abschnitt 2.2:

> *„Die Prüfvorrichtung für die Versuche soll eine kontinuierliche Anzeige der aktuellen Kraft einschließlich der Erfassung des Spitzenwertes ermöglichen. Dieser Spitzenwert ist aufzuzeichnen. Die Kraft ist über eine kalibrierte Kraftmessdose (Genauigkeit ±5% auf den Messbereich) zu messen."*

Da hier eine *kalibrierte* Kraftmessdose gefordert wird, sollten die Geräte i. d. R. bei den Prüfgeräte-Herstellern entsprechend regelmäßig kalibriert und dort auch gleichzeitig gewartet werden.
Wird ein Dübel-Auszugsgerät unsachgemäß behandelt, z. B. fällt ein Prüfgerät bei einem Versuch an einer Fassade auf das Gerüst oder sogar vom Gerüst auf den Boden, so ist das Gerät selbstverständlich außerhalb des vorgegebenen Wartungszyklus zu überprüfen und darf zunächst nicht mehr für weitere Versuche verwendet werden.

Als lichter Abstand (l_a) zwischen der Abstützung des Prüfgeräts und dem zu prüfenden Injektionsanker wird für Zugversuche in [1] mindestens die 1,5-fache effektive Verankerungstiefe ($l_a = 1{,}5 \cdot h_{ef}$) empfohlen, woraus der Abstützdurchmesser ($a_{dist} = 3 \cdot h_{ef}$) nach Bild 5 resultiert. Dieser Abstand soll ein mögliches Ausbrechen des Mauerwerks während des Versuchs nicht behindern.

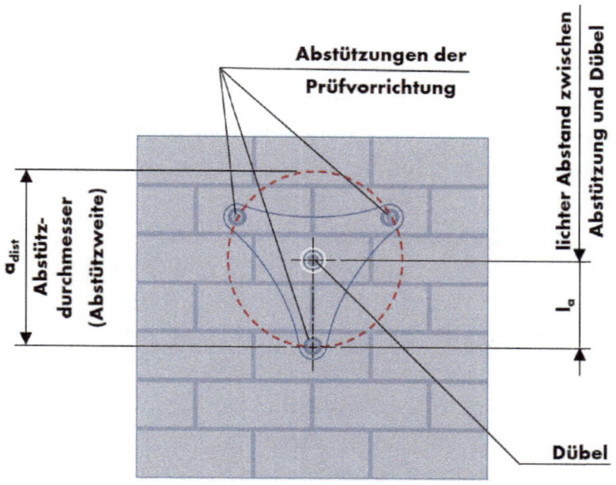

Bild 5: Abstand zwischen Abstützung des Prüfgeräts und dem zu prüfenden Dübel

Nach der Technischen Regel des DIBt [1] kann durch die Berücksichtigung der Lage der Abstützung des Prüfgeräts bei kleinformatigen Steinen das Herausziehen der Steine bei der Prüfung am Bauwerk berücksichtigt werden [Bild 6a) zeigt die Lage der Abstützung außerhalb des Steins in dem der Dübel montiert ist]. Bei großformatigen Lochsteinen muss darauf geachtet werden, dass ein Aufspalten des Steins durch die Lage der Abstützung nicht behindert wird [Bild 6b)].

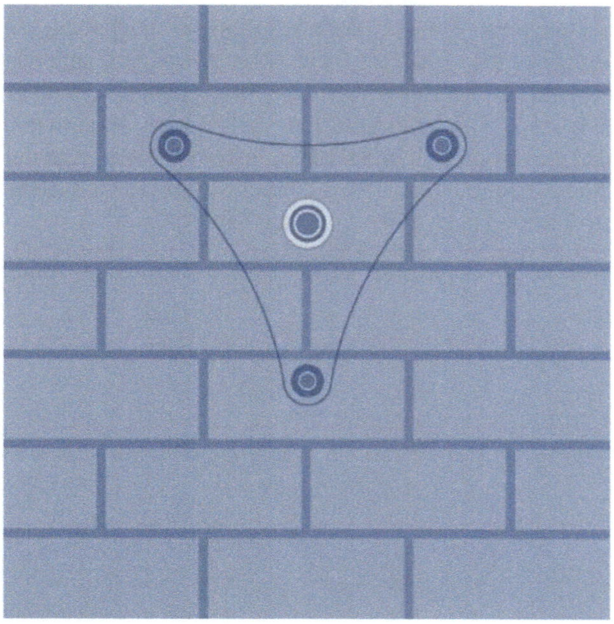

a)

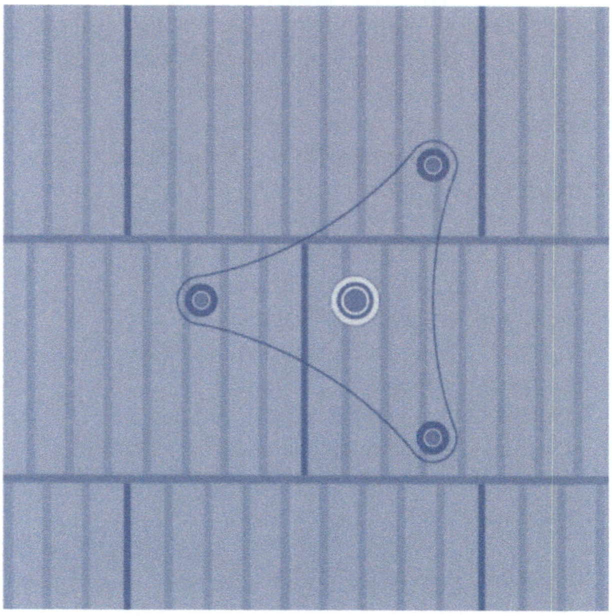

b)

Bild 6: Lage der Abstützung a) bei kleinformatigen Steinen b) bei großformatigen Lochsteinen nach [1], Abschnitt 2.2

5.3 Verankerungsgrund

5.3.1 Allgemeines

Die Bestimmung und Beschreibung des tatsächlich auf der Baustelle vorhandenen Verankerungsgrunds ist grundsätzlich einer der wichtigsten Punkte bei der Durchführung von Versuchen am Bauwerk, da der tatsächlich verbaute Mauerstein mit einem „äquivalenten Verankerungsgrund" aus der ETA des verwendeten Dübelsystems verglichen werden muss. Die Dübel-Tragfähigkeit, die aus den Versuchen am Bauwerk ermittelt wird, muss mit der Tragfähigkeit des gleichen Dübels in einem vergleichbaren Verankerungsgrund bzw. Stein, der im Zulassungsverfahren geprüft und in der Dübel-ETA abgebildet ist, abgeglichen werden. Dieser vergleichbare Stein – bezüglich Baustoff, Struktur und Geometrie (vgl. Abschnitt 1) – wird in [1], Abschnitt 1.2 als „Referenzstein" bezeichnet. Bei dem Abgleich mit dem Referenzstein ist der kleinere Wert, entweder das Ergebnis aus den Versuchen für den tatsächlich verbauten Stein ($N_{Rk,1}$, $N_{Rk,2}$ oder $N_{Rk,3}$ sowie $V_{Rk,1}$ oder $V_{Rk,2}$) oder der Wert aus der ETA für den Referenzstein ($N_{RK,ETA}$ oder $V_{RK,ETA}$), maßgebend.

Dieser Abgleich wird i. d. R. umso verlässlicher, d. h. der Abgleich liegt zunehmend auf der sicheren Seite, je mehr unterschiedliche Steine einer Nutzungskategorie im Zulassungsverfahren eines Dübels geprüft wurden und in der der Dübel-ETA ausgewiesen sind. Wurde z. B. ein Dübel in mehreren unterschiedlichen Lochsteinen eines Baustoffs geprüft, so steigt mit jedem zusätzlich im Zulassungsverfahren geprüften Stein die Wahrscheinlichkeit, dass man in der Dübel-ETA tatsächlich einen vergleichbaren „Referenzstein" für den auf der Baustelle verbauten Mauerstein findet.

Unter „Zusätzliche Bedingungen bei Hohl- und Lochsteinen" wird im Abschnitt 1.3 „Anwendungsbedingungen" in der Technischen Regel des DIBt auf den Anhang A in [1] verwiesen, in dem Lochsteine in die Kategorien C1 bis C7 eingeteilt werden. Weiter heißt es, dass folgende Kriterien für die Auswahl des Referenzsteins herangezogen werden „können":

- Anzahl Stege und Stegdicken,
- Abstand der Stege über die Setztiefe,
- gefüllte oder ungefüllte Kammern,
- Baustoff (Ziegel, Kalksandstein, Leichtbeton, Porenbeton, Normalbeton),
- Druckfestigkeit, Rohdichte,
- Lastniveau des vergleichbaren Steines der ETA.

Prinzipiell sollten im Abschnitt „Verankerungsgrund" des Versuchsberichts für (Dübel-) Versuche am Bauwerk so viele Informationen wie möglich zusammengetragen werden.

5.3.2 Bestimmung des Verankerungsgrunds bei einem Neubau

Im Neubau kann der vorhandene Verankerungsrund mit wenig Aufwand häufig an auf der Baustelle noch vorhandenen, nicht verbauten Einzelsteinen bestimmt bzw. aus den Bauunterlagen wie z. B. Bauplänen, ggf. der Zulassung oder der Leistungserklärung des verbauten Mauersteins entnommen werden.

5.3.3 Bestimmung des Verankerungsgrunds bei einem Altbau

Beim Bauen im Bestand ist es dagegen häufig sehr schwierig bis unmöglich den tatsächlich vorhandenen Verankerungsgrund zu definieren. Die Bauakten sind i. d. R. unvollständig und nicht so präzise wie bei heutigen Neubauten. Bei alten Mauerwerksbauten trifft man häufig auch auf verputztes Mauerwerk, was eine exakte Bestimmung des Verankerungsgrunds zusätzlich erschwert. Erste Hinweise auf den tatsächlich vorhandenen Verankerungsgrund gibt in diesen Fällen daher am besten eine Probebohrung direkt auf der Baustelle. Eine solche Probebohrung sowie generell Versuche am Bauwerk sollten vorzugsweise bereits in der Planungsphase einer Baumaßnahme durchgeführt werden, damit auf Grundlage einer Bemessung ein seriöses Angebot erstellt werden kann (Dübeltyp, Dübelabmessungen, Mengenermittlung) und die ausführende Firma am Tag der Montage bereits die richtigen Dübel in ausreichender Anzahl auf der Baustelle vorrätig hat.

Erstellt man bei der Probebohrung im Drehgang ein Bohrloch (das Hammer- bzw. Schlagwerk der Hammer- bzw. Schlagbohrmaschine muss ausgeschaltet sein), so kann man auf Grundlage des vorhandenen Bohrmehls und des Bohrfortschritts bereits eine erste Abschätzung über den vorhandenen Verankerungsgrund bzw. den Baustoff treffen (vgl. Tabelle 5.1 und Bild 7).

Tabelle 5.1: Ermittlung des Verankerungsgrunds durch Probebohrungen (vgl. z. B. in [18])

Bohrfortschritt (Drehbohren)	Untergrund	Farbe des Bohrmehls	Wahrscheinlicher Verankerungsgrund/Baustoff
fortlaufend langsam	Vollmaterial	grau	Beton, Betonstein
		rot	Ziegel,Klinker
		weiß	Kalksandstein
fortlaufend schnell		weiß	Porenbeton
ruckartig	Hohlmauerwerk	grau	Hohlblockstein aus (Leicht-) Beton
		rot	Hochlochziegel
		weiß	Kalksand-Lochstein

Dabei ist es sogar möglich, zu mindestens näherungsweise die Steg-Geometrie eines ggf. vorhandenen Lochsteins zu ermitteln, indem man beispielsweise mit einem Bohrer $d_0 \geq 18$ mm im *Drehgang* wie folgt eine Probebohrung vornimmt:

- Sobald man den Außensteg durchbohrt, die Bohrmaschine abgeschaltet und den Bohrer wieder aus dem Bohrloch herausgezogen hat, kann man die Dicke des Außenstegs und den Abstand von der Steinoberfläche bis zum ersten Innensteg messen.
- Anschließend wird die Probebohrung sinngemäß fortgesetzt, der erste Innensteg durchbohrt und der Abstand von der Steinoberfläche bis zum zweiten Innensteg gemessen [Bild 7b)], usw.
- Dieser Vorgang wird mindestens so lange wiederholt, bis bei der Messung die spätere Einbindetiefe des verwendeten Dübelsystems erreicht wird.

Das so grob ermittelte Lochbild sollte als Baustellen-Skizze oder Zeichnung in den Versuchsbericht für die Baustellenversuche integriert werden [Bild 7a)]. Auf dieser Grundlage kann später der vergleichbare „Referenzstein" aus der Dübel-Zulassung herausgesucht werden.

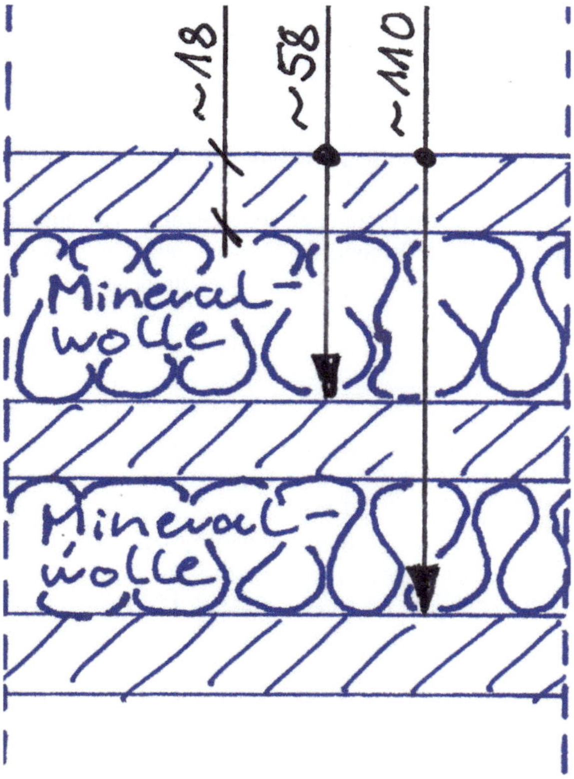

a) Skizze für Versuchsbericht; Maße in mm

b) Bohrung (rotes Bohrmehl, ruckartiger Bohrfortschritt; Foto: Scheller)

Bild 7: Schematische Darstellung einer Probebohrung mit Ermittlung der Steg-Geometrie eines Lochsteins

5.4 Montage

Die Montage der Injektionsanker für die Versuche wird durch das „sachkundige Personal" gemäß Abschnitt 3 durchgeführt, das später auch die eigentliche Montage vornimmt.

5.5 Versuchsergebnisse

Nach der Dokumentation der vorangegangenen Punkte (Abschnitt 5.1 bis 5.4) nach den Vorgaben in [1] können die vom Fachplaner geplanten Versuche durchgeführt und deren Ergebnisse entsprechend im Versuchsbericht dokumentiert werden.
Gemäß der Technischen Regel des DIBt (vgl. in [1] den Abschnitt 2.2) gilt dabei Folgendes:

„Die Versuche werden auf Basis der Vorgaben des Fachplaners unter Verantwortung des Versuchsleiters durchgeführt."

Bei der Versuchsdurchführung nach [1] sind folgende Anforderung zu beachten:

„Während der Bruchversuche ist die Last langsam und stetig zu steigern, so dass die erwartete Bruchlast nach nicht weniger als 1 Minute erreicht wird. Die Bruchlast ist aufzuzeichnen.
Bei Probebelastungen und Abbruch der Versuche vor Erreichen der Bruchlast ist die Last so zu erhöhen, dass die Probelast bzw. die Last bei Abbruch des Versuches nach nicht weniger als 1 Minute erreicht wird und mindestens eine Minute gehalten wird. Diese Last ist aufzuzeichnen."

Die Angabe der „Versuchsgeschwindigkeit" mit *„nach nicht weniger als ca. 1 Minute"* kann in der Baustellenpraxis nur *ungefähr* eingehalten werden, da insbesondere die Größe der Bruchlast für den jeweiligen Versuch ja vorher nicht bekannt ist. Vorausgesetzt, dass die Bruchlasten der einzelnen Versuche nicht zu stark voneinander abweichen, kann es auf der Baustelle im Prinzip immer nur ein „Herantasten" an die *„ca. 1 Minute"* geben, indem die Last auf der sicheren Seite nur sehr langsam gesteigert wird und parallel dazu die Zeit gemessen bzw. die Prüfdauer kontrolliert wird.

5.6 Aufgabentrennung

Mit der Dokumentation der Versuchsergebnisse sind nach der Technischen Regel des DIBt [1] die Aufgaben des „Versuchsleiters" gemäß Abschnitt 3 erfüllt:

„Der Versuchsbericht und gegebenenfalls Anmerkungen zu den Randbedingungen sind vom Versuchsleiter an den Fachplaner zu übergeben."

Für die Auswertung der Versuchsergebnisse ist dann der „Fachplaner" nach Abschnitt 3 zuständig, da nach [1] Folgendes gilt:

„Die statistische Auswertung und die Ermittlung der charakteristischen Tragfähigkeit ... werden in Verantwortung des Fachplaners erstellt und sind von ihm nachvollziehbar zu dokumentieren."

Insbesondere die Auswahl des Referenzsteins und das Herauslesen der entsprechenden charakteristischen Tragfähigkeit ($N_{Rk,ETA}$ und $V_{Rk,ETA}$) aus der Zulassung des verwendeten Dübels ist eine Entscheidung, die final nur durch den zuständigen Fachplaner erfolgen kann, da nur dieser mit dem gesamten Bauvorhaben vertraut ist.
Sowohl Zulassungen als auch Versuche am Bauwerk für Dübel erbringen immer nur den Nachweis der unmittelbaren örtlichen Krafteinleitung in den Verankerungsgrund; die Weiterleitung der mit den Dübeln zu verankernden Lasten im Bauteil und im Bauwerk (im Prinzip von der Einwirkungsstelle bis zur Gründungsebene) kann ebenfalls nur durch den zuständigen Fachplaner nachgewiesen werden.

6. Zusammenfassung

Die hier dargestellte Durchführung von Baustellenversuchen zeigt deutlich, dass diese Versuche am Bauwerk für zugelassene Metall-Injektionsanker im Verankerungsgrund Mauerwerk immer wichtiger werden. Sowohl der vielfältige Verankerungsgrund Mauerwerk als auch die Montage der Dübel haben wesentliche Einflüsse auf die Tragfähigkeit dieser Befestigungssysteme, die nicht alle in den Europäischen Technischen Zulassungen/Bewertungen (ETAs) für diese Dübel-Produkte abgebildet werden können. Versuche am Bauwerk (Bruchversuche, Probebelastungen und Abnahmeversuche) können den Anwendungsbereich dieser ETAs unter bestimmten Randbedingungen erweitern, sie müssen dafür aber in der täglichen Praxis für jedes neue Projekt – rechtzeitig VOR der eigentlichen Montage und unter Berücksichtigung der Verantwortlichkeiten (Fachplaner, Versuchsleiter, sachkundiges Personal) – immer wieder individuell geplant, durchgeführt und ausgewertet werden.

Literatur

[1] Deutsches Institut für Bautechnik (DIBt): Technische Regel Durchführung und Auswertung von Versuchen am Bau für Injektionsankersysteme im Mauerwerk mit ETA nach ETAG 029 bzw. nach EAD 330076-00-0604, Stand: September 2019 (Entwurf), URL: https://www.dibt.de/fileadmin/dibt-website/Dokumente/Referat/I2/Versucheam-Bau_Injektionsankersysteme_Mauerwerk.pdf (abgerufen am 19.10.2020)

[2] Deutsches Institut für Bautechnik (DIBt): Amtliche Mitteilungen vom 15.01.2020: Veröffentlichung der Muster-Verwaltungsvorschrift Technische Baubestimmungen Ausgabe 2019/1, URL: https://www.dibt.de/fileadmin/dibt-website/Dokumente/Referat/P5/Technische_Bestimmungen/MVVTB_2019.pdf (abgerufen am 19.10.2020)

[3] Deutsches Institut für Bautechnik (DIBt): Hinweise für die Montage von Dübelverankerungen, Oktober 2010, URL: https://www.dibt.de/fileadmin/dibt-website/Dokumente/Referat/I2/Duebel_Hinweise_Montage.pdf (abgerufen am 19.10.2020)

[4] Deutsches Institut für Bautechnik (DIBt): Europäische Technische Bewertung ETA-13/1040 vom 13. Januar 2015 für Würth Injektionssystem WIT-VM 250 zur Verankerung im Mauerwerk, kostenlose Download-Möglichkeit z. B. unter www.dibt.de/de/service/zulassungsdownload/suche

[5] DIN EN 771-1:2015-11: Festlegungen für Mauersteine - Teil 1: Mauerziegel

[6] DIN EN 771-2:2015-11: Festlegungen für Mauersteine - Teil 2: Kalksandsteine

[7] DIN EN 771-3:2015-11: Festlegungen für Mauersteine - Teil 3: Mauersteine aus Beton (mit dichten und porigen Zuschlägen)

[8] DIN EN 771-4:2015-11: Festlegungen für Mauersteine - Teil 4: Porenbetonsteine

[9] DIN EN 771-5:2015-11: Festlegungen für Mauersteine - Teil 5: Betonwerksteine

[10] EOTA: EAD 330076-00-0604, European Assessment Document Metal Injection Anchors for Use in Masonry, July 2014, © 2017, URL: https://www.eota.eu/en-GB/content/eads/56/, (abgerufen am 19.10.2020)

[11] EOTA: ETAG 029, Guideline for European Technical Approval of Metal Injection Anchors for Use in Masonry, April 2013, Brüssel, https://www.eota.eu/en-GB/content/etags/26/, (abgerufen am 19.10.2020)

[12] EOTA: ETAG 029, Annex B (informative), Recommendations for Tests to be carried out on Construction Works, April 2013, Brüssel, https://www.eota.eu/en-GB/content/etags/26/, (abgerufen am 19.10.2020)

[13] EOTA: ETAG 029, Annex C: Design Methods for Anchorages, April 2013, Brüssel, https://www.eota.eu/en-GB/content/etags/26/, (abgerufen am 19.10.2020)

[14] EOTA: Technical Report TR 053, Recommendations for Job Site Tests of Metal Injection Anchors for Use in Masonry, April 2016, URL: https://www.eota.eu/en-GB/content/technical-reports/28/, (abgerufen am 19.10.2020)

[15] EOTA: Technical Report TR 054, Design Methods for Anchorages with Metal Injection Anchors for Use in Masonry, April 2016, URL: https://www.eota.eu/en-GB/content/technical-reports/28/, (abgerufen am 19.10.2020)

[16] Feistel, G.: Hinweise für die Montage von Dübelverankerungen, DIBt Mitteilungen, Heft 2, April 2011

[17] Richtlinie des Rates vom 21. Dezember 1988 zur Angleichung der Rechts- und Verwaltungsvorschriften der Mitgliedstaaten über Bauprodukte (89/106/EWG), zuletzt geändert durch die Verordnung (EG) Nr. 1882/2003 des Europäischen Parlaments und des Rates vom 29. September 2003 [„Bauproduktenrichtlinie“ (BPR)]

[18] Scheller, E., Küenzlen, J., Hrsg.: Handbuch der Dübeltechnik – Grundlagen, Anwendungen, Praxis, Swiridoff Verlag GmbH & Co. KG, Künzelsau 2013

[19] Verordnung (EU) Nr. 305/2011 des Europäischen Parlaments und des Rates vom 9. März 2011 zur Festlegung harmonisierter Bedingungen für die Vermarktung von Bauprodukten und zur Aufhebung der Richtlinie 89/106/EWG des Rates [„Bauproduktenverordnung“], vgl. z. B. URL: https://www.dibt.de/de/service/rechtsgrundlagen/ (abgerufen am 19.10.2020)

TAE Material Holz, Hybrid

Disruptive Innovationen im Holzbau

Univ.-Prof. Dr.-Ing. Jürgen Graf
TU Kaiserslautern, Fachbereich Architektur, **t-lab** Holzarchitektur und Holzwerkstoffe

Zusammenfassung

Die bisher gängige Praxis der linearen Bauwirtschaft (take – make – waste) des Rohstoffabbaus, der Bauprodukt- und Bauteilherstellung und deren Nutzung, des globalen Handels sowie des Abfallaufkommens durch den Gebäuderückbau führt zur Ressourcenvernichtung und zur Anreicherung von CO_2 in der Erdatmosphäre, mit den düsteren Folgen des fortschreitenden globalen Klimawandels. Soziale Ungleichheiten der globalen Sicherstellung von Grund- und Sicherheitsbedürfnissen aller Menschen – Wasser, Nahrung, Arbeit, Wohnen, Gesundheit [1] – führen zu massiven Migrationsbewegungen und Klimakriegen. Die lineare Bauwirtschaft muss durch eine Bauwende zu Gunsten einer klimaneutralen Kreislaufwirtschaft überwunden werden – eine Ressourcenrevolution ist dafür unumgänglich [2]. Das muss unter Einbeziehung gesellschaftlicher Transformationsprozesse eine sozial-ökologische Bauwende sein mit den Zielen einer umfassenden Ressourceneinsparung und Abfallvermeidung. Gelingen kann das nur, wenn Gesellschaft, Wirtschaft, Wissenschaft und Politik in einer Sprache sprechen und gemeinsam ein Gebäudekreislaufgesetz auf den Weg bringen.

1. Handlungsrahmen

Der Homo Sapiens, der moderne Mensch, lebt seit ca. 300.000 Jahren auf der Erde und hat klimaschonend Behausungen und Bauwerke über ca. 299.850 Jahre (entspricht über 99,95%) mit sortenreinen Materialien in Stoffkreisläufen erstellt. Seit der Industriellen Revolution hat der Mensch durch die stetig steigende Nutzung fossiler Energiequellen sowie daraus erstellter synthetischer Werkstoffe, die nicht in natürliche Stoffkreisläufe eingebunden werden können, zu den heute bedrohlichen CO_2-Emissionen beigetragen. Außerdem hat die industrielle Entwicklung metallischer, mineralischer und synthetischer Werkstoffe in linearen Massenfertigungsprozessen zum immensen Abfallaufkommen und dadurch zu einer globalen Ressourcenknappheit geführt. Drastische Reduktion der CO_2-Emissionen und Ressourceneffektivität müssen durch ein Wirtschaften in Kreisläufen [3] zu einer Bauwende führen. Für die wegweisenden Maßnahmen haben wir noch ca. 10 Jahre Zeit (Abbildung 1).

Die bereits seit 50 Jahren vorhergesagte und jetzt deutlich sichtbare Klimakrise, deren zukünftige Entwicklungen und Auswirkungen teilweise schwer vorhersagbar sind, lässt gesellschaftlich einen regulatorischen, planbaren Maßnahmenkatalog nur schwerlich zu. Dennoch ist für das Bauwesen klar, dass die lineare Wirtschaft jetzt der Kreislaufwirtschaft weichen muss. Es braucht, um die dafür notwendigen disruptiven Innovationen zu schaffen, große unbürokratische Spielräume sowie ergebnisoffene Forschungsförderung von Wissenschaft und Wirtschaft durch Politik und Industrie. Aktuell übliche Fördermodalitäten und Genehmigungsverfahren der öffentlichen

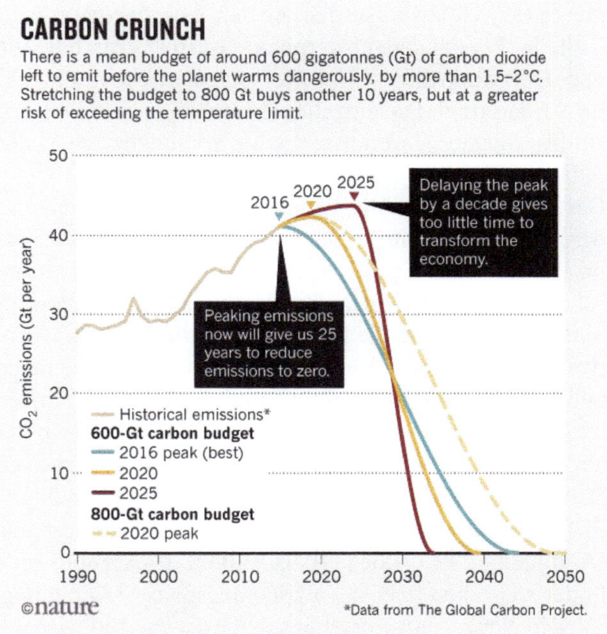

Abbildung 1: Kohlenstoff Krise – Quelle: Stefan Rahmstorf/Global Carbon Project [5]

Hand für die Bauforschung sind abzuschaffen. Eike Roswag-Klinge, Leiter des Natural Building Lab an der TU Berlin, vertritt die in der breiten Bauforschung unterstützte Ansicht: „Reallabore mit abgesenkten Regeln und mit viel Geld ausgestattet“ haben das Potenzial, Innovationslücken für ein Wirtschaften in Kreisläufen in kurzer Zeit zu schließen. Interdisziplinäre Teams und Allianzen aus Politik, Wissenschaft, Verbänden, Wirtschaft und Industrie verstärken den Innovationsschub. Dazu reicht das aktuelle finanzielle Engagement der Politik – die Forschungsförderung beträgt 1/8 gegenüber privaten Forschungsinvestitionen der Industrie – bei weitem nicht aus (Veronika Grimm, Sachverständigenrat zur Begutachtung der gesamtwirtschaftlichen Entwicklung, Woche der Umwelt, DBU, 10.06.2021). Führende Wissenschaftler, Politiker und Verbände fordern eine Verzehnfachung der Forschungsförderung im Bauwesen [4]. Die schnelle Umsetzung allgemein und die architektonisch und konstruktiv sinnhafte Umsetzung des Wirtschaftens in Kreisläufen gelingt nur durch massive Förderung von Wissenschaft und Wirtschaft.

2. Reallabor – t-lab Campus Diemerstein

Ab sofort sind materialübergreifend alle Neubauten so umzusetzen, dass sie einen Beitrag zum klimaneutralen Gebäudebestand leisten. Neubauten sind so zu errichten und Bestandsbauten sind so zu sanieren, dass alle eingesetzten Ressourcen einer Nachnutzung zugeführt werden können. Dazu ist ein kreislaufeffektives Bauen zu etablieren. Diesen Ansatz verfolgen wir konsequent am Fachbereich Architektur der TU Kaiserslautern. Schwerpunkt ist das effiziente, konsistente und suffiziente Bauen. Forschungen zu reversiblen, standardisierten und elementierten Holzwerkstoffen spielen eine übergeordnete Rolle im Forschungsschwerpunkt „**t-lab** Holzarchitektur und Holzwerkstoffe". Die Ressourceneffektivität steht im Vordergrund. Die einzelnen Forschungs- und Design-Build-Projekte sind unter „www.architektur.uni-kl.de/tlab" einzusehen.

Der „**t-lab** Campus Diemerstein" liegt auf dem Gelände der „Stiftung für die TU Kaiserslautern" in Frankenstein im Pfälzer Wald. Er soll, auch weit über die Holzbauforschung des „**t-lab** Holzarchitektur und Holzwerkstoffe" hinaus, mittelfristig die Keimzelle für die kreislaufeffektive Bauforschung in Rheinland-Pfalz sein mit nationaler und internationaler Strahlkraft und damit hoher Anziehungskraft für Wissenschaftlerinnen und Wissenschaftler. Dazu wollen wir drei Bauwerke in kreislaufeffektiver Bauweise auf dem Campus erstellen (Abbildungen 2 und 3). Das erste Bauwerk, die Werk- und Forschungshalle (Abbildung 2 Gebäude (1)) als Auftakt des Campus, befindet sich aktuell in der Errichtungsphase (Abbildung 3). Die Werk- und Forschungshalle ist zu 100% rückbaubar und damit kreislaufeffektiv geplant. Die Umsetzung erfolgt unter anderem mit Studierenden und wird als DesignBuild RESEARCH – Projekt von der Sto-Stiftung unterstützt. Die disruptiven Innovationen der Werk- und Forschungshalle sind in Kapitel 3 dargestellt. In einem zweiten nutzungsneutralen und in hohem Maße elementierten Holzbauwerk in Kreislaufwirtschaft (Parken, Arbeiten und Wohnen) sollen Wissenschaftlerinnen und Wissenschaftler in interdisziplinären Arbeitsgruppen agieren (Abbildung 2 Gebäude (2)). In einem dritten, klimaneutral geplanten Holzhybridbauwerk sollen unter Verwendung von wiederverwendbaren Materialien und Rezyklaten, Materialprüfungen und die Fertigung von Bauteilen und Bausätzen im Maßstab 1:1 erfolgen (Abbildung 2 Gebäude (3)).

Abbildung 2: Lageplan des „**t-lab** Campus Diemerstein" mit Werk- und Forschungshalle (1), Büro- und Seminargebäude (2), Großgeräte- und Prüfhalle (3) sowie Raum für temporäre Versuchsbauten (4). Quelle: **t-lab** Holzarchitektur und Holwerkstoffe

Abbildung 3: Auftaktgebäude (Gebäude 1 in Abbildung 2). Werk- und Forschungshalle des „**t-lab** Campus Diemerstein". Quelle: Nicolai Becker

In [6], [7], [8], [9], [10] wird aufgezeigt, wie kreislaufeffektives Bauen gelingen kann. Im konstruktiven Holzbau bedeutet kreislaufeffektives Bauen im Wesentlichen:

- Ressourceneffiziente und ressourceneffektive Tragwerke, elementiert und standardisiert
- Reversible form- und kraftschlüssige Verbindungen
- Materialhybride aus unterschiedlichen Holzwerkstoffen
- Einsatz neuartiger Bauprodukte

Zwei Beispiele sollen das „neue Bauen mit Holz" verdeutlichen. Ressourcenschonend ist z. B. die Wiederverwendung von Brettsperrholzplatten aus dem Rückbau von Gebäudedecken oder -wänden oder aus Produktionsresten von Fenster- und Türausschnitten zu neuen Deckenelementen (Abbildung 4). Buchen-Furnierschichtholzkanten bilden zusammen mit den Brettsperrholz-Produktionsresten tragfähige, elementierte und standardisierte Balkendecken, die reversibel werkseitig vorgefertigt und auf der Baustelle endmontiert werden. Zu beachten sind schubfeste Verbindungen zur zusätzlich notwendigen Ausbildung von Deckenscheiben.

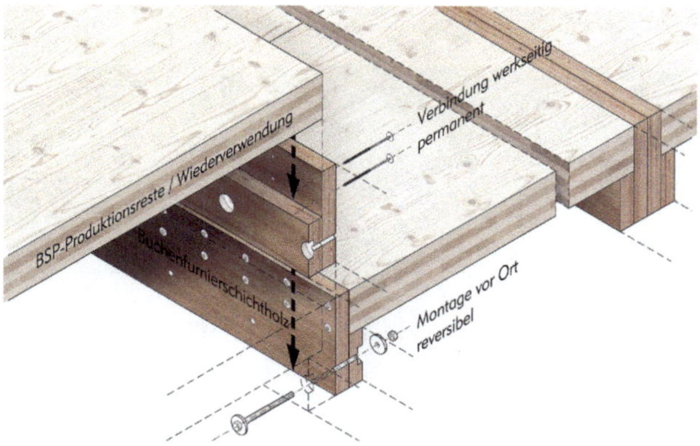

Abbildung 4: Standardisiertes, reversibles Deckenelement. Quelle: **t-lab** Holzarchitektur und Holzwerkstoffe (aus [11]).

In einem von der Fachagentur Nachwachsende Rohstoffe e. V. (FNR) geförderten Projekt (Förderkennzeichen 22008717) wird die Verwendung von Buchenholz niedriger Qualität aus dem Stamminneren für I-förmige Dachträger großer Spannweite untersucht (Abbildung 5). Ein beanspruchungsoptimierter Trägerquerschnitt ist durch die digitalen Fertigungsprozesse dann wirtschaftlich herstellbar, wenn dieser Querschnitt standardisiert in Serie hergestellt wird und so in ein Gesamttragwerk eingebunden wird, dass er zerstörungsfrei rückbaubar und damit zur Wiederverwendung geeignet ist. Ist die Architektur und die Konstruktion dafür entworfen, sind neuartige Bauprodukte sinnvoll und die aufwändige Erforschung der mechanischen Eigenschaften gerechtfertigt. Hier soll diese Trägerform bei Hallentragwerken von 16 m bis 28 m Spannweite eingesetzt werden.

Abbildung 5: I-förmige Dachträger aus Buchenholz niedriger Qualität aus dem Stamminneren (FNR-Projekt (Förderkennzeichen 22008717)). Trägerherstellung bei der Firma Schaffitzel Holzindustrie GmbH + Co. KG, Bauteilprüfung als 4-Punkt-Biegeprüfung am Karlsruher Institut für Technologie (KIT). Quelle: Schaffitzel Holzindustrie GmbH + Co. KG

Die Umsetzung dieser Innovationen in den Maßstab 1:1 sowie die Verifizierung reversibler Verbindungen und Konstruktionen gelingen nur in gut ausgestatteten Reallaboren. Wir, die die Bauwende im Blick haben, fordern daher von der Politik eine flächendeckende Einrichtung von Reallaboren an deutschen und europäischen Hochschulen.

3. Reallabor – t-lab Campus Diemerstein: Werk- und Forschungshalle

Das „**t-lab** Holzarchitektur und Holzwerkstoffe“ hat sich zum Ziel gesetzt, disruptive Innovationen im Holzbau zu erforschen und in Mock-Ups und Bauwerken im Maßstab 1:1 umzusetzen. Dafür erstellen wir als Auftaktgebäude des „**t-lab** Campus Diemerstein“ die Werk- und Forschungshalle. Das rund 360 qm große Gebäude bietet im Innenraum eine flexibel nutzbare Fläche, die auch für Workshops, Seminare und Veranstaltungen genutzt werden kann (Abbildung 6). Der neue Baukörper ist längs im Tal situiert. Für die Primärkonstruktion, die Fassaden sowie den Ausbau soll Holz zum Einsatz kommen. Bauteile sollen lösbar und wiederverwendbar sein. Die Elemente des Tragwerks, der Hülle und des technischen Ausbaus bleiben ablesbar. Der Neubau bezieht seine architektonische Gestalt aus den Entstehungsbedingungen der Forderung nach konsequenter Kreislaufwirtschaft aller Bauprodukte, Bauelemente und Bauteile. Die Grundlagen der Planung sowie das Entwurfskonzept wurden in mehreren gemeinsamen Lehrveranstaltungen der Fachgebiete Baukonstruktion und Entwerfen (Univ.-Prof. Stephan Birk) sowie Tragwerk und Material (Univ.-Prof. Dr.-Ing. Jürgen Graf) mit Studierenden entwickelt. Finanzielle Unterstützung des Projektes erfolgt durch die Stiftung für die TU

Kaiserslautern (Bauherrin, Dr. Annette Mechel) sowie aus dem LEADER-Programm der Europäischen Union, der Sto-Stiftung, dem Landesbeirat Holz Rheinland-Pfalz e. V. und vom Ministerium für Umwelt, Energie, Ernährung und Forsten Rheinland-Pfalz. Inhaltliche Unterstützung haben wir vom Fachgebiet Energie-, Heizungs-, Sanitärtechnik (Prof. Andreas Winkels) und vom Fachgebiet Regenerative Energiewirtschaft (Prof. Dr. Martin Pudlik) der Technischen Hochschule Bingen, von Drees & Sommer Advanced Building Technologies Stuttgart, Abteilung Bauphysik (Ralf Buchholz), von IBC Ingenieurbau-Consult GmbH Mainz, Brandschutzberatung (Martin Hermes) und vom Ingenieurbüro Huber Otterberg, Geotechnische Beratung (Jörg Huber) erhalten.

Abbildung 6: Werk- und Forschungshalle des „**t-lab** Campus Diemerstein“. Innenansicht. Quelle: Nicolai Becker

Die Werk- und Forschungshalle ist 12,5 m breit, 27,5 m lang, 7 m hoch bei ca. 4 m Traufhöhe. Das Tragwerk besteht aus zwei Giebelwänden und 10 Dreigelenkrahmen aus Buchen-Furnierschichtholz (BauBuche GL 75) und Kunstharzpressholz (KP) im Abstand von 2,50 m. Die 12,5 m weit spannenden Dreigelenkrahmen (Abbildung 7) werden durch die vertikalen und horizontalen Lasten aus dem Dach- und Wandtragwerk beansprucht und übernehmen auch die Queraussteifung der Halle. Das Dach- und Wandtragwerk besteht nach dem Prinzip des einfachen Bauens aus einschichtigen Dach- und Wandplatten aus Brettsperrholz (BSP), die 2,50 m zwischen den Dreigelenkrahmen von Fußkante bis Traufkante und von Traufkante bis Firstkante spannen. Die BSP-Platten dienen auch der Längsaussteifung. Die Gebäudehülle als Ganzes besteht aus vorgefertigten dreischichtigen Bauelementen, Weichfaserplatte, Konterlattung, Schindelfassade – mit 2,50 m Breite zwischen den Dreigelenkrahmen. Diese vorgefertigten Module werden reversibel auf den BSP-Platten befestigt. Im Bereich der aufgeständerten Bodenplatte und der Fundamente wird auf Stahlbeton verzichtet, indem historisch bekannte Kriechkellerkonstruktionen als Vorbild dienten. Das Bauwerk schließt nach unten mit einer selbsttragenden 160 mm starken BSP-Bodenplatte ab. Aktuelle Forschungen zu Kriechkellerkonstruktionen haben gezeigt, dass unter Beachtung ausreichender Lüftung und ausreichendem Schutz gegenüber Bodenfeuchte, eine Kriechkellerkonstruktion dauerhaft ist. Dies wird durch Monitoring am Objekt verifiziert. Bodenplatte und Rahmentragwerk werden auf Schraubfundamenten rückbaubar gegründet (Abbildung 7).

Abbildung 7: Detailmodell Werk- und Forschungshalle des „**t-lab** Campus Diemerstein“. Innenansicht. Quelle **t-lab** Holzarchitektur und Holzwerkstoffe

Die konstruktiven Besonderheiten der reversiblen Bauteilanschlüsse fußt auf diversen Forschungsergebnissen des **t-lab** Holzarchitektur und Holzwerkstoffe. Für das Primärtragwerk kommen erstmals hocheffiziente Ringknoten aus Kunstharzpressholz (KP) zum Einsatz (Abbildung 8), deren Entwicklung unter anderem auf eine am **t-lab** verfasste Dissertationsschrift von Dennis Röver zurückgeht. Die bauliche Umsetzung wird mit ausgesuchten Firmen für das Haupttragwerk durchgeführt, da die Forderung der Reversibilität wesentlich höhere Anforderungen an die Bauteilgenauigkeiten der Verbindungen stellt als normativ gefordert. Die Ausbaustufen werden unter Beteiligung der Studierenden als Design-Build-Projekt durchgeführt. Der Baubeginn erfolgte im Frühjahr 2021.

Abbildung 8: Traufknoten aus Kunstharzpressholz (KP). Quelle: DEUTSCHE HOLZVEREDELUNG Schmeing GmbH & Co. KG

Dass die Anforderung der Reversibilität nicht als Restriktion der Gestaltungsfreiheit verstanden werden darf, wurde im Konstruktionsentwurf zum Ausdruck gebracht. Ästhetik und Umweltschutz sind per se keine Widersprüche (Abbildung 8 bis Abbildung 11).

Abbildung 9: Detailmodell Werk- und Forschungshalle des „**t-lab** Campus Diemerstein". Reversible Tragstruktur. Quelle **t-lab** Holzarchitektur und Holzwerkstoffe

Der Dreigelenkrahmen selbst besteht aus BauBuche-Stäben und KP-Knoten, die komplett in ihre Einzelteile sortenrein zerlegbar sind. Die Rahmenecken am Trauf sind fachwerkartig aufgelöst – Druckstäbe innen zum Raum hin, Zugstäbe außen entlang von Wand und Dach. Der Diagonalstab ist druckbeansprucht. Alle Druckstäbe sind 160 mm breit und 200 mm hoch. Alle Zugstäbe, die durch die Schnee- und Windbeanspruchungen auch querkraft- und biegebeansprucht sind, sind 160 mm breit und 300 mm hoch. Die Verschneidung der Druck- mit den Zugstäben erfolgt über Treppenversätze [12]. Die Wand- und Dachelemente werden durch Scheibendübel aus KP, vergleichbar mit historischen Schubdübeln aus Eichenholz, mit den Dreigelenkrahmen formschlüssig und damit ebenfalls reversibel verbunden. Zur Lagesicherung werden rein auf Zug beanspruchte Zylinderkopfschrauben verwendet, die in Gewindemuffen und nicht direkt ins Holz eingedreht werden, um sicherzustellen, dass die Reversibilität auch nach 50 Jahren gewährleistet ist (Abbildung 10).

Abbildung 10: Detailmodell des reversiblen Firstknotens. Quelle **t-lab** Holzarchitektur und Holzwerkstoffe

Sämtliche Knoten, Fußpunkt, Traufknoten (Abbildung 11) und Firstknoten (Abbildung 10), sind kraft- und formschlüssig miteinander verbunden. Jeweils zwei Gewindestangen M16 GK 8.8 werden gegen die Innenwand der KP-Knoten und die in den BauBuche-Stäben eingelassenen Quadratbolzen (50 mm/50 mm) vorgespannt. Die Quadratbolzen liegen 300 mm von der Kontaktfläche der beiden Materialien entfernt. In den Kontaktflächen werden zur Übertragung der Querkräfte und zur Knotenversteifung formschlüssige Anschlüsse vorgesehen.

Abbildung 11: Detailmodell des reversiblen Traufknotens. Quelle **t-lab** Holzarchitektur und Holzwerkstoffe

Die vorgespannten Knoten wurden durch Bauteilversuche auf ihre Tragfähigkeit und Gebrauchstauglichkeit hin untersucht. Dazu wurden Querkraftversuche am Traufknoten, Zugversuche der Verankerungen mit Gewindestangen durchgeführt sowie der KP-Traufknoten selbst geprüft. Bei den Querkraftversuchen haben wir drei unterschiedliche, formschlüssige Kontaktflächenverbindungen untersucht. Wir haben Ringkeildübel, Typ Appel, mit Treppenleisten (Abbildung 12) und mit Schubnocken (Abbildung 8 und Abbildung 11) verglichen. Alle drei Varianten waren auf hohem Niveau annähernd gleich tragfähig und sind daher für das Rahmentragwerk geeignet. Das Versagen trat grundsätzlich horizontal im BauBuche Stab auf Höhe der Querschnittsschwerachse ein. Bei der gewölbten Außenform der Ringkeildübel ist jedoch darauf zu achten, dass die harten Materialien KP und BauBuche sich nicht wie Fichtenholz eindrücken lassen. Daher ist eine hohe Fertigungsgenauigkeit nötig, um den Dübel besonderer Bauart beidseitig einlegen zu können.
Bei den Zugversuchen hat sich einheitlich gezeigt, dass sich ein für das Tragwerk günstiges, weil duktiles Versagen durch den Bruch der Gewindestangen eingestellt hat. Die Bolzenverbindung in der BauBuche war nie versagensrelevant. Das gleiche günstige Versagensmuster, der Zugbruch der Gewindestangen, zeigte sich beim Bauteilversuch der KP-Knoten.

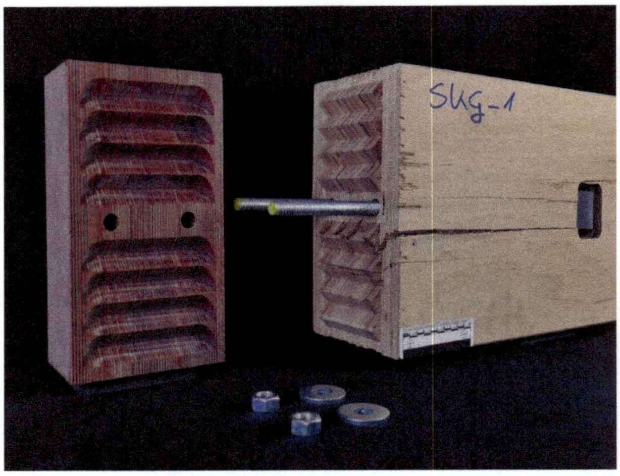

Abbildung 12: Bruchbild einer Querkrafttragfähigkeitsprüfung für den reversiblen Traufknoten. Hier Versuchskörper mit Treppenleiste. Quelle **t-lab** Holzarchitektur und Holzwerkstoffe

4. Ausblick

Klimapositive Bauweisen, Kreislaufwirtschaft mit geschlossenen Stoffkreisläufen, Effizienz, Konsistenz und Suffizienz sowie Robotik, Künstliche Intelligenz (KI) und digitale Transformation sind nur einige Begriffe, die aufzeigen, wie sich aktuell das Bauwesen in einem Wandel befindet. Der sechste Kondratjew-Zyklus [13] zeichnet sich ab. Wir brauchen jetzt eine Bauwende. Die Wissenschaft muss dafür ein Steuerungselement zu einer klimaneutralen Bauwirtschaft sein. Sinnvoll erscheint, die Effizienzrevolutionen von Ressourcen- und Energieverbrauch neben der Wirtschaft auch der Wissenschaft aufzutragen. Überlassen wir der Bauwirtschaft allein die Entwicklung der Bauwende, wird durch den Einsatz von Digitalisierung und KI ein vorrangig wirtschaftlich geprägter Innovationsschub gefördert. Es wäre höchst unwahrscheinlich, wenn dies auch mit einem Maximum an Ressourceneffektivität einherginge. Kreislaufeffiziente, klimarelevante Forschung gehört in Reallaboren umgesetzt und in 1:1 Modellen und Bauwerken demonstriert. Dies setzt aber ein völlig verändertes Förderwesen für die für die Bauwende forschenden Institute und Fachbereiche voraus.
Aus Sicht einer klimarelevanten, ökonomischen und sozialen Bauwende sind unabhängige und ergebnisoffene Forschungen zu intensivieren. Das Förderwesen für die Hochschulen durch die Länder und den Bund sind dazu grundlegend und sofort zu erneuern, indem auf monetärer Basis Personal, Räumlichkeiten und Ausstattung deutlich aufgestockt und interdisziplinäre Forschungsumfelder unbürokratisch geschaffen werden. Geschieht dies nicht, werden disruptive Innovationen und Technologien der Bauwirtschaft weitestgehend unterbleiben – das Fortschreiten der Klimakrise gefestigt. Dies wäre nicht weniger als ein Versagen der Politik.

Literatur

[1] Maslow, A. (1943) A Theory of Human Motivation. In Psychological Review. Vol. 50 #4

[2] Weizsäcker, E. U.; Hargroves, K.; Smith, M. H. (2010) Faktor Fünf – Die Formel für nachhaltiges Wachstum. Droemer Verlag, München

[3] Stahel, W. R. (2021) Wirtschaften in Kreisläufen – Eine Begriffserklärung für den Bausektor. In: Heisel, F.; Hebel D. E. [Hrsg.] Urban Mining und kreislaufgerechtes Bauen – Die Stadt als Rohstofflager. Fraunhofer IRB Verlag, 2021, S. 33-43

[4] BAUWENDE 2030 – Ein Appell. Initiatoren: Graf, J.; Winter, S.; Birk, S. (15.07.2021)

[5] Figueres, C. er al. (2017) Three years to safeguard our climate. In: Nature 546, 593–595 (29 June 2017) doi:10.1038/546593a

[6] Hillebrandt, A. et al. (2018) Atlas Recycling – Gebäude als Materialressource. 1. Aufl. München: Detail Business Information GmbH

[7] Heisel, F.; Hebel D. E. [Hrsg.] Urban Mining und kreislaufgerechtes Bauen – Die Stadt als Rohstofflager. Fraunhofer IRB Verlag

[8] Kaufmann, H.; Krötsch, S.; Winter, S. (2017) Atlas Mehrgeschossiger Holzbau. München: Detail Business Information GmbH.

[9] Fischer, O.; Lang, W.; Winter, S. (2019) Hybridbau – Holzaußenwände. 1. Aufl. Detail Business Information GmbH

[10] Graf, J. (2020) Entflechtung von Wachstum und Ressourcenverbrauch – Zirkuläre Wertschöpfung im Holzbau. Bautechnik 97, Sonderheft Holzbau, Ausgabe 2, S. 108-115

[11] Graf, J. et al. (2019) Potentiale der Verwendung von Brettsperrholz-Produktionsabfällen zur Herstellung von Bauteilen im Holzbau – Recycling von Brettsperrholz-Produktionsabfällen. Forschungsbericht, Forschungsinitiative ZukunftBAU. Fraunhofer IRB, F 3204.

[12] Enders-Comberg, M.; Blaß, H. J. (2014) Treppenversatz – Leistungsfähiger Kontaktanschluss für Druckstäbe. In: Bauingenieur 89, H. 4, S. 162-171.

[13] Kondratjew, N. D. (1926) Die langen Wellen der Konjunktur. In: Archiv für Sozialwissenschaft und Sozialpolitik. Band 56, S. 573–609

Weitgespannte Holz-Beton-Verbundtragwerke

Leonie Strybny
Tilmann Stern
Christian Reinhardt
Andreas Bewer
Bewer Ingenieure, Neuhausen auf den Fildern, Deutschland

Abb. 1: Blick vom Haupteingang in den Verkaufsraum im EG während der Bauphase mit den sichtbaren Holzträgern des Verbundtragwerks mit einer Spannweite von 25 m, der Glasfassade zum Parkplatz mit tragenden Stahlstützen und dem Lichtband in der Außentragwand direkt unter dem Endauflager des Hallentragwerks.

Zusammenfassung

Die Planung und Ausführung eines weit gespannten Holz-Beton-Verbundtragwerks für einen innerstädtischen Verbrauchermarkt in Winnenden war eine Herausforderung für alle Beteiligte. Die maßgebenden Anforderungen an das 25 m weit gespannte Tragwerk waren geometrische Begrenzungen, sowohl für die Bauhöhe als auch für die Dicke der lastabtragenden Wände. Mit einer sonst üblichen Konstruktion aus Stahlbetonfertigteilträgern konnten diese Anforderungen nicht erfüllt werden. Eine Stahlbetonkonstruktion wäre zu schwer gewesen. Durch die Verbindung des gewichtssparenden Werkstoffes Holz mit dem versteifenden Werkstoff Beton zu einem Holz-Beton-Verbundtragwerk war es jedoch möglich, diese Grenzen einzuhalten, und es kam zum ersten Mal im Hochbau eine Holz-Betonverbund-Decke mit einer so großen Spannweite zum Einsatz. Die Erfahrungen dieses Projektes zeigen, dass die Holz-Beton-Verbundbauweise mit sehr großen Spannweiten innerhalb einer ansonsten monolithischen Bauweise technisch möglich und wirtschaftlich ist. Durch die hybride Bauweise eröffnen sich Möglichkeiten, die mit einer klassischen Stahlbetonbauweise nicht erreicht werden können, nicht zuletzt, weil sie in der Herstellung eine positive CO_2-Bilanz aufweist.

1. Überblick über das Bauvorhaben

Das Tragwerk eines mehrgeschossigen, innerstädtischen Verbrauchermarktes in Winnenden mit multiplen Nutzungsanforderungen wie Tiefgarage, Verkaufs- und Lagerraum sowie Büroeinheit wurde vom Entwurf 2017 bis zur Ausführung 2020 in den Leistungsphasen 1 bis 8 von Bewer Ingenieure Neuhausen a.d.F. geplant und in der Ausführung begleitet und überwacht (Abb. 1, 2, 3).
Es wird der Entscheidungsprozess für die weitgespannte Holz-Beton-Verbundkonstruktion und die tragwerksplanerischen Besonderheiten dieser Bauweise bis zur Detailausbildung und Ausführung vorgestellt.

Zum besseren Verständnis der Tragwirkung werden vereinfachte Steifigkeitswerte vorgestellt, die aus den durchgeführten Berechnungen abgeleitet werden konnten.

Abb. 2: Ostansicht des Gebäudes

2. Tragwerksentwurf

2.1 Nutzungsbedarf und architektonische Anforderungen

Ein verantwortlicher Umgang mit der begrenzten Ressource bebaubarer Fläche führt im städtebaulichen Kontext zunehmend zu einer mehrgeschossigen statt einer eingeschossigen Bauweise von großflächigen Einzelhandelsmärkten.
Die Vorgaben des Bauherrn und die architektonischen Anforderungen hatten weitreichenden Einfluss auf das Ergebnis in der Tragwerksplanung (Abb. 3, 5).

Der Bedarf war:

- Eine dreigeschossige Bauweise mit einer Tiefgarage im UG, einem Einzelhandelsmarkt im EG und einem Bürogeschosses im OG (über der Fläche des Einzelhandelsmarktes).
- Ein Hallentragwerk mit ca. 25 m Spannweite für einen stützenfreien Verkaufsraum im EG (ohne Einschränkung im Regallayout).
- Eine vollflächig verglaste Front mit den üblichen schlanken Stahlstützen, bei Bedarf mit feuerhemmender Beschichtung.
- Ein Lichtband mit RWA (Rauch- und Wärmeabzugsöffnung) in der längsseitigen Außenwand, der äußeren Tragwand des Hallentragwerks, bei Anordnung von vergleichbaren Stützen wie in der verglasten Front.
- Ein großformatiger Durchbruch in der inneren Tragwand für einen seitlichen Eingang in den Markt.
- Die Tragwände um den Verkaufsraum durften nicht dicker als 30 cm sein.

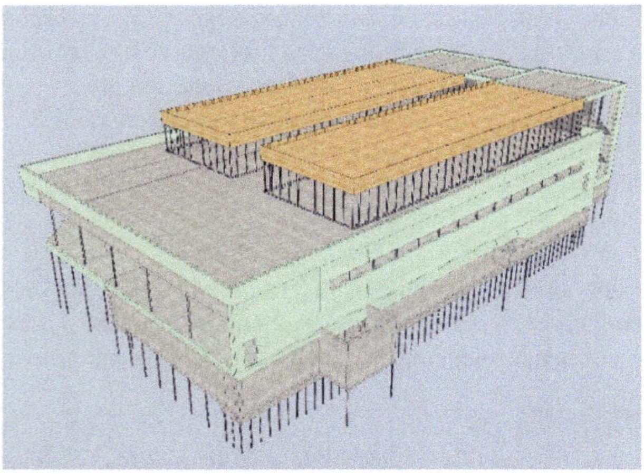

Abb. 3: 3D-CAD-Modell des fertig geplanten Tragwerks in Allplan

2.2 Entscheidung für die Holz-Beton-Verbundkonstruktion

Aus diesem Bedarf ergaben sich folgende Konsequenzen für die Tragwerksplanung:

- Um die schlanken Stahlstützen hinter der verglasten Front und im Lichtband zu ermöglichen, durfte keine höhere Brandschutzanforderung an das Tragwerk bestehen als eine feuerhemmende Bauweise.
- Für eine feuerhemmende Bauweise mussten die baurechtlichen Bedingungen der Gebäudeklasse 3 eingehalten werden.
- Um die Bedingungen der Gebäudeklasse 3 einzuhalten, durfte der Fußboden im Obergeschoss nicht mehr als 7 m über dem Gelände liegen.
- Damit der Fußboden im Obergeschoss nicht mehr als 7 m über dem Gelände liegt, durfte das Tragwerk über dem Verkaufsraum eine Bauhöhe von 1,80 m nicht überschreiten.

Mit einer sonst üblichen Deckenkonstruktion aus Stahlbetonfertigteilträgern war die Fülle der Anforderung nicht einzuhalten. Eine klassische Stahlbetonkonstruktion war zu schwer. Daher lag es nahe, die Vorteile des gewichtssparenden Werkstoffes Holz zu nutzen. Ein Vergleich der Materialeigenschaften von Beton und Holz verdeutlicht die Überlegenheit von Holz gegenüber Beton unter dem Gesichtspunkt der Gewichtsersparnis: Die zulässige Biege-, Zug- und Druckfestigkeit von Brettschichtholz parallel zur Faser liegt etwa im Bereich der Druckfestigkeit von Beton; dabei beträgt die Wichte nur 1/6 der Wichte einer Stahlbetonkonstruktion. Die E-Moduli im Grenzzustand der Gebrauchstauglichkeit (GZG) zum Zeitpunkt $t = \infty$ unter Berücksichtigung des Kriechens liegen sowohl für das Holz als auch für den Beton in derselben Größenordnung von etwa 8500 N/mm², vgl. Tab.2. Ein Vergleich der Quotienten des E-Moduls zur Wichte von Beton und Holz zeigt deutlich den Materialvorteil des Holzes.
Mit einer reinen Holzkonstruktion waren die Anforderungen jedoch nicht einzuhalten. Erst durch die Verbundbauweise konnte bei der begrenzten Bauhöhe die erforderliche Steifigkeit erreicht werden (Abb. 4).

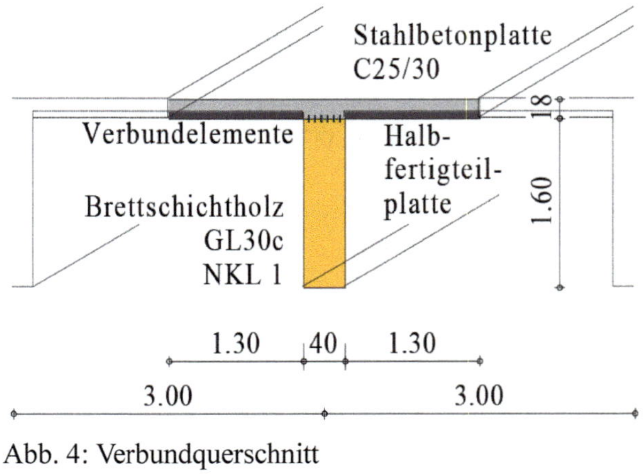

Abb. 4: Verbundquerschnitt

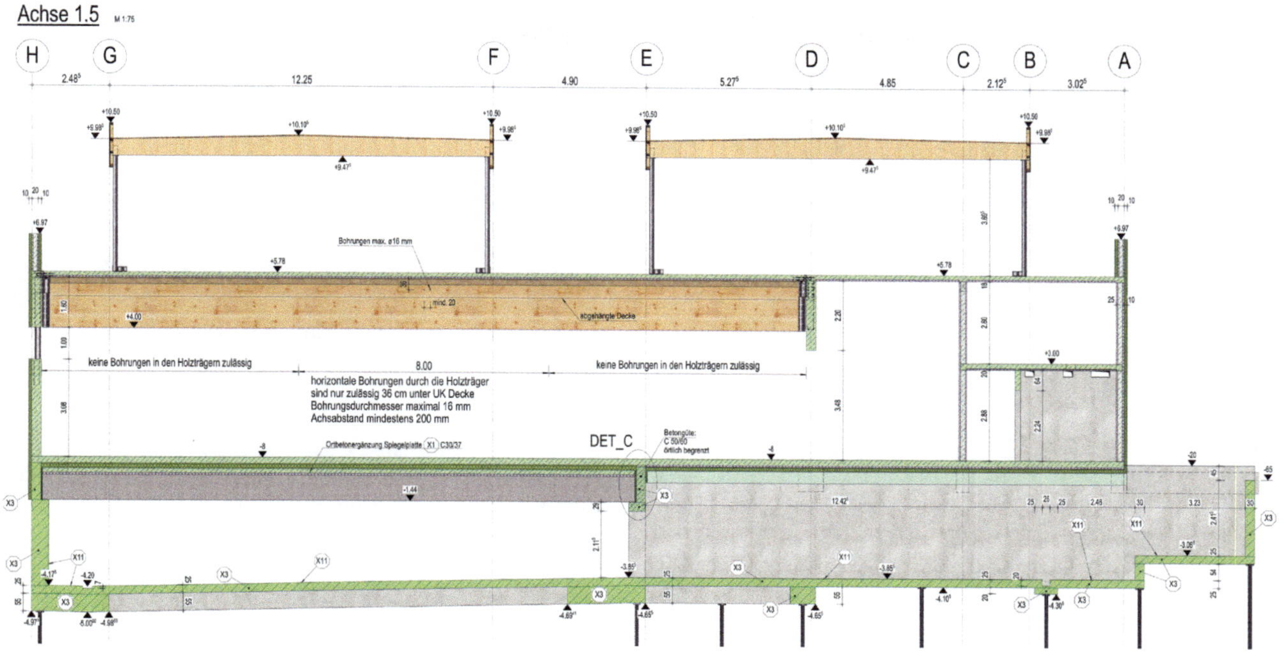

Abb. 5: CAD-Modell des fertig geplanten Tragwerks im Querschnitt: Pfahlgründung, UG in WU-Bauweise, stützenfreie TG unter dem Verkaufsraum mit 16 m langen vorgespannten Pi-Platten, Holz-Beton-Verbundtragwerk mit 25 m Spannweite über dem Verkaufsraum, großformatiger Durchbruch in der Innentragwand für den Haupteingang, Lichtband mit Stahlstützen in der Außentragwand und deckenlastige Stahlständer-Holzträger-Konstruktion für das Bürogeschoss.

Die Nachteile des anisotropen Werkstoff Holzes gegenüber dem isotropen Werkstoff Beton sind die deutlich reduzierten Festigkeiten und Steifigkeiten quer zur Faser. Das betrifft sowohl die Schubbeanspruchung als auch die Auflagerpressungen am Trägerende. Da die die Einhaltung der Festigkeitsgrenzen bzw. die erforderliche Auflagerverstärkung die Querschnittsform mit bedingen, wurde das Trägerauflager im Entwurf immer mitbedacht. Insgesamt erfährt der Verbundträger eine charakteristische Gesamtlast von ca. 1000 kN, bei einer Eigenlast des Verbundquerschnitts von nur 40 % und einem Verkehrslastanteil von 33 %.

2.3 Detailplanung in der Entwurfsphase

Einige Details waren schon während der Entwurfsphase von besonderer Bedeutung, weil sie Einfluss auf die Machbarkeit und den Bauablauf haben und, sofern nicht bedacht, im weiteren Planungsprozess zu Schwierigkeiten geführt hätten.

2.3.1 Detail des Endauflagers

Ohne funktionierendes Auflagerdetail der Binder wäre die Konstruktion schlicht unmöglich. Für die Lagerung entstand gleich zu Beginn die Idee eines abgehängten Binders mit gelenkiger Lagerung an seiner Oberkante -nachfolgend als Schaukellager bezeichnet - um eine Fügung mit dem Massivbau ohne Zwang zu erreichen (Abb. 6, 7).

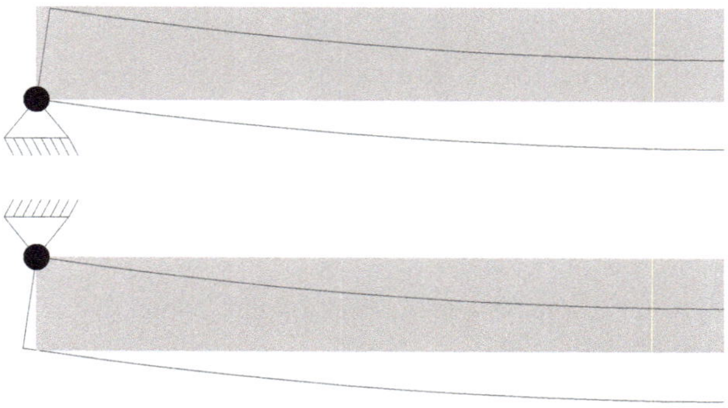

Abb. 6: Verformungssituation am Auflager infolge Durchbiegung bei Lagerung unten bzw. oben

Es wurde deutlich, dass bei Ausbildung eines Schaukellagers eine ausreichende Steifigkeit der Abhängung zur Vermeidung eines Abreißens der Verbundfuge erforderlich wird.
Ein weiterer Vorteil des Schaukellagers bestand darin, dass kein Platz für eine Auflagernische benötigt wurde, wie es z.B. in der Stahlbetonfertigteilbauweise der Fall ist. Im geometrischen Sinn stößt der Holzträger einfach stumpf gegen die Stahlbetonwand. Mit dieser platzsparenden Bauweise konnte eine optimale Anordnung des Gebäudes auf dem sehr beengten Grundstück erreicht werden.
Um jedoch die Stahlbetonwände so schlank wie möglich bauen zu können, musste die Exzentrizität – der Abstand des Lagerbolzen zur Stahlbetonwand – so klein wie möglich gehalten werden.

Abb. 7: Auflagerschaukel, beim Einbau (oben) und in der Planung (unten)

2.3.2 Planung der Abstützung im Bauzustand

Schon im Entwurfsstatium wurde untersucht, ob die Binder im Bauzustand unterstützt werden müssen (Verbundträger *mit* Eigengewichtsverbund), oder ob auf eine Abstützung verzichtet werden kann (Verbundträger *ohne* Eigengewichtsverbund).
Aufgrund der großen Spannweite und der hohen Belastung durch das deckenlastige Bürogeschoss fiel die Entscheidung für einen Verbundträger *mit* Eigengewichtsverbund, um die volle Tragfähigkeit aus der Verbundwirkung ausnutzen zu können. Dazu müssen die Binder bis zum vollständigen Erhärten der Betondecke wirksam abgestützt werden. Die Wahl der Verbundwirkung (*mit* Eigengewichtsverbund/*ohne* Eigengewichtsverbund) hat also entscheidenden Einfluss auf den Bauablauf.
Dementsprechend wurde eine Abstützung im Bauzustand mit detaillierten Angaben ausgeschrieben und auch ausgeführt (Abb. 8). Es sei angemerkt, dass die zeitliche Abfolge der Belastung (Lastgeschichte) auch in den Nachweisen (z.B. hinsichtlich Kriechen) zu berücksichtigen ist.

Abb. 8: Unterstützte Binder im Bauzustand

2.3.3 Planung der Verbindungsmittel

Als Verbindungsmittel der Fuge zwischen Holzträger und Betongurt kamen prinzipiell zwei Produktgruppen in Frage: Schrauben oder eingeklebte Bleche [7, 8, 9].
Unter Berücksichtigung aller Aspekte wie Brandschutz oder effektiver Einbaubarkeit war in diesem Fall das unterschiedliche Steifigkeitsverhalten für die Entscheidung ausschlaggebend. Durch das gewählte Schaukellager musste ein mögliches Klaffen oder gar Abreißen der Verbundfuge in diesem Bereich beachtet werden. Daher wurde einer Schraubverbindung (Abb. 9) der Vorzug gegeben, welche mit ihrem duktilen Verhalten wesentlich weicher reagiert als eingeklebte Bleche.

Abb. 9: Binder, Halbfertigteile, Verbundschrauben und Bewehrung vor der Betonage der Decke

2.4 Überschlägige Vordimensionierung

2.4.1 Ansatz eines Ersatz-E-Moduls

Die erste überschlägige Dimensionierung erfolgte über den Ansatz eines über den Querschnitt verschmierten Ersatz-E-Moduls zur Berücksichtigung des Steifigkeitsabfalls aus der Nachgiebigkeit der Verbundfuge, Schwinden und Kriechen. Auf diese Weise gelang es mit einem geringen Aufwand die Größenordnung des erforderlichen Flächenträgheitsmomentes zu ermitteln, mit dem eine Durchbiegungsbegrenzung von l/300 eingehalten werden kann. Die ersten Schätzungen mussten mit zunehmendem Kenntnisstand stark nach unten korrigiert werden.
Nachgerechnet beträgt der Ersatz-E-Modul des gewählten Systems 6200 N/mm², der sicherlich auf ähnliche gelagerte Projekte übertragbar ist.

2.4.2 γ - Verfahren

Eine genauere Vordimensionierung kann das γ-Verfahren für nachgiebig verbundene Biegestäbe nach DIN EN 1995-1-1 Anhang B liefern. Es hat sich gezeigt, dass das Verfahren für eine Vordimensionierung oder Kontrolle des Verbundquerschnitts ausreichend genau und sehr gut geeignet ist. Es wurde für eine sinusförmige Belastung am Einfeldträger hergeleitet, liefert aber auch für eine konstante, linienförmige Belastung in der Regel sehr gute Ergebnisse.
Im γ-Verfahren setzt sich der Biegewiderstand aus einem Eigenanteil des Holzträgers, einem Eigenanteil der Stahlbetonplatte und einem Verbundanteil (Verbundmoment) zusammen. Das Verbundmoment entspricht einer Druckkraft im Betongurt und einer Zugkraft im Holzträger und ist abhängig von dem Verbundfaktor γ. Bei zwei getrennten Trägern, also kein Verbund, beträgt γ=0. Bei vollem Verbund beträgt γ=1.
Mit dem γ-Verfahren kann der Anteil des Verbundmomentes am Gesamtbiegemoment in Abhängigkeit vom Verbundfaktor γ ermittelt werden.
Abb.10 zeigt eine Parameterstudie für den berechneten Binder, wobei in Abhängigkeit eines gewählten γ-Faktors (beginnend bei 0 = kein Verbund, endend bei 1 = voller Verbund) die drei Biegemomentenanteile, nämlich Eigenanteil-Holzquerschnitt, Eigenanteil-Betonquerschnitt, Verbundanteil, am Gesamtbiegemoment abgetragen sind.
Danach beträgt bei γ = 1, also vollem Verbund, der Anteil des Verbundmomentes am Gesamtbiegemoment 70%. Bereits ab einem Verbundfaktor γ = 0,5 ist keine wesentliche Verbesserung der Verbundwirkung mehr zu erreichen.

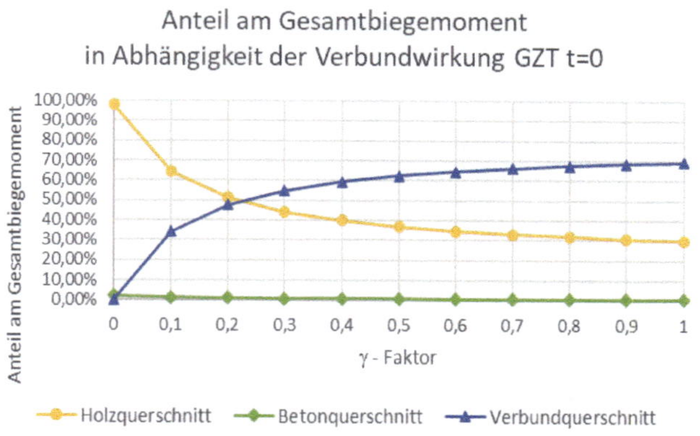

Abb. 10:Anteil des Biegewiderstand der Einzelquerschnitte und des Verbundquerschnitts in Abhängigkeit vom Verbundfaktor γ im GZT t = 0

Das γ -Verfahren ist eine übersichtliche Methode, die schnell zu zuverlässigen Ergebnissen in der Vorbemessung führt. Es eignet sich auch gut als Kontrollrechnung zur Bewertung von Ergebnissen anderer Berechnungsmodelle.
Eine Vergleichsberechnung mit dem γ -Verfahren im Grenzzustand der Tragfähigkeit (GZT) t = 0 mit γ = 0,65 lieferte in der Schnittgrößenverteilung lediglich Abweichungen von 4 % gegenüber der FE-Berechnung durch ein Stabwerksprogramm.
Ohne Kenntnis der erforderlichen Anzahl an Verbindungsmitteln und deren Abstände muss der γ-Faktor im Rahmen einer Vorbemessung allerdings abgeschätzt werden. Im nachfolgenden Abschnitt 3.2 wird beschrieben, dass im Holz-Beton-Verbundbau neben der Belastung auch Kriechen und Schwinden zu berücksichtigen sind. Im γ-Verfahren kann jedoch das Schwinden des Betons nicht direkt abgebildet werden. Auch aus diesem Grund erfolgte die Bemessung letztendlich mit einem Stabwerksprogramm.
Im Nachhinein war es jedoch von Interesse, wie Schwinden und Kriechen auch im γ -Verfahren berücksichtigt werden kann. Das Kriechen führt zu einer Reduzierung des E-Moduls, diese Werte können, wie in Abschnitt 3.2.1 dargestellt, ermittelt werden.
Da das Schwinden letztendlich zu einer geringeren Verbundwirkung führt (vgl. Abschnitt 3.2.2), kann diese Einwirkung durch eine Reduzierung des γ -Faktors abgebildet werden. Zur Ermittlung eines geeigneter Wertes für den Verbundfaktor γ unter Berücksichtigung von Schwinden, wurde ein Vergleich der Stabwerksberechnungen mit Berechnungen nach dem γ-Verfahren durchgeführt.
Dabei wurden für einen γ-Faktor von 0,5 in allen Modellen übereinstimmende Ergebnisse erreicht. Die Randbedingungen für die E-Moduli waren dabei:
Für die maximale Biegebeanspruchung des Holzbinders:
GZT t $= \infty$
$E_{cd\infty} = 5600$ N/mm²
$E_{dHolz\infty} = 6500$ N/mm²

Für die Durchbiegungsermittlung:

GZG t $= \infty$
E_{ceff} = 8400 N/mm²
$E_{dHolz\infty}$ = 8100 N/mm²

Diese Werte sind nach Einschätzung von Bewer Ingenieure durchaus zur Vordimensionierung mit dem γ-Verfahren für ähnliche Projekte geeignet.

3. Standsicherheit und Gebrauchstauglichkeit

Der Verbundträger ist als Einfeldträger zwar ein äußerlich bestimmtes Tragwerk, aufgrund der unterschiedlichen Materialien – Holz, Beton und Verbundfuge – ist der Träger jedoch ein innerlich statisch unbestimmtes System. Dies bedeutet, dass die Spannungsverteilung im Querschnitt unter Berücksichtigung der unterschiedlichen Steifigkeiten von Beton, Holz und Verbundfuge ermittelt werden muss.

3.1 Teilsicherheitsbeiwerte für die E-Moduli

Eine Änderung der E-Moduli von Beton und Holz verändert die vom Holzträger und von der Betonplatte jeweils aufzunehmenden Schnittgrößen. Die Bemessungsnorm für den Holzbau EC5 [4] sieht in Abschnitt 2.4.1 eine Abminderung des E-Moduls um γ_M vor
Die Teilsicherheitsbeiwerte müssen demzufolge nach EC5 ausdrücklich auch für die Steifigkeitseigenschaften angesetzt werden. Im selben Abschnitt in Tabelle 2.3 dieser Norm werden empfohlene Teilsicherheitsbeiwerte γM für Baustoffeigenschaften und Beanspruchbarkeiten angegeben, unter anderem für Brettschichtholz mit γM = 1,25 und Verbindungen mit γM = 1,3. Die Norm für Stahl-Beton-Verbundtragwerke EC4 [3] verweist in Abschnitt 2.4.1.4 Bemessungswerte der Beanspruchbarkeit auf DIN EN 1990 [1]. Dort wird in Absatz 6.3.3 der Bemessungswert einer Baustoff- oder Produkteigenschaft allgemein mit Xd = hηXk/gm = Xk/γM angegeben.
Aufgrund der etwas unklaren Regelungen wurde schon zu Beginn des Bemessungsprozesses hinsichtlich des Teilsicherheitskonzeptes mit dem Prüfingenieur Rücksprache gehalten. Dabei fiel zunächst die grundsätzliche Entscheidung, die Abminderungsregelung des EC5 für die Steifigkeitseigenschaften in geeigneter Art und Weise anzuwenden und auch auf den Stahlbeton zu übertragen. Folglich stand die Frage im Raum, ob die unterschiedlichen γ_M von Beton, Holz und der Verbundfuge grundsätzlich anzusetzen sind, oder ob alle möglichen Kombinationen der E-Moduli, sowohl mit Abminderung als auch ohne Abminderung, betrachtet werden müssen. Nach dem Prinzip – Steifigkeit zieht Last – ist zu erwarten, dass sich für den Holzquerschnitt die größten Belastungen ergeben, wenn der E-Modul des Betons abgemindert wird, der E-Modul des Holzes jedoch nicht. Somit würden sich für die drei Materialen Beton, Fuge, Holz für den GZT t = 0 allein aus der mathematischen Kombinatorik acht verschiedene Modelle ergeben. Da auch der GZT t = ∞ zu betrachten ist, wären theoretisch 16 verschiedene Modelle zu untersuchen. (Abb. 11).

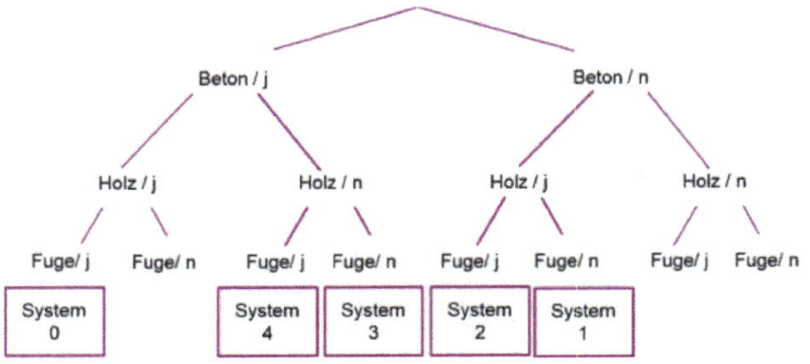

Abb. 11: mathematisch mögliche Kombinationen bei wahlweiser Abminderung des E-Moduls durch einen Teilsicherheitsfaktor:
j = ja, mit Abminderung; n = nein, ohne Abminderung

Eine derart umfangreiche Berechnung erschien jedoch unverhältnismäßig. In der praktischen Umsetzung wurde daher in Abstimmung mit dem Prüfingenieur eine Parameterstudie durchgeführt, bei der die Abweichungen ausgewählter Kombinationen mit einem Grundsystem, welches die Abminderung aller E-Moduli beinhaltet, verglichen wurden. In den statischen Nachweisen wurden schließlich die Bemessungsspannungen pauschal mit den dabei ermittelten Erhöhungsfaktoren (3,5 % Biegebemessung Holzbinder, 5 % Verbundmittel, 8,5 % Druckspannung Betongurt) vergrößert.

3.2 Nichtelastisches Verhalten

Da der Werkstoff Beton ein anderes Kriech- und Schwindverhalten hat als der Werkstoff Holz, sind für Holz-Beton-Verbundkonstruktionen die Grenzzustände der Tragfähigkeit und Gebrauchstauglichkeit sowohl zum Zeitpunkt t = 0, als auch zum Zeitpunkt t = ∞ zu untersuchen. Insbesondere innerhalb der ersten 3 - 7 Jahre kriecht Beton deutlich stärker als Holz, sodass unter Umständen sogar noch ein Zwischenzustand zu untersuchen ist.

3.2.1 Kriechen

In Tabelle 1 und Tabelle 2 sind die im Projekt angesetzten Steifigkeiten in Abhängigkeit der zu untersuchenden Zustände tabellarisch aufgeführt.

Tab. 1: Steifigkeitsverhältnisse im GZT

Grenzzustand Tragfähigkeit (GZT) t = 0	
Beton	$E_{cd,0} = \frac{E_{cm}}{\gamma_M} = \frac{31000}{1{,}5} = 20667\ \frac{N}{mm^2}$
Schrauben	$K_{d,0} = \frac{K_u}{\gamma_M} = \frac{2K_{ser}}{3\gamma_M} = \frac{2K_{ser}}{3 \cdot 1{,}3}$
Holz	$E_{d,0} = \frac{E_{mean}}{\gamma_M} = \frac{13000}{1{,}25} = 10400 \frac{N}{mm^2}$
Grenzzustand Tragfähigkeit (GZT) t = ∞	
Beton	$E_{cd,\infty} = \frac{E_{cm}}{1+\varphi}\frac{1}{\gamma_M} = \frac{31000}{1+2{,}7}\frac{1}{1{,}5} = 5586\ \frac{N}{mm^2}$
Schrauben	$K_{d\infty} = \frac{2}{3\gamma_M}\frac{K_{ser}}{(1+\psi_2 k_{def})}$
Holz	$E_{d\,\infty} = \frac{E_{mean}}{(1+\psi_2 k_{def})\gamma_M} = \frac{13000}{(1+0{,}6)1{,}25} = 6500 \frac{N}{mm^2}$

Tab. 2: Steifigkeitsverhältnisse im GZG

Grenzzustand Gebrauchstauglichkeit (GZG) t = 0	
Beton	$E_{cm} = 31000\ \frac{N}{mm^2}$
Schrauben	K_{ser} *nach Angabe Zulassung [7]*
Holz	$E_{mean} = 13000 \frac{N}{mm^2}$
Grenzzustand Gebrauchstauglichkeit (GZG) t = ∞	
Beton	$E_{c,eff} = \frac{E_{cm}}{1+\varphi} = \frac{31000}{1+2{,}7} = 8378\ \frac{N}{mm^2}$
Schrauben	$K_{ser\,fin} = \frac{K_{ser}}{(1+k_{def})}$
Holz	$E_{mean\,fin} = \frac{E_{mean}}{(1+k_{def})} = \frac{13000}{(1+0{,}6)} = 8125 \frac{N}{mm^2}$

Das Kriechen wird über eine Abminderung des E-Moduls sowohl des Betons als auch der Verbundfuge und des Holzbinders abgebildet.
Für den gewählten Beton C25/30 wurde der E-Modul infolge Kriechen um den Faktor (1+2,7) abgemindert (vgl. EC2 [2] Abschnitt 3.1.4 *Kriechen und Schwinden*). Danach beträgt der Abminderungsfaktor für C25/30 infolge Kriechen mind. (1+2,0)/ max. (1+2,9), Formel zur Abminderung des E-Moduls nach EC2 [2] Gl. (7.20)).

Für den Holzbinder ergab sich eine Abminderung des E-Moduls aus Lasteinwirkungsdauer und Feuchte nach Abschnitt 2.3.2.2 des EC5 [4] zu 1,6. Die Abminderung der Steifigkeit des Betons ist im Vergleich zum Holz also etwa doppelt so hoch, dabei wurde hier im Gegensatz zum Holzbinder ausschließlich Kriechen und nicht Schwinden berücksichtigt.

3.2.2 Schwinden

Das Schwinden des Betons wird über einen Temperaturlastfall simuliert, der zu einer weiteren Umlagerung der Schnittgrößen im Verbundträger führt. Im Projekt ergab sich für den gewählten C25/30 mit einer angenommenen relativen Luftfeuchte der Umgebung von 40 % ein Schwindmaß von 0,5 ‰, welches zu einem Temperaturlastfall von -51,75° K führt. Dieser Lastfall erzeugt eine Verkürzung des Betonquerschnitts und dementsprechend eine Zugkraft im Betongurt und eine Druckkraft im Holzbinder. In der Betrachtung der min./max. Schnittkräfte reduziert sich dadurch die Druckkraft im Betongurt und die Zugkraft im Holzträger. Durch das Schwinden wird die Verbundwirkung also reduziert und der Eigenanteil des Holzträgers an der Biegesteifigkeit nimmt zu. Daher muss der Holzbinder ein höheres Biegemoment aufnehmen und seine Ausnutzung steigt deutlich an. Es reduzierte sich die Verbundwirkung im GZT t = ∞ ohne Temperaturlast von 0,56 auf 0,5 mit Temperaturlast.
Intensiv diskutiert wurde, ob die Einwirkung des Schwindens auf das Tragwerk mit einen Teilsicherheitsbeiwert belegt werden muss, da dieser Sachverhalt normativ nicht geregelt ist. Eine Einordnung als veränderliche Einwirkung ist offensichtlich falsch, da Schwinden in jedem Fall auftreten wird und damit eine ständige Einwirkung ist.
Die konkrete Frage war, ob Schwinden als ständige Last mit einem Teilsicherheitsfaktor von 1,35 berücksichtigt werden müsse, oder ob der Teilsicherheitsfaktor 1,0 betragen könne.
Bei Bewer Ingenieure wurde der Standpunkt vertreten, dass ein Schwindmaß von mehr als 0,5 ‰ nicht zu erwarten sei und eine sicherheitsrelevante Problematik eher durch die mögliche Abweichung des E-Moduls des Betons gegeben ist. Diese Unsicherheit auf der Materialseite wurde – wie bereits beschrieben – im Grenzzustand der Tragfähigkeit durch die Kombination eines um 1/1,5 reduzierten E-Modul des Betons mit einem nicht reduzierten E-Modul des Holzes berücksichtigt. So bleibt als Ergebnis von der Betonsteifigkeit im Grenzzustand der Tragfähigkeit zum Zeitpunkt t = ∞ von einem E_{cm} = 31000 weniger als 20 % übrig, nämlich 5586 N/mm².
Vor diesem Hintergrund kam Bewer Ingenieure zu der Einschätzung, dass im Gesamtzusammenhang des Bemessungskonzeptes eine Erhöhung der Einwirkung durch Schwinden durch einen Teilsicherheitsbeiwert nicht erforderlich ist. Letztendlich wurde das vorgeschlagene Vorgehen seitens der Prüfingenieure mitgetragen.

Für die Zukunft wird hier Regelungsbedarf für Holz-Beton-Verbundtragwerke gesehen, wobei es nach Einschätzung von Bewer Ingenieure gute Gründe gibt, die Einwirkung aus Schwinden im Holz-Beton-Verbundbau nicht mit einem Teilsicherheitsbeiwert zu erhöhen.

3.3 Berechnungsmodelle

Das γ-Verfahren beruht auf der Annahme einer gleichförmigen (genauer sinusförmigen) Last und einer konstanten Steifigkeit in der Schubfuge. Da im vorliegenden Fall jedoch hohe Einzellasten aus dem Tragwerk des Bürogeschosses aufzunehmen waren, war es erforderlich Berechnungsmodelle zu wählen, in denen diese Einzellasten abgebildet werden können.

3.3.1 Stabwerkmodell für den Verbundträger

Bekannte Möglichkeiten zur Abbildung eines Verbundbinders mittels Stabwerksprogramm sind das Stabwerksverfahren nach Rautenstrauch et al. [13] und das Schubanalogieverfahren. Beide Verfahren sind zur Berechnung beliebig nachgiebig verbundener Biegeträger geeignet. Beim Schubanalogieverfahren werden zwei fiktive Querschnitte gebildet, die jeweils alle Eigenanteile bzw. die Steineranteile des Flächenträgheitsmomentes enthalten. Da für die Bemessung eine Rückrechnung in das reale System erforderlich ist, wurde statt des Schubanalogieverfahrens das Modell nach Rautenstrauch gewählt (Abb.12).
Dabei werden der Holzbinder und die Betondecke jeweils als Stabzug modelliert. Der Abstand der Stabzüge entspricht dem geometrischen Abstand der Schwerpunkte ihrer Einzelquerschnitte.
Zwischen Betongurt und Holzbinder sind Koppelstäbe und ein *Stabsystem-Verbundfuge* im Wechsel angeordnet. Die gelenkig angeschlossenen Koppelstäbe mit einer sehr hohen Dehnsteifigkeit sorgen für eine Synchronisation der vertikalen Verformungen.

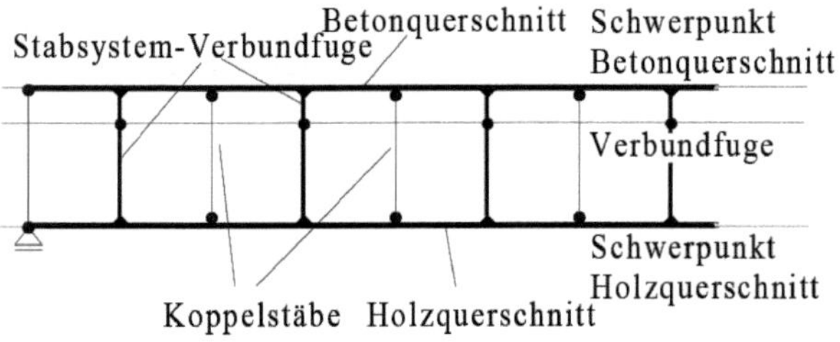

Abb. 12: Stabwerksmodell nach Rautenstrauch et al.

Das *Stabsystem-Verbundfuge* bildet das Steifigkeitsverhalten der Verbundfuge ab und besteht aus zwei Kragarmen mit Endgelenk in der Verbundfuge. Die Umrechnung der Fugensteifigkeit k in eine Ersatzbiegesteifigkeit EI des Stabsystems-Verbundfuge im Stabwerksmodell ergibt sich bei Vernachlässigung der Gurtsteifigkeiten des Beton- und Holzquerschnitts entsprechend Abb. 13.

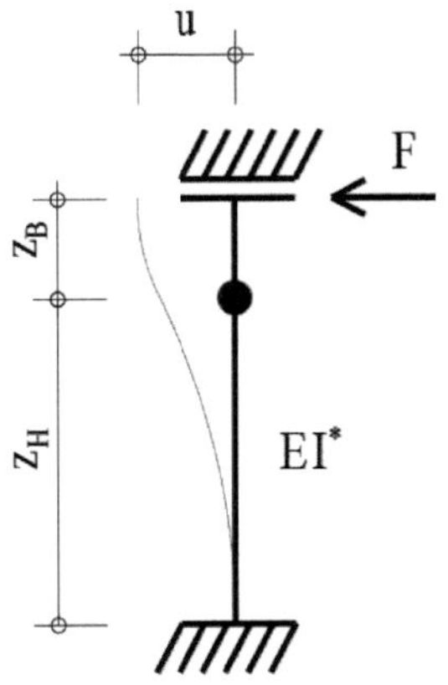

$$EI^* = \frac{k}{3}\,(z_B{}^3 + z_H{}^3)$$

mit

$$k = \frac{F}{u}$$

Abb. 13: Ermittlung der Biegesteifigkeit des Stabsystems-Verbundfuge im Modell nach Rautenstrauch et al.

Stabsystem-Verbundfuge und Koppelstäbe wurden abwechselnd im Abstand von 0,5 m angeordnet. So entstand für das Stabsystem-Verbundfuge ein Einmeterraster, was eine Veränderung der Steifigkeit innerhalb der Verbundfuge übersichtlich ermöglicht und die Vergleichbarkeit zu anderen Verbindungsmitteln, wie eingeklebten Blechen, erleichtert.
Bei der Wahl geeigneter Steifigkeiten für das Verbundstabsystem war der Schubflussverlauf für starren Verbund erster Anhaltspunkt. Die sich daraus ergebende Schraubenanzahl mit zugehörigen Steifigkeiten hat insgesamt plausible Ergebnisse geliefert und wurde nach wenigen Rechenläufen nur noch leicht angepasst.

3.3.2 Statisches System am Endauflager

Der Verbundträger liegt mit seiner Unterseite auf dem „Schaukelbrett“ auf. Die Auflagerkraft wird von den Schaukelwangen hochgehängt und in Konsolbleche eingeleitet, die biegesteif an ein Stahleinbauteil in der Wand angeschlossen sind. Das Stahleinbauteil ist biegesteif mit dem Stahlbeton verbunden und zugleich an seinem oberen Ende horizontal unverschieblich durch die Stahlbetondecke gehalten (Abb. 14, 16).

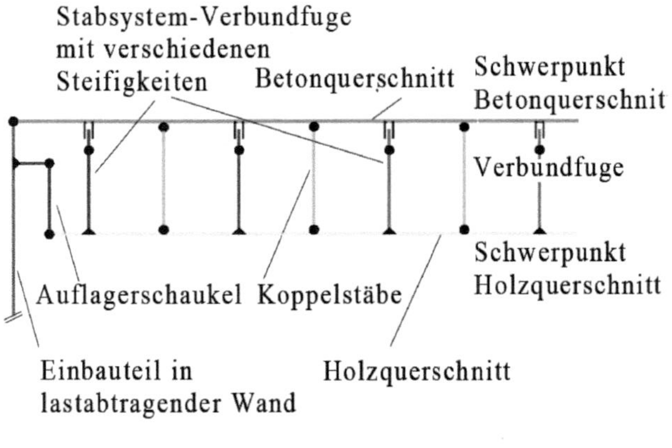

Abb. 14: Statisches System: Holzverbundträger mit Auflagerschaukel und Einbauteil

3.3.3 Verbundträger im 3D-FE-Modell.

Zusätzlich zur Einzelbetrachtung im Stabwerksmodell mussten die Binder auch im räumlichen FE-Modell des Gesamtbauwerks abgebildet werden. Der Fokus lag hier auf der Bemessung des Massivbaus. Daher ging es um die korrekte Abbildung der Auflagersituation, insbesondere die Übertragung des Momentes aus der Exzentrizität in den Massivbau (Abb. 15).

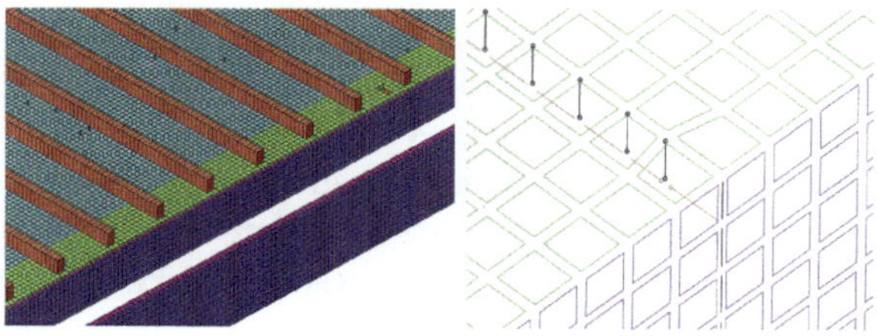

Abb.15: Binder im 3D-Modell

Aufgrund geometrischer Zwänge war eine wirklichkeitsnahe Abbildung des Verbundbinders im 3D-FE-Modell nicht möglich. Die vertikale Lage des Holzbinders als Stabzug ergab sich aus dem Lasteinleitungspunkt in den Massivbau; die Koppelstäbe zwischen Betondecke und Binder sind daher viel kürzer und die Holzbinder liegen im Schwerpunkt eigentlich zu hoch. Um dennoch mit zutreffenden Steifigkeitsverhältnisse zu rechnen, wurde der Holzquerschnitt mit einem fiktiven E-Modul belegt, indem die Durchbiegungen im FE-Modell mit der Einzelbetrachtung im Stabwerksmodell im GZT t = 0 für den quasi-ständigen Lastfall abgeglichen wurden.

4. Ausführungsplanung

4.1 Auflager der Verbundträger im Massivbau

Die konstruktive Durchbildung des Auflagers mit Auflagerschaukel (Abb. 7) und Stahleinbauteilen (Abb. 16) im Beton für eine zwängungsfreie Lagerung der Verbundbinder innerhalb eines monolithischen Massivbaus stellte eine große Herausforderung dar.

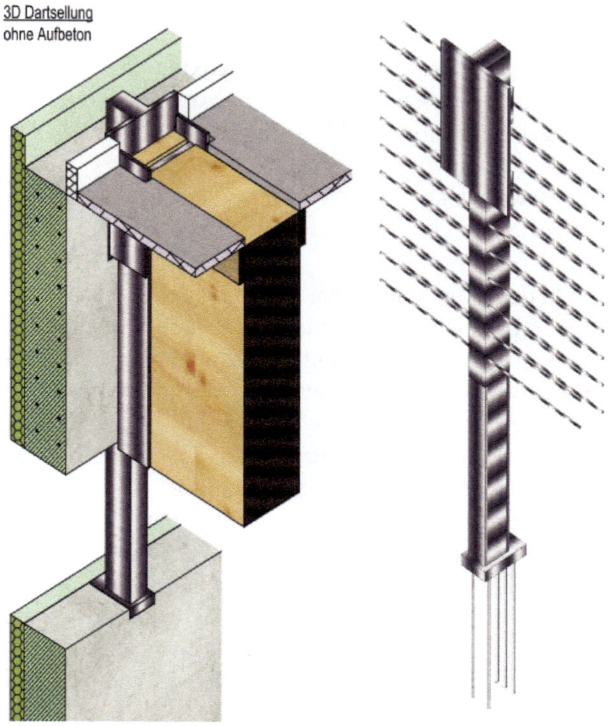

Abb. 16: Auflager der Verbundträger in der Außenwand, dabei: links: 3D-Darstellung der Fügung von Betonwand, Einbauteil, Fensterband, Auflagerschaukel und Holzträger; Halbfertigplatte, Isokorb (ohne Aufbeton der Platte), rechts: 3D-Darstellung des Einbauteils.

Es mussten dabei aufeinander abgestimmt werden:

- die Breite des „Schaukelbretts“ als Endauflager für die Holzbinder
- die Durchbiegung des Schaukelbretts
- die Dehnung der Schaukelwangen
- der Abstand des Lagerbolzen zu den Stahleinbauteilen
- die Vollgewindeschrauben im Holz
- die Pressung des Holzes
- das Schwinden des Holzes quer zur Faser
- die Tragfähigkeit der Stahleinbauteile
- die Lasteinleitung in den Stahlbeton
- die Fugenbreite zwischen Holzträger und der Stahlbetonwand
- die Verdrehung des Verbundträgers mit der Schaukel
- der Verbund zwischen Holzträger und Stahlbetondecke
- die Fertigungstoleranzen der 24,5m langen Holzträger
- die gelenkige Lagerung der Decke auf den Tragwänden
- die druckfeste Verbindung zwischen Einbauteil und Deckenplatte
- die Herstellbarkeit und Einbaubarkeit von allen Bauteilen.

4.2 Gelenkige Lagerung der Betondecke

Die an drei Seiten erforderliche gelenkige Lagerung der Stahlbetondecke erfolgte über die Anordnung von dafür geeigneten Isokörben (Abb. 16).

4.3 Bewältigung von Verformungsunterschieden zwischen Randträgern und Stirnwänden

Neben der zwängungsfreien Lagerung der Holzverbundträger ergab sich am Randbinder am Ende des Verkaufsraumes ein zweites Verträglichkeitsproblem, da dort in einem Abstand von 1,5 m zwangsläufig die starre Rückwand des Verkaufsraumes (Stirnwand) verläuft. Hier treten in Bindermitte unvermeidbar hohen Verformungen in unmittelbarer Nähe zu einem fast verformungsfreien Bereich der Stirnwand parallel zum Binder auf. Für die Bewältigung dieser Verformungsunterschiede war ein eigenes tragwerksplanerisches Konzept mit rechnerischer Simulation erforderlich. Das Konzept bestand sowohl aus einer Versteifung des Verbundtragwerks als auch aus einer Flexibilisierung der Konstruktion des Bürogeschosses (Abb. 17, 18).
Die Versteifung des Verbundtragwerks wurde durch zwei Maßnahmen erreicht:

Erstens: Über der Rückwand des Marktes wurde in der Decke oben quer eine Zulagebewehrung von Ø 20 / 15 angeordnet, sodass sich ein hohes Stützmoment über der Wand ausbilden konnte, um so den Lasteinzug für den neben der Wand verlaufenden Binder zu reduzieren.
Zweitens: Im Betongurt des letzten Verbundbinders wurde eine Druckbewehrung Ø 25 / 15 zur Erhöhung seiner Steifigkeit und Reduzierung der Schwindverformung eingebaut.
Zur Flexibilisierung der Konstruktion des Bürogeschosses wurde diese in dem Übergangsbereich von der weichen zur starren Decke die Baukonstruktion so ausgebildet, dass die verbleibenden Verformungsunterschiede aufgenommen werden können. Dazu wurde in diesem Bereich die sonst starre Kippstabilisierung der Holzträger über die Holzscheibe der Attika (Abb. 17) durch eine gelenkige Kippstabilisierung über die Anordnung gelenkiger Koppelstäbe (Abb. 18) ersetzt.
Auch in der Fassadenkonstruktion war eine Anpassung erforderlich, die insbesondere in der Verwendung kleinerer Elemente bestand.

Abb. 17: Stahlständer – Holzträger – Konstruktion im OG für das Bürogeschoss auf der HBV-Decke. Kippstabilisierung der Holzträger durch die Holzscheibe für die Attika

Abb. 18: Flexibilisierung Konstruktion des Bürogeschosses durch eine Kippstabilisierung der Holzträger mit gelenkigen Koppelstäben

5. Ausblick auf zukünftige Normung

Seit Mai 2021 liegt die ONR CEN/TS 19103: Eurocode 5 – Bemessung und Berechnung von Holz-Beton-Verbundbauteilen – im Entwurf vor.
Neue Regelungen betreffen unter anderem

- den Einfluss der Verbundwirkung auf den wirksamen Kriechkoeffizienten,
- die Berücksichtigung der Interaktion von Kriechen und Schwinden,
- den Einfluss von Temperaturschwankungen.

Im Abschnitt 4.4.2 *Bemessungswerte der Baustoff- und Produkteigenschaften* wird ausschließlich auf Festigkeitseigenschaften, jedoch nicht auf Steifigkeitseigenschaften eingegangen. Eine Abminderung des E-Moduls um einen Sicherheitsfaktor scheint also nicht vorgesehen zu sein. Es werden jedoch Teilsicherheitsfaktoren in Abschnitt 4.4.1.2 für veränderliche Umgebungsbedingungen wie Temperatureinwirkung, Einwirkung der Holzfeuchte, Einwirkung des Schwindens angegeben, und zwar jeweils mit 1,35, sofern im Nationalen Anhang nichts anderes gefordert wird.
Der Anhang B beinhaltet einen Vorschlag zur Berechnung der Auswirkung unelastischer Dehnungen aufgrund von Schwinden des Betons, Temperaturschwankungen und Schwankungen der Holzfeuchte auf Basis des γ-Verfahrens.

6. Schlussbemerkung

Nur mit der gewählten Holz-Beton-Verbunddecke mit einer Spannweite von ca. 25 m, auf der noch ein volles weiteres Geschoss angeordnet wurde, konnten für den innerstädtischen Verbrauchermarkt in Winnenden alle Anforderungen an das Gebäude erfüllt werden. Mit dieser Bauweise konnte so leicht und so niedrig gebaut werden, dass die Bedingungen der Gebäudeklasse 3 eingehalten wurden. Insbesondere war dadurch nur eine feuerhemmende Bauweise und keine feuerbeständige Bauweise erforderlich, sodass eine großflächige Glasfassade und ein Lichtband in Verbindung mit schlanken Stahlstützen möglich wurden.
Es hat sich gezeigt, dass Holz-Beton-Verbunddecken mit sehr großen Spannweiten innerhalb einer ansonsten monolithischen Bauweise technisch möglich und auch wirtschaftlich sind. Durch die hybride Bauweise eröffnen sich im Hochbau Möglichkeiten, die mit einer klassischen Stahlbetonbauweise nicht erreicht werden können. Neben der wesentlich höheren technischen Materialeffizienz von Holz gegenüber Stahlbeton aufgrund vergleichbarer Festigkeits- und Steifigkeitseigenschaften bei einem um mehr als 80 % geringeren Gewichts, ist auch das Treibhauspotential der Holz-Beton-Verbundbauweise wesentlich geringer als das einer reinen Stahlbetonbauweise.
Vor diesem Hintergrund wäre es begrüßenswert, wenn die Holz-Beton-Verbundbauweise sich als eine selbstverständliche Alternative zum Stahlbetonbau und Stahlbau im Hochbau etablieren würde. Ob das gelingt, ist sehr stark abhängig von der endgültigen europäischen Normung der Holz-Beton-Verbundbauweise und hier insbesondere vom nationalen Anhang.
Die Herausforderung der Normung besteht vor allem darin, die Prozesse von Kriechen und Schwinden und die Berechnung der anzusetzenden E-Moduli ausreichend genau zu bestimmen, diese mit angemessenen Teilsicherheitsbeiwerten in ein Bemessungskonzept einzubinden und dabei jedoch gleichzeitig überschaubar und praxistauglich zu bleiben.

Abb. 19: Untersicht der fertiggestellten Holz-Beton-Verbunddecke und der Außenwand mit Lichtband

7. Projektbeteiligte

Bauherr:
LIDL Dienstleistungs GmbH&Co.KG
73230 Kirchheim/Teck

Architekt:
ARTEK-BAUMANAGEMENT GmbH
70794 Filderstadt

Tragwerksplanung:
Bewer Ingenieure
73765 Neuhausen a.d.F.

Prüfingenieure:
Dipl.-Ing. (FH) Thomas Präg
71083 Herrenberg
Prof. Dr.-Ing. Heiner Hartmann
70376 Stuttgart-Münster
Dipl.-Ing. Jutta Rößler
71083 Herrenberg

Bauphysik:
RW Bauphysik
74523 Schwäbisch Hall

Holzbau incl. zugehöriger Stahlbau:
WIEHAG GmbH
A-4950 Altheim

Rohbau incl. zugehöriger Stahlbau:
EIGNER Bauunternehmung GmbH
86720 Nördlingen

Duktile Gusspfähle
Kurt Motz Baubetriebsgesellschaft GmbH
86720 Nördlingen

Wasserundurchlässiges UG
Drytech Abdichtungstechnik GmbH
67435 Neustadt an der Weinstraße

Fertigteilbinder (PI-Platten):
Lischma GmbH & Co. KG, 88471 Laupheim

8. verwendete Software

CAD-BIM-Modell:
Nemetschek Allplan 2018

Stabwerks- und Finite Elemente Berechnungen:
InfoGraph Info CAD Vers.18.2 und 19

Literatur

[1] DIN EN 1990: EC: Grundlagen der Tragwerksplanung, DIN-Deutsches Institut für Normung e.V. (2010)

[2] DIN EN 1992-1-1: EC2: Bemessung und Konstruktion von Stahlbeton und Spannbetontragwerken Teil 1-1: Allgemeine Bemessungsregeln und Regeln für den Hochbau, DIN-Deutsches Institut für Normung e.V. (2011)

[3] DIN EN 1994-1-1: EC4: Bemessung und Konstruktion von Verbundwerken aus Stahl und Beton Teil 1-1: Allgemeine Bemessungsregeln und Anwendungsregeln für den Hochbau, DIN-Deutsches Institut für Normung e.V. (2010)

[4] DIN EN 1995-1-1: EC5: Bemessung und Konstruktion von Holzbauten Teil 1-1: Allgemeines – Allgemeine Regeln und Regeln für den Hochbau, DIN-Deutsches Institut für Normung e.V. (2010)

[5] DIN EN 14080: Holzbauwerke - Brettschichtholz und Balkenschichtholz - Anforderungen, DIN-Deutsches Institut für Normung e.V. (2013)

[6] ONR CEN/TS 19103 Entwurf: Eurocode 5 – Bemessung und Berechnung von Holz-Beton-Verbundbauteilen – Allgemeine Regeln und Regeln für den Hochbau, Austrian Standards International (2021)

[7] Allgemeine Bauaufsichtliche Zulassung Z-9.1-851: BiFRi Verbund-Anker als Verbindungsmittel für das FIEDRICH Holz-Beton-Verbundsystem, Deutsches Institut für Bautechnik (2015)

[8] Allgemeine Bauaufsichtliche Zulassung Z-9.1-557: Holz-Beton-Verbundsystem mit eingeklebten HBV-Schubverbindern, Deutsches Institut für Bautechnik (2015)

[9] Europäische Technische Bewertung ETA-18/0264: Holz-Beton-Verbundsystem mit stiftförmigen Verbindungsmitteln, Österreichisches Institut für Bautechnik (2018)

[10] Europäische Technische Zulassung ETA-12/0114: Selbstbohrende Schrauben als Holzverbindungsmittel in tragenden Holzkonstruktionen, ETA-Danmark A/S (2012)

[11] Bejtka I.: Skript zum Seminar Holz-Beton Verbundbauweise, Blaß & Eberhart GmbH, Karlsruhe

[12] Blaß H. J. & Romani M.: Langzeitverhalten von Holz-Beton-Konstruktionen, Versuchsanstalt für Stahl, Holz und Steine, Abteilung Ingenieurholzbau, Universität Fridericiana Karlsruhe (2002)

[13] Rautenstrauch K. & Grosse M. & Lehmann S. & Hartnack R.: Baupraktische Dimensionierung von Holz-Beton-Verbunddecken, 6. Informationstag des IKI, Bauhaus-Universität Weimar

[14] Schänzlin J.: Holz-Beton-Verbundsysteme, 9.Baden-Württembergischer Tragwerksplaner Tag (2018)

Punktgestützte Flachdecken im Holzbau

Der innovative SPIDER für Brettsperrholzdecken eröffnet neue Möglichkeiten

Dipl.-Ing. (FH) Stephan Bertagnolli,
Field Technical Support, Rothoblaas Deutschland GmbH, Rosenheim, Deutschland

Zusammenfassung

Für punktgestützte Decken gab es im Holzbau bislang keine Systemlösung. Diese wurde in der Regel individuell berechnet und entwickelt. Mit dem Spider Connector ist eine Lösung entwickelt worden, die nicht nur Stützenraster von 7 m x 7 m ermöglicht, sondern auch eine Lastdurchleitung von bis zu 5000 kN Bemessungslast. Dies bringt neben gestalterischen Aspekten auch wesentliche Vereinfachung in der Planung (Brandschutz, TGA ...) mit sich.
Das zugelassene Produkt wurde bei einem Pilotprojekt in Österreich das erste Mal erfolgreich eingesetzt.

1. Die Aufgabe

1.1 Einführung

Im klassischen Holzbau werden Decken traditionell als Balkenlagen ausgeführt. Diese werden auf Unterzügen und Wänden aufgelagert und so eine einachsige Tragstruktur hergestellt. Durch die Entwicklung des Brettsperrholzes ist diese Konstruktionsart teilweise abgelöst worden. Das flächige Brettsperrholz hat unter anderem den Vorteil, daß es neben einer gewissen Querverteilung der Lasten auch mit geringeren Deckenstärken auskommt. Des Weiteren kann durch die Verleimung der Platten in der Herstellung mit schlankeren Querschnitten gearbeitet werden, was wiederum der effizienten Nutzung des Rohstoffes Holz entgegenkommt. Jedoch werden auch diese Elemente klassisch auf Unterzügen und Wänden aufgelagert (Abbildung 1).

Abbildung 1: klassisch aufgelagerte BSP-Decke [1]

Im Betonbau hingegen werden punktgestütze Decken schon seit Mitte des letzten Jahrhunderts ausgeführt. Hier liegen Nachweisverfahren, Berechnungsmethoden und konstruktive Lösungen vor, die eine Realisierung wirtschaftlich sinnvoll machen. Ebenfalls gibt es von verschiedensten Anbietern Systemlösungen. Dies im Holzbau umzusetzen führt zu mehreren Herausforderungen gleichzeitig. Die Druckspannungsspitzen treten gerade in den Bereichen auf, in denen das Holz einen Schwachpunkt hat, quer zur Faser. Hier beträgt die Druckfestigkeit nur circa 10 % der Druckfähigkeit senkrecht zu Faser. Die Rollschubfestigkeit der einzelnen Brettlagen ist ein weiterer begrenzender Faktor für die konzentrierte

Lasteinleitung. Es gibt für beide Themen Lösungen ([2] & [3]) mit Vollgewindeschrauben, die auch seit Jahren im Holzbau Verwendung finden. Diese kommen jedoch bei größeren Spannweiten schnell an die Grenzen. Ein bekanntes Projekt bei dem punktgestütze Flachdecken zum Einsatz kamen ist das Studentenwohnheim „Brock Commons" in Vancouver. Hier wurde ein Stützenraster von 2,85 m x 4,5 m ausgeführt.
Für den Spider war jedoch die Vorgabe ein Stützenraster von 7 m x 7 m, sowie eine Lastdurchleitung für bis zu zehn Geschossen zu realisieren.

1.2 Die Herausforderungen

Durch die Einflussfläche von 49 m² sind pro Stütze circa 500 kN maximale Bemessungslast zu erwarten. Über die Gebäudehöhe kann bei bis zu zehn Geschossen eine Lastdurchleitung im Stützenbereich von bis zu 5000 kN zusammen kommen. Dies, hohe Stützmomente, Schwingungsnachweise, Brand- und Schallschutz, sowie die Wirtschaftlichkeit und eine hohe Montagefreundlichkeit waren die Vorgaben für die Entwicklung des Spiders.
Aufgrund der fertigungs- und transporttechnischen Beschränkungen von max. 3,5 m Breite bei BSP-Platten kam noch eine zusätzliche Aufgabe ins Spiel. Der Plattenlängsstoss muss auf der Baustelle biegesteif ausgebildet werden um die Platten entsprechend weit spannen zu können (Abbildung 2).

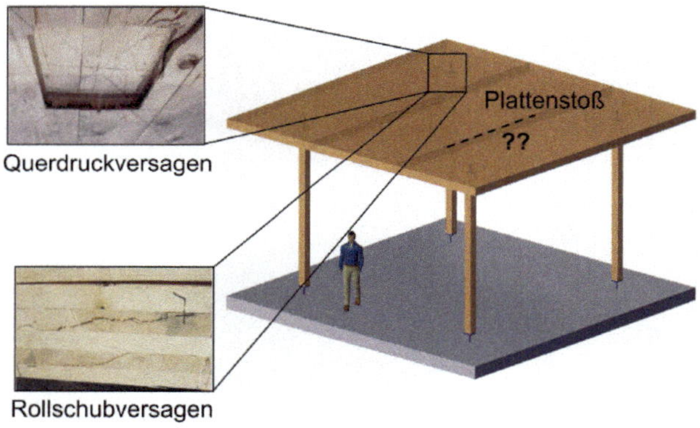

Abbildung 2: Punktgestütze Decke, mit Plattenlängsschub, Querdruckversagen und Rollschubversagen [1]

2. Die Entwicklung

Für die Entwicklung wurden an der Universität Innsbruck neben Versuchen vor allem auch Berechnungen durchgeführt, bzw. Modelle zur Abbildung des Verhaltens der Konstruktion entwickelt (Abbildung 3 und Abbildung 4).

Abbildung 3: Versuchsaufbau an der Universität Innsbruck [4]

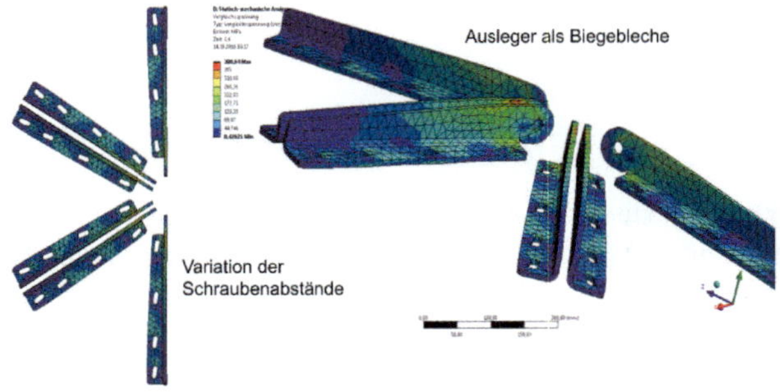

Abbildung 4: Simulation der Verformung und Spannungsverteilung in den Armen des Spiders [4]

3. Die Lösung

Nach mehreren Jahren der Entwicklungsarbeit konnte am 17.01.2020 die ETA veröffentlicht werden (Abbildung 5)

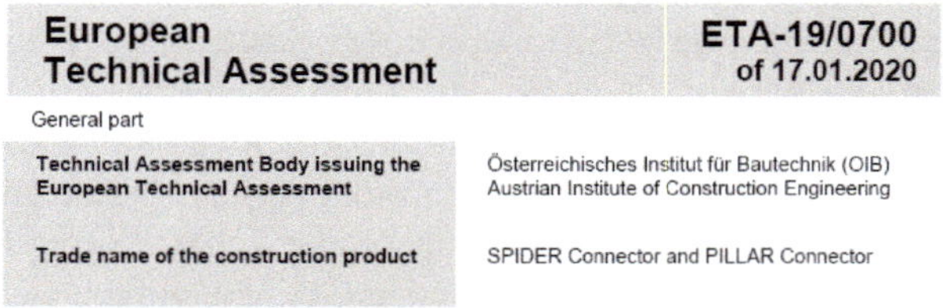

European Technical Assessment — **ETA-19/0700 of 17.01.2020**

General part

Technical Assessment Body issuing the European Technical Assessment	Österreichisches Institut für Bautechnik (OIB) Austrian Institute of Construction Engineering
Trade name of the construction product	SPIDER Connector and PILLAR Connector

Abbildung 5: ETA des Spider-Connector der Rotho Blaas srl, Italien

Der Spider Connector der besteht aus mehreren Einzelteilen, die auf der Baustelle zusammengesetzt werden. Das Herzstück bildet ein Zylinder (ø 80-120 mm), ein Kegelstück und eine Scheibe mit Mutter (Abbildung 6). Mit einer Höhe von bis zu 320 mm kommt der Spider inkl. der Arme auf ein Gewicht von bis zu 80 kg / Stück.

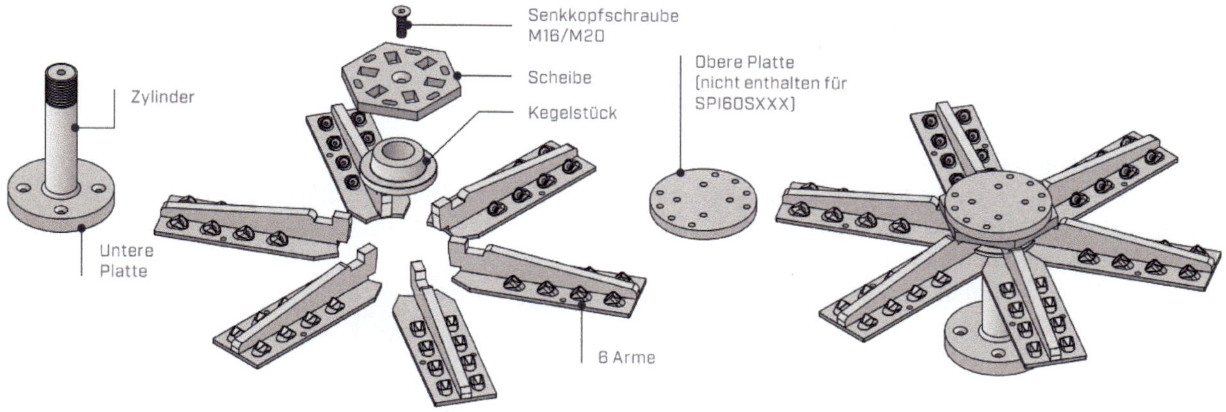

Abbildung 6: Einzelkomponenten des Spider Connectors

Die Funktionsweise ist denkbar einfach. Die Arme werden mittels Vollgewindeschrauben in die Decke verschraubt und über die Scheibe formschlüssig an das Kegelstück angeschlossen. Hierdurch werden die Deckenlasten (Abbildung 7 blau) eingeleitet. Die Lastdurchleitung erfolgt über die obere Platte direkt in den Zylinder (Abbildung 7 grün) und werden dann als Gesamtlast (schwarz) in die nächste Stütze weitergeleitet.

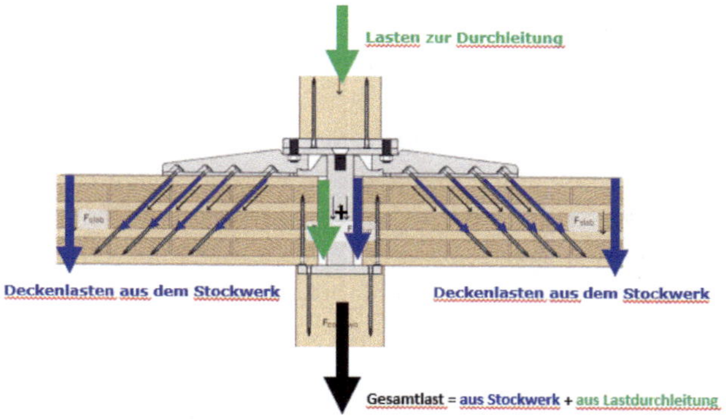

Abbildung 7: Kraftweiterleitung im Connector

Durch dieses System können große Spannweiten und hohe Lasten realisiert werden. Wie man in Abbildung 8 sehen kann hängen die möglichen Lasten nicht nur von der Deckenstärke ab, sondern auch vom Werkstoff der Stütze

	CLT FLOOR THICKNESS						
	160 [mm]	180 [mm]	200 [mm]	220 [mm]	240 [mm]	160 + 160 [mm]	COLUMN
Type	$F_{co,up,d}$ $F_{slab,d}$ [kN]	$F_{co,up,d}$ $F_{slab,d}$ [kN]	$F_{co,up,d}$ $F_{slab,d}$ [kN]	$F_{co,up,d}$ $F_{slab,d}$ [kN]	$F_{co,up,d}$ $F_{slab,d}$ [kN]	$F_{co,up,d}$ $F_{slab,d}$ [kN]	
SPI 60 S	345 + 296	290 + 349	240 + 401	185 + 454	135 + 506	245 + 394	GL32h
SPI 80 S	630 + 296	575 + 349	525 + 401	470 + 454	420 + 506	530 + 394	GL32h
SPI 80 M	920 + 296	865 + 349	815 + 401	760 + 454	710 + 506	820 + 394	GL32h
SPI 80 L	1.215 + 296	1.185 + 349	1.135 + 401	1.080 + 454	1.030 + 506	1.140 + 394	GL32h
SPI 100 S	1.515 + 296	1.515 + 349	1.515 + 401	1.515 + 454	1.475 + 506	1.515 + 394	LVL GL75
SPI 100 M	1.965 + 296	1.930 + 349	1.895 + 401	1.855 + 454	1.820 + 506	2.030 + 394	LVL GL75
SPI 120 S	2.490 + 296	2.440 + 349	2.385 + 401	2.335 + 454	2.280 + 506	2.395 + 394	LVL GL75
SPI 120 M	2.855 + 296	2.855 + 349	2.855 + 401	2.855 + 454	2.855 + 506	2.855 + 394	LVL GL75
SPI 100 L	3.805 + 296	3.805 + 349	3.805 + 401	3.805 + 454	3.805 + 506	3.805 + 394	STEEL
SPI 120 L	4.840 + 296	4.840 + 349	4.840 + 401	4.840 + 454	4.840 + 506	4.840 + 394	STEEL

Abbildung 8: Lastentabelle mit Deckenstärke und Fco,up,d (Lastdurchleitung) und Fslab,d (Deckenlast)

4. Vorteile

Punktgestützte und damit unterzugfreie Decken haben dem klassischen Konstruktionsprinzipien verschiedene Vorteile. Durch das Wegfallen der Unterzüge ergeben sich bei gleicher Raumhöhe circa 40 cm weniger Geschosshöhe. Dies wiederum führt dazu, dass ab einer Höhe von circa sieben Geschossen im gleichen Baufenster/Gebäudehöhe ein achtes Geschoss realisiert werden kann. So dass sich die Nettogeschossfläche um 15% erhöht. Ebenfalls wird eine Flexibilität des Grundrisses erreicht, die eine Wiedervermietung und Umnutzung wesentlich vereinfacht. Dies erhöht den Wert der Immobilie und senkt die Kosten.
Des Weiteren machen sich schon in der Planungsphase die fehlenden Unterzüge in den Kosten bemerkbar. Die klassischen Kollisionspunkte der TGA mit dem Tragwerk entfallen. Der Planer kann also nicht nur wesentlich einfacher seine Leitungen planen, sondern spart sich neben statisch relevanten Durchbrüchen auch verschiedene Stichleitungen an den Unterzügen vorbei.
Aus brandschutztechnischer Sicht gibt die einheitliche Decke enormen Spielraum, da nicht mehr einzelnen Elemente betrachtet werden müssen, sondern die Decke als Gesamtes. Was wiederum bei einer Umnutzung, und damit einer veränderten Brandabschnittsbildung, die Kosten geringhält.
Dass eine punktgestützte Decke gegenüber einer klassischen Holzbalkenkonstruktion seine optischen und architektonischen Reize hat, versteht sich von selbst.

5. Das Pilotprojekt

Der Handl Gastro Service beliefert seit Jahren gehobene Gastronomie und Hotellerie im Alpenland mit hochwertigen Fleisch- und Wurstwaren. Hierfür sollten neue repräsentative Verkaufsräume entstehen. Die Planung wurde von ATP Planungs- und Beteiligung AG, Innsbruck vorgenommen. Der Werkstoff Holz sollte auf zwei verschiedene Arten in die Planung integriert werden. Einerseits durch die klassische Anwendung als Fassade, andererseits auf die innovative Art als punktgestütze Decke. Diese war mit 650 m² eine technisch konstruktive Herausforderung.
Durch die Verleimung vor Ort konnte in Zusammenarbeit mit Timber Structures 3.0 AG und der Universität Innsbruck nicht nur die bis dahin weltweit größte punktgestütze Brettsperrholzplatte hergestellt werden. Mit einem Stützenraster von 7 x 7 m wurden auch außergewöhnlich große Spannweiten realisiert.

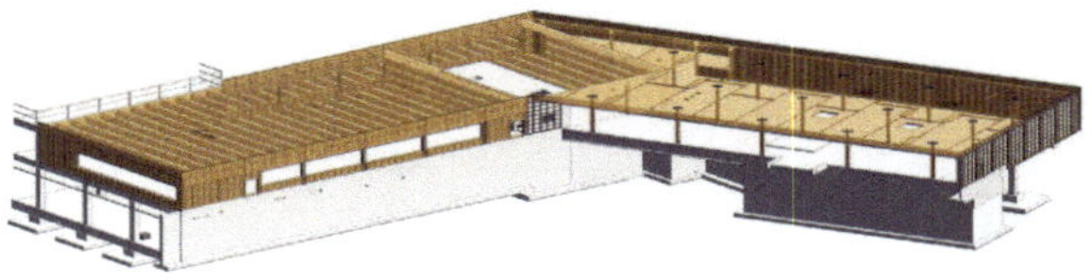

Abbildung 9: 3D-Ansicht des Holzbaus

Abbildung 10: Durch den Spider sind große Spannweiten und eine komplette unterzugsfreie Decke ermöglicht worden

Abbildung 11: Der fertige Verkaufsraum

Literatur

[1] Maderebner, R. (2021): Punktgestütze Flachdecken aus Brettsperrholz

[2] Bejtka, I. (2005): Verstärkung von Bauteilen aus Holz mit Vollgewindeschrauben
Karlsruhe: Univ.-Verl.; Univ. – Karlsruher Berichte zum Ingenieurholzbau Bd. 2.

[3] Mestek, P. (2011): Punktgestützte Flächentragwerke aus Brettsperrholz (BSP) – Schubbemessung unter Berücksichtigung von Schubverstärkungen, München

[4] ATP architekten ingenieure: „Holzbau neu gedacht“, unter: https://www.atp.ag/integrale-planung/service/news/details/holzbau-neu-gedacht (abgerufen am 13.07.2021)

Building materials from wood and fungal mycelium for load-bearing structures

Dana Saez M. Sc.
RWTH Aachen University, Faculty of Architecture, Chair of Structures and Structural Design (Trako), Aachen, Germany

Denis Grizmann M. Sc.
RWTH Aachen University, Faculty of Architecture, Chair of Structures and Structural Design (Trako), Aachen, Germany

Univ.-Prof. Dr.-Ing. Martin Trautz
RWTH Aachen University, Faculty of Architecture, Chair of Structures and Structural Design (Trako), Aachen, Germany

Dr.-Ing. Dipl.-Ing. Anett Werner
TU Dresden, Faculty of Mechanical Science and Engineering, Institute of Natural Materials Technology, Bioprocess engineering, Dresden, Germany

Abstract

Towards an imminent transformation of the construction industry into a more sustainable one, the investigation of fungal mycelium composites has gained ground among researchers in recent years. This research, aligned with the circular economy principles, proposes replacing conventional construction materials with novel mycelium-based materials. Although most of the published research of fungal materials for construction focuses mainly on their favorable isolation properties, we further explored their load-bearing capacity. The virtual growth of fungal mycelium, combined with a lignocellulosic material as wood, yields a promising scenario for a material that allows being shaped into any given form. Moreover, the fungal hyphae develop a network among the chipped-wood substrate connecting it into a matrix. This process also highlights mycelium's binding capacity. Both properties, rapid virtual growth and binding, served as a basis for this ongoing research. We focused not only on determining the basics for defining the load-bearing capacity of the material but also on two possible case studies.

1. General overview on fungal mycelium research

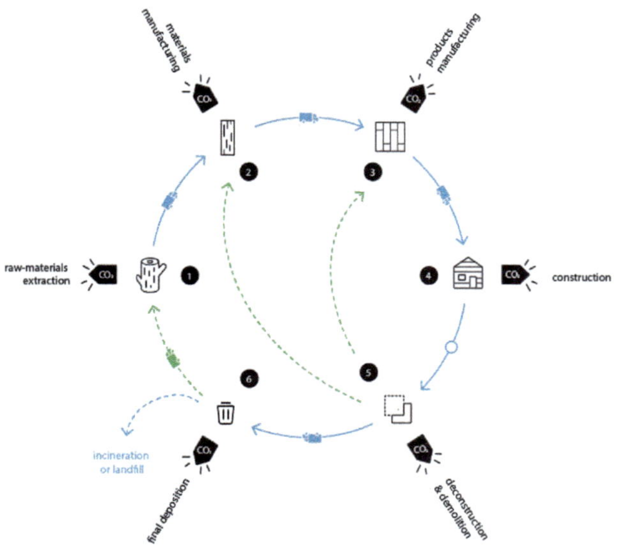

Figure 1: Circular economy in the construction industry, re-interpretation of the Life Cycle Assessment (LCA) from (LETI)

Fungi have the capacity to transform organic waste, like by-products from agriculture and forestry, into composites that offer similar or superior properties compared to oil-based materials. Also, they can play a crucial role in the circular economy due to their low embodied energy and cradle-to-cradle capacity.

Fungal biotechnology has a great potential due to the natural metabolic properties of filamentous fungi. There are currently about 60,000 basidiomycetes in culture, all of which have their ecological niches and specialize in particular services that must be exploited in a very targeted manner. They are often used mostly for edible mushroom production (mushroom, oyster mushroom and shiitake) although they are interesting research objects for medicine (metabolic pathways), pigments or active substances. Their technical use hardly goes beyond the production of packaging material, like the one patented by Ecovative [Ecovative, (3)]. In the construction industry, the application focus of fungal biotechnology is currently still on an experimental level.

Recent studies on the physical and technical properties of fungal mycelium composites with a view to technical ap-

plication were carried out worldwide [Ziegler et al., 2016 (4)], [Lelivelt et al., 2015 (5)], [Elsacker et al., 2019 (6)]. These studies include elementary investigations on mycelium composites in combination with lignocellulosic substrates. Here, the physical properties such as thermal conductivity, water absorption capacity, and also mechanical properties such as strength and Young's modulus of mycelial composites with natural fibers such as grass, hemp, and straw as well as with wood chips were tested and documented. Some elementary properties such as the high thermal insulation resistance, but also the limited moisture absorption is filtered out, according to which mycelium is definitely suitable as thermal insulation.
The construction industry is responsible for 30% of global CO^2 emissions [BMBF, 2019 (1)]. The lifespan of a building includes both, embodied and operational energy (KgCO2e). The embodied energy refers to the carbon emissions of building materials, their transportation and on-site application, and their final deposition. The operational energy is the amount of energy required for the functioning of a building. This is generally associated to the comfort requirements of a building like, heating, cooling, ventilation, lighting conditions, but we should also include home appliances [LETI, 2018 (2)]. Mycelium composites address the problem of embodied energy emissions since it fit in the circular economy presenting a great opportunity to replace oil-based building materials.

1.1 Fungal mycelium research precedents at Trako

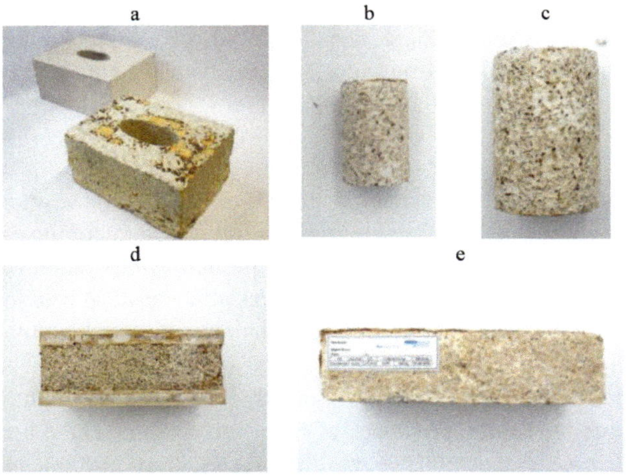

Figure 2: a) brick developed for the LimyBrick project; b) small and c) large cylinders for compression test; d) sandwich with mycelium core; and e) single element for bonding wall developed for the MycoMatrix project

Besides the research activities in the field of classical timber engineering [Trautz, 2019 (7)], [Trautz, 2017 (8)], Trako has been dealing with bio-based materials, their technical and mechanical properties, and their structural usability, among others, as load-bearing, i.e., statically functional materials in architecture and civil engineering since 2014. The project 'LimyBrick' (BMBF) was dedicated to investigating fungal mycelium matrix materials and exploring the possibilities to produce modular building elements such as bricks (Fig. 2, a).
Propper colonization and biomass production of fungal mycelium is directly influenced by substrate selection, environmental cultivation conditions (temperature, humidity, and pH), and its specific genetic composition [Meyer et al. 2020 (9)]. Hence, basic investigations considering the production of solid, technically, and statically usable mycelial matrix materials were conducted. Therefore, different combinations of fungi and wood substrate were investigated to determine the substrate's influence on the strength capacity, the ideal climatic and nutrient conditions for growth, and the manufacturing steps for the prototype production (scale 1:1) [Moser et al., 2017 (10)].
The research team analyzed several influencing parameters like the influence of growth on the volume to oxygen supply ratio to optimize the manufacturing process. Despite autoclaving the substrate mixture, during the growing process, environmental conditions for cultivation are also conducive to the growth of parasitic fungi. The moisture content of the living matrix was measured and reduced while maintaining a practicable growth rate to avoid the growth of parasitic fungi.
Regarding strength behavior, the LimyBrick research team conducted a series of experiments on the filling or packing density of the test specimens and their effect on the compressive strength of the test specimens. Also, the influence of the substrate grain size based on three different grain sizes and their combination on the compressive strength of the test specimens was investigated. Subsequently, experiments on the alignment of the substrate chips and their effect on the compressive strength of the test specimens were conducted. A systematic combination and matching of the components resulted in enhancing the strength capacity from 0.3 N/mm2 to 1.2 N/mm2 under compressive stress.
The experience gained during the LimyBrick project served as the foundation for developing the consecutive project: MycoMatrix, also supported by BMBF. MycoMatrix aims to establish foundational research on the structural capacity of mycelium and wood-based composites. In this context, similar tests as in the LimyBrick project were carried out, but this time, following two different directions: one focusing on the binding capacity (see point 3.1 MycoWall), and the other on the combination of the mycelium-based composite and wood panels (see point 3.2 Mono-material binding).
Figure ii a) illustrates the mycelium brick prototype develop during the LimyBrick project. Compared to commercially available perforated bricks [Ytong porenbeton silka kalkstein (11)], which have a compressive strength of 3.9 to 10.3 N/mm^2 depending on the brick strength class, the determined strength of the material is considerably lower at a value of approximately 0.5 N/mm^2. This served as a motivation to investigate the mechanical pro-

perties of Mycelium and wood-based composites further. Whereas in the LimyBrick project a series of cylinders for compression tests were carried out [Fig. 2 b)], during the MycoMatrix project compression tests continued with cylinders in two formats, small [Fig. 2 b)] and large [Fig. 2 c)], in combination with full density and cultivation time variation. The test program was also completed with shear [Fig. 2 d)] and bending tests [Fig. 2 e)].

2. Case studies on load-bearing structural components

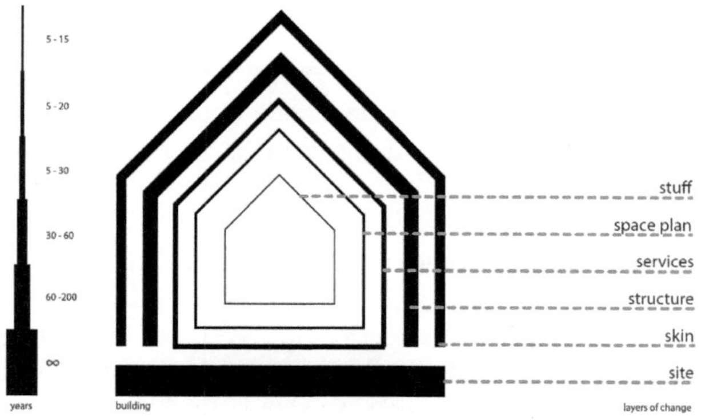

Figure 3: Adapted from Brand, Layers of Change [12]

In his book How Buildings Learn [Brand (12)], S. Brand divides the parts that conform a building into six categories with different longevity during its life cycle. Some categories, like the skin, are more susceptible to change, while others, such as the load-bearing structure, remain immanent, mainly, due to its long lifespan. Moreover, aaccording to a report of the German Sustainable Building Council (DGNB), the building sector is responsible for the 30% of global CO^2 emissions, 40% energy consumption in Europe, and 30% of resource consumption worldwide, where 80-90% is used in the load bearing structures of buildings [Saez et al., 2021 (13)]. We understand this situation as a key opportunity to further investigate load-bearing capacity of fungal mycelium-composites. Therefore, we focused our research on two different case studies MycoWall and Mono-material binding.
The case studies consist on 1-to-1 scale prototypes. The prototype manufacturing allows us to observe scale-related construction problems, and implement design solutions to be developed during the process. Also, we can conduct a series of empirical tests highly influenced by the construction complexity and final geometry of the prototypes.

2.1 MycoWall

MycoWall is a prototypical building system consisting of sandwich construction elements formed by a mycelium core and wood plates. The prototypes were developed in a feasibility phase of the MycoMatrix project with the aim to apply the mycelium and wood-based composite to traditional construction systems as timber frame construction.
The establishment of the material mentioned above into the building practice requires an application scenario adapted to the standards of the corresponding mechanical properties. The proposed sandwich building system is based on the classic timber frame construction method that is suitable for one-to-three-story residential building. The mycelium-bonded sandwich panels are connected by the sides of the frame made of solid timber profiles (see Fig. 4). The size of mycelium-bonded sandwich panels is limited by some manufacturing constrains like the size of the drying cabinet required for the denaturation stage. In the case of this constrain, it could be solved by segmenting the sandwich panels resulting on a modular system, as showed on Fig. 4, 1/2 or 1/3 sandwich panel. Moreover, this segmentation also allows easy transport and montage.
In contrast to the classical wooden panel construction, the mycelium sandwich panels have a continuous static bond between the two timber planking panels. It is created by the mycelium layer in contact with the surface of the plank, which has an advantageous effect especially on the horizontal and the stiffening load-bearing effect. Also, as a floor slab, the sandwich core of mycelium transmits the shear stresses and replaces, in terms of volume, a considerable volume of wood, which would have been underutilized statically at this point and would only add weight. From a technical point of view, the envisaged sandwich wall and ceiling elements thus combine several favorable characteristics: Lightweight construction and weight savings; thermal insulation, especially with sides subjected to different thermal loads; and sound insulation, due to the sound-absorbing effect of the mycelium core. MycoWall is an ongoing research project that includes the development and optimization of the building system, its technical production requirements, and the determination and evaluation of its structural and physical properties.

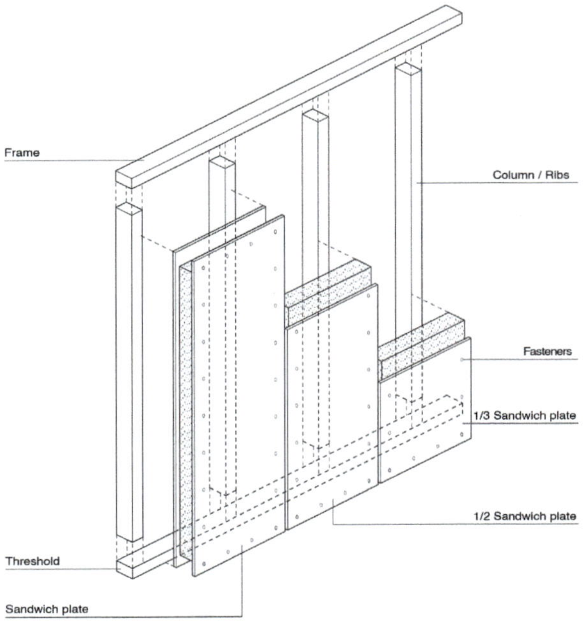

Figure 4: schematic illustration of timber frame construction system with sandwich panels. Adapted from Saez et al. 2021.

2.2 Mono-material binding

Existing research on mycelium-based materials recognizes the binding capacity of fungal hyphae. It digests and bonds to the substrate's surface, forms entangled networks, and provides mechanical strength to the mycelium-based composites [Sun et al. 2019 (14)].

As mention before (see point 3) This research was driven by some results of our ongoing project MycoMatrix. After observing the results obtained during the ongoing project, we decided to explore mycelium and chipped wood composites' bonding capacity further with a series of experiments that combine mechanical interlocking and fungal hyphae networks. Although the bonding capacity of the matrix material was explored on a micro-scale at the laboratory conducted by Dr. Werner [Löser, 2020 (15)], the samples were developed on a meso-scale.

On a micro-scale level, we can observe a strong bonding of the mycelium hyphae between the wood substrate as illustrated in Fig. 5. As in the case of the MycoWall, by exploring the meso-scale prototypes we aimed to enhance the bonding surface's geometrical parameters.

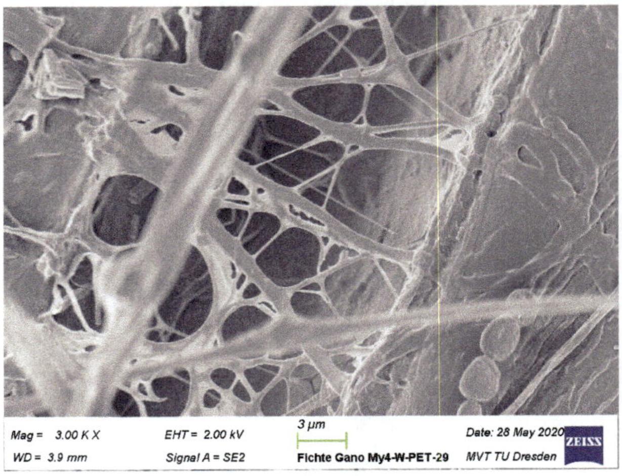

Figure 5: REM photo of Ganoderma Lucidum mycelium and chips of spruce wood as substrate.

3. Material challenges and opportunities

In order to successfully develop mycelium and wood-based materials with load-bearing capacities for their application in construction we should first optimize the material stability and fabrication. Some of the difficulties we faced during the project are as follows: low compression strength, shrinkage after denaturation, and manufacturing time.

When comparing the results of the behaviour under compression of the test specimens with those of the literature, similar values could be observed (0.41 N/mm²). Yet, as pointed out in point 1.1 these values do not meet the standards of other structural materials used in construction like Perforated bricks for masonry [Ytong porenbeton silka kalkstein (11)]. On this respect, one of the most important values to be investigated is the mixture between fungal mycelium and wood substrate. Within this project, four basidiomycetes species were investigated, namely Ganoderma Lucidum (GL), Trametes Hirsuta (TH), Picnoporus Sanguineus (PS), and Fomes Fomentarius (FF). All of the fungal mycelium species were studied with two different types of wood substrates: beech and spruce. Spruce was chosen due to its availability as a construction by-product in the german market, and Beech was chosen because it represents one of the natural habitats of the tested fungi. [Saez et al., 2021 (13)] For all basidiomycetes investigated, beech turned out to be the most suitable substrate for the production of mycelium-based composite materials. Likewise, GL is potentially one of the most suitable fungi for use in the production due to its fast growth, albeit its strength capacity appears to be comparatively lower that that of TH, which presented a much lower growth under same environmental conditions. Once the optimal mixture was stablished, a series of test to prove optimal cultivation time and packing density were conducted. A series of test specimens were cultivated under same conditions for

three, four, and five weeks. The results showed an improvement on the stiffness capacity of the tests cultivated during four weeks in comparison with the three-week cultivation ones. Additionally, no difference between four-week and five-week cultivation specimens were found, in consequence we decided to continue the experiments based on a four-week growing period. After determining the optimal growth period for GL and beech wood on the formworks, the packing density was analyzed. All test specimens were produced accordingly with 80%, 100%, and 120% packing density. This was mechanically introduced while filling the formworks. These series of test resulted on a positive influence on the strength for the specimens with a 120% packing density.
The shrinkage that occurred during denaturation [Fig. 6] leads to a change on the geometry of the test specimens. However, this is dependent on the initial water content during the cultivation in the bags, for an approximately 75% amount of water, the volume reduction is 20%. We also observed that the volume reduction is not homogeneous in all the axis of the produced species, it is always related to the geometry. The greatest volumetric reduction is observed in the axis that prevails over the others, i. e. in the z-axis when it prevails over the x- and y-axis. This phenomenon should be considered on the product's design process.

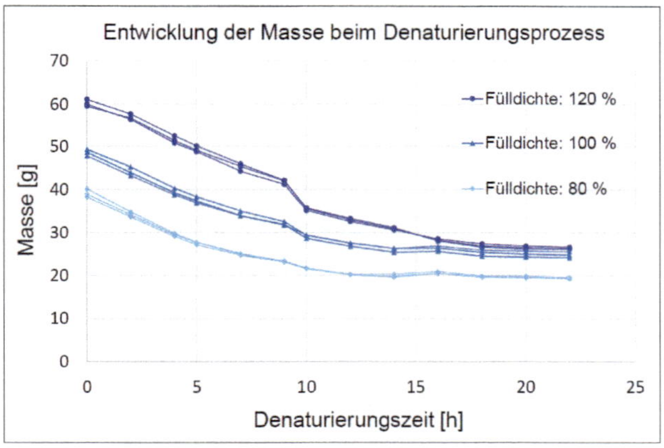

Figure 6: Development of mass in the denaturation process.

Finally, one of the biggest problems presented by the biofabrication of mycelium-based composites, is the time requirements. Where the inoculation time was considerably reduced from 10 to 7 days, the minimal amount of time required for the cultivation in bags is 5 days, the cultivation in formworks resulted much slower, requiring a at least 24 days for its optimal development. Leading to a total of 41 days for the production of the mycelium and wood-based composite material. Although, there are parameters to be considered that still have scope for optimization, as the substrate geometry to formwork geometry ratio, or permeability to form ratio (Fig. 7), bio-fabrication seems to be quite time intensive in comparison to similar materials used traditionally in the building industry.

To sum up, we can state that all the problems aforementioned, present an opportunity to develop the research on mycelium and wood-based composites further.

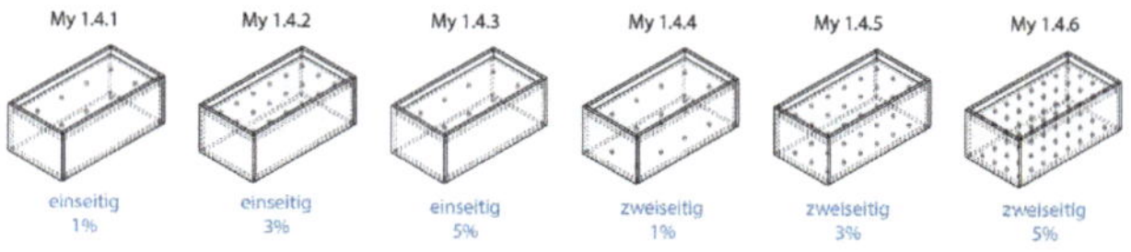

Figure 7: Permeability of the surface layer. Shape and size of the formworks. My1.4.4 – 3 one-sided, My 1.4.4 – 6 two-sided.

4. Conclusion and Outlook

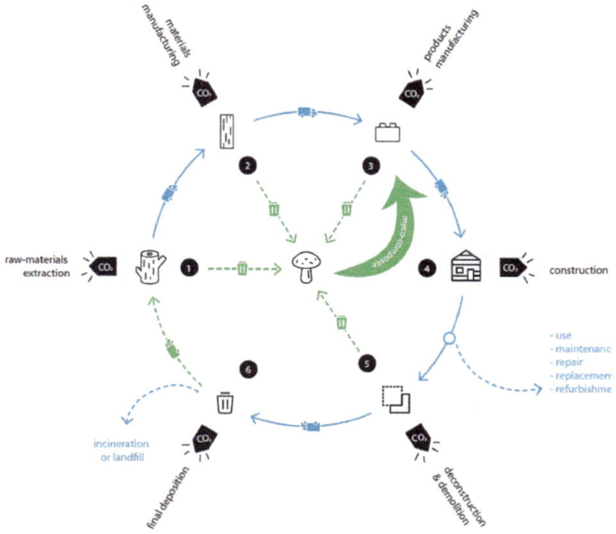

Figure 8: Integration of Mycelium and wood-based composites in the circular economy of the construction industry.

Nowadays, the most of the products used in construction are designed for single use only. As illustrated in Fig. 8, the implementation of building materials in circular economy like the mycelium based described in this research would not only strongly improve the LCA of buildings using them, but also, find a second life for by products of the carpentry industry and timber construction systems, as well as, recycling of old wood used in buildings that reach the end of their service life. For this reason, we find the MycoMatrix project relevant enough to be further developed. Due to the large availability of basidiomycetes, there is still scope to conduct a large-scale screening to find the best possible combination of fungus and wood substrate. Further on, the cultivation parameters for the respective fungi would have to be optimized and the resulting bio composites would have to be analysed with regard to their mechanical and physical properties. As previously described, the production of 1:1 scale prototypes, as the MycoWall or the Mono-material binding experiments, is fundamental to understand complex physical and mechanical material properties to be empirically determined.

5. Acknowledgements

Colleagues from the Institute for Building Research Aachen (ibac) at RWTH: Clarissa Glawe and Hendrik Morgenstern; Student assistants from Trako at RWTH: Raman Suliman, Lea Scholz, Helena Krapp, and Steliyana Yancheva. Master Student Tina Löser at TU-Dresden and collaboration partners from AG Enzymtechnik also TU-Dresden.

Literature

[1] German Federal Ministry of Education and Research, “National Research Strategy Bioeconomy 2030. Our Route towards a bio-based economy”, Federal Ministry of Education and Research (BMBF) Public Relations Division, Berlin, 2019.

[2] London Energy Transformation Initiative, 2018. LETI Climate Emergency Design Guide How new buildings can meet UK climate change targets.

[3] Ecovative Design LLC [WWW Document], n.d. https://ecovativedesign.com/(accesed 2021.06.12)

[4] Ziegler, A.R., Bajwa, S.G., Holt, G.A., McIntyre, G. and Bajwa, D.S., 2016. Evaluation of physico-mechanical properties of mycelium reinforced green biocomposites made from cellulosic fibers. Applied engineering in agriculture, 32(6), pp.931-938.

[5] Lelivelt, R.J.J., Lindner, G., Teuffel, P. and Lamers, H., 2015. The production process and compressive strength of mycelium-based materials. In First International Conference on Bio-based Building Materials. 22-25 June 2015, Clermont-Ferrand, France (pp. 1-6).

[6] Elsacker, E., Vandelook, S., Brancart, J., Peeters, E. and De Laet, L., 2019. Mechanical, physical and chemical characterisation of mycelium-based composites with different types of lignocellulosic substrates. PLoS One, 14(7), p.e0213954.

[7] Trautz, M., 2019. Wenn man mit Schrauben bewehren will - Forschungen und Erfahrungen zum Einsatz von Vollgewindeschrauben als Verstärkungs- und Fügemittel im Ingenieurholzbau. Aachener Holzbautagung 2019 - Tagungsband S.20-33, ISSN 2197-4489. Aachen.

[8] Trautz, M., 2017. Das Dehnungs- und Tragverhalten von Brettschichtholz beim Lasteintrag durch Vollgewindeschrauben. Bautechnik, 94 (11), 776-789, https://doi.org/10.1002/bate.201700068.

[9] Meyer, V., Basenko, E.Y., Benz, J.P., Braus, G.H., Caddick, M.X., Csukai, M., de Vries, R.P., Endy, D., Frisvad, J.C., Gunde-Cimerman, N. and Haarmann, T., 2020. Growing a circular economy with fungal biotechnology: a white paper. Fungal biology and biotechnology, 7(1), pp.1-23.

[10] Moser, F., Trautz, M., Beger, A.L., Löwer, M., Jacobs, G., Hillringhaus, F., Wormit, A., Usadel, B. and Reimer, J., 2017, September. Fungal mycelium as a building material. In Proceedings of IASS Annual Symposia (Vol. 2017, No. 1, pp. 1-7). International Association for Shell and Spatial Structures (IASS).

[11] Ytong porenbeton silka kalkstein [WWW Document], n.d. https://www.ytong-silka.de/de/docs/ytong-porenbeton-silka-kalksandstein-bautechnologie-kompakt.pdf (accesed 2021.07.22)

[12] Brand, S., 1995. How buildings learn: What happens after they're built. Penguin.

[13] Saez, D., 2021. Analyzing a fungal mycelium and chipped wood composite for use in construction. Proceedings of the IASS Annual Symposium 2020/21. Guilford, UK.

[14] W. Sun, M. Tajvidi, C. Hunt, G. McIntyre, and D. Gardner. “Fully bio-based hybrid composites made of wood, fungal mycelium and cellulose nanofibrils.” Scientific reports 9, no. 1: 1-12, 2019.

[15] Löser, T., 2020. Master Thesis: Mycelium-based hybrid materials – development of test specimens and strength test for their characterization. Directed by: Prof. T. Walther and Dr. A. Werner. Dresden University of Technology, Faculty of Mechanical Engineering, Institute of Natural Materials Engineering, Chair of Bioprocess Engineering. Dresden.

Holz als konstruktiver Baustoff der Zukunft?

Helge Kunz
RENGGLI Deutschland GmbH, Berlin

Zusammenfassung

Globale Auswirkungen der Branche – Für eine Architektur der Verantwortung
Architektur bedeutet weit mehr als gestalterische Qualität. Im Anthropozän ist die Branche in höchstem Maße gefordert, Verantwortung für Gesellschaft und Umwelt zu übernehmen – in Forschung, Lehre und in der Praxis. Als Mitverantwortliche für die globalen Auswirkungen des wachsenden Ressourcenverbrauchs sind Architekt*innen heute mehr denn je gefragt, neue Lösungen für einen Planeten in der Klimakrise zu finden: Was sind die Baustoffe der Zukunft? Welche neuen Typologien befördern eine gesunde Umwelt? Wie lassen sich kluge Verbindungen von Urbanität und Natur schaffen? Wie können Gebäude oder ganze Stadtteile im Sinne eines nachhaltigen Kreislaufes gestaltet werden? Wie ist das Zusammenspiel zwischen Stadt, Region und Land neu zu denken? Wie kann die Natur von der reinen Ressourcenquelle zur Ideenquelle werden?

1. Holz als konstruktiver Baustoff der Zukunft?

Holz als Baustoff bietet eine Fülle von Lösungen im Sinne einer ökologisch engagierten Architektur. Alte Handwerkstechniken treffe auf technologisierte, industriell geprägte Prozesse bis hin zur robotische Fertigung in Verbindung mit computerbasierten Entwürfen. Zugleich wird Holz gerade heute, in Zeiten neuer Höhenrekorde von Holzhochhäusern, als Werkstoff der Zukunft mit einer günstigen CO_2-Bilanz gehandelt. Allerdings sind die Lobpreisungen der schnellen und regionalen Erneuerbarkeit zu kurz gegriffen. Holz bildet in unserer Gesellschaft eine langfristige Perspektive über Generationen hinweg und erzeugt ein Spannungsverhältnis zur Schnelllebigkeit unserer digitalisierten Welt. Das Warten auf das Wachstum eines Baumes in einem gesunden Wald steht den Interessen kapitalistischer Gewinnorientierung gegenüber. Wie kann der Holzbau zu einer Inspirationsquelle für umweltorientierte Low-Tech-Lösungen werden – und auch zum Mittel der Entschleunigung?

2. Hybride Konstruktionen im Neubau und Bestand

Hybridbau aus Stahlbeton und Holz vereint die Vorteile des Massivbaus mit denen der Holzbauweise und stellt somit eine optimale Konstruktionsmöglichkeit dar. Durch die Kombination von Holzfassadenelementen mit Tragwerken in Massivbauweise ergeben sich zudem deutlich erweiterte Geschäftsfelder im Hochbau.
Hybride Konstruktionen haben eine lange baugeschichtliche Tradition. Schon Fachwerkhäuser mit ihrem konstruktiven Schichtaufbau aus Holz, Stroh und Lehm sind hybrid, zeitgemäße Tragwerke bestehen aus einem Verbund verschiedener Materialschichten (wie Holz, Stahl und Beton). Die Gründe hierfür sind vielfältig: Gewichtseinsparung, tragfähigere Konstruktionen, Kosten- und Energieeffizienz – oder auch eine beachtliche Ressourcenoptimierung und Nachhaltigkeit. Es ist jedoch zu kurz gedacht, das Hybride nur auf die Konstruktion zu beschränken. Hybride Konstruktionen lassen sich auch auf Funktionen und Nutzungen des Gebäudes bis ins Quartier übertragen, neben der Verwendung von tradierten Baustoffen arbeiten Forschungsteams an neuen Technologien und Fügungen. Doch hybride Systeme stellen die Bauschaffenden auch vor Herausforderungen. Technisch optimierte Konstruktionen in mehreren Schichten funktionieren nur im Verbund, sind nicht in Teilen zu austauschbar und müssen im Sinne des Materialkreislaufmodells und ihrer Recyclingfähigkeit aufwendig getrennt werden.
Quelle: Detail Text: Eva Herrmann, Datum: 06.03.2019

Foto: HG Esch / B-Part Am Gleisdreieck, www.bpart.berlin/de/
www.renggli-international.com/de/referenzen/b-part-am-gleisdreieck-berlin/

Einfach Holzbau
REWE20xx – ein Supermarkt für die Zukunft

Dr. Jan Mittelstädt
knippershelbig GmbH, Berlin, Deutschland

Boris Peter
knippershelbig GmbH, Stuttgart, Deutschland

Zusammenfassung

Der Pilotmarkt REWE 20xx ist ein Supermarktkonzept der Zukunft – eine Architektur, die unsere menschliche Verbindung zu lokal erzeugten Lebensmitteln wiederherstellt und zugleich die Dimensionen nachhaltigen Bauens sichtbar macht. Ein Holztragwerk überspannt die Verkaufsräume, in denen lokal angebaute und zubereitete Produkte durch eine neuartige Architektur offen zur Schau gestellt werden. Die Herstellungsprozesse von Lebensmitteln werden für den Nutzer sichtbar gemacht und zelebriert. Eine Aquaponikfarm wird in die Marktfunktionen integriert. Die Fischanzucht befindet sich auf einem Mezzanin-Geschoss, der Anbau von Basilikum erfolgt in einem Gewächshaus auf der Dachfläche des Marktes. Der Markt gilt als Prototyp, mit dessen flexiblem und modularen Bauprinzip die Grundlage für die Übertragung auf weitere Standortorttypologien geschaffen wurde. Ein räumliches Holztragwerk aus gestapelten Brettschichtholzbalken dient dem Abtrag der Lasten und wird zugleich prägendes Element der Raumgestaltung und Marktidentität.

1. REWE20xx

Der Wiesbadener Supermarkt REWE20xx ist ein Prototyp für ein neues, anpassungsfähiges und nachhaltiges Marktkonzept (Bild 1), das sich an jede Standorttypologie anpassen lässt – konzeptionell und konstruktiv. Eine sichtbar einfache, zugleich ikonografisch anmutende Holzkonstruktion bildet das Hauptelement der neuen architektonischen Identität der zukünftigen Rewe Märkte. In Abkehr von den bisherigen, stützenfrei gestalteten Supermarkthallen lagert das Dach auf einer Reihe von Stützen und schafft so ein neues Einkaufserlebnis, es gliedert den Großraum in einen menschlichen Maßstab. Die Struktur des Marktes ist so konzipiert, dass sie modular hergestellt, einfach zu bauen und damit flexibel auf Marktgrößen, -standorte und -konfigurationen reagieren kann. Sie besteht aus standardisierten Brettschichtholzbalken, die mittels selbstbohrenden Gewindeschrauben gefügt wurden. Die geometrisch einfachen und handelsüblichen Brettschichtholzelemente können bei Abriss des Bauwerks wieder auseinandergeschraubt und als Dachbalken, Türsturz oder Stütze wiederverwendet werden. Das Bauwerk des Marktes wird bildlich zu einem Materialspeicher umfunktioniert, mit dem Ziel der Wiederverwendung der Bauteile am Ende ihres Lebenszyklus. Dies erscheint vor dem Hintergrund zunehmender Materialknappheit in Zukunft von größerer Bedeutung. Während das Holzdach das verbindende Element des Marktes ist, sind die Räume unter dem Dach so gestaltet, dass sie das Gebäude in seiner Umgebung verwurzeln. Jeder Markt kann so auf seine Umgebung auch in der Wahl der Materialien reagieren. In Wiesbaden Erbenheim wird die Markthalle von zwei Gebäuderiegeln flankiert, die mit einem gemusterten Zementputz verkleidet sind und so einen Teil des Erbes der Dyckerhoff & Widmann Zementwerke bewahren, die 100 Jahre lang an dieser Stelle standen.

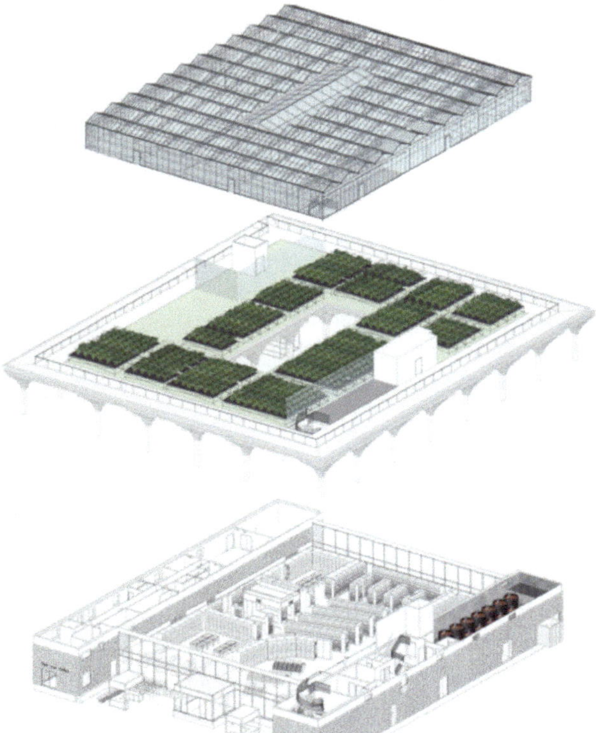

Bild 1: Marktorganigramm (©acme)

Bild 2: Marktansichten (©Jürgen Arlt)

Alternative Wandbekleidungen können die örtliche Identität aufnehmen und sind Teil des Bausystems. Durch die Gruppierung von Fischzucht, Servicebereichen, der Bäckerei und des Flaschenrecyclings in zwei kompakten Gebäuderiegeln, den sogenannten Serviceboxen, kann sich der Rest des Marktes nach außen öffnen. Große Glasfassaden auf der Vorder- und Rückseite verbinden den Raum mit der Landschaft, ermöglichen Durchblicke und lassen natürliches Licht ins Innere fallen. Ein offenes Einkaufserlebnis wird kreiert. Die Holzstruktur reicht über die Fassade hinaus und schafft einen geschützten Außenbereich. Hier werden lokale Produkte an Marktständen angeboten. Ein zentrales Atrium, das in die Dachstruktur des Holzdaches eingeschnitten ist, lenkt

die Blicke aus dem Markt nach oben und ermöglicht eine direkte Sichtverbindung zu den Gewächshäusern (Bild 2). Ein Bezug zur lokalen Frische der Produkte entsteht. Über eine Spindeltreppe im Café wird der Öffentlichkeit Zugang zum Gewächshaus ermöglicht. Von hier aus kann der Besucher einen Einblick in die Arbeitsprozesse der aquaponischen Farm gewinnen und dem frischen Basilikum beim Wachsen zuschauen.
Nachfolgend formulierte Grundsätze fassen das Zukunftskonzept des Marktes zusammen:
RETHINK. *Die etablierten Konzepte für den Bau und den Betrieb der Rewe-Märkte wurde grundlegend hinterfragt und erneuert, ein neuer Standard für den Bau nachhaltiger Supermärkte wurde geschaffen*
REFUSE. *Kunden konnte Spielraum für nachhaltigere Kaufentscheidungen gegeben werden.*
REDUCE & RECYCLE CO_2 *Reduktion und Energieeffizienz. Durch den Einsatz von ökologischen und recyclebaren Baumaterialien wie zum Beispiel Holz konnte eine* CO_2*-Speicherung von etwa 700 Tonnen erzielt werden.*
REUSE & REPAIR. *Die Wieder- und Weiterverwendung von natürlichen Ressourcen ermöglicht eine längere Lebens- und Nutzungsdauer der Märkte. Der Markt wird zum Materiallager.*

2. Integrale Planung

Die Planung des Marktes erfolgte für die Fachplanungen Architektur, TGA und Tragwerksplanung mittels digitalen Gebäudemodellen (BIM). Durch die frühzeitige dreidimensionale Planung konnten die Schnittstellen zwischen der Konstruktion, Architektur und den technischen Komponenten, wie den Installationsführungen der TGA frühzeitig im Planungsprozess integral

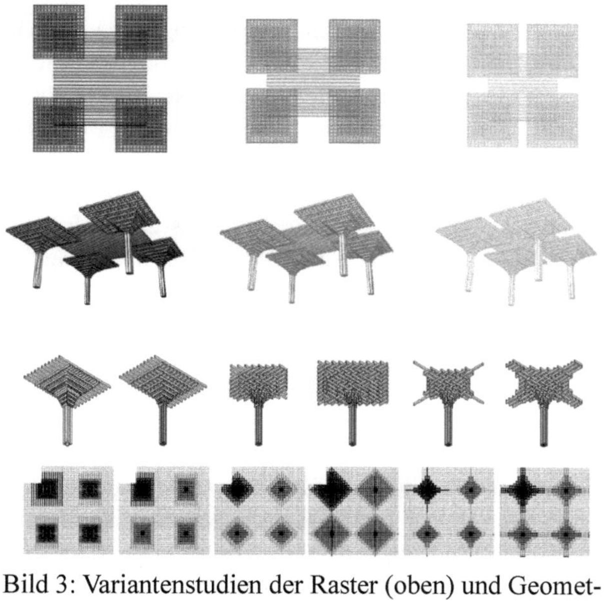

Bild 3: Variantenstudien der Raster (oben) und Geometrie (unten) für die Stützenköpfe (©acme)

bewertet werden. Bereits im Entwurfsprozess konnten ganzheitlich optimierende statische und wirtschaftliche Variantenuntersuchungen durchgeführt werden. Die Rastermaße der Stützenpositionen, die Anordnung im Gebäudegrundriss, bezogen auf die Holzkonstruktion die Abstände und Materialien der Balkenlagen, die Art der Knotenverbindungen und deren Steifigkeit wurden dabei parametrisch in die Gebäude und Berechnungsmodelle integriert und die Ergebnisse vergleichend bewertet (Bild 3). Die Koppelung der geometrischen Datensätze mit Bauteilinformationen und -katalogen in den digitalen Gebäudemodellen erlaubte dabei eine durchgehende Planungsgrundlage vom Entwurf bis zur Ausführungsplanung und der späteren Fertigung.
Die Berechnung der Stützenköpfe erfolgte anhand von 3D-FE-Modellen. Die Balken wurden hierzu jeweils an den Kreuzungspunkten, der Anbindung an die Dachscheibe und an die Stütze über Federelemente Verbunden. Die Konstruktion der Stützenköpfe ist im ganzen Gebäude einheitlich, jedoch ergeben sich infolge der geometrischen Randbedingungen (Rand, Mitte, Ecke, Atrium) sowie der unterschiedlichen Lastniveaus aus den Nutzungsbereichen auf dem Dach und den z.T. variierenden Spannweiten, eine Vielzahl an numerischen Modellen, deren auszuwertende Datenmenge nur mittels eines parametrischen Planungsprozesses zu bewältigen war.

3. Konstruktion

Die Konstruktion des Marktes besteht aus einem hybriden Baukastensystem in Holz- und Stahlbetonbauweise (Bild 4). Für das Dachtragwerk wurde von dem Ingenieurbüro knippershelbig eine Holzkonstruktion entworfen, welche die zentrale Idee der gewölbeartigen Dachstruktur durch eine Stapelung von einfachen, handelsüblichen Holzquerschnitten umsetzt. Angelehnt an die traditionellen Dougong-Strukturen chinesischer Architektur oder den Werken des Japanischen Architekten Kengo Kuma wird die Konstruktion und Bauweise dabei sowohl gestalterischer Ausdruck als auch Symbol für nachhaltiges Bauen mit Holz im 21. Jahrhundert. Mithilfe eines parametrischen Planungsprozesses erfolgten Variantenstudien zu den gestalterischen Möglichkeiten des einfachen Konstruktionsprinzips der Stapelung von Hölzern. Sowohl die gestalterischen als auch die wirtschaftlich maßgebenden Einflussparameter, wie das Holzvolumen und der Anzahl an Kreuzungspunkten, konnten hiermit ganzheitlich im Entwurfsprozess bewertet werden.
Das materialgerechte Konstruktionsprinzip (Bild 5) ist einfach nachvollziehbar: blockverleimte Holzstützen (48/48cm) aus Brettschichtholz (Innen Fichte, Lärche im Außenraum) stehen in einem regelmäßigen Raster von 8m und tragen eine Deckenkonstruktion aus gestapelten Holzbalken und einer massiven Holzplatte. Über die Stapelung von 12 Kreuzlagen aus Brettschichtholzträgern (12/20cm), untereinander an den

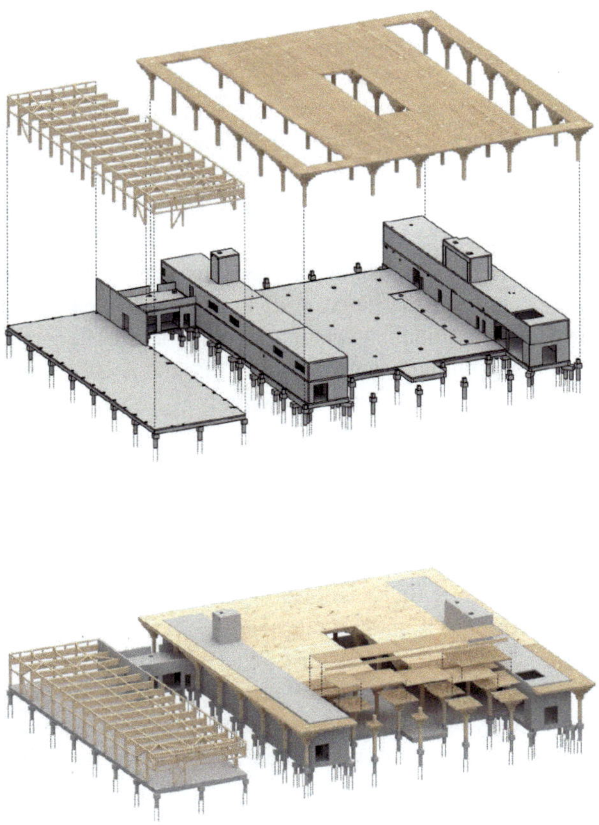

Bild 4: Tragwerksexplosion und Montageablauf (©knippershelbig)

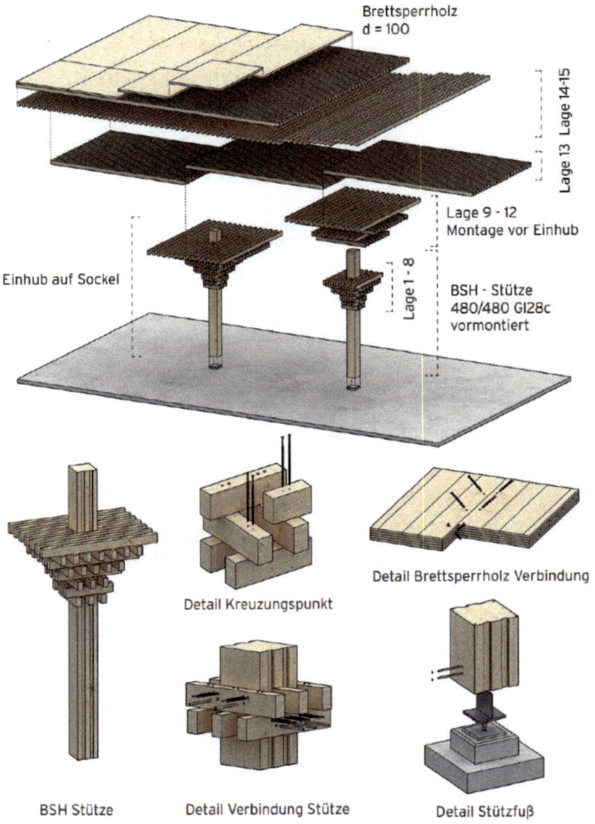

Bild 5: Detailkonstruktion der Stützenköpfe (©knippershelbig)

Kreuzungspunkten rotationssteif-, sowie seitlich an den Holzstützen verschraubt, entsteht das Primärtragwerk des Stützenkopfes. Eine weitere 13. Lage verbindet die Stützenköpfe des Dachtragwerkes miteinander; die beiden obersten, sich orthogonal kreuzenden Brettschichtholzlagen (14. und 15. Lage) bilden zusammen mit der massiven Brettsperrholzplatte (10cm) die Konstruktion des Holzdaches. Die gewölbeartige Geometrie der Stützenköpfe ist wesentlicher Teil des architektonischen Leitgedankens der Markthalle und vereint die Aspekte der Gestaltung, der Funktion und der Tragstruktur als zentralen Konstruktionsansatz. Die Stützenkopfgeometrie verkürzt die Spannweite der Dachkonstruktion. Hierdurch lassen sich die Verformungen der Dachkonstruktion reduzieren und dessen Schwingungsverhalten (>4,5Hz) wirksam auf die vorgesehene Nutzung der Dachfarm abstimmen. Die Dachlasten variieren im Dachgrundriss infolge der Nutzungsbereiche der Dachfarm zwischen 3kN/m² und 15kN/m². Hohe Lagerlasten konnten im Randbereich der Serviceboxen verortet werden, dort wo die Spannweiten der Holzkonstruktion geringer gewählt wurden. Die Konstruktion aller Stützenköpfe im Markt folgt einem einheitlichen Prinzip, bei dem das Zusammenspiel aus Beanspruchung, Geometrie, Konstruktion und einfacher Bauweise berücksichtigt wurde. Die Lastweiterleitung aus dem Dach erfolgt über die Kontaktpressung in den Kreuzlagen. Die rotationssteife Verbindung sorgt zudem für eine steifigkeitsbedingte Umverteilung der Beanspruchungen innerhalb des Stützenkopfes.

Über die Steifigkeitsverhältnisse der entwickelten Geometrie der Stützenköpfe (Form, Balkenabstand) sowie den Knotenverbindungen (Steifigkeit) konnte eine gleichmäßige Verteilung der Schubkräfte über die Verbindungshöhe zwischen den Balken und Stützen sichergestellt werden. Die Balken werden maßgebend auf Biegung, Torsion sowie Druck- und Zug beansprucht. Ein Interaktionsnachweis wurde jeweils für jeden Balken und jeden Knotenpunkt geführt. Für den Brandfall wurde eine feuerhemmende Bauweise (F30) vorgesehen. Die Querschnittsnachweise erfolgten unter Berücksichtigung einer entsprechende Abbrandrate. Die horizontale Aussteifung des Marktes zur Aufnahme der Windlasten wird durch die konstruktive Anbindung der Dachkonstruktion an die Wandscheiben der zweigeschossigen Serviceboxen realisiert. Die Lastweiterleitung erfolgt über die Scheibenwirkung der Brettsperrholdecke.

4. Ausführung

Die Holzkonstruktion wurde in teilweise vorgefertigten Elementen geplant und realisiert. Werksseitig erfolgte eine Teilvorfertigung der Stützenköpfe, die vor Ort final zusammengefügt wurden. Die Vorfertigung der Stützen wurde transportbedingt zunächst bis zur achten Balkenlage (Bild 5) beschränkt. Die weiteren Kreuzlagen wurden dann vor Ort bis zur 12. Balkenlage verschraubt, die Stütze in Position gehoben und die restlichen Balkenlagen und Deckenplatten ergänzt (Bild 6). Die Verbindung der sich kreuzenden Holzstapel aus Brettschichtholzträgern wurde dabei durch zwei über die Höhe jeweils versetzte, selbstbohrende Gewindeschrauben umgesetzt.

Bild 6: Vorfertigung, Montage, Stützeneinhub, Verschraubung der Balkenlagen (von oben nach unten) (©Holzbau Amann)

Bild 7: Montagezustand (©Holzbau Amann)

Die horizontale Verbindung der Kreuzlagen mit der Stütze erfolgt über Stabdübel. Nach der Montage der einzelnen Stützen und der weiteren Lagenanordnung zur Verbindung wurde die Brettsperrholzdecke mit der 15. Lage verschraubt und über Stahllaschen mit dem Rohbau verbunden (Bild 7). Der Übergang der Dachkonstruktion zwischen dem Innen- und Außenbereich erfolgt fließend, mit einer räumlichen Trennung durch die raumhohen Fassaden. Der Fassadenanschluss und die bauphysikalisch zu berücksichtigende atmosphärische Trennung erfolgte durch einen ‚Kammträger' (Bild 8). Aus statischer Sicht ist die Durchlaufwirkung der Trägerlagen über die Schnittstelle zur Fassade hinaus erforderlich. Der Raumabschluss lässt sich demnach nur durch das Schließen der Zwischenräume in den Kreuzlagen herstellen. Einen Formschluss der Kammelemente mit den durchlaufenden Trägerlagen konnte durch die millimetergenaue CNC-Fertigung der Firma Holzbau Amann hergestellt werden. Zudem wurden beidseitig an den Stirnseiten der Verbindungen sogenannte Verpressgassen in den Abbund integriert, welche nach der Montage

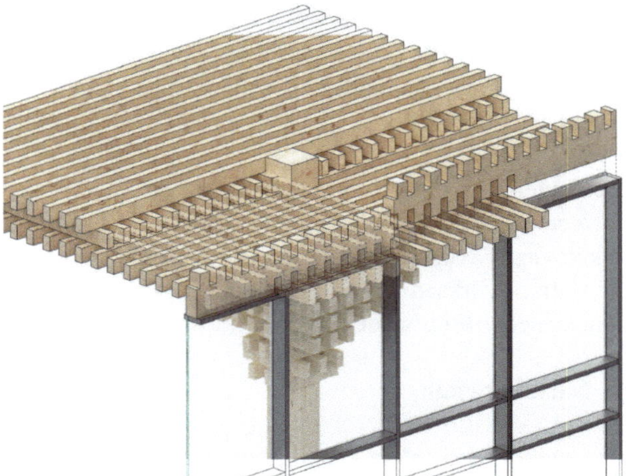

Bild 8: Anschluss der Fassade an den Fassadenträger (©knippershelbig)

Bild 9: Fertigung/Montage des Fassadenbalkens und Rückansicht des Marktes (von oben nach unten) (©Holzbau Amann)

der Trägerlagen mit einem dauerelastischen Fugenmaterial verschlossen wurden. Hiermit konnte die Luftdichtigkeit des Fassadenüberganges zur Dachkonstruktion, bei statisch wirksamer Durchlaufwirkung der Konstruktion, sichergestellt werden (Bild 9).

5. Nachhaltigkeit

Die Materialwahl Holz spielt eine entscheidende Rolle im Konzept des Marktes. Mehr (Holz) bedeutet Weniger (CO_2)! Ein Kubikmeter verbautes Holz entlastet die Atmosphäre um ca. eine Tonne CO_2. Die CO_2-Speicherfunktion (Sequestrierung) von Holz hält auch noch an, wenn dieses verarbeitet bzw. verbaut wird. Der Werkstoff Holz hat damit grundsätzlich eine

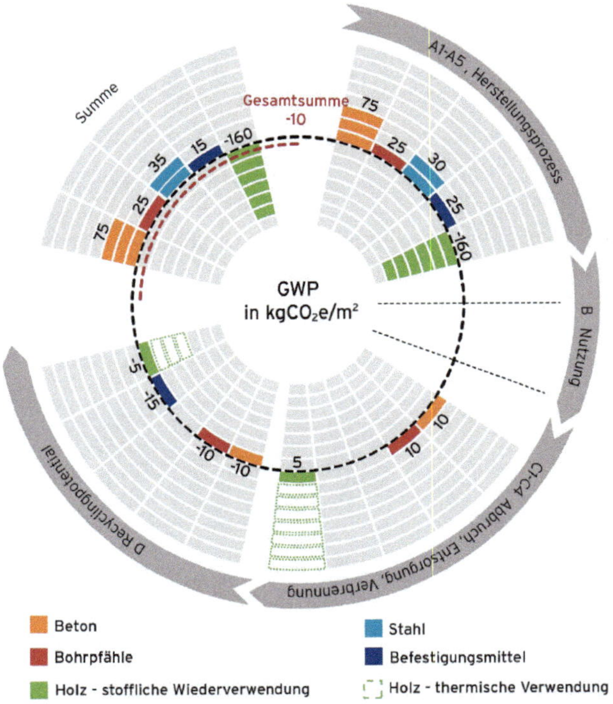

Bild 10: LCA-Analyse (Datengundlage: Öko-baudat) (©knippershelbig)

negative CO_2-Bilanz, wirkt somit der Erderwärmung entgegen und kann im Bauwesen einen wesentlichen Beitrag zum Klimaschutz leisten! Berücksichtigt man die Sequestrierungsfähigkeit von Holz beim Entwerfen von nachhaltigen Tragwerken, so führt dies zu völlig neuen Entwurfsansätzen. Die Verwendung gerader und handelsüblicher Brettschichtholzträger in Kombination mit selbstbohrenden Gewindeschrauben ermöglicht die vollständige Wiederverwendung der Materialien zum Zeitpunkt des Rückbaus des Gebäudes („end of life"-Phase). Bild 10 zeigt die Ergebnisse einer Lebenszyklusanalyse (LCA) für die wesentlichen Tragwerkselemente. Bedingt durch die Baugrundverhältnisse wurde eine Tiefgründung auf Bohrpfählen (Teilverdrängungspfähle) mit einer elastisch gebetteten Bodenplatte ausgeführt. Zusammen mit den Serviceboxen ergibt sich damit ein Massenverhältnis des verbauten Stahlbetons von ca. 64% an der Gesamtkonstruktion. Betrachtet man die Phasen A bis D des Lebenszyklus der verbauten Materialien, so zeigt sich ein hoher Anteil der energetisch und chemisch bedingten CO_2 Emissionen des Stahlbetons an der Gesamtbilanz, insbesondere bezogen auf die Herstellungsphase A1-A5 (Rohstoff, Herstellung, Transport). Der im Holz gespeicherte, biogene CO_2 Anteil wirkt sich bei der Ökobilanzierung jedoch positiv aus, so ergibt sich für die Phasen A1-A5 eine CO_2 neutral Bilanz pro m² Gebäudenutzfläche. Unter Beachtung der möglichen stofflichen Wiederverwendung der Holzbauteile resultiert für die

Phasen A bis D eine positive CO_2 Bilanz. Mit über 1000 Kubikmetern verbautem bzw. gespeichertem Holzwerkstoff wird damit die Grundlage des innovativen Markt- und Konstruktionsprinzips REWE 20xx für den Supermarkt der Zukunft gelegt.

6. Fazit

Das Projekt geht auf einen gemeinsamen Wettbewerbsgewinn der Architekten acme und den Ingenieuren von knippershelbig zurück. Das architektonische Entwurfskonzept geht einher mit der konstruktiven Idee des erlebbaren Holzbaus. Die Einfachheit der Konstruktion zeichnet sich durch einfache Fügetechniken und ein sich wiederholendes geometrisches Bauprinzip aus. Das entwickelte Bauprinzip dient als Baukastensystem für weiteren Anwendungen und kann flexibel auf geometrische Änderungen reagieren. Trotz oder besser wegen der vermeintlichen Einfachheit der Konstruktion inspiriert es den Betrachter dazu, sich auf eine Beschäftigung mit dem Tragprinzip, der praktischen Umsetzung und den Nachhaltigkeitsaspekten des Holzbaus einzulassen. So gelangen Material, Konstruktion und Nachhaltigkeit, die Kernthemen des Ingenieurs, wieder verstärkt in die (alltägliche) öffentliche Wahrnehmung.

Vorbohren für Vollgewindeschrauben mittels Laserstrahlung

Denis Grizmann, M. Sc.
Lehrstuhl für Tragkonstruktionen, RWTH Aachen

Andrija Pranjic, M. Eng.
Lehrstuhl für Tragkonstruktionen, RWTH Aachen

Univ.-Prof. Dr.-Ing. Martin Trautz
Lehrstuhl für Tragkonstruktionen, RWTH Aachen

Zusammenfassung

Die genaue Positionierung von selbstbohrenden Vollgewindeschrauben erweist sich oft als schwierig, da die Schrauben beim Einbringen dazu neigen durch die Unstetigkeiten des Holzes abgelenkt zu werden und zu verlaufen. Zur Herstellung von geradlinigen Führungslöchern wird der Einsatz von Laserstrahlung untersucht. Es werden zunächst die Ursachen für das Verlaufen von Schrauben während des Einbauprozesses aufgezeigt. Neben lokalen Unstetigkeiten wie Asteinschlüssen hat der Faserwinkel und die Steifigkeit der Schraube einen Einfluss auf das Verlaufen der Schrauben beim Eindrehen. Weiterhin beinhaltet die Arbeit eine Beschreibung des Bohrprozesses unter Verwendung verschiedener Laserstrahlquellen, wobei die resultierenden Bohrlochgeometrien eines gepulsten Faserlasers sowie eines ultrakurz gepulsten Lasers zufriedenstellende Ergebnisse zeigen. Die Bewertung des Tragverhaltens von Vollgewindeschrauben in pyrolytisch vorgebohrten Führungslöchern zeigt, dass das Verfahren ohne Einbüßen der Tragfähigkeit eine exakte Positionierung ermöglicht und somit das Potenzial besitzt die Anwendung von Vollgewindeschrauben im Ingenieurholzbau zu erweitern.

1. Einleitung

Selbstbohrende Vollgewindeschrauben sind weit verbreitete Verbindungselemente des modernen Ingenieurholzbaus. Diese werden zum Fügen und Verstärken von Bauteilen verwendet. Weiterhin werden neue innovative Anwendungsszenarien entwickelt wie z.B. das systematische Bewehren von Bauteilen oder die Ausbildung biegesteifer Eckverbindungen [1][2][3]. Bei diesen Anwendungen stellt die exakte Positionierung eine große Herausforderung dar, da die Schrauben beim Eindrehen durch die strukturelle Beschaffenheit der Holzmatrix und insbesondere durch Unstetigkeiten wie Asteinschlüsse abgelenkt werden und verlaufen. Das konventionelle, mechanische Vorbohren eignet sich nicht zur Gewährleistung einer genauen Positionierung, da auch die Bohrer selbst aus den gleichen Gründen ähnlich verlaufen. Das pyrolytische Vorbohren mittels Laserstrahlung hingegen stellt eine vielversprechende innovative Methode zur Herstellung langer Führungs-löcher in Holz dar. Dieses wurde in Pilotversuchen gezeigt [4], und wird aktuell in einem laufenden Projekt in Zusammenarbeit mit dem Lehrstuhl für Lasertechnik (LLT) und dem Institut für Bauforschung (ibac) entwickelt. Die Arbeit zeigt den aktuellen Stand dieser Entwicklung und beinhaltet neben der Beschreibung des Bohrprozesses die Untersuchung des Verbundverhaltens von vorgebohrten Vollgewindeschrauben im Vergleich zu nicht vorgebohrten und mechanisch vorgebohrten Verbindungen.

2. Vorbohren für Vollgewindeschrauben

Seitens des Eurocodes werden für das Vorbohren von selbstbohrenden Vollgewindeschrauben Angaben zum Vorbohrdurchmesser getroffen, die abhängig vom Holz entweder dem Schaftdurchmesser der Schraube oder maximal 70 % des Schraubendurchmessers entsprechen [5]. Schrauben mit einem Durchmesser kleiner 6mm bedürfen laut Eurocode keiner Vorbohrung.
Die Hersteller der Schrauben machen ebenfalls Angaben zum Vorbohren der Schrauben in Abhängigkeit des vorliegenden Holzes [6]. Für Nadelhölzer entspricht der Vorbohrdurchmesser dem Schaftdurchmesser der Schraube; für Laubhölzer liegt dieser höher.
Das Verlaufen von Schrauben findet keine Erwähnung. Es finden sich keine Angaben zu einer erforderlichen Vorbohrlänge zur Gewährleistung einer genauen Positionierung von Schrauben.
In Bezug auf klassische Holzschrauben finden sich zahlreiche Untersuchungen zum Vorbohren die sich jedoch ausschließlich auf die Auswirkungen des Vorbohrens auf das Verbundverhalten, d.h. den Ausziehwiderstand der Schrauben beziehen.

So wird in den umfangreichen Untersuchungen von Fairchild [7] (1926) mit über 10000 Ausziehversuchen an unterschiedlichen Holzsorten, der Vorbohrdurchmesser als wichtiger Einflussparameter für den Ausziehwiderstand von Holzschrauben identifiziert. Dieser sollte nach Fairchild ca. 70 % des Gewindekerndurchmessers für Weichhölzer und 90 % des Gewindekerndurchmessers für Harthölzer betragen.
Zu ähnlichen Erkenntnissen gelangen Newlin und Gahagan 1938 [8], die abhängig von der vorliegenden Holzsorte Werte von 40 % – 85 % des Schraubendurchmessers als den optimalen Vorbohrdurchmesser zur Maximierung des Ausziehwiderstandes nennen.
Der Rechenansatz von Eckelman [9] für die Ermittlung des Ausziehwiderstands für Holzschrauben in MDF-Platten sieht bei Vorliegen des optimalen Vorbohrdurchmessers eine Erhöhung des Wiederstandes um 13 % vor. Dabei entspricht der optimale Durchmesser dem Schaftdurchmesser der Schraube. Weiterhin finden sich zahlreiche Untersuchungen in Bezug auf die Korrelation des Ausziehwiderstands mit der Holzfeuchte, der Rohdichte, der Temperatur oder des Einschraubwinkels. Aussagen über die Auswirkungen des Vorbohrens auf das Verlaufen der Schrauben sowie Empfehlungen, um dieses zu vermeiden oder zu reduzieren werden nicht genannt.

3. Verlaufen von Vollgewindeschrauben

Aufgrund der natürlichen strukturellen Beschaffenheit von Holz mit Dichteunterschieden des Früh- und Spätholzes oder Asteinschlüssen werden Vollgewindeschrauben beim Einbringen von ihrer vorgesehenen Position abgelenkt und verlaufen. Dieses ist insbesondere dann problematisch, wenn Vollgewindeschrauben mit langen Einbindetiefen und geringen Abständen angewendet werden, wie z.B. beim Fügen von Bauteilen. Abbildung 1 zeigt die Schraubenanordnung einer biegesteifen Eckverbindung, die im Rahmen eines vorangegangen Forschungsprojekts ausgeführt und auf ihre Tragfähigkeit geprüft wurde [3]. Wie an den Austrittspositionen der Schrauben (Abbildung 1, rechts) zu sehen, konnte trotz der Verwendung von Führungsschienen die vorgesehene Positionierung nicht genau gewährleistet werden.

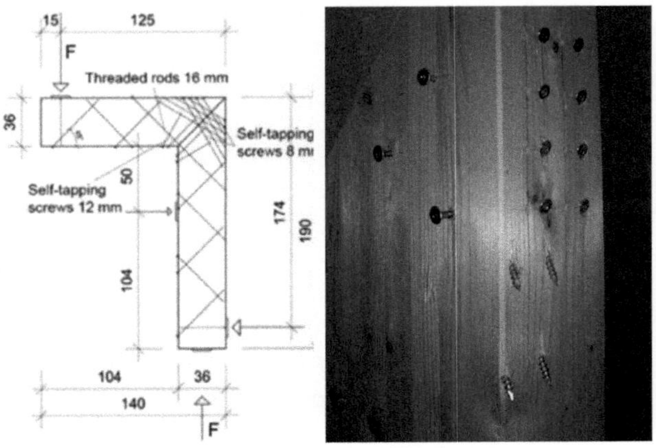

Abbildung 1: links: Schraubenanordnung einer mit Vollgewindeschrauben gefügten biegesteifen Eckverbindung; rechts: Austrittspositionen der schräg eingesetzten Schrauben

Zur Bestimmung der Einflussfaktoren, die zum Verlaufen von selbstbohrenden Vollgewindeschrauben führen, werden im Rahmen des Projektes systematische Untersuchungen durchgeführt. Der Prozess des Einschraubens von Vollgewindeschrauben ins Holz unterliegt unterschiedlichen Parametern, die einen Einfluss auf das Verlaufen der Schraube aufweisen. Diese resultieren zum einen aus den Eigenschaften des Holzes, insbesondere seiner Inhomogenitäten wie Asteinschlüsse, Risse, Harzgallen. Weiterhin haben die Eigenschaften der Schraube einen Einfluss. Hierzu zählen die Geometrie und Beschaffenheit der Schraubenspitze, der Durchmesser und damit die Biegesteifigkeit der Schraube sowie eventuell vorhandene Imperfektionen. Auch hat die Einschraubgeometrie, d.h. der Einschraubwinkel (α) einen großen Einfluss. Zuletzt spielt das Handling eine wichtige Rolle und konnte neben dem Verlaufen durch eingeschlossene Äste als eines der entscheidenden Faktoren identifiziert werden. Auch bei Verwendung von marktüblichen Führungssystemen kann eine initiale Schiefstellung der Schraube in den ersten Zentimetern des Einschraubvorgangs oft nicht vermieden werden, woraus unabhängig von den genannten Effekten des Abdriftens der Schraubenspitze eine Schiefstellung der Schraube resultiert.

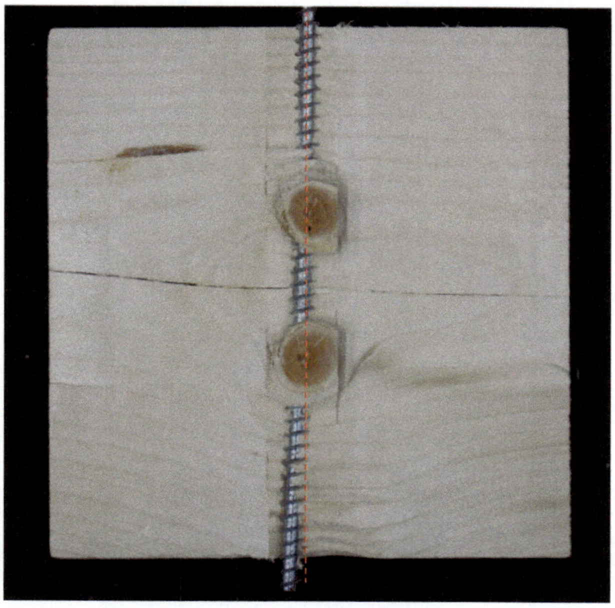

Abbildung 2: links: Verlaufen einer Vollgewindeschraube infolge von Asteinschlüssen

Abbildung 2 zeigt einen aufgeschnittenen Probekörper mit einer Einbindetiefe von 20 cm. Es ist deutlich zu erkennen, dass die Schraube infolge der eingeschlossenen Äste verläuft. Die gemessene Ausmitte beträgt in diesem Fall 1,1 cm. Mit zunehmender Einbindetiefe steigen die gemessenen Werte. Die endgültige Position der Schraube im Holz ergibt sich aus dem Zusammenspiel der genannten Einflussfaktoren. Durch weitere systematische experimentelle Untersuchungen, gestützt mit mechanischen Modellen wird eine Abgrenzung dieser Parameter verfolgt, um den Einschraubprozess genauer beschreiben und Vorgaben für das Vorbohren, wie z.B. eine erforderliche Vorbohrtiefe, definieren zu können.

4. Pyrolytisches Vorbohren für Vollgewindeschrauben

Bezogen auf das Material Holz ist der industrielle Einsatz von Laserstrahlung bereits seit langem etabliert, begrenzt sich allerdings lediglich auf das Scheiden von dünnen Holzwerkstoffen. Einsatzgebiete sind hierbei die Möbel- und Verpackungsindustrie, die Feinwerktechnik sowie der Bereich des Modellbaus [10].

Im Vergleich zu diesen Anwendungen ergeben sich beim Bearbeiten in die Tiefe größere Komplikationen, wodurch die Laserstrahlung beim Bohren von Holz bisher keinen Einsatz fand. Zum einen führt die typische Kaustik des Laserstrahls zu einer deutlichen Abnahme der Energiedichte entlang der Bohrungstiefe, sodass bei tiefen Bohrungen ein Nachfokussieren des Laserstrahl notwendig wird, um einen konstanten Durchmesser zu gewährleisten [11]. Eine weitere Problematik sind die beim Abtrag entstehenden Dämpfe und Gase, deren Entweichung mit zunehmender Bohrtiefe erschwert wird, was zu einem lokalen Aufbrennen des Bohrlochs führt [13].

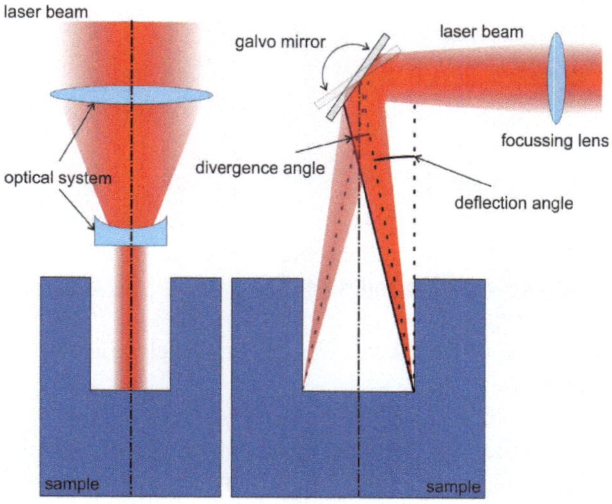

Abbildung 3: Schematischer Aufbau der Bohrprozesse [13]

Im Rahmen des Projektes wurden angepasste Prozesse für das Bohren von tiefen, dünnen Löchern entwickelt. Dabei wurden drei Laserstrahlquellen untersucht, die sich in Ihrer Wellenlänge, der Pulsdauer sowie der Leistung unterscheiden. Eine Übersicht dieser Parameter ist in Tabelle 1 zusammengefasst.

Table 1: Eigenschaften der untersuchten Laserstrahlquellen

Strahlquelle	QCW Faserlaser	CO_2 Laser	Ultrakurzpuls (UKP)-Laser
Wellenlänge	1070 nm	10600 nm	1030 nm
Pulsdauer	0.1 -10 ms/ cw	5 -400 µs	2 – 20 ps
Pulsenergie	< 200 J	< 200 mJ	< 800 µJ
Repetitionsrate	< 2 kHz	1 –50 kHz	< 400 kHz
Leistung	2 kW	200 W	320 W

Für den QCW-Faserlaser wurde ein Perkussionsbohrprozess mit einem durch eine Optik gebündeltem Laserstrahl verwendet. Aufgrund der kleineren Pulsenergien der anderen beiden Laserstrahlquellen (CO_2 und UKP) muss der Laserstrahl stärker gebündelt werden wodurch sich eine viel kleinere Spotgröße ergibt. Aus diesem Grund wird die Strahlung bei dem Bohrverfahren in einer spiralförmigen Bewegung über den Querschnitt des Bohrlochs geführt (Abbildung 3, rechts).

Abbildung 4: Bohrlochgeometrien unterschiedlicher Laserstrahlquellen

Die resultierenden Bohrlochgeometrien der verschiedenen Laserstrahlquellen für Bohrungen orthogonal zur Faserrichtung sind in Abbildung 3 gezeigt. Während der Bohrprozess mit dem CO_2 Laser eine Limitierung bei eine Tiefe von ca. 6 cm aufwies, konnten, mit den anderen beiden Laserstrahlquellen Bohrungen von bis zu 300mm Tiefe mit gleichbleibendem Durchmesser erstellt werden. Die Bohrlochgeometrien dieser beiden Laserstrahlquellen unterscheiden sich minimal, wobei bei dem QCW-Faserlaser aufgrund einer stärkeren thermischen Belastung eine tendenziell dickere karbonisierte Schicht oder Aufbrennen der Bohrung beobachtet werden kann. Dieses ist insbesondere an dem unterschiedlichen Aufbrennverhalten des Früh- und Spätholzes, und der damit charakteristischen wellenartigen Bohrlochgeometrie zu erkennen. Mit zunehmender Bohrtiefe wird bei beiden Bohrprozessen eine stärkere Neigung zur Aufweitung der Bohrung durch Aufbrennen beobachtet. Eine Erklärung dafür könnte eine verstärkte Wechselwirkung der Laserstrahlung mit den Abtragprodukten im Bohrloch sein, da diese eine mit zunehmender Tiefe höhere Verweildauer in der Bohrung aufweisen.

Im Anschluss an die Entwicklung der Prozesse bei einem Faserwinkel von 90° erfolge eine Anpassung an weitere Faserwinkel (0°, 30° und 60°). Während die schrägen Winkel ein ähnliches Abtragverhalten aufwiesen kam es beim faserparallelen Bohren, insbesondere mit dem QCW Prozess, vermehrt zu einem Stopp des Abtragprozesses und einem Stillstand des Bohrfortschrittes. Dies ist auf die erhöhte Projektionsfläche und den Reflexionsgrad zurückzuführen, die durch den spitzen Einfallswinkel der Laserstrahlung auf Spätholzschichten entstehen.

Mit den entwickelten Prozessen für beide Laserstrahlquellen können tiefe Bohrungen realisiert werden, die auch bei eingeschlossenen Störstellen wie z.B. Ästen geradlinig verlaufen. Durch eine weitere Entwicklung der Prozesse und insbesondere einer effizienteren Absaugung der Abtragprodukte im Bohrloch ist eine Erhöhung der Bohrtiefe möglich.

5. Verbundverhalten vorgebohrter Schraubenverbindungen

Das Verbundverhalten von pyrolytisch vorgebohrten Vollgewindeschrauben wurde anhand von Pull-Out Versuchen untersucht und mit nicht vorgebohrten und mechanisch vorgebohrten Verbindungen verglichen. Dabei wurden unterschiedliche Parameter wie die vier Faserwinkel α (0°, 30°, 60°, 90°) sowie zwei Schraubendurchmesser d = 8mm, d = 10mm und zwei Einbindelängen leff = 15d, leff = 20d berücksichtigt. Die Probekörper aus Brettschichtholz haben Abmessungen von 20cm x 20cm und eine variierende Höhe, abhängig von der Einbindelänge. Je Konfiguration wurden drei Probekörper getestet. Die Versuche wurden weggesteuert mit einer Ausziehgeschwindigkeit von 1,5 mm/min durchgeführt. Die Aufzeichnung der Verschiebungen der Schraube wurde mit induktiven Wegaufnehmern von beiden Seiten der Probe aus vorgenommen. Abbildung 5 zeigt den Aufbau der Pull-Out Versuche.

Abbildung 5: Aufbau der Pull-Out Versuche.

Die Ergebnisse der Pull-Out Versuche für die Einbindelänge von 15d in Abbildung 5 zeigen, dass sich das charakteristische Last-Verformungsverhalten unabhängig von der Vorbohrung in drei Phasen einteilt: 1. Formschluss: charakterisiert durch einen linear elastischen Anstieg der Kurve bis zum Erreichen der maximalen Tragfähigkeit. 2. Matrixversagen: im Umfeld der maximalen Kraft sowie 3. Degressiver Bereich, bei dem die Schraube herausgezogen wird und die Tragfähigkeit sich lediglich aus der Reibung zwischen Schraube und Holzmatrix ergibt (siehe auch [14])). In Bezug auf die Anfangssteifigkeit zeigt das Vorbohren keinen signifikanten Einfluss. Die gemittelten Last-Verformungskurven der getesteten Verbindungen (Abbildung 6) haben eine nahezu identische Anfangssteifigkeit. Im degressiven Bereich nach Überschreitung der Tragfähigkeit unterscheiden sich die Verbindungen geringfügig, wobei die pyrolytisch vorgebohrten Verbindungen einen flacheren Verlauf im Vergleich zu den mechanisch vorgebohrten Verbindungen aufweisen. Dies ist auf eine Veränderung der Reibung beim Herausziehen der Schraube zurückzuführen.

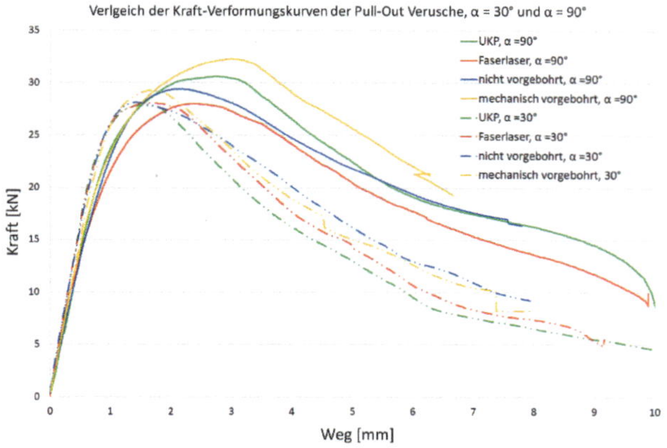

Abbildung 6: Kraft-Verformungskurven der Pull-Out Versuche

Abbildung 6 zeigt zusammenfassend die Mittelwerte sowie die Standardabweichungen der Ausziehtragfähigkeiten. Für die schrägen Faserwinkel (α =30°, 60°), sowie für den orthogonalen Fall (α = 90°) liegen die Werte nah beieinander und, unter Berücksichtigung der Streuung, kann durch das Vorbohren keine Auswirkungen auf die Werte festgestellt werden. Nur bei den faserparallelen Bohrungen konnte eine deutliche Reduzierung um bis zu 30 % beobachtet werden. Weiterhin ist zu erkennen, dass die Tragfähigkeit der Verbindungen nah an der Zugfestigkeit der Schrauben liegen. Die Ergebnisse mit der höheren Einbindelänge (leff = 20d) lieferten unabhängig von der Art der Vorbohrung einen ausreichend starken Verbund, sodass das Versagen durch das Reißen der Schraube (Stahlversagen) auftrat.

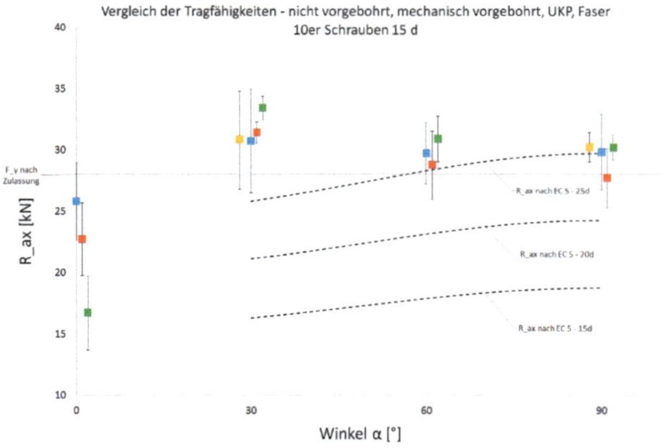

Abbildung 7: Vergleich der maximalen Tragfähigkeiten

6. Zusammenfassung und Ausblick

In der Arbeit wird das Potenzial des pyrolytischen Vorbohrens für Vollgewindeschrauben aufgezeigt, welches im Vergleich zum mechanischen Vorbohren eine geradlinige Führung und somit eine exakte Positionierung für Vollgewindeschrauben ermöglicht. Mit den speziell für das tiefe entwickelten Bohrprozessen von zwei unterschiedlichen Laserstrahlquellen können aktuell Führungslöcher mit einer Tiefe von bis zu 300mm realisiert werden. Durch eine weitere Entwicklung des Bohrprozesses scheint eine weitere Erhöhung der Bohrtiefe möglich.

Zur Untersuchung des Verbundverhaltens und der Beurteilung der Auswirkung des Vorbohrens auf den Ausziehwiederstand der Schrauben wurden Pull-Out Versuche unter Berücksichtigung von vier unterschiedlichen Einschraubwinkel, zwei verschiedenen Schraubendurchmesser und unterschiedlichen Einbindelängen durchgeführt. Die aktuellen Ergebnisse zeigen, dass das pyrolytische Vorbohren, unter Berücksichtigung der Streuung, keinen signifikanten Einfluss auf die Ausziehtragfähigkeit der Schrauben aufweist. Die gezeigten Ergebnisse liegen weit über den Erwartungen beruhend auf den ersten Pilotversuchen, bei denen eine Verminderung der Tragfähigkeit von bis zu 30 % prognostiziert wurde [3]. Die bisher durchgeführten Untersuchungen sahen eine Vorbohrung entsprechend dem Durchmesser des Schraubenschaftes vor. Aufgrund des unterschiedlichen Abtrags von Früh- und Spätholz kann der Vorbohrdurchmesser bisher nur annähernd eingestellt werden. Die Untersuchung des Einflusses des Bohrlochdurchmessers auf das Verbundverhalten stellt dennoch eine interessante Fragestellung dar und soll neben der Entwicklung tieferer Bohrungen im weiteren Verlauf verfolgt werden.

Neben der Positionstreue hat das Vorbohren auch einen positiven Einfluss auf das Spaltverhalten von Holz wodurch eine engere Anordnung von Schrauben sowohl untereinander als auch zu den Randbereichen ermöglicht wird. Gemeinsam mit einer Erweiterung und Optimierung des Laserbohrverfahren kann so der Einsatzbereich von Vollgewindeschrauben im Ingenieurholzbau erweitert werden.

7. Danksagung

Das Forschungsvorhaben auf denen die in diesem Beitrag gezeigten Ergebnisse basieren wird in Zusammenarbeit mit dem Lehrstuhl für Lasertechnik (LLT) sowie dem Institut für Bauforschung (ibac), der RWTH Aachen durchgeführt. Das Projekt wird von der Deutschen Forschungsgemeinschaft DFG gefördert.

Literatur

[1] Trautz M., Koj C.: Mit Schrauben Bewehren. Bautechnik 85 (2008): 190-196, 2008

[2] Ayoubi M., Koj C., Trautz M.: Mit Vollgewindeschrauben zur biegesteifen Rahmenecke, Bautechnik 02 (2013): 32-37, 2013.

[3] Trautz M., Koj C.: Self-tapping screws as reinforcement for timber structures. In A. Domingo, C. Lazaro, editors, Proceedings of the IASS Symposium 2009, Valencia, 2009.

[4] Trautz M., Koj C., Uchtmann, H.: Load bearing behaviour of self-tapping screws in laser-drilled guideholes. In: WCTE, World Conference on timber Engineering, August 22-25, 2016, Vienna, Austria.

[5] DIN EN 1995-1-1: Eurocode 5: Design of timber structures - Part 1-1: General - Common rules and rules for buildings.

[6] ETA-12/0114. Spax self-tapping screws - Screws for use in timber constructions. European Organisation for Technical Approvals. 2020.

[7] Fairchild I.J.: Holding power of wood screws, 1926

[8] Newlin J.A., Gahagan J.M.: Lagscrew joints: Their behavior and design/ United States Department of Agriculture. Washington, D.C., - Technical bulletin No. 597 – 1938

[9] Eckelmann C.A.: The withdrawal strength of screws from a commercial available medium density fiberboard. In: Forest Products Journal 38 – 1988

[10] Wieloch G., Pohl P.: Use of lasers in the furniture industry. In Proc. SPIE 2202 Laser Technology IV: Research Trends, Instumentation and Applications in Metrology and Materials Processing, 1995.

[11] Wust H.: Die Wirkung von Laserstrahlung auf strukturelle, chemische und physikalische Eigenschaften von Holz. PhD thesis, TU Dresden, 2005.

[12] Bornschlegel B., Haasler D., Finger J., Grizmann D., Trautz M., Gillner A.: Deep Drilling of Structural Timber with High Power Ultrashort Pulsed Laser Radiation In: Journal of Laser Micro/Nanoengineering2020.

[13] Grizmann D., Pranjic A., Haasler, D., Bornschlegel B., Glawe C., Trautz, M. – Laserdrilled guideholes for self-tapping-screws – recent developments in Proceedings of WCTE 2020, World Conference of timber Engineering – 2021

[14] Trautz M.: Das Dehnungs- und Tragverhalten von Brettschichtholz beim Lasteintrag durch Vollgewindeschrauben. Bautechnik 11 (2017): 776-789, 2017.

3-D-Druck mit Beton im Wohnungsbau

Matthias Werzinger cand.ing.,
PERI 3D Construction Printing, PERI SE Weissenhorn

Prof. Dr. Martin H. Spitzner,
Hochschule Biberach

Einleitung

Das Potenzial zementöser Baustoffe ist noch nicht ausgeschöpft. Durch das Zeitalter der Digitalisierung ist es heute möglich, Maschinen und Fertigungsabläufe in der Industrie intelligent zu vernetzen. Zu den Manifestationen der Vierten Industriellen Revolution gehören u.a. selbstfahrende Fahrzeuge, fortgeschrittene Robotik und der 3D-Druck. Letzterer ist allerdings nicht nur für den medizinischen Bereich oder den Maschinenbau interessant, sondern auch für die Baubranche und hat das Potenzial, diese zu revolutionieren. Der 3D-Betondruck geht dabei auf mehrere aktuelle Herausforderungen der Bauindustrie ein. Durch vermehrte Automatisierung kann dem Fachkräftemangel begegnet werden. Die Möglichkeiten, Freiformen zu erstellen – frei nach dem gängigen 3D-Druck Motto „Complexity for Free" – erlaubt es, sowohl dem Megatrend der Individualisierung Rechnung zu tragen, als auch nachhaltiger zu bauen, indem nur dort Material positioniert wird, wo es tatsächlich von Nöten ist. Schließlich verspricht die Automatisierung schnellere Fertigungszeiten und höhere Effizienz auf der Baustelle – aufgrund des globalen Phänomens der Wohnungsnot ein besonders wichtiger Faktor, der für den 3D-Druck spricht.

1. Entwicklung des 3D-Betondrucks

In den vergangenen zehn Jahren haben sowohl Universitäten als auch Unternehmen bemerkenswerte Fortschritte auf dem Feld des 3D-Betondrucks gemacht und bereits verschiedene Bauteile und Objekte gedruckt. Der 3D-Druck scheint für die Anwendung in der Baubranche in greifbarer Nähe, schließlich gibt es mittlerweile mehrere 3D-gedruckte Gebäude auf der Welt. COBOD hat bspw. schon 2017 das erste Haus Europas aus dem 3D-Betondrucker hergestellt und damit bewiesen, dass der 3D-Druck auch in der traditionellen Bauindustrie anwendbar ist [COBOD (2020): The Bod. Europe's first 3D printed building]. PERI erbaute 2020 zwei vollständig genehmigte Gebäude in Deutschland. Die beiden Projekte in Nordrheinwestfahlen und Bayern sind die ersten 3D-gedruckten Häuser in Deutschland.
In diesen realen Bauprojekte verdeutlichen, dass die Technologie des 3D-Betondrucks in der Realität angekommen ist. So konnte der 3D-Druck erfolgreich sowohl im Deutschen Winter als auch in der Wüste Arizonas erfolgreich angewandt werden. Trotzdem ist die Technologie noch sehr jung und es gibt verschiedenste Bereiche, die es weiterzuentwickeln gilt. Allen voran ist es notwendig, weiteres Wissen über das Material im Kontext verschiedenster Maschinenparameter zu erarbeiten.
Beton unterscheidet sich hinsichtlich seiner Festigkeit und Oberflächenqualität wesentlich von den üblichen 3D-Druckmaterialien wie Kunststoff, Keramik oder Metall. Auch ergeben sich wegen der Dimensionen des zu druckenden Objekts und der Kräfte, die auf die Wände wirken, andere Anforderungen an das Material. Neben der Maschinentechnologie der verschiedenen Anbieter von 3D-Betondruckern haben sich auch die druckbaren zementösen Materialien stark weiterentwickelt in den letzten Jahren. Alle namenhaften Hersteller von Beton und Zement haben sich des Themas angenommen und ihre eigenen Produkte auf den Markt gebracht. Im Vergleich zu herkömmlichen Bauweisen mit Schalungen, bei welcher der genaue Aufbau der Schalung kaum Einfluss auf die späteren Eigenschaften des Betons hat, sind die Festigkeiten 3D-gedruckter Betonstrukturen extrem abhängig von der verwendeten Maschinerie – von Materialzufuhr über Mischer und Pumpe bis zur Extrusion. Entsprechend kann nicht einfach auf ein Datenblatt der Hersteller zurückgegriffen werden, sondern neue Materialien müssen immer bezogen auf den zu verwendenden 3D-Drucker getestet werden. Insbesondere der verwendete Wasseranteil ist dabei von entscheidender Bedeutung und von Anwendung zu Anwendung verschieden.

2. Vergleich von 3D-Betondrucktechnologien

Um Elemente und Strukturen für den Bau eines Gebäudes anzufertigen, werden roboterunterstützte Technologien für den Einsatz mit Beton weiterentwickelt. Je nachdem, welche Dimensionen die zu druckenden Elemente erreichen sollen, werden verschiedene Verfahren zur Bewegung des Druckkopfes genutzt.

Die am häufigsten verwendete Technologie basiert auf einem Sechs-Achs-Roboterarm, der äußerst flexibel ist und es ermöglicht, innerhalb eines nahezu kugelförmigen Volumens von ein bis mehrere Kubikmeter zu arbeiten. Dabei fährt der Roboterarm eine vorprogrammierte Strecke ab. Solche Roboterarmdrucker haben den Vorteil, dass sie kleinformatig und dadurch mobil sind. Somit können sie relativ einfach via Lkw von Einsatzort zu Einsatzort transportiert und mit einem herkömmlichen Hebekran auf- und abgeladen werden. Ein entscheidender Nachteil ist jedoch, dass der druckbare Bereich relativ begrenzt ist. Dadurch können nur einzelne Elemente, nicht aber vollständige Gebäude gedruckt werden. Auch muss der Raum im Inneren des Gebäudes für den Bewegungsfreiraum des Roboterarms ausreichend bemessen sein, da andernfalls das Gebäude von außen gedruckt werden muss. Dabei bedarf es aufgrund der mehrfachen Repositionierung der Unterstützung erfahrener Programmierer, die die Maschine wiederholt kalibrieren. Diese Komplexität macht sich folglich im Preis bemerkbar.
Andere Roboterarmsysteme arbeiten hingegen mit fixierten Achsen, die eine größere Stabilität aufweisen und den Druck von komplexen und präzisen Strukturen möglich machen. Hier müssen allerdings Abstriche bezüglich Größe und Nutzbarkeit des Bauraums gemacht werden. Der Bewegungsradius des Roboters liegt häufig unter fünf Metern und beinhaltet tote Winkel. Demzufolge eignen sich Roboterarmdrucker in erster Linie für kreisförmige, eingeschossige Gebäudetypen mit eingeschränkter Grundrissgröße. Verschiedene Unternehmen haben die Verwendung von Roboterarmdruckern mit fixierten Achsen vorgeschlagen, um gewölbte Wände und vertikale Stützelemente in Einfamilienhäusern zu drucken [Perrot, A., Amziane, S. (2019): 3D Printing in Concrete, S. 16].
Im Vergleich zu Roboterarmdruckern bieten Portaldrucker die Möglichkeit, sehr große Strukturen in einem Arbeitsgang zu realisieren. Ein Portaldrucker besteht aus großen Linearachsverschiebeeinheiten, welche den gesamten Druckraum überbauen, und den Druckkopf in alle Raumrichtungen bewegen. Somit muss man Gebäude nicht aus vorgefertigten Einzelteilen zusammensetzen, sondern kann sie in einem Stück drucken. Die Bedienung eines Portaldruckers ist automatisierter, im Aufwand reduzierter und schneller erlernbar, wodurch man keine On-site Programmierer benötigt. Hinzu kommt, dass man sogar mit Unterbrechung drucken kann, was beim 3D-Betondruck von Häusern von entscheidender Bedeutung ist. Durch einen sogenannten „Hopper" lässt sich der Betonzufluss in die Düse stoppen, wenn z.B. eine Tür- oder Fensteröffnung geplant ist. Die Nutzung eines „Hopper" ist bei Roboterarmdruckern schwerer zu realisieren, da der Druckkopf zu groß wird und leichter bereits gedruckte Elemente durch Kollisionen beschädigen kann. Zudem wird dadurch auch die Bewegungsfreiheit des Arms zusätzlich eingeschränkt. Aufgrund der Größe eines Portaldruckers muss man mit einem aufwändigeren Transport und einer längeren Montagezeit vor Ort rechnen. Im Vergleich mit den kleineren Roboterarmdruckern ist auch die Druckgeschwindigkeit etwas geringer [COBOD (2020): Gantry versus robotic arm based 3D construction printers].
Roboterarm- und Portaldrucker sind die am häufigsten verwendeten Technologien im 3D-Betondruck. Neben diesen gibt es aber noch weitere Möglichkeiten, wie z.B. den 3D-Betondruck mittels Krans oder teilautomatisierter Autobetonpumpe. Diese Ansätze befinden sich in der Erprobungsphase und es gibt zum aktuellen Zeitpunkt keine Erfahrungswerte für den Bau von ganzen Gebäuden.

3. Rheologie im 3D-Betondruck

Die Kontrolle der Rheologie beim 3D-Druck ist herausfordernd, da der eigentliche Druckprozess in verschiedene Phasen unterteilt ist und in jeder dieser Phasen unterschiedliche und manchmal gegensätzliche physikalische, chemische und mechanische Eigenschaften im Vordergrund stehen. Versucht man alle Materialanforderungen in den verschiedenen Druckphasen zu berücksichtigen, ergibt sich ein komplexer Prozess und eine komplexe Betonrezeptur.

Phase	Rheologisch	Physikalisch	Chemisch
Anmischen	Schub-/Fließspannung Viskosität	Korngröße	-
Pumpen	Schub-/Fließspannung Viskosität	Zuschlagsanteil Korngröße	-
Erneutes Mischen	Schub-/Fließspannung Viskosität	Permeabilität	Hydratation
Extrusion	Schub-/Fließspannung Viskosität	Permeabilität Zuschlagsanteil Korngröße	Hydratation
Ablage	Schub-/Fließspannung Elastizitätsmodul	Korngröße	Hydratation
Strukturaufbau	Schub-/Fließspannung Druckspannung Elastizitätsmodul	Widerstand gegen Austrocknen	Frühfestigkeit Hydratation

Phasen des Druckprozesses [basierend auf: COBOD (2020): Meet BOD2; m-tec GmbH (2021): SMP connect]

Wie in der Tabelle dargestellt, lässt sich der 3D-Betondruck generell in sechs Phasen unterteilen: die Herstellung des Betons, den Transport des Betons (Pumpen), einen optionalen zusätzlichen Mischschritt, die Extrusion des Betons, die Ablage einer einzelnen Schicht und schließlich der Aufbau einer tragfähigen Struktur. Diese Struktur muss über den gesamten Druckprozess eine ausreichende Stabilität aufweisen. Anstatt den Frischbeton zu pumpen, besteht auch die Möglichkeit, das Trockenmaterial zum Druckkopf zu fördern, bevor es mit dem für die Kohäsion und Hydratation des Zements notwendigen Wasser versorgt wird. Der Trockentransport ist jedoch, wie beim konventionellen Bauen, dem maschinellen Spritzbetonbau vorbehalten [Ibrahim, S., et al. (2018):

Automated additive manufacturing of concrete structures without Formwork - concept for path planning].
Die Unterteilung des Druckprozesses ermöglicht die Identifizierung der vielfältigen rheologischen Eigenschaften, welche das zementbasierte Material in jeder Phase des Druckprozesses aufweisen muss. Beispielsweise muss es fließfähig sein und während des Transports und der Extrusion homogen bleiben. Darüber hinaus muss die Verformung einer Schicht während ihrer Ablage begrenzt sein. Hier spielen die elastoplastischen Eigenschaften des Materials eine entscheidende Rolle. Um die Bildung von strukturellen Schwachstellen (allgemein als Cold Joints bekannt) zu vermeiden, muss die Beschaffenheit der Kontaktbereiche zwischen den Schichten berücksichtigt werden. Zur Vermeidung des zuletzt genannten Phänomens, muss das Zementmaterial entweder einen hohen Widerstand gegen Austrocknung aufweisen oder von einer ausgleichenden Wasserversorgung profitieren, da es nicht wie beim traditionellen Bauen von Schalung umfasst ist. Ein großes Wasserrückhaltevermögen des Materials kann somit von Vorteil sein. Von großer Bedeutung ist in diesem Zusammenhang ebenfalls die Layerzeit, welche die Gesamtdauer des Druckpfades in einer Schicht darstellt. Dauert es zu lange, bis die vorhergehende Schicht wieder von einer neuen Schicht bedeckt ist, findet kein ausreichender Verbund zwischen den Schichten statt. Bei der Untersuchung der Stabilität der gedruckten Struktur zu einem bestimmten Zeitpunkt sollte auch der Anstieg der Festigkeit über die Höhe der Struktur berücksichtigt werden. Dieser Gradient wird durch das unterschiedliche Alter, die Ruhezeiten und dem Hydratationsgrad des Materials für jede der Schichten nach der Ablage bestimmt.

4. Zusammenfassung

Der 3D-Druck von Beton ist ein aufstrebendes Forschungsgebiet, das die Entwicklung innovativer Baumethoden, Technologien und Baumaterialien ermöglicht. Das Automatisierungspotenzial in der Baubranche, die Möglichkeit der Reduzierung und Eliminierung von Schalung und Abfall, sowie die Realisierung komplexerer Geometrien durch das 3D-Betondruckverfahren rechtfertigen intensivere Forschung. Die Technologie ist in der Realität angekommen, was an der der Zunahme erfolgreich realisierter Projekte in der jüngsten Zeit erkennbar ist.
Um den 3D-Betondruck möglichst uneingeschränkt nutzen zu können, ist es wichtig, stets der Anwendung entsprechende Materialien nutzen zu können. Mit jedem zusätzlichen druckbaren Material steigt die Nutzungsfreiheit der Technologie und es reduzieren sich mögliche Grenzen. Das heute noch limitiert in der 3D-Druckpraxis und der Fachliteratur vorhandene Wissen über den 3D-Betondruck ist eine offensichtliche Hürde für die breitere Adoption der Technologie in der Bauindustrie. Auch sind viele Aspekte des 3D-Drucks nicht Teil der momentanen akademischen Ausbildung von Bauingenieuren. Auch dies stellt für die Ausbreitung des 3D-Betondrucks eine Herausforderung dar.

Es können folgende Schlussfolgerungen gezogen werden:

- Gute Druckergebnisse hängen von zahlreichen Faktoren ab. Zu diesen zählen die Schlauchlänge, die Wahl des spezifischen Mischwerkzeugs und die Umweltbedingungen wie Wind, Regen und Sonne.
- Für den erfolgreichen 3D-Druck von Beton ist ein thixotropes Material erforderlich, um das Pumpen und Extrudieren ohne Entmischung und Verstopfung zu ermöglichen. Sobald die Bewegung beim Pumpen und Extrudieren aufhört, muss sich eine hohe statische Scherfließspannung mit einer Geschwindigkeit entwickeln, die höher ist als die Bau- oder Schichtablagerungsrate, um dem Gewicht der oberen Schichten standzuhalten. Ein Kollaps der Struktur wird bei zu niedrigen Wiederaufbauraten aufgrund des plastischen Nachgebens der unteren Schichten auftreten.
- Aus Scherfestigkeitsmessungen kann der Strukturaufbau von Materialien gemessen werden. Aus dieser Widerstandskurve und der Komplexität des Druckobjekts können Randbedingungen für den optimaler Druckablauf abgeschätzt werden.
- Die mechanischen Eigenschaften von 3D-gedruckten Proben werden durch die Druckrichtung und durch die Druckparameter gesteuert, wie z.B. die Layerzeit, die Layergeometrie und die Komplexität der gedruckten Objekte.
- Durch Voruntersuchung von potenziell 3D-druckbaren zementösen Materialien können die Materialien für den Druckprozess standardisiert und eine gründliche Prüfung der Materialeignung ermöglicht werden.
- Durch Messung von rheologischen Eigenschaften des Druckmaterials – anstelle eines kompletten Druckversuchs, welcher mit hohem Aufwand und Kosten einhergeht - können spezifische Vorhersagen gemacht werden, welches es erlauben, die Druckbarkeit, aber auch die entsprechenden Druckparameter (Wasser-Zement-Gehalt, Extrusion, Lagenzeiten) des Betons vorherzusagen.
- Verschiedene Umgebungsbedingungen, diverse Maschinenparameter und vielfältige Materialien können so beherrscht werden, dass 3D-gedruckte Strukturen in hoher Qualität erstellt und im Rahmen von Zustimmungen im Einzelfall auch genehmigt werden können.

Untersuchungen zum Schwingungsverhalten an weit gespannten Holzdecken am Prüfstand mit ca. 12,5 m x 12,5 m

Prof. Dr.-Ing. Patricia Hamm
Institut für Holzbau an der Hochschule Biberach

Zusammenfassung

Die bestehenden Ansätze zur schwingungstechnischen Bemessung von Holzdecken kommen für weitgespannte Holzdecken mit Spannweiten über 8 m an ihre Grenzen. Bei Unterzügen, die sehr weit gespannt sind, liegen weder Grenzwerte noch normative Vorgaben vor.
Insbesondere größere Bauwerke wie Schul-, Verwaltungs- und Bürogebäude erfordern Decken mit sehr großen Stützenabständen und somit sehr großen Unterzugspannweiten, so dass sich die Frage stellt, welche Schwingungen und Verformungen für weitgespannte Unterzüge zulässig sind. Hierzu gilt es, geeignete Antworten zu finden, um hierauf aufbauend neue schwingungsreduzierte Holzdeckensysteme zu entwickeln, um künftig mehr öffentliche Bauwerke in Holzbauweise sicher umsetzen zu können.

1. ZIM Forschungsvorhaben Pirmin Jung – HBC

Im Rahmen eines ZIM Projekts, welches gemeinsam mit der Pirmin Jung Deutschland GmbH und dem Institut für Holzbau der Hochschule Biberach durchgeführt wird, werden genau diese weit gespannten Decken untersucht.
Ziel des Forschungsvorhabens soll sein, eine standardisierte und schwingungsminimierende Auslegesystematik für Holzdecken mit Unterzügen und großen Spannweiten über 8 m – aufbauend auf theoretischen und praktischen Betrachtungen – zu entwickeln.
Dazu wird ein Versuchsstand für eine Holzdecke mit ca. 12,5 m x 12,5 m aufgebaut, immer wieder umgebaut, um andere Aufbauten zu testen. Parallel dazu werden die Schwingungen beim Begehen durch Personen gemessen und daraufhin ausgewertet, welcher Aufbau und welche Randbedingungen die besten Schwingungseigenschaften aufweisen.
Dieses Forschungsvorhaben „Entwicklung eines leichten, schwingungsoptimierten Deckensystems mit Unterzügen für große Spannweiten über 8 m“ beinhaltet theoretische und praktische Betrachtungen des Schwingungs- und Dämpfungsverhaltens von Holzdecken mit großen Spannweiten und Unterzügen. Die Laufzeit ist von 01.01.2021 bis 30.06.2023.

2. Versuchsergebnisse

Die Versuche sind in vollem Gange, deshalb können hier in diesem Beitrag noch keine Ergebnisse dargestellt werden. Die ersten Ergebnisse wird es im Rahmen des Vortrags geben.
Es folgen Fotos und Zeichnungen vom Aufbau des Prüfstands.

Abb. 1: Balken werden auf dem Boden platziert und eingemessen

Abb. 2: Dreischichtplatten werden aufgeleimt

Abb. 3: Balken werden zu Elementen verleimt

Abb. 4: Unterkonstruktion wird geschaffen

Abb. 5: Elemente werden umgedreht und auf Unterkonstruktion gelegt

Abb. 6: Rohdecke ohne obere Beplankung

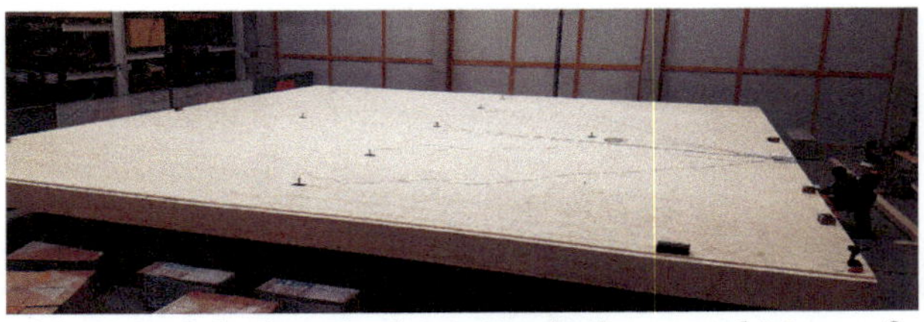

Abb. 7: Rohdecke mit oberer Beplankung und Messaufnehmern

Abb. 8: Durch Verrücken der Auflagerwand können unterschiedliche Spannweiten gemessen werden.

3. Unterschiedliche Aufbauten:

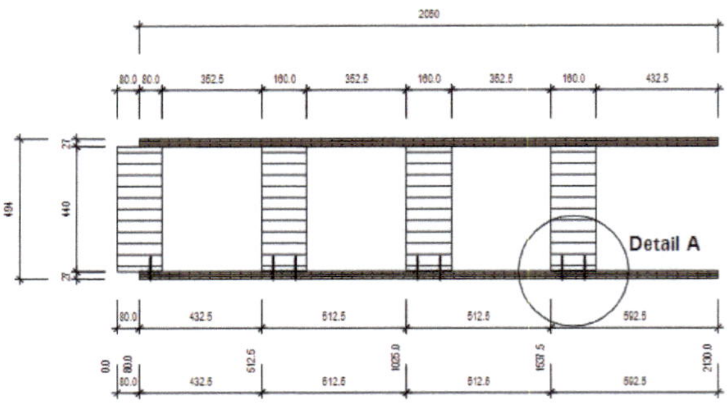

Rohdecke

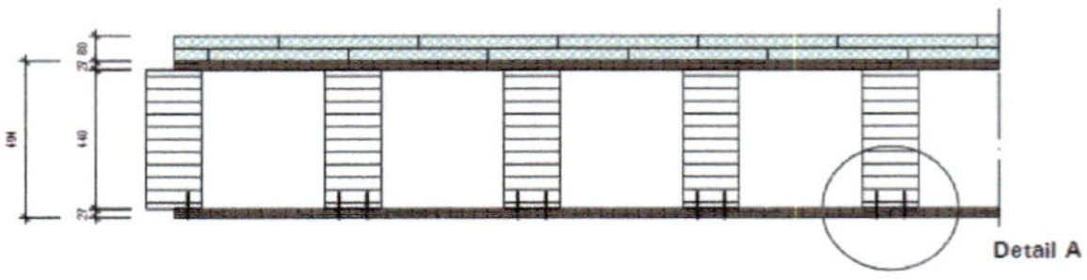

Rohdecke mit Beschwerung

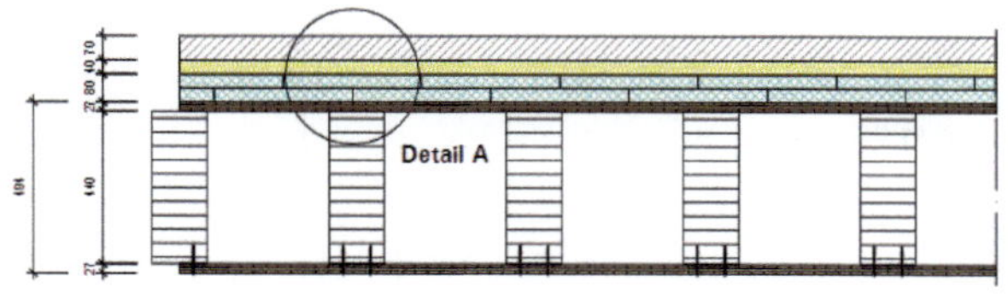

Rohdecke mit Beschwerung, Trittschalldämmung und Nassestrich

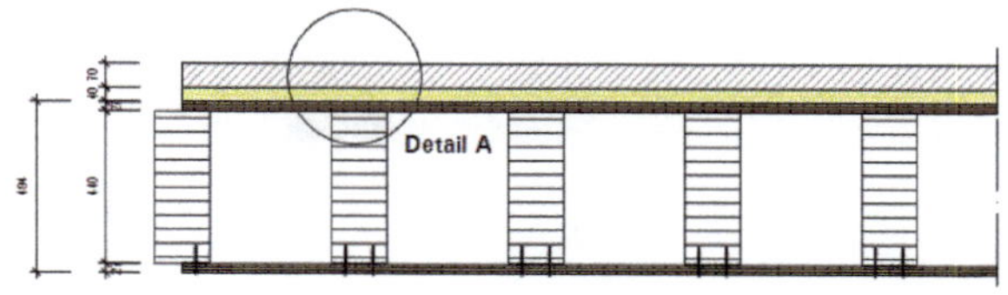

Rohdecke mit Trittschalldämmung und Nassestrich

Abb. 9: Der Prüfstand wird mit unterschiedlichen Ausbaustufen gemessen.

TAE

Entwurf/
Konzeption

Die dritte Dimension wird essenziell

Prof. Dipl.-Ing. Bernhard Tokarz
Ingenieurgruppe Tokarz Frerichs Leipold, Hannover, Niedersachsen, Deutschland

Zusammenfassung

Gegenstand dieses Vortrags sind **weitgespannte**, überwiegend **einachsig** tragende Konstruktionen, wie sie bei Brücken und großen Hallen gebraucht werden. Das Besondere heute sind Tragwerke, die aus der Nähe erlebt werden, wie Brücken in der Stadt und Hallen, die von vielen besucht werden. Sie stellen nachdrücklich **Ansprüche an die Gestaltung.** Das Besondere heute sind darüber hinaus Tragwerke, die als Konstruktion **nicht** in parallelen Reihen oder Schichten gedacht und aufgebaut sind, wie das meist der Fall ist - und statisch auch völlig in Ordnung ist - sondern Tragewerke, bei denen die dritte Dimension, die Querrichtung, von vornherein mit gleichem Gewicht im Entwurf und für die Tragwirkung eingesetzt wird, obgleich ihre Haupt-Tragwirkung einachsig bleibt. Es wird sich zeigen, dass dadurch nicht nur für die Tragwirkung, sondern auch für ihre Wirkung als Architektur eine zusätzliche Qualität entsteht. Wichtig und nun wirklich in jedem Fall notwendig gilt das für die Gestaltung im Detail, für das Erlebnis dieser Bauwerke aus der Nähe. **Als Ausblick** zeige ich zuletzt zwei Entwürfe, die das schon Gebaute noch steigern würden.

1. Einführung

Weit gespannte, überwiegend einachsig tragende Tragwerke – wie Brücken und große Hallen – sehen wir im Wesentlichen meist 2-dimensional; Die wichtigsten Größen sind: die zu überbrückende Spannweite, ein günstiges statisches System und die notwendige Konstruktionshöhe.
Quer dazu geschieht nichts Überraschendes. Bei großen Konstruktionen gibt es zusätzliche Glieder in Querrichtung, gesehen und gedacht als optisch untergeordnete Systeme. Aus der Sicht des Konstrukteurs ist daran nichts zu bemängeln. Und aus der Sicht von Weitem in den meisten Fällen auch nicht.
Anders sieht es aus der Sicht von Nahem aus, bei Brücken in der Stadt und Hallen im gleichen Milieu, also Bauten, die von vielen oft aus nächster Nähe erlebt werden.
Ich zeige **an einer Brücke und der Konstruktion für das weitgespannte Dach über einer großen Halle,** welches Potenzial als Tragwerk, als Architektur für das Erlebnis dieser Bauwerke zusätzlich vorhanden ist, wenn die 3. Dimension von vornherein mit gleichem Gewicht in den Entwurf und die Konstruktion des Tragwerks eingeführt wird: in technischer Hinsicht und – vielleicht noch entscheidender – als Element der architektonischen Gestaltung. Ich zeige, wie unbedingt das **bis in jedes sichtbare Detail** der Konstruktion gilt. Es handelt sich ja um nichts weniger als um die Gestaltung des Erlebnisses eines Bauwerks **aus nächster Nähe.** Immer soll es sich dabei um Gestaltung des **technisch Notwendigen** handeln, nie um Dekoration und auch nie um Form aus freier Fantasie.

2. Konstruktion für das weitgespannte Dach über einer großen Halle

Bild 1 Das Bauwerk von Norden

Die Halle ist Teil des Bahnhofs, der heute als wichtiger Knoten der Bahn für die großen Messen gilt, die in Hannover stattfinden. Entstanden ist er ursprünglich für die Weltausstellung. Klar war aber auch von Anfang an, dass er den größeren Teil der Zeit für viel kleinere Menschenmengen nützlich und anziehend bleiben sollte. Denn auf der anderen Seite der Bahntrasse beginnt ein sehr lebendiger Vorort von Hannover, Laatzen. Die Aufgabe war also, eine Form zu finden, die zum Ort ein Regionalbahnhof, zur Expo und zur Messe ein „großer Bahnhof" ist. Das war mit bekannten Typologien nicht zu lösen. Das gefundene Gebäude hat also tatsächlich 2 verschiedene Gesichter:
Aus einem großen, 2-geschossigen flachen Körper löst sich ein langes geschwungenes Dach, niedrig beginnend auf der Seite des Ortes und hoch ausschwingend auf der Seite der Messe und Weltausstellung.

Bahnhof der kleinen Geste zum Ort, mit Parkort für Fahrräder und Rampe für Behinderte, das Dach beginnt niedrig – und Bahnhof mit einladender Geste und ausschweifendem Blick auf Expo und Messe, zum Eingangsbauwerk West für beides. Unter den für die engere Wahl ausgesuchten Entwürfen war dieser Entwurf der Hamburger Architekten Gössler und Kreienbaum **der einzige, der quer zu den Gleisen lag**. Er ist zugleich Brücke über die Gleise.

Wenn wir heute von der Messe kommend auf den Bahnhof zugehen, erleben wir nur einen **Torso**. Der ursprüngliche Entwurf war viel mehr als ein Bahnhof. Ursprünglich öffnet sich der Bahnhof zu einem großen überdachten Marktplatz und dieser geht über in eine Markthalle, alles gedacht als **Treffpunkt eines neuen Stadtteils**. Gebaut wurde bisher nur der Marktplatz, überdacht mit schönem Glasdach. Das Gelände für die Markthalle ist noch leer. Heute blühen hier Heckenrosen. Auch von dem im Wettbewerb ebenfalls zu gestaltenden neuen Stadtteil ist bisher noch so gut wie nichts entstanden.

Die Brückenebene des Bahnhofs ist ein vielzelliger Hohlkörper, eine ebene Platte auf Spannbetonträgern, Fertigteilen mit umgekehrtem T-Querschnitt, die Gleise überspannend. **Die große Geste ist die Aufgabe der Dachkonstruktion –** und einer breiten Treppe, die von der Brückenebene auf die Straßenebene hinabführt. Die Aufgabe des Ingenieurs, also meine Aufgabe war also, eine besondere Konstruktion für dieses lange Dach zu finden. Das Dach ist 90 m lang und 24 m breit. Es überbrückt die Gleise mit 60 m Spannweite und kragt zur Messe hin noch 30 m weit aus.

Eine Serie paralleler Fachwerk-Träger würde die Arbeit natürlich leisten: Sie würde aber eher die Atmosphäre einer Industriehalle produzieren, als auf das Fantasie-Feuerwerk einer Weltausstellung oder einer großen Messe einzustimmen. Die Konstruktion dieses Daches bestimmt aber unwillkürlich die Architektur des großen Raumes fast allein.

Die Lösung, die dem Anspruch an Neuheit, Fantasie und an technischer Qualität zugleich am besten genügte, war diese Konstruktion:

Bild 2

Von der Messe kommend betritt man die Halle auf Straßenebene und über breite Treppen die Brückenebene und sieht in diesem Augenblick fast nur das Dach und seine Stützung. Ich sage, wie Wirbelsäulen großer Fische, von denen die Gräten sich zum Dach ausstrecken: zwei parallele Figuren, man könnte sie Faltwerke aus Fachwerkflächen nennen. Auch der Laie sieht, keine Mindestlösung, nicht nur nötiges Tragwerk. Jede der beiden Figuren beginnt mit einem einzigen Gurt unten und verzweigt sich nach oben hin in 2 Stufen, erst zu 2, dann zu 5 Gurten unter der Dachhaut. 2 Untergurte genügen für 9 Längsgurte oben. Rohr-Durchmesser zwischen 80 und 240 mm bei einer Spannweite des Tragwerks von 60 m und einer Auskragung von 30 m. Die Obergurte liegen im Abstand von je 3 m, leicht von beliebigen „Dachhäuten“ zu überspannen. In Querrichtung erzeugt das Tragwerk sichtbar eine Art von **3-Schiffigkeit.** Die Stäbe bilden im Mittelschiff optisch eine Art Gewölbe, mit dem höchsten Punkt in der Brückenachse. Die Faltwerke lassen trotz ihrer Konstruktionshöhe von 6 m die Halle in voller Höhe und Breite erleben. Sie tragen außen die Fassaden wie an ausgestreckten Armen, sie „halten sie sich vom Leib“ und sind so optisch keine Konkurrenz zu ihnen.

Diese Konstruktion hat weitere Vorteile. Das Modell zeigt die Konstruktion in der schönsten Phase, im Bauzustand ohne die Fassaden. Die Faltwerke können ohne Nachteil in Stufen enden: erst enden die 2 Untergurte, dann die 4 Mittelgurte, zuletzt kragen nur noch die 9 Obergurte mit der Dachhaut aus.

3 Details vollenden die Figur auf besondere Weise:

Bild 3 Detail einer Stützung

2.1 **Die Stützung des Auflagers für vertikale und horizontale Lasten** besteht aus einer Pyramide aus 4 Stäben. Sie steht auf einer massigen 4-beinigen Bock-Konstruktion aus Stahlbeton, günstig für den Brandfall. Sie stützt die Träger an 4 Knoten **der mittleren Ebene**, so dass der Untergurt frei schwebend zwischen ihnen durchläuft.

In Querrichtung bildet dieses System von selbst einen 3-Gelenk-Rahmen, ohne weitere Stäbe. Der Knoten im **Anschluss oben** ist ein Stahl-Guss-Teil. So kann die dickere Stütze ganz organisch mit dem Durchmesser der schlanken Rohre des Fachwerks enden und anschließen. **Anschluss unten** nach dem gleichen Prinzip, endend auf einer Stahlwalze. Die Stützen selbst sind Rohre.

2.2 Bei dem in Längsrichtung **einwertigen Auflager** auf der Seite des Ortes sind die Stützen zum Brandschutz Verbundkonstruktionen, mit bewehrtem Beton gefüllte Rohre bis hinunter auf die Walze des Auflagers. Das Auflager ist mit Sorgfalt für die Sicht und den Gebrauch von Nahem gestaltet: Der Auflagerquader hat genau die Höhe einer Sitzbank.

3. Das zweite Bauwerk ist eine Brücke

Bild 4 Die Brücke von Osten

Brücke über den Mittellandkanal in Hannover. Spannweite 60 m, schwerste Lasten-Klasse. Das System Stabbogen war ebenfalls vorgegeben. Wegen des nahen Wohngebiets musste die Straße davor und auf der Brücke selbst durch Lärmschutzwände eingezäunt werden. Diese eigentlich lästige Bedingung machte ich zu einer nützlichen Bedingung, indem ich einen Teil der Lärmschutzwand zu einem Teil des Versteifungsträgers machte. Das ließ uns die Menge der Aufhängungen auf 3 verringern und führte fast zwingend zu dieser neuen Form.
Die polygonale Druckzone oben wird dabei in der Stützlinie für symmetrische gleichförmige Lasten gewählt. Die dreieckige Form der Figur spiegelt die Wirkung einseitiger Lasten, die unausweichlich Biegemomente erzeugen – anschaulich darstellbar, indem Lasten auf einer Hälfte der Brücke nach dem Prinzip der Lastaufteilung in symmetrische und antimetrische Anteile aufgeteilt werden.
Diese Biegemomente machen sogenannte Versteifungsträger notwendig. An der Aufnahme dieser Biegemomente beteiligt sich nun sehr günstig auch der Polygonzug. Er spiegelt das Bild der Biegemomente in Folge der 3 Einzellasten.
Die große Höhe in den Viertelspunkten der Spannweite macht sehr logisch an dieser Stelle quer aussteifende Rahmen möglich. So kommt eine sehr anziehende Skulptur in 3 Dimensionen zustande. Durch die großen Flächen in der Höhe entsteht eine Wirkung wie von gestalteten Räumen auf der Brücke.
Im Verlauf der Planung entstand aber noch **eine 2. Besonderheit in der 3. Dimension,** quer zur Haupttragrichtung: Die Teile der Brücke, die Fußgängerwege und Radwege enthalten, wurden vom Straßenteil der Brücke gelöst, ausgeschwenkt und als Fußgängerbrücken gestaltet. Das hat mehrere Vorteile:
Die sonst meist finstere Unterseite der Brücke wird in Teile aufgelöst und lässt durch die Öffnungen Sonne auf den Weg darunter strahlen. Der Weg für Fußgänger wird höher als die Straße gelegt und dadurch noch weiter aus dem Staub und Lärm der Straße gerückt. Kinder können Schiffe, die auf dem Kanal unter der Brücke hindurch fahren, auf beiden Seiten beobachten und tun das auch. Und die Eltern müssen keine Sorge haben, dass die Kinder auf die Straße klettern.
Diese Leidenschaft für die 3. Dimension **setzt sich im Detail fort.** Ich zeige heute nur 3: den Hauptträger des Polygonzugs im Querschnitt, die Aufhängung der Fußgängerbrücke, die ja durch die Lücke möglich wird, mit ihren Auswirkungen bis in die Geländer außen, und einen Ausschnitt aus der Gestaltung der Widerlager. Sie zeigen, wie auch im Einzelnen die Ausdehnung der Gestaltung in die dritte Dimension die Qualität steigert, technisch, ästhetisch und für den Gebrauch.

3.1 **Ein 1. Detail:** Querschnitt des Polygonzugs oder „Bogens".

Er vollendet die Figur auf besondere Weise. Er ist oben breit – denn, wie gesagt, die Stützlinie und also Druckzone für Eigenlast und gleichmäßig verteilte Last liegt dort – von unten gesehen schmal, nur 24 cm oder eine Handspanne breit, Der Flansch oben ist quer geneigt, damit Regen schnell abläuft und er steht weit über, damit ablaufender Landregen nicht am Steg entlangläuft. Unten steht der **Steg** über, so dass die Schweißnähte im Regenschatten liegen und am Steg hinablaufendes Wasser abtropft. Mit äußerster Sorgfalt sind der Anschluss der Hänger und des Rahmens in Querrichtung gestaltet und ausgeführt, Alles unter schiefen Winkeln, denn die Brücke ist auch im Grundriss schief, so dass der Querrahmen unter schiefem Winkel anschließt. Bewundernswert ausgeführt von der Stahlbaufirma.

3.2 Ein 2. Detail: Anschluss der Aufhängung für die Fußgängerbrücke

Bild 5

Wieder ein auch zum Ansehen individuell gestalteter Knoten. Er macht die nicht parallele Führung der aufhängenden Stäbe möglich. Das Geländer betont diesen Ort: es ist an dieser Stelle aus Glas. Und auch gegenüber am äußeren Rand der Brücke ist das Geländer an dieser Stelle aus Glas. Denn das ist eine besondere Stelle. Hier liegen auch die aus der Brücke auskragenden Querträger, die die Fußgänger-Stege tragen. Ein sehr schöner Neben-Effekt ist: das Glas spiegelt das Wasser und wirkt dadurch wie lebendig, denn die Geländer sind nach außen geneigt. Außerdem gliedern diese unterbrechenden Glasflächen die große, sonst eintönige Länge der Geländer.
Nur zur Vollständigkeit: das Bocksystem aus dem Profil zur Aufhängung der Fahrbahn, dem Stäbepaar, das die Fußgängerbrücken aufhängt und dem Querträger, der die Fußgängerbrücke trägt, hätte auch allein zur Aussteifung in Querrichtung genügt. Aber den Entscheidenden gefiel die ungewöhnliche räumliche Wirkung der Konstruktion so wie sie nun ausgeführt ist.

3.3 Eine 3. Einzelheit: Das Widerlager und die Gestaltung der Böschung in Einheit mit ihm.

Die Widerlager sind Stahlbeton-Körper, aber nicht einfach massige Klötze, sondern auf besondere Weise gegliedert: Die Schalung treppt von oben nach unten in horizontalen Stufen um Brettdicke ab. So wird selbst eine schlichte große graue Fläche lebendig. Wegen der großen Breite des Körpers schlug ich eine vertikale Bewegungsfuge in der Mitte vor und gestaltete sie als Relief. Auch das wieder in der dritten Dimension, allein mit den Brettern der Schalung zu machen. Nicht technisch notwendig, sondern allein zur Freude der Vorbeigehenden, als „Blickfang“ – für meine Augen eben so notwendig.
Als für den Gebrauch schönster Gedanke entpuppte sich der Vorschlag, die Stufung der Betonkonstruktion in einer Stufung der Böschung auf den Westseiten der Widerlager fortzusetzen und so eine Pyramide von Sitzstufen zu schaffen. Nun kann man dort an schönen Tagen ganze Familien in der Abendsonne sitzen sehen. *Nicht* planmäßig ausgeführt ist der Anschluss dieser Stufen an die Ebene der Brücke. Statt auf Brückenebene beginnen die Stufen tiefer. Das Geländer trennt die Brücke zusätzlich von den Stufen. Das Modell zeigt, wie es eigentlich gedacht war: Der Gehweg schwenkt aus auf die oberste Sitzebene, das Geländer der Brücke endet ein Stück davor, denn bei weniger als 1 m Absturzhöhe brauche ich laut Bauordnung kein Geländer. Leider hatten wir auf die Ausführung keinen Einfluss und so wurde eine Sparversion gebaut.
Heute sind die Widerlager noch eigenwilliger, noch üppiger mit Details geschmückt: Wilde Malerei nach Street-Art!

4. Als Ausblick

zeige ich 2 Möglichkeiten, das bisher Gezeigte noch zu steigern.

4.1 Zu der Brückenkonstruktion mit den vollwandigen „Bögen“ gäbe es eine schöne, noch expressiver **räumliche Alternative,** wenn ich die Bögen in Stäbe auflöse und das in allen 3 Dimensionen:

Bild 6 Modell

Die Druckstäbe in den beiden Hauptebenen aus Rohren, die Zugstäbe in der 3. Dimension aus Rundstählen, vorgespannt. Auch hier mit statisch als Versteifungsträger mitwirkender Lärmschutzwand und deswegen die Brücken-Ebene nur an 3 Stellen aufgehängt im Polygonzug. Diese Fassung würde ich gern noch gebaut erleben.

Eine letzte Sorge gilt der Unterseite der Brücken. Sehr oft sind sie von den Wegen darunter wenig ansehnlich, Atmosphäre von finsterem Hinterhof, unfähig das helle Wasser zu spiegeln, meist auch ein Bündel unansehnlicher Rohre, die überführt werden. Das mag **außerhalb bewohnter Gebiete** egal sein, in Städten, in denen Wege am Ufer auch unter der Brücke entlanglaufen und in Parks und Landschaften, wo die Brücke über Wanderwege führt, ist das eine empfindliche Störung.

4.2 Ein Modell für weitgespannte, über mehr als zwei Felder durchlaufende Brücken, bei denen die tragende Konstruktion vollständig unterhalb der Fahrbahn liegt.

Bild 7 Modell der Unterseite einer über mehr als 2 Felder durchlaufenden Brücke

Mein Vorschlag ist ein **besonders gestalteter Hohlkasten.** Diese Querschnitte haben ihre größte Tragfähigkeit im Feld, wo die breite Fahrbahnplatte Druckzone ist. Sie haben aber ihre größten Beanspruchungen über den Stützungen, wo die Hohlkästen allein die Druckkräfte aus Biegemomenten zusammen mit maximaler Querkraft aufzunehmen haben. Das führt unausweichlich zur Notwendigkeit, den Querschnitt des Hohlkastens über den Stützungen zu verstärken. Dafür gibt es mehrere Möglichkeiten, die Sie kennen.

Mein Vorschlag ist eine Verstärkung, die zugleich den Brückenkörper selbst zu einer neuen, von weitem und von Nahem interessanten Form macht: Erweitern des Querschnitts im Feld durch **Vouten in der Form von Pyramiden.**

Die Pyramiden haben dreieckigen Querschnitt, den größten über der Stützung, die Spitze im Feld, zum Beispiel in den Viertelspunkten der Spannweite. Die Spitze kann sowohl oben wie unten am Brückenkörper liegen.

Die lebendigere Unterseite der Brücke entsteht, wenn sie oben liegt, die größere Tragfähigkeit entsteht bei unten liegender Spitze. Beides natürlich am schönsten, wenn der Rand des Hohlkastens am Brückenrand liegt. Bei breiten Brücken wiederholt sich der Querschnitt, wie das Modell hier sehen lässt.

Das hat den großen Vorteil, dass sie **aus 2 Teilen und zu verschiedenen Zeiten hergestellt** werden können - und zu einer dritten Zeit sogar aus einander geschoben und in der Mitte durch eine weitere Spur erweitert werden können. Denn jeder der beiden Hohlkästen ist torsionssteif.

5. Ergebnis

Ich hoffe, es ist deutlich genug geworden: Konstruktionen, die von vielen erlebt werden, wie Brücken in der Stadt und Hallen in gleichem Umfeld, sind nicht nur nützliche Hüllen oder Geräte. Sie sind unwillkürlich Teil der Architektur eines Stadtteils. Sie sind in diesem Sinne brauchbar, wenn sie bei jedem Sehen und Erleben frisch wie einst neu wirken.

Sie sind brauchbar, wenn sie als individuell gestaltete Konstruktionen wahrgenommen werden, mit den Mitteln der Zeit und auf einleuchtende Weise. Hier zeigt sich, welche Steigerung der Qualität als technische Lösung der Aufgabe, als Architektur und für den Gebrauch möglich ist, wenn die dritte Dimension mit gleichem Gewicht in Entwurf und die Ausführung im Detail eingeführt wird, auch wenn die Haupttragwirkung der Konstruktion notwendig einachsig ist.

Circular Economy im Bauwesen: Überblick über die Prozesse, Methoden und Ansätze aus Re-Use-Projekten in Deutschland

Dina Padalkina
Circular City – Zirkuläre Stadt e.V.
(Circular Berlin)

Zusammenfassung

Gebäude haben einen maßgeblichen Einfluss auf Umwelt, Klima und Lebensqualität. Ein Drittel des globalen Ressourcenverbrauchs sowie fast die Hälfte des Energieaufkommens entfallen auf das Bauwesen. In Deutschland verschlingt der Sektor mehr als 50 Prozent der jährlich zur Verfügung stehenden mineralischen Ressourcen, sogar 90 Prozent aus der inländischen Gewinnung. Bisher wird nachhaltiges Bauen vor allem mit dem Verwenden von natürlichen, ressourcen-schonenden oder nachwachsenden Baustoffen gleichgesetzt. Circular Berlin hat sich mit unterschiedlichen Partnern zusammengetan, um das Potenzial der Verwendung von Sekundärmaterialien für die Konstruktion von Gebäuden aufzuzeigen. Das Projekt konzentriert sich vor allem auf das Verständnis der Prozesse hinter dieser innovativen Methode des Bauens. Zum Beispiel wie man Sekundärmaterialien beschafft und in die Planung von Gebäuden integriert. Eine der großen Herausforderungen für alle am Bau Beteiligten besteht im noch fehlenden Wissen über die Besonderheiten der Zirkularität und ihre Unterschiede zu anderen nachhaltigen Ansätzen im Bauwesen. Außerdem gibt es wenige Referenzbeispiele womit man bei der Projektrealisierung mit solchen Materialien beginnt. Unser Team wird Ansätze und etablierte Strategien verschiedener Träger:innen, Architekturbüros und Unternehmen u.a. Superuse Studios aus Rotterdam, sowie Berliner Projekte für Material Harvesting (z.B. von TRNSFRM, ZRS oder restado/Concular) erfassen, dokumentieren, visuell darstellen und erklären. Die aufbereiteten Inhalte werden anschließend Teil einer mehrwöchigen Ausstellung mit dem Titel „Harvest! Collect! Re-Use!“, organisiert von Sbca im Aufbauhaus am Moritzplatz, Berlin-Kreuzberg.
Mit diesem Projekt wollen wir die Aufklärung der Verbraucherinnen über Bauen mit Sekundärmaterialien vorantreiben, Wissen einfach und verständlich und zugänglich machen und so die Akzeptanz von Wiederverwertung im Bauwesen erhöhen.

TAE

Anhang

Programmausschuss – Fachkongress Konstruktiver Ingenieurbau

Der Programmausschuss setzt sich aus anerkannten Experten aus Forschung und Entwicklung, Industrie und Praxis zusammen. Zu seinen Aufgaben gehören die Formulierung der Zielsetzung und Festlegung der Themenschwerpunkte der Fachtagung, die Begutachtung und Auswahl der eingereichten Vortragsvorschläge für das Tagungsprogramm und die fachliche Beratung des Veranstalters.

Vorsitzende

Prof. Dr.-Ing. Irmgard Lochner-Aldinger
Hochschule Biberach

Mitglieder

Prof. Dr.-Ing. M. Arch. Lucio Blandini
Universität Stuttgart

Prof. Dr.-Ing. Arndt Goldack
Bergische Universität Wuppertal

Denis Grizmann M. Sc.
RWTH Aachen University

Prof. Dr.-Ing. Ruth Kasper
Technische Hochschule Köln

Prof. Dr.-Ing. Harald Kloft
osd – office for structural design, Frankfurt a. M.

Univ.-Prof. Dr.-Ing. Mike Sieder
Technische Universität Braunschweig

Prof. Dr.-Ing. Patrick Teuffel
Teuffel Engineering Consultants, Berlin

Prof. Dipl.-Ing. Meike Töllner
Technische Hochschule Rosenheim

Dr.-Ing. Kerstin Wolff
martens+puller Ingenieurgesellschaft mbH, Braunschweig

Autorenverzeichnis